GONGCHANG CHANGYONG DIANQI SHEBEI
YUNXING YU WEIHU

工厂常用电气设备运行与维护

（第二版）

张方庆 赵永生 胡灵荣 徐忠 编
陆海军 李一平 审

中国电力出版社
CHINA ELECTRIC POWER PRESS

内 容 提 要

为加强对工厂、企业电气设备的运行与维护，提高专业技术人员分析问题、解决问题的能力，确保电气设备的安全、可靠、长周期经济运行。本书结合目前我国工厂、企业电气设备维护水平的实际情况及一、二次电气设备新技术、新工艺在工厂、企业的应用情况，主要介绍了常用电气设备运行与维护中的注意事项、常见故障的诊断及分析处理方法、主要设备典型继电保护的实用计算方法，以及节约用电管理、电气设备的安全管理方法。

本书共分十二章，主要内容包括电力系统及工厂电气设备概述、高压开关电器的运行与维护、电力变压器的运行与维护、电力互感器与电力电容器的运行与维护、高低压异步电动机的运行与维护、直流系统及常用低压电器的运行与维护、工厂继电保护及整定计算、工厂常用二次回路的运行与维护、变频器的运行与维护、PLC的运行与维护、工厂节约用电管理、电气设备的安全管理及防火与防爆。

本书是从事电气设备运行与维护多年的高级工程师或高级技师实践工作经验的总结。可供从事工厂、企业电气设备运行与维护的专业技术人员使用，亦可作为高职高专供电技术、工业自动化等电气工程类师生参考学习，也可作为工厂、企业提高电气专业技术水平的培训教材。

图书在版编目（CIP）数据

工厂常用电气设备运行与维护/张方庆等编. —2 版. —北京：中国电力出版社，2017.1（2023.2重印）
ISBN 978-7-5198-0212-7

Ⅰ. ①工…　Ⅱ. ①张…　Ⅲ. ①电气设备–运行–教材②电气设备–维修–教材　Ⅳ. ①TM

中国版本图书馆 CIP 数据核字（2016）第 320654 号

中国电力出版社出版、发行

（北京市东城区北京站西街 19 号　100005　http://www.cepp.sgcc.com.cn）
北京九州迅驰传媒文化有限公司印刷
各地新华书店经售

*

2009 年 2 月第一版
2017 年 1 月第二版　2023 年 2 月北京第七次印刷
787 毫米×1092 毫米　16 开本　26.75 印张　628 千字
印数 9401—9900 册　定价 **81.00** 元

前　言

本书第一版自 2009 年出版以来，受到了广大电气专业技术人员的关注和好评，对工厂、企业电气设备的安全、可靠、长周期经济运行以及为实现企业经济效益最大化起到了积极的促进作用，得到了从事电气设备技术管理从业人员的青睐，已成为许多工厂、企业电气设备运行与维护技术培训及日常工作必备的技术手册之一。

本次修订在保持第一版编写理念的基础上，根据近几年一、二次电气设备及其新技术、新工艺的在工厂、企业的应用情况，结合编者在给相关企业电气专业技术人员培训时的经验，对第一版的内容进行修订、补充。删减了一些电气设备的基本知识、一些日常运行中故障概率很低的设备维护内容，以及一些已基本淘汰或即将淘汰的技术知识、方法，着重增加二次设备运行与维护内容，本次修订的主要内容如下：

（1）删除了母线、绝缘子、电力电缆及防雷设备的运行与维护内容。

（2）删减了电弧及电气触点、各种高低压电器的基本结构原理知识。

（3）删减了低压电器运行与维护内容。

（4）增加了主要电气设备常见故障诊断分析及处理方法的内容。

（5）增加了高低压电动机运行与维护的内容。

（6）增加了工厂常用继电保护整定计算内容。

（7）增加了工厂二次系统中自动控制、继电保护、电气测量回路等方面的典型故障分析与处理内容。

（8）增加了 PLC、变频器运行与维护的内容。

（9）增加了工厂电气设备节约用电及经济运行方面的内容。

通过本次修订，作品已涵盖了工厂绝大部分电气一、二次设备运行与维护的内容，包括目前已广泛用于工厂电气专业方面的新技术及方法，是提高读者电气专业技术、技能水平的重要书籍。

书中难免存在不妥和纰漏之处，敬请读者提出批评和指教，编者将不胜感谢！

编　者
2016 年 10 月

第一版前言

随着我国电力工业迅速发展，工厂、企业电气自动化程度越来越高，电气设备随之不断的改进、更新，但由于电气设备在运行过程中的故障或事故时有发生，一些维护方面的误判断、误处理，使得可以避免的事故没能防止或使事故扩大，造成不应有的损失，直接影响到企业的经济效益。因此，在生产过程中，如何加强对工厂、企业电气设备的运行与维护、正确果断处理设备的异常现象，并防止同类事故的再次发生，确保电气生产设备长期稳定运行，为企业创造最大的经济效益，是每一个电气技术人员所需要做的工作和考虑的问题。

本书结合目前我国工厂、企业的实际情况，详细介绍了工厂、企业常见的高压断路器、隔离开关、负荷开关、熔断器、变压器、互感器、绝缘子、母线、电力电缆、电力电容器、工厂防雷保护装置、工厂常用二次回路、工厂继电保护装置、常用低压电器、直流系统等运行与维护的实用知识，以及上述各种设备装置的运行与维护注意事项，常见故障的原因及其处理方法、预防性试验的方法及试验结果的分析判断，并介绍了电气设备的安全管理及防火与防爆。

本书力求内容完整，通俗易懂，并在编写过程中，参考、查阅了大量的文献资料，从中吸取了多年从事电气设备运行与维护的技术人员的经验和成果，在此向参考文献中所示的所有作者表示衷心的感谢！

由于编者水平有限，本书难免存在缺点和错误，敬请读者提出批评和指教，编者将不胜感谢！

编 者
2008 年 10 月

目　录

第一章

电力系统及工厂电气设备概述

第一节　电力系统概述

一、电力系统的构成

现代工业及整个社会生活中所应用的电力，绝大部分是由发电厂发出来的。电力从生产到供给用户应用，通常都要经过发电、输电、变电、配电、用电等五个环节。电力从生产到应用的全过程，客观上就形成了电力系统。严格来说，由发电厂的发电部分、输配电线路、变配电系统及用户的各种用电设备组成的整体称为电力系统，常简称系统，其示意图如图1-1所示。

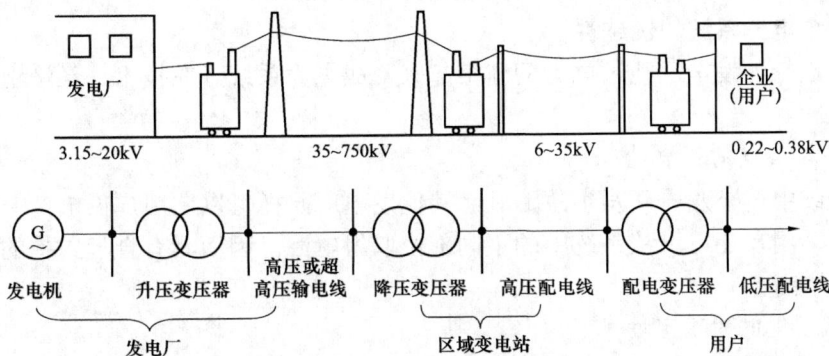

图1-1　电力系统示意图

发电厂是电力系统的中心环节，它是将其他形式的一次能源转变成电能的一种特殊工厂。按原动机的类别分为火力发电厂、水力发电站、潮汐发电站、风力发电站和核能发电厂等，此外还有地热发电、太阳能发电和沼气发电等。按发电厂的规模和供电范围又可分为区域性发电厂、地方发电厂和自备专用发电厂等。

火力发电厂利用煤、石油、天然气等燃料的热能将锅炉中的水变成高温高压蒸汽，推动汽轮机，带动发电机发电。

水力发电站利用河流的水能，推动水轮机，带动发电机发电。

潮汐发电站与水力发电站类似，通过出水库在涨潮时将海水储存在水库内，以势能的形式保存；在落潮时放出海水，利用高、低潮位之间的落差，推动水轮机旋转，带动发电机发电。

1

风力发电站利用风力带动风车叶片旋转，再透过增速机将旋转的速度提升，来促使发电机发电。

核能发电厂利用核燃料在反应堆中产生的热能，将汽锅中的水变为高温高压蒸汽，推动汽轮机组发电。

在电力系统中，各级电压的电力线路及其所联系的变电所称为电力网，它担负着输、变、配电的任务。电力网按供电范围和电压等级分为地方电力网和区域电力网。地方电力网一般电压等级为110kV及以下的电网。区域电力网供电范围广，电压一般为220kV及以上。电力网按其在电力系统中的作用，分为输电网和配电网。输电网是以输电为目的，采用高压或超高压将发电厂、变电所或变电所之间连接起来的送电网络。而直接将电能送到用户去的网络称为配电网或配电系统，它是以配电为目的。配电网一般又分为高压配电网（30～110kV）、中压配电网（6、10kV）和低压配电网（0.22、0.38kV）。

变电站是电力网的重要组成部分，是汇集电能、升降电压和分配电力的场所，是联系发电厂和用户的中间环节。变电站有升压和降压之分。升压变电站通常是发电厂的升压部分，紧靠发电厂；降压变电站通常远离发电厂而靠近负荷中心。根据变电站在电力网结构中所处的地位和供电的范围分为区域变电站、地方变电站和终端变电站等。

电力线路也是电力网的重要组成部分，它担负着输送电能和分配电能的任务。由电源向电力负荷中心输送电能的线路，称为输电线路或送电线路，其电压等级一般在35kV及以上；主要担负分配电能任务的、电压较低的线路称为配电线路。

二、联合电力系统的优越性

把各个运行的发电厂能过电力网连接起来形成电力系统，在技术、经济上的主要优点如下：

1. 提高了供电的可靠性

电力系统中一个发电厂发生故障时，其他发电厂照样可以向用户供电；一条输电线路发生故障时，用户还可以从系统中的不同部位取得电源。因而具有合理结构的电力系统的可靠性大为增高。

2. 提高了供电的稳定性

电力系统容量较大，即使有较大的冲击负荷，也不会造成电压和频率的明显变化。小容量电力系统或孤立运行的系统则不同，较大的冲击负荷很容易引起电压和频率波动，影响电能的质量。严重的甚至将系统冲垮，即系统或机组间解裂，造成整体供电中断。

3. 提高了发电的经济性

（1）充分利用动力资源。如果没有电力系统，很多能源就难以充分利用。在电力系统中可实现水电、火电之间的相互调度，丰水季节可多发水电，少发火电，节约燃料；枯水期则多发火电以补充水电。其他如具有不同调节性能和特性的水电之间以及风力、潮汐、太阳能和核电站等，只有与较大的系统相接，才能相互配合，实现经济调度，达到合理利用资源、提高经济效益的目的。

（2）提高发电的平均效率和其他经济指标。在大的电力系统内采用大容量的机组，获得较高的发电效率、较低的相对投资和较低的运行维护费用。此外，在电力系统中，在各发电厂之间可以合理的分配负荷，可以让效率高的机组多发电，在提高平均发电效率上实现经济调度。

（3）减小总装机容量。电力系统中的综合最大负荷常小于各发电厂单独供电时各地区最大负荷的总和，这是因为不同地区间负荷性质的差别、负荷的东西时差和南北季节差等。通过电力网将多个发电厂连接起来后有利于错开各地区的高峰负荷，导致减小系统中的综合最大负荷，从而减小了总装机容量。

三、对电力系统运行的基本要求

由于电能不能贮存，电力流程与其他产品的流程相比具有不同的特点：电能的生产、分配、输送、再分配直至消耗必须在同一时刻完成，这就是电力流程的连续性。根据这一特性，要使电力流程的最后环节——电能的消费得以维持，就必须随时保证电力流程的消费前环节不致中断。又由于电能的无比优越性，它已成为现代工业、农业生产和人民日常生活不可缺少的二次能源，是整个国民经济的"粮食"，对国民经济的发展起着强烈的制约作用；还由于社会经济的不断发展，电能的消费量越来越大，使电力工业成为巨大的经济部门，在国民经济中占有相当大比重。

基于电能的上述特点和电力工业在国民经济中的作用和地位，电力系统应满足以下基本要求：

1. 保证供电的安全可靠

电力系统因故停电会给工农业生产和人民日常生活带来不同程度的损失，可能使产量下降、产品报废、生产计划不能完成、生活受到干扰，严重的可导致设备和人身伤亡。

为了保证供电的可靠性，必须做到安全生产和安全用电。为此，应保证电力系统中各元件的质量，及时做好设备的正常维护及定期检修与试验；加强和完善各项安全技术措施，提高电力系统的运行和管理水平，杜绝可能发生的直接或间接的人员责任事故。

2. 保证电能的质量

衡量电能质量的指标有波形、频率和电压。通常要求电力系统的供电电压（或电流）的波形为严格的正弦波形，发电机和变压器的设计制造部门已考虑了这一要求，但在电能输送和分配过程中也要使波形不发生畸变，避免或消除再出现一些谐波源。电力系统运行中所说的电能质量主要指频率和电压两个指标。当频率和电压超过允许范围（见表 1-1 和表 1-2）时，可能造成企业减产，产出次品、废品，影响用电设备的安全运行，甚至引起人身设备事故。频率主要取决于电力系统中有功功率的平衡，电压则取决于无功功率的平衡，可通过调频、调压和无功补偿等措施来保证频率和电压的稳定。

表 1-1 我国电网频率允许偏差值

运行情况		允许频率偏差值（Hz）
正常运行	中小容量电网	±0.5
	大容量电网	±0.2
事故运行	30min 以内	±1
	15min 以内	±1.5
	绝对不允许	−4

表 1–2   我国对用户供电电压的允许变化范围

线路额定电压 U_e	正常运行电压允许变化范围
35kV 及以上	$\pm 5\% U_e$
10kV 及以下	$\pm 7\% U_e$
低压照明及农业用电	$(+5\% \sim -10\%) U_e$

3. 完成足够的发电功率和发电量

因为电力对国民经济的强烈制约作用，电力必须先行。故电力系统要超前搞好规划设计，不断增加投入；同时也要充分挖掘设备潜力，最大限度地向用户提供需要的电力。

4. 保证电力系统运行的经济性

要使电能在生产、输送和分配过程中效率高、损耗小、成本低，必须降低一次能源消耗率（每千瓦·时的煤耗、油耗或水耗）、厂用电率和线损率，使这三个指标达到最小，即经济运行。电能成本的降低不仅节省了能源，还将有助于用户生产成本的降低，给整个国民经济带来效益。要实现经济运行，除进行合理规划设计之外，还需对整个电力系统实施最佳经济调度。

四、电力系统中性点运行方式

电力系统中性点实际上指发电机和变压器的中性点。我国电力系统目前采用的中性点运行方式主要有三种，即中性点不接地、中性点经消弧线圈接地和中性点直接接地。采用前两种中性点运行方式的系统称为小接地电流系统；采用后一种中性点运行方式的系统称为大接地电流系统。中性点运行方式不同对电力系统的可靠性、设备的绝缘，通信的干扰以及继电保护等均有影响。

1. 中性点不接地（绝缘）系统

DL/T 620—1997《交流电气装置的过电压保护和绝缘配合》规定，3～10kV 不直接连接发电机的系统和 35、66kV 系统，当达到以下条件时，应采用不接地方式。

（1）3～10kV 钢筋混凝土或金属杆塔的架空线路构成的系统和所有 35、66kV 系统，单相接地故障电容电流不超过 10A 时。

（2）3～10kV 非钢筋混凝土或非金属杆塔的架空线路构成的系统，电压为 3kV 和 6kV，单相接地故障电容电流不超过 30A 时；电压为 10kV，单相接地故障电容电流不超过 20A 时。

（3）3～10kV 电缆线路构成的系统，单相接地故障电容电流不超过 30A 时。

中性点不接地系统发生单相金属性接地故障时，有以下特点：

（1）故障相对地电压为零，非故障相对地电压升高为线电压。因此在这种系统中相对地的绝缘水平应按线电压来考虑。

（2）线电压不变，三相系统仍然对称，可以继续运行。但为防止事故扩大，应尽快消除接地点，最多不超过 2h。

（3）接地点通过的容性电流为正常一相对地电容电流的 3 倍，容易在接地点形成持续性电弧（当电容电流大于 30A 时）或间歇性电弧（当电容电流大于 10A 小于 30A 时）。持续性电弧可能烧坏设备，引发相间短路扩大事故；间歇性电弧将导致相与地之间产生弧光过电压，其值可达 2.5～3 倍相电压峰值，危及设备绝缘。一般要求发电机内部电容电流小于 5A，6～10kV 电容电流小于 30A，35kV 及以上电容电流小于 10A。

2. 中性点经消弧线圈接地系统

在中性点不接地系统中，当接地点产生的电弧不能自行熄灭时，可在中性点与大地之间接入消弧线圈来熄灭电弧，即中性点经消弧线圈接地系统。

（1）中性点经消弧线圈接地系统正常运行时，在电源对称时，三相对地电容值相等，中性点对地电位为零，消弧线圈中无电流通过，流过地中的电容电流为零。

（2）中性点经消弧线圈接地系统发生单相接地时的电流、电压变化规律与中性点不接地时一样，仍可继续运行，但在 2h 内要消除故障，以保障系统安全运行。

3. 中性点直接接地系统

将系统的中性点直接接地，当发生一相接地时，中性点电位被接地体所固定，基本上仍保持地电位，必须立即切除故障线路，以免短路电流使导体发热、危及绝缘、烧坏电气设备和避免在接地点产生持续电弧。

中性点直接接地系统有如下优点：

（1）不需任何消弧设备，减少设备投资，运行维护也较简单。

（2）发生单相接地时，由于中性点电位和非故障相对地电压不升高，主绝缘水平可以以相电压为基准，降低了电网造价。电网电压越高，其经济效益越显著。

（3）彻底解决了接地点的接地电弧引起过电压的问题。

这种运行方式也存在缺点：① 一相接地故障后产生强大的单相磁场，干扰邻近的通信线路；② 由于单相短路电流大，引起系统电压降低，以致影响系统稳定，在大容量电力系统中，为了限制单相短路电流，只能将系统中的一部分变压器中性点直接接地，或在中性性点加装电抗器；③ 由于单相短路故障必须迅速切除，导致用户供电中断，为了克服这一缺点，提高供电的可靠性，在中性点直接接地系统的线路上需要装设自动重合闸装置，即当发生单相接地故障时，继电保护动作使断路器跳闸，经过一定延时后，又在自动重合闸装置的作用下断路器合闸，如果单相接地为永久性的，则继电保护再次加速使断路器跳闸，对极重要用户，为保证不中断供电应装设备用电源。

第二节　工厂电气设备概述

工厂企业电气设备主要包括一次设备和二次设备。一次设备是指生产、输送、分配电能的设备，将一次设备按设计或现场要求连接起来的电路称为一次接线或主回路；二次设备是指对一次设备或电力拖动的生产装置进行测量、控制、保证、监视的电气装置，二次设备及相关的连接回路称为二次回路。

一、工厂一次设备

1. 能量转换设备

发电机、变压器、电动机、蓄电池等属于能量转换设备。其中变压器的作用是将电力系统输送过来的电能电压等级变换成工厂实际需要的电压等级；发电机是将其他形式的能量转换成电能，供给工厂电力拖动的生产装置；电动机是将电能转换成生产机械装置需要的能量。

2. 开关设备

开关设备用于电路的接通或断开。当电路中通过电流，尤其通过很大的短路电流时，要开断电路很不容易，需要具备足够的灭弧能力。按作用及结构特点，开关设备分为以下几种：

（1）断路器。不仅可切断和闭合正常的负荷电流，也能切断和闭合短路电流。它是作用最重要、构造最复杂、功能最完善的开关设备。

（2）熔断器。不能接通和断开负荷电流，它专用于断开故障电流，切除故障回路。

（3）负荷开关。允许带负荷接通和断开电路，但其灭弧能力有限，不足以断开短路电流。将负荷开关和熔断器串联在电路中便大体上相当于断路器的功能。

（4）隔离开关。主要用于设备或电路检修时隔离电源，形成一个可见的、足够大的空气间距。

隔离开关因没有灭弧能力，不能断开负荷电流。若在负荷电流下错误地断开隔离开关，称为带负荷拉闸，会引起电弧短路，是一种严重的误操作，要避免。通常按功能可将开关电器分为保护电器、操作电器和隔离电器三类。熔断器属于保护电器；隔离开关是隔离电器；负荷开关为操作电器，有时也兼作隔离电器；断路器则既是保护电器，又是操作电器。

3. 载流导体

载流导体有母线、绝缘子和电力电缆等，用于电气设备或装置间的连接，通过强电流传递功率。母线是裸导体，需要用绝缘子支持和绝缘；电缆是绝缘导体，并具有密封的封包层以保护绝缘层，外面还铠装或塑料护套以保护封包。

4. 互感器

互感器分为电压互感器和电流互感器等，分别将一次侧的高电压或大电流按变比转变为二次侧的低电压或小电流，以用于二次回路的测量和保护。

5. 避雷器

避雷器主要用于主要电气设备的过电压保护。

二、工厂二次设备

各种电测仪表、继电保护装置、自动控制设备（包括控制装置及自动化元件）、信号、计算机监控系统、通信系统、视频监控系统等都属于二次设备。二次设备对保证一次电气设备安全可靠运行起到十分重要的作用，是工厂实现自动化生产、提高产品质量、提高生产效率、提高安全生产的主要保障。

第二章

高压开关电器的运行与维护

第一节 电弧现象及电弧的熄灭方法

电气设备、线路在发生短路时，短路点处会产生强烈的电弧；当开关电器切断有电流的电路时，只要触头间的电压高于10V、电流大于80mA，在触头间也会产生电弧。电弧就是电流流过气体介质的现象。开关电器刚刚分离后，在触头间发生电弧，就是电流从触头间流过，电路仍处于通路状态，只有当电弧彻底熄灭后，电路才真正断开。

电弧的产生条件很低，因此是电路断开过程中不可避免的现象。在正、负两个极间燃烧的电弧可分成三部分，如图 2-1 所示。靠近负极一个极小的距离称为阴极区，靠近正极附近极小的距离称为阳极区，阴极区和阳极区之间叫弧柱区，其尺寸随电弧的长短而变。弧柱区发光强，温度很高，弧柱的温度在 6000℃以上；而阴极区与阳极区由于受到电极传导散热等原因的影响，温度较低，但在阴极区与阳极区的个别点上温度特别高，特别明亮，叫作阴极斑点与阳极斑点。此外，电弧是正在导电的气体，质量小、容易变形、能迅速移动。如果在开关电器内电弧长久不熄灭，就会造成烧坏触头和触头附近绝缘的后果，并延长了断路时间，甚至使油断路器内的油不断汽化，压力不断增加，引起爆炸。我们研究电弧的目的，在于了解电弧的形成过程、特性和熄灭电弧的方法。

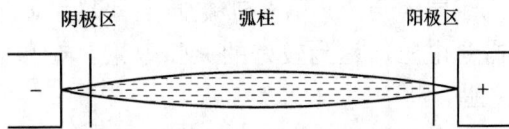

图 2-1 电弧示意图

一、电弧的形成

电弧是气体放电的现象，气体在正常条件下是绝缘介质，虽然气体的原子内也有电子存在，但这些电子受原子核中正电荷的吸引，只能在围绕原子核的轨道上运动，成为束缚电子，不能起导电作用。要导电必须有大量的带电粒子作定向运动，而带电粒子主要是自由电子。

自由电子主要由热电子发射和强电场发射产生。当开关电器的触头分开时，触头间的接触压力及接触面积逐渐减小，接触电阻增大，触头分离到最后只剩下几处点接触时，电流流过会使这些点急剧发热，温度升高而发射电子，即热电子发射；金属内部的自由电子在强大电场力的作用下被拉出来，称为强电场发射，当开关电器的动静触头刚分开、距离极小时，即使在低压电路中，触头间的电场强度 $E=U/d$ 仍可达到极大的数值，电场强度超过 10^5V/cm 时，就有显著的强电场发射现象。

在电场的作用下，触头间的自由电子向着阳极加速运动，能量逐渐增加，并在运动的过程中不断地与其他中性粒子（原子或分子）发生碰撞。若运动着的自由电子具有足够大的动能时，则能从中性粒子中打出一个或几个电子，使中性粒子游离，形成自由电子和离子，这种现象称为气体的碰撞游离，又叫电场游离。新形成的自由电子也以高速向阳极运动，当碰撞其他中性粒子，又将产生碰撞游离。这样连续发生碰撞，使介质中带电粒子大量增加，弧隙中的电导逐渐增大，当碰撞游离达到一定强度，带电粒子累积到一定数量时，介质的导电性质发生改变，由绝缘体变成了导体，在外加电压的作用下，电流流过触头间的间隙，发生刺眼的白光，产生电弧，这种现象称为介质的击穿，使触头间介质击穿的外加电压，称为破坏性放电电压。

二、交流电弧的熄灭方法

根据电弧中物理过程与特性，在高压断路器中，设有专供灭弧用的灭弧室；在低压电器中也设有灭弧栅。在开关电器中，加速电弧熄灭的基本方法主要有以下几种：

1. 利用气体吹动灭弧

按照气体吹动方向的不同，利用气体吹动灭弧方法可分为纵向吹动（简称纵吹）灭弧和横向吹动（简称横吹）灭弧两种，如图 2-2 所示。

采用横向吹动灭弧，使未游离的低温气体穿过弧柱中心区，吹动的气流带走大量的带电质点和热量，形成强迫扩散和降温；横向吹动电弧的另一个作用是拉长电弧，增大电弧周长与截面之比，同样加强复合与扩散。采用横向吹动灭弧明显提高电弧的弧隙击穿电压而使电弧加速熄灭。

采用纵向吹动灭弧，使未游离的低温气体沿着弧柱的表面逐渐向弧柱中心区深入，气流同样会带走许多带电质点和热量，形成强迫扩散和降温，同样明显提高电弧的弧隙击穿电压，达到较好的灭弧效果。在相同的工作条件下，纵吹灭弧较横吹灭弧效果要差一些。

利用气体或油气混合物吹动电弧是加速电弧熄灭的基本方法之一，它广泛地应用于高压断路器之中。吹弧的气体介质可用压缩空气、SF_6 气体或者用绝缘油、固体有机介质在电弧高温下产生的气体。

2. 采用多断口灭弧

在高压断路器中，将一相触头的断点制造成两个或多个串联的断口。当断路器断开时，多断点同时断开，加速电弧熄灭，该方法称为多断口灭弧，如图 2-3 所示。当一相断路器触头选用 n 个断点时，在断路过程中形成 n 个电弧相串联的燃弧方式，在外电路条件不变的情况下，加至每个断口上的电压仅为每相为单断口的 $1/n$，显然，采用多断口灭弧是通过降低每个断口的恢复电压达到加速熄弧目的的方法。多断口灭弧适用于加速高压长弧的熄灭。每相断口较多时（如每相断口为 4~6 个），为使每个断口上的恢复电压均匀一致，常在各个断口上并联接入容量相同的高压电容器进行均压（其电容量一般为 1000~2000pF），断口上并联接入均压电容后，一般能保证各个断口的实际电压值与均匀分布电压值之差小于 10%。

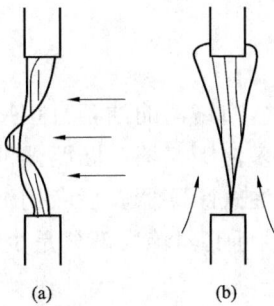

图 2-2　气体吹动灭弧
（a）横吹灭弧；（b）纵吹灭弧

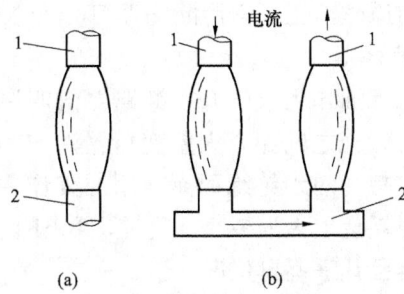

图 2-3　多断口灭弧
（a）每相单断口；（b）每相双断口
1—静触头；2—动触头

3. 利用电弧与固本介质接触灭弧

当电弧与石英砂、瓷或石棉水泥等耐高温的固体介质接触时，固体介质表面的带电质点使电弧的复合速度大大加快，并能加速降温，这种加速熄弧的方法称为利用电弧与固体介质接触灭弧。该方法主要适用于 10kV 及以下的高压断路器、低压开关和有填料的熔断器之中。

4. 将电弧分为多个串联短电弧灭弧

将电弧分为多个串联短电弧，加速电弧熄灭的方法又称为金属灭弧栅灭弧。利用金属灭弧栅加速熄弧，是低压开关中常用的灭弧方法之一。

利用金属灭弧栅加速熄弧示意图如图 2-4 所示。动、静触头之间产生电弧时，电弧 5 恰好处于金属栅片的下部［图 2-4（b）中的位置 A］。这时弧柱轴线位置与钢质的金属栅片 2 垂直，弧电流在弧柱周围的磁力线图经磁阻最小的路径构成回路，因此电弧在金属栅片的开口处不断上移，直到电弧抵达金属栅片上方［图 2-4（b）中的位置 B］才停止移动。这样，

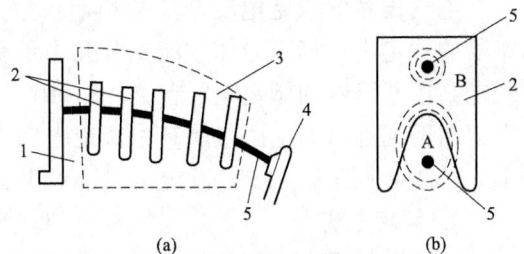

图 2-4　利用金属灭弧灭弧
（a）灭弧栅示意图；（b）灭弧栅片
1—静触头；2—金属栅片；3—灭弧罩；
4—动触头；5—电弧

原有的一个电弧被多个金属栅片分为多个串联的短电弧，弧电流再次经过零值时所有短电弧几乎同时熄灭。电弧暂时熄灭之后，低压外电路再加到每个短电弧的恢复电压远小于近阴极效应所要求的 150～250V 击穿电压。因此，在多个串联短弧形成以后，当弧电流再一次过零值，电弧便会彻底熄灭。

金属栅片是用钢板冲压制成的，为了防止金属栅片腐蚀，在其外表面镀铜。运行中金属栅片与灭弧罩在电弧高温作用下会逐渐损坏，当金属栅片和灭弧置损伤严重时，要及时更换，否则会影响其开断能力。

第二节　高压断路器的运行与维护

高压断路器在电路正常工作时用来接通和开断负载电流（起控制作用），在发生短路时通过继电保护装置的作用将故障线路的短路电流开断（起保护作用）。根据所采用的灭弧介

质及其作用原理，工厂常用断路器可分为以下几种：

1. 油断路器

采用绝缘油作为灭弧介质断路器的叫油断路器。其中，断路器的油箱直接接地，并在带电部分与箱壳之间充有大量变压器油作为主绝缘的，叫多油断路器；断路器油箱带电，并用绝缘支持和对地绝缘而无需用油来作主绝缘的叫作少油式断路器。后者用油量少，体积和钢材消耗量也大为减小。目前，我国生产的多种高压油断路器绝大部分是少油断路器，多油断路器已几乎不再生产。

2. SF_6 断路器

采用具有优良灭弧性能和绝缘性能的 SF_6 气体作灭弧介质的断路器，称为 SF_6 断路器。这是一种新型断路器，具有开断能力强、快速、检修周期长和体积小等到优点。一般用于110kV 及以上电压等级，多与配电装置中的其他电器如互感器、母线等一起构成封闭式组合电器，可大量节省布置场地和建筑面积。

3. 真空断路器

利用真空的高介电强度来灭弧的断路器，称为真空断路器。它具有灭弧速度快、寿命长、检修周期长、体积小等优点，目前在 10、35kV 配电装置中得到广泛应用。

一、高压断路器的基本技术参数

1. 额定电压

电气设备的额定电压是指按长期正常工作时具有最大经济效益所规定的电压。高压断路器的额定电压指其导体载流部分允许承受的（线）电压，GB/T 156—2007《标准电压》规定高压断路器的额定电压有 3、6、10、35、60、110、220、330、500、750kV 等各级。由于网不同地点的电压可能高出额定电压 10%左右，故制造厂家规定断路器的最高电压对于 6～220kV 的为 1.15 倍额定电压，对于 330kV 及以上为 1.1 倍额定电压。

2. 额定电流

断路器的额定电流是指在规定的环境下，当断路器的绝缘和载流部分不超过其长期工作的最高允许温度时，断路器允许通过的最大电流。

GB/T 156—2007 规定，断路器的额定电流有 200、400、630、1000、1600、2000、2500、4000、5000、63 000、8000、10 000、12 500、16 000、20 000A 各级。

3. 开断电流

断路器的开断电流是指在额定电压下能可靠开断的最大短路电流的有效值，它表征断路器的开断能力。由于开断电流与电压有关，当断路器降低电压等级使用时（如 10kV 的断路用于 3～6kV 电网）时，具有相应增大的开断电流。GB/T 156—2007 规定额定开断电流有 1.6、3.15、6.3、8、10、12.5、16、20、25、31.5、40、50、63、80、100kA 等级。断路器的开断能力也可用开断容量来表述。

4. 动稳定电流

断路器的动稳定电流表明断路器在冲击作用下承受电动力的能力，该值不会小于开断电流的 2.55 倍。

5. 热稳定电流

断路器的热稳定电流表明断路器承受短路电流热效应的能力，用通电时间（一般取 4s）

和最大电流有效值来综合表示。

6. 开断时间

从操动机构跳闸线圈接通工作电源起，到三相电弧完全熄灭时止的一段时间称为断路器的开断时间，它等于断路器的固有分闸时间和熄弧时间之和。

7. 合闸时间

从断路器合闸线圈加上电压起，到断路器接通时为止的一段时间称为断路器的合闸时间。它与合闸操作时间不同，后者还应增加操作开关（或自动装置）的接通时间和合闸接触器的合闸时间。

二、高压断路器的日常维护与故障处理

（一）高压断路器的巡视

断路器在投入运行 72h 后转入正常的巡视，在有人值班的场所每天当班巡视不应少于 1 次，而正常运行巡视的项目有：

1. 油断路器的日常巡视项目

（1）断路器分、合位置指示正确，并与实际运行工况相符。

（2）主触头接触良好、不过热，主触头外露部分的示温蜡片不熔化，变色漆不变色。

（3）本体和套管的油位于正常范围内，油色透明无炭黑悬浮物。

（4）无渗、漏油痕迹，放油阀关闭紧密。

（5）套管、绝缘子无裂痕，无放电声和电晕现象。

（6）引线的连接部位接触良好，无过热现象。

（7）排气装置完好，隔栅完整，接地良好。

（8）户外式油断路器防雨罩无异物堵塞，如鸟窝等。

（9）注意断路器的环境条件，户外断路器栅栏完好，设备附近无杂草，配电室内的门窗、通风及照明良好。

2. 真空断路器的日常巡视项目

（1）断路器分、合闸位置指示正确，并与当时实际运行工况相符。

（2）支持绝缘子无裂痕及放电异声。

（3）真空灭弧室无异常。

（4）断路器金属外壳接地完好。

（5）引接接触部分无过热。

3. 电磁操动机构的日常巡视项目

（1）机构箱门平整，开启灵活，关闭紧密。

（2）检查分、合闸线圈及合闸接触器线圈无冒烟及异味。

（3）操作电源回路接线端子无松脱、无铜绿或锈蚀。

（4）传动系统轴销无松脱。

（5）电加热器正常完好。

4. 弹簧操动机构的日常巡视项目

（1）机构箱门平整，开启灵活，关闭紧密。

（2）断路器在运行状态，储能电机的电源闸刀或熔芯在闭合位置。

（3）检查储能电机、行程开关触点无卡住和变形，分、合闸线圈无冒烟异味。

（4）断路器在分闸备用状态，分闸连杆应复归，分闸锁扣到位，合闸弹簧应处在储能状态。

（5）电加热器正常完好。

5. 液压操动机构的日常巡视项目

（1）机构箱门平整，开启灵活，关闭紧密。

（2）检查油箱油位正常，无渗漏油。

（3）高压油的油压在允许的范围内。

（4）每天记录油泵电机启动次数。

（5）机构箱内无异味。

（6）电加热器正常完好。

（二）断路器的操作

1. 断路器的一般操作要求

（1）断路器经检修恢复运行时，操作前应检查检修中为保证人身安全的安全措施（如接地线等）是否全部拆除，防误闭锁装置是否正常。

（2）长期停运的断路器在正式执行操作前应通过远方控制方式进行试操作 2～3 次，无异常后方能按操作票拟定的方式操作。

（3）操作前应检查控制回路、辅助回路、控制电源（气源）或液压回路均正常，储能机构已储能，即具备运行操作条件。

（4）操作中应同时监视有关电压、电流、功率等表计的指示及信号灯的变化，操作把手不宜返回过快。

2. 正常运行的断路器操作时检查事项

（1）油断路器油位、油色是否正常。

（2）SF_6 断路器气体压力和真空断路器真空度是否在规定的范围内。

3. 操作断路器时操动机构应满足条件

（1）电磁机构在合闸操作过程中，合闸线圈端子电压、合闸接触器线圈电压均在合格范围。

（2）操动机构箱门关好，栅栏门关好并上锁，脱扣部件均在复归位置。

（3）弹簧机构合闸操作后应自动再次储能。

4. 运行中断路器几种异常操作的规定

（1）电磁机构严禁用手力杠杆或千斤顶的办法带电进行合闸操作。

（2）无自动脱扣的机构严禁就地操作。

（3）以可控硅整流合闸电源的电磁操动机构，如合闸电源不符合要求的，不允许就地操作。

（4）液压操动机构，如因压力异常导致断路器分、合闸闭锁时，不准擅自解除闭锁进行操作。

5. 断路器故障状态下的操作规定

（1）断路器运行中，由于某种原因造成油断路器严重缺油、空气和 SF_6 断路器气体压力异常（如突然降至零等）时，严禁对断路器进行停、送电操作，应立即断开故障断路器的控制电源及操作电源，及时采取措施，断开上一级断路器，将故障断路器退出运行。

（2）断路器的实际短路开断容量接近于运行地点的短路容量时，在短路故障开断后禁止强送，并应停用自动重合闸。

（3）操作分相操作的断路器发生非全相合闸时，应立即将已合上相拉开，重新合闸一次，如仍不正常，则应拉开合上相并切断该断路器的控制电源，查明原因。

（4）操作分相操作的断路器发生非全相分闸时，应立即切断控制电源，手动将拒动相分闸，查明原因。

（三）断路器的技术监督

1. 断路器的运行监督

（1）每年对断路器安装地点的母线短路容量与断路器铭牌作一次校核。

（2）应对每台断路器的年动作次数做出统计，正常操作次数和短路故障开断次数应分别统计。

（3）定期对断路器做运行分析并做好记录备查，不断累积运行经验，运行分析的内容包括：

1）设备运行异常现象及缺陷产生的原因和发展规律，总结发现、判断和处理缺陷的经验，在此基础上作事故预想。

2）发生事故和障碍后，对故障原因和处理对策进行分析，总结经验教训。

3）根据设备及环境状况作出事故预想。

2. 断路器的绝缘监督

（1）断路器除结合设备大修进行绝缘试验外，还应按 DL/T 596—1996《电气设备预防性试验规程》进行预防性试验。

（2）大型工厂企业应有当年断路器绝缘预防性试验计划，值班人员应监督其执行，试验中发现的问题已处理的记入设备专档，未处理的记入设备缺陷记录簿。

3. 断路器的检修监督

（1）大型工厂企业应有安排于当年执行的断路器大、小修计划，周期及项目按企业制订的断路器检修规程执行。

（2）值班人员应监督断路器大、小修计划的执行，大修报告存入设备专档，未能消除的缺陷记入设备缺陷记录簿。

（3）值班人员应及时记录液压机构油泵启动情况及次数，记录断路器短路故障分闸次数，为临时性检修提供依据。

4. 断路器绝缘油油质监督

（1）新油或再生油使用前应按 DL/T 596—1996《电气设备预防性试验规程》规定的项目进行试验，注入断路器后再取样试验，结果记入专档。

（2）运行中绝缘油应按 DL/T 596—1996《电气设备预防性试验规程》进行定期试验。

（3）绝缘油试验发现有水分或电气绝缘强度不合格以及可能影响断路器安全运行的其他不合格项目时应及时处理。

（4）油位降低至下限时，应及时补充同一牌号的绝缘油，如需与其他牌号混用需做混油试验。

5. 断路器 SF_6 气体气质监督

（1）新装 SF_6 断路器投运前必须复测断路器本体内部气体的含水量和漏气率，灭弧室气室的含水量应小于 150×10^{-6}（体积比），其他气室应小于 250×10^{-6}，断路器年漏气率小于 1%。

（2）运行中的 SF_6 断路器应定期测量 SF_6 气体含水量，新装或大修后，每三个月一次，待含水量稳定后可每年一次，灭弧室气室含水量应小于 300×10^{-6}（体积比），其他气室小于 500×10^{-6}。

（3）新气及库存 SF_6 气应按 SF_6 管理导则定期检验，进口 SF_6 新气也应复检验收入库，检验时按批号做抽样检验，分析复核主要技术指标，凡未经分析证明符合技术指标的气体均应贴上"严禁使用"标志。

（4）新装或投运的断路器内的 SF_6 气体严禁向大气排放，必须使用 SF_6 气体回收装置回收。

（四）断路器的不正常运行与事故处理

1. 断路器拒绝合闸的原因及处理

（1）断路器操作和合闸电源电压过高或过低。断路器操作和合闸电压过高时，对长期带电的继电器、指示灯等容易造成过热或损坏，不仅增加分、合闸线圈发热，同时电磁铁铁芯磁通饱和，引起铁芯过热；电压过低时，可能造成断路器、保护的动作不可靠，甚至引起分、合闸线圈中电流增加而过热或烧毁。所以直流母线电压允许变化范围一般是±10%，而直流母线电压的高低取决于直流电源电压，对于采用蓄电池或电容储能作为直流电源的电站，通常由硅整流装置作为充电设备。硅整流装置又分为有整流变压器和无整流变压器两种，有整流变压器的硅整流装置的交流电源取自厂用电 380V 交流电源，经整流得到 220～240V 的直流电源。无整流变压器硅整流装置的交流电源同样取自厂用电，对 220V 的直流电源，又分为两种情况，一种是直接把整流器的输入端接在 380V 交流电源上，输出直流平均电压为 257V，比 220V 高出 15%，可用来补偿合闸回路的压降；另一种是直接把整流器的输入端接在 220V 交流电上，输出直流电压保持在 195～200V 的范围，能够满足断路器分、合闸要求。

蓄电池组按浮充运行方式工作时，浮充整流器平时供给母线上的经常性负荷，同时以不大的电流向蓄电池浮充电，以补偿蓄电池自放电消耗的电量，使蓄电池经常处于满充电状态，蓄电池组主要负担短时的冲击负荷。蓄电池在进行充电和放电时端电压变化较大，依靠手动端电池调节器调节蓄电池组接入母线的个数，以维持直流母线电压恒定，避免断路器合闸回路电压过高，若调节不及时，就会出现电压过高现象；当交流系统发生故障，浮充整流器断开时，蓄电池组将转入放电状态，承担全部直流负荷。随着蓄电池单独供电时间的延长及自放电损失，蓄电池端电压随之下降，若调节不及时，就会出现电压过低现象。如电压低到 150V 左右，一般是三相硅整流器缺一相电源所致。

处理的方法：

1）查控制回路电压是否低于或超过其额定工作电压范围，可以 $105\%\sim80\%U_n$ 作为额定工作电压范围。

2）电源电压不在该范围内，则应调节直流电源的电压调节装置至规定值。

3）电压过低，还应检查硅整流器电源熔体及站用变压器熔体是否熔断，检查所用电交流电压是否过低。

4）如有蓄电池的工厂还应检查蓄电池组是否有故障。应检查每只蓄电池的电压；若发现某个电池低于规定值，一定要及时将其调换下来作单独充电处理。这种已提前出现老化、容量降低甚至全丧失容量的蓄电池，在放电过程中，尤其在合闸电流的冲击下，其电压可能很快下降到零点几伏。

（2）合闸接触器失压或欠压故障。直流电源故障、控制回路熔体熔断、合闸接触器回路各元件连接线断线、接头或元件触点接触不良、断路器辅助触点闭合不好、短接合闸接触器的两点接地，这些故障都会使合闸接触器失压或欠压，导致断路器拒绝合闸。

例如，某工厂的 35kV 进线在恢复送电时，断路器几次合闸都不成功。经检查，合闸机构正常，直流电源无接地。在测量合闸回路绝缘电阻时，发现测量结果低于正常值。经仔细查找，原来是在户外的端子箱内部受潮严重，端子排锈蚀，正电源端子处接触不良，在合闸时端子排处有很大的电压降，使合闸电压大大降低，造成合闸接触器吸合力不足，机构动作不到位甚至不动作。针对这一情况，可将端子箱进行干燥处理，更换端子排，并在端子箱上开通风口。经处理后，合闸操作恢复正常。

（3）合闸接触器故障。合闸接触器线圈断线、接触器铁芯被卡住或弹簧反作用力过大，都会使接触器触点无法闭合，导致断路器拒绝合闸。

对合闸控制回路不通故障的检查方法如下：

首先根据故障现象判断是否属于断路故障，然后根据可能发生断路故障的部位确定断路故障范围，最后利用检测工具找出断路点。由于合闸控制回路较长、元件较多，如果逐个元件查找，太费时间，而且有时为了不影响其他控制回路的正常工作，必须带电进行检查，所以最好是用对地电位法分段检查断线故障点，也可采用电压法等方法。

1）电压法。电压法的基本原理是：当电路有断路点时，电路中没有电流通过，电路中各种降压元件已不再有电压降落，电源电压全部降落在断路点两端，因而可通过测量两点之间有无电压，逐步缩小确定断路故障的范围，最终找出断路故障点。常用检测仪表为通用型万用表，可选择大于或等于直流电源电压的挡位。

2）电位法。电位法的基本原理是：断路点两端电位不等，断路点一端与电源一端电位相同，断路点另一端与电源另一端电位相同，因而可以通过测量电路中各点电位判断断路点。常用万用表或试电笔作为检测工具。试电笔实际上是一种显示带电体对地电位为高电位的工具，可通过试电笔测量（显示）电路中各点的电位来检测断路故障，检测方法是：在用试电笔从正极控制母线沿控制回路向负极控制母线逐段试电过程中，必然会找出试电笔的氖管由后端明亮转为前端明亮且亮度减弱的线段，该线段即为断路点所在范围，同理逐步缩小范围，直至查出断路点所在位置。用万用表检测的方法是：把万用表调至直流电压挡，将万用表负极接地，用万用表正极接设备带电部分，如果表针正指，此处即是正电位；表针反指（小于零），此处即是负电位；表针指零，说明此处无电压，亦即此处两端都有断路点。

3）电阻法。如果允许控制母线断开直流电源进行检查断路点，也可采用电阻法。电阻法的基本原理是：电路出现断路故障以后，断路点两端电阻为无穷大，而其他各段电阻相对较小或近似为零，因此可以通过测量各线段电阻值查找断路点。检测电阻值一般采用万用表欧姆挡，且一般选择 R×10 或 R×1 的位置。不要选择 R×1k 以上的高阻挡，以免发生误差。对控制回路接触不良的检查同样可以采用电压法、电位法或者电阻法，被检查的线段或触点、端子、元件两端电压或电阻或电位发生异常变化，即为接触不良所致。

对接触器铁芯被卡或弹簧压力过大的故障处理方法如下：

1）检查电磁线圈通电后产生的电磁力是否足以克服弹簧的反作用力。若属于线圈问题就应更换线圈，若属于弹簧压力过大，则应对弹簧的压力作相应的调整，必要时进行更换。

2）检查接触器铁芯是否被卡，若铁芯被卡，则应进行拆检、清洗、修整，必要时调换配件。

（4）合闸回路故障。

1）合闸线圈失压或欠压故障。合闸电源故障、合闸回路的熔体熔断、连接线断线或接触不良、合闸接触器触点未能闭合都会使合闸线圈失压或欠压，导致断路器拒绝合闸。其处理方法与断路器控制回路故障处理方法相同。例如，某厂一台 ZN10—35 型真空断路器配用 CD10—Ⅵ电磁操动机构，在安装使用时几次合闸都没有成功。检查机构各部位及辅助触点均未见异常，调节拐臂拉杆行程也不管用，于是怀疑合闸力矩不足，便对合闸线圈参数进行核实，测量直流电阻没有问题。但在拆线圈时发现引线的固定螺丝没有压紧。经分析，可能是由此引起的合闸回路接触电阻过大，导致电压降过大，线圈电流过小，合闸力矩不足。经压紧螺丝后，重新合闸，一次成功。

2）合闸线圈断线，匝间短路或绝缘损坏。

3）合闸线圈烧毁故障。断路器合闸线圈的额定电流也是按短时通电设计的，合闸母线熔断器熔体选择过大，同时出现机械操动机构调整不当，导致合闸过程中合闸线圈通电时间过长，这是合闸线圈烧毁的主要原因。

为防止合闸线圈被烧毁，其注意事项如下：

1）合闸母线上熔断器熔体的额定电流必须控制在合闸线圈工作电流的 1/4～1/3 范围以内，不应过大。

2）断路器在投入使用之前，必须根据要求进行全面调整。最好先进行人工手动合、分闸试验，尽量避免机械故障，在这些工作完毕后，方可进行电动操作。

3）在调试中，应加强观察与监视，安排专人观察直流控制电源回路中的电流表。正常情况下，合闸时有一较大电流，合闸后应迅速减小。如果电流表的较大电流指示不能迅速减小，应立即切断电源，查明原因并处理，以免事故扩大。

4）在运行中，应尽量避免频繁操作。因分、合闸线圈的电流还与电磁铁芯磁路有关，衔铁闭合后，磁路磁阻小，励磁电流大，衔铁闭合的线圈电流接近或等于线圈额定电流，该电流也只能按短时通电设计。短时间的频繁操作使分、合闸线圈来不及散热而过热，加之线圈刚加电压时，衔铁处在打开位置，空气距离大，磁路磁阻大，产生相同磁通所需线圈励磁电流大，一般衔铁启动时，励磁电流比闭合时要大几十倍。频繁操作让这种电流累计时间较长地通过分、合闸线圈，易使分、合闸线圈烧毁。

5）在合闸操作时，手动控制转换开关停留在合闸位置的时间不宜过长。要防止断路器辅助触点因断路器机械故障未能断开，而使合闸接触器触点未能切断合闸回路，导致合闸线圈通电过长而过热甚至烧毁。如果监视断路器状态的绿灯在常规的时间内不灭，应立即松手。

6）应检测与合闸接触器线圈串联的绿灯监视回路电阻值是否足够大。正常合闸操作，若绿灯不灭且导致合闸线圈烧毁，则说明除机械故障导致断路器辅助触点未能断开外，绿灯监视回路导致了合闸接触器触点未能返回。合闸接触器启动电流大，设计的绿灯监视回路不足以使合闸接触器启动，但电动合闸或重合闸装置启动合闸接触器后，维持其触点闭合的电流并不需要启动电流那样大。只要发生断路器辅助触点未能断开，绿灯监视器回路电流有可能使合闸接触器保持在吸合状态，若合闸控制转换开关触点或重合闸出口继电器触点未被粘住，则必然是绿灯监视回路电阻不够大所致。

为防止该类故障发生，设计的绿灯监视回路电流应小于合闸接触器返回电流。对于投入使用的控制电路，检修时应测试绿灯监视回路，若绿灯热态电阻或附加电阻偏小，则应更换。例如，某单位曾多次发生少油断路器合闸线圈烧毁事故，后经分析，其主要原因是由于在重合闸时，断路器拒绝合闸，分闸指示灯（25W）仍亮，其回路中仍有 100mA 左右的电流。这个电流使合闸接触器保持在吸合状态，导致合闸线圈通电时间过长而烧毁。为防止故障重演，该单位采用氖灯或发光二极管替换合闸指示灯，在回路中串接一个 20kΩ、2W 的电阻，使回路电流大大减小，解决了断路器合闸线圈烧毁的问题。

（5）断路器合闸铁芯动作失灵故障。

1）合闸铁芯未动作。除上述合闸回路故障以外，合闸铁芯严重卡塞也是造成合闸铁芯动作失灵的原因之一。

2）合闸铁芯动作，但仍不能合闸。因安装调试不当等机械原因，导致合闸铁芯动作失灵的情况如下：

a. 合闸线圈内的套筒安装不正或变形，影响合闸线圈铁芯的冲击行程，或者合闸线圈铁芯顶杆太短，定位螺丝松动等使铁芯顶杆松动变位。

b. 操动机构安装不当，使机构在分闸后卡住未能复位。

上述故障的处理方法如下：

a. 对铁芯动作行程不够故障，应重新安装，手动操作试验，观察其铁芯的冲击行程并进行调整。

b. 对铁芯顶杆松动变位故障，可调整滚轴与支持架间的间隙为 1～1.5mm，调整时将顶杆往下压，然后在顶杆上打冲眼、钻孔，并用两个定位螺钉固定。

c. 对操动机构卡住未能复位故障，应检查各轴及连板有无卡阻现象，如双连板的机构与其轴孔是否一致、轴销有无变形、连板轴孔是否被开口销卡塞的现象等，根据检查结果作相应的处理。

2. 断路器拒绝分闸的原因及处理

常见断路器拒绝分闸的电气故障原因主要有：

（1）断路器分闸线圈失压或欠压故障。

1）控制回路熔断器熔体熔断。除熔体选择、安装、运行等自身原因外，因控制回路中电压线圈匝间短路、分压元件被短路、发生电源正负两极两点接地短路等，都会导致熔体熔断。操动机构控制回路因熔体熔断而无直流电源，使操动机构不能分闸。

处理方法：检查熔体熔断的原因，必要时更换熔体。

2）分闸线圈回路断路或接点接触不良。分闸线圈回路各元件连接线断线，连接线松脱，元件触点接触不良，控制开关的触点不能接通，继电保护失灵，其出口触点未能闭合，断路器的辅助触点闭合不好，都无法使分闸线圈通电分闸。

处理方法：逐段检查。详见断路器拒绝合闸的电气故障处理。对辅助触点接触不良，应按照产品使用说明书的技术要求，调整辅助开关拐臂与连杆的角度以及拉杆与连杆的长度，使之符合要求并更换锈蚀和损坏的触头片。

3）电源电压过低。因直流电源电压低于分闸线圈的最低动作电压，致使分闸时虽然动作却不能分闸。

处理方法：调整直流电源电压，使之适合分闸线圈的额定电压。当电源电压调整后，应在断路器处于分闸位置时测量分闸线圈电压降，其值不小于电源电压的 90%才为合格。具体方法是：将保护跳闸回路接通，用高内阻直流电压表（万用表即可）并联在分闸线圈两端，短接分闸回路中断路器辅助触点使分闸线圈动作，即可读出分闸线圈电压降。

4）控制回路两点接地故障。当发生两点接地故障，保护动作或操作控制开关进行分闸时，可能造成继电器或分闸线圈电流回路被分流，不但造成断路器拒绝分闸，而且会引起电源短路，造成熔体熔断，同时有烧坏继电器触点的可能。此时应检查控制回路电缆的绝缘电阻，查出接地点，予以消除。

（2）断路器分闸线圈故障。

1）分闸线圈断线。一般控制回路都设有断路器运行监视回路，即装设断路器合闸位置指示灯。分闸线圈断线将导致合闸指示灯不亮，很容易被发现。

2）分闸线圈匝间短路。分闸线圈发生较少匝数之间短路时，轻者分闸时因分闸线圈铁芯磁势下降而使断路器拒绝分闸，重者因短路点发热最终造成烧坏线圈；较多匝数之间短路时，除上述情况外，还会出现红灯亮度略有增加，分闸时还可能造成控制回路熔体熔断。

3）分闸线圈最低动作电压整定过高。分闸线圈动作电压在额定电压的30%～65%时应能可靠分闸，不可随便提高最低动作电压，否则易导致断路器拒绝分闸，最终还会造成分闸线圈烧毁。

4）分闸线圈烧毁。断路器控制电路一般都装有跳跃闭锁装置，依靠跳跃闭锁继电器来防止跳跃现象的发生。无论是控制开关还是由保护装置去跳闸，电源电压加到分闸线圈上的同时，与其串联的跳跃闭锁继电器的电流线圈也被激励，其自保持触点闭合实现自保持，直至断路器动、静触头分断后，串联在分闸线圈回路的断路器辅助触点才断开，以确保可靠分闸。断开断路器辅助触点的目的是为了分闸线圈实现短时通电，若这种情况下因故断路器辅助触点未能正常断开，无法切断自保持回路，则分闸线圈就会因长期通过大电流而被烧毁。由于分闸线圈是按短时通过大电流设计的，对于 220V 的直流电源，分闸线圈的电阻值是 88Ω，220V 电压全部加在分闸线圈上将有 2.5A 的电流通过，即分闸线圈的额定电流就是 2.5A，对于 110V 的直流电源，分闸线圈的额定电流为 5A。所谓通过大电流，其大小就是指通过分闸线圈的电流接近于分闸线圈的额定电流。如果值班人员没有及时发现并处理，分闸线圈将发热直至烧毁。同时会造成跳跃闭锁继电器的电流线圈及其自保持触点、保护出口继电器触点等分闸回路电器元件被烧坏甚至烧毁。实际运行中，断路器辅助触点未能正常断开的原因很多，如由于断路器辅助触点成扇形结构，当断路器接触行程调深了，断路器分闸后，其辅助触点断不开或断开过慢。又如由于操动机构调整不当，机构卡死，造成断路器辅助触点断不开。显然，很多原因致使断路器拒绝分闸必然导致辅助触点拒断。总之，对具有"防跳"功能的断路器控制电源，不管什么原因启动分闸回路，无论断路器是否断开，只要断路器辅助触点未能正常断开，分闸线圈将会被烧毁。

另外，分闸操作次数过多使分闸线圈温度太高也是烧毁分闸线圈的原因之一，所以应尽量避免频繁操作，已操作过多次使线圈温度超过65℃以上时应暂停操作，待线圈温度下降到65℃以下时再进行操作。为减少上述故障，应重视检修和维护工作，其主要内容如下：

a. 要定期对断路器电磁机构进行检修和维护保养。在春冬两季到来之前，要进行一次转动机械部位的清扫及连接部位螺丝紧固检查，并注入润滑油。

b. 在每年的春检工作时应对分闸线圈做动作电压试验。检验动作电压在额定电压的30%～65%时能否可靠分闸，保证整个电气回路的正确及操动机构的灵活和可靠性。

c. 检查分闸机构的脱扣板间隙是否符合要求，如果分闸电磁铁因无冲程而全被压死，则使得分闸动作所需的电压升高。

d. 断路器辅助开关传动机构应无变形、卡阻，连片的固定螺丝应无松动脱落，触点接触可靠到位，无氧化、油污现象，保证分闸时可靠动作。

（3）断路器分闸铁芯故障。

1）电磁操动机构分闸铁芯上移后不复位故障。断路器电磁操动机构分闸前就已经上移，且上移后不能复位，即铁芯没能回到正常位置。分闸时，分闸铁芯行程不够，导致作用于连板的冲击力不足，从而造成断路器拒绝分闸。分析结果表明，可能有以下几种原因：

a. 断路器在运行过程中，由于振动等原因，导致铁芯上移。

b. 在分闸过程中控制回路的电压偏低或操作人员操作不到位，使分闸铁芯有上移动作，但没有完成分闸。

c. 由于分闸铁芯具有较大的剩磁，铁芯与铁顶杆产生较大的电磁力，铁芯被吸住，造成铁芯上移后不能复位。

d. 分闸线圈流过电流过大，分闸线圈产生的电磁力造成铁芯慢慢上移且不能复位。

某厂10kV线路发生故障，速断保护动作，断路器拒绝分闸，越级到母联开关保护动作，母联断路器分闸，扩大了停电面积。事故后，经检查分析，发现该线路断路器分闸线圈的铁芯已经上移了一段距离，分闸铁芯行程不够，实测行程为16～18mm，而检修规程规定，分闸铁芯行程为33～34mm。由此推断，保护动作后分闸铁芯作用于连板的冲击力不足，从而造成了正常分闸和线路事故情况下的断路器拒绝分闸。线路正常情况下，如果电磁力作用使跳闸铁芯慢慢上移到一定位置，一旦发生事故需要断路器分闸时，断路器拒绝分闸就不可避免。在试验过程中，明显感觉到作用在铁芯上的电磁力比较大，说明运行监视回路电流比较大，即监视断路器分合状态的红灯及电阻分压偏小，而分闸线圈长期分压偏大，因而产生的电磁力使分闸铁芯慢慢上移，因该电磁力长期存在，分闸铁芯保持在上移后的位置不会复位。对此种故障，可以对运行监视回路进行改造，用提高指示灯额定电压、增大分压电阻阻值的办法就可解决。替换后，运行监视回路电流大大减小，再对分闸铁芯进行试验时，几乎感觉不到电磁力的作用。再将铁芯轻轻托起到任一位置后松手，铁芯马上回到原来的位置，不再像改造前那样，托起后松手，铁芯保持在托起位置而不能复位，说明改造后能确保铁芯的行程和作用于连板冲击力，消除了事故隐患，避免了拒分现象的发生。

对该类事故的处理方法如下：

a. 可考虑将铁芯改用不易产生剩磁的不锈钢或将铁顶杆改成黄铜杆，但黄铜杆必须与铁芯用销子紧固，避免松脱。

b. 检查分闸线圈，找出断路器在运行过程中分闸线圈仍然不正常带电的原因或降低分闸线圈在运行中的分压。

c. 测量分闸铁芯顶杆冲击间隙应大 25mm，间隙过小分闸时无冲击力。

通过上述检查和处理，使铁芯不管由于什么原因上移后都能顺利地复位。

2）分闸铁芯卡涩故障。分闸铁芯卡涩往往是由于铁芯的铜套变形，或铁芯与铜套间有油垢阻塞所造成。所以检修时应检查分闸线圈内铜套有无严重磨损开裂，铜套内应无灰尘、油泥等脏物，转动和起落分闸铁芯不应有卡涩现象。

3. CD10 型电磁操动机构的常见故障及其可能原因

表 2-1　　　　　　　　CD10 型电磁操动机构的常见故障及其可能原因

现象分类	故障现象	可 能 原 因
拒绝合闸	铁芯不启动	1. 线圈端子无电压 （1）二次回路连接松动。 （2）辅助开关未切换或接触不良。 （3）直流接触器接点被灭弧罩卡住或接触器吸铁被异物卡住。 （4）熔丝熔断。 （5）直流接触器电磁线圈断线或烧坏。 2. 线圈端子有电压 （1）合闸线圈引线断线或线圈烧坏。 （2）两个线圈极性接反
	铁芯启动、连板机构动作	1. 合闸线圈通流时端子电压太低 2. 辅助开关调整不当过早切断电源 3. 合闸维持支架复归间隙太小或因某种原因未复归 4. 分闸脱扣机构未复归锁住 5. 滚轮轴合闸后扣入支架深度少或支架端面磨损变形扣合不稳 6. 合闸铁芯空行程小，冲力不足 7. 合闸线圈有层间短路 8. 开关本体传动机构有卡涩
拒绝分闸	铁芯不启动	1. 线圈端子无电压 （1）二次回路连接松动或接触不良。 （2）辅助开关未切换或接触不良。 （3）熔丝熔断。 2. 线圈端子有电压 （1）铁芯卡住。 （2）线圈断线或烧坏。 （3）两个线圈极性接反
	铁芯启动，脱扣板未动	1. 铁芯行程不足 2. 分闸连板中间轴中心线过"死点"太少 3. 线圈内部有层间短路
	脱扣板已动作	机构或本体传动机构卡涩

现象分类	故障现象	可　能　原　因
误动作	合后即分	1. 合闸维持支架复归太慢或端面变形 2. 滚轮轴扣入支架深度太少 3. 分闸连板未复归，机构空合 4. 分闸连板中间轴中心线过"死点"太少 5. 二次回路有混线，合闸同时分闸回路有电 6. 合闸弹簧缓冲器压得太死无缓冲间隙
误动作	无信号自动分闸	1. 分闸回路绝缘有损坏造成直流两点接地 2. 分闸连板中间轴中心线过"死点"太少 3. 分闸电磁铁最低动作电压太低 4. 继电器触点因振动误闭合

4. CT 型弹簧操动机构的常见故障及其可能原因

表 2—2　　　　　　　　**CT 型弹簧操动机构的常见故障及其可能原因**

现象分类	故障现象	可　能　原　因
拒绝合闸	铁芯未启动	1. 线圈端子无电压 （1）二次回路接触不良，连接螺丝松动。 （2）辅助开关未切换或接触不良。 （3）机构远近控制方式不正确。 （4）操作电源消失。 2. 线圈端子有电压 （1）合闸线圈引线断线或线圈烧坏。 （2）合闸铁芯卡住
	铁芯启动、四连杆未动作	1. 合闸线圈两端电压太低 2. 辅助开关调整不当过早切断电源 3. 铁芯运行受阻 4. 铁芯撞杆变形，受力过"死点"距离太大 5. 合闸锁扣扣入牵引杆深度太大 6. 扣合面硬度不够而变形
	铁芯启动、四连杆已启动作，但开关牵连杆不释放且拒动	1. 牵引杆过死点距离太小或未出"死区" 2. 机构或本体有严重机械卡涩 3. 线圈绝缘受潮，电阻增大而电充减小 4. 四连杆中间轴过"死点"距离太小 5. 四连杆受扭变形
拒绝分闸	铁芯未启动	1. 线圈端子无电压 （1）二次回路连接松动或接触不良。 （2）辅助开关未切换或接触不良。 （3）机构远近控制方式不正确。 （4）操作电源消失。 2. 线圈端子有电压 （1）铁芯卡住。 （2）线圈烧坏或断线
拒绝分闸	铁芯已启动，锁钩或分闸四连杆未释放	1. 线圈两端电压太低 2. 铁芯行程小，冲力不足或铁芯运行受阻 3. 锁钩扣入深度太小或分闸四连杆受力过"死点"距离太大 4. 铁芯撞杆变形，行程不足
	锁钩或四连杆已动作，但机构连板系统不动作	1. 机构或本体严重机械卡涩 2. 连板系统卡死

续表

现象分类	故障现象	可　能　原　因
误动作	储能后自动合闸	1. 合闸四连杆受力过"死点"距离太小 2. 合闸四连杆未复归，或是复归弹簧变形 3. 扣入深度小或是扣合面变形 4. 锁扣支架支搅螺栓未拧紧或松动 5. 储能电机电源未及时切换 6. L 型锁扣变形锁不住 7. 牵引杆越过"死点"距离增大撞击力太大
	无操作信号自动分闸	1. 二次回路有寄生回路，有混线现象 2. 直流分闸回路有两点接地现象 3. 分闸锁扣扣入深度太少，或分闸四连杆中间轴过"死点"距离太小，或锁钩端部变形扣不牢 4. 分闸电磁铁最低动作电压太低 5. 分闸回路的合闸位置继电器线圈两端短路
	合闸后立即自动分闸	1. 开关所操作的电气回路有电气事故 2. 二次回路有寄生回路，有混线现象 3. 分闸锁钩扣入深度太少，或分闸四连杆中间轴过"死点"距离太小，或锁钩端部变形扣不牢 4. 分闸锁钩不受力时复归间隙调得太大 5. 分闸锁钩或分闸四连杆未复归

5. CY3 型液压操动机构的常见故障及其产生故障的可能原因

表 2-3　　　　　　CY3 型液压操动机构的常见故障及其产生故障的可能原因

现象分类	故障现象	可　能　原　因
拒绝合闸	电磁铁未启动	1. 二次回路连接松动，接触不良 2. 辅助开关未切换 3. 电磁铁线圈断线 4. 铁芯卡住
	电磁铁启动，工作缸活塞杆不动	1. 阀杆变形，行程不够，合闸一级阀未打开 2. 合闸控制油路堵塞 3. 分闸一级阀未复位
拒绝分闸	电磁铁未启动	1. 二次回路连接松动，接触不良 2. 辅助开关未切换 3. 电磁铁线圈断线 4. 铁芯卡住
	电磁铁启动，工作缸活塞杆不动	1. 阀杆变形，分闸阀未打开 2. 合闸保持回路漏装 ϕ0.5mm 节流孔接头 3. 合闸二级阀活塞卡住未复归
建压时间长或建不起压力	油泵建压时间过长	1. 整个建压过程时间长 (1) 吸油回路有堵塞，吸油不畅通，滤油器有脏物堵住。 (2) 油泵中空气未排尽。 (3) 油箱油位过低，油量少。 (4) 油泵吸油阀钢球密封不严或只有一个柱塞工作。 2. 油泵建至一定压力后，建压时间变长或建不上压 (1) 柱塞座与吸油阀之间的尼龙密封垫封不住高压油。 (2) 柱塞和柱塞座配合间隙过大。 (3) 高压油路有泄漏。 (4) 安全阀调正不当

续表

现象分类	故障现象	可　能　原　因
建压时间长或建不起压力	油泵建不起压力	1. 高压放油阀未关严或逆止阀钢球没有复位 2. 合闸二级阀未关严 3. 油泵本身有故障,吸油阀密封不严,柱塞座与吸油阀之间的尼龙垫封不住高压油,柱塞与柱塞座配合间隙大或只有一个柱塞处于工作状态
误动	合闸即分	1. 合闸保持回路 $\phi 0.5mm$ 节流孔受堵 2. 分闸阀内逆止阀或一级阀未复位或密封不严 3. 合闸二级阀活塞密封圈失效
误动(油泵频繁启动打压)	分闸位置频繁启动	1. 外泄漏 (1)工作缸活塞出口端密封不良。 (2)储压筒活塞杆出口端密封不良。 (3)管路连接头渗漏。 (4)高压放油阀密封不良或未关严。 2. 内泄漏 (1)工作缸活塞上密封圈失效。 (2)合闸一级阀密封不良。 (3)合闸二级阀密封不良
	合闸位置频繁启动	1. 外泄漏 (1)工作缸活塞出口端密封不良。 (2)储压筒活塞杆出口端密封不良。 (3)管路连接头渗漏。 (4)高压放油阀密封不良或未关严。 2. 内泄漏 (1)二级阀活塞密封圈失效或二级阀活塞锥面密封不良。 (2)分、合闸一级阀密封不良。 (3)合闸阀内逆止阀密封不良。 (4)合闸阀与二级阀连接处密封圈失效
	分、合闸位置均频繁启动	1. 外泄漏 (1)工作缸活塞出口端密封不良。 (2)储压筒活塞杆出口端密封不良。 (3)管路连接头渗漏。 (4)高压放油阀密封不良或未关严。 2. 内泄漏 (1)高压放油阀密封不良或未关严。 (2)油泵卸载逆止阀关闭不严。 (3)合闸一级阀关闭不严

　　6. 油断路器运行中缺油及其处理

　　发现断路器油位计中看不见油面并有明显漏油现象,则应认为该断路器缺油,已不能安全地断开电路,这时应先考虑是否带电加油,为此应有可靠的安全措施。若带电加油非常困难或不能实现,则应考虑以下处理方法:

　　(1)立即取下该断路器的操作熔断器,并在机构跳闸装置上悬挂"禁止操作"的警示牌。

　　(2)如果是双母线上的某一断路器缺油,可用母联断路器串联代替缺油断路器工作,并将母联断路器的保护定值改为所代缺油断路器的定值。代替后,可带电加油或停电处理。

　　(3)如果是母联断路器缺油,则应迅速将双母线运行倒换为单母线运行,然后用母联断路器中的隔离开关断开母联断路器,然后再查找原因做相应处理。

（4）若厂用电某一负荷断路器缺油，带电加油困难或无条件时，可将厂用负荷进行倒换，然后将缺油断路器所在的母线瞬间停电，退出该断路器，再倒换到另一断路器上运行。

7. 液压操动机构的断路器无油压及其处理

当断路器发生漏油失压、油泵故障不能打油时，必须及时处理。此时机构被闭锁，不能进行分闸、合闸操作。

若断路器在合闸状态，应采取有效措施防止其打压时慢分闸，立即停止油泵电源，取下断路器操作回路熔断器，用卡板卡在合闸位置。使其不能进行分、合闸，查明原因后再启动油泵建立正常油压，并进行一次合闸操作（此时卡板已卡在合闸位置），良好后，再打开卡板，使断路器正常运行。

8. SF_6 断路器故障处理

（1）操动机构失去油压，处理方法与少油断路器失压处理方法相同。

（2）运行值班人员在巡回检查中发现异常，如表压下降、有刺激臭味或自感不适、颈部僵直、头昏头痛、眼鼻干涩等，应立即报告领导，查明原因进行处理。

（3）当发出气体压力报警时，则应首先检查压力表，以确定漏气区，用检漏仪来确定漏气点，按规定进行补气。若发现大量漏气，则应设法停电进行处理。

（4）当发现断路器故障造成气体外逸时，人员应立即撤离现场，并投入全部通风装置，在事故发生 15min 内进入室内必须穿防护衣，戴手套及防毒面具。4h 后进入室内虽然可不用上述措施，但在清扫时，仍需用上述安全措施。若故障时有人被气体侵袭，应立即清洗并送往医院诊治。

三、高压断路器的试验及其结果分析与判断

高压断路器是指在高电压下对电路进行快速开断或闭合的高压电器。为了能够安全、可靠、迅速地完成操作任务，其绝缘应良好、动作性能应符合技术标准。因此，现场应按有关电气试验规程的要求，做好交接、预防性试验，同时可根据断路器在运行中存在的问题，安排临时性试验。

高压断路器试验项目有绝缘电阻试验、泄漏电流试验、导电回路直流电阻试验和断路器的特性试验等。

1. 绝缘电阻试验

绝缘电阻试验能够发现断路器的绝缘杆受潮、电弧烧伤和绝缘裂缝等缺陷。同时，还要测量分闸状态下各断口间的绝缘电阻，主要检查断路器内部消弧装置是否受潮、烧伤等。

测量绝缘电阻可使用 2500V 的手动绝缘电阻表或电动绝缘电阻表。将绝缘电阻表上的"L"端接到被试设备的导体上，"E"端接到被试设备的外壳或地线上。测量时应分别测量合闸状态下导电部分对地的绝缘和分闸状态下断口之间的绝缘电阻。对额定电压为 35kV 及以下的断路器，在合闸时测量绝缘电阻，可以检查拉杆的胶木或绝缘子及其他部件的瓷绝缘；在分闸时测量绝缘电阻，可检查内部消弧装置是否有受潮、烧伤及导向绝缘子的绝缘情况，对于真空断路器在分闸状态下还可以反映灭弧筒内的真空度。

绝缘电阻试验结果是否合格的判断标准可以参照出厂试验标准或根据设备的运行情况和历次试验结果进行比较分析。对于有机物制做成的绝缘拉杆，交接试验标准规定其绝缘电阻在常温下不应低于表 2-4 的数值。如果分闸状态下的绝缘电阻比合闸状态下的绝缘电

阻高得多，往往说明拉杆受潮。

表 2-4   有机绝缘拉杆绝缘电阻值

额定电压（kV）	3～15	20～35	63～220	330～500
绝缘电阻（MΩ）	1200	3000	6000	10 000

2. 泄漏电流试验

由于少油断路器、空气断路器和 SF_6 断路器的 $\tan\delta$ 值不能有效地发现绝缘缺陷，所以，测量泄漏电流是 35kV 以上少油断路器、空气断路器和 SF_6 断路器的重要试验项目之一。它可以发现断路器外表带有的危及绝缘强度的严重污秽，拉杆、绝缘油受潮，少油断路器灭弧室受潮劣化和碳化物过多等缺陷，以及空气断路器中因压缩空气相对温度增高而带进潮气，在管内壁和导气管壁凝露等缺陷。断路器泄漏电流试验如图 2-5 所示。

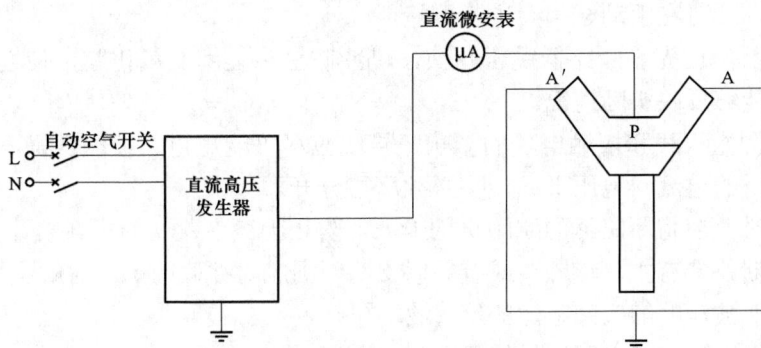

图 2-5   断路器泄漏电流试验

对于少油断路器、空气断路器及 SF_6 断路器，首先应在分闸位置按图 2-5 所示的接线进行测量，即 A、A′ 两端接地，试验电压加至 P 点上，当泄漏电流超过标准值时，可进行分解试验，检查各部件绝缘是否符合标准。

交接试验标准规定：35kV 以上少油断路器的支持瓷套连同绝缘拉杆以及灭弧室每个断口直流泄漏电流试验电压为 40kV，并在高压侧读取 1min 的泄漏电流值，测得的泄漏电流值不应大于 10μA。

预防性试验规程规定：40.5kV 及以上少油断路器的泄漏电流试验，每一元件的试验电压按表 2-5 所示的规定数值，要求泄漏电流一般不大于 10μA；252kV 以上少油断路器提升杆（包括支持瓷套）的泄漏电流大于 5μA 时应引起注意。

表 2-5   油断路器每一元件直流试验电压

额定电压（kV）	40.5	72.5～252	≥363
直流试验电压（kV）	20	40	60

3. 导电回路直流电阻试验

断路器导电回路直流电阻包括套管导电杆电阻，导电杆与触头连接处电阻和动、静触头之间的接触电阻。前两者基本是固定值，而动、静触头之间的接触电阻，由于各种因素的影响（如触头表面氧化、触头之间残存有机械杂物或碳化物、接触压力下降，接触面积减小、短路电流烧伤等）常常有所变化，所以测量每相导电回路电阻，实质上是检验动、静触头之间接触电阻的变化，进而判断触头是否良好。运行中动、静触头之间的接触电阻往往会增大，使其在正常工作电流下发生过热，尤其是当通过故障短路电流时，可能会使触头局部更加过热，严重时可能烧伤周围绝缘或造成触头烧熔粘结，从而影响断路器的跳闸时间和开断能力，甚至发生拒动情况，因此断路器在安装后、大小修及开断故障电流三次以后，都要进行此项试验。

由于断路器触头之间接触电阻很小，都是微微欧数量级，一般采用灵敏度较高的双臂电桥在套管两侧进行测量，并严格遵守电桥测量步骤，减少测量误差，并根据断路器特点注意以下事项：

（1）如果断路器是电动操作合闸的，应在电动合闸后测量导电回路电阻；只允许手动合闸的断路器，才可在手动合闸后进行测量。

（2）测量前，应先将断路器跳合几次，以冲破触头之间的氧化膜，使之接触良好，从而使测量结果能够反映实际情况。

（3）消除测量引线和接触电阻的影响，导线应尽可能短粗、接触良好，最好用夹子夹在导体上；电桥的电流、电压引线接头必须严格分开。

（4）测量时，应将断路器的跳闸机构卡死，防止因突然跳闸而损坏表计。

（5）如果断路器有主、辅触头或有并联支路，则应对并联的每一对触头分别进行测量。测量时，应在非被测的触头间垫薄的绝缘物。

断路器导电回路直流电阻测量结果分析与判断：

（1）对断路器每相导电回路直流电阻的测量结果应符合相关制造厂家的规定。

（2）测得的结果与前次结果比较。如果超过一倍时应对触头进行检查；三相之间差别较大时应引起注意，必须仔细检查，进行处理。如果测量结果与制造厂家的数据差不多时，可将断路器跳合一次后再重新测量，如果结果仍偏大应查明原因进行处理。

4. 断路器的特性试验

（1）断路器的同期性试验。断路器分、合闸同期性是指分闸或合闸时三相不同期的程度，这种不同期程度越小越好，断路器分、合闸严重不同期时将会造成线路或用电设备的非全相接入或切除，可能产生危及设备绝缘的过电压，对断路器的触头也会带来损伤，并造成变压器、发电机同期并列不良等，因此，在交接或大修后，必须对断路器进行三相同期性试验。

试验一般采用同期灯泡法，也可根据现场条件采用三只电秒表或其他测试仪器同时测量三相动作时间。在此仅介绍同期灯泡指示法。灯泡指示法中有三灯法和六灯法，其接线如图2-6所示。其中，图2-6（a）为三灯法，适用于每相有一个静触头的断路

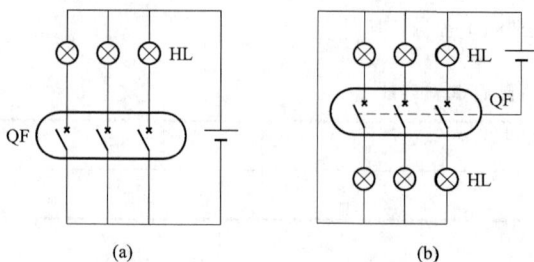

图2-6 灯泡指示法检查同期性
(a) 三灯法；(b) 六灯法

器；图 2-6（b）为六灯法，适用于每相有两个静触头的断路器。

试验时，由每相灯泡发亮的先后判断其三相的同期性。对于有两个静触头的断路器，除能判断三相同期性外，还能检查每一相两对动、静触头接触是否同期；试验时，断路器应采用手动操作，缓慢地使动、静触头接触或分开，以便仔细观察灯泡明亮或熄灭的同时性，并在触头刚分或刚合的瞬间，在对应提升杆上做一记号，最后测量各记号间的相对距离，最先亮和最后亮灯泡之间的相对距离即为最大合闸（或分闸）误差。如果误差较大，则应进行调整，直到灯泡同时亮或同时灭为止。试验可用直流电源或低压 36V 交流电源；若用 220V 电源，应注意防止触电。

（2）断路器的分、合闸时间测试。断路器的合闸时间是指合闸接触器从接通合闸电源至断路器动、静触头刚刚接触时，实际上包括合闸接触器动作时间在内的这一段时间。

断路器的分闸时间是指从分闸线圈接通分闸电源至动、静触头刚刚分离时所需的这一段时间，它是断路器本身固有的，在实际运行中还包括一段灭弧时间。

对于低、中速断路器一般采用电秒表或是相关的测试仪来测量分、合闸时间，高速断路器则用电磁录波器进行测量。以下仅介绍电秒表的测量方法。

1）合闸时间的测量。其测量接线如图 2-7 所示，试验步骤如下：

a. 合上交、直流电源，分别给电秒表和断路器操动机构送电。

b. 合上单相刀闸开关 S，电秒表开始转动，同时合闸接触器动作，断路器合闸。当断路器的主触头接通后，电秒表停走，它所指示的时间即为本次断路器的合闸时间。

c. 拉开刀闸开关，记录时间。

d. 复位电秒表，重复试验三次，取三次的平均值作为该断路器的合闸时间。

2）固有分闸时间的测量。其试验接线如图 2-8 所示，试验步骤如下：

a. 合上交、直流电源，分别给断路器操动机构和电秒表送电。

b. 合上单相刀闸开关 S，电秒表开始转动（开始计时），同时分闸线圈接通电源，断路器跳闸。当断路器动、静触头分开时，电秒表停走（停止计时），它所指示的时间即为本断路器的固有分闸时间。

c. 拉开刀闸开关 S，记录时间。

d. 复位电秒表，重复测量三次，取平均值作为该断路器的固有分闸时间。

在测量中要注意以下事项：

a. 刀闸开关 S 应保证操作灵活，接触良好。

b. 合刀闸开关 S 时动作要快，以免由于闭合时双刀开关的两刀片不同时闭合产生测量误差。

c. 断路器的合闸线圈、分闸线圈及合闸接触器线圈均按短时通电设计。试验时，线圈回路要串入辅助触点（图 2-7 的 QF1 和图 2-8 中的 QF2），以保证断路器动作后，立即切断电源，以免烧坏线圈。

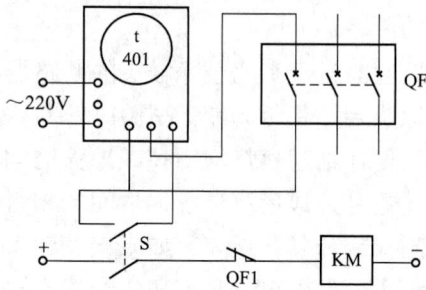

图2-7　测量断路器合闸时间接线示意图
t—电秒表；QF—被试断路器；KM—合闸接触器线圈；
S—刀闸开关；QF1—断路器的动断辅助触点

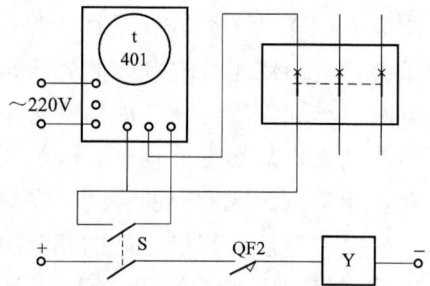

图2-8　测量断路器固有分闸时间测量的接线示意图
t—电秒表；Y—分闸线圈；QF—被试断路器；
S—刀闸开关；QF2—断路器的动合辅助触点

5. 断路器操动机构试验

操动机构是保证断路器可靠工作的重要附属设备，对操动机构的试验检查是交接和大修试验的项目之一。其内容主要包括三项：

（1）测量线圈的直流电阻。断路器的操动机构一般都有合闸接触器线圈、合闸电磁铁线圈和分闸电磁铁线圈，测量这些线圈的直流电阻是检查其质量的有效方法。一般在相同温度下，用电桥法测量的结果与制造厂家试验值或以往测量值比较，应无明显差别。如果明显减少，说明线圈有可能存在短路现象；如果明显增大，则可能是焊接不良或线圈有断线等缺陷，应消除或更换。

（2）测量线圈的绝缘电阻。检查操动机构线圈的绝缘状况，主要是用 500V 或 1000V 绝缘电阻表测量绝缘电阻，其绝缘电阻值要求不小于 1MΩ。

（3）测量操动机构的最低动作电压。断路器操动机构的最低动作电压是指断路器动作时，合闸接触器线圈或分闸电磁铁线圈端头上的最小电压值。为了防止断路器在运行中发生误动或拒动，在 DL/T 596—1996《电力设备预防性试验规程》中规定操动机构分、合闸电磁铁或合闸接触器端子上的最低动作电压在操作电压额定值的 30%～65% 之间。另外在使用电磁操动机构时，合闸电磁铁线圈通电流时的端电压为操作电压额定值的 80%（关合电流峰值等于或大于 50kA 时为 85%）时应可靠动作。

规定操动机构最低动作电压的上限是为了在操作电源电压下降到某一程度时，断路器仍能可靠动作；规定动作电压的下限，是因为一般断路器的合闸接触器或分闸电磁铁线圈大都串联有操作信号指示灯，操作前有信号指示灯的电流流过线圈，为防止此电流造成误动作或拒绝返回，所以操动机构的最低动作电压不能低于规定值的下限。此外，通过最低动作电压的试验，还可以发现电磁铁芯杆卡涩或线圈极性接线错误等缺陷。因此，在交接和大修时都要进行此项试验。

测量断路器操动机构最低动作电压的方法与步骤如下：

1）测量接线。测量断路器操动机构最低动作电压接线示意图如图 2-9 所示。

2）试验步骤：

a. 先测量分闸线圈动作电压，试验电路输出电压接到分闸线圈 Y 上。

b. 将断路器合闸，动合触点 QF1 闭合。

c. 合上刀闸开关 S1。

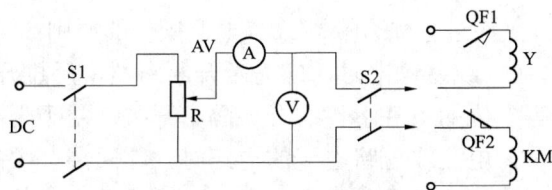

图 2-9　测量断路器操动机构最低动作电压接线示意图

DC—直流操作电源；S1、S2—单相刀闸开关；AV—调压器；QF1、QF2—断路器动合、动断辅助触点；

Y—断路器分闸线圈；KM—断路器合闸接触器线圈；R—可调电阻

d. 调整电压至额定电压的 30%。

e. 合上刀闸开关 S2，此时断路器应不分闸，然后断开 S2。

f. 将电压调整至 $0.65U_e$ 与 $0.3U_e$ 之间的某一值，再合上 S2。此时，如断路器分闸，则可调低电压再试；如断路器不分闸，则可调高电压再试，直至找出断路器分闸的最低动作电压值。

g. 将 S2 改接到合闸接触器线圈 KM 上，在断路器分闸的情况下，重复上面的操作，直至指示出合闸接触器的最低动作电压值，即为断路器合闸的最低动作电压。

在试验时应注意以下事项：

a. 试验时的实际接线应保证能使断路器动作后立即切断电源，以免线圈长时间通电而烧毁。

b. 试验用电源容量必须足够，保证 S2 合上时电压值变化不大。

c. 断路器动作异常时，应重点检查电磁铁芯杆等是否有机构卡涩；如果线圈是由两个线圈组合成的，则应检查它们的极性连接是否正确。

d. 根据操动电压的大小，要适当选择可变电阻的数值，而且可变电阻的允许电流要大于操动机构的动作电流，否则 S2 闭合前电压表的指示也会明显变化，从而影响测量的准确性。

第三节　高压隔离开关、负荷开关和高压熔断器运行与维护

一、高压隔离开关及其运行和维护

高压隔离开关是工厂一次设备中应用最多的一类高压开关电器，其结构一般较为简单，但若运行不当最容易引起误操作事故。该电器在分闸时，动、静触头有明显可见的断口，绝缘可靠，但没有灭弧装置，除开断很小的电流外，不能用来开断负荷电流，这是它的主要特点。高压隔离开关的作用主要有以下三个主要的作用：

（1）用来合、分无负荷的电路及电气设备。其功能主要包括实现输送电力和安全隔离的作用，即在合闸状态时可靠地通过正常工作电流和规定短时间内的异常（故障）电流，而在分闸状态时触头间有符合规定要求的绝缘距离和明显的断开点，使负荷侧电力设备与电源安全隔离，保证高压设备检修工作的安全。

（2）改变运行接线方式。隔离开关与断路器配合，按系统运行方式的需要进行倒闸操

作，倒闸操作时，隔离开关应遵守先合后断或等电位操作的原则：① 线路送电时，应先合隔离开关，后合断路器；② 线路停电时，应先断开断路器，后拉开隔离开关；③ 倒换母线时，在隔离开关两端等电位的条件下，拉、合隔离开关。由于隔离开关没有灭弧装置，当用隔离开关拉、合大负荷电流或短路电流的电路时，在隔离开关的三相触头间或相对地之间会形成强大的弧光短路，危及设备及人身安全，造成重大事故。因此，隔离开关与断路器配合操作时，必须遵守上述原则。只有在电路已被断路器切断的情况下，才能合上或断开隔离开关。

（3）用以接通或断开小电流电路。如分、合电压互感器和避雷器；分、合母线和直接与母线相连设备的电容电流、励磁电流不超过 2A 的空载变压器、电容电流不超过 5A 的空载线路等，因为这些情况下电流很小，触头上不会产生很大的电弧。

隔离开关的允许操作范围：① 拉、合无故障的电压互感器和避雷器；② 拉、合无故障的母线和直接连接在母线上设备的电容电流；③ 在系统无接地故障的情况下，拉、合变压器中性点的接地开关；④ 断路器在合闸位置，接通或断开断路器的旁路电流；⑤ 拉开或合上 10km 以内的 35kV 空载线路和 10km 以内的空载电缆线路；⑥ 拉开或合上 35kV、1000kVA 及以下空载变压器，10kV、320kVA 空载变压器；⑦ 拉开或合上 10kV 及以下、70A 以下的环路均衡电流。

（一）隔离开关操作注意事项

（1）操作隔离开关前应检查断路器在断开位置。

（2）在手动合隔离开关时，先拔出联锁销子，开始要缓慢，当刀片接近刀嘴时要迅速果断，在隔离开关合到底时，不能用力过猛，以防合过头及损坏支持绝缘子。

（3）手动拉开隔离开关时，开始应缓慢小心，第一步，将隔离开关动触头从固定触头中拉出，使之有一小间隙；第二步，若小间隙无异常弧光，则迅速将动触头全部拉开。拉闸最后时要缓慢，以防支持绝缘子和操动机构的损坏，操作完毕锁好销子。

（4）隔离开关操作完毕，必须检查其开、合位置正常。

（二）隔离开关的日常巡视与检修

工厂电气人员应定期（1～2 周）对高压隔离开关进行一次检查，检查有无放电、过热情况。在日常巡视时主要的巡视项目有：

（1）合闸位置时位置正常，刀刃与触头良好，分闸位置刀刃和触头距离正常。

（2）操动机构电磁锁投入，有机械闭锁者锁入正常。

（3）接点转数装置机构良好，线无松动，接点接触良好。

（4）绝缘子无损伤、裂纹、污秽、无闪络放电痕迹。

（5）无过热和变色现象，用红外线测温仪测量各相动、静触头及螺栓连接部分的温度是否超过其容许温度，各相测量的温度是否平衡。

同时每年应对隔离开关进行一次检修，检修的内容如下：

1. 绝缘子的检修

（1）固定绝缘表面应光洁发亮，无放电痕迹、裂纹、斑点以及松动等现象，基座无变形、腐蚀及损伤等情况。

（2）活动绝缘子与操动机构部分的坚固螺钉、连接销子及垫圈应齐全、紧固。

2. 接触面的检修

（1）清除接触面的氧化层，可用酒精和白布对接触面进行擦拭，干净后涂少量导电膏。

（2）检查固定触头夹片与活动刀片的接触压力，用塞尺进行检查，其塞入的深度不应大于 6mm。如接触不紧时，对于户内型隔离开关可以调节刀片两侧弹簧的压力，对于户外型隔离开关则将弹簧片与触头结合的钉铆死。

（3）在合闸位置，刀片应距静触头刀口的底部 3～5mm，以免刀片冲击绝缘子。若间隙不够，可以调节拉杆长度或拉杆绝缘子的调节螺钉的长度。

（4）检查两接触表的中心线是否在同一直线上，若有偏差，应调整传动拉杆的长度或拉杆绝缘子的调节螺钉的长度。

3. 操动机构的检修

（1）清除操动机构的积灰和脏污，检查各部分的螺钉、垫圈、销子是否齐全和坚固，各转动部分应涂润滑油。

（2）蜗轮式操动机构组装后，应检查蜗轮与蜗杆的啮合情况，不能有磨损、卡涩现象。

（3）操动机构检修完毕，应进行分、合闸操作 3～5 次，检查操动机构和传动部分是否灵活可靠、有无松动现象。

（三）隔离开关的常见故障及其处理

隔离开关常见的故障主要有：① 触头发热；② 锈蚀；③ 瓷柱断裂；④ 拉合困难。

1. 隔离开关触头发热

现场运行经验表明，隔离开关触头发热烧损现象比较普遍，甚至有的在 60%额定负荷时温升就超过规定值。发现发热故障后，应及时汇报，立即设法减小或转移负荷，加强监视。处理时应根据不同的接线方式，分别采取相应的措施：① 双母线接线时，如果是某一母线侧隔离开关发热，可将该线路经倒闸操作，倒至另一段母线上运行，并将负荷转移以后，针对上述隔离开关发热原因进行停电检修，若有旁路母线时，可把负荷倒至旁路母线上；② 单母线接线时，如果某一母线侧隔离开关发热，母线短时间内无法停电，必须降低负荷，并加强监视，母线可以停电时，再停电检修发热的隔离开关；③ 如果是负荷侧（线路侧）隔离开关运行时发热，其处理方法与单母线接线时基本相同，应尽快安排停电检修，在维持运行期间，应减小负荷并加以监视。对于高压室内的发热隔离开关，在维持运行期间，除减小负荷并加以监视以外，还应采取通风降温措施。停电检修时同样应针对上述隔离开关发热原因进行检查处理。

对 GW 系列隔离开关而言，其触头发热烧损的原因及相应的处理方法如下：

（1）触指弹簧性能指标不好。由于触指弹簧的作用是固定触指，保证触头与触指接触面之间有足够的接触压力。所以弹簧的性能对触头与触指接触的好坏有重要影响。

隔离开关在合闸位置时，触指完全靠弹簧的拉紧作用来保证它与触头间有足够的接触压力和较小的接触电阻。由于隔离开关运行时，长期处于合闸状态，这样就使触指弹簧长期处于拉伸状态如果弹簧质量不佳、性能指标达不到要求，则极容易产生疲劳，使触头与触指间接触压力减小、接触电阻增大，接触处将发热而导致温度升高，进而使弹簧受热，弹性指标继续降低；如此恶性循环，最终失去弹性，这样接触电阻将更大，温度急剧升一高，最终导致隔离开关触头烧损。

对触指弹簧性能指标不好引起的触头发热烧损现象的处理方法主要是：加强监视，尽可能地利用停电机会，仔细检查隔离开关导电回路的各个接点，尤其是触头与触指接触面处是否有过热、烧损现象；同时，要重点检查弹簧是否有疲劳现象。先用肉眼检查一下弹

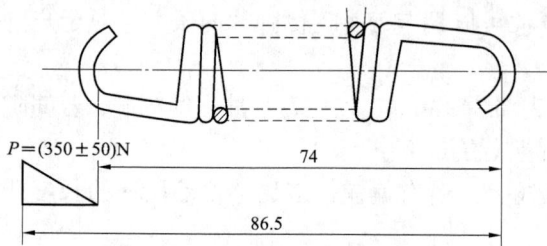

$P=(350\pm50)N$

74

86.5

图 2-10　触指弹簧的拉力及外形尺寸

簧的外观，无异常后，再用手捏两端的触指，看其弹性如何，若手感不佳，可拆下来仔细检查、测试，如失去弹性应进行更换。判别触指弹簧性能好坏的标准是：外观检查应无锈蚀、无过热、不变形；拉伸时有弹性，其拉力及外形尺寸应符合图 2-10 的要求。对不能停电的可用红外测温装置进行监测。

（2）触指定位端子与触指座接触不良。隔离开关触指的尾部有一个定位端子，触指与触指座的接触是靠弹簧拉紧固定的。此外，为防止触头窜动，引起接触不良，在触指座上开有一个圆形槽，触指定位端子顶入此槽中。隔离开关处于分闸状态时，触指与触指座的接触是面接触。当隔离开关闭合时，触头进入触指中，触指前部被顶起，尾部与触指座相接触，如图 2-11 所示。

在实践中，现场发现很多大负荷线路的隔离开关的触指尾部定位端子和定位槽或多或少都有烧熔的痕迹。当隔离开关的触指弹簧性能减弱时，触指尾部可能窜位，定位端子不易进槽。以致当带负荷运行时，触指与触指座将因接触不良而过热，最终导致触指烧损。对上接触不良的处理方法是：

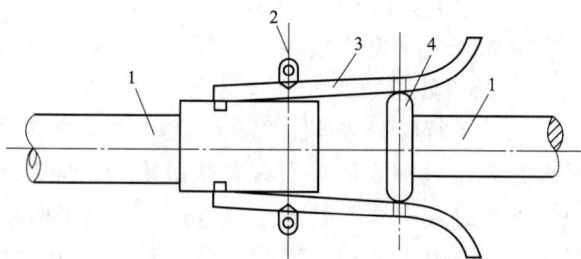

图 2-11　处于闭合状态的隔离开关
1—导电管；2—弹簧；3—触指；4—触头

1）加强巡视、及时处理。在正常运行时，要加强对隔离开关进行巡视。特别是投运 15 年以上的隔离开关，要重点监视。触点过热时，要及时采取措施进行处理，对不能及时停电的，可采取带电临时过引的办法。其具体做法是：事先做好数根过引线，两端的线夹采用可拆线夹，中间用编织软铜线连接，其截面可根据需过引的隔离开关的负荷大小选取，通常取为 $70\sim120mm^2$。若触头与触指或触指座过热时，过引线跨接在触头两侧的导电管上；若隔离开关的软连接或接引线夹处过热，过引线跨接在导电管和引流线上，如图 2-12 所示。

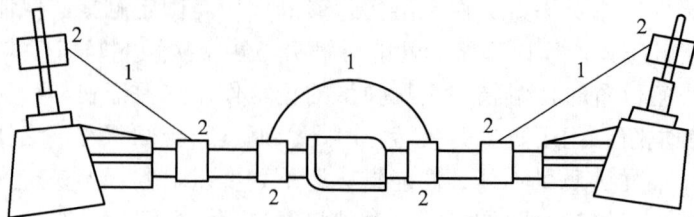

图 2-12　隔离开关过引方式示意图
1—软联铜线；2—线夹

2）改进触指座。某工厂改进前后的触指座装配图如图 2-13 所示。由图 2-13 可见，每个触指增加一个固定的软导电带，一端与触指座固定，另一端与触指固定，这样无论在什么情况下均有可靠的导电回路；在触指座两侧各增加一个凸台，在不影响触指活动范围的情况下能起到阻挡触指越出定位点的作用，当触头与触指发生碰撞时，保证触指不会发生位移，导电回路由原来的触指到触指座，改为由触指到软铜带，再由软铜带到触指座，软铜带由螺钉紧紧地固定在触指座和触指上，这样保证了接触而的清洁，使接触电阻稳定不变，烧损触指的现象就不会发生了。

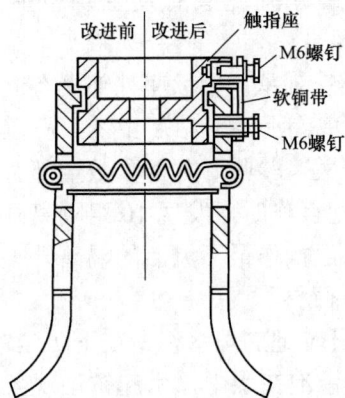

图 2-13　改进前后的触指座装配图

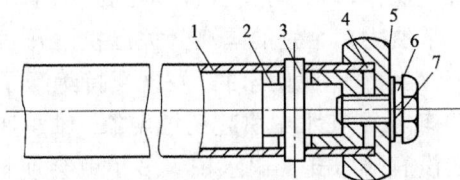

图 2-14　触头与导电管连接示意图
1—导电管；2—塞；3—圆柱；4—触头；5—垫；
6—弹簧垫；7—M12 螺栓

3）触头与导电管的连接欠妥。GW 系列的隔离开关，触头与导电管的连接如图 2-14 所示。它们的接触是紧密配合的，触头用一个 M12 的螺母紧固在导电管上，触头与导电管的接触面有两部分，一是导电管的截面，二是与触头插入导电管深度有关的圆周面。实际上，由于制造误差，触头导电管接触普遍不好，有的间隙甚至很大，形成导电回路截面不足，以致负荷大时，产生过热。因此，有人建议将导电管与触头的连接改成螺纹配合，使触头与导电管的接触紧密，避免产生过热。

2. 户外式高压隔离开关的锈蚀

由于隔离开关长期暴露在大气中，各转动部位和传动部位的锈蚀现象比较严重，有的隔离开关只能手动操作，有的天冷时操作不动。为提高供电可靠性、应当认真解决锈蚀现象。常见的锈蚀现象如下：

（1）各转动部位的锈蚀现象。

1）手操机构主轴与铜套锈蚀现象。此类锈蚀现象较为普遍，如 CS-17 型手操机构主轴与铜套间隙窄小，不能含住润滑油，天长日久，铜套与铁轴间生锈，一旦需要操作，重者拉不开、合不上，轻者操作很费力。

2）主导电杆与固定板之间锈死现象。隔离开关上接线座内的主导电杆与固定板之间有锈死现象，尤其是 GW5—60 型、1600A 的隔离开关，上接线座内的下固定板是铸铝的，固定孔为 $\phi 22mm$，轴与孔是动配合，从现场分解锈死的接线座看，导电杆与固定板接触部分均为白色锈，即是铝锈，导电杆在接线座内，应能灵活地转动 90°，但锈死后不能转动。对该种锈蚀现象的处理方法是，改进接线座的内固定板。通过改进使接线座内导电杆上下端各有一个固定点，接线座上端由酚醛不定向玻纤压塑料制成的绝缘轴套固定导电杆，导电杆在轴套内可转动 90°，两者之间涂有二硫化钼润滑脂，提高滑动效果；下端固定座与导电杆间也增加一个与主轴套相同材质的轴套，并涂二硫化钼润滑脂，如图 2-15 所示。使导电杆与铝固定座隔绝，既能防止分流现象的发生，也能有效地防止铜铝氧化和锈蚀。

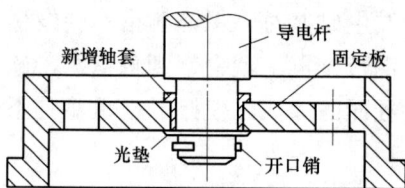

图 2-15　接线座内固定板的改造

3）底座轴承锈蚀现象。轴承座内各有一个单列圆锥滚珠轴承，轴承座外部没有通向轴承内的补油孔及通道，在长期运行中无法补充润滑油，造成润滑油干枯后生锈，严重者操作不动。例如，某变电站新安装 10 组 GW5—60 型隔离开关，验收时各部参数全部符合厂家标准，操作起来非常轻快，但到第二年秋季，变电站停电操作时，发现 10 组隔离开关操作都非常费力，个别的隔离开关已拉不开。现场对其中 3 组操作最不灵活的隔离开关进行了检修。当拆下轴承座时，发现支持绝缘子的转动轴承全部锈死。

4）轴承泡在水中引起锈蚀现象。轴承座下防尘罩设计不合理，雨水积聚在下防尘罩中，由于它没有排水孔，雨水积聚多了就会使轴承座下端的轴承泡在水中，引起锈蚀现象，这类现象极为普遍。

对上述锈蚀现象的处理方法是改进轴承座。具体做法是：

1）填满空腔并从外部补油。在轴承座内，上、下各有一个轴承，除转动轴外还有很大的空腔，实现从外部向轴承内补油，按轴承座内空腔尺寸制作耐油橡胶块，而且在不影响转动主轴转动的情况下，将空腔充填满，在轴承座外平面处向内钻通一个孔，外部安装注油嘴，可用油枪通过注油嘴向腔内补油，由于轴承座内空腔已被橡胶块充填，因此，注的油很快能通过橡胶块内注油道直通上、下两轴承处，如图 2-16 所示。这样不分解轴承座，就能向轴承处补油，以防止轴承内发生无油锈蚀现象，而且操作自如。

2）改进防尘罩。重新压制防尘罩，并在轴承座下部加工出防尘罩扣入的槽，如图 2-17 所示。这样，下防尘罩既不会积水，又能将轴承内的油密封起来，防止油的流失。

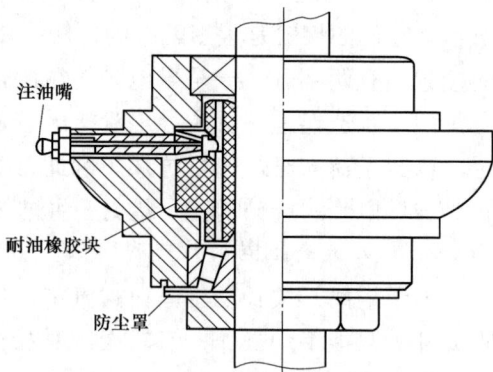

图 2-16　轴承座的改进

（2）各传动部位的锈蚀现象。

1）向心球轴承锈蚀现象。在传动箱内，传动轴与轴承座间有一单列向心球轴承。该轴承上部有防尘罩，而下部却暴露在空间。在夏季，太阳的直射产生的温度足以使润滑油变稀流出轴承，而此部位只有在大修时分解后才能补油。轴承内由于长期无油，便会出现锈蚀现象，给操作者带来很大困难。

2）轴与孔间的锈蚀现象。CS—17G型手操机构有主传动拉杆，其拉杆接头与连臂上的轴进行滑动摩擦，但轴与孔的间隙内只能存有极少的润滑油，其上部没有防尘防水的任何措施，而隔离开关又是户外设备，风雨的

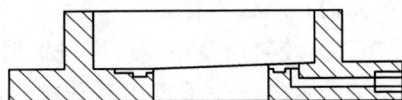

图 2-17 传动箱轴承座的改进

侵袭时常造成轴与孔间发生锈蚀现象，若长时间不操作，甚至可将轴与拉杆接头锈死，使倒闸操作无法进行。

对传动部位锈蚀现象的处理方法是：

1）改进传动箱轴承座。具体做法是：重新设计加工传动箱轴承座，其主要特点是在轴承内套与轴承座间有一个声ϕ43mm×d2mm的"O"形圈，主要对轴承内套与轴承座间进行密封，使润滑油能保留在轴承内不流失；新轴承座还有一个通往外界的油道，在油道外侧有一个带有逆止阀的注油嘴，在不分解传动箱轴承的情况下，可向轴承内补油，从而使轴承永远在有润滑油的情况下运行，杜绝发生锈蚀现象。

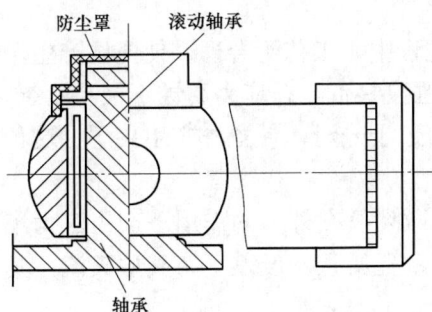

图 2-18 传动拉杆接头的改进

2）改进传动拉杆接头。主要是将滑动改为滚动，油流失变为不流失，并增加防尘、防雨措施。图 2-18 为隔离开关拉杆接头的改进后情况。其特点是：① 变滑动为滚动，并使润滑油不流失，它采用滚动轴承，使滑动摩擦变为滚动摩擦，操作轻松省力，其内外径尺寸与原拉杆接头铜套的内外径尺寸相同，故不影响接头的机械强度，且滚动与滚动之间有足够的间隙存留润滑油，从而保证了轴与拉杆接头间不发生锈蚀现象；② 增设防尘罩，它配有防尘罩，不仅可防止连臂轴与拉杆接头间进入灰尘，而且可以防止雨水侵入，带走润滑油；③ 增设注油嘴，在拉杆接头外侧增设注油嘴，向轴内注入润滑油，油嘴本身带单向逆止阀，这样可免去分解拉杆接头向轴内补油的麻烦。

3. 隔离开关瓷柱断裂

隔离开关瓷柱断裂一直是困扰电力系统安全运行的一个难题，其断裂的主要原因如下：

（1）应力的作用。

1）水泥胶装剂膨胀产生的应力。法兰和瓷柱是用水泥胶装剂胶装的。由于水泥胶装剂夹在法兰和瓷柱中间，膨胀受约束，必然在胶装部位产生应力。

2）温度差引起的应力。由于铸铁法兰、胶装剂、电瓷的膨胀系数不同，当温度降低时，它们的收缩量不同，铸铁的收缩量大，瓷柱的收缩量小，因而瓷柱的收缩约束了铸铁的收缩。由于铸铁收缩受约束产生了应力，若取铸铁法兰口为 0.205m、瓷柱直径为 0.18m，在60℃温差情况下，产生的应变力为 83MPa。由于北方的温差大，应变力就大，隔离开关瓷柱断裂事故较南方多。

3）操作引起的应力。这种应力是由操作产生的，它是暂态量。若隔离开关调整不当，会使操作应力增大，根据现场测量，该应力最大为20MPa。

以上三种应力共同作用在瓷柱的根部，是瓷柱断裂的主要原因。

（2）质量不良。

1）胶装质量不良。现场对瓷柱解体结果表明，胶装质量问题较多。例如，有的未加缓冲垫；有的定位木楔用后断在里面没有拿掉，有的露在外边或只有一层薄薄的水泥；有的只胶装了法兰口一圈，里面没有胶装剂；有的胶装剂与法兰和瓷柱之间根本上没有连接，说是胶装，实是挤装；法兰内进水是普遍的，有的达到了积水的程度，有的被水浸润，这些加速了方镁石（水泥成分之一）水合反应生成水镁石的速度，使胶装剂膨胀速度加快。所以雨水多的地区更容易发生断裂，断裂高峰来得也早。

2）滚花和压槽引起的应力集中。滚花和压槽虽然提高了瓷柱的胶装强度，但也给瓷柱造成了伤害，这是因为在滚花和压槽过程中不可避免的会出现微裂纹，根据格里菲斯微裂纹理论，材料存在许多细小裂纹和缺陷时，在外力的作用下，这些裂纹和缺陷附近就会产生应力集中，当应力达到瓷柱的应力腐蚀极限时，裂纹开始扩展，而最终导致断裂，滚花对瓷柱的抗弯强度影响很大，比上砂的瓷柱抗弯强度低很多。所以滚花和压槽瓷柱断裂的比上砂的多。

3）瓷质致密度差。由于瓷柱在制坯、干燥、焙烧过程中，工艺不合理，使瓷柱产生了先天性的缺陷，内部存在大量的气孔和微观裂纹，机械强度极低，在应力腐蚀下极易断裂。

4）瓷柱中有夹层夹渣。瓷柱在挤制过程中，因挤刀过于光滑，使瓷柱产生夹层，这种夹层在外面不容易发现，瓷柱可能在有夹层的地方断裂。

夹渣引起断裂是因为夹渣周围必然有微裂纹，这种微裂纹在外力的作用下产生应力集中，使裂纹发展，最后断裂。若在瓷柱两端滚花、压槽，瓷质致密度差、有夹层夹渣，则在上述三种应力作用下更易发生断裂现象。

防止隔离开关瓷柱断裂的措施如下：

（1）加强瓷柱强度。

1）加装补强柱。在隔离开关支柱旁再加一支补强柱，以防止发生一支断裂而造成的单相短路事故。但是，某供电局又曾出现多起加固的补强柱断裂事故，其主要原因是：① 拉力和压力的作用；② 冲击应力的作用；③ 浇注质量差；④ 安装质量不高。

2）采用高强度瓷柱。目前厂家生产成型的高强瓷有相对普通瓷增加 50%强度及 100%强度两种，都可供改造普通瓷柱用，根据技术经济比较，认为选择 50%高强瓷是改造普通瓷柱的最佳方案，因为这种方案的工作量最小、费用最低。

（2）检测防护。

1）检测采用超声波无损探伤仪对瓷柱进行检测，测试不合格的瓷柱应立即更换。

2）涂专用防护胶。在探伤诊断良好的基础上，在瓷柱所有水泥结合面处涂敷绝缘子专用防护胶。它的主要成分为改良性硅橡胶，其优点为具有很强的憎水性和憎水迁移性，加上专用胶后，具有常温固化、温度适应范围大、不老化、不起层、黏结力强、憎水性强的优点，不像硅油那样吸附灰尘、污染其他设备，对瓷柱所有水泥结合面有较好的防护作用，能延长瓷柱的使用寿命。

4. 户外式系列隔离开关拉合困难

户外式隔离开关在运行中经常发生拉合困难，究其主要原因是：各传动部件的接触表面（主要是止推轴承滚珠表面）因无润滑油膜保护而受潮、氧化、生锈，直至黏结在一起。

36

为解决拉合困难，现场在实践中摸索、总结出用注射法进行带电（隔离开关口单向带电）处理，收到良好效果。带电处理方法如下：

（1）制作好注射用具，如图 2-19 所示。

（2）做好各项安全工作。

（3）操作人员应站在隔离开关架构下，头部位置不要超过隔离开关底座。

（4）用螺丝刀将隔离开关底座上盖（当时接近顶端的位置）轻轻撬起，将圆珠笔芯头插入上盖，如图 2-20 所示。

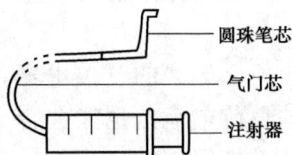

图 2-19 注射法工具

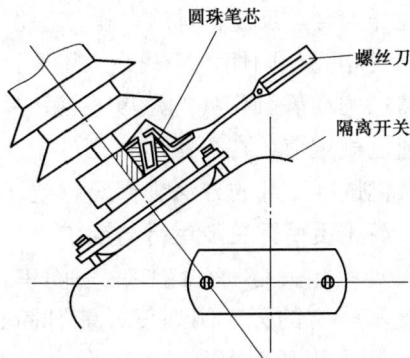

图 2-20 注油方式示意图

（5）缓缓推动注射器，加入机油与汽油的混合液（比例 1:1），直至油从底盖板流出为止。

（6）依次对各相加油。

（7）用操作手柄轻轻活动隔离开关，若仍觉费力可重复加油。

此外隔离开关还有以下故障，其原因及处理方法如下：

（1）绝缘子表面闪络和松动。这主要是绝缘子表面脏污，胶合剂发生不应有的膨胀或收缩，此类故障可以通冲洗绝缘子或更换新的绝缘子来处理。

（2）刀片变型。这主要是由于刀片之间电动力的方向交替变化，此时应检查刀片两端的接触部分的中心线是否重合，如不重合则需移动刀片或调整固定瓷柱的位置。

（3）固定触头夹片松动。这主要是刀片与固定触头接触面太小，电流集中流过接触面后又分散，使夹片产生斥力所致，此时可通过研磨接触面增大接触压的方法来处理。

（4）刀片自动断开。这主要是短路时静触头夹片相斥力加大，刀片向外推力加大所致，此时应检查磁锁有无损坏，通过增加压紧弹簧压力、更换弹簧垫圈等方法来处理。

（5）自动掉落合闸。一些垂直开合的隔离开关，在分闸位置时，遇到振动较大的情况，隔离开关可能会自动落下合闸。发生这种情况非常危险，尤其是当有人在停电设备上工作时，很可能造成人身伤害、设备损坏以及带地线合闸事故。原因为处于分闸位置的隔离开关操动机构未加锁，机械闭锁失灵，如弹簧销子振动滑出。防止此类情况出现，要求操动机构的闭锁装置应可靠，拉开隔离开关后必须加锁。

（6）拒合拒分故障。

1）隔离开关拒绝合闸时，首先核对设备编号及操作程序是否有误，检查断路器是否在断开位置，若无上述问题，应检查接地开关是否完全拉开到位。将接地开关完全拉开到位后，可继续操作；经以上方法处理后仍不能消除故障时，应检查机械卡滞、抗劲的部位。如属于机构不灵、缺少润滑油，可加注机油，多转动几次，然后再合闸。

2）隔离开关拒绝分闸时，其故障判断、检查及其处理方法与隔离开关拒合故障及其处理方法基本相同，只是在手动操作时，若抵抗力在隔离开关主导流接触部分或无法拉开时，不许强行拉开，应进行倒闸操作，将故障隔离开关停电检修。

（7）合闸不到位或三相不同期故障。隔离开关如果在操作时，不能完全合到位，接触不良，运行中会发热并危及设备的安全运行。处理办法是：在出现合不到位、三相不同期时，应拉开重合，反复合几次，操作动作要符合要领，用力要适当；如果无法完全合到位，不能达到三相完全同期，应戴绝缘手套，使用绝缘棒，将隔离开关的三相触头顶到位；合到位后需加强动静触头处的温度监视，用红外线测温仪不定时的测量其温度是否超过规定值，如超过规定值，在不影响生产的前提下，应停电进行检修，如影响到生产，可采取临时加装风机进行冷却的方法进行应急处理，加强温度监视，择机进行停电处理。

二、高压负荷开关及运行与维护

高压负荷开关是一种结构比较简单，具有一定开断和关合能力的开关电器。它具有灭弧装置和一定的分合闸速度，能开断正常负荷电流和过负荷电流，也能关合一定的短路电流，但不能开断短路电流，负荷开关与高压熔断器串联使用，前者作为操作电器投切电路的正常负荷电流，而由后者作为保护电器开断电路的短路电流及过载电流，在功率不大或不是主要的配电回路中代替断路器，可以简化配电装置及继电保护，降低设备费用。

按安装地点的不同，负荷开关分为户内式和户外式。按灭弧方法的不同分为固体产气式、压气式、油浸式、真空式和 SF_6 式等。但实际上在 35kV 以上的高压电路中，负荷开关应用很少。目前主要用于 10kV 及以下的配电网络中，常用产品型号是户内压气式样 FN2–10、FN3–10 和户外产气式的 FW5–10 等。

负荷开关的日常维护应注意以下事项：

（1）接线端子及载流部分应清洁且接触良好。

（2）绝缘子表面应清洁，无裂纹、破损、瓷铁黏合应牢固。

（3）操动机构的零部件应齐全，所有固定连接部分应紧固。

（4）开关接触面应符合以下规定：在接触表面宽度为 50mm 及以下时，不应超过 4mm；在接触表面宽度为 60mm 及以上时，不应超过 6mm；接触面应平整、清洁、无氧化膜，并应涂以薄层中性凡士林或复合脂；载流部分的可挠连接不得有折损，载流部分表面应无严重的凹陷及锈蚀。

（5）负荷开关在安装调整时应符合以下要求：① 在负荷开关合闸时，主固定触头应可靠地与主刀刃接触；分闸时，三相的灭弧刀刃应同时跳离灭弧触头。② 灭弧筒内产生气体的有机绝缘物应完整无裂纹，灭弧触触头与灭弧筒的间隙应符合要求。③ 负荷开关的三相触头接触的不同时性不应超过 3mm；分闸状态时，触头间净距及拉开角度应符合产品的技术规定。

三、高压熔断器及其运行与维护

熔断器是最简单和最早使用的一种保护电器。当电路发生短路或严重过载时，直接利用熔体产生的热量引起本身熔断，从而切断故障电路使电气设备免受损坏，并维护电力系统其余部分的正常工作。与现代受继电保护控制的断路器相比，熔断器保护显得较为原始和简陋，如每次熔断后必须停电更换熔件才能再次使用；且保护特性不够稳定，常使动作的选择性配合发生困难。但它直接动作，无需继电保护和二次回路相配合；体身结构简单、体积小，布置紧凑、使用维护简便。在 35kV 及以下的小容量电路中代替断路器具有明显的优势。高压熔断器按安装地点可分为户内式和户外式，按限流特性分为限流式和非限流式，若故障电路中的熔断器在开断过程中通过的最大短路电流值比无熔断器时有明显的减小，则为限流熔断器；反之，如果熔断器在开断过程中对通过的电流值无明显的影响，则为非限流式。

目前常见的户内高压熔断器有 RN1、RN2、RN3、RN5 和 RN6 等型，用于 6～35kV 的户内配电装置中，它们均为填充石英砂的限流型熔断器。其中 RN1、RN3 型和 RN5 型用于交流电力线路及配电变压器的过载及短路保护；RN2 型和 RN6 型只用于电压互感器的保护，其额定电流只有 0.5A 一种。RN1 型熔断器专用于电压互感器保护，该熔断器无指示装置，动作后可由电压互感器二次侧的电压表判断。

户外高压熔断器分为跌开式和限流式两类，前者用于输配电线路和电力变压器的过载和短路保护，后类主要用作电压互感器及其他用电设备的过载和短路保护。

（1）户内熔断器应与配电装置同时进行巡视检查，其检查项目有：

1）检查接触部分有无过热。

2）熔断器瓷体有无损伤。

3）检查熔丝管安装、熔断显示标志是否正确。

在安装户内式熔断器前，首先应检查熔断器外观是否完整良好、清洁，如果熔断器遭受过摔落或剧烈震动，则应检查其电阻值。在安装时，要注意熔断器上所标明的撞击器方向，以便使其安装在正确位置上，然后锁紧底座上的弹簧卡圈及螺栓，以防过松接触。在三相系统里，当一个熔断器发生动作后，一般三个熔断器均应更换，除非能证实仅有一个熔断器通过了短路电流。这主要是因为尽管其他两个熔断器未熔断，但有可能已经严重损伤而接近损坏。在更换熔断器时必须非常小心，因为限流熔断器在运行时有一个安全范围，它不能保证每一个故障条件均在其安全范围内，如开关装置的脱扣失灵，或熔断器在低于其最小分断电流下动作等。为了安全起见，至少要等待熔断器动作 10min 以后和被其他电器隔离开的条件下才能更换，即一定要保证熔断器在不带电的条件下更换。在一般的电力系统中，如果选择得当，熔断器应很少发生动作，如果不是这种情况，则很可能是系统的选择配合不当或熔断器的计算选择有误，应做进一步的检查和计算。对于正常运行的熔断器，其寿命可在 20 年以上，若定期检修设备时，可用测量熔断器内阻的变化来判断其是否老化，内阻的变化范围应在±10%之内。

（2）户外式高压熔断器定期维护项目如下：

1）清扫检查绝缘件有无破损、裂纹、放电痕迹。

2）清扫检查上下触头有无烧损，并检查其动作灵活性。

3）检查熔管有无受潮变形、脱漆、清除管内杂物，并检查熔管内的消弧管，如有电烧损情况时，应及时更换。

4）检查调整熔管的安装长度及与上下触头的配合动作情况。

5）户外型跌开式熔断器应结合线路检修进行检查：调整上下接触部位及熔丝管内消弧管，清扫瓷绝缘件和结构件。

（3）跌开式高压熔断器操作时应注意以下事项：

1）操作人员在拉开跌开式熔断器时，必须使用电压等级适合、经过试验合格的绝缘杆，穿绝缘鞋，戴绝缘手套、绝缘帽和护目镜或站在干燥的木台上，并有人监护，以保人身安全。

2）操作人员在拉、合跌开式熔断器开始或结束时，不得有冲击。冲击将会损伤熔断器，如将绝缘子拉断、撞裂，鸭嘴撞扁，操作环拉掉、撞断等。工作人员在对跌开式熔断器进行分、合操作时，千万不要用力过猛，发生冲击，以免损坏熔断器，且分、合必须到位。合熔断器的过程用力是慢（开始）—快（当动触头邻近静触头时）—慢（当动触头邻近合闸结束时）。拉熔断器的过程用力是慢（开始）—快（当动触头邻近静触头时）—慢（当动触头邻近拉闸结束时）。快是为了防止电弧造成电器短路和灼伤触头，慢是为了防止操作冲击力，造成熔断器机械损伤。

3）配电变压器停送电操作顺序。在一般情况下，停电时应先拉开负荷侧的低压开关，再拉开电源侧的高压跌开式熔断器。在多电源的情况下，按上述顺序停电，可以防止变压器反送电；遇有故障时，保护可能拒动，延长故障切除时间，使事故扩大。从电源侧逐级进行送电操作，可以减少冲击启动电流（负荷），减少电压波动，保证设备安全运行；如遇有故障，可立即跳闸或停止操作，便于按送电范围检查、判断和处理。停电时先停负荷侧，从低压到高压逐级停电操作顺序，可以避免开关切断较大的电流量，减少操作过电压的幅值、次数。操作中尽量避免带负荷拉合跌开式熔断器，如果发现操作中带负荷错合熔断器，即使合错，甚至发生电弧，也不准将熔断器再拉开。如果发生带负荷错拉熔断器，在动触头刚离开固定触头时，便发生电弧，这时应立即合上，可以消灭电弧，避免事故扩大；但如熔断器已全部拉开，则不许将误拉的熔断器再合上。对于容量为200kVA及以下的配电变压器，允许其高压侧的熔断器分、合负荷电流。

4）高压跌开式熔断器三相的操作顺序。停电操作时，应先拉中间相，后拉两边相；送电时则先合两边相，后合中间相。停电时先拉中相的原因主要是考虑到中相切断时的电流要小于边相（电路一部分负荷转由两相承担），因而电弧小，对两边相无危险。操作第二相（边相）跌开式熔断器时，电流较大，而此时中相已拉开，另两个跌开式熔断器相距较远，可防止电弧拉长造成相间短路。遇到大风时，要按先拉中间相，再拉背风相，最后拉迎风相的顺序进行停电；送电时则先合迎风相，再合背风相，最后合中间相，这样可以防止风吹电弧造成短路。

第三章

电力变压器的运行与维护

变压器是一种静止的电机，它通过绕组间的电磁感应关系，将某一等级的交流电压或电流转变为同频率的另一等级的交流电压或电流。

变压器是电力系统中一个重要的设备，它主要用来升、降电压，升压的目的是为了电能经济、远距离传输，而降压是为了用户安全用电，满足用电设备电压等级的需要，变压器是工厂电气设备中的主要设备。

变压器的种类很多，按相数来分，有单相、三相之分；按铁芯结构来分，有心式变压器和组式变压器；按冷却介质和方式分为干式变压器和油浸式变压器（包括油浸自冷式、油浸风冷式、油浸强迫油循环式和强迫油循环水冷式）；按调式方式分为无励磁调压变压器和有载调压变压器。

第一节 变压器的运行、操作管理

一、变压器的允许运行方式

1. 允许温度

变压器运行中产生的铜损和铁损转变为热能，使铁芯和绕组发热，变压器的温度升高。对于油浸式自然冷却的电力变压器来说，铁芯和绕组产生的热量的一部分使自身温度升高，其余部分则传递给变压器油，再由变压器油传递给油箱和散热器。当变压器温度高于周围介质（空气或油）的温度时，就会向外散热。变压器的温度与周围介质温度的差别越大，向外散热越快。当单位时间内变压器内部产生的热量等于单位时间内部散发出去的热量时，变压器的温度就不再升高，达到了热的稳定状态。若变压器的温度长时间超过允许值时，则变压器的绝缘容易老化，当绝缘老化到一定程度时，由于在运行中受到振动便会使绝缘层破坏；即使绝缘还没有损坏，但是温度越高，在电动力的作用下，绝缘越容易破裂，绝缘的性能越差，便容易被高电压击穿而造成故障。因此，变压器正常运行时，不允许超过绝缘的允许温度。

我国电力变压器大部分采用 A 级绝缘，即浸渍处理过的有机材料如纸、木材、棉纱等。在变压器运行时的热量传播过程中，各部分的温度是不相同的，绕组的温度最高，其次是铁芯的温度，再次是绝缘油的温度，且上层油温高于下层测油温。变压器运行中的允许温度是按上层油温来检查的，上层油温的允许值应遵守制造厂的规定。采用 A 级绝缘的变压器，在正常运行中，当周围最高空气温度为 40℃时，变压器绕组的极限温度为 105℃，由于绕组的平均温度比油温高 10℃，同时为了防止油质劣化，所以规定变压器上层油温最高不超过 95℃，而在正常情况下，为了保护绝缘油不致过度氧化，上层油温不超过 85℃。

当变压器绝缘的工作温度超过允许值后，每升高 8℃，其使用期限就减小一半，这就是过去沿用的 8 度规则；温度为 120℃时，约为 2 年。可见变压器的使用年限主要决定于绕组绝缘的运行温度，绕组温度越高，绝缘损坏得越快。因此，对变压器绕组的允许温度作出上述规定，以保证变压器具有经济上合理的使用期限。

2. 允许温升

变压器温度与周围介质温度的差值叫做变压器的温升。首先，变压器内部热量的传播不均匀，故变压器各部位的温度差别很大，这对变压器的绝缘有很大影响；其次，当变压器的温度升高时，绕组的电阻也会增大，使铜损增加。因此，需要对变压器在额定负荷时各部分的温升作出规定，这就是变压器的允许温升。对 A 级绝缘的变压器，当周围最高空气温度为 40℃时，绕组的允许温升为 65℃，当周围空气温度超过 40℃时，散热困难，不允许变压器带满负荷运行；当周围空气温度低于 40℃时，虽然外壳的散热能力增大，但本体内部的散热能力提高不多，故也不允许变压器过负荷运行。采用 A 级绝缘的变压器，当最高周围环境温度为 40℃时，上层油的允许温升为 55℃。在运行中不仅要监视上层油温，而且要监视上层油的温升，二者均不得超过允许值。以保证变压器在规定的使用年限内安全运行。

在额定条件下，变压器各部分高于冷却介质温度不得超过表 3-1 的数值。

表 3-1　　　　　　　　　　变压器各部分的允许温升

变压器部分		温升限值（℃）	测量方法
线圈	自然油循环	65	电阻法
	强迫油循环		
	油导向强迫油循环	70	
铁芯及变压器油接触（非导电部分）结构件		80	温度计法
油顶层		55	温度计法

3. 变压器电压变化的允许范围

变压器在运行中，由于昼夜负荷的变化，电网电压有一定变动，因而变压器外加一次侧电压也有一定的变动。当加于变压器的一次侧电压等于或低于变压器一次侧高压线圈的额定电压时，不会发生任何影响；若大于额定电压时，则不应超过允许数值。因此，DL/T 572 和 DL/T 1102 中都规定了在额定容量下，电压最大不超过相应分接电压的 5%时可连续运行。

4. 电压调整

变压器在运行中，随着一次侧电压的变化，以及输送容量的变动，二次侧电压也有较大的变化。从输电的角度来说，希望二次侧电压变动得小一点，为了保证供电质量，使电压的变动限制在一定的范围内，就得根据电网电压的变化情况进行调压。变压器的调压方法可以分为有载调压和无载调压两种，两者都是通过改变变压器分接头位置来改变一、二次绕组的匝数比（即变比），达到调节副边电压的目的。

变压器分接头一般在高压侧抽出，高压绕组的抽头均接在分接开关上，分接开关切换时，通常用旋转手柄来变更分接头的连接位置，以达到调压的目的。旋转手柄装在变压器的箱盖上，在切换时，变压器必须短时停电。

当分接头位置改变以后，必须用电阻表或测量用电桥检查回路的完整性和三相电阻的一致性。因为分接开关的接触部分在运行中可能被烧伤，长期未用的分接头也可能产生氧化膜等，这就会造成切换分接头后接触不良的现象，所以必须测量接触电阻。从测量的结果中可以判断三相电阻是否平衡，若不平衡，其差值不得超过三相平均值的2%，并参考两次测量数据。

若经多次切换后，三相电阻仍不平衡，一般可能是以下几种原因造成的：

（1）分接开关接触不良、如接点烧伤、不清洁、电镀层脱落、弹簧压力不够等。

（2）分接开关引出线焊接不良或多股导线有部分未焊好或断股。

（3）三角形接线一相断线，未断线的两电阻值为正常值的1.5倍，断线相的电阻值为正常的3倍。

（4）变压器套管的导电杆与引线接触不良。

5. 变压器的绝缘电阻允许值

变压器安装或检修后，在投入运行前（通常在干燥后）以及长期停用后，均应测量绕组的绝缘电阻。测量绝缘电阻是检查变压器绕组绝缘状态的最基本和最简单的方法。测量时，一般采用电压为1000V或2500V的绝缘电阻表，且将它放平，当转速达到120r/min时，读取绝缘电阻值（绕组对地及相间的绝缘电阻），其数值随温度而变化。温度增高10℃其值可降低一半，所以测量时，应记录油面温度，且要待绕组温度与油温相等后再测。

在运行中判断变压器绕组状态的基本方法是把变压器停电后所测的绝缘电阻值与运行前在同一上层油温下所测量的数值相比较。为了使测量结果便于比较，应当在绕组温度相同的情况下比较，若不低于前次数值的70%，可以认为合格，但也得低于表3-2所列允许值。

表3-2　　　　　　　　　电力变压器绝缘电阻1min测量值　　　　　　　　　MΩ

绕组电压	判断标准	10℃	20℃	30℃	40℃	50℃	60℃	70℃	80℃	90℃
3~10kV	要求值	900	450	225	120	64	36	19	18	8
	最低允许值	600	300	150	80	45	24	13	8	5
10~25kV	要求值	1200	600	300	155	83	50	27	15	9
	最低允许值	800	400	200	105	55	33	18	10	6

如绝缘电阻合格便可将变压器投入运行，如不合格，应查明原因，并用吸收比法判明变压器绕组的受潮程度。吸收比通常与变压器的上层油温、电压等级有关，一般上层油温为10~30℃时，35~60kV级的变压器吸收比不应低于1.2。经过上述试验后，可以对变压器绝缘受潮与否作进一步的鉴定，如证实绝缘轻微受潮，则可将变压器投入运行，如证实变压器受潮较严重，则应向厂级领导汇报。

二、变压器的负荷能力

变压器的额定容量与负荷能力具有不同的意义。

变压器的额定容量是指变压器在额定电压、额定电流下连续运行时所输出的容量。对

三相变压器来讲，额定容量

$$S_e = \sqrt{3}\, U_e I_e \times 10^{-3} \ (\text{kVA}) \tag{3-1}$$

变压器在正常环境温度时，可以按额定容量连续长期运行，绝缘将有正常的老化速度，不会在正常的使用年限内（约 20 年）破坏。

变压器的负荷能力，是指在较短时间内所能输出的容量。在不损害变压器绕组的绝缘和不降低变压器使用寿命的条件下，它可能大于变压器的额定容量。

变压器的过负荷能力，可分为在正常情况下的过负荷和在事故情况下的过负荷两种。变压器的正常过负荷可以经常使用，而事故过负荷只允许在事故的情况下使用。但应注意，变压器的温升不能超过规定的标准。

1. 变压器的正常过负荷能力

变压器在正常运行时允许过负荷，首先，因为变压器在一昼夜内的负荷，有时是高峰，有时是低谷，在低谷时，变压器是在较低的温度下运行；其次在一年内，季节性的温度也在变化，冬季变压器周围冷却介质的温度较低，变压器的散热条件也优于制造厂规定的数值，因此在不损害变压器绕组的绝缘和不降低变压器使用寿命的前提下，变压器可以在高峰负荷及冬季时过负荷运行，其允许的过负荷倍数及允许的持续时间应根据变压器的负荷曲线、冷却介质的温度及过负荷前变压器所带的负荷来确定。

全天满负荷运行的变压器不宜过负荷运行。对于冷却系统不正常、严重漏油、色谱分析异常的油浸式电力变压器不允许过负荷运行。油浸自冷式和油浸风冷式变压器，过负荷值（与环境温度及运行时起始负荷值有关）不得超过 30%。

2. 变压器的事故过负荷

变电站或系统发生事故时，由于需要保证对重要负荷的连续供电，允许变压器在短时间（消除事故所必需的时间）内过负荷运行，这种过负荷称为事故过负荷。但运行人员应迅速进行事故处理，以消除事故过负荷。事故过负荷会引起变压器绕组的绝缘温度超过允许值，使绝缘的老化速度比正常工作条件下快，因而会缩短变压器的使用年限。但考虑到事故发生的机会少，以及变压器平时一般以相当大的欠负荷状态运行，所以短时的事故过负荷不会引起绝缘的显著损害。

对油浸自然循环冷却的电力变压器，变压器事故过负荷的数值和时间的允许值，在不同的环境温度下不同，变压器过负荷前上层油不同温升时允许的过负荷持续时间可参照表 3-3 中的数值确定。若过负荷数值和时间超过允许值，则应按规定减小变压器的负荷。

表 3-3　　　　变压器过负荷前上层油不同温升时允许的过负荷持续时间

过负荷倍数＼温升	18℃	24℃	30℃	35℃	42℃	43℃
1.05	5h50min	5h25min	4h50min	4h	3h	1h
1.10	3h50min	3h25min	2h50min	2h10min	1h25min	10min
1.15	2h50min	2h25min	1h50min	1h20min	35min	—
1.20	2h50min	1h40min	1h15min	45min	—	—
1.25	1h35min	1h15min	30min	25min	—	—

温升 过负荷倍数	18℃	24℃	30℃	35℃	42℃	43℃
1.30	1h10min	50min	20min	—	—	—
1.35	55min	35min	15min	—	—	—
1.40	40min	25min	—	—	—	—

三、变压器的运行与维护

1. 变压器的运行监视

安装在工厂和变电站内的变压器，以及无人值班变电站内有远方监测装置的变压器，应经常监视仪表的指示，及时掌握变压器运行情况。监视仪表的抄表次数由现场规程规定。当变压器超过额定电流运行时，应做好记录。而无人值班的变压器应在每次定期检查时记录其电压、电流和顶层油温，以及曾达到的最高顶层油温等。对配电变压器应在最大负荷期间测量三相电流，应设法保持基本平衡。测量周期由现场规程规定。

（1）变压器的日常巡视检查，可参照下列规定：

1）发电站及变电站内的变压器，每天至少一次，每周至少进行一次夜间巡视。

2）无人值班变电站内容量为 3150kVA 及以上的变压器每 10 天至少一次，3150kVA 以下的每月至少一次。

3）2500kVA 及以下的配电变压器，装于室内的每月至少一次。

（2）在下列情况下应对变压器进行特殊巡视检查，增加巡视检查次数：

1）新设备或经过检修、改造的变压器投运 72h 内。

2）有严重缺陷时。

3）气象突变（如大风、大雾、大雪、冰雹等）时。

4）雷雨季节特别是雷雨后。

5）高温季节、高峰负载期间。

6）变压器急救负载运行时。

（3）变压器日常巡视检查一般包括以下内容：

1）变压器的油温和温度计应正常，储油柜的油位应与温度相对应，各部位无渗油、漏油。

2）套管油位应正常，套管外部无破损裂纹、无严重油污、无放电痕迹及其他异常现象。

3）变压器音响正常。

4）各冷却器手感温度应相近，风扇、油泵、水泵运转正常，气体继电器工作正常。

5）水冷却器的油压应大于水压（制造厂另有规定者除外）。

6）吸湿器完好，吸附剂干燥。

7）引线接头、电缆、母线应无发热迹象。

8）压力释放器或安全气道及防爆膜应完好无损。

9）有载分接开关的分接位置及电源指示应正常。

10）气体继电器内应无气体。

11）各控制箱和二次端子箱应关严，无受潮。

12）干式变压器的外部表面应无积污。

13）变压器室的门、窗、照明应完好，房屋不漏水，温度正常。

14）现场规程中根据变压器的结构特点补充检查的其他项目。

（4）变压器定期检查需增加以下检查内容：

1）外壳及箱沿应无异常发热。

2）各部位的接地应完好，必要时应测量铁芯和夹件的接地电流。

3）强迫油循环冷却的变压器应作冷却装置的自动切换试验。

4）水冷却器从旋塞放水检查应无油迹。

5）有载调压装置的动作情况应正常。

6）各种标志应齐全明显。

7）各种保护装置应齐全、良好。

8）各种温度计应在检定周期内，超温信号应正确可靠。

9）消防设施应齐全完好。

10）储油池和排油设施应保持良好状态。

11）室内变压器通风设备应完好。

（5）根据变压器的具体情况进行下述项目的维护：

1）清除储油柜集污器内的积水和污物。

2）冲洗被污物堵塞影响散热的冷却器。

3）更换吸湿器和净油器内的吸附剂。

4）变压器的外部（包括套管）清扫。

5）各种控制箱和二次回路的检查和清扫。

2. 变压器的投运和停运

在投运变压器之前，值班人员应仔细检查，确认变压器及其保护装置在良好状态，具备带电运行条件。并注意外部有无异物，临时接地线是否已拆除，分接开关位置是否正确，各阀门开闭是否正确。变压器在低温投运时，应防止呼吸器因结冰而被堵。

运用中的备用变压器应随时可以投入运行，长期停运者应定期充电，同时投入冷却装置。如强迫油循环变压器充电后不带负载运行时，应轮流投入部分冷却器，其数量不超过制造厂规定空载时的运行台数。

（1）变压器投运和停运的操作程序应在现场规程中规定，并须遵守下列各项：

1）强迫油循环变压器投运时应逐台投入冷却器，并按负载情况控制投入冷却器的台数，水冷却器应先启动油泵，再开启水系统；停电操作先停水后停油泵；冬季停运时将冷却器中的水放尽。

2）变压器的充电应在有保护装置的电源侧用断路器操作，停运时应先停负载侧，后停电源侧。

3）在无断路器时，可用隔离开关投切 110kV 及以下且电流不超过 2A 的空载变压器，用于切断 20kV 及以上变压器的隔离开关，必须三相联动且装有消弧角；装在室内的隔离开关必须在各相之间安装耐弧的绝缘隔板。若不能满足上述规定，又必须用隔离开关操作时，须经本单位总工程师批准。

4）允许用熔断器投切空载变压器和 66kV 及以下的站用变压器。

（2）在 110kV 及以上中性点有效接地系统中，投运或停运变压器的操作，中性点必须先接地。投入后可按系统需要决定中性点是否断开。

（3）干式变压器在停运和保管期间，应防止绝缘受潮。

（4）消弧线圈投入运行前，应使其分接位置与系统运行情况相符，且导通良好。消弧线圈应在系统无接地现象时投切。在系统中性点位移电压高于 0.5 倍相电压时，不得用隔离开关切消弧线圈。

（5）消弧线圈运行中从一台变压器的中性点切换到另一台时，必须先将消弧线圈断开后再切换。不得将两台变压器的中性点同时接到一台消弧线圈的中性母线上。

3. 变压器气体保护装置的运行

变压器运行时气体保护装置应接信号和跳闸回路，有载分接开关的气体保护应接跳闸回路。一台断路器控制两台变压器时，如其中一台转入备用，则应将备用变压器重瓦斯改接信号。

变压器在运行中滤油、补油、换潜油泵或更换净油器的吸附剂时，应将其重瓦斯改接信号，此时其他保护装置仍应接跳闸。当变压器油位计的油面异常升高或呼吸系统有异常现象，需要打开放气或放油阀门时，应先将重瓦斯改接信号。

变压器的压力释放器接点宜作用于变压器的保护信号。

4. 变压器分接开关的运行维护

（1）无励磁调压变压器在变换分接头时，应作多次转动，以便消除触点上的氧化膜和油污。在确认变换分接头正确并锁紧后，测量绕组的直流电阻。分接开关变换情况应做记录。10kV 及以下变压器和消弧线圈变换分接开关时的操作和测量工作，可在现场规程中自行规定。

（2）变压器有载分接开关的操作，应遵守以下规定：

1）应逐级调压，同时监视分接开关位置及电压、电流的变化。

2）单相变压器组和三相变压器分相安装的有载分接开关，宜三相同步电动操作。

3）有载调压变压器并联运行时，其调压操作应轮流逐级或同步进行。

4）有载调压变压器与无励磁调压变压器并联运行时，两变压器的分接电压应尽量靠近。

（3）变压器有载分接开关的维护，应按制造厂的规定进行，无制造厂规定者可参照以下规定。

1）运行 6～12 月或切换 2000～4000 次后，应取切换开关箱中的油样作试验。

2）新投入的分接开关，在投运后 1～2 年或切换 5000 次后，应将切换开关吊出险查，此后可按实际情况确定检查周期。

3）运行中的有载分接开关切换 5000～10 000 次后或绝缘油的击穿电压低于 25kV 时，应更换切换开关箱的绝缘油。

4）操动机构应经常保持良好状态。

5）长期不调和有长期不用的分接位置的有载分接开关，应在有停电机会时，在最高和最低分接间操作几个循环。

（4）为防止开关在严重过负载或系统短路时进行切换，宜在有载分接开关控制回路中加装电流闭锁装置，其整定值不超过变压器额定电流的 1.5 倍。

5. 变压器的并列运行

变压器并列运行的基本条件是：联结组标号相同、电压比相等、短路阻抗相等。新装或变动过内外连接线的变压器，并列运行前必须核定相位。

发电厂升压变压器高压侧跳闸时，应防止厂用变压器严重超过额定电流运行。厂用电倒换操作时应防止非同期。

6. 变压器的不正常运行和处理

（1）运行中不正常现象和处理。

1）值班人员在变压器运行中发现不正常现象时，应设法尽快消除，报告上级并做好记录。

2）变压器有下列情况之一者应立即停运。若有运用中的备用变压器，应尽可能先将其投入运行：

a. 变压器声响明显增大，很不正常，内部有爆裂声。

b. 严重漏油或喷油，使油面下降到低于油位计的指示限度。

c. 套管有严重的破损和放电现象。

d. 变压器冒烟着火。

3）当发生危及变压器安全的故障，而变压器的有关保护拒动时，值班人员应立即将变压器停运。

4）当变压器附近的设备着火、爆炸或发生其他情况，对变压器构成严重威胁时，值班人员应立即将变压器停运。

5）变压器油温升高超过制造厂规定值时，值班人员应按以下步骤检查处理：

a. 检查变压器的负载和冷却介质的温度，并与在同一负载和冷却介质温度下正常的温度核对。

b. 核对温度测量装置。

c. 检查变压器冷却装置或变压器室的通风情况。

若温度升高的原因是由于冷却系统的故障，且在运行中无法修理时，应将变压器停运修理，若不能立即停运行修理，则值班人员应按现场规程的规定调整变压器的负载至允许运行温度下的相应容量。

在正常负载和冷却条件下，变压器温度不正常并不断上升，且经检查证明温度指示正确，则认为变压器已发生内部故障，应立即将变压器停运。

变压器在各种超额定电流方式下运行，若顶层油温超过105℃时，应立即降低负载。

6）变压器的油因低温凝滞时，应不投冷却器空载运行，同时监视顶层油温，逐步增加负载，直至投入相应数量冷却器，转入正常运行。

7）当发现变压器的油面较当时油温所应有油位显著降低时，应查明原因。补油时应将重瓦斯改接信号，禁止从变压器下部补油。

8）变压器油位因温度上升有可能高出油位指示极限，经查明不是假油位所致时，则应放油，使油位降至与当时油温相对应的高度，以免溢油。

9）铁芯多点接地而接地电流较大时，应安排检修处理，在缺陷消除前，可采取措施将电流限制在0.1A左右，并加强监视。

10）系统发生单相接地时，应监视消弧线圈和接有消弧线圈的变压器的运行情况。

（2）变压器气体保护装置动作的处理。

1）变压器气体保护信号动作时，应立即对变压器进行检查，查明动作的原因，是否是由积聚空气、油位降低、二次回路故障或是变压器内部故障造成的。如气体继电器内有气体，则应记录气量，观察气体的颜色及试验是否可燃，并取气样及油样做色谱分析，可根据有关规程和导则判断变压器的故障性质。

若气体继电器内的气体为无色、无味且不可燃，色谱分析判断为空气，则变压器可继续运行，并及时消除进气缺陷；若气体是可燃的或油中溶解气体分析结果异常，应综合判断确定变压器是否停运。

2）气体保护动作跳闸时，在查明原因消除故障前不得将变压器投入运行，为查明原因，应重点考虑以下因素，作出综合判断：

a. 是否呼吸不畅或排气未尽。

b. 保护及直流等二次回路是否正常。

c. 变压器外观有无明显反映故障性质的异常现象。

d. 气体继电器中积聚气体量是否可燃。

e. 气体继电器中的气体和油中溶解气体的色谱分析结果。

f. 必要的电气试验结果。

g. 变压器其他继电保护装置动作情况。

3）变压器跳闸和灭火。变压器跳闸后，应立即查明原因。如经综合判断证明变压器跳闸不是由于内部故障所引起，可重新投入运行，若变压器有内部故障的征象时，应作进一步检查。

变压器跳闸后，应立即停油泵；变压器着火时，应立即断开电源，停运冷却器，并迅速采取灭火措施，防止火势蔓延。

第二节　变压器常见故障的原因及处理方法

一、变压器常见故障的直观判断

变压器是工厂企业最重要的电气主设备之一，因此电气工作人员应加强对变压器的监视及维护，可以通过对其声音、振动、颜色、气味、温度及其他现象的变化来判断分析。

1. 声音

正常运行时，由于交流电通过变压器的绕组在铁芯里产生周期性交变磁通，引起硅钢片的磁致伸缩，铁芯的接缝处与叠层之间的磁力作用以及绕组的导线之间的电磁力作用引起振动，发出平均的"嗡嗡"响声。如果产生不均匀的响声或其他声响，都属于不正常现象。

（1）比平常增大而均匀时，一种可能是电力系统发生了操作过电压或大气过电压，或是中性点不接地系统有单相接地或铁磁共振现象；另一种可能是变压器过载，当电力系统出现短路时，作为电源要为短路点提供故障电流，在短路点的继电保护启动至切除故障回路的过程中都要通过变压器输送短路电流。此时参考变压器电压与电流表的指示即可判断故障的性质。

（2）如果变压器的声响中夹有放电的"吱吱"声时，可能是变压器器身或套管发生表面局部放电。如果是套管的问题，在气候恶劣或夜间时，还可见到电晕辉光或蓝色、紫色的小火花，此时，应清除大套管表面的脏污，再涂上硅油或硅脂等涂料；如果是器身的问题，将耳朵（最好借助听音棒）贴近变压器油箱，则会听到变压器内部由于局部放电或电接触不良而发出的"吱吱"或"噼啪"的声，且此声音随离故障部位远近而变化。若站在变压器跟前就可听到"噼啪"声音，有可能接地不良或接地的金属部分静电放电。此时，要停止变压器运行，检查铁芯接地与各带电部位对地的距离是否符合要求。

（3）声响较大而嘈杂时，可能是变压器铁芯问题。如夹件或压紧铁芯的螺杆松动时，仪表的指示一般正常，绝缘油的颜色、油温和油位也变化不大，这时应当停止变压器的运行进行检查。

（4）若声响中夹有水的沸腾声时，可能是绕组有较严重的故障，使其附近的零件严重发热。分接开关的接触不良而局部点有严重过热，也会出现这种声音。此时，应立即停止变压器的运行，进行检修。

（5）如果声响中夹有爆炸声，既大又不均匀时，可能是变压器的器身绝缘有击穿的现象。此时，也应立即停止变压器的运行进行检修。

（6）声响中夹有连续的、有规律的撞击或摩擦声时，可能是变压器的某些部件因铁芯振动而造成机械接触。如果发生在油箱外壁的油箱或电线处，可用增加其间距离或增强固定来解决。另外冷却风机、输油泵的轴承磨损及滚珠轴承有裂纹，或是变压器中性点的接地扁铁连接螺丝松动也会发出机械摩擦的声响。

2. 温度

变压器的大部分器身故障都伴有急剧的温升。

（1）对运行中的变压器，应经常检查套管各个接线端子和母线或电缆连接是否紧密，有无发热迹象。

（2）过负载、环境温度超过规定值，冷却风机和输油泵出现故障，散热器阀门忘记打开，漏油引起油量不足，温度计损坏以及变压器内部故障等都会使温度计的读数超过运行规程中的允许温度。

3. 气味和颜色

变压器内部故障及各部件过热将引起一系列的气味、颜色的变化。

（1）瓷套管端子的紧固件松动，表面接触面过热氧化，会引起变色和异常气味。

（2）变压器漏磁的断磁能力不好及磁场分布不均匀而产生涡流也会使油箱各部分的局部过热引起油漆变色。

（3）瓷套管污损产生电晕、闪络会发出奇臭味，冷却风扇、油泵烧毁会发出烧焦气味。

（4）吸湿器变色是吸潮过度、垫圈损坏、进入其油室的水量太多等原因造成的，通常吸湿剂是活性氧化铝、硅胶等，正常时吸湿剂呈现蓝色，当吸湿剂从蓝色变为粉红色时应进行再生处理或更换。

4. 体表

变压器故障时都伴随体表的变化，主要有：

（1）大气过电压、内部过电压等会引起绝缘子表面龟裂，并有放电痕迹。

（2）因温度、湿度、紫外线或周围的空气中所含酸、盐等，会引起箱体表面漆膜龟裂、起泡和剥离。

（3）防爆膜龟裂、破损，当呼吸口不灵，不能正常呼吸时，会使内部压力升高引起防爆膜破损，当气体继电器、压力继电器或是差动继电器动作时，可推测出是内部故障所引起。

5. 渗漏油

变压器运行中渗油的现象是比较普遍的，其主要原因是油箱与零部件连接处的密封不良，焊件或铸件存在缺陷，运行中额外荷重或受到震动等。

（1）变压器外面闪闪发光或粘着黑色的液体有可能是漏油。

（2）内部故障使油温升高，会引起油的体积膨胀，发生漏油，有时会发生喷油。若油位计大幅下降而没有发生以上现象，则可能是油位计损坏。

二、变压器铁芯故障的原因及处理

1. 铁芯损坏

变压器铁芯硅钢片间绝缘损坏会增加铁芯中的涡流损耗，涡流损耗的增加与硅钢片厚度的平方成正比。如果硅钢片片间绝缘损坏，使硅钢片的厚度增加一倍，涡流损耗将增加四倍，发热后会使邻近的铁芯绝缘更加损坏，同时会使油温升高和油质劣化加速，严重时气体继电器会动作。硅钢片间绝缘损坏初期，油的闪光点会降低，油的颜色也会变浑，此时可对油进行色谱分析判断；此外通过测量变压器的空载电流和空载损耗，会发现数值都比正常情况时增大。铁心的穿芯螺杆与铁芯间的绝缘损坏、铁芯有多点接地或铁心表面有导电物质等都会引起铁芯的损坏，对铁芯损坏可进行吊芯做外观检查，也可用直流电压、电流的方法测量片间绝缘电阻，将损坏部分涂以绝缘漆。另外铁芯缺片、铁芯油道内或夹件下面松动、铁芯的紧固件松动、接入电源电压偏高都将会发出不正常的响声，对此可进行补片、确保铁芯夹紧、将自由端用纸板塞紧压住，将铁芯紧固件拧紧，并检查接入的电压值。

2. 铁芯接地片断裂

变压器运行中，其内部金属部件会因感应产生悬浮电位，如果接地不良或接地片断开，就会产生断续的放电。当电压升高时，内部可能发生轻微"噼啦"声，严重时会使气体继电器动作，变压器油色谱分析不合格，其原因可能是接地片没有插紧，对此可进行吊芯检查接地片，更换已损坏的接地片。

三、变压器有载调压分接开关箱渗油故障的处理

变压器的主油箱与有载调压开关箱是不连通的。当开关箱出现渗油故障时，由于变压器主油箱油位高于开关箱油位，开关箱的油位将上升，甚至超出标示油位；相反，变压器的油位是下降的。

当变压器分接开关渗油时可按以下步骤进行：

（1）先将变压器全部负载切除，并按电业安全作业规程做好保证人身安全的组织措施和技术措施后，将调压开关转换至空位置，然后抽芯。

（2）检查渗油的部位。抽出开关芯子后，将开关箱内的油全部排出，用清洁不掉毛的干净布（白布）将开关箱的油擦干净，然后进行观察。稍过片刻即可发现渗油部位。常见的渗油部位是在开关箱底部的橡胶密封圈处，主要是因为密封圈老化失去弹性。

（3）处理渗油的部位。开关箱是固定在变压器箱盖上的，处理渗油时应将变压器吊芯。若需更换密封圈，应吊芯至开关箱箱底的圆盘才能方便地旋下，更换后再将圆盘旋紧，将

器身放回油箱。若开关箱箱体渗油则可进行补焊或粘接修复。补焊时应做好防火措施，以防残油炭化燃烧引起火灾事故，粘接修复可采用环氧树脂黏合剂粘补。

在处理时，一定要注意调压开关在空气中停留的时间不能过长，不能超出相应电压等级变压器的规定检修时间，否则应重新进行干燥处理和耐压试验。因此，在检修前一定要将可能用到的工器具、材料、设备准备好，并有技术熟练的人员进行指导。

四、变压器套管引线故障的原因及处理

变压器套管引线是电力变压器常见的故障之一，其故障主要表现为：

（1）套管引线温度升高，明显超过正常值。

（2）母排与平垫圈、螺母的表面严重氧化，甚至烧坏。

（3）套管密封橡胶垫产生龟裂变形，导致引线端子的接触缝隙处出现渗油现象严重，甚至有油烟冒出。

产生上述现象的主要原因有：

（1）由于负荷电流引起各连接部件与触头的热胀冷缩。

（2）电磁场的作用引起的振动等原因造成引线接触电阻增大，在连接处产生局部发热，而温度升高会使接触面加速氧化，氧化层的产生又进一步增大了接触电阻，进一步加剧发热量，如此形成恶性循环，最终引发故障的产生。

（3）套管密封橡胶位置不正，压紧螺母压得不紧、连接部件与密封部件的疲劳变形。

故障的预防及处理方法如下：

（1）要经常巡视检查变压器引线。当发现母排、平垫圈、螺母等处有表面氧化时，应及时检查原因并进行清理，涂以导电膏加以紧固。密封橡胶垫产生龟裂变形时应及时更换，并加强高低压侧套管的清扫以消除隐患。

（2）当故障较为严重而又无法长时期停电时，可作如下应急处理：更换螺母、增大平垫圈，对杆式引线的可改用板式引线。

（3）如果螺杆严重烧伤、绝缘子裂缝的应全套更换。

五、变压器线圈短路和断线的检查及处理

（一）绕组的匝间短路的现象及分析处理

变压器发生匝间短路时，在短路的匝间内将有很大的短路电流，但电源端（发电机侧或系统侧）输入变压器电流却增加不大。变压器的温度比正常运行时要高，无气体继电器的变压器还能听到其内部油的窜动声音。匝间短路时，一般气体继电器的气体呈灰白色或蓝色，相关继电保护装置动作。故障严重时差动保护将会动作。匝间短路如不及时发现会使熔化的铜粒四散，波及邻近的绕组。绕组匝间短路故障用绝缘电阻表测量绝缘电阻的方法是不易发现的，一般可用测量绕组直流电阻与以往的数值作比较的方法发现，即通过测量各绕组的直流电阻，再与历史数据及各相电阻值进行比较，数值小的可能有匝间短路故障的可能。同时变压器发生匝间短路时，其空载电流与空载损耗会显著增加，因此，可通过测量空载电流、空载损耗、绕组的直流电阻和进行油的色谱分析来综合判断。在确认匝间短路故障后应将变压器器身吊出查找故障点，故障点处应有烧灼的痕迹，如不能发现故障点可对绕组施加10%～20%额定电压，这时匝间短路处会发生冒烟现象。

绕组匝间短路的原因是：

（1）变压器散热不良或长期过负荷运行使匝间绝缘损坏。

（2）由于变压器出口短路或其他故障使绕组受短路电流的冲击而产生振动与变形而损坏匝间绝缘。

（3）油面降低使绕组露出油面导致线匝间绝缘击穿。

（4）雷击时大气过电压侵入损坏匝间绝缘。

（5）绕组绕制过程中未发现的缺陷（如导线有毛刺、导线焊接不良和导线绝缘不完整）或线匝排列与换位、绕组压装不正确等使绝缘受到损坏。

（二）变压器绕组接地短路或相间短路的现象及处理

1. 绕组接地短路

变压器油受潮后绝缘强度降低、油面下降或绝缘老化，大气过电压及操作过电压、绕组受短路电流的冲击发生形变、主绝缘老化破裂、折断等缺陷，绕组内有杂物落入等都会发生此类事故。事故时一般是气体保护动作、防爆管喷油，如果变压器的中性点直接接地，则差动保护也会动作。一般情况下测量绕组对地的绝缘电阻即可发现是否存在绕组接地故障。

2. 绕组相间短路

绕组有匝间短路或接地故障时，由于电弧及熔化了的铜（铝）粒子四散飞溅，使事故蔓延扩大，可能发展为相间短路。发生相间短路时，强大的短路电流将产生猛烈燃烧的电弧，此时变压器的瓦斯保护、过流保护、差动保护均会动作，防爆管严重喷油，油温剧增。通过测量相间绝缘电阻及直流电阻和变压比，即可判断出绕组的损坏情况。变压器绕组接地或相间短路时主要原因可总结如下：

（1）操作过电压或大气过电压导致绝缘击穿。

（2）绕组在制作过程中绕制不当，在运行中受到电动力、机械和化学作用导致绝缘局部受损。

（3）变压器运行年数久，绝缘自然老化。

（4）绝缘受潮。

（5）油位过低，加之变压器油劣化。

（6）油道堵塞，局部过热，运行温度过高未采取措施。

当变压器接地或相间短路时其处理的方法如下：

（1）限制电压的幅值。

（2）消除油道中的杂物。

（3）增加油量，恢复正常油位。

（4）更换或处理变压器油。

（5）进行浸漆或干燥处理。

（6）更换或修复所损坏的绕组、衬垫和绝缘层。

（三）变压器绕组断线现象及处理

变压器线圈断线时，断线处会产生电弧。断线的相没有电流指示。线圈的断线多发生在导线接头、线圈引线处，常见的断线原因是短路故障。绕组断线的检查主要通过外部检查或测量各相绕组的直流电阻并进行比较，直流电阻大的说明有断线可能，在确认后进行吊芯检查。外部断线或接触不良的，可将其焊牢或紧固，若为内部断线则应进行局部处理或更换线圈。

六、中小型变压器渗漏油的处理

变压器漏油常出现焊缝、密封圈、套管等处。若为焊缝漏油，应将油放净后进行补焊，焊接时应做好防火措施，以防残油炭化燃烧引发火灾事故；若为密封漏油，多为垫圈老化或损坏所致，一般应更换；对于套管漏油，应查明原因，按具体情况给予不同的处理。套管有夹装式和浇装式两种，夹装式的可能由本身缺陷如砂眼、裂缝引起，这种情况一般予以更换；浇装式则多发生在套管的胶合处，此时可将原胶合剂挖出一部分，将创面擦拭干净后进行部分浇装，或将法兰盘拆下更换密封垫圈，重新浇装，但套管漏油也有可能是密封垫圈的老化或压力不当引起，此时一般只需要更换垫圈或适当压紧即可。变压器低压套管密封损坏也常因与之相连的铜排热胀冷缩产生的机械力所致，解决的办法是采用伸缩接头，特别是升压变压器的低压侧，由于负荷电流很大一般都采用伸缩接头与母排连接。有时也有变压器箱体因有砂眼气孔等缺陷造成渗油的，此可采取环氧树脂黏合剂粘补的办法做应急处理，待停电检修再进行补焊。

七、变压器油位不正常的原因及处理

变压器的油位可以通过储油柜上的油位计进行监视。变压器油位过高或过低（超过油位计的警示值）均属于不正常现象。

造成变压器油位不正常的原因有：变压器温升过高；长时间过负荷运行或三相电流严重不平衡导致一相电流超过额定电流；变压器漏油。

若为长时间过负荷引起，应降低或转移该变压器的负荷（可采用变压器并列运行），使之在额定状态下运行。若三相负荷不平衡，则应通过调整负荷达到基本平衡。当发现变压器温升过高应自动或手动投入变压器的散热装置。

当值班人员发现在油位计内看不到油位时，说明油位过低，此时必须及时补油。补油应注意所补的油必须为合格的变压器油；补油前应将变压器重瓦斯保护回路改接信号回路以防气体保护误动作，而补油后要及时放气，待24h后无问题时再将重瓦斯保护投入运行。

对大型强迫油循环水冷却的变压器，若发现油位降低，应检查水中是否有油花，以防止油中渗水危及变压器的绝缘，查明原因后方可补油。

因季节变化引起变压器油位升高或降低，属于正常现象。但若油位过高，应设法放油；油位过低应设法加油。

八、小型配电变压器喷油和油箱炸裂的原因及防止措施

小型配电油式变压器发生喷油和油箱炸裂的原因主要有以下几个：

（1）变压器内部发生绝缘击穿、短路和接地短路故障，此类故障可使气体压力剧增，如果值班人员不能及时发现或变压器继电保护装置拒绝动作，除可能在吸湿器或呼吸器处发生喷油外，还可能会在变压器箱体上承受压力的薄弱点如箱盖下的密封垫等处产生喷油，当油箱内压力超过油箱的允许压力时，可发生箱体炸裂。

（2）变压器过负荷。变压器过负荷会引起变压器内部过热，加快绝缘材料的热分解，变压器内部产气量增加、产气速度加快，使油箱内的气体压力增高。当气体压力大于大气压力时，便可能在吸湿器或呼吸器等密封薄弱处喷油。

（3）分接开关和绕组接头等接触不良。分接开关和绕组接头接触不良会使导电回路中

的电阻增加，通过负荷电流越大、通电时间越长发热量就越大，进而发生变压器内部局部过热，同样会造成喷油。

防止油式变压器喷油及油箱炸裂的措施：

（1）做好变压器的负荷管理。应避免变压器超过允许的正常过负荷能力或事故过负荷能力，保证变压器的正常散热条件。变压器散热条件不良或在夏季户外运行时，应适当降低变压器的负荷或加强散热，保证变压器在允许的温升范围内。

（2）保持变压器分接开关和绕组接头等接触部位的良好性能，焊接接头要防止虚焊、夹渣、脱焊；螺丝连接的接头要防止氧化和松动；调压分接开关要保证有效的接触面积和压力，要定期将分接开关反复转动几次，以去除触头表面的氧化膜和油污，调节后还应复查变压器绕圈的直流电阻。

（3）保持变压器的良好绝缘。变压器的绝缘包括绕组、变压器油、瓷套管、铁芯等，应按有关规定进行预防性试验，及时发现变压器在运行当中存在的缺陷。

（4）对变压器应配备完善可靠的保护装置，并建立切实可行的变压器运行规章制度。明确岗位责任，提高运行及检修人员的技术水平。

九、变压器铁芯多点接地故障的检测及临时处理

变压器的绕组和铁芯是传递、变换电磁能量的主要部件，保证它们可靠运行是人们所关注的问题。近年来制造和运行部门针对绕组绝缘事故多的问题，在提高变压器质量和运行水平方面做了许多工作，收到了一定的效果。但是对铁芯缺陷带来的影响却估计不足。统计资料表明铁芯问题为变压器总事故的第三主要原因。以下就现场所出现的铁芯故障和采取的措施作一些介绍，以减少和消除影响变压器运行的不安全因素。

1. 铁芯的正常接地

变压器在正常运行进，带电的绕组和油箱之间存在电场，而铁芯和夹件等金属构件处于电场之中，由于电容分布不均匀、电场强度各异，在铁芯上产生的悬浮电位有时会很高，可能引起铁芯对绕组或油箱放电，如果铁芯不可靠接地，在产生放电现象时将会有可能损坏固体绝缘和油质绝缘强度，因此变压器铁芯在运行时必须可靠接地。有人提出硅钢片间有绝缘层，一点接地是否可行。由实际情况可知，硅钢片间的绝缘总阻值仅几十欧姆，其作用是隔离涡流，对于高压电荷来说则为通路，所以铁芯只需一点接地。但有些大容量变压器铁芯直径很大，为了减少涡流损耗，用纸或石棉绳将铁芯硅钢片隔成几组，这种情况下每组硅钢片必须用金属片连接起来，然后接地。

目前制造的大中型变压器铁芯经由一只套管引至油箱外部接地，有的铁芯和夹件分别由两只大套管引至油箱外部接地。这样，可在变压器运行中随时监视铁芯状况，如果铁芯中由于各种原因在某位置出现另一点接地时，则正常接地的导线上就会有环流，这就是常说的多点接地故障。

2. 变压器常见的铁芯多点接地类型及原因

（1）安装工作的疏忽，完工后未将变压器油箱顶盖上运用用的定位钉翻过来或去掉。

（2）铁芯夹件肢板距心柱太近，硅钢片翘起触及夹件肢板。

（3）铁轭螺杆的衬套过长，与铁轭硅钢片相碰。

（4）铁芯下夹件垫脚与铁轭间的纸板脱落，造成垫脚与硅钢片相碰。

（5）潜油泵轴承磨损，金属粉末进入油箱中堆积底部，在电磁引力下形成桥路使下铁轭与垫脚或箱底接通。

（6）油箱盖上的温度计座套过长，与上夹件或铁轭、旁柱边沿相碰。

（7）油箱中有金属异物，如焊条头、钢丝等。

（8）下夹件与铁轭阶梯间的木垫受潮或表面附有大量的油泥，使其绝缘电阻值为零。

上述故障的出现，有的属于制造原因，有的是运行维护不当，无论是哪种原因其表现形式都是出现环流引起局部过热，严重者接地线烧断，继而又可能出现放电故障。

3. 变压器多点接地故障的检测

变压器在运行中检测铁芯接地故障一般有两种方法。

（1）利用气相色谱法，对油中含气量进行分析。如果气体中的甲烷及烯烃组分很高，而一氧化碳和二氧化碳气体和以往相比变化甚少或正常时，则可判断为裸金属过热。变压器中的裸金属件主要是铁芯，当出现乙炔时，则可认为这种接地故障属间歇型。如某变电站一台 110/6.3kV 的变压器色谱分析总烃量达到 $400×10^{-6}$，其中甲烷 $158×10^{-6}$，乙烯为 $21×10^{-6}$，乙炔为 $8×10^{-6}$，经吊芯检查证实接地故障是时隐时现型。

（2）利用变压器铁芯的外引接地套管，测量地线上是否有电流出现。一般情况下，因为铁芯只有一点接地，不构成电流回路，地线上的电流很小（一般为1A以下）或等于零。当有多点接地进，铁芯主磁通周围有短路匝存在，匝内将流过环流，其值决定故障点与正常接地点距离，即包围磁通的多少，一般可达几十安培。

运行中发现变压器铁芯接地故障后，为保证设备安全，均需停电进行内部检查和处理。对于杂物引起的接地，较为直观，也比较容易处理。但也有某些情况停电吊罩后找不到故障点，为了能确切找到接地点，现场可采用如下方法：

（1）直流法。将铁芯与夹件的连接片打开，在铁轭两侧的硅钢片上通入 6V 左右的直流，然后用直流电压表依次测量各级硅钢片的电压，如图 3-1 所示，当电压等于零或者表针指示反向时，则可认为该处是故障接地点。

（2）交流法。将变压器低压绕组接入交流电压 220～380V，此时铁芯中有磁通存在。如果有多点接地故障时，用毫安表测量会出现电流（铁芯和夹件的连接片应打开）。用毫安表沿铁轭各级逐点测量，如图 3-2 所示。当毫安表中电流为零时，则该处为故障点。这种测电流法较测电压法准确、直观。

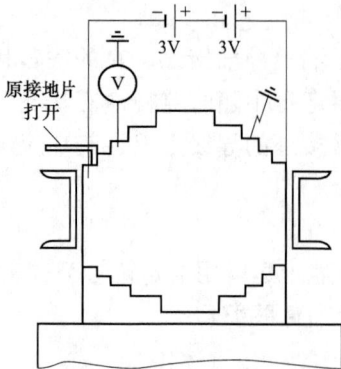

图 3-1　检测电压的接线图　　　　图 3-2　测量电流的接线图

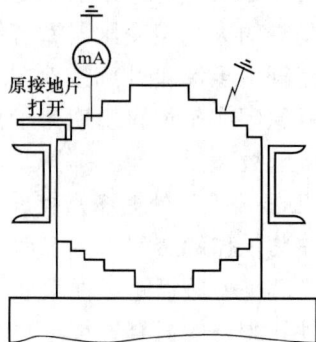

4. 铁芯多点接故障的临时解决办法

铁芯出现多点接地故障时，为使运行单位作好检修计划，可暂时不退出运行，一般采用如下临时措施。

（1）有外引接地线时，如果故障电流较大时，可临时打开接地线运行。但必须加强监视，以防故障点消失后使铁芯出现悬浮电位。

（2）如果多点接故障属于不稳定型，可在工作接地线中串联一个滑线变阻器，使电流限制在 1A 以下。滑线电阻的选择，是将正常工作接地线打开测得的电压 U 除以地线上的电流 I。

（3）用色谱分析监视故障点的产气速率。

（4）通过测量找到确切的故障点后，如果无法处理，则可将铁芯的正常工作接地片移至故障点同一位置，这样可使环流减少到很小，如一台 25 000kVA、110kV 的变压器出现接地故障采用此种方法后，地线上环流由 20A 降至 0.3A，运行一个月，色谱分析总烃含量下降，情况正常。

十、变压器绕组变形的原因、诊断方法和防止措施

变压器绕组变形是指在电动力和机械力的作用下，绕组的尺寸或形状发生不可逆的变化。它包括轴向和径向尺寸的变化、器身位移、绕组扭曲、鼓包和匝间短路等。绕组变形后有的会立即发生损坏事故，更多的则是使绝缘距离发生变化，或固体绝缘受到损伤，导致局部放电发生，当遇到过电压作用时，绕组有可能发生匝间绝缘击穿，导致突发生绝缘事故，甚至在正常运行电压下，因局部放电的长期作用，绝缘损伤部位逐渐扩大，最终导致变压器发生绝缘击穿事故。同时绕组的机械性能下降加上累积效应，当再次受到短路电流冲击时，将承受不住巨大的冲击电动力的作用而发生损坏事故。

1. 变压器绕组变形的原因

（1）短路故障电流冲击。电力变压器在运行过程中，不可避免地要遭受各种短路故障电流的冲击，特别是变压器出口或近距离短路故障，巨大的短路冲击电流将使变压器绕组受到很大的电动力，并使绕组急剧发热，在较高的温度下，导线的机械强度变小，电动力更容易使绕组破坏或变形。

（2）在运输或安装过程中受到冲撞。电力变压器在长途运输或安装过程中，可能会受到意外的冲撞、颠簸和振动等，导致绕组发生变形。有的电力变压器投入时间不长就发生突发性事故，很可能与上述情况有关。

（3）绕组承受短路能力不够。当变压器绕组出现短路时，会因其承受不了短路电流冲击力而发生变形。

2. 变压器绕组变形的诊断方法

（1）短路阻抗法。短路阻抗法是判断绕组变形的传统方法，它主要是测量电力变压器的短路阻抗，与原始阻抗值进行比较，根据其变化情况来判断绕组是否变形以及变形的程度。

（2）频率响应分析法（变压器绕组变形测试系统）。频率响应分析法的原理是基于变压器的等值电路可以看成是共地的二端口网络，该二端口网络的频率特性可以传递函数来描述，这种用传递函数描述网络特征的方法称为频率响应分析法。由于每台变压器都对应有自己的响应特性，所以绕组变形后，其内部参数变化将导致传递函数的变化。分析和比较变压器的频率响应特性，就可以发现变压器绕组是否发生了变形。

（3）低压脉冲法。当变压器铁芯上施加的频率超过 1kHZ 时，其铁芯基本不起作用，每个绕组均可视为一个由线性电阻、电感和电容等分布参数组成的无源二端网络。低压脉冲法就是利用等值电路中各个小单元内分布参数的微小变化造成波形上的变化来反映绕组结构上的变化。当外加脉冲波形具有足够的陡度并使用有足够响应的示波器，就能把这些变化清楚的反映出来。

3. 变压器绕组变形的防止措施

（1）变压器运输时器身应可靠定位。器身可靠定位是防止运输中发生位移的关键，有的变压器投入运行不久即发生突发性事故，这是由运输中冲撞导致绕组损伤而引起的，然而也有的变压器突发性事故往往并不是运输冲撞，而是由于变压器绕组的机械强度太差，以致不能承受运输过程中的颠簸而发生局部损坏，为防止这种事故发生，在选购变压器时要选择的正规的厂家。

（2）改善变压器的短路保护系统。限制变压器的短路电流、消除继电保护"死区"，快速切除流过变压器的故障电流是减小对变压器冲击，保护变压器不损坏的有效方法。

（3）加强变压器绕组变形监测并及时检修。目前提出并开展的绕组变形测试技术，对变压器受到短路冲击后能否继续运行提供了重要的判断手段。

十一、变压器干燥处理的方法

运行中的变压器是否需要干燥，应在出现下述现象时，经综合分析判断：

（1）折算至同一温度下的介质损耗值超过电力设备预防性试验规程的参考值，较上次测量值增高 30%以上。

（2）折算至同一温度下的绝缘电阻较上次测得值降低 30%以上，吸收比和极化指数均低于电力设备预防性试验规程的参考限值。

（3）变压器有明显的进水受潮迹象，如冷却器铜管破裂进水。

已投运的变压器发现受潮后需要现场干燥处理时，主要的加热方法有：

（1）油箱涡流加热法。油箱涡流加热法是在油箱外表面加石棉等绝热保温层，再在变压器器身外面绕上导线通以交流电而加热的方法。由于交流电的感应作用，箱壁产生涡流而发热，从而可使箱内空间的温度升高至 90～110℃，达到干燥的温度。通常导线截面为 70mm^2，电压为 380V 或 220V，开始加热时可在器身上多绕几匝，所组成的磁化绕组应备有调整的匝数。在加热过程中应根据变压器温度适当增加（温度低时）或减少（温度高时）匝数。

（2）零序电流加热法。该方法是把变压器器身一侧的三相绕组依次串联或并联起来，通入电压为 220V 或 380V 的单相交流电流，而其余绕组开路的加热方法（如图 3-3 所示）。这样三相铁芯的磁通是同向的零序磁通，在三柱芯式铁芯中（只适用于这种铁芯）无回路而经油箱闭合。油箱因涡流发热使保温的箱内空间温度升高，而铁芯中也因涡流而发热，通电的绕组也产生热量，均起到加热的作用。

（3）零序短路干燥法。三绕组变压器可以采用零序短路干燥法。如 Y，yd 连接的变压器，可在中压或低压零序电压 400V，其零序电流约为 30%额定电流，其接线如图 3-4 所示。这种方法使热量集中在器身上，温升较快，油箱发热量小，不需保温，所需功率也小。

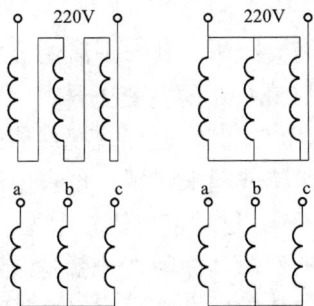

图 3-3　零序电流加热法接线示意图　　　图 3-4　零序短路干燥法接线示意图

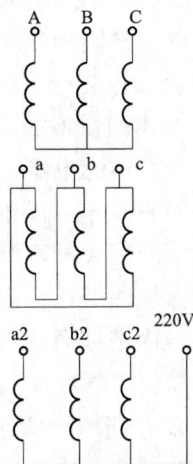

十二、变压器气体保护动作的原因、分析判断及其处理

（一）变压器气体保护动作的原因

1. 变压器内部故障

当变压器内部出现匝间短路，绝缘损坏、接触不良、铁芯多点接等故障时，都将产生大量的热能，使油分解出可燃性气体，向储油柜方向流动。当流速超过气体继电器的整定值时，气体继电器的挡板受到冲击，使断路器跳闸，从而避免事故扩大，这种情况通常称之为重瓦斯保护动作；当气体沿油面上升，聚集在气体继电器内超过 30mL 时，也可以使气体继电器的信号接点接通，发出警报，通常称之为轻瓦斯保护动作。

2. 附属设备异常

（1）呼吸系统不畅通。变压器的呼吸系统包括气囊呼吸器、防爆筒呼吸器（有的产品两者合一）等。分析表明，呼吸系统不畅或堵塞会造成轻、重瓦斯保护动作，并大多伴有喷油或跑油现象。如某工厂一台 110kV、63MVA 主变压器，投运半年后，轻、重瓦斯保护动作，且压力阀喷油，但色谱分析正常，经检查，轻、重瓦斯保护动作的原因为变压器气囊呼吸堵塞；又如某电厂一台 220kV、120MVA 主变压器，在气温为33～35℃下运行，上层油温为 75～80℃，在系统无任何冲击的情况下，突然重瓦斯保护动作跳闸，经试验和检查，证明是呼吸器堵塞在高温下突然造成油流冲击，导致重瓦斯保护动作。

（2）冷却系统漏气。当冷却系统密封不严进入了空气，或新投入运行的变压器未经真空脱气时，都会引起气体继电器的动作。如某台主变压器气体继电器频繁动作，经分析是空气进入冷却系统引起的，最后查出第 7 号风冷器漏气。

（3）冷却器入口阀门关闭。冷却器入口阀门关闭造成堵塞也会引起气体继电器频繁动作。如某水电站主变压器大修后，投运一段时间，气体继电器突然动作，但色谱分析正常，经检查发现冷却器入口阀门造成堵塞，相当于潜油泵向变压器注入空气，造成气体继电器频繁动作。

（4）散热器上部进油阀门关闭。散热器上部进油阀门关闭也会引起气体继电器的频繁动作。如某 220kV、120MVA 主变压器冲击送电时，冷却系统投入则发生重瓦斯保护动作引起跳闸，其原因是因为变压器第 7 号散热器上部进油蝶阀被误关闭，而下部出油蝶阀处于正常打开位置，当装于该处的潜油泵通电后，迅速将散热器内的油排入本体，散热器内呈真空状态，本体油量增加时，油便以很快的速度经气体继电器及管路流向储油柜，在高速油流冲行下，气体继电器动作导致跳闸。

（5）潜油泵有缺陷。潜油泵缺陷对油中气体有很大影响，其一是潜油泵本身烧损，使本体油热分解，产生大量可燃性气体。如某 110kV、75MVA 的主变压器，由于潜油泵严重磨损，在一周内使油中总烃由 786×10^{-6} 增到 1491×10^{-6}。其二是当窥视玻璃破裂时，由于轴尖处油流急速而造成负压，可以带入大量空气，即使玻璃未破裂，也有由于滤网堵塞形成负压空间使油脱出气泡，其结果是使气体继电器动作，这种情况比较常见。如某 220kV、120MVA 强迫油导向风冷变压器的气体继电器频繁动作，其原因之一就是潜油泵内分流冷却回路底部的滤网堵塞而造成的。又如某 220kV、120MVA 主变压器轻瓦斯保护动作，是由于潜油泵负压区漏气造成的。

（6）变压器进气。运行经验表明，轻瓦斯保护动作绝大多数是由于变压器进入空气所致，造成进气的原因较多。主要有：密封垫老化和破损、法兰结合面变形、油循环系统进气、潜油泵滤网堵塞、焊接处砂眼进气等。如某台 220kV、120MVA 的主变压器，轻瓦斯保护频繁动作，用平衡判据分析油样和气样表明，油中溶解气体的理论值与实测值近似相等，且故障气体各组分含量较小，故该变压器内部没有故障。经过反复检查，最后确定轻瓦斯保护动作是由于油循环系统密封不良进气造成的。

（7）变压器内出现负压区。变压器在运行中有的部位的阀门可能被误关闭，如：①储油柜下部与油箱连通管上的蝶阀或气体继电器与储油柜连通管之间的蝶阀；②安装时，储油柜上盖关得很紧而吸湿器下端的密封胶圈又未取下等。由于阀门被误关闭，当气温下降时，变压器主体内油的体积缩小，进而缺油又不能及时补充过来，致使油箱顶部或气体继电器内出现负压区，有时在气体继电器中还会形成油气上下浮动。油中逸出的气体向负压区流动，最终导致气体继电器动作。如某 220kV 的主变压器，由于在短路事故后关闭了储油柜下部与油箱连通管上的阀门，投运后又未打开，使变压器主体内"缺油集气"，造成轻瓦斯保护频繁动作。又如某 35kV、6300kVA 主变压器在两次大雨中均发生重瓦斯保护动作，就是因为夜间突降大雨，使变压器急剧冷却，内部油位也随之下降，由于蝶阀关闭，储油柜内的油不能随油位一同下降，在气体继电器内形成了一个无油的负压区，使溶解在油中的气体逸出并充满了气体继电器，造成气体继电器的下浮桶下沉，引起重瓦斯保护动作。

（8）储油柜油室中有气体。大型变压器通常装有胶囊隔膜式储油柜，胶囊将储油柜分为气室和油室两部分。若油室中有气体，当运行时油面升高就会产生假油面，严重时会从呼吸器喷油或防爆膜破裂。此时变压器油箱内的压力经呼吸器法兰突然释放，在气体继电器管路产生油流，同时套管升高座等"死区"的气体被压缩而积累的能量也突然释放，使油流的速度加快，导致瓦斯保护动作。如某电厂 2 号主变压器就是因储油柜油室中有气体受热时对油室产生附加压力所致。

（9）净油器的气体进入变压器。在检修后安装净油器（见图 3-5）时，由于排气不彻底，净油器入口胶垫密封不好等原因，使空气进入变压器，导致轻瓦斯保护动作。

另外，停用净油器时也可能引起轻瓦斯保护动作。如某 110kV、31.5MVA 的主变压器，因其净油器渗漏而停用时，由于净油器上下蝶阀没有关死，变压器本体的油仍可以渗到净油器中，并迫使净油器中的空气进入本体，集中在气体继电器中造成主变压器发生轻瓦斯保护动作。

（10）气温骤降和忽视气体继电器防雨。对开放式的变压器，其油中总气量约为 10%左右，大多数分解气体在油中的溶解度是随温度的升高而降低的，但空气却不同，当温度升高时，它在油中的溶

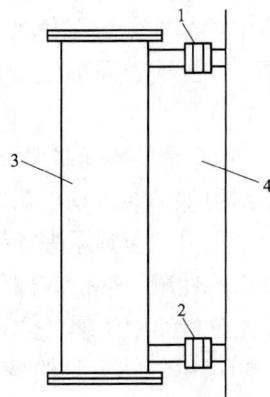

图 3-5　净油器示意图
1—蝶阀；2—下蝶阀；3—净油器；4—变压器主体

解度是增加的。因此，对于空气饱和的油，如果温度降低，将会有空气释放出来。即使油未饱和，但当负荷或环境温度骤然降低时，油的体积收缩，油面压力来不及通过呼吸器与大气平衡而降低，油中溶解的空气也会释放出来。所以，运行正常的变压器，压力和温度下降时，有时空气过饱和而逸出、严重时甚至引起瓦斯保护动作。如某 35kV、6300kVA 的变压器，在气体继电器与储油柜连通管之间蝶阀关闭的情况下，就发生过两次因气温骤降，引起重瓦斯保护动作的现象。

气体继电器的接线端子有的采用圆柱型瓷套管绝缘。固定在继电器顶盖上的接线盒里，避免下雨时储油柜上的雨水滴进接线盒内。该接线盒盖子盖好后还应当用外罩罩住。如某 110kV、 10MVA 的主变压器的气体继电器既无接线盒的盖子又无防雨罩（实际是丢在地面上），以至于下大雨时，气体继电器的触点被接线端子和地之间的雨水漏电阻短接，使跳闸回路接通。当出口继电器两端电压达到其动作电压时，导致变压器两侧的断路器跳闸。显然，在上述条件下，若出口继电器的动作电压过低，就更容易引起跳闸。

3. 放气操作不当

当气温很高、变压器负荷大时，或虽然气温不很高、负荷突然增大时，运行值班员应加强巡视，发现油位计油位异常升高（压力表指示数增大）时，应及时进行放气。放气时，必须是缓慢地打开放气阀，而不要快速大开阀门，以防止因储油柜空间压力骤然降低，油箱的油迅速涌向储油柜，而导致重瓦斯保护动作，引起跳闸。

4. 变压器器身排气不充分

有的变压器在大修后投入运行不久就发生重瓦斯保护动作，引起跳闸的现象。这可能是检修后器身排气不充分造成的。当变压器投运后，温度升高时，器身内的气体团突然经气体继电器进入储油柜，随之产生较大的油流冲击造成重瓦斯保护动作。动作后，气体继电器内均有气体，经化验确为空气，这足以说明有的空气由变压器器身流向储油柜。

5. 安装不当

新装的变压器，80%的轻瓦斯保护动作是安装存在问题。通常某部分出现真空、没有进行真空注油、气体继电器安装不当等，都可能使瓦斯保护动作。如某台 63MVA、 220kV 的变压器，其轻瓦斯保护总是动作，经取气和取油分析均无问题，没有可燃性气体，经多

次查找动作规律才知道，每当 5 号潜油泵启动 1 个月后，轻瓦斯保护就动作，检查 5 号潜油泵发现，其上面油路放气阀被堵死，因而在上面真空形成负压区。处理后，放气阀畅通，故障排除。

（二）变压器气体保护动作的分析判断

气体继电保护装置动作后，一方面要调查运行、检修情况；另一方面应立即取油样进行色谱分析，利用平衡判据进行综合分析判断，确定变压器是内部故障还是附属设备故障，进而确定故障的性质、部位或部件，以便及时进行检修处理。判断变压器是否有内部故障的方法是：首先分析油中溶解气体和气体继电器中的自由气体的浓度，然后将两者进行比较：

（1）当自由气体含量约等于实测值，且故障气体各组分含量很少时，说明变压器是正常的，一般认为溶解在油中的气体是在平衡状态下释放出来的。

（2）当自由气体含量大于实测值时，说明变压器确实存在早期潜伏性故障。如果自由气体含量明显超过油中溶解气体含量时，则说明释放气体较多，故障发展很快。这时可以通过特征气体法、产气率及三比值法来判断故障性质和发展速度。

（3）当自由气体含量小于油中溶解气体时，说明变压器内部不存在潜伏性故障，是主变压器附属设备有异常。

（4）当自由气体中氢、氧含量较高，而总烃含量较低，说明存在漏气点，有空气进入。因为油中有气泡时，在电场作用下发生火花放电产生的主要气体就是氢。若自由气体中氢气单一增加，总烃含量不高，可能是变压器受潮，因为油中的水分在电场作用下被电解，形成氢和氧，从而导致轻瓦斯保护动作。

（三）变压器气体保护动作的处理

1. 确定保护装置动作的原因

根据现场提供的资料，进行综合分析，判断气体继电保护装置是由变压器内部故障还是附属设备故障引起的，以便对不同故障采用不同的处理方法。

2. 内部故障的处理方法

对变压器的内部故障，如铁芯多点接地和过热故障，可分别按变压器铁芯多点接和过热的方法进行处理。

3. 附属设备故障

对附属设备故障也应根据具体情况，按不同的方法进行处理，概括起来有以下几点：

（1）严格密封、防止进气。严格做好密封，避免由于进气而引起的瓦斯保护动作。为检查变压器密封情况，在检修后应对变压器进行检漏试验。变压器投入运行前，要注意排除内部空气，如套管法兰、高压套管升高座、油管路中死区、冷却器顶部等的残留空气。投运前应尽早启动油泵，借助油循环将残留空气排出。注油应采用真空注油方法；油泵大修中，重点检查后端盖窥视孔、引线盒的密封、油管路中各排气孔及负压区的密封是否完好。

（2）避免误关阀门并保证呼吸系统畅通，防止堵塞。堵塞主要有两种情况，其一是误关闭阀门。对此只要运行人员重视，投运前，对每个阀门进行认真检查，就容易解决。其二是呼吸系统堵塞。对这种情况，目前现场的解决方法是：

1）正确注油。检修后注油一定要将储油柜充满，充油过程中，打开储油柜顶部排气孔和手孔，边排气边按动胶囊，让胶囊完全展开，排除储油柜中的全部空气。变压器经各部排气后，储油柜的油面还会下降，必须再进行补充注油，直到把储油柜充满，确认变压器内无气体后，方可把油排到正常油位。

2）改进呼吸系统。图 3–6 为储油柜结构及放气塞（管）简图。由图 3–6（a）可见，现行的带有胶囊的变压器储油柜，仅是将胶囊嘴子接入原呼吸系统中，与老结构储油柜相比无大的变动，这给呼吸系统带来了新问题。通常，胶囊外与储油柜内壁之间总会残存少量空气，这是因为储油柜上部放气塞往往装在气体继电器坡度较低的一侧，致使气体排放不净而残存下来。当呼吸系统不畅通时，由于胶囊嘴子低于假油位，油可进入胶囊，使胶囊升浮困难，从而发生恶性循环。为此，可将呼吸系统做改进，如图 3–6（b）所示。图 3–6（a）胶囊嘴子与呼吸系统脱离，单独接一只吸湿器，其下部油封碗内可不装油；图 3–6（b）将储油柜放气塞用管子引下，装一只真空压力表，两侧装阀门，经常监视储油柜内压力情况。当压力表指针指示正压时，可接一只小真空泵抽真空，也可在全天变压器温度最高时，将压力排掉再闭紧阀门。经上述改进后的呼吸系统，通过实际考验，完全可以避免胶囊进油。只要再监视好储油柜压力，就可避免假油位及吸湿器跑油，从而防止了瓦斯保护动作。

应当指出，为保证呼吸通畅，吸湿器硅胶颗粒不宜太细，其粒径必须保证在 5~7mm，当硅胶浸油后，应即刻更换或进行干燥处理。另外，油封碗内若装油，则应确实保证油封碗内油面不超过 2~3mm，其呼吸力不大于 0.05MPa。

3）加强技术管理和维护，克服重大轻小、重主轻辅的倾向，充分认识附属（辅助）设备与主变压器的可靠运行息息相关。避免诸如端子箱和气体继电器端子盒因漏雨或清洗造成的接点短路，导致瓦斯保护动作，引起跳闸。

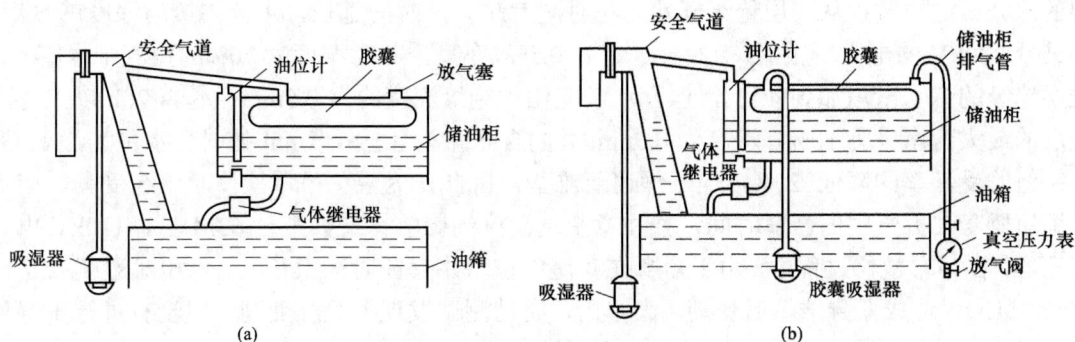

图 3–6　储油柜及放气塞安装简图

（a）改进前储油柜及放气塞安装简图；（b）改进后储油柜及放气塞安装简图

十三、变压器进水受潮的原因、诊断方法及其处理方法

（一）变压器进水受潮的原因

1. 套管顶部连接帽密封不良

由于套管顶部连接帽密封不良，水分沿引线进入绕组绝缘内，引起击穿事故。套管端部密封不良的主要原因是结构不合理和胶垫安装不正确。套管顶部连接帽接线板与带螺纹的引线鼻子相连接，这个帽兼有密封和导电双重作用，从而带来很多弊病。首先是细螺纹丝扣制造公差太大，接触不良，引起过热。其次是固定引线的铜销钉过长，由于帽上接线板还必须与外部母线连接相吻合，致使密封垫无法压紧，稍有松动，就会向内漏水。这类

事故多发生在雨季，也就是在雨季进水造成的。绕组烧坏部位一般在引线附近，这说明水是沿套管引线进入的。如某台 31.5MVA、110kV 的电力变压器，运行中重瓦斯动作，经吊罩检查，110kV B 相出线根部烧伤 7 段，内侧靠高压纸筒抽头以下烧伤 32 段。测量 A、C 相引线包扎绝缘的介质损耗因数，其结果分别为 28.7% 和 33.5%。证明这一事故是由于套管端部密封不严，在正常运行中逐渐吸潮造成击穿的。

2. 冷却器黄铜管破裂

按规定，冷却器在安装前应做检漏试验，以便检出冷却器的破裂缺陷，否则可能导致绝缘击穿事故。如某台 63MVA、220kV 的电力变压器，在运行中主差动保护动作，重瓦斯保护动作，变压器三侧断路器跳闸，使变压器与系统解裂。经吊钟罩发现，变压器箱底有大量泥水；A 相上端部绝缘件严重浸泡和污染；A 相下端第 2~3 线饼之间烧损，第 13~19 线饼内径处绝缘烧伤；A 相 220kV 引线绝缘断裂；高低压之间绝缘筒有击穿现象；A 相下夹件靠高压侧有两处放电。造成这次事故的主要原因是安装前未按规定对 1 号冷却器进行认真的解体检查和耐压检漏试验，以致于冷却器黄铜管严重破裂，缺陷未被发现。大修后，因 1 号冷却器水样中有油花，一直没投运而做备用，在长期备用中，冷却器排、放水阀门均未打开，而进水阀门又关闭不严，所以带有压力的冷却水通过铜管裂缝进入油室直至与供水全水压平压。在 1 号冷却器投运的瞬间，油水混合物迅速地经导向冷却管路喷向了 A 相绕组，造成绕组烧损。

3. 在检修中受潮

在变压器吊罩检修时，器身暴露在大气中，当空气相对湿度较大时，绝缘将吸收空气中的水分。这个过程从表层绝缘开始，相对湿度越大，时间越长，水分渗透的深度就越深。如某台 220kV 的电力变压器，初始含水量为 0.5%，在夏季相对湿度为 70% 的空气中暴露 6h，表层绝缘的含水量增加到 4.8%，但含水量变化的绝缘深度约为 0.5mm；暴露 20h 以上时，表层的最大含水量为 10%，深度为 0.5mm 处的含水量为 4.5%，1mm 处的含水量为 2%。浸渍绕组的受潮率约降低 20%，但干燥也要难些。因此，为避免吊罩检修时绝缘受潮，应尽量缩短器身在大气中的暴露时间，并注意空气湿度的影响。又如某台 63MVA，110kV 电力变压器，在吊罩检修过程中，由于器身在潮湿的空气中暴露时间太长（空气相对湿度 65%~75%，21h），造成器身结露后受潮。大修后，通过测试发现了绝缘受潮，但没有进行干燥处理，投运后先空载，但潮气没法排除，最后被迫停运，造成了设备事故。

4. "呼吸作用"吸水受潮

在运行中，变压器内绝缘油的工作温度不但取决于设备结构、容量、油路、冷却方式、负荷变化等因素，还会随着环境温度的变化而变化，一般会高于环境温度。在夏秋季节，变压器上层油温常超过 80℃。由于不同季节环境温度的改变，特别是每日昼夜的温差波动，会使储油柜上部空间的气体与外部空气进行不断的呼吸作用。据计算，一台油量为 30t 的大型电力变压器，若昼夜的温差改变为 10℃，变压器储油柜空间就会吸入或排出 0.28m³ 的气体。当呼吸器内充填的干燥剂失效，防爆管密封不严或潜水泵吸入侧渗漏时，外界的潮湿空气就会通过这些途径进入变压器，在其内部温度降低的过程中，潮湿空气中的水分达到饱和状态，由于水分结露析出，造成绝缘油和绝缘材料受潮，时间越长其受潮程度越严重，就越可能发生绝缘事故。如某电站一台 23.5MVA，17/6.3kV 联络变压器，日负荷电量差值在 8MW 左右。负荷变化时，变压器温度随之而变，其最高油温为 52℃，环境温度为 18℃，最低油温 28℃，其环境温度为 4℃。储油柜油面上部是空腔，储油柜直径为 700mm，长度为 3150mm。防爆筒油面上部也是空腔，防爆筒直径为 240mm，长度为 2400mm，，变压器因负荷变化引起器身温度变化。环境温度与器身温度的差值，使储油柜与防爆筒空腔内壁上产生露水，从而导致变压器油中含水，绕组受潮，三次发生绕组烧损事故。

（二）变压器进水受潮诊断方法

诊断电力变压器进水受潮的常用方法如下：

1. 传统的电气试验法

传统的电气试验方法，如测量绕组的绝缘电阻、吸收比、$\tan\delta$、直流泄漏电流以及测量油的绝缘强度，可以间接地定性了解变压器进水受潮情况，所以仍是现场广泛采用的方法。

有的电站提出，如果所测引线根部的介质损耗因数超过 10%，则说明套管进水受潮。如某台 6300kVA、110kV 变压器套管进水后，将 110kV 引线根部的绝缘剥下来用火烧时能听到微弱的吱吱响声，又测量 A、C 两相 110kV 引线根部的介质损耗因数，其结果 A 相为 28.7%，C 相为 33.5%，说明引线受潮，套管进水。

2. 测量油中含水量

测量油中的含水量可以直接监视变压器进水受潮情况，DL/T 596—1996《电力设备预防性试验规程》规定的测量方法有两种：

（1）库仑法。库仑法是一种电化学方法，它是将库仑仪与卡尔·费休滴定法结合起来的分析方法。当被测试油中的水分进入电解液（即卡尔·费休试剂，简称卡氏试剂）后，水参与碘、二氧化硫的氧化还原化学反应，在吡啶和甲醇的混合液中相混合，生成氢碘酸吡啶和甲基硫酸吡啶，消耗了的碘在阳极电解产生，从而使氧化还原反应不断进行，直至水分全部耗尽止。

（2）气相色谱法。这个方法是采用以高聚物为固定相的直接测定法，其测定原理是将试油中的水分在汽化加热器适当温度下汽化后，用高分子微球为固定相进行分离，然后用热传导检测器进行检测，并采用峰高定量法计算出水分的含量。

应当指出，测量运行中变压器油中含水量时，应注意温度的影响，尽量在顶层油温高于 50℃时采样，否则难以判断。这是因为不同的温度下溶解在油中的水分有不同的饱和溶解量，饱和溶解值随温度升高而增大，因而在高温下，绝缘纸中水分进入油中，当温度下降时，油中水分有一部分将向纸中扩散，使油的含水量下降。一般来说，运行温度越高，纸中水分向油中扩散越多，因而使油中含水量增高。实现平衡需要一个较长的过程（以月计）。因此，用油中含水量的多少来肯定或否定变压器的受潮是很不全面的。特别是在环境温度很低，而变压器又在停运状态下测出的油中很低的含水量，不能作为绝缘干燥的唯一判据。相反，在变压器运行温度较高（不是暂时的升高）时，所测油的含水量很低，倒是可以作为绝缘状态良好的依据之一。因此，测量油中含水量应在较高运行温度下进行。

由上所述，温度变化时，纸中含水量与油中含水量有一个平衡过程。理论上，在高温时，纸中含水量将随油中水分的增加而减小，当温度降低时，油中水分将被纸吸收，使纸的含水量增高。但计算结果表明，在密封条件较好的变压器中，如果没有外部水分的渗入，在不同温度下引起油中水分的变化量即使全部与绝缘纸的变化量相平衡，纸中含水量的变化幅值也是很小的。因油中含水量是以 10^{-6} 表示，而纸中的含水量以 10^{-2} 表示。变压器中纸中含水量的绝对值要比油中多得多。设变压器用油量为用纸量的 10 倍（实际要低），随温度变化油中含水量如果达到 $100×10^{-6}$（实际要小得多）的变化值，由此计算纸中相应水分的变化量也只有 0.1%。对纸而言，这是一个无关大局的值。因此，不能根据某一温度下测得的油中含水量便直接从文献中的油纸含水量与温度平衡曲线中去推测纸的含水量，可以认为不同的平衡曲线都是在不同的系统内部条件下获得的，即除油、纸系统中原有的水分外，还有外界空气中水分渗入了平衡系统。如果变压器确已受潮，也就意味着平衡系统内部条件发生了变化，即有外界的水分进入，运行多年老化的结果，也会增加一定水分。利用热油循环干燥变压器就是让纸里的水分不断地扩散到油中去。并不断地滤去油中接近饱和的水分，减少平衡系统内的水分。所以可以利用该变压器不同温度下的油的相应含水量的变化范围（纸中水分基本不变）来判断是否符合平衡曲线的规律，作为辅助性判断，如果差别很大，则可能受潮。

（3）测量油中溶解氢气含量。近几年来，在搞好微水含量测试的同时，有人探索应用气相色谱分析方法分析油中溶解氢气的含量来诊断变压器绝缘受潮情况。实践证明，这种方法是可行的。

由于变压器内部存在电、热性故障时，都会产生氢气，所以为了判断正确，要抓住受潮后油中氢气含量变化的特点：

1）油中烃类组分含量正常，而油中含氢量单项偏高。

2）油中含氢气量的高低与微水含量呈正比关系，且含氢气量的变化滞后于微水含量的变化。例如，某变电站的一台 120MVA 的电力变压器，强迫油循环水冷，油量为 22.7t，1986 年 6 月投运。投运后，从 1998～2000 年的色谱分析结果得知油中烃类气体含量正常，氢含量单项偏高。2001 年 7 月，油中氢气含量骤增至 $485×10^{-6}$，用真空滤油机对绝缘油脱气、脱水处理，两个月后含氢量又增至 $321×10^{-6}$。2001 年 10 月吊罩检查未见异常，但换油后 8 个月，油中氢气含量又增高至 $538×10^{-6}$。2002 年 3 月，对该变压器绕组进行真空加热，干燥处理，使得运行正常。

（三）变压器进水受潮后的处理方法

根据进水受潮的原因提出的处理方法如下：

1. 对套管顶部连接帽密封不良的处理方法

（1）在雨季前，对变压器的高压套管端部进行一次检查，以处理密封不严或过热现象。以后每年可利用停电机会安排一次密封性能（如密封油压试验）检查。

（2）对运行中的套管，应积极创造条件，安排计划，尽早改造密封不好的老结构为新结构。改造后的也应定期检查其密封性，以杜绝水分自套管端部进入器身中。

2. 对冷却器黄铜管破裂的处理方法

（1）油水冷却器在安装前应严格按照技术条件要求做检漏试验。其试验方法有两种：

1）对油室注油，油面在入油口下 10～20mm 处。在水室的入口处通以净水，由出水口流出，观察水中有无连续出现油花。然后将出水口封闭，加水压至 0.25MPa，维持 12h，取油样做耐压试验，应无降低现象。

2）冷却器油、水室加堵板隔离，从油室打风压至 0.4MPa，维持 4h，用肥皂水检查冷却器铜管及铜管胀口处有无渗漏，同时观察风压是否降低。

（2）运行中的冷却器应保持油压大于水压，潜油泵进油阀要全开，用出油阀调节油的流量避免出现负压。并列运行的冷却器，应在每台潜油泵出口加装逆止阀。

（3）备用中的冷却器在关闭进出油、水阀后，应全开放水阀，严防因水阀渗漏而憋高水压。

（4）长期备用的冷却器投运前，取油样检查应无油花，取油样做耐压试验合格后方可操作。

（5）在冬季应防止停用及备用冷却器铜管冻裂。对冷却器的油管应结合大小修进行检漏。

3. 对检修中受潮的处理方法

一般来说，在周围空气温度大约等于或低于器身温度时，变压器可以吊罩检查。器身在空气中暴露时间从接触外界空气时算起不得超过以下规定：

空气相对湿度不大于 65%时：16h。

空气相对湿度不大于 75%时：12h。

其中，注油的时间不计在内，器身接触外界空气的计时应从排油时开始。如果周围空气温度高于器身温度时，吊罩前必须对器身加热，提高器身温度，最好使其超过空气温度 10℃。

4. 对"呼吸作用"进水受潮的处理方法

（1）呼吸器的油封应注意加油和维修，切实保证畅通，干燥剂应保持干燥。

（2）应防止储油柜内积水。在检修中，应检查气体继电器与储油柜的联管，是否按规定伸进储油柜 20～25mm。不符合要求的应及时改进。每年应结合小修排放储油柜下部的积水。

显然，进水受潮后的变压器要继续投入运行必须进行干燥，干燥的方法请参照变压器干燥处理方法。

第三节　变压器检修的工艺及质量要求

一、变压器检修周期及其项目

（一）变压器的检修周期

变压器检修一般分为大修和小修，大修周期一般在投入运行后的 5 年内和以后每隔 10 年大修一次，如果箱沿焊接的全密封变压器或制造厂另有规定者，经过试验与检查并结合运行情况，判断有内部故障或本体严重渗漏油时，才进行大修，而电力系统中运行的主变压器当承受出口短路后，经综合诊断分析，可考虑提前大修。当发现运行中的变压器有异常状况或经试验判明有内部故障时，应提前进行大修；而运行正常的变压器经综合诊断分析良好，总工程师批准后可适当延长大修周期。

变压器小修周期一般每年一次，安装在 2～3 级污秽地区的变压器，其小修周期应在规程中予以规定。

变压器保护装置和测温装置的校验，应根据有关规程的规定进行，变压器油泵的解体检修周期为：2级油泵1～2年进行一次，4级泵2～3年进行一次。变压器风扇的解体检修一般1～2年进行一次。而变压器净油器吸附剂的更换，应根据油质化验结果而定，吸湿器中的吸附剂视失效程序随时更换。自动装置及控制回路的检验，一般每年进行一次。

（二）变压器的检修项目

1. 变压器的大修项目

（1）吊开钟罩检修器身，或吊出器身检修。

（2）绕组、引线及磁（电）屏蔽装置的检修。

（3）铁芯、铁芯紧固件（穿芯螺杆、夹件、拉带、绑带等）、压钉、压板及接片的检修。

（4）油箱及附件的检修，包括套管、吸湿器等。

（5）冷却器、油泵、水泵、风扇、阀门及管道等附属设备的检修。

（6）安全保护装置的检修。

（7）油保护装置的检修。

（8）测温装置的检修。

（9）操作控制箱的检修和试验。

（10）无励磁分接开关和有载分接开关的检修。

（11）全部密封胶垫的更换和组件试漏。

（12）必要时对器身绝缘进行干燥处理。

（13）变压器油的处理或换油。

（14）清扫油箱并进行喷涂油漆。

（15）大修的试验和试运行。

2. 变压器的小修项目

（1）处理已发现的缺陷。

（2）放出储油柜积污器中的污油。

（3）检修油位计，调整油位。

（4）检修冷却装置。包括油泵、风扇、油流量开关、差压开关等，必要时吹扫冷却管。

（5）检修安全保护装置。包括储油柜，压力释放阀（安全气道）、气体继电器、速动油压继电器等。

（6）检修油保护装置。

（7）检修测温装置。包括压力式温度计、电阻温度计（绕组温度计）、棒形温度计等。

（8）检修调压装置、测量装置及控制箱，并进行调试。

（9）检查接地系统。

（10）检修全部阀门和塞子，检查全部密封状态，处理渗漏油。

（11）清扫油箱和附件，必要时进行补漆。

（12）清扫外绝缘和检查导电接头。

（13）按有关规定进行测量和试验。

二、变压器的解体检修与组装

1. 变压器的解体检修步骤

（1）办理工作工作票、停电、拆除变压器的外部电气连接引线和二次接线，进行检修前的检查和试验。

（2）部分排油后拆卸套管、升高座、储油柜、冷却器、气体继电器、压力释放阀（或安全气道）、联管、温度计等附属装置，并分别进行校验和检修，在储油柜放油时应检查油位计指示是否正确。

（3）排出全部油并进行处理。

（4）拆除无励磁分接开关操作杆。各类有载分接开关的拆卸参见 DL/T 574—2010《变压器分接开关运行维护导则》。

（5）检查器身状况，进行各部件的紧固并测试绝缘。

（6）更换密封胶垫、检修全部阀门，清洗、检修铁芯、绕组及油箱。

2. 变压器的组装步骤

（1）装固钟罩（或器身）紧固螺栓后按规定注油。

（2）适量排油后安装套管，并装好内部引线，进行二次注油。

（3）安装冷却装置等附属装置。

（4）整体密封试验。

（5）注油至规定的油位线。

（6）大修后进行电气和油的试验。

3. 变压器解体检修和组装时注意事项

（1）拆卸的螺栓等零件应清洗干净分类妥善保管，如有损坏应检修或更换。

（2）拆卸时，首先拆小型仪表和套管，后拆大型组件，组装时顺序相反。

（3）冷却器、压力释放阀（或安全气道）、净油器及储油柜等部件拆下后，应用盖板密封，对带有电流互感器的升高座应注入合格的变压器油（或采取其他防潮密封措施）。

（4）套管、油位计、温度计等易损部件拆下后应妥善保管，防止损坏和受潮；电容式套管应垂直放置。

（5）组装后要检查冷却器、净油器和气体继电器阀门，按照规定开启或关闭。

（6）对套管升压座、上部管道孔盖、冷却器和净油器等上部的放气孔应进行多次排气，直至排尽为止，并重新密封好擦净油迹。

（7）拆卸无励磁分接开关操作杆时，应记录分接开关的位置，并作好标记；拆卸有载分接开关时，分接头应置于中间位置（或按制造厂的规定执行）。

（8）组装后的变压器各零部件应完整无损。

（9）认真做好现场记录工作。

4. 变压器检修中的起重工作及注意事项

（1）起重工作应分工明确，专人指挥，并有统一信号。

（2）根据变压器钟罩（或器身）的重量选择起重工具，包括起重机、钢丝绳、吊环、U型挂环、千斤顶、枕木等。

（3）起重前应先拆除影响起重工作的各种连接。

（4）如系吊器身，应先紧固器身有关螺栓。

（5）起吊变压器整体或钟罩（器身）时，钢丝绳应分别挂在专用起吊装置上，遇棱角处应放置衬垫；起吊 100mm 左右时应停留检查悬挂及捆绑情况，确认可靠后再继续起吊。

（6）起吊时钢丝绳的夹角不应大于 60°，否则应采用专用吊具或调整钢丝绳套。

（7）起吊或落回钟罩（或器身）时，四角应系缆绳，由专人扶持，使其保持平稳。

（8）起吊或降落速度应均匀，掌握好重心，防止倾斜。

（9）起吊或落回钟罩（或器身）时，应使高、低压侧引线，分接开关支架与箱壁间保持一定的间隙，防止碰伤器身。

（10）当钟罩（或器身）因受条件限制，起吊后不能移动而需在空中停留时，应采取支撑等防止坠落措施。

（11）吊装套管时，其斜度应与套管升高座的斜度基本一致，并用缆绳绑扎好，防正倾倒损坏瓷件。

（12）采用汽车吊起重时，应检查支撑稳定性，注意起重臂伸张的角度、回转范围与邻近带电设备的安全距离，并设专人监护。

5. 变压器的搬运工作及注意事项

（1）了解道路及沿途路基、桥梁、涵洞、地道等的结构及承重载荷情祝，必要时予以加固，通过重要的铁路道口，应事先与当地铁路部门取得联系。

（2）了解沿途架空电力线路、通信线路和其他障碍物的高度，排除空中障碍，确保安全通过。

（3）变压器在厂（站）内搬运或较长距离搬运时，均应帮扎固定牢固，防止冲击震动、倾斜及碰坏零件；搬运倾斜角在长轴方向上不大于 15°，在短轴方向上不大于 10°；如用专用托板（木排）牵引搬运时，牵引速度不大于 100m/h，如用变压器主体滚轮搬运时，牵引速度不大于 200m/h（或按制造厂家说明书的规定）。

（4）在用千斤顶升（或降）变压器时，应顶在油箱指定部位，以防变形；千斤顶应垂直放置，在千斤顶的顶部与油箱接触处应垫以木板防止滑倒。

（5）在使用于千斤顶升（或降）变压器时，应随升（或降）随时垫木方和木板，防止千斤顶失灵突然降落倾倒；如在变压器两侧使用千斤顶时，不能两侧同时升（或降），应分别轮流工作，注意变压器两侧高度差不能太大，以防止变压器倾斜；荷重下的千斤顶不得长期负重，并应自始至终有专人照料。

（6）变压器利用滚杠搬运时，牵引的着力点应放在变压器的重心以下，变压器底部应放置专用托板；为增加搬运时的稳固性，专用托板的长度应超过变压器的长度，两端应制成楔形，以便于放置滚杠；搬运大型变压器时，专用托板的下部应加设钢带保护，以增强其坚固性。

（7）采用专用托板、滚杠搬运、装卸变压器时，通道要填平，枕木要交错放置；为便于滚杠的滚动，枕木的搭接处应沿变压器的前进方向，由一个接头稍高的枕木过渡到稍低的枕木上，变压器拐弯时，要利用滚杠调整角度，防止滚杠弹出伤人。

（8）为保持枕木的平整，枕木的底部可适当加垫厚薄不同的木板。

（9）采用滑轮组牵引变压器时，工作人员必需站在适当位置，防止钢丝绳松扣或拉断伤人。

（10）变压器在搬运和装卸前，应核对高、低压侧方向，避免安装就位时调换方向。

（11）充氮搬运的变压器，应装有压力监视表计和补氮瓶，确保变压器在搬运途中始终保持正压，氮气压力应保持 0.01～0.03MPa，露点应在 −35℃ 以下，并派专人监护押运，氮气纯度要求不低于 99.99%。

三、变压器的检修工艺及质量标准

（一）变压器器身检修工艺及质量要求

变压器吊钟罩（或器身）一般宜在室内进行，以保持器身的清洁；如在露天进行时，应选在无尘土飞扬及其他污染的晴天进行；器身暴露在空气中的时间应不超过如下规定：空气相对湿度不大于 65% 为 16h；空气相对湿度不大于 75% 为 12h；器身暴露时间是从变压器放油时起至开始抽真空或注油时为止；如暴露时间需超过上述规定，宜接入干燥空气装置进行施工。变压器器身温度应不低于周围环境温度，否则应用真空滤油机循环加热油，将变压器加热，使器身温度高于环境温度 5℃ 以上。检查器身时，应由专人进行，穿着专用的检修工作服和鞋，并戴清洁手套，寒冷天气还应戴口罩，照明应采用低压行灯。进行器身检查所使用的工具应由专人保管并应编号登记，防止遗留在油箱内或器身上；进入变压器油箱内检修时，需考虑通风，防止工作人员窒息。

1. 绕组检修工艺及质量标准

变压器绕组检修工艺及质量标准见表 3–4。

表 3–4 变压器绕组检修工艺及质量标准

序号	检 修 工 艺	质 量 标 准
1	检查相间隔板和围屏（宜解开一相）有无破损、变色、变形、放电痕迹，如发现异常应打开其他两相围屏进行检查	（1）围屏清洁无破损，绑扎紧固完整，分接引线出口处封闭良好，围屏无变形、发热和树枝状放电痕迹； （2）围屏的起头应放在绕组的垫块上，接头处一定要错开搭接，并防止油道堵塞； （3）检查支撑围屏的长垫块应无爬电痕迹，若长垫块在中部高场强区时，应尽可能割短相间距离最小年的轴向垫块 2～4 个； （4）相间隔板完整并固定牢固
2	检查绕组表面是否清洁，匝间绝缘有无破损	（1）绕组清洁，表面无油垢，无变形； （2）整个绕组无倾斜、位移，导线轴向无明显弹出现象
3	检查绕组各部垫块有无位移和松动情况	各部位垫块应排列整齐，轴向间距相等，轴向成一垂直线，支撑牢固有适当压紧力，垫块外露出绕组的长度至少应超过导线的厚度
4	检查绕组绝缘有无破损、油道有无绝缘、油垢或杂物（如硅胶粉末）有无堵塞现象，必要时可用软毛刷（或用绸布、泡沫塑料）轻轻擦拭，绕组线匝表面如有破损裸而导线处，应进行包扎处理	（1）油道保持畅通，无油垢及其他杂物积存； （2）外观整齐清洁，绝缘及导线无破损； （3）特别注意导线的统包绝缘，不可将油道堵塞，以防局部发热、老化
5	用手指按压绕组表面检查其绝缘状态	绝缘状态可分为： 一级绝缘：绝缘有弹性，用手指按压后无残留变形，属良好状态 二级绝缘：绝缘仍有弹性，用手指按压时无裂纹、脆化，属合格状态 三级绝缘：绝缘脆化，呈深褐色，用手指按压时有少量裂纹和变形，属勉强可用状态 四级绝缘：绝缘已严重脆化，呈黑褐色，用手指按压时酥脆、变形、脱落，甚至可见裸露导线，属不合格状态

2. 变压器引线和绝缘支架检修工艺及质量标准

变压器引线和绝缘支架检修工艺及质量标准见表 3–5。

表 3-5   变压器引线和绝缘支架检修工艺及质量标准

序号	检 修 工 艺	质 量 标 准
1	检查引线及引线锥的绝缘包扎有无变形、变脆、破损，引线有无断股，引线与引线接头处焊接情况是否良好，有无过热现象	（1）引线绝缘包扎应完好，无变形、变脆，引线无断股卡伤情况； （2）对穿缆引线，为防止引线与套管的导管接触处产生分流烧伤，应将引线用白布带半迭包绕一层； （3）引线接头应采用磷铜或银焊接； （4）接头表面应平整、清洁、光滑无毛刺，并不得有其他杂质； （5）引线长短适宜，不应有扭曲现象
2	检查绕组至分接开关的引线，其长度、绝缘包扎的厚度、引线接头的焊接（或连接）、引线对各部位的绝缘距离、引线的固定情况是否符合要求	质量标准同上
3	检查绝缘支架有无松动和损坏、位移，检查引线在绝缘支架内的固定情况	（1）绝缘支架应无破损、裂纹、弯曲变形及烧伤现象； （2）绝缘支架与铁夹件的固定可用钢螺栓，绝缘件与绝缘支架的固定应用绝缘螺栓；两种固定螺栓均需有防松措施（220kV 级变压器不得应用环氧螺栓）； （3）绝缘夹件固定引线处应垫以附加绝缘，以防卡伤引线绝缘； （4）引线固定用绝缘夹件的间距，应考虑在电动力的作用下，不致发生引线短路
4	检查引线与各部位之间的绝缘距离	（1）引线与各部位之间的绝缘距离，根据引线包扎绝缘的厚度不同而异； （2）对大电流引线（铜排或铝排）与箱壁间距，一般应大于100mm，以防漏磁发热，铜（铝）排表面应包扎一层绝缘，以防异物形成短路或接地

3. 铁芯检修工艺及质量标准

变压器铁芯检修工艺及质量标准见表 3-6。

表 3-6   变压器铁芯检修工艺及质量标准

序号	检 修 工 艺	质 量 标 准
1	检查铁芯外表是否平整，有无片间短路或变色、放电烧伤痕迹，绝缘漆膜有无脱落，上铁轭的顶部和下铁轭的底部是否有油垢杂物，可用洁净的白布或泡沫塑料擦拭，若叠片有翘起或不规整之处，可用木槌或铜锤敲打平整	铁芯应平整，绝缘漆膜无脱落，叠片紧密，边侧的硅钢片不应翘起或成波浪状，铁芯各部表面应无油垢和杂质，片间应无短路、搭接现象，接缝间隙符合要求
2	检查铁芯上下夹件、方铁、绕组压板的紧固程度和绝缘状况，绝缘压板有无爬电烧伤和放电痕迹。 为便于监测运行中铁芯的绝缘状况，可在大修时在变压器箱盖上加装一小套管，将铁芯接地线（片）引出接地	（1）铁芯与上下夹件、方铁、压板、底脚板间均应保持良好绝缘； （2）钢压板与铁芯间要有明显的均匀间隙；绝缘压板应保持完整、无破损和裂纹，并有适当紧固度； （3）钢压板不得构成闭合回路，同时应有一点接地； （4）打开上夹件与铁芯间的连接片和钢压板与上夹件的连接片后，测量铁芯与上下夹件间和钢压板与上夹件间的绝缘电阻，与历次试验相比较应无明显变化
3	检查压钉、绝缘垫圈的接触情况，用专用扳手逐个紧固上下夹件、方铁、压钉等各部位紧固螺栓	螺栓紧固，夹件上的正、反压钉和锁紧螺帽无松动，与绝缘垫圈接触良好，无放电烧伤痕迹，反压钉与上夹件有足够距离
4	用专用扳手紧固上下铁芯的穿心螺栓，检查与测量绝缘情况	穿芯螺栓紧固，其绝缘电阻与历次试验比较无明显变化
5	检查铁芯间和铁芯与夹件间的油路	油路应畅通，油道垫块无脱落和堵塞，且应排列整齐

序号	检 修 工 艺	质 量 标 准
6	检查铁芯接地片的连接及绝缘状况	铁芯只允许一点接地，接地片用厚度 0.5mm，宽度不小于 30mm 的紫铜片，插入 3～4 级铁芯间，对大型变压器插入深度不小于 80mm，其外露部分应包扎绝缘，防止铁芯短路
7	检查无孔结构铁芯的压板和钢带	应紧固并有足够的机械强度，绝缘良好不构成环路，不与铁芯相接触
8	检查铁芯电场屏蔽绝缘及接地情况	绝缘良好，接地可靠

4. 油箱检修工艺及质量标准

变压器检修工艺及质量标准见表 3-7。

表 3-7 变压器油箱检修工艺及质量标准

序号	检 修 工 艺	质 量 标 准
1	对油箱上焊点、焊缝中存在的砂眼等渗漏点进行补焊	消除渗漏点
2	清扫油箱内部，清除积存在箱底的油污杂质	油箱内部洁净，无锈蚀，漆膜完整
3	清扫强迫油循环管路，检查固定于下夹件上的导向绝缘管，连接是否牢固，表面有无放电痕迹打开检查孔，清扫联箱和集油盒内杂质	强迫油循环管路内部清洁，导向管连接牢固，绝缘管表面光滑，漆膜完整、无破损、无放电痕迹
4	检查钟罩（或油箱）法兰结合面是否平整，发现沟痕，应补焊磨平	法兰结合面清洁平整
5	检查器身定位钉	防止定位钉造成铁芯多点接地；定位钉无影响可不退出
6	检查磁（电）屏蔽装置，有无松动放电现象，固定是否牢固	磁（电）屏蔽装置固定牢固无放电痕迹，可靠接地
7	检查钟罩（或油箱）的密封胶垫，接头是否良好，接头处是否放在油箱法兰的直线部位	胶垫接头黏合牢固，并放置在油箱法兰直线部位的两螺栓的中间，搭接面平放，搭接面长度不少于胶垫宽度的 2～3 倍，胶垫压缩量为其厚度的 1/3 左右（胶棒压缩量为 1/2 左右）
8	检查内部油漆情况，对局部脱漆和锈蚀部位应处理，重新补漆	内部漆膜完整，附着牢固

（二）变压器整体组装

1. 整体组装前的准备工作和要求

（1）组装前应彻底清理冷却器（散热器），储油柜，压力释放阀（安全气道），油管，升高座，套管及所有组、部件，用合格的变压器油冲洗与油直接接触的组、部件。

（2）所附属的油、水管路必须进行彻底的清理，管内不得有焊渣等杂物，并做好检查记录。

（3）油管路内不许加装金属网，以避免金属网冲入油箱内，一般采用尼龙网。

（4）安装上节油箱前，必须将油箱内部、器身和箱底内的异物、污物清理干净。

（5）有安装标志的零、部件，如气体继电器、分接开关、高压、中压套管升高座及压力释放阀（或安全气道）升高座等与油箱的相对位置和角度需按照安装标志组装。

（6）准备好全套密封胶垫和密封胶。

（7）准备好合格的变压器油。

（8）将注油设备、抽真空设备及管路清扫干净；新使用的油管亦应先冲洗干净，以去除油管内的脱模剂。

2．组装

变压器的整体组装工艺及质量标准如下：

（1）装回钟罩（或器身）。

（2）安装组件时，应按制造厂的"安装使用说明书"规定进行。

（3）油箱顶部若有定位件，应按外形尺寸图及技术要求进行定位和密封。

（4）制造时，无升高坡度的变压器，在基础上应使储油柜的气体继电器侧具有规定的升高坡度。

（5）变压器引线的根部不得受拉、扭及弯曲。

（6）对于高压引线，所包扎的绝缘锥部分必须进入套管的均压球内，防止扭曲。

（7）在装套管前必须检查无励磁分接开关连杆是否已插入分接开关的拨叉内，调整至所需的分接位置上。

（8）各温度计座内应注以变压器油。

（9）按照变压器外形尺寸图（装配图）组装已拆卸的各组、部件，其中储油柜、吸湿器和压力释放阀（安全气道）可暂不装，联结法兰用盖板密封好；安装要求和注意事项按各组部件"安装使用说明书"进行。

3．变压器排油和注油

（1）变压器排油和注油的一般规定如下：

1）检查清扫油罐、油桶、管路、滤油机、油泵等，应保持清洁干燥，无灰尘杂质和水分。

2）排油时，必须将变压器和油罐的放气孔打开，放气孔宜接入干燥空气装置，以防潮气侵入。

3）储油柜内油不需放出时，可将储油柜下面的阀门关闭，将油箱内的变压器油全部放出。

4）有载调压变压器的有载分接开关油室内的油应分开抽出。

5）强迫油水冷变压器，在注油前应将水冷却器上的差压继电器和净油器管路上的塞子关闭。

6）可利用本体箱盖阀门或气体继电器联管处阀门安装抽空管，有载分接开关与本体应安连通管，以便与本体等压，同时抽空注油，注油后应予拆除恢复正常。

7）向变压器油箱内注油时，应经压力式滤油机（220kV变压器宜用真空滤油机）。

（2）变压器真空注油。220kV变压器必须进行真空注油，其他变压器有条件时也应采用真空注，真空注油应遵守制造厂规定，或按下述方法进行，其连接图如图3-7所示。通过试抽真空检查油箱的强度，一般局部弹性变形不应超过箱壁厚度的2倍，并检查真空系统的严密性。

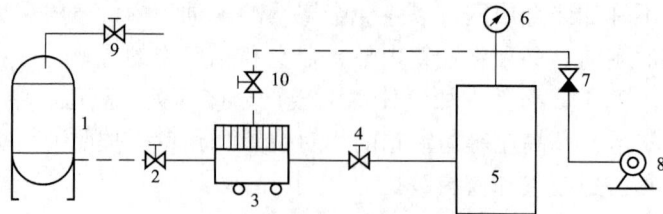

图3-7　变压器真空注油连接示意图

1—油罐；2、4、9、10—阀门；3—压力滤油机或真空滤油机；5—变压器；6—真空计；7—逆止阀；8—真空泵

注：图中虚线表示真空滤油机经改装后，可由真空泵单独抽真空。

真空注油的操作方法如下：

1）以均匀的速度抽真空，达到指定真空度并保持 2 小时后，开始向变压器油箱内注油（一般抽空时间为 1/3～1/2 暴露空气时间），注油温度宜略高于器身温度。

2）以 3～5t/h 的速度将油注入变压器，距箱顶约 200mm 时停止，并继续抽真空保持 4 小时以上。

3）变压器补油。变压器经真空注油后补油时，需经储油柜注油管注入，严禁从下部油门注入，注油时应使油流缓慢注入变压器至规定的油面为止，再静止 12 小时。

（3）胶囊式储油柜的补油。胶囊式储油柜变压器补油的方法如下：

1）进行胶囊排气。打开储油柜上部排气孔，由注油管将油注满储油柜，直至排气孔出油，再关闭注油管和排气孔。

2）从变压器下部油门排油，此时空气经吸湿器自然进入储油柜胶囊内部，至油位计指示正常油位为止。

（4）隔膜式储油柜的补油。隔膜式储油柜变压器补油的方法如下：

1）注油前应首先将磁力油位计调整至零位，然后打开隔膜上的放气塞，将隔膜内的气体排除，再关闭放气塞。

2）由注油管向隔膜内注油达到比指定油位稍高的位置，再次打开放气塞充分排除隔膜内的气体，直到向外溢油为止，经反复调整达到指定油位。

3）发现储油柜下部集气盒油标指示有空气时，应用排气阀进行排气。

4）正常油位低时的补油，利用集气盒下部的注油管接至滤油机，向储油柜内注油，注油过程中发现集气盒中有空气时应停止注油，打开排气管的阀门向外排气，如此反复进行，直至储油柜油位达到要求为止。

（5）油位计带有小胶囊时储油柜的注油。油位计带有小胶囊时储油柜变压器的注油方法如下：

1）变压器大修后储油柜未加油前，先对油位计加油，此时需将油表呼吸塞及小胶囊室的塞子打开，用漏斗从油表呼吸塞座处徐徐加油，同时用手按动小胶囊，以便将囊中空气全部排出。

2）打开油表放油螺栓，放出油表内多余油量（看到油表内油位即可），然后关上小胶囊室的塞，注意油表呼吸塞不必拧得太紧，以保证油表内空气自由呼吸。

（三）变压器整体密封试验

变压器安装完毕后，应进行整体密封性能的检查，具体规定如下：

（1）静油柱压力法。220kV 变压器油柱高度 3m，加压时间 24 小时；35～110kV 变压器油柱高度 2m，加压时间 24 小时；油柱高度从拱顶（或箱盖）算起。

（2）充油加压法。加油压 0.035MPa 时间 12 小时，应无渗漏和损伤。

（四）变压器油处理

1. 变压器油处理的一般要求

（1）大修后注入变压器内的变压器油，其质量应符合 GB 2536—2011《电工流体　变压器和开关用的未使用过的矿物绝缘油》规定。

（2）注油后，应从变压器底部放油阀（塞）采取油样进行化验与色潜分析。

（3）根据地区最低温度，可以选用不同牌号的变压器油。

（4）注入套管内的变压器油亦应符合 GB 2536—2011 规定。

（5）补充不同牌号的变压器油时，应先做混油试验，合格后方可使用。

2. 采用压力式滤油机进行变压器油处理

采用压力式滤油机进行变压器油处理的方法及注意事项如下：

（1）采用压力式滤油机过滤油中的水分和杂质；为提高滤油速度和质量，可将油加温至 50～60℃。

（2）滤油机使用前应先检查电源情况，滤油机及滤网是否清洁，极板内是否装有经干燥的滤油纸，转动方向是否正确，外壳有无接地，压力表指示是否正确。

（3）启动滤油机应先开出油阀门，后开进油阀门，停止时操作顺序相反；当装有加热器时，应先启动滤油机，当油流通过后，再投入加热器，停止时操作顺序相反。

滤油机压力一般为 0.25～0.4MPa，最大不超过 0.5MPa。

3. 采用真空滤油方法进行变压器油处理

（1）简易真空滤油系统。简易真空滤油管路连接如图 3-8 所示，储油罐中的油被抽出，经加热器加温，由滤油机除去杂质，喷成油雾进入真空罐。油中水分蒸发后被真空泵抽出排除，真空罐下部的油可抽入储油罐再进行处理，直至合格为止。油泵可选用流量为 100～150L/min，压力为 0.5MPa 的齿轮油泵，亦可用压力式滤油机替代。真空罐的真空度可根据罐的情况决定，一般残压为 0.021MPa 为宜。

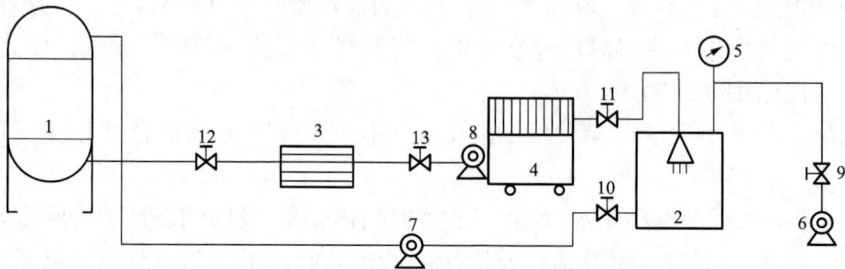

图 3-8　简易真空滤油管路连接示意图

1—储油罐；2—真空罐；3—加热器；4—压力滤油机；
5—真空计；6—真空泵；7、8—油泵；9～13—阀门

（2）采用真空滤油机进行油处理，其系统连接及操作注意事项参照使用说明书。

（五）变压器干燥

1. 变压器是否需要干燥的判断

运行中的变压器大修时一般不需要干燥，只有经试验证明受潮，或检修中超过允许暴露时间导致器身绝缘下降时，才考虑进行干燥，其判断标准如下：

（1）$\tan\delta$ 在同一温度下比上次测得数值增高 30%以上，且超过部颁预防性试验规程规定时。

（2）绝缘电阻在同一温度下比上次测得数值降低 30%以上，35kV 及以上的变压器在 10～30℃的温度范围内吸收比低于 1.3 和极化指数低于 1.5。

（3）油中含有水分或油箱中及器身上出现明显受潮迹象。

2. 变压器干燥的一般规定

（1）干燥方法的选择。根据变压器绝缘的受潮情况和现场条件，可采用热油循环、涡流真空热油喷雾、零序、短路、热风等方法进行干燥并抽真空。当在检修间烘房中干燥时，也可采用红外线和蒸汽加热等方法。

（2）干燥中的温度控制。当利用油箱加热不带油干燥时，箱壁温度不宜超过 110℃，箱底温度不宜超过 100℃，绕组温度不得超过 95℃；带油干燥时，上层油温不得超过 85℃；热风干燥时，进风温度不得超过 100℃，进风口应设有空气过滤预热器，并注意防止火星进入变压器内。干燥过程中尚应注意加温均匀，升温速度以 10～15℃/h 为宜，防止产生局部过热，特别是绕组部分，不应超过其绝缘等级的最高允许温度。

（3）抽真空的要求。变压器采用真空加热干燥时，应先进行预热，并根据制造厂规定的真空值抽真空；按变压器容量大小以 10～15℃/h 的速度升温到指定温度，再以 6.7kPa/h 的速度递减抽真空。真空度一般应达到表 3-8 规定。抽真空的管路安装图如图 3-9 所示。

表 3-8   变压器抽真空时真空度规定值

电压等级 （kV）	容量 （kVA）	真空度（残压） （Pa）
35	4000～31 500	5.1×10^4
66	20 000 及以上	5.1×10^4
	5000～16 000 以上	5.1×10^4
	4000 及以下	5.1×10^4
110	20 000 及以上	3.5×10^4
	16 000 及以下	5.1×10^4
220	不限容量	133.3

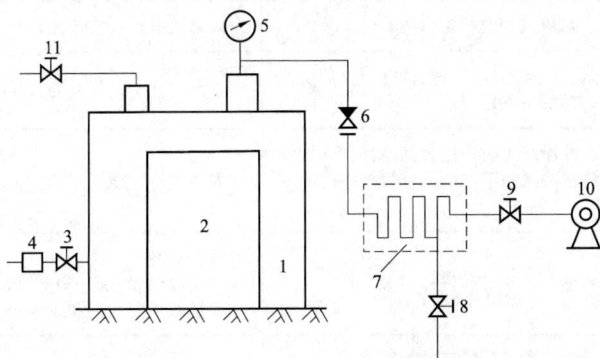

图 3-9 变压器抽真空管路安装图

1—真空罐（油箱）；2—变压器器身；3、8、9、11—放气阀门；4—干燥剂（硅胶）；
5—真空表；6—逆止阀；7—冷却器；10—真空泵

3. 干燥过程中的检查与记录

干燥过程中应每 2 小时检查与记录下列内容：

（1）测量绕组的绝缘电阻。

（2）测量绕组、铁芯和油箱等各部分温度。

（3）测量真空度。

（4）定期排放凝结水，用量杯测量记录（1次/4h）。

（5）定期进行热扩散，并记录通热风时间。

（6）记录加温电源的电压与电流。

（7）检查电源线路、加热器具、真空管路及其他设备的运行情况。

4. 干燥终结的判断

变压器干燥终结的判断标准如下：

（1）在保持温度不变的条件下，绕组绝缘电阻：110kV及以下的变压器持续6h不变，220kV变压器持续12h以上不变。

（2）在上述时间内无凝结水析出。

达到上述条件即认为干燥终结。干燥完成后，变压器即可以10～15℃/h的速度降温（真空仍保持不变）。此时应将预先准备好的合格变压器油加温，且与器身温度基本接近（油温可略低，但温差不超过10～15℃）时，在真空状态下将油注入油箱内，直至器身完全浸没于油中为止，并继续抽真空4h以上。

进行变压器干燥时，应事先做好防火等安全措施，并防止加热系统故障或线圈过热烧损变压器；变压器干燥完毕注油后，须吊罩（或器身）检查。

（六）变压器组件检修

1. 变压器冷却装置检修

（1）变压器散热器检修工艺及质量标准见表3-9。

表3-9　　　　　　　　　　变压器散热器检修工艺及质量标准

序号	检 修 工 艺	质 量 标 准
1	采用气焊或电焊，对渗漏点进行补焊处理	焊点准确，焊接牢固，严禁将焊渣掉入散热器内
2	对带法兰盖板的上、下油室应打开法兰盖板，清除油室内的焊渣、油垢，然后更换胶垫	上、下油室内部洁净，法兰盖板密封良好
3	清扫散热器表面，油垢严重时可用金属洗净剂（去污剂）清洗，然后用清水冲净晾干，清洗时管接头可靠密封，防止进水	表面保持洁净
4	用盖板将接头法兰密封，加油压进行试漏	试漏标准： 片状散热器0.05～0.1MPa； 管状散热器0.1～0.15MPa
5	用合格的变压器油对内部进行循环冲洗	内部清洁
6	重新安装散热器	（1）注意阀门的开闭位置，阀门的安装方向应统一，指示开闭的标志应明显、清晰； （2）安装好散热器的拉紧钢带

（2）强迫油风冷却器的检修工艺及质量标准见表3-10。

表 3—10 　　　　变压器强迫油风冷却器的检修工艺及质量标准

序号	检 修 工 艺	质 量 标 准
1	打开上、下油室端盖，检查冷却管有无堵塞现象，更换密封胶垫	油室内部清洁，冷却管无堵塞，密封良好
2	更换放气塞、放油塞的密封胶垫	放气塞、放油塞应密封良好，不渗漏
3	按图 3—10 所示，进行冷却器的试漏和内部冲洗。管路有渗漏时，可用锥形黄铜棒将渗漏管的两端堵塞（如有条件也可用胀管法更换新管），但所堵塞的管子数量每回路不得超过 2 根，否则应降容量使用	试漏标准：0.25～0.275MPa、30min 应无渗漏
4	清扫冷却器表面，并用 0.1MPa 压力的压缩空气（或水压）吹净管束间堵塞的灰尘、昆虫、草屑等杂物，若油垢严重可用金属洗净剂洗干净	冷却器管束间洁净，无堆积灰尘、昆虫、草屑等杂物

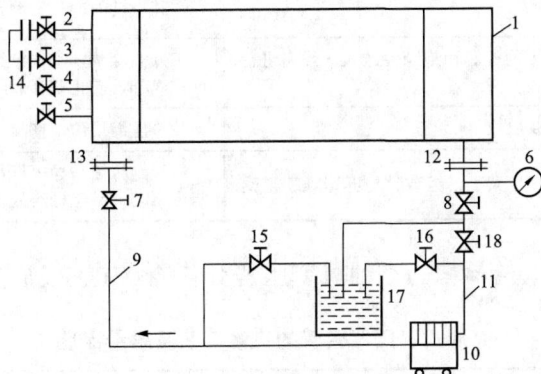

图 3—10　变压器冷却器试漏和内部冲洗示意图

1—冷却器；2、3、4、5、7、8、15、16、18—阀门；6—压力表；9、11—耐油胶管；10—压力式滤油机；
12、13—法兰；14—耐油胶管及法兰；17—油桶（放置洁净合格的变压器油）

（3）变压器强迫油水冷却器的检修。变压器冷却装置检修工艺及质量标准见表 3—11。

表 3—11 　　　　变压器强油水冷却器的检修工艺及质量标准

序号	检 修 工 艺	质 量 标 准
1	拆下并检查差压继电器、油流继电器，进行修理和调试	消除缺陷，调试合格
2	关闭进出水阀、放出存水，再关闭进出油阀，放出本体油	排尽残油、残水
3	拆除水、油连接管，拆下上盖，松开本体和水室间的连接螺栓，吊出本体进行全面检查，清除油垢和水垢	冷却器本体内部洁净，无水垢、油垢，无堵塞现象
4	检查铜管和端盖胀口有无渗漏，发现渗漏应进行更换或堵塞，但每回路堵塞不得超过 2 根，否则应降容使用	试漏标准：0.4MPa，30min 无渗漏
5	在本体直立位置下进行检漏（油泵未装），由冷却器顶部注满合格的变压器油，在水室入口处注入清洁水，由出水口缓缓流出，观察并化验，应无油花出现，再取油样试验，耐压值不应低于注入前值	油管密封良好，无渗漏现象，油样、水样化验合格
6	更换密封胶垫，进行复装	整体密封良好

2. 变压器套管检修

（1）压油式变压器套管检修。压油式变压器套管检修工艺及质量标准见表 3—12。

表 3-12　　　　　　　　　　　压油式变压器套管的检修工艺及质量标准

序号	检 修 工 艺	质 量 标 准
1	检查瓷套有无损坏	瓷套应保持清洁，无放电痕迹，无裂纹，裙边无破损
2	套管解体时，应依次对角松动法兰螺栓	防止松动法兰时受力损坏套管
3	拆卸瓷套前应先轻轻晃动，使法兰与密封胶垫间产生缝隙后再拆下瓷套	防止瓷套碎裂
4	拆导电杆和法兰螺栓前，应防止导电杆摇晃损坏瓷套，拆下的螺栓应进行清洗，丝扣损坏的应进行更换或修整	螺栓和垫圈的数量要补齐，不可丢失
5	取出绝缘筒（包括带覆盖层的导电杆），擦除油垢，绝缘筒及在导电杆表面的覆盖层应妥善保管（必要时应干燥）	妥善保管，防止受潮和损坏
6	检查瓷套内部，并用白布擦拭；在套管外侧根部根据情况喷涂半导体漆	瓷套内部清洁，无油垢，半导体漆喷涂均匀
7	有条件时，应将拆下的瓷套和绝缘件送入干燥室进行轻度干燥，然后再组装	干燥温度 70～80℃，时间不少于 4h，升温速度不超过 10℃/h，防止瓷套裂纹
8	更换新胶垫，位置要放正	胶垫压缩均匀，密封良好
9	将套管垂直放置于套管架上，组装时与拆卸顺序相反	注意绝缘筒与导电杆相互间的位置，中间应有固定圈防止窜动，导电杆应处于瓷套的中心位置

（2）充油式变压器套管检修。充油式变压器套管检修工艺及质量标准见表 3-13。

表 3-13　　　　　　　　　　充油式变压器套管的检修工艺及质量标准

序号	检 修 工 艺	质 量 标 准
1	更换套管油 （1）放出套管中的油； （2）用热油（温度 60～70℃）循环冲洗放出； （3）注入合格的变压器油	（1）放尽残油； （2）至少循环 3 次，将残油及其他杂质冲出； （3）油的质量应符合 GB 2536—2011 的规定
2	套管解体 （1）放出内部的油； （2）拆卸上部接线端子； （3）拆卸油位计上部压盖螺栓，取下油位计； （4）拆卸上瓷套与法兰连接螺栓，轻轻晃动后，取下上瓷套； （5）取出内部绝缘筒； （6）拆卸下瓷套与导电杆连接螺栓，取下导电杆和下瓷套	（1）放尽残油； （2）妥善保管，防止丢失； （3）拆卸时，防止玻璃油位计破损； （4）注意不要碰坏瓷套； （5）垂直放置，不得压坏或变形； （6）分解导电杆底部法兰螺栓时，防止导电杆晃动，损坏瓷套
3	检修与清扫 （1）所有卸下的零部件应妥善保管，组装前应擦拭干净； （2）绝缘筒应擦拭干净，如绝缘不良，可在 70～80℃的温度下干燥 24～48h； （3）检查瓷套内、外表面并清扫干净，检查铁瓷结合处水泥填料有无脱落； （4）为防止油劣化，在玻璃油位计外表涂银粉； （5）更换各部法兰胶垫	（1）妥善保管，防止受潮； （2）绝缘筒应洁净无起层、漆膜脱落和放电痕迹，绝缘良好； （3）瓷套内外表面应清洁、无油垢、杂质、瓷质无裂纹，水泥填料无脱落； （4）银粉涂刷均匀； （5）胶垫压缩均匀，各部密封良好
4	套管组装 （1）组装与解体顺序相反； （2）组装后注入合格的变压器油； （3）进行绝缘试验	（1）导电杆应处于瓷套中心位置，瓷套缝隙均匀，防止局部受力瓷套裂纹； （2）油质应符合 GB 2536—2011； （3）按 DL/T 596—1996 进行

（3）油纸电容型套管的检修。电容芯轻度受潮时，可用热油循环，将送油管接到套管顶部的油塞孔上，回油管接到套管尾端的放油孔上，通过不高于 80℃ 的热油循环，使套管的 $\tan\delta$ 值达到正常数值为止。

变压器在大修过程中，油纸电容型套管一般不作解体检修，只有在套管 $\tan\delta$ 不合格，需要进行干燥或套管本身存在严重缺陷，不解体无法消除时，才分解检修，其检修工艺及质量标准见表 3-14。

表 3-14　　　　　　　　　　油纸电容型变压器套管的检修工艺及质量标准

序号	检修工艺	质量标准
1	准备工作 （1）检修前先进行套管本体及油的绝缘试验，以判断绝缘状态； （2）套管应垂直置于专用的作业架上，中部法兰与作业架用螺栓固定 4 点，使之成为整体； （3）放出套管内的油； （4）如图 3-11 所示，将下瓷套用双头螺栓或紧线钩 2 固定在工作台上（三等分），以防解体时下瓷套脱落； （5）拆下尾端均压罩，用千斤顶将导管顶上，使之成为一体； （6）套管由上至下各接合处作好标志	（1）根据试验结果判定套管是否需解体； （2）使套管处于平稳状态； （3）放尽残油； （4）套管处于平稳状态； （5）千斤顶底部应垫木板，防止损坏导管螺纹； （6）防止各接合处错位
2	解体检修 （1）拆下中部法兰处的接地和测压小套管，并将引线头推入套管孔内； （2）测量套管下部导管的端部至防松螺母间的尺寸，作为组装时的参考； （3）用专用工具卸掉上部将军帽，拆下储油柜； （4）将上部四根压紧弹簧螺母拧紧后，再松导管弹簧上面的大螺母，拆下弹簧架； （5）吊出上瓷套； （6）吊住导管后，拆下底部千斤顶，拆下下部套管底座、橡胶封环及大螺母； （7）拆下下瓷套； （8）吊出电容芯	（1）防止线断裂； （2）拆下的螺栓、弹簧等零部件应有标记并妥善保管； （3）注意勿碰坏瓷套； （4）测量压缩弹簧的距离，作为组装依据； （5）瓷套保持完好； （6）吊住套管不准转动并使电容芯处于法兰套内的中心位置，勿碰伤电容芯； （7）瓷套保持完好； （8）导管及电容芯应用塑料布包好置于清洁的容器内
3	清扫和检查 （1）用干净毛刷刷洗电容芯表面的油垢和杂质，再用合格的变压器油冲洗干净后，用皱纹纸或塑料布包好； （2）擦拭上、下瓷套的内外表面； （3）拆下油位计的玻璃标，更换内外胶垫，油位计除垢后进行加热干燥，然后在内部刷绝缘漆，外部刷红漆，同时应更换放气塞胶垫； （4）清扫中部法兰套筒的内部和外部，并涂刷油漆，更换放油塞、测压和接地小套管的胶垫； （5）测量各法兰处的胶垫尺寸，以便配制	（1）电容芯应完整无损，无放电痕迹，测压和接地引外线连接良好，无断线或脱焊现象； （2）瓷套清洁，无油垢、裂纹和破损； （3）更换新的胶垫，尺寸和质量应符合要求； （4）清扫中部法兰套筒内部时，要把放油塑料管拆下并妥善保管； （5）胶垫质量应符合规定
4	套管的干燥 只有套管的 $\tan\delta$ 值超标时才进行干燥处理 （1）将干燥罐内部清扫干净，放入电容芯，使芯子与罐壁距离≥200mm，并设置测温装置； （2）测量绝缘电阻的引线，应防止触碰金属部件； （3）干燥罐密封后，先试抽真空，检查有无渗漏； （4）当电容芯装入干燥罐后，进行密封加温，使电容芯保持 75～80℃； （5）当电容芯温度达到要求后保持 6 小时，再关闭各部阀门，进行抽真空； （6）每 6 小时解除真空一次，并通入干燥热风 10～15min 后重新建立真空度； （7）每 6 小时放一次冷凝水，干燥后期可改为 12 小时放一次； （8）每 2 小时作一次测量记录（绝缘电阻、温度、电压、电流、真空度、凝结水等）； （9）干燥终结后降温至内部为 40～50℃ 时进行真空注油	（1）干燥罐应有足够的机械强度，并能调节温度，温度计应事先校验准确； （2）干燥罐上应有测量绝缘电阻的小瓷套； （3）真空度要求残压不大于 133.3Pa； （4）温度上升速度为 5～10℃/h； （5）开始抽真空 13kPa/h，之后以 6.7kPa/h 的速度抽空，直至残压不大于 133.3Pa 为止，并保持这一数值； （6）尽量利用热扩散原理以加速电容芯内部水分和潮气的蒸发； （7）利用冷凝水的多少以判断干燥效果； （8）在温度和真空度保持不变的情况下，绝缘电阻在 24 小时内不变，且无凝结水析出，则认为干燥终结； （9）注入油的温度略低于电容芯温度 5～10℃，油质符合规定

续表

序号	检 修 工 艺	质 量 标 准
5	组装 （1）组装前应先半上、下瓷套及中部法兰预热至 80～90℃，并保持 3～4h 以排除潮气； （2）按解体相反顺序组装； （3）按图 3-12 方法进行真空注油； 　首先建立真空，检查套管密封情况；注油后破空期间油位下降至油位计下限时需及时加油，破空完毕后加油至油位计相应位置（考虑取油样应略高于正常油面）	（1）组装时电容芯温度高出环境温度 10～15℃为宜； （2）零部件洁净齐全； （3）要求套管密封良好，无渗漏，油质符合标准，油位符合标准，套管瓷件无破损、无裂纹，外观洁净，无油迹，中部接地和测压小瓷套接地良好

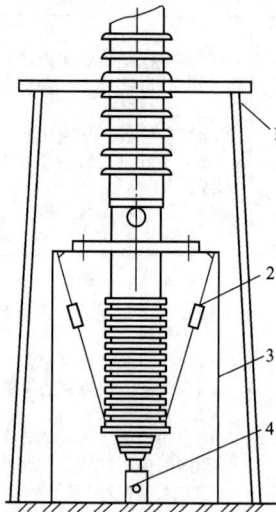

图 3-11　变压器套管检修作业架

1—工作台；2—双头螺栓或紧线钩；

3—套管架；4—千斤顶

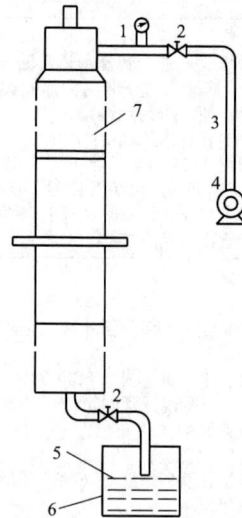

图 3-12　真空注油示意图

1—真空表；2—阀门；3—连管；4—真空泵；

5—变压器油；6—油箱；7—套管

3. 变压器无励磁分接开关检修

变压器无励磁分接开关检修工艺及质量标准见表 3-15。

表 3-15　　　　　　　变压器无励磁分接开关的检修工艺及质量标准

序号	检 修 工 艺	质 量 标 准
1	检查开关各部件是否齐全完整	完整无缺损
2	松开上方头部定位螺栓，转动操作手柄，检查动触头转动是否灵活，若转动不灵活应进一步检查卡滞的原因，检查绕组实际分接是否与上部指示位置一致，否则应进行调整	机械转动灵活，转轴密封良好，无卡滞，上部指示位置与下部实际接触位置应相一致
3	检查动静触头是否良好，触头表面是否清洁，有无氧化变色、镀层脱落及碰伤痕迹，弹簧有无松动，发现氧化用细白布带穿入触柱来回擦试清除，触柱如有严重烧损时应更换	触头接触电阻小于 500μΩ，触头表面应保持光洁，无氧化变质、碰伤及镀层脱落，触头接触压力用弹簧秤测量应在 0.25～0.5MPa 之间，或用 0.02mm 塞尺检查应无间、接触严密
4	检查触头分接线是否紧固，发现松动应拧紧，锁住	开关所有紧固件均应拧紧，无松动
5	检查分接开关绝缘件有无受潮、剥裂或变形，表面是否清洁，发现表面脏污应用无绒毛的白布擦拭干净，绝缘筒如有严重剥裂变形时应更换；操作杆拆下后，应放入油中或用塑料布包上	绝缘筒应完好，无破损、剥裂、变形，表面清洁无油垢；操作杆绝缘良好，无弯曲变形

续表

序号	检 修 工 艺	质 量 标 准
6	检修的分接开关，拆前做好明显标记	拆装前后指示位置必须一致，各相手柄及传动机构不得互换
7	检查绝缘操作杆 U 型拨叉接触是否良好，如有接触不良或放电痕迹应加装弹簧片	使其保持良好接触

4. 变压器风扇检修

（1）变压器风扇叶轮解体检修。变压器风扇叶轮解体检修工艺及质量标准见表3-16。

表 3-16　　　　　　　　变压器风扇叶轮解体的检修工艺及质量标准

序号	检 修 工 艺	质 量 标 准
1	将止动垫圈打开，旋下盖形螺母，退出止动垫圈，把专用工具（三角爪）放正，勾在轮壳上，用力均匀缓慢拉出，将叶轮从轴上卸下，锈蚀时可向键槽内、轴端滴入螺栓松动剂，同时将键、锥套取下保管好	防止叶轮损伤变形
2	检查叶片与轮壳的铆接情况，松动时可用铁锤铆紧	铆接牢固，叶片无裂纹
3	将叶轮放在平台上，检查叶片安装角度	三只叶片角度应一致，否则应调整

（2）变压器风扇电动机解体检修。变压器风扇电动机解体检修工艺及质量标准见表3-17。

表 3-17　　　　　　　　变压器风扇电动机解体的检修工艺及质量标准

序号	检 修 工 艺	质 量 标 准
1	首先拆下电机罩，然后卸下后端盖固定螺栓，从丝孔用顶丝将后端盖均匀退出，拆卸时严禁用螺丝刀或扁铲撬开	后端盖完好无损坏
2	检查后端盖有无破损，清除轴承室的润滑油脂，用内径千分尺测量轴承室尺寸，检查轴承室的磨损情况，严重磨损时应更换新端盖	后轴承室内径允许公差比后轴承外径大 0.025mm
3	卸下前端盖有无破损，从顶丝孔用顶丝将前端盖均匀顶出，连同转子从定子中取出	前端盖无损伤
4	用三角爪将前端盖从转子上卸下（前端盖尺寸较小时，可将转子直立，轴伸端朝下，下垫方木，将前端盖垂直用力使其退出	退出时，不得损伤前轴头
5	卸下轴承挡圈，取出轴承，检查前端盖有无损伤，清除轴承室润滑脂并清洗干净，测量轴承尺寸，严重磨损时，应更换前端盖	前端盖洁净，其轴承室内径允许公差比前轴承外径大 0.025mm
6	将转子放在平台上，用平板爪取下前后轴承，不准用手锤敲打外环卸轴承	轴承运行超过 5 年应更换
7	检查转子短路条及短路环有无断裂，铁芯有无损伤	短路条、短路环无断裂，铁芯无损伤
8	测量转子前后轴直径，超过允许公差或严重损坏时应更换	前后轴应无损伤，直径允许公差为±0.006 5mm
9	清扫定子线圈，检查绝缘情况	定子线圈应表面清洁、无匝间、层间短路，中性点及引线接头均应连接牢固
10	打开接线盒，检查密封情况，检查引线是否牢固地接在接线柱上	线圈引线接头牢固，并外套塑料管，牢固接在接线柱上，接线盒密封良好
11	检查清扫定子铁芯	定子铁芯绝缘应良好，无老化、烧焦、锈蚀及扫膛现象
12	用 500V 绝缘电阻表和测量定子线圈的绝缘电阻	绝缘电阻值应不小于 0.5MΩ

（3）变压器风扇电动机组装。变压器风扇电动机组装检修工艺及质量标准见表3-18。

表3-18　　　　　　　　变压器风扇电动机组装的检修工艺及质量标准

序号	检 修 工 艺	质 量 标 准
1	将洁净的转子放在工作台上，把轴承挡圈套在前轴上	转子洁净，轴承挡圈无破损
2	把在油中加热到120～150℃的轴承套在前后轴上或用特制的套筒顶在轴承内环上，垂直用手锤嵌入，注意钢球与套不要打伤	装配后新轴承应转动灵活，滚动间隙不大于0.03mm，轴承应紧套在轴台上
3	将转子轴伸端垂直穿入前端盖内，之后在后轴头上垫方木，用手锤将前轴承轻轻嵌入轴室中，再从前端盖穿入圆头螺栓，将轴承挡圈紧牢，圆头螺栓处涂以密封胶	轴承嵌入轴室内，转动灵活
4	将定子放在工作台上，定子止口处涂密封胶	定子内外整洁，密封胶涂抹均匀
5	将前端盖和转子对准止口穿进定子内，拧紧前端盖与定子连接的螺栓，再将后端盖放入波形弹簧片，对准止口，用手锤轻轻敲打后端盖，使后轴承进入轴室，拧紧后端盖与定子连接的圆头螺栓，最后将电动机后罩装上；装配端盖螺栓时，要对角均匀地紧固，用油枪向后、前轴承室注入润滑脂，约占轴承室2/3，装配时注意钢球与套不要打伤	总装配后，用手拨动转子，应转动灵活，无扫膛现象
6	将电动机安装在风冷却器上，用螺栓固定在风筒内	螺栓紧固
7	更换密封垫和胶圈，将垫圈、密封胶垫、锥套、平键、护罩、叶轮安装在电动机轴伸端，叶轮与锥套间用密封胶堵塞，拧紧圆螺母和盖型螺母，将止动垫圈锁紧撬起	叶片与导风扇之间应不少于3mm的间隙，密封良好

（4）变压器风扇电动机检修后的电气试验和油漆处理。变压器风扇电动机检修后的电气试验和油漆处理检修工艺及质量标准见表3-19。

表3-19　　　变压器风扇电动机检修后的电气试验和油漆处理的检修工艺及质量标准

序号	检 修 工 艺	质 量 标 准
1	用500V绝缘电阻表测量定子绕组绝缘电阻	绝缘电阻值应大于或等于0.5MΩ
2	测量定子线圈的直流电阻	三相互差不超过5%
3	拨动叶轮转动灵活后，通入380V交流电源，运行5min	三相电流基本平衡，风扇电动机运行平稳，声音和谐，转动方向正确
4	将风扇电动机各部擦拭干净，在铭牌上涂黄油，进行喷漆处理	漆膜均匀，无漆瘤、漆泡，喷漆后擦拭铭牌上的黄油

5. 变压器油保护装置检修

（1）储油柜的检修。变压器储油柜检修工艺及质量标准见表3-20。

表3-20　　　　　　　　　变压器储油柜的检修工艺及质量标准

序号	检 修 工 艺	质 量 标 准
1	打开储油柜的侧盖，检查气体继电器联管是否伸入储油柜	一般伸入部分高出底面20～50mm
2	清扫内外表面锈蚀及油垢并重新刷漆	内壁刷绝缘漆，外壁刷油漆，要求平整有光泽
3	清扫积污器、油位主，塞子等零部件	安全气道和储油柜间应互相连通，油位计内部无渍垢，红色浮标清晰可见
4	更换各部密封垫	密封良好无渗漏，应耐受油压0.05MPa，6小时无渗漏

（2）胶囊式储油柜的检修。胶囊式储油柜检修工艺及质量标准见表 3-21。

表 3-21　　　　　　　　　　胶囊式储油柜的检修工艺及质量标准

序号	检 修 工 艺	质 量 标 准
1	放出储油柜内存油，取出胶囊，倒出积水，清扫储油柜	内部洁净无水迹
2	检查胶囊的密封性能，进行气压试验，压力为 0.02～0.03Pa，时间为 12 小时（或浸泡在水池中检查有无冒气泡）应无渗漏	胶囊无老化开裂现象，密封性能良好
3	用白布擦净胶囊，从端部将胶囊放入储油柜，防止胶囊堵塞气体继电器联管，联管口应加焊挡罩	胶囊洁净，联管口无堵塞
4	将胶囊挂在钩上，连接好引出口	为防止油进入胶囊，胶囊管出口应高于油位计与安全气道连管，且三者应相互连通
5	更换密封胶垫，装复端盖	密封良好，无渗漏

（3）隔膜式储油柜的检修。隔膜式储油柜检修工艺及质量标准见表 3-22。

表 3-22　　　　　　　　　　隔膜式储油柜的检修工艺及质量标准

序号	检 修 工 艺	质 量 标 准
1	解体检修前可先充油进行密封试验，压力 0.02～0.03MPa，时间 12 小时	隔膜密封良好，无渗漏
2	拆下各部连管（吸温器、注油管、排气管、气体继电器连管等），清扫干净，妥善保管，管口密封	防止进入杂质
3	拆下指针式油位计连杆，卸下指针式油位计	拆下零、部件妥善保管
4	分解中节法兰螺栓，卸下储油柜上节油箱，取出隔膜清扫	隔膜应保持清洁、完好
5	清扫上下节油箱	储油柜内外壁应整洁有光泽，漆膜均匀（外壁刷油漆，内壁刷绝缘漆）
6	更换密封胶垫	密封良好无渗漏

（4）净油器的检修。净油器检修工艺及质量标准见表 3-23。

表 3-23　　　　　　　　　　净油器的检修工艺及质量标准

序号	检 修 工 艺	质 量 标 准
1	关闭净油器进出口的阀门	阀门关闭严密，不渗漏
2	打开净油器底部的放油阀，放尽内部的变压器油（打开上部的放气塞，控制排油速度）	准备适当容器，防止变压器油溅出
3	拆下净油器的上盖板和下底板，倒出原有吸附剂，用合格的变压器油将净油器内部和联管清洗干净	内部洁净，无吸附剂碎末
4	检查各部件应完整无损并进行清扫，检查下部滤网有无堵塞，洗净后更换胶垫，装复下盖板和滤网，密封良好	进油口的滤网应装在挡板的外侧，出油口的滤网应装在挡板内侧，以防吸附剂和破损滤网进入油箱
5	吸附剂的重量占变压器总油量的 1% 左右，经干燥并筛去粉末后，装到距离顶面 50mm 左右，装回上盖板并加以密封	吸附剂更换应根据油质的酸价和 pH 值而定，更换的吸附剂应经干燥，填装时间不宜超过 1 小时

续表

序号	检 修 工 艺	质 量 标 准
6	打开净油器下部阀门，使油徐徐进入净油器同时打开上部放气塞排气，直至冒油为止	必须将气体排尽，防止残余气体进入油箱
7	打开净油上部阀门，使净油器投入运行	确认阀门在"开"位
8	对于强油冷却的净油器，在净油器出入口阀门关闭后，即可卸下净油器，将内部的吸附剂倒出，然后进行检修和清理，并对出入口滤网进行检查，对原来采用的金属滤网，应更换为尼龙网，其他要求基本上和上述相同	对早期生产的变压器应注意入口联管的连接（因只有一侧有滤网），切不可装反，以防止吸附剂进入油箱

（5）吸湿器的检修。吸湿器检修工艺及质量标准见表3-24。

表3-24　　　　　　　　　　吸湿器的检修工艺及质量标准

序号	检 修 工 艺	质 量 标 准
1	将吸湿器从变压器上卸下，倒出内部吸附剂，检查玻璃罩应完好，并进行清扫	玻璃罩清洁完好
2	把干燥的吸附剂装入吸湿器内，为便于监视吸附剂的工作性能，一般可采用变色硅胶，并在顶盖下面留出1/5~1/6高度的空隙	新装吸附剂应经干燥，颗粒直径不小于3mm
3	失效的吸附剂由蓝色变粉红色，可置入烘箱干燥，干燥温度从120℃升到160℃，时间5小时，还原后再用	还原后应呈蓝色
4	更换胶垫	胶垫质量符合标准规定
5	下部的油封罩内注入变压器油，并将罩拧紧（新装吸湿器，应将密封垫拆除）	加油至正常油位线，能起到呼吸作用
6	为防止吸湿器摇晃，可用卡具将其固定在变压器油箱上	运行中吸湿器安装牢固，不受变压器振动影响

6. 变压器安全保护装置检修

（1）安全气道的检修。安全气道的检修工艺及质量标准见表3-25。

表3-25　　　　　　　　　　安全气道的检修工艺及质量标准

序号	检 修 工 艺	质 量 标 准
1	放油后将安全气道拆下进行清扫，去掉内部的锈蚀和油垢，并更换密封胶垫	检修后进行密封试验，注满合格的变压器油，并倒立静置4小时不渗漏
2	内壁装有隔板，其下部装有小型放水阀门	隔板焊接良好，无渗漏现象
3	上部防爆膜片应安装良好，均匀地拧紧法兰螺栓，防止膜片破损	防爆膜片应采用玻璃片，禁止使用薄金属片，玻璃片厚度可参照表3-26
4	安全气道与储油柜间应有联管或加装吸湿器，以防止由于温度变压器向外冒油	联管无堵塞，接头密封良好
5	安全气道内壁刷绝缘漆	内壁无锈蚀，绝缘漆涂刷均匀有光泽

表3-26　　　　　　　　　　防爆膜片厚度参照值

管径ϕ（mm）	150	200	250
玻璃片厚度（mm）	2.5	3	4

（2）压力释放阀的检修。压力释放阀的检修工艺及质量标准见表 3-27。

表 3-27　　　　　　　　　　　压力释放阀的检修工艺及质量标准

序号	检 修 工 艺	质 量 标 准
1	从变压器油箱上拆下压力释放阀	拆下零件妥善保管，孔洞用盖板封好
2	清扫护罩和导流罩	清除积尘，保持洁净
3	检查各部连接螺栓及压力弹簧	各部连接螺栓及压力弹簧应完好，无锈蚀，无松动
4	进行动作试验	开启和关闭压力应符合规定
5	检查微动开关动作是否正确	触点接触良好，信号正确
6	更换密封胶垫	密封良好不渗油
7	升高座如无放气塞应增设	防止积聚气体因温度变化发生误动
8	检查信号电缆	应采用耐油电缆

（3）气体继电器的检修。气体继电器的检修工艺及质量标准见表 3-28。

表 3-28　　　　　　　　　　气体继电器的检修工艺及质量标准

序号	检 修 工 艺	质 量 标 准
1	将气体继电器拆下，检查容器、玻璃窗、放气阀门、放油塞、接线端子盒、小套管等是否完整，接线端子及盖板上箭头标示是否清晰，各接合处是否渗漏油	继电器内充满变压器油，在常温下加压 0.15MPa，持续 30min 无渗漏
2	气体继电器密封检查合格后，用合格的变压器油冲洗干净	内部清洁无杂质
3	气体继电器应由专业人员检验，动作可靠，绝缘、流速校验合格	对流速一般要求，自冷式变压器 0.8～1.0m/s，强迫油循环变压器 1.0～1.2m/s，120MVA 以上变压器 1.2～1.3m/s
4	气体继电器联结管径应与继电器管径相同，其弯曲部分应大于 90°	对 7500kVA 及以上变压器联结管径为 $\phi 80$，6300kVA 以下变压器联结管径为 $\phi 50$
5	气体继电器先装两侧联管，联管与阀门、联管与油箱顶盖间的联接螺栓暂不完全拧紧，此时将气体继电器安装于其间，用水平尺找准位置并使入出口联管和气体继电器三者处于同一中心位置，后再将螺栓拧紧	气体继电器应保持水平位置；联管朝向储油柜方向应有 1%～1.5% 的升高坡度；联管法兰密封胶垫的直径应大于管道的内径，气体继电器至储油柜间的阀门应安装于靠储油柜侧，阀的口径应与管径相同，并有明显的"开"、"闭"标志
6	复装完毕后打开联管上阀门，使储油柜与变压器本体油路连通，打开气体继电器的放气排气	气体继电器的安装，应使箭头朝向储油柜，继电器的放气塞应低于储油柜最低油面 50mm，并便于气体继电器的抽芯检查
7	连接气体继电器二次引线，并做传动试验	二次引线采用耐油电缆，并防止漏水和受潮，气体继电器的轻、重瓦斯保护动作正确

（4）阀门及塞子的检修。变压器阀门及塞子的检修工艺及质量标准见表 3-29。

表 3-29　　　　　　　　　　　阀门及塞子的检修工艺及质量标准

序号	检 修 工 艺	质 量 标 准
1	检查阀门的转轴、挡板等部件是否完整、灵活和严密，更换密封垫圈，必要时更换零件	经 0.05MPa 油压试验，挡板关闭严密、无渗漏、轴杆密封良好，指示开、闭位置的标志清晰、正确
2	阀门应拆下分解检修，研磨接触面，更换密封填料，缺损的零件应配齐，对有严重缺陷无法处理者应更换	阀门检修后应做 0.15MPa 压力试验不漏油
3	对变压器本身和附件各部的放油（气）塞、油样阀门等进行全面检查，并更换密封胶垫，检查丝扣是否完好，有损坏而无法修理者应更换	各密封面无渗漏

第四节　变压器的试验及其结果分析与判断

电力变压器是工厂和变电站的主要设备之一，在新安装和大修前后必须对变压器进行试验，才能保证安全和经济运行。由于变压器的种类很多，试验方法大同小异，这里主要介绍 35kV 及以下配电变压器试验。

电力变压器的试验项目包括绝缘试验和特性试验两部分。

（1）绝缘试验项目有：

1）测定绕组的绝缘电阻和吸收比。

2）测量绕组连同套管一起的介质损耗因数 $\tan\delta$。

3）测量绕组连同套管的泄漏电流。

4）绕组连同套管一起的交流耐压试验。

5）油箱和套管中绝缘油试验。

（2）特性试验项目有：

1）测量绕组连同套管一起的直流电阻。

2）检查绕组所有分接头的电压比。

3）检定三相变压器的联结组别和单相变压器引出线的极性。

4）测量容量为 3150kVA 及以上变压器额定电压下的空载电流和空载损耗。

5）电压和负载损耗。

一、绝缘电阻和吸收比试验

1. 试验目的

测定变压器绝缘电阻和吸收比，可以灵敏地发现变压器绝缘的整体或局部受潮，检查各部件绝缘表面的脏污及局部缺陷；检查有无短路、接地及瓷件破裂等缺陷。测定绝缘电阻和吸收比，多年来一直是变压器绝缘试验中的常用方法之一。

2. 试验方法

（1）对于额定电压为 1000V 以上的绕组用 2500V 绝缘电阻表进行测量，其量程般不低于 10 000MΩ；对于额定电压为 1000V 以下的绕组用 1000V 绝缘电阻表进行测量。

（2）被测绕组各相引出端应短路后再接到绝缘电阻表。接地的绕组应短路后再接地。这样可以达到测量各绕组之间及各绕组对地的绝缘电阻和吸收比。

变压器绝缘电阻和吸收比测量的顺序及部位见表 3-30。

表 3-30　　　　　　　　变压器绝缘电阻和吸收比的测量顺序及部位

顺序	双绕组变压器		三绕组变压器	
	被测绕组	接地部位	被测绕组	接地部位
1	低压绕组	外壳及高压绕组	低压绕组	外壳、高压绕组及中压绕组
2	高压绕组	外壳及低压绕组	低压绕组	外壳、高压绕组及低压绕组
3	—	—	高压绕组	外壳、中压绕组及低压绕组
4	高压绕组及低压绕组	外壳	高压绕组及中压绕组	外壳及低压绕组
5	—	—	高压绕组、中压绕组及低压绕组	外壳

测量变压器绝缘和吸收比应注意以下事项：

（1）试验前应将变压器同一侧绕组的各相短路，并与中性点引出端连在一起接地，不然对测量结果有影响。

（2）刚退出运行的变压器，应等 30min 后，使绕组温度与油温接近时再测量，并应以上层油温作为绕组温度。

（3）新注油或换油的变压器，应待清静止 5～6h，气泡逸出后再进行测量。

（4）当套管清扫后，仍怀疑套管表面影响测量结果时，应用金属裸线在套管下部绕几圈，然后接到绝缘电阻表的屏蔽端子上，以消除套管表面泄漏电流对绝缘电阻的影响。

（5）当需要重复测量时，应将绕组充分放电。

（6）如发现绝缘有问题，则应分相测量。

3. 试验结果分析判断

（1）分析判断试验结果时一般采用比较法，将本次测量结果与本变压器出厂时的试验数据进行比较。交接试验标准规定绝缘电阻值不应低于变压器出厂值的 70%。

（2）由于变压器绝缘电阻与温度有关，所以比较分析时必须把测量值换算到相同的温度下，经常换算到 20℃。油浸式变压器绝缘电阻的温度换算系数见表 3-31，该表是根据温度每降低 10℃，绝缘电阻增加 1.5 倍的规律计算出来的。

表 3-31 　　　　　　　　　　油浸式电力变压器绝缘电阻换算系数

温度差 K（℃）	5	10	15	20	25	30	35	40	45	50	55	60
换算系数 A	1.2	1.5	1.8	2.3	2.8	3.4	4.1	5.1	6.2	7.5	9.2	11.2

注　表中 K 为实测温度减去 20℃的绝对值。

当测量绝缘电阻的温度差不是表中所列数值时，其换算系数 A 可用线性插入法确定，也可按式（3-2）计算，即

$$A = 1.5^{K/10} \tag{3-2}$$

校正到 20℃时的绝缘电阻值可用式（3-3）和式（3-4）计算。

当实测温度为 20℃以上时

$$R_{20} = AR_t \tag{3-3}$$

当实测温度为 20℃以下时

$$R_{20} = R_t/A \tag{3-4}$$

式中　R_{20}——校正到 20℃时的绝缘电阻值，MΩ；

R_t——在测量温度下的绝缘电阻值，MΩ。

预防性试验规程指出，绝缘电阻换算至同一温度下，与前一次试验结果相比应无明显变化。

（3）交接试验标准规定，变压器电压等级为 35kV 及以上，且容量在 4000kVA 及以上时，应测量吸收比。吸收比与产品出厂值相比应无明显关差别，在常温下不应小于 1.3。

（4）预防性试验规程规定，在 10～30℃范围内，吸收比不低于 1.3。

（5）变压器绝缘的吸收比也随温度而变化，一般当温度升高时，受潮绝缘的吸收比有不同程度的降低，但对于绝缘干燥的变压器，在 10～30℃范围内一般变化很小，所以交接

和预防性试验中一般不进行温度换算。

（6）运行中的检修后的变压器绝缘的判断标准应根据本变压器自行规定，同时也可参考表 3-32 油浸式电力变压器绝缘电阻允许值。

表 3-32　　　　　　　　　　油浸式变压器绝缘电阻允许值　　　　　　　　　　MΩ

高压绕组电压等级（kV）	温　　度（℃）							
	10	20	30	40	50	60	70	80
3～10	450	300	200	130	90	60	40	25
20～35	600	400	270	180	120	80	50	35
60～220	1200	800	540	360	240	160	100	70

（7）轭铁梁和穿心螺栓的绝缘电阻一般不低于原始值的 50%。

二、变压器直流泄漏电流试验

1. 试验目的

变压器直流泄漏试验比测量绝缘电阻和吸收比更能有效发现变压器的绝缘缺陷，其原因主要有：

（1）由于变压器泄漏电流试验对设备绝缘所加的电压较高，且试验电压可调，因而更容易暴露绝缘本身的弱点。

（2）测量直流泄漏电流是用灵敏度较高的微安表，其精确度比绝缘电阻表高，这样有利于发现绝缘缺陷和提高试验的准确性。

2. 试验方法

测量变压器直流泄漏电流试验接线见相关泄漏电流测试装置的相关说明，该试验接线部位与测量绝缘电阻接线部位完全相同，见表 3-30，即非被测绕组均短接后与铁芯同时接地，然后依次对被测绕组施加直流电压，测量被测绕组对铁芯、外壳和非被试绕组之间的泄漏电流。试验时，一般可将电压升到试验标准或规程所要求的电压值，经 1min 后，读取泄漏电流值。交接试验标准规定油浸式电力变压器直流泄漏试验电压标准见表 3-33。

表 3-33　　　　　　油浸式变压器交接试验时直流泄漏试验电压标准

绕组额定电压（kV）	6～10	20～35	63～630	500
直流泄漏试验电压（kV）	10	20	40	60

油浸式变压器预防性试验时直流泄漏试验电压见表 3-34。

表 3-34　　　　　　油浸式变压器预防性试验时直流泄漏试验电压标准

绕组额定电压（kV）	3	6～10	20～35	60～330
直流泄漏试验电压（kV）	5	10	20	40

3. 试验结果分析判断

（1）因为泄漏电流随变压器结构的不同有很大差异，所以难以制定统一的判断标准，主要是应用比较法进行分析判断，即与同类变压器作比较，如对同一变压器各相间试验结果进行相互比较、与过去的试验结果进行比较，不应有明显变化。

（2）如果变压器没有泄漏电流对比标准时，交接试验标准规定，油浸式变压器直流泄漏电流参考值不宜超过表3–35的规定。

表3–35　　　　　　　　　油浸式电力变压器直流泄漏电流参考值　　　　　　μA

额定电压（kV）	试验电压（kV）	温度（℃）							
		10	20	30	40	50	60	70	80
2～3	5	11	17	25	39	55	83	125	178
6～15	10	22	33	50	77	112	166	250	356
20～35	20	33	50	74	111	167	250	400	570
63～330	40	33	50	74	111	167	250	400	570

（3）泄漏电流随温度而变化，在分析比较时应换算到相同的温度下，一般可用式（3–5）将不同温度下的测量值 I_t 换算到20℃的数值 I_{20}。

$$I_{20}=I_t e^{a(20-t)}（\mu A）\qquad(3-5)$$

式中　a——泄漏电流温度换算系数，一般为0.05～0.06/℃；

　　　t——试验时变压器的温度，℃。

三、变压器介质损耗因数试验

1. 试验目的

通过测定变压器介质损失角的正切值 $\tan\delta$ 即介质损耗因数（简称介损值），能发现变压器整体受潮、绝缘老化等普遍性缺陷，对油质劣化、绕组附着油泥及较严重的局部缺陷也有很好的检出效果，所以介损试验是鉴定变压器绝缘状态的一种有效办法。

2. 试验方法

（1）使用仪器。目前测量变压器介质损失因数可用QS1型交流电桥和专用的介质损失测试仪。QS1型交流电桥是按平衡原理制造的，有正反两种接法。

（2）测量的部位按表3–30进行，测量时应将非被测绕组短路接地，也可以将非被测绕组遮蔽进行分解试验，以查出局部缺陷。

（3）测量变压器介质损耗因数 $\tan\delta$ 时，对于注油或未注油的，且绕组额定电压为10kV及以上的变压器，试验电压为10kV，绕组额定电压为10kV以下者，试验电压不应超过绕组的额定电压。

3. 试验注意事项

（1）测量用的试验电源，其频率应为50Hz，偏差应不大于5%。

（2）测量结果常受被试品表面泄漏电流和外界环境的影响，例如被试品周围的电磁场干扰、气候变化等。必要时，应采取措施消除影响，以保证测量的准确性。

（3）测量回路引线较长时可能会产生较大的误差，因此必须尽量缩短引线，并在正式试验前先断开被试变压器，对试验回路本身进行空载测量并作好记录，最后校正被测变压

器 $\tan\delta$ 的实测值。

（4）试验时被试变压器的每个绕组的各相应短接后再进行测量接线，当绕组中有中性点引出线时，也应与三相一起短接，否则可能使测量误差增大，甚至会使电桥不能平衡。

（5）非被试绕组应接地或屏蔽。

（6）测量温度以顶层油温为准，尽量使每次测量的温度相近。

（7）当测量时的温度与变压器出厂时试验温度不符合时，根据交流试验标准可在表3-36 中的温度换算系数换算到同一温度时的数值进行比较，一般换算到的温度为20℃。

表 3-36 介质损耗因数 $\tan\delta$ 换算系数

温度差 K（℃）	5	10	15	20	25	30	35	40	45	50
换算系数 A	1.15	1.3	1.5	1.7	1.9	2.2	2.5	2.9	3.3	3.7

注 表中 K 为实测温度减去20℃的绝对值。

当测量时的温度差不是表中所列数值时，其换算系数 A 可用线性插入法确定，也可按式（3-6）计算，即

$$A = 1.3^{K/10} \tag{3-6}$$

校正到20℃时的介质损耗因数 $\tan\delta$ 可用式（3-7）和式（3-8）计算。

当实测温度为20℃以上时

$$\tan\delta_{20} = \tan\delta_t / A \tag{3-7}$$

当实测温度为20℃以下时

$$\tan\delta_{20} = A\tan\delta_t \tag{3-8}$$

式中　　$\tan\delta_{20}$——校正到20℃时的介质损耗因数值；

$\tan\delta_t$——在测量温度 t 下的介质损耗因数值。

4. 试验结果分析判断

（1）变压器介损值测量结果分析判断和绝缘电阻的判断方法相类似，主要采用相互比较法。新装变压器在交接试验时，所测得的介损值不大于制造厂试验值的1.3倍；变压器大修及运行中所测得的介损值与历年相比较，不应有显著变化（一般不大于30%）。

（2）预防性试验规程规定，绕组的介损值在 20℃时不大于下列数值：66～220kV 为0.8%，35kV 及以下为1.5%。

（3）当测量结果在相同的温度下不能满足标准要求时，首先应单独测量油的介损值，如果油的介损值不合格，应换油或对油进行处理。换油后变压器的介损值仍不满足要求时，可将变压器加温至制造厂出厂试验时的温度，并在该温度下稳定 5h 以上，然后重新测量介损值，经过综合分析比较做出判断。

（4）为了进一步分析变压器的受潮程度或缺陷情况，可以测量不同电压下的介损值，绘出介损值与试电压的关系曲线。一般在绝缘良好时，介损值随着电压的升高而增加，而且电压上升和下降的介损值曲线不相重合。

（5）除了绝缘油劣化经常影响变压器的整体的介损值外，非纯瓷套也是变压器绝缘的薄弱环节，因此，对20kV 及以上的非纯瓷套管，应单独进行介损值的测量。

四、变压器交流耐压试验

1. 试验目的

变压器交流耐压试验是指对被试变压器绕组连同套管一起，施加超过额定电压一定倍数的正弦工频交流试验电压，持续时间为 1min 的试验。其目的是利用高于额定电压一定倍数的试验电压代替大气过电压和内部过电压来考核变压器的绝缘性能。它是鉴定变压器绝缘强度最有效的办法，也是保证变压器安全运行、避免发生绝缘事故的重要试验项目，进行交流耐压试验可以发现变压器主绝缘受潮和集中性缺陷，如绕组主绝缘开裂、绕组松动位移、引线绝缘距离不够、绝缘上附着污物等缺陷。交流耐压试验在绝缘试验中属破坏性试验，它必须在其他非破坏性试验（如绝缘电阻及吸收比试验、直流泄漏试验、介质损失角正切及绝缘油试验）合格后才能进行。此试验合格后，变压器才能投入运行，交流耐压试验是一项关键的试验，所以预防性试验规程中规定变压器为 10kV 及以下的在 1～5 年、66kV 及以下的在大修后、更换绕组后和必要时都要进行交流耐压试验。

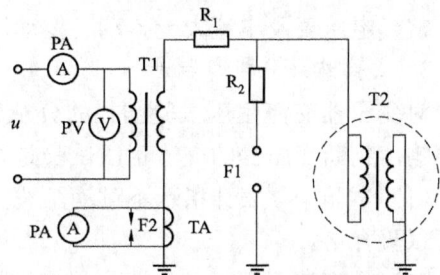

图 3-13　变压器交流耐压试验接线示意图
T1—试验变压器；R₁—保护电阻；R₂—限流电阻；
F1—保护间隙；PA—电流表；TA—电流互感器；
PV—电压表；F2—保护间隙；T2—被试变压器

2. 试验方法

试验时被试绕组的引出线端头均应短接，非被试绕组引出端头应短路接地，如图 3-13 所示。被试变压器的接线如不正确时，可能使变压器的绝缘受到损害。

电力变压器在全部更换绕组、部分更换绕组时的交流耐压试验电压标准见表 3-37。

表 3-37　　　　　　　　　　　电力变压器交流耐压试验电压值　　　　　　　　　　　kV

额定电压	最高工作电压	线端交流耐压试验电压值		中性点交流耐压试验电压值	
		全部更换绕组	部分更换绕组	全部更换绕组	部分更换绕组
<1	≤1	3	2.5	3	2.5
3	3.5	18	15	18	15
6	6.9	25	21	25	21
10	11.5	35	30	35	30
15	17.5	45	38	45	38
20	23.0	55	47	55	47
35	40.5	85	72	85	72
66	72.5	140	120	140	120
110	126.5	200	170（195）	95	80

注　包括内数值适应于不固定接地或经小电抗接地系统。

定期试验按部分更换绕组电压值进行试验。干式变压器全部更换绕组时，按出厂试验电压值；部分更换绕组和定期试验时，可按出厂试验值的 0.85 倍。出厂试验电压标准不明，且未全部更换绕组的变压器，交流耐压试验电压标准应不低于表 3-38 中数值。

表 3-38　出厂试验电压不明且未全部更换绕组的变压器交流耐压试验电压的允许值　　kV

绕组额定电压	0.5 以下	2	3	6	10	35	60
试验电压	2	8	13	19	26	64	105

　　出厂试验电压与表 3-38 中的标准不同的变压器，交流耐压试验电压应为出厂试验电压的 85%，但除干式变压器外，均不得低于表 3-38 中的相应值。交流耐压试验加压时间为 1min。施加规定电压持续 1min 时，听到正常的电晕声，变压器油箱内无声音，指示仪表指示正常（电压表及电流表无抖动、摆动、无突然升降），球隙无放电等，即为耐压合格。

　　3. 试验结果分析与判断

　　对变压器交流耐压试验结果的分析判断，目前主要靠监视仪表指示和被试变压器发出的声响，判断变压器的交流耐压试验是否合格。

　　（1）试验中，表计指示不跳动，被试变压器无放电声，持续加压时间 1min 后认为交流耐压试验合格。

　　（2）在交流耐压试验中，电流表计指针突然上升或下降，并且被试品有放电响声或保护间隙放电，则说明被变压器有问题，应查明原因。

　　（3）对于 35kV 以上的变压器，当电压升到规定的试验电压后，若油箱内有轻微局部放电声（如吱吱声）但指示表计没有变化，则应将电压下降后再次升压复试，若复试中放电声消失，则认为试验正常；若复试中仍有放电声，则应停止试验。待采取措施（如加热、滤油、真空处理或进行干燥）后，再进行试验。

　　（4）在交流耐压试验中，若油箱内有明显的放电现象，试验表计有明显变化或有瓦斯气体排出等现象，则应立即停止试验，对变压器进行吊芯检查（或检修），待消除放电原因后，再进行试验。

　　（5）变压器几种故障判断如下：

　　1）油隙击穿放电。在加压过程中，被试变压器内部放电，发出像金属撞击油箱的声音，电流指示突变。这种现象一般是由于油隙距离不够或电场畸变，而导致油隙贯穿性击穿所致。重复试验时，由于油隙抗电强度恢复，其放电电压不会明显下降；若放电电压比第一次降低，则是固体绝缘击穿。

　　2）油中气体间隙放电。试验时，放电声一次比一次小，仪表摆动不大，重复试验放电又消失。这种现象是油气体间隙放电，气泡不断逸出所致。

　　3）带悬浮电位的金属件放电。在加压过程中，被试变压器内部如有像炒豆般的声音，而电流表指示又很稳定，这可能是带悬浮电位的金属件对地放电（如铁芯接地不良等）所致。

　　4）固体绝缘爬电。若出现"咻咻"的放电声，电流表指示突增，这是由于内部固体绝缘（多数是绝缘角环纸板）爬电或绕组端部对铁轭爬电，再重复试验时放电电压就会明显下降。

　　5）外部试验回路放电。试验时，被试变压器外部试验回路的绝缘被子击穿，将发生明显的响声和火花，这是可观察到的。此外，空气中有轻微的电晕或瓷件表面有轻微的树枝状放电，这是正常现象。

五、变压器直流电阻试验

1. 试验目的

变压器绕组直流电阻的测量是变压器试验中既简便又重要的一个试验项目。测量变压器绕组连同套管的直流电阻，可以检查出绕组内部导线接头的焊接质量、引线与绕组接头的焊接质量、电压分接开关各个分接位置及引线与套管的接触是否良好、并联支路连接是否正确、变压器载流部分有无断路情况以及绕组有无短路现象；另外，在变压器短路试验和温升试验中，为提供准确的绕组电阻值，也需进行直流电阻的测量。因此，绕组直流电阻的测量是变压器试验的主要项目，GB 50150—2006《电气装置安装工程 电气设备交接试验标准》规定的必做项目；DL/T 596—1996《电力设备预防性试验设备》规定，变压器运行 1~3 年后、无励磁调压变压器变换分接位置后、有载调压变压器分接开关检修后（在所有分接侧）和大修后及必要时，都必须做此项试验。

2. 试验方法

测量变压器直流电阻的方法，在现场用得最多的是电桥法。当被测电阻值在10Ω以下时，应用双臂电桥，如QJ44等，当被测绕组电阻值在10Ω以上时，应用单臂电桥，如QJ23、QJ24等。

由于电桥法操作简单，可以直接从刻度盘上读数，使用检流计调平衡准确度较高，因此，很受试验人员欢迎。

测量三相变压器绕组的直流电阻时，应在各出线的地方进行，最好能测量每相绕组的直流电阻。对于无中性点引出的三相变压器，测出的线电阻应进行换算。

3. 注意事项

测量变压器直流电阻时应注意以下事项：

（1）带有电压分接头的变压器，测量应在所有分接头位置上进行。

（2）三相变压器有中性点引出线时，应测量各相绕组的电阻；无中性点引出线时，可以测量线间电阻。

（3）测量必须在绕组温度稳定的情况下进行，要求绕组温度与环境温度相差不超过3℃。在温度稳定的情况下，一般可用变压器的上层油温作为绕组温度，测量时应做好记录。

（4）由于变压器的电感较大，电流稳定所需的时间较长，为了测量准确，必须等待表计指示稳定后再读数，必要时应采取措施缩短稳定时间。

（5）考虑到有很多因素影响直流电阻测量的准确度，如仪表的准确度级、试验接线方式、温度测量的准确性、连线接触状况及电流稳定程度等，在测量完后要复查一遍，有怀疑时应重测，以求得准确的测量结果。

（6）测量时，非被试绕组均应开路，不能短接。在测量低压绕组时，在电源开合瞬间会在高压绕组中感应出较高的电压，应注意人身安全。

（7）由于变压器电感较大，电源在接通或断开瞬间，自感电动势很高，因此为防止仪表损坏，要特别注意操作顺序。接通电源时，要先接通电流回路，再接通电压表或检流计；断开电源时，顺序相反，即先断开电压表或检流计，再断开电流回路。

（8）测量电阻值应校正引线的影响。

（9）为了与出厂值或以往测量值进行比较，应将任意温度下测量的直流电阻值换算到相同温度下。

4. 试验结果分析与判断

（1）试验标准。

1）GB 50150—2006 规定：

a. 对于 1600kVA 以上的变压器，测得和各相绕组电阻，相互间的差别不应大于三相平均值的 2%，无中性点引出线的线间差别不大于三相平均值的 1%。

b. 变压器的直流电阻与同温度下产品出厂实测数值比较，相应变化不应大于 2%。

c. 由于变压器结构等原因，差值超过 a.中标准时，可只按 b.中标准进行比较。

2）预防性试验规程规定：

a. 1.6MVA 以上变压器，各相绕组直流电阻相互间的差别不应大于三相平均值的 2%；无中性点引出的绕组，线间差别不应大于三相平均值的 1%。

b. 1.6MVA 及以下的变压器，相间差别一般不大于三相平均值的 4%，线间差别一般不大于三相平均值的 2%。

c. 与以前相同部位测得值比较，其变化不应大于三相平均值的 2%。

d. 如电阻相间差值在出厂时超过规定值，制造厂已说明了这种偏差的原因，按 c.中的要求执行。

（2）直流电阻的计算和温度换算。相间或线间直流电阻的计算公式为

$$\delta\% = [(R_{max} - R_{min})/R_{av}] \times 100\% \qquad (3-9)$$

式中　$\delta\%$——相或线直流电阻间差别的百分数；

　　　R_{max}——相或线直流电阻的最大值，Ω；

　　　R_{min}——相或线直流电阻的最小值，Ω；

　　　R_{av}——三相或三线直流电阻的平均值，Ω。若是相电阻，则 $R_{av} = (R_{A0} + R_{B0} + R_{C0})/3$；若电线电阻，则 $R_{av} = (R_{AB} + R_{BC} + R_{CA})/3$。

为了将所测得的结果与历年数据进行比较，这时要将测量结果换算到同一温度。一般都把温度换算到 75℃时，换算公式为

$$R_{75} = R_t(T+75)/(T+t) \qquad (3-10)$$

式中　R_t——温度为 t 时测得的电阻；

　　　R_{75}——换算至 75℃时的电阻；

　　　T——系数，铜线为 235，铝线为 228。

（3）测试结果分析。若测得的三相电阻不平衡超过标准时，可能有以上几种原因：

1）分接开关接触不良。表现为一两个分接头电阻偏大，而且三相不平衡，其原因可能是分接开关触头不清洁、电镀层脱落、弹簧压力不够等。固定在箱盖上的分接开关，也可能在箱盖紧固后，使分接开关受力不均造成接触不良。

2）焊接不良。引线和绕组焊接处接触不良、断裂，造成电阻偏大；多股并联绕组其中有一两股没焊上，这时电阻偏大较多。

3）套管中引线和导电杆接触不良。

4）较严重的绕组匝间或层间短路。

5）绕组断线。三角形连接的绕组，其中一相断线，没有断线的两相线端电阻为正常的 1.5 倍，而断线相线端电阻值为正常值的 3 倍。

第四章

电力互感器与电力电容器的运行与维护

第一节　电流互感器及电压互感器的接线方式

一、电流互感器的接线方式

电流互感器（TA）的主要作用是将高压电路的电流或低压电路的大电流（一次），变为低压小电流（二次），以接入仪表或继电器及其他测量保护装置。二次电流的额定值为 5A 或 1A，这样仪表或其他测量装置就可以小型化、标准化，同时由于电流互感器将仪表等与高压电器隔离，以及电流互感器二次绕组中性点的接地，也保证了测量的安全。

电流互感器的额定输出功率很小，标准值有 5、10、15、20、30、40、50、60、80、100VA。其准确级根据其变化误差命名，误差又与一次电流、二次负载等使用条件有关。电流互感器的用途不同，对准确级的要求也不同。测量用电流互感器的标准准确级有：0.1、0.2、0.5、1、3、5 共 6 级，都是以规定条件下电流的最大比值差命名的，也称为变比误差，其相对百分值 $f_1=(KI_2/I_1)\times100\%$，对于 0.1～1 级，在二次负载为额定负载的 25%～100%之间时。保护用电流互感器的标准准确级有 5P 和 10P，和测量用电流互感器每一准确级有相应的额定功率一样，5P 和 10P 也有相应的额定输出功率。 在额定负载的条件下能使电流互感器的复合误差达到 5%或 10%的一次电流，称为额定准确限值一次电流。它与额定一次电流的比值，称为准确限值数。准确级和准确限值系数都要标在额定输出功率之后，例如 15VA10P。

电流互感器是单相电器，其一次绕组串接在被测电路中，它的接线主要是指二次侧的接线。电流互感器的接线首先要注意其极性，极性接错时功率和电度表计将不能正确测量，某些保护装置也会误动作。电流互感器的一次绕组首、尾两端标有 L1、L2 字样，分别与二次绕组的 K1、K2 端子同极性。若一次电流由 L1 流向 L2，则相同相位的二次电流由绕组 K1 端流出至外接回路，再从 K2 端流入绕组。也就是说 L1 和 K1 同名端，L2 和 K2 为同名端。若一次绕组为分段式，用字母 C 表示中间出线端子，则 L1—C1 为一段，C1—L2 为另一段。若同一个一次绕组具有两个二次绕组，每个绕组有自己的铁芯，则两个绕组的端子分别标以 1K1、1K2，2K1、2K2。若二次绕组有抽头，则顺次标以 K1、K2、K3、……

电流互感器常用的几种接线方式如图 4–1 所示。

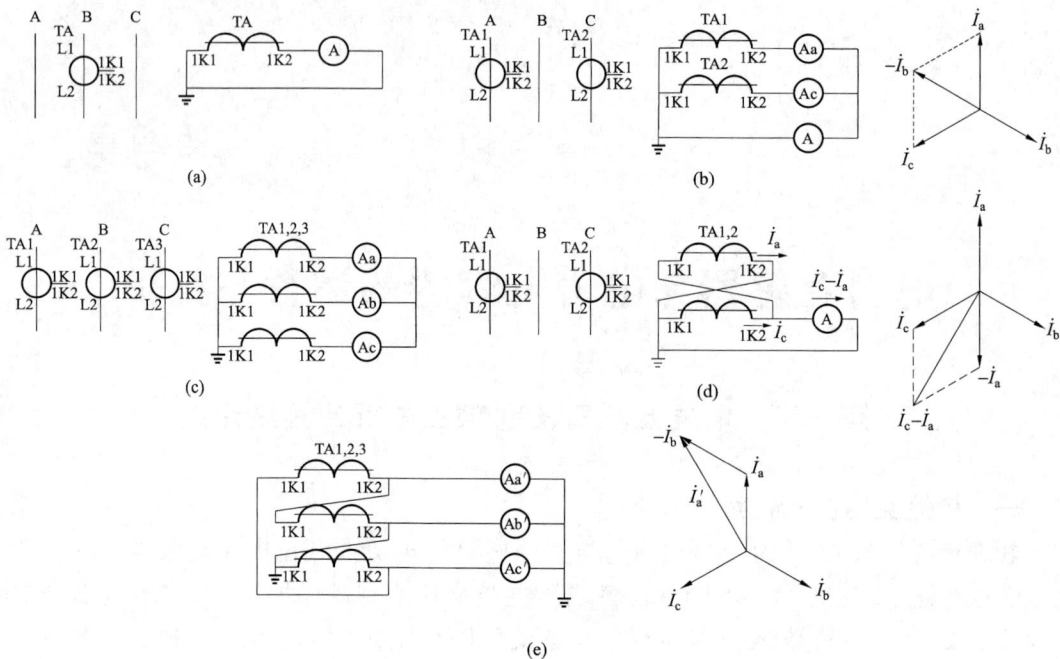

图 4-1   电流互感器的接线方式

（a）单相接线；（b）不完全星形接线；（c）完全星形接线；（d）两相差接线；（e）三角形接线

图 4-1（a）为单相接线，只能测量一相电流，一般用于负载平衡的三相电力系统中的一相电流的测量。

图 4-1（b）为不完全星形接线，两只电流互感器分别于 A、C 两相。在 35kV 及以下三相三线小电流接地系统中测量三相功率或电能时，这种接线用得最多。这种接线除了能测 A、C 两相电流外，还可在公共导线上测得 B 相的电流，因为在电流二次回路中 I_a、I_b、I_c 三相电流相位相差 120°，而幅值相等，所以三相电流向量和为零，而据向量图可知 $\dot{I}_a+\dot{I}_c=-\dot{I}_b$。所以两只电流互感器同样可反映出中性点不接地系统（满足 $\dot{I}_a+\dot{I}_b+\dot{I}_c=0$）的三相电流。

图 4-1（c）为完全星形接线，三相各装一只电流互感器，其二次侧接在星形，可测量三相三线或三相四线制中各相的电流，中性线中的电流为零序电流，这种接线在继电保护中用得很多。

图 4-1（d）为 A、C 两相电流差接线方式，此时流过负载的电流为电流互感器二次电流的 $\sqrt{3}$ 倍，相位则超前 C 相电流 30°，或滞后 A 相 30°，视负载二次回路的正方向而定。

图 4-1（e）为三角形接线，也是三相电流差接线。此时流至负载的三相电流为电流互感器二次电流的 $\sqrt{3}$ 倍，相位则相应超前 30°，也可改变三角形串联顺序使负载二次电流滞后于互感器电流 30°。该接线常用于变压器高压侧的差动保护回路，以补偿该侧的电流相位。

二、电压互感器的接线方式

电压互感器（TV）是一种容量很小的变压器，但它的作用不是将高电压的功率变成低电压的功率分配给电力用户，而是将高电压或低电压变成测量仪表等使用的标准电压，是为了传递信息而变化电压的电器。

测量仪器、仪表和保护、控制装置的电压线圈是电压互感器的负载，这些线圈并联后接于电压互感器的二次绕组，它们的额定电压一般都是100V，故能标准地绕制。电压互感器将仪器、仪表与高电压隔离，同时与仪器、仪表相连接的二次绕组又接地，故保证了测量时的安全。

电压互感器的用途不同，其二次绕组的数目也不同，可能有一个、两个或三个绕组。在供三相系统继电保护用的电压互感器中，可能每相有一个供三相接成开口三角形的二次绕组，以便在发生单相接地故障时，得到剩余电压（零序电压），该二次绕组称不剩余电压绕组。

电压互感器的准确级也以在规定使用条件下的最大电压误差（比值差）的百分值命名。规定使用条件对供测量用的电压互感器和对保护用的电压互感器是不同的，这两种互感器的准确级也不同。对于测量用电压互感器，规定使用条件是：额定频率、电压在 0.8~1.2 倍额定电压之间、负载在 0.25~1.0 倍额定负载之间、功率因数为 0.8。对于保护用电压互感器，规定使用条件是：额定频率、电压为 0.05 倍额定电压、负载在 0.25~1.0 倍额定负载之间、功率因数为 0.8。

每一个电压互感器有一个它的最高准确级，与此对应有一额定负载。由于电压互感器的误差受其负载的影响，当负载超出额定负载时，误差加大，准确级降低。与低一级的准确级对应的又有一额定负载。电压互感器从最高准确级起，每一准确级都有相应的额定负载，又名额定输出。电压互感器的负载常以视在功率的伏安值来表示。电压互感器的额定输出功率（容量）的标准值为 10、15、30、50、75、100、150、200、250、300、400、500、1000VA。

电压互感器具有剩余电压绕组时，该绕组也有准确级和相应的额定功率。用于中性点有效接地系统的互感器，剩余电压绕组的标准准确级为 3P 或 6P；用于中性点非有效接地系统的为 6P，当二次绕组和剩余电压绕组所带负载都在各自的 0.25~10 倍额定负载时，彼此对对方的准确级都没有影响。

电压互感器的接式方式应根据负载的需要来确定。其二次侧主要用于向测量、保护、同期等二次回路提供所需的二次电压。由于所供二次回路对其功能的具体要求不同，电压互感器的几种接线方式如图 4-2 所示。

图 4-2（a）是一只单相电压互感器的接线，一次绕组接于线电压，二次绕组可接入电压表、频率表及电压继电器及阻抗继电器；适用于中性点不接地系统的小电流接地系统，主要用于 3~35kV 系统中简单的场合。

图 4-2（b）是两只单相电压互感器接成不完全星形接线，简称 V_v 接线，三相三线制系统测量功率或电能时多用这种接线，也可接入需要线电压的其他仪表与继电器，当负载为计费电能表时，所用的电压互感器为 0.5 或 0.2 级。

图 4-2（c）是三个单相电压互感器的接线，一、二次绕组都接成星形，中性点接地，剩余电压绕组接成开口三角形。这种互感器因为接在相电压上，故额定一次电压为该级系

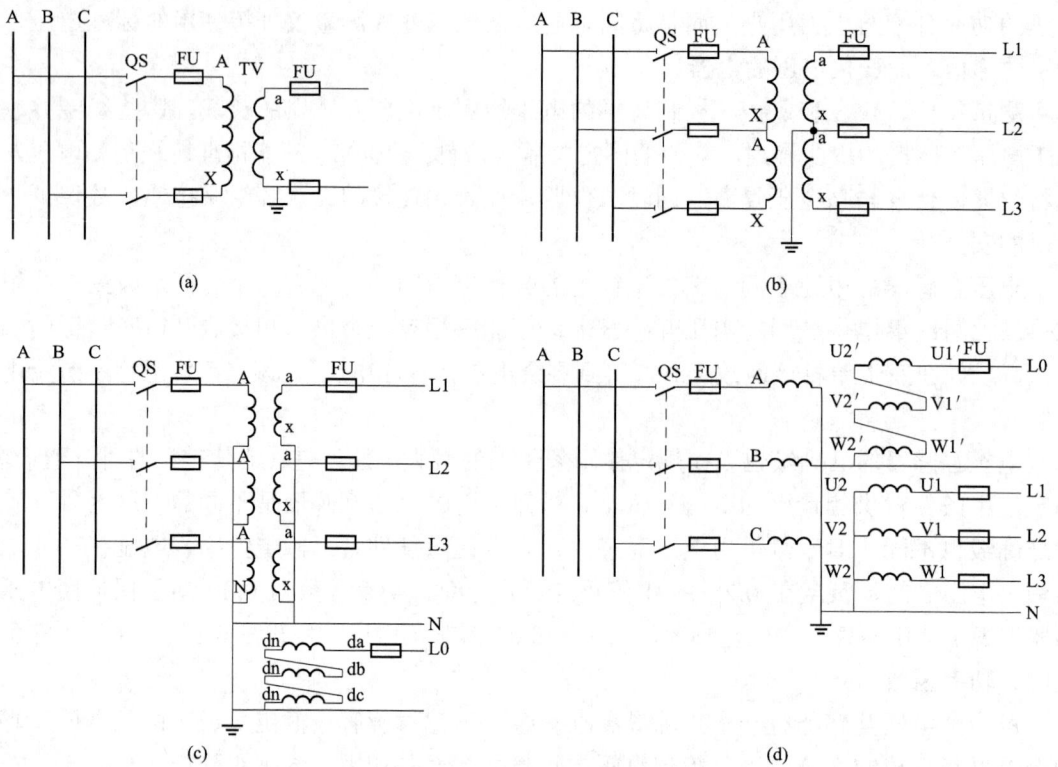

图 4-2　电压互感器的接线方式

（a）一只单相电压互感器的接线；（b）两只单相电压互感器接成不完全星形的接线；
（c）三个单相电压互感器的接线；（d）三相五柱式电压互感器的接线

统额定电压的 $1/\sqrt{3}$。互感器供给仪表等负载的电压在额定情况下是标准电压 100V，故二次绕组的额定电压为 $100/\sqrt{3}$。

图 4-2（d）是三相五柱式电压互感器的接线，一次、二次绕组接成星形，且一、二次绕组均接地，剩余绕组接成开口三角形。这种接线的电压互感器可直接测量系统的相间电压、各相对地电压以及零序电压。

剩余电压绕组的额定电压与系统接地方式有关，在中性点有效接地系统，当发生单相金属接地短路时，在短路处短路对地电压为零。非故障相对地电压不变，三相剩余电压绕组的电压中，也是一相为零，另两相电压不变。图 4-3 为剩余电压绕组中电压的相量图，图 4-3 中虚线是系统在正常运行时剩余电压绕组中的电压，实线是系统 C 相发生短路或完全接地时的电压。由图 4-3（a）可看出，C 相短路后，输出电压为 U，要求 U 为标准电压 100V，故 U_a 或 U_b 也应是 100V。在中性点非有效接地系统，当 C 相完全接地时，B 相和 C 相剩余电压绕组中的电压如图 4-3（b）所示，为 U_a' 和 U_b'，数值上是 $\sqrt{3}U_a$ 或 $\sqrt{3}U_b$。开口三角形出口的电压 U 又为 U_a'、U_b' 的 $\sqrt{3}$ 倍，为 U_a 或 U_b 的 3 倍。U 应为 100V，故剩余电压绕组的额定电压 U_a、U_b 和 U_c 都应是 $100/\sqrt{3}$ V，接于 35kV 及以上母线的电压互感器，多是用三个单相互感器按图 4-2（c）所示连接。在 6～10kV 系统，除了可用三个单相互感器连接成图 4-2（c）的接线外，三相五柱式电压互感器的内部接线也是星形、星形、开口三角形，如图 4-2（d）所示。图 4-4 是三相五心柱电压互感器的结构原理图，边上的两个心柱是零序磁通的通路。当系统发生单相接地时，零序磁通 ϕ_{A0}、ϕ_{B0}、ϕ_{C0} 有了通路，磁阻小，磁通增多，则互感器的零序阻抗大，零序电流小，发热不严重，不会危害互感器，作为三相电源，从接线图 4-2（d）可看出，其一次额定电压为系统的额定电压，二次的额定电压为 100V，开口三角形在正常时电压为零；当一次侧现单相金属性接地时，开口三角形处电压为标准电压 100V，即剩余电压绕组的额定相电压为 $100/\sqrt{3}$，开口三角形处电压相量图如图 4-3 所示。

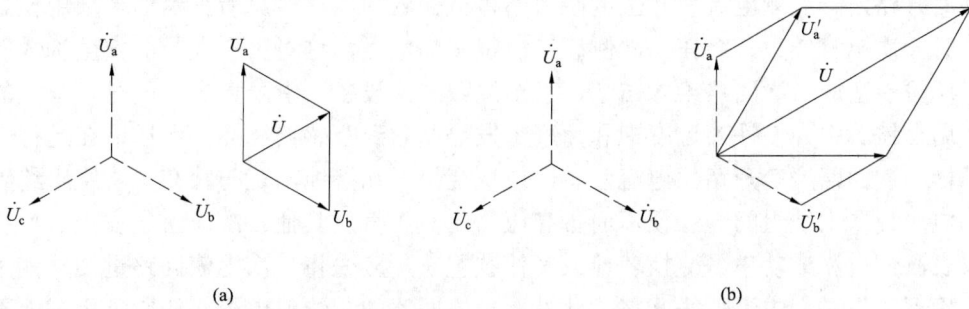

图 4-3　剩余电压绕组在系统正常运行与单相故障时的电压向量图
（a）中性点有效接地系统；（b）中性点非有效接地系统

电压互感器在接于电力网时，除低压电压互感器可只经熔断器外，高压电压互感器都经隔离开关和熔断器接入电网，在 110kV 以上的则只以隔离开关接入。电压互感器原边装熔断器的作用是：当电压互感器本身或引线上故障时，自动切除故障。但高压侧的熔断器不能作二次侧过负荷的保护，因为熔断器熔体是根据机械强度选择的，其额定电流比电压互感器额定电流要大很多，二次侧过负荷时可能熔断不了。所以，为了防止电压互感器二次侧过负荷或短路引起的持续过电流，在电压互感器的二次侧应装设低压熔断器。

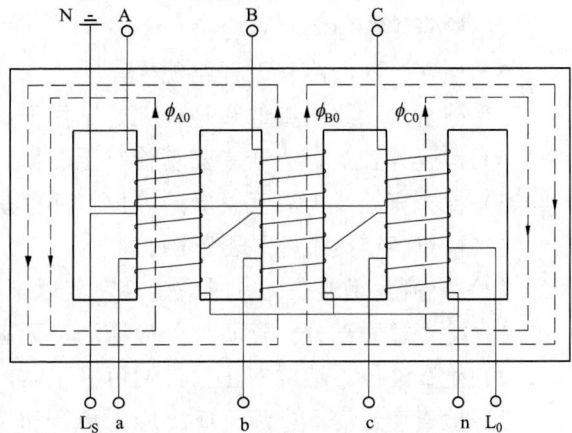

图 4-4　三相五柱式电压互感器原理图

电压互感器的二次绕组也必须接地，其原因和电流互感器相同，是为了防止当一次绕组和二次绕组之间的绝缘损坏时，危及二次设备及工作人员的安全。在变电站中，电压互感器二次侧一般是中性点接地。

在电压互感器的接线图上有线端标记，单相电压互感器的一次绕组为 A、X 或 A、N，N 表示接地端，相应的二次绕组的出线端标记为 a、x 和 a、n，剩余电压绕组出线端为 da、dn 或 L_S、L_0。三相电压互感器的端子标记为一次绕组 A、B、C、N，二次绕组标为 a、b、c、n 或 u、v、w、n。

第二节　电流互感器及电压互感器的运行与维护

一、电流互感器在使用时的注意事项

电流互感器除在接线时要注意接线正确极性外，外壳和二次绕组的一端必须接地；在电流互感器的一次绕组有电流流过时，二次绕组绝对不允许开路，因为运行中电流互感器所需工作磁势很小，这是因为其二次绕组磁势对一次绕组的磁势起到去磁作用，而一旦二次侧回路开路，一次侧电流所产生的磁势不再被去磁的二次磁势所抵消而全部用作激磁，如果此时一次电流较大，会在二次侧感应出很高的电压，这对工作人员的安全构成严重的威胁；还可能造成二次回路绝缘击穿，甚至烧毁二次设备，引发火灾。同时，很大的激磁磁势作用在铁芯中，使铁芯过度饱和而严重发热，导致互感器烧坏。所以，在运行中的电流互感器二次回路严禁开路。电流互感器二次绕组一端接地，是防止在一次绕组绝缘损坏时，高电压使二次绕组的绝缘损坏而带高压，危及人身及其他二次设备的安全。如果需要接入仪表测试电流或功率、更换表计或其他装置时，应先将二次电流回路进线一侧短路并接地，确保工作过程中无瞬间开路。此外，电流回路的导线或电缆心线必须用截面不小于 2.5mm^2 的铜线，以保持必要的机械强度和可靠性。

（1）电流互感器的投入运行前应进行如下检查：

1）检查绝缘电阻是否合格。

2）检查二次回路有无开路现象。

3）检查二次绕组接地线是否完好无损伤，接地牢固。

4）检查外表是否清洁，瓷套管有无破损、有无裂纹，周围有无杂物。

5）检查充油式电流互感器的油位、油色是否正常，有无渗、漏油现象。

6）检查各连接螺栓是否紧固。

（2）电流互感器在运行时应定期对其以下内容的巡视检查：

1）检查瓷质部分。瓷质部分应清洁，无破损、无裂纹、无放电痕迹。

2）检查油位。油位应正常，油色应正常，油色应透明不发黑，无渗、漏油现象。

3）检查声音等。电流互感器应无声音和焦臭味。

4）检查引线接头。一次侧引线接头应牢固，压接螺丝无松动，无过热现象。

5）检查接地。二次绕组接地线应良好，接地牢固，无松动，无断裂现象。对电容式电流互感器的末屏应接地。

6）检查端子箱。端子箱应清洁、不受潮、二次端子接触良好，无开路、放电或打火现象。

7）检查仪表指示。二次侧仪表指示应正常。

（3）在带电的电流互感器二次回路是工作时应采取以安全措施：

1）严禁将电流互感器二次侧开路。

2）短路电流互感器的二次绕组，必须使用短路片和短路线，短路应妥善可靠，严禁用导线缠绕。

3）严格在电流互感器与短路端子之间的回路和导线上进行任何工作。

4）工作时必须认真仔细、谨慎，不得将回路中永久接地点断开。

5）工作时，必须有专人监护，使用绝缘工具，并站在绝缘垫上。

二、电压互感器在使用中注意事项

电压互感器在使用中一定要注意严防二次侧短路，因为电压互感器是一个内阻极小的电压源，正常运行时负载阻抗很大，相当于开路状态，二次侧仅有很小的负载电流。当二次侧短路时，负载阻抗为零，将产生很大的短路电流，将电压互感器烧坏。为此在带电的电压互感器二次回路上工作要注意以下两点：① 严格防止电压互感器二次回路短路或接地，工作时应使用绝缘工具，戴手套；② 二次侧接临时负载时，必须装有专用的隔离开关或熔断器。

（1）电压互感器的投入运行前应对其进行全面检查，其检查的具体项目如下：

1）送电前，应将有关工作票收回，拆除全部临时检修安全措施，恢复固定安全措施，并测量其绝缘电阻合格。

2）定相。大修后的电压互感器（包括二次回路变动）或新安装的电压互感器投入运行前应定相。所谓定相，就是将两个电压互感器的一次侧接在同一电源上，测定它们的二次侧电压相位是否相同。若相位不正确，造成的后果是：① 破坏同期的正确性；② 倒母线时，两母线的电压互感器会短时并列运行，此时二次侧会产生很大的环流，导致二次侧熔断器熔断，使保护装置误动或拒动。

3）检查一次侧中性点接地和二次绕组一点接是否良好。

4）检查一、二次侧熔断器，二次侧快速空气开关是否完好和接触正常。

5）检查外观是否清洁，绝缘子、套管有无破损、有无裂纹，周围有无杂物；充油式电压互感器的油位、油色是否正常，有无渗、漏油现象；各接触部分连接是否良好。

（2）投入运行后的电压互感器要定期对其进行巡视检查，巡视检查的主要内容如下：

1）检查绝缘子。绝缘子表面是否清洁，有无破损、有无裂纹、有无放电现象。

2）检查油位。油位是否正常，油色是否透明不发黑，有无渗、漏油现象。

3）检查内部。内部声音是否正常，有无"吱吱"放电声、有无剧烈电磁振动声或其他异声，有无焦臭味。

4）检查密封情况。密封装置是否良好，各部位螺丝是否牢固，有无松动。

5）检查一次侧引线接头。接头连接是否良好，有无松动，有无过热；高压熔断器限流电阻是否良好；二次回路的电缆及导线有无腐蚀和损伤，二次接线有无短路现象。

6）检查接地。电压互感器一次侧中性点及二次绕组接地是否良好。

7）检查端子箱。端子箱是否清洁、是否受潮。

8）检查仪表指示。二次侧仪表应指示正常。

三、电流互感器的常见故障及其处理

1. 二次回路开路或短路

由于电流互感器二次回路中只允许带很小的阻抗，所以它在正常工作情况下，接近于短路状态，声音极小，一般认为无声。电流互感器的故障常常伴有声音或其他现象发生。若铁芯穿心螺丝夹得不紧，硅钢片就会松动，铁芯里交变磁通就会发生变化。随着铁芯里交变磁通的变化，硅钢片振动幅度增大而发出较响的"嗡嗡"声，此声音不随负荷变化，会长期保持。

轻负荷或空负荷时，某些离开叠层的硅钢片端部发生振荡，会造成一定的"嗡嗡"声，此声音时有时无，且随线路的负荷的增加而消失。

当二次回路开路，电流为零时，阻抗无限大，二次线圈产生很高的电势，其峰值可达几千伏，因为在电流互感器正常运行时，二次回路呈闭路状态，所以二次侧磁势产生的磁通对一次侧产生的磁通起去磁作用。当二次侧开路时，去磁的磁通消失，使铁芯里磁通急剧增加，处于严重饱和状态。这时磁通随时间的变化，波形成平顶波，由于二次线圈的感应电势与磁通变化的速率成比例，很显然，可能造成铁芯过热而烧坏电流互感器。因磁通密度的增加和磁通的非正弦性，使硅钢片振荡不均匀，从而发出大的噪声。

电流互感器二次侧开路时，值班人员应穿上绝缘鞋和带好绝缘手套，在配电柜上将事故电流互感器的二次回路的试验端子短路，进行检查处理。若采取上述措施无效时，则认为电流互感器内部可能故障，此时应将其停止使用。若电流互感器可能引起保护装置动作时，应停用有关保护装置。

电流互感器二次绕组或回路发生短路时，能使电流表、功率表等指示为零或减少，同时也可能使继电保护装置误动或不动作。若运行值班人员未及时发现而仍按正常情况加负荷时，则将引起设备不允许的过负荷而损坏。发生这种故障以后，应保持负荷不变，停用可能误动作的保护装置，通知检修人员迅速消除。

若发现电流互感器内部冒烟或着火时，应用断路器将其切除，并用细沙或干式灭火器灭火。

2. 电流互感器爆炸

电容型电流互感器常见的故障之一就是爆炸，引起电容型电流互感器爆炸的常见原因如下：

（1）电容屏主绝缘击穿。导致电容屏主绝缘击穿的原因如下：

1）线圈绕制质量差，电容屏严重错位，绝缘浸渍不彻底，电容屏间有空气、水分等杂质存在。如某变电站一台 LCWB—220 型电流互感器在运行中发生爆炸。事故后解体发现，该电流互感器的内部有 4 处放电痕迹，其中最严重处一导线有破口，而且绝缘凹凸不平。电容屏铝箔上打孔处可见毛刺，主屏铝箔包扎不均匀并有错位。

2）绕制电容芯棒用的电缆纸含水量偏高，在电流互感器运行的热状态下产生热击穿。没有经过干燥处理的绝缘纸，纸中含水量在 7%～10%，一般运行中电流互感器绝缘纸的含水量不大于 2%。如某台 LCLWD3—220 型电流互感器，试验发现油中色谱分析结果异常，退下来进行局部放电试验，局部放电起始电压为 98kV，在 160kV 下的局部放电量为 150pC；吊瓷套解体发现该电流互感器的电容屏击穿约 86%，最大烧伤面积为 100mm×90mm。

3）进水受潮。由于电流互感器进水，导致绝缘受潮而引起爆炸。如某台 LCLWD3—220 型电流互感器，投运 3 年后发生爆炸，其直接原因是油柜内的积水突然灌入器身引起的。

4）电流互感器的末屏未接地或接地不良，使末屏出现悬浮电位，而引起长时间的局部放电，烧毁末屏绝缘，进一步发展引起主屏击穿。

5）在真空干燥过程中，由于绝缘纸的收缩引起铝箔撕裂，造成局部电场集中，烧坏绝缘。

（2）绝缘油质量不良。虽然不合格的绝缘油经过脱水、脱气处理后，油的绝缘强度将会有很大提高，但对 $5\mu m$ 以下的杂质处理目前尚有困难，杂质的存在对油的高温介质损耗有很大的影响。运行中电流互感器油质下降的常见原因如下：

1）电流互感器密封不良，引起进水受潮。

2）补充油时，加入不合格的绝缘油或混油。

3）电流互感器一次绕组出线（L1、C1、L2、C2）接触不良或接触面积不够，引起该处过热，绝缘油裂解、老化。

4）雷电或隔离开关切空载线路过程中产生的高频电流在电流互感器的一次绕组出线端子之间产生的过电压，使电流互感器顶部的绝缘油发生火花放电。

（3）其他原因。

1）污秽引起主瓷套对地闪络。

2）电流互感器外部变比切换板未拧紧或变比切换板载流容量不够，引起变比切换板烧熔，高温使电流互感器的外瓷套熔化。如某台 220kV 电流互感器瓷套突然破裂，事故的原因仅仅是该电流互感器的外部一次串并联换接板在检修试验中拆开后，复装时没有将螺丝拧紧就投入运行。结果导电部位接触不良，运行电流长期流过后，由于过热造成串并联换接板烧熔，高温作用又使瓷套逐渐损伤，直至突然开裂。

3）电流互感器二次绕组开路，引起过电压，使油中气体急剧增加，瓷套内压力迅速增加直至爆炸。

为防止电容型电流互感器爆炸，在日常的运行与维护中应采取以下措施：

1）认真进行预防性试验。DL/T 596 规定，电流互感器的预防性试验项目有：测量绕组及末屏的绝缘电阻、介质损耗因数 $\tan\delta$ 和油中溶解气体的色谱分析等。对这些项目的测试结果进行综合分析，可以发现进水受潮及制造工艺不良等方面的缺陷。表 4-1 列出了油纸电容式电流互感器的油中溶解气体色谱分析结果和判断检测缺陷的实例。

表 4-1　　油纸电容式电流互感器的油色谱试验结果的综合分析和判断检测缺陷实例

序号		1	2		3	4	5	
设备名称		LCLW D3—220	LCLW D3—220		LCLW D3—220	LCLW D3—220	LCLW D3—220	
发现缺陷时间		1986.10.16	1984.5.11	1985.5.30	1981.10.21	1980.9.11	1983.4.16	1984.12.1
油中气体含量 $\times 10^{-6}$	H_2	14 800	8	8	0	5420	75	650
	CH_4	1505	5	9.7	3.8	1620	0.43	0.46
	C_2H_6	27.7	4	3.9	4.7	180	0.21	0.45
	C_2H_4	511	8	13.8	25	0.9	3.2	2.6
	C_2H_2	3.2	2	12	3.5	1.4	0	0
	总烃	2046.9	19	39.4	42	1802.3	5.7	4.8
判断故障性质		内部过热，并有放电故障	内部可能存在放电性故障		内部存在过热性故障	内部存在过热性故障	H_2 单独增大，但在试验报告中结论不明确，据导则规定应判定可能进水受潮	

续表

序号	1	2	3	4	5
设备名称	LCLW D3—220	LCLW D3—220	LCLW D3—220	LCLW D3—220	LCLW D3—220
电气诊断情况	1986 年 6 月，测得末屏对地 tanδ 为 6.1%，更换端子绝缘后合格	绝缘电阻：整体：2500MΩ 末屏：1000 MΩ tanδ：0.7% C_x：861pF，正常		tanδ2.7%：在 138kV 时，tanδ 值增大至 4.25%，在电热稳定试验中，经 9h 后，tanδ 值为 12.79%，且继续上升，说明不合格	主绝缘（电容芯棒）的 tanδ 值正常，但未能检测末屏对地的绝缘情况
吊芯检查内部情况	互感器末屏与地的连接线焊接不良、烧伤、脱落，处理后情况正常	误补加仅经过滤处理后的原断路器用油，经换新油处理，投运后恢复正常	发现互感器端部储油柜侧引出线端子的绝缘上有烧伤痕迹	电容芯棒的 10 个电容屏中有 4 个屏 tanδ 值为 7%～8%，且纸层和铝箔上有明显的蜡状物，并发现一对电容屏间的端屏位置放错	1985 年 9 月 13 日互感器爆炸损坏，互感器的电容芯棒在 U 型导线底部距中心 15cm 处被击穿
综合分析结论	绝缘不合格	绝缘不合格	绝缘不合格	绝缘不合格	绝缘不合格

2）测试值异常应查明原因。当投运前和运行中测得的介质损耗因数 tanδ 值异常时，应综合分析 tanδ 与温度、电压的关系；当 tanδ 随温度明显变化或试验电压由 10kV 上升到 $U_m/\sqrt{3}$，tanδ 增量超过±0.3%时，应退出运行。对色潜分析结果异常时，要跟踪分析，考察其增长趋势，若数据增长较快，应引起重视，将事故消灭在萌芽状态。

3）一次端子引线接头要接触良好。电流互感器的一次端子引线接头部位要保证接触良好，并有足够的接触面积，以防止产生过热性故障。L 端子与膨胀器外罩应注意作好等电位连接，防止电位悬浮。另外，对二次线引出端子应有防转动措施，防止外部操作造成内部引线扭断。

4）保证母线差动保护正常投入。为避免电流互感器电容芯底部发生击穿事故时扩大事故影响范围，应注意一次端子 L1 与 L2 的安装方向及二次绕组的极性连接方式要正确，以确保母线差动保护的正常投入运行。

5）验算短路电流。根据电网发展情况，注意验算电流互感器所在地点的短路电流，超过互感器铭牌的动热稳定电流值时，要及时安排更换。

6）积极开展在线监测和红外测温。目前电流互感器开展的在线监测项目主要有：测量主绝缘的电容量和介质损耗因数 tanδ 测量末屏绝缘的绝缘电阻和介质损耗因数 tanδ。测试经验表明，监测项目对检测出绝缘缺陷是有效的。对红外测温，有的单位已在开展，现有测试结果表明，它对检测电流互感器内部接头松动是有效的，但仍需积累经验。

3. 电流互感器受潮

（1）轻度受潮。进潮量较少，时间不长，又称初期受潮。其特征是：主屏介损值无明显变化，末屏绝缘电阻降低，介损增大，油中含水量增加。

（2）严重进水受潮。进水量较大，时间不太长，其特征是：底部往往能放出水分，油耐压降低；末屏绝缘电阻较低，介损值较大，若水分向下渗透过程中影响到端屏，主屏介损有较大增量，否则不一定有明显变化。

（3）深度进水受潮。进潮量不一定很大，但受潮时间较长，其特征是：长期渗透潮气进入电容芯部使主屏介损增大，末屏绝缘电阻较低，介损较大，油中含水量增加。

另外，试验判定受潮的互感器，一般都能发现密封缺陷，主要是：密封胶垫没有压紧，胶垫外沿有积水，呼吸器堵塞或出口失去油封，呼吸管与上盖连接处密封不良，硅胶变色规律也可反映端部密封状况，若较长时间硅胶不变色，端部一般都有密封缺陷。抽取含水油样应注意油温影响，尽量在运行中取得。

电流互感器受潮后应对其进行干燥处理，由于电容型绝缘既紧又厚，具有受潮不易，排潮难的特点，所以干燥工艺要求高，应慎重对待。

从现场条件、工期、安全等多方面考虑，热油循环干燥方式是一种最适宜的处理方式，它是通过真空滤油机升温对互感器进行热油循，绝缘受潮后介质内部水分子热运行加剧，水汽蒸发加速，其中一部分克服油阻从互感器顶部排出，另一部分被循环油带至真空滤油机排出；油温升高，使绝缘纸中含水比例下降，油的含水比例上升，通过不断对油的干燥处理；达到干燥目的；热油浸入绝缘材料，在内外层间起到桥接作用，使热传导和绝缘内层的水分排散比较容易，得到较好的排潮效果。热油循环干燥方式主要优点是不需吊出和分解器身，节省时间，工期较短，处理后器身内部洁净。

其干燥的要点如下：

1）干燥技术措施规定，所监视部位绝缘电阻稳定 12 小时后停止循环处理。试验表明此时的绝缘电阻只是一个相对稳定值，它出现的时间和大小主要由抽潮强度即油温和内部压强决定，不同的抽潮强度可得到不同的绝缘电阻。因此正确选择抽潮强度是一次干燥成功的关键。

油温高固然对干燥有利，但油温过高则会加速一次导线内残油或绝缘纸的劣化，同时，一般现场使用的真空滤油机长期工作油温不宜超过 65℃，所以平均油温控制在 65～70℃对互感器绝缘寿命和真空滤油机的运行都是有利的。互感器内部压强越低，水分汽化温度越低。当油温高于汽化温度时，绝缘内水分产生气泡，开始汽化。过热度越大，汽水化越激烈和迅速。水的汽化温度与压强的关系见表 4-2。

表 4-2　　　　　　　　　　水的汽化温度与压强的关系

压强（Pa）	101×10^3	98.12×10^3	49.06×10^3	25.02×10^3	19.86×10^3	12.36×10^3	4.91×10^3
汽化温度（℃）	100	99	81	65	60	50	33

将上盖换为专门盖板后电流互感器即可承受一个以上的大气压力，使循环系统密封得当，将内部空气残压控制在 2.7×10^3Pa 以下是可能的，而绝缘所受压强是空气残压与油自重

压强的叠加，一米油柱产生的自重压强约为 $8.4×10^3Pa$，以 LCWD3—220 为例，现场全油位循时油位高度约 2.3m，最大压强在下部油箱中约有 $2.3×8.4×10^3+2.7×10^3≈22×10^3Pa$，参见表 4–2，油温采用 65℃可以满足汽化要求。这只是一个静态估算，实际上液体在流动时压强将进一步降低。

和温度不同，真空度的高低本身对互感器绝缘没有副作用，因此应尽可能地提高真空来达到提高抽潮强度的目的，具体讲就是使真空表指示值接近大气压力，二者之差就是互感器内空气残压。

2）在循环升温开始前，对一次绕组施加 30%～40%额定电流，目的是建立一定温差防止潮气向芯内扩散。此电流宜在循环结束数小时后切断。

3）首先逐步升温循环，待温度上升到控制值并经一定时间后方可缓慢地提高真空度，在干燥开始阶段，由于绝缘内部潮气较多，相应产生较大的蒸气压力，过早、过快地减小外层压强可能会使绝缘层间遭受损伤。

4）U 形一次绕组弯处绝缘包扎最厚，绝缘外部压强最大，在循环方向上又属油温偏低部分，因此是排潮最难的部位，可以在全油位循环到某一时间后，适当降低油位循环，减小底部压强，增加对该绝缘部位的抽潮强度。

5）循环油宜用新油也可用原互感器油，但要先作单独干燥处理。为提高绝缘浸油程度，必须重视以下几方面：

a. 坚持预抽真空，不应低于 6 小时。

b. 残压降低时，浸油程度加大，对于 220kV 以上互感器尽量使用不大于 133.3Pa。

c. 研究确定最大浸油程度是在油温 70℃左右时达到，故尽量用热油注入，并可在注油过程中对一次绕组施加 40%额定电流以助热。

d. 油应从互感器上部注入，注入油应经真空干燥脱气处理，油前油箱下部放油嘴处密封应可靠，防止从底部抽入空气。

e. 进油速度不能过快，据经验，油位每增长 1m 的时间不宜低于 3 小时，可根据互感器油量的多少选择注油内孔，一般为 $\phi1.5$、$\phi2$，内孔长度 5mm，管口呈喇叭形以利喷洒均匀。

四、电压互感器的常见故障及其处理

电压互感器实际上就是一种容量很小的降压变压器。其工作原理、构造及连接方式都与电力变压器相同。正常运行时，应有均匀的轻微"嗡嗡"声，运行异常时常伴有噪声及其他现象。

线路单相接地时，因未接地两相电压生高及零序电压产生，使铁芯饱和而发出较大的噪声，主要是沉重且高调的"嗡嗡"声。

铁磁谐振，发出较高的"嗡嗡"或"哼哼"声，这声音随电压和频率的变化而变化。而且，工频谐振时，三相电压上升很高，使铁芯严重饱和，发出很响而沉重的"嗡嗡"声；分频谐振时，三相电压升高，铁芯饱和，且分频谐振时频率不到 50Hz，只发出较响的"哼哼"声。

1. 电压互感器本身故障

电压互感器本身故障在电力系统也不断发生，由于制造工艺不良，防患措施不利，

曾发生过多起工厂电压互感器爆炸的重大事故。值班人员在巡回检查中，在发现充油和充胶式的互感器有下列故障征象之一时应立即停用。因为内部发生故障时，常会引起火灾或爆炸。

（1）高压熔断器熔体连续熔断 2～3 次者。

（2）互感器本体温度过高。

（3）互感器内部有"噼啪"声或其他噪声。

（4）在互感器内部或引线出口处有漏油或流胶的现象。

（5）从互感器内发出臭味或冒烟。

（6）绕组与处壳之间有火花放电。

如果发现电压互感器高压侧绝缘有损伤（如已冒烟等）的征象时，应使用断路器将故障的互感器切断，禁止使用隔离开关或取下熔断器等方法停用故障的电压互感器。因为它们都没有灭弧装置，若使用它们断开故障电压互感器时，故障电流将引起母线短路，设备损坏或者可能发生人身事故等。类似这类事故曾在电力系统中发生过，因此应引以为戒。电压互感器的回路上都不装设断路器，如直接拉开电源断路器时，就要影响对用户的供电，所以可根据具体情况，进行处理。若时间允许，先进行必要的倒闸操作，使拉开该故障设备时不致影响工厂的供电；若为双母线系统即可将各元件倒换到另一母线上，然后用母联断路器来拉开；若 110kV 及以上的电压互感器已冒烟着火，来不及进行倒换母线等操作时，应立即停用该条母线，然后拉开故障互感器的隔离开关，再恢复母线运行。

在实际运行中，电压互感器二次熔断器或隔离开关辅助触点常因接触不良而使回路电压消失，或者因负荷回路中有故障而使二次侧熔断。此时，将使控制室或配电盘上的电压表、功率表、功率因数表、电能表等指示发生异常，同时将使保护装置的电压回路失去电压。

仪表指示消失或不正确时，值班人员应保持清醒的头脑，不应盲目调整或进行有关操作，防止把异常状态扩大为事故。因此，在发现表计指示不正常且系统又无冲击时，值班人员要迅速观察电流表及其他表计指示是否正常，若正常时，则说明是电压互感及其二次回路有故障。这时，值班人员应根据电流表及其他表计的指示，对设备进行监视并尽可能不变动设备的运行方式，以免发生误操作。若这类故障可能引起保护装置的误动（如低电压闭锁过电流保护中电压失去）时，应按照继电保护运行规程中的有关规定，退出相应保护装置。在采取上述措施后，应尽快消除这些故障。若因熔断器接触不良所致，则可及时修复；若发现互感器二次侧熔体熔断，则可以换上同样规格的熔断器试送电，如再次熔断则要查明原因，消除故障后才可以换上。若发现一次侧熔断器的熔体熔断，则应对电压互感器一次侧进行一番检查，并且存在有限流电阻时，不允许更换试送电，否则可能引起更大的事故。有时只有个别仪表如电压表等指示不正常，则可判断为该仪表本身有故障，应通知检修人处理。电压互感器二次回路发生故障的现象可能是多种多样的，特别是大中型发电厂中，由于台发电机或主变压器的电压互感器二次回路路接线不一致，故障现象也不完全相同，因此值班人员要熟悉本厂电气运行规程中关于互感器事故处理，以便在发生以上故障现象时，正确地排除。

2. 电磁式电压互感器的谐振故障

中性点不接地的系统中装设的电磁式电压互感器，在一定的条件下，极易引起谐振过电压事故。而 10kV 电力系统谐振事故多为由于接地故障激发而引起的。其中引起各种谐波谐振过电压的幅值，根据有关资料介绍一般为相电压的 2～3.5 倍，其中分频谐振不超过 2 倍，基波谐振不超过 3 倍，高次谐波不超过 3.5 倍。

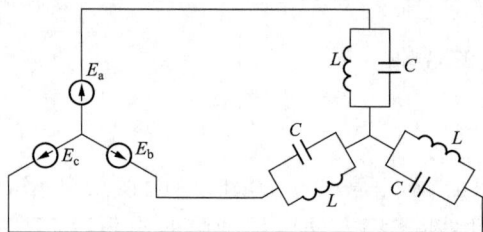

图 4-5　电压互感器与对地电容等值电路示意图

在中性点不接地的电网中，为了监视系统各相对地的绝缘情况，在变电站的母线上，均装有三相五柱型电压互感器或单相电压互感器三台。设每相对地接有互感器电感 L 和线路对地电容 C 的三相电网，其等值电路如图 4-5 所示。在 L 和 C 并联的电路里有一个特点是：当电压较低时，互感器铁芯尚未饱和，感抗大于容抗 $X_L > X_C$，

$I_C > I_L$（电容电流大于电感电流），此时相当于一个等值电容 C'；当电压突然升高，由于铁芯逐渐饱和，使 X_L 逐渐下降，达到一定程度时，会使 $X_L < X_C$，即电感电流大于电容电流 $I_L > I_C$，此时相当于一个等值电感 L'。

根据以上特点分析其谐振过程是这样的，系统三相电压正常时 $E_a = E_b = E_c = U_\phi$，三相对地阻抗呈现三个等值电容 C' 电源中性点 O 对地电位。当 A 相发生瞬间接地，突然使 B 相和 C 相电压升高为侧 $\sqrt{3} U_\phi$ 时，由于互感器铁芯磁饱和而使 B 和 C 相对地的阻抗变成等值电感 L'，而 A 相对地仍保持为一个等值电容 C'，三相对地导纳失去对称性，电源的中性点 O 不再是地电位，电网中性点出现零序电压。

此时的等值电路如下图 4-6 所示。图 4-6 中，B 相和 C 相变为电感性导纳，$Y_B = Y_C = -j1/\omega L$ 时，A 相为电容性导纳，$Y_A = j\omega C'$ 其等值电路图如图 4-7 所示。从图 4-7 可看出，在感抗大于容抗（$\omega L > 1/\omega C$）时，电路不具备谐振条件，但当铁芯饱和时，其电感 X_L 逐渐减小，以至降到 $\omega L = 1/\omega C$，满足谐振条件，于是在电感和电容两端出现高压。电路中励磁电流急剧增大，可达到额定电流的几十倍以上，引起电压互感器一次熔断器熔断或者成互感器烧损。根据以上分析得知，引起谐振过电压的主要原因，是由于电压互感器的铁芯磁饱和使感抗 X_L 逐渐减小而与线路对地容抗 X_C 相等，从而引起串联谐振所致。

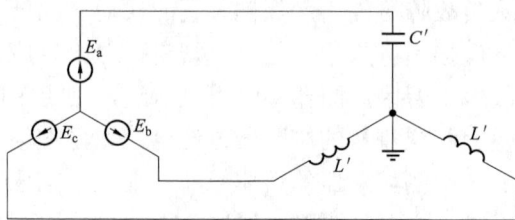

图 4-6　电压互感器与铁芯饱和时
等值电路示意图

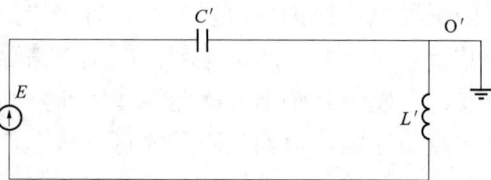

图 4-7　电压互感器与对地电容串联谐振
等值电路示意图

根据目前我国各方面有关资料介绍，消除电磁式电压互感器谐振的方法如下：

（1）调整系统对地电容与互感器的电感使其互相适合。

（2）在互感器开口三角绕组并接 200～500W 灯泡。

（3）在互感器的开口三角绕组，投入有效电阻。

根据实际 10kV 系统运行情况，虽在开口三角形处并接 500W 灯泡，但仍然发生过多次谐振过电压，给系统安全供电造成严重威胁。通过对各种型式的电压互感器的励磁阻抗进行的试验表明，当电压升高时，均处于饱和状态。

为防止由于电压升高使铁芯饱和，经现场试验证明，如将两台电互感器串联就能使其励磁阻抗提高一倍以上，使感抗 X_L 远远大于容抗 X_C，当系统发生单相接地的铁芯不处在饱和区时，就可以从根本上解决谐振过电压问题。

3. 串级式电压互感器发生事故的原因及其预防措施

串级式电压互感器发生事故的原因主要有以下几点：

（1）过电压

1）铁磁谐振过电压。它是导致串级式电压互感器损坏或爆炸的一种常见过电压。它是由断路器均压电容与母线电磁式电压互感器在某些运行状态下产生的串联铁磁谐振过电压。这种过电压大多数在有空载母线的变电站，当打开最后一条线路的断路器时发生。这种过电压造成电压互感器损坏或爆炸的原因是：① 过电压幅值高，现场实测到的过电压为 1.65～3 倍额定电压，在这样高的电压作用下，电压互感器的励磁电流急剧增加，有时可达几十倍额定励磁电流，这个电流将破坏绝缘，同时高压使得绝缘击穿，造成互感器事故；② 过电流数值大，当断路器的均压电容与母线电磁式电压互感器引起分频谐振时，虽然电压幅值并不高，但是磁通密度可达额定电压下的 3 倍，产生数值甚大的过电流，它将使得高压绕组发热严重，绝缘严重受烤，从而损坏电压互感器。国内目前对前一种过电压研究较多，已充分重视，而对后一种过电压还重视较少。

研究表明，铁磁谐振过电压与断路器的均压电容、电压互感器的励磁特性、线路的分布电容有关。均压电容越大时，谐振越严重，过电压越高。电压互感器的励磁特性曲线越容易饱和时，谐振的概率越高，但过电压较低。有关单位曾做过对比试验，结果发现 ICC2—110 型电压互感器的谐振发生概率远大于 JCC1—110 型的电压互感器，因为前者铁芯截面小、磁通密度高、容易饱和，因而其事故居多。

2）其他过电压。运行经验表明，电压互感器也有在雷电过电压、工频过电压下损坏或爆炸的情况。如有的电压互感器在单相接地事故引起的电压升高的作用下，不到几分钟就爆炸了。按理，电压互感器应当能承受这些过电压，然而它却爆炸了，这只能说明这些电压互感器内部有隐患，如设计裕度小，材质和工艺差，若再加受潮，则很难承受这些过电压。

（2）线圈绝缘不良。线圈绝缘不良多半是由电磁线材质差、设计的绝缘裕度小、工艺不严格造成的。电压互感器在较长时间内采用漆包线，由于上漆工艺不良，漆包线掉漆，在表面形成较多针孔缺陷，绕制时导线露铜处未处理，线匝排列不均匀，有沟槽或重绕，导线"打结"，磨伤漆皮，引线焊接粗糙、掉锡块，层间绝缘绕包不够，线圈端部处理不好或采用层压纸板端圈等，很容易发生匝间短路，层间和主绝缘击穿。运行中引起互感器事故。如某互感器厂生产的 JCC1 型电压互感器，1988 年后采用的一批导线，在总共 73 台产品中已经先后有 4 台次因此而发生爆炸事故，而且运行时间都很短。

（3）支架绝缘不良。国产的 110～220kV 电压互感器一般均为串级式结构，用绝缘支架夹紧铁芯，并支撑整个器身及相应电位。支架材料一般选用酚醛层压板或层压环氧玻璃布板，由于加工、处理不当，有分层、开裂现象，水分和气泡不易排除，故极易发生闪络和内层击穿。另外，由于结构设计不周，装配中使支架内侧穿心螺杆的螺母与铁芯的金属压接处脱开，致使运行中穿钉的电位悬浮而放电，不仅使油分解劣化，也直接影响了支架的绝缘强度。

（4）运行中进水受潮。进水受潮是历来引起电压互感器事故的重要原因，约占事故总数的 1/3。这类事故大多发生在雨季。主要是由于结构密封不合理，尽管不少互感器也装有胶囊密封，但质量较差，易漏气渗水。另外，有些互感器的端部法兰用螺杆直接穿透胶垫，密封胶垫变形，雨水很容易通过螺纹沿胶垫上侧流入胶囊内，或顺着胶垫孔渗入瓷套内部，导致事故。

（5）安装、检修和运行疏忽。造成这类事故的主要原因是责任心不强，技术素质较差。如某水电站有一台电压互感器，在事故前半年，色谱分析结果已表明其不正常，但是并未引起重视，结果造成爆炸事故；再如一台串级式电压互感器，在进行预防性试验时，已发现其介质损耗因数明显上升，也未及时处理，结果造成爆炸事故。

另外，还有因接线失误引起的爆炸或烧损事故，如在试验结束后恢复接线时，误将电压互感器的二次线短接，投运后数分钟即爆炸；再如，应该接地的 X 端，在投入运行时未可靠接地，致使电位升高烧损。

预防串级式电压互感器事故的措施主要有：

（1）防止串联铁磁谐振过电压。为防止由于串联铁磁谐振过电压引起的电压互感器烧损或爆炸，在系统运行方式和倒闸操作中应避免用带断口电容器的断路器投切带电磁式电压互感器的空母线，若运行方式不能满足要求，应采取其他预防措施，如装设稳压消谐装置等。

（2）严格选材。对绕制线圈的导线，应选用 SQ 单丝漆包线并加强制造过程中的质量监督，这是目前消除匝间短路隐患的唯一有效方法。

对绝缘支架也应严格选择，并控制其介质损耗因数值。

（3）选用全密封型产品。选用全密封型产品是防止进水受潮十分有效的措施。在新建的变电站中应首选这类产品，防止劣质产品或已淘汰的品种进入电力系统。

对运行中的老旧互感器应加强管理，对非金属全密封型互感器（胶垫与隔膜密封），应根据具体情况，分期分批逐步改造为金属全密封型结构。尚未改造的互感器每年应利用预防性试验或停电检修机会，对各部位密封进行检查，对老化的胶垫与隔膜应及时更换；对隔膜上有积水的互感器，应对本体绝缘及油进行有关项目试验，不合格的应退出运行；对充氮密封的互感器，应定期检测其压力；对运行 20 年以上绝缘性能与密封结构均不理想的老旧互感器，应考虑分期分批进行更换，或安排进行更换内绝缘及其他先进结构的技术改造，以提高其运行可靠性。在进行密封改造前，应按规程进行有关试验，当绝缘性能良好时，方可进行改造，以保证改造质量。

（4）新安装和大修后的电压互感器应进行检查或测试。对国产的电压互感器，在投运前应进行油中溶解气体分析及油中微量水分、本体和绝缘支架（宜在互感器底座下垫绝缘）的介质损耗因数的测量，同时还应进行额定电压下及 1.5 倍（中性点有效接地系统）或 1.9

倍（中性点非有效接地系统）最高运行电压下的空载电流测量，并将测量结果与出厂值和标准值进行比较，必要时还应增加试验项目，以查明原因，不合格的互感器不得投入运行。在投运前要仔细检查密封和油位情况，有渗漏油的互感器不得投运，对多次取油样后油量不足的互感器要补足油量（防止假油位）。当补油较多时，应按规定进行混油试验。

互感器在安装、检修和试验后，投运前应注意检查电压互感器高压绕组的 X（或 N、B）端及底座等接地是否牢固可靠，应直接明显接地，不应通过二次端子牌过渡，防止出现悬空和假接地现象。此外互感器构架应有两处与接地网可靠连接。

（5）及时处理或更换有严重缺陷的互感器。对试验确认存在严重缺陷的互感器，应及时处理和更换。对怀疑存在缺陷的互感器，应缩短试验周期，进行追踪检查和综合分析，以查明原因。对全密封型互感器，当油中溶解气体分析氢气单值超过注意值时，应考察其增长趋势，如多次测量数据平稳则不一定是故障的反映，如数据增长较快，则应引起重视。

当发现运行中互感器某处冒烟或膨胀器急剧变形（如明显向上升起）等危及情况时，应立即切断互感器的有关电源。

（6）开展在线监测和红外测温。积极开展高压互感器的在线监测和红外测温工作，及时发现运行中互感器的绝缘缺陷，减少事故发生。目前开展的在线监测项目主要有测量高压绕组中的电流和介质损耗因数。对红外测温工作，目前有的单位已在现场应用，对发现电压互感器热异常很有效。

4. 电容式电压互感器产生故障的原因及其处理

根据现场现有的运行经验，电容式电压互感器产生故障的原因主要有：

（1）制造质量不佳致使铁芯气隙变化。如升压站 1 台电容式电压互感器投入电网运行时，测量二次电压为 3V、辅助二次电压为 5V，电磁装置外壳无发热现象。由于二次电压值及辅助二次电压值偏离正常值太多，只好临时停电，将该电容式电压互感器退出运行。吊芯检查发现，谐振阻尼器 Z 中的电感 L_0 的铁芯有松动现象。该阻尼器 Z 由电感 L_0 与电容器 C_0 并联，再与电阻 r 串联组成，并接在辅助二次绕组内部端子上，L_0 电感量的大小通过调整铁芯气隙距离进行整定。气隙变化后，$X_{L0} \neq X_{C0}$，阻尼器 Z 流过很大的电流，致使辅助二次端有了一个很大负荷，输出电压迅速下降，导致一、二次电压比相差很大。该台电容式电压互感器的投产试验是在单位车间内进行的，试验后经过长途运输到达施工现场，途中受到多次强烈振动，导致电感 L_0 的铁芯松动，改变了原来的铁芯气隙距离，使电容式电压互感器阻尼器的调谐工作条件遭到破坏，因此产生了上述不正常情况。

类似上述电容式电压互感器引起的故障在其他用电部门也多次发生过。为此，应提高铁芯的抗振性。

（2）安装错误引起谐振。某厂有 8 台电容式电压互感器投入运行，不到两个月的时间内，先后有 7 台次电容式电压互感器发生故障，其现象大多数为中间变压器响声异常、漏油，并出现了严重的不平衡电压，而测试结果除电抗值有一些误差外，其他各参数均属正常。因此可以认为上述现象是由于电容式电压互感器中的耦合电容及分压电容与中间变压器组合不当产生铁磁谐振引起的。为避免这种现象发生，鉴于电容式电压互感器中的耦合电容器、分压电容器、中间变压器及补偿电抗器在出厂时已经组合好，所以安装和使用时不允许互换。

（3）匝间短路。现场运行中曾发生过中间变压器和补偿电抗器匝、层间短路的故障。故障的原因一是匝间绝缘不良；二是过电压。如某工厂一台 TYD/10/$\sqrt{3}$—0.01 型电容式电压互感器投入电网运行，工作人员在投运 4h 后测量其二次绕组电压及辅助二次绕组电压分别为 10V 和 17V，用手触及油箱外壳，外壳发烫，将其退出运行并进行复试，结果是：两节电容器数据与出厂报告相符；对电容式电压互感器施加 110/$\sqrt{3}$kV 电压，测得二次绕组电压为 10kV、辅助二次绕组电压为 17V；测量中间变压器抽头引出端子 A′ 对地电压只有 1400V，分压比完全不对。将电容式电压互感器电磁装置进行吊芯检查，发现中间变压器高压侧内部存在匝间短路现象。投运前由于试验设备限制，所加试验电压低，没有能把绝缘缺陷暴露出来。因此，在投运前没有条件加高压进行试验时，要在投运后立即测量电容式电压互感器的二次绕组电压与辅助二次绕组电压，以便及时发现存在的缺陷或故障。

预防电容式电压互感器发生故障的措施主要有：

（1）对 220kV 及以上的电容式电压互感器，必要时进行局部放电测量，同时还应进行二次绕组绝缘电阻、直流电阻测量，并将测量结果与出厂值和标准值进行比较，差别较大时应分析原因，必要时还应增加试验项目，以查明原因，不合格的互感器不得投入运行。

（2）对电容式电压互感器，如发现渗、漏油，或压力指标下降时，应停止使用。

（3）当电容式电压互感器介损值增长时，应尽快予以处理或更换，避免发生事故。

（4）应注意对电压互感器电磁单元部分进行认真检查，当阻尼器未接入时不得投入运行，当发现有异常响声时，应将互感器退出运行，进行详细试验、检查，并立即予以处理；当测试电磁单元对地绝缘电阻时，应注意内接避雷器绝缘电阻的影响；当采用电磁单元作电源测量电容分压器 C1 和 C2 的电容量和介损值时，应注意控制电磁单元一次侧电压不超过 3kV 或二次辅助绕组的供电电流不超过 10 A，以防过载。

（5）运行期间应经常注意阻尼装置的工作状况，发现损坏或阻值变化并超过制造厂所允许的范围时，应停止使用，立即更换。

（6）不要使二次侧短路，以免因短路造成保护间隙连续火花放电，并造成过电压而损坏设备。

（7）电容式电压互感器能在 1.2 倍额定电压下长期连续运行，1.3 倍额定电压下运行 8h，1.5 倍额定电压下运行 30min。

（8）运行期间应经常检查电容式电压互感器的电气连接及机械连接是否可靠与正常。

第三节　电流互感器与电压互感器的试验及其结果分析与判断

一、电流互感器的试验及其结果分析

（一）绝缘试验

1. 测量绝缘电阻

此项试验的周期为：① 在大修时进行；② 对于 35kV 及以下的 1～3 年进行一次；③ 对于 63～110kV 的 1～2 年进行一次。

测量时，一次绕组用 2500 的绝缘电阻表进行测量，二次绕组用 1000V 或 2500V 的绝缘电阻表进行测量，非被试绕组应短路接地。测量时应考虑湿度、温度和套管表面脏污对

绝缘电阻的影响。规程上对绝缘电阻值未作规定，试验中可将绝缘电阻值与同一条件下的历史试验结果进行比较，再与其他试验项目一起综合比较。

2. 测量介质损失角正切值 $\tan\delta$

对于 20kV 及以上的互感器应测量一次绕组连同套管的介质损失角正切值 $\tan\delta$。此项试验的周期为：① 在大修时进行；② 对于 35kV 及以下的 1～3 年进行一次；③ 对于 63～110kV 的 1～2 年进行一次。

测量时应采用反接法，二次绕组应短路接地，测量结果不应低于表 4-3 所示。

表 4-3　　　　　　　　　　电流互感器介质损失角 $\tan\delta$ 参考值

项目	参考值	电压	35kV 以下	35kV 以上
充油的电流互感器		大修后	3	2
		运行中	6	3
充胶的电流互感器		大修后	2	2
		运行中	4	3

3. 交流耐压试验

对于电压等级为 10kV 及以下的电流互感器，由于它们都是固体综合绝缘结构，要求 1～3 年对绕组连同套管一起对外壳进行交流耐压试验。其试验接线及注意事项详见有关交流试验的章节。电流互感器交流耐压试电压的标准见表 4-4。

表 4-4　　　　　　　　　电流互感器交流耐压试验电压标准　　　　　　　　　kV

时间	试验电压	额定电压	3	6	10	15	20	35
出厂			24	32	42	55	65	95
交接及在修			22	28	28	50	59	85

（二）特性试验

1. 测量直流电阻

直流电阻的测量，可以发现绕组层间绝缘有无短路、绕组是否断线、接头有无松脱等缺陷。在交接和大修更换绕组时，都要测量绕组的直流电阻。用单臂电桥测量绕组的直流电阻，是最简单且准确的方法。测量结果与制造厂数据比较，不应有显著差别。

2. 极性检查

检查电流互感器的极性在交接和大修时都要进行，这是继电保护和电气计量的共同要求，当运行中的差动保护、功率方向保护误动作或电能表反转或计量不准确时都要检查电流互感器的极性。

现场最常用的是直流法，其试验接线如图 4-8 所示，在电流互感器的一次侧接入 3～6V 的直流电源，通常是

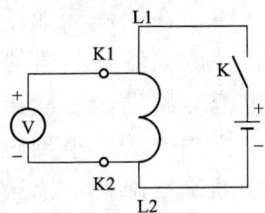

图 4-8　用直流法检查电流互感器
极性接线示意图

115

用干电池，在其二次侧接入毫伏表。试验时，将闸刀开关瞬间投入、切除，观察电压表的指针偏转方向，如果投入瞬间指针向正方向，则说明电池正端与电压表接的正端是同极性。由于使用电压较低，可能仪表偏转方向不明显，可将闸刀开关多投、切几次防止误判断。

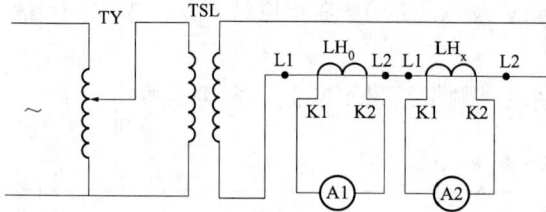

图 4-9　电流互感器变比试验接线示意图

TY—调压器；TSL—升流器；LH_0—标准电流互感器；

LH_x—被试电流互感器

3. 变比试验

电流互感器的变比试验采用比较法，其接线如图 4-9 所示。将标准电流互感器与被电流互感器的一次绕组互相串联，用调压器慢慢将电压升起，观察 A1 和 A2 两只电流表的指示情况。当达到额定电流时，同时读取两只电流表的数值，此时被试电流互感器的实际变比为

$$K_X = \frac{K_0 I_0}{I_X} \qquad (4-1)$$

变比差值为

$$K\% = \frac{K_e - K_X}{K_e} \times 100\% \qquad (4-2)$$

式中　K_0——标准电流互感器的变比；

I_0——标准电流互感器二次侧电流值，A；

K_X——被试电流互感器变比；

I_X——被试电流互感器的二次侧电流值；A；

K_e——被试电流互感器的额定变比。

在试验时，被试电流互感器和标准电流互感器变比应相同或接近，使用的电流表应在 0.5 级以上。当电流升至很大时，应特别注意二次侧不能开路。对所有的一、二次绕组都要进行试验。

4. 伏安特性试验

电流互感器的伏安特性试验，是指一次侧开路时，二次侧电流与所加电压的关系试验，实际上就是铁芯的磁化曲线试验。做这项试验的主要目的是检查电流互感器二次绕组是否有层间短路，并为继电保护提供数据。

在现场一般都采用单相电源法，其试验接线如图 4-10 所示。试验时电流互感器一次侧开路，在二次侧加压，读取电流值。为了绘制曲线，电流应分段上升，直至饱和为止。一般电流互感器的饱和电压约为 100～200V 左右。在试验时要注意以下事项：如果电流互感器的二次接线已经接好，应将二次侧接地线拆除，以免造成短路；升压过程中应均匀的由小到大的升上去，中途不能降压后再升压，以免因磁滞回线的影响使测量准确度降低；读数可以电流为准。试验仪表的选择，对测量结果有较大影响。如果电压表的内阻较大时，应采用图 4-10（b）的接线，因为此时电压表的分流较小，电流表测得的电流只包括电压表的分流，测出电流的精度较高。如果电压表的内阻较

低，则宜采用图 4-10（a）的接线。

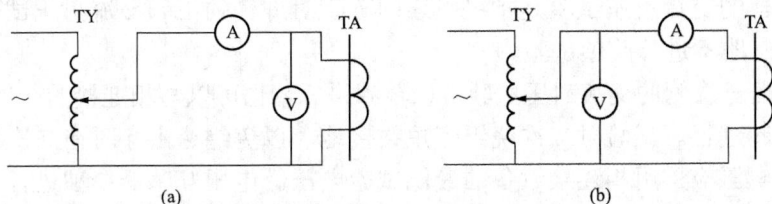

图 4-10　电流互感器伏安特性试验接线示意图
（a）用低内阻电压表接线；（b）用高内阻电压表接线

如果电流互感器有两个以上二次绕组时，非被试绕组均应开路；若两个绕组不在同一铁心上，则非被试绕组应短路或接电流表。

将测得的电流、电压值绘成励磁特性曲线，再与制造厂给出的曲线相比较。如果在相同的电流值下，测得的电压值偏低，则说明电流互感器有层间短路，应认真检查。

电流互感器在运行中若二次侧开路且通过短路电流时或在试验中切断大电流之后，都有可能在铁芯中残留剩磁，从而使电流互感器的变比误差和角误差增大。因此，在做各项试验之前和做完全部试验之后，均应对电流互感器进行退磁。退磁的方法很多，现场常用的方法是将一次侧绕组开路，从二次侧通入 0.2～0.5 倍额定电流，由最高值均匀降到零，时间不少于 10s，并且在切断电源之前将二次绕组先短路，如此重复 2～3 次即可。

二、电压互感器的试验及其结果分析

（一）绝缘试验

对于电压为 35kV 的电压互感器，它的绝缘多为分级绝缘结构，故一般仅以测量绝缘电阻和介质损失角正切值 tanδ 为主，必要时才测量绕组的直流电阻。

1. 绝缘电阻的测量

测量电压互感器的绝缘电阻时，一次绕组使用 2500V 的绝缘电阻表；二次绕组使用 1000V 的绝缘电阻表。并将所有非被试绕组短路接地。绝缘电阻值规程上没有规定，可与历次试验结果比较，或与同型号电压互感器相互比较，以判断绝缘的情况。

2. 测量介质损失角正切值 tanδ

只对 35kV 电压互感器进行一次绕组连同套管的测量，它是检测电压互感器绝缘状况的有效方法。试验数据不应大于表 4-5 规定的相应数值。

表 4-5　　　　电压互感器介质损失角正切值 tanδ 参考值

温度（℃）		5	10	20	30	40
35kV 及以下	交接及大修后	2.0	2.5	3.5	5.5	8.0
	运行中	2.5	3.5	5.0	7.5	10.5
35kV 及以下	交接及大修后	1.5	2.0	2.5	4.0	6.0
	运行中	2.0	2.5	3.5	5.0	8.0

3. 交流耐压试验

电压互感器的交流耐压试验是指绕组连同套管对外壳的工频交流耐压试验。对于分级绝缘的电压互感器不进行此项试验。

电压互感器一次侧的交流耐压试验可以单独进行，也可以与相连接的一次设备如母线、隔离开关等一起进行。试验时二次绕组应短路接地，以免绝缘击穿时在二次侧产生危险的高电压。试验电压应采用相连接设备的最低试验电压。电压互感器单独进行交流耐压时的试验电压标准见表4-6。

表4-6　　　　　　　　　　　电压互感器交流耐压试验电压标准

额定电压（kV）	3	6	10	15	20	35
出厂试验电压（kV）	24	32	42	55	65	95
交接及大修试验电压（kV）	22	28	38	50	59	85
运行中非标准产品及出厂试验电压不明的且未全部更换绕组的试验电压（kV）	15	21	30	38	47	72

（二）特性试验

1. 直流电阻试验

测量电压互感器的直流电阻，一般只测量一次绕组的直流电阻，因为它的导线较细发生断线和接触不良的机会较二次绕组多。测量时使用单臂电桥，测量结果与制造厂或以往的测量数据进行比较应无显著差别。

2. 极性和接线组别测定

电压互感器的极性和连接组别的测定方法，与电力变压器完全相同，在此不重复。但对精确度较高的电压互感器，为了防止铁芯磁化对测量结果的影响，最好不用直流法试验。

此外按现场试验规程要求还应进行电压互感器的变比试验、空载电流试验，误差试验等。

第四节　　电力电容器的运行与维护

电力系统中常用的电容器有电力电容器、耦合电容器、断路器均压电容以及电容式电压互感器的电容分压器。电力电容器在系统中一般用作补偿功率因数和用于发电机的过电压保护。耦合电容器主要用于电力系统载波通信及高频保护。均压电容器并联于断路器断口，起均压及增加断路器断流容量的作用。其结构与耦合电容器基本一样。

耦合电容器与电力电容器的构造材料均为油浸纸绝缘电容器。电容元件由铝箔极板和电容器纸卷制而成，一台电容器由数个乃至数十个、数百个这样的电容元件串并联组成。电力电容器一般电容量较大（μF级），额定电压多为35kV及以下，其结构特点是将串并联电容元件密封在铁壳中，充以绝缘油，引线由瓷套管引出，供连接之用。耦合电容器一般电容量为3000～15 000pF；额定电压在35kV及以上。其结构特点是将串并联电容元件密封在瓷套中，高压端接带阻波器的高压引线，另一端由底部的小瓷套管引出，接结合滤波器。

一、高压电力电容器运行的一般要求

（1）电容器应有标出参数等内容的制造厂铭牌。

（2）电容器金属外壳应有明显接地标志，其外壳应与金属架构共同接地。

（3）电容器周围无易燃、易爆危险，无剧烈冲击和震动。

（4）电容器应有温度测量设备，可在适当部位安装温度度或贴装示温蜡片，或安装红外线温度传感器。

（5）电容器应有合格的放电设备。

二、并联电容器组的运行标准规定

1. 允许过电压

电容器组允许在其 1.1 倍额定电压下长期运行在运行中，由于倒闸操作、电压调整、负荷变化等因素可能引起过电压，电容器组允许短时间的过电压。短时过电压值由过电压时间加以限定，见表 4–7。母线电压超过 1.1 倍额定电压时，其电容器组应停用。

表 4–7　　　　　　　　　　电容器组允许的工频过电压

工频过电压	最长持续时间	说　明
$1.1U_N$	连续	电容器运行中任何一段时间的最高平均值
$1.15U_N$	每 24 小时中 30min	系统电压的调整与波动
$1.20U_N$	5min	轻负荷时电压升高
$1.30U_N$	1min	

2. 允许过电流

电容器组允许在其 1.1 倍额定电流下长期运行。在允许超过额定电流的 30%中，10%是由允许的工频过电压引起的，20%是由高次谐波电压引起的。

3. 允许温升

电容器组的周围环境温度按制造厂的规定进行控制，若厂家无规定，一般为–40～+40℃，自愈式电容器为–45～+50℃。如果运行温度过高，会影响其使用寿命，甚至引起介质击穿。

三、电容器投入运行前的检查和运行中的巡视检查

1. 新装电容器组投入运行前的检查内容

（1）检查外观，并进行交接试验，均应达到合格要求。

（2）检查电容器组及其附件布置是否合理，接线是否正确，各部分连接是否牢固，接地是否符合要求。

（3）检查电容器组的额定电压与电网额定电压是否相符。

（4）检查放电装置是否符合规程要求，试验结果应合格。

（5）检查电容器组的控制、保护和监视回路是否完善，整定值是否正确，温度计是否齐全，试验结果应合格。

（6）检查与电容器组连接的电缆、断路器、熔断器、互感器、避雷器等电气设备是否完好，试验是否合格。

（7）检查三相电容之间的差值，其值不应超过一相总容量的 5%。

（8）检查有无渗漏油现象。

（9）检查电容器室的建筑结构和通风措施是否符合规程要求。

2. 电容器在运行中的巡视检查

电容器组在运行中应进行日常巡视检查、定期停电检查以及特殊巡视检查。

（1）日常巡视检查。这类检查应由运行值班人员进行，有人值班时，每班检查 1 次。无人值班时，每周检查 1 次。其检查时间，夏季在室温最高时进行，其他季节可在系统电压最高时进行。检查项目如下：

1）检查电容器组是否在额定电压和额定电流下运行，三相电流是否平衡。

2）检查电容器组有无渗、漏油现象。

3）检查电容器外壳有无变形及膨胀现象。

4）检查电容器套管及支持绝缘子有无裂纹、有无放电痕迹，内部有无放电声或其他异常响声。

5）检查各接线头有无松动，接头及母线有无过热变色现象，示温蜡片有无熔化脱落。

6）检查室内环境是否超过 40℃、通风是否良好。

7）检查电容器的熔断器有无熔丝熔断现象。

8）检查放电装置的二次信号灯是否亮着。

9）检查电容器的外壳接地是否完好。

10）检查电容器组连接的断路器、互感器、电抗器、避雷器等有无异常现象。

（2）定期停电检查。这类检查，应每季度进行 1 次，除检查日常巡视检查的项目外，还应检查的项目如下：

1）检查各螺丝接点的松紧是否合适，接触是否良好。

2）检查放电回路是否完好。

3）检查风道有无积尘。

4）清扫电容器的外壳、绝缘子和支架等处的灰尘。

5）检查外壳的保护接地线是否完好。

6）检查继电保护、熔断器等保护装置是否完整可靠，断路器、馈电线等是否良好。

（3）特殊巡视检查。当出现断路器跳闸、熔体熔断等情况后，应立即进行特殊巡视检查，有针对性地查找原因，必要时应对电容器进行试验，在未查出故障原因之前，不得再次合闸运行。

四、电力电容器倒闸操作时必须注意的事项

（1）在正常情况下，全站停电操作时，应先断开电容器组断路器后，再拉开各路出线断路器。恢复送电时应与此顺序相反。

（2）事故情况下，全变电站无电后，必须将电容器组的断路器断开。

（3）电容器组断路器跳闸后不准强送电，保护熔丝熔断后，未经查明原因之前，不准更换熔丝送电。

（4）电容器组禁止带电荷合闸。如果电容器本身有存储电荷，将它接入交流电路时，电容器两端所承受的电压就会超过其额定电压。如果电容器刚断电即又合闸，因电容器本身有存储的电荷，电容器所承受的电压可能达到 2 倍以上的额定电压，这不仅有害于电容器，更可能烧断熔断器或使断路器跳闸，造成事故。因此，高压电容器严禁带电荷合闸，以防产生过电压。电容器组再次合闸时，必须在断路器断开 3min 之后才可进行。

五、电容器在运行中的故障处理

（1）当电容器喷油、爆炸着火时，应立即断开电源，并用细沙或干式灭火器灭火。此类事故多是由于系统内、外过电压，电容器内部严重故障所引起的。为了防止此类事故发生，要求单台熔断器熔丝规格必须匹配，熔断器熔丝熔断后要认真查找原因，电容器组不得使用重合闸，跳闸后不得强送电，以免造成更大损坏的事故。

（2）电容器的断路器跳闸，而分路熔断器熔丝未熔断。应对电容器放电 3min 后，再检查断路器、电流互感器、电力电缆及电容器外部等情况。若未发现异常，则可能是由于外部故障或母线电压波动所致，并经检查正常后，可以试投，否则应进一步对保护做全面的通电试验。通过以上的检查、试验，若仍找不出原因，则应拆开电容器组，并逐台进行检查试验。但在未查明原因之前，不得试投运。

（3）当电容器的熔断器熔丝熔断时，应向值班调度员汇报，待取得同意后，再断开电容器的断路器。在切断电源并对电容器放电后，先进行外部检查，如套管的外部有无闪络痕迹、外壳是否变形、漏油及接地装置有无短路等，然后用绝缘电阻表摇测极间及极对地的绝缘电阻值。如未发现故障迹象，可换好熔断器熔丝后继续投入运行。如经送电后熔断器的熔丝仍熔断，则应退出故障电容器，并恢复对其余部分的送电运行。

在处理故障电容器时，应在断开电容器的断路器，拉开断路器两侧的隔离开关，并对电容器组经放电电阻放电后进行。电容器组经放电电阻（放电变压器或放电电压互感器）放电以后，由于部分残存电荷一时放不尽，仍应进行一次人工放电。放电时先将接地线接地端接好，再用接地棒多次对电容器放电，直至无放电火花及放电声为止，然后将接地端固定好。由于故障电容器可能发生引线接触不良、内部断线或熔丝熔断等，因此有部分电荷可能未放尽，所以检修人员在接触故障电容器之前，还应戴上绝缘手套，先用短路线将故障电容器两极短接后，再拆卸和更换。对于双星形接线的电容器组的中性线上，以及多个电容器的串接线上，还应单独进行放电。电容器在变电站各种设备中属于可靠性比较薄弱的电器，它比同级电压的其他设备的绝缘较为薄弱，内部元件发热较多，而散热情况又欠佳，内部故障机会较多，制造电力电容器内部材料的可燃物成分又大，所以运行中极易着火。因此，对电力电容器的运行应尽可能地创造良好的低温和通风条件。

六、运行中的电容器应退出运行的情况

（1）电压或电流超过规定值。当母线电压超过电容器额定电压的 1.1 倍，电流超过额定电流的 1.3 倍，一般根据厂家规定，应将电容器退出运行。

（2）事故情况下，当发生下列情况之一者，电容器应立即退出运行：

1）电容器爆炸。

2）电容器套管发生严重闪络。

3）电容器严重喷油或起火。

4）电容器过热，外壳示温蜡片熔化或接头严重过热。

5）电容器外壳明显鼓肚，有油质流出，三相电流不平衡超过 5%，电容器和电抗器内

部有放电声。

6）环境温度超过 40℃。

七、电容器的故障处理和防范措施

1. 并联电容器常见故障产生的原因及处理方法

（1）渗漏油。

1）渗漏油产生的原因有：

a. 搬运方法不对。提拿瓷套运送，导致法兰焊接处产生裂纹而渗漏油。

b. 接线不慎。接线时拧螺帽用力过大，造成瓷套管焊接处损伤而导致渗漏油。

c. 阳光暴晒，温度变化剧烈，久而久之，引起渗漏油。

d. 锈蚀。由于涂漆质量不佳或运输中碰伤使漆皮脱落，若周围环境较潮湿，容易生锈，导致外壳因锈蚀而渗漏油。

e. 制造不良。产品制造时，外壳的焊接或套管浇注不良，导致渗漏油。

2）针对渗漏油的原因，应采取的相应措施是：

a. 按正确方法搬运，严禁提拿瓷套。

b. 改进接线结构，消除硬接线机械应力，接线拧螺帽时用力应适当。

c. 改善运行条件，户外宜搭凉棚，户内通风降温，以防止暴晒。

d. 外壳涂漆脱落者，应及时涂漆，以防止锈蚀。

e. 箱体渗油时可用铅锡补焊或用环氧树脂涂补，补焊时应防止油箱过热，以免瓷焊锡层脱落。漏油时应停止使用。

（2）外壳异形膨胀。异形膨胀产生的原因是：

1）电容器内部产生局部放电，绝缘介质分解析出气体，导致箱体内部压力增高。

2）电容器的一部分元件击穿或极对壳放电，箱体内因有分解气体而使其压力增高。对于外壳出现异形膨胀的电容器应加强监视或更换。

（3）爆炸。

1）引起电容器爆炸的两种可能原因是：

a. 合闸涌流及合闸过电压。

b. 重燃过电压。

分析表明，分合闸导致电容器爆炸的可能性最大，且涌流是根本的原因，但也会合闸过电压破坏的可能性发生，或两者共同作用导致爆炸。

2）针对引起电容器爆炸的原因，相应的处理方法如下：

a. 加装放电线圈或放电电阻等消除残余电荷，以降低合闸过电压。

b. 改善断路器开断性能，减小重燃概率。

c. 实现断路器靠近电压过零点合闸，以减小或消除合闸涌流。

d. 完善保护、加强监视。

（4）温升高。

1）温升高的原因如下：

a. 环境温度过高，电容器布置太密。

b. 高次谐波电流导致电容器过载，造成温升过高。

c. 频繁切、合电容器，使电容器多次受到过电压及涌流的作用，造成温升过高。

d. 电容器中的绝缘介质老化，使 $\tan\delta$ 值不断增加，导致温度升高。

e. 三相电容量不平衡，使个别相电压增高，导致温升增高。

2）针对温升高的原因，相应的处理方法如下：

a. 改善通风降温条件，合理布置。

b. 加装串联电抗器，限制高次谐波电流和涌流。

c. 采用不重燃的断路器，限制切电容过电压。

d. 加强监视，认真测量每台电容器的 $\tan\delta$ 值，$\tan\delta$ 值过大者应更换。

e. 监视三相电容量，其允许偏差不应超过 5%。

2. 耦合电容器发生烧损和爆炸事故的原因及防止措施

现场事故分析表明，事故的主要原因是制造质量问题，其表现如下：

（1）电容芯子受潮。有的厂家对电容芯子烘干不好，残留较多的水分，有的厂家元件卷制后没有及时转入压装车间压装，造成元件在空气中滞留时间太长，使电容芯子受潮，形成隐患。

（2）密封不良。主要是橡胶密封垫质量不佳，它的油泡溶胀率达不到要求；其次是密封性检查不严；另外是在装配时螺栓紧得不当或经长途运输而松动，从而使密封失效，导致渗漏油，影响绝缘性能。

（3）结构设计不合理。有的出厂成品不能保证在运行温度下恒正压，有的不装或少装扩张器；有的在常压下注油，因而会出现负压，容易受潮。

（4）夹板制造和加工时有缺陷。现场解体发现，采用环氧玻璃丝板或酚醛布板作为底材热压成形时，浸渍性差、黏结力差，容易形成气隙，或在割制加工中严重受潮，这些原因都可能使夹板在运行电压下发生局部放电，从而降低夹板的绝缘性能。夹板缺陷是耦合电容器发生事故的一个很重要原因。

（5）现用的电容器油所含的芳香烃成分偏少。电容器油在高电场作用下发生局部放电时，由于离子撞击作用使油分解而析出气体（主要是氢气），同时生成固体蜡状物。而芳香烃是环状结构的不饱和烃，它可与电容器油中析出的氢气结合，防止气体析出。但由于油中含芳香烃较少，致使气体吸收不掉，这就加剧局部放电，逐渐使介质老化，以致破坏。

（6）元件开焊。耦合电容器由 100 个左右的元件串联组成，焊头很多。如果有虚焊或脱焊现象时，在运行电压下会打火，使油质劣化、介质被腐蚀，造成事故。

（7）设备引线有放电现象。早期产品引线未包绝缘，可能与处于悬浮电位的扩张器发生放电。

（8）预防性试验项目对检出耦合电容器缺陷不够理想。为防止事故发生，应采取的措施如下：

1）提高产品质量，消除先天性缺陷。

2）按规定的周期性进行渗漏油检查，发现漏油现象时，应立即停止使用。

3）按 DL/T 596—1996《电力设备预防性规程》规定的周期测量电容量、$\tan\delta$ 值、极间绝缘电阻、低压端对地绝缘电阻，测量结果应符合 DL/T 596—1996《电力设备预防性规程》要求。

4）积极开展新的测试项目，如带电测量电容电流、局部放电、交流耐压试验和色谱分析等。色谱分析应以特征气体含量分析为主，其注意值可参考互感器和套管的注意值。

5）对新装的耦合电容器应选用"在运行温度下始终保持正压力"的产品。

6）建议制造厂家在耦合电容器上加装油位指示器、压力释放装置，对扩张器、销子作等电位连接。出厂试验增加局部放电测量数据。

3. 自愈式低压并联电容器损坏的原因及相应的对策

（1）端电压过高。因为电容器的介质损耗 P 与电容器端电压的平方成正比，即

$$P=2\pi f \cdot CU^2\tan\delta \tag{4-3}$$

式中　f——电网的频率，Hz；

　　　C——电容器的电容值，μF；

　　$\tan\delta$——电容器的介质损耗因数。

由式（4-3）可知，如果电容器端电压增高，其介质损耗将会显著增大，当长期超过额定电压时，将使电容器发热，加速绝缘老化，使聚丙烯膜击穿。

导致端电压高的原因如下：

1）配电线路的运行电压高于电容器的额定电压。这就要求在选择电容器时，首先要了解线路的电压质量状况，然后选择适合该线路运行电压的电容器。一般情况下，要求电容器的额定电压比线路电压高5%，如380V系统选择400V电容器，660V系统选用690V电容器。

防止对策是：

a. 调分接开关。在电网运行中，如果变压器二次侧电压过高，要调整分接开关使之降低，以免电容器损坏。

b. 退出运行。GB 50227—2008《并联电容器装置设计规范》规定："电容器运行中承受长期工频过电压，应不大于电容器额定电压的1.1倍。"所以，一般规定，当电网长期超过电容器额定电压10%时，应将电容器退出运行。

2）带电荷合闸。如果电容器在带有电荷的情况下合闸，会产生合闸过电压，使电容器承受超过额定电压很多的过电压作用，导致电容器损坏。

防止的对策是：

a. 放电。电容器在从电网中切下来后，必须进行充分放电后才能再投入运行。一般情况下，低压电容器都装有放电电阻，有时还在低压无功补偿柜中安装放电灯泡，都能起到放电作用。

b. 检查接触器。若由接触器投切电容器组，当接触器使用时间过长，或者吸合的电动力过小造成二次吸合、产生重合闸现象，可能会使电容器损坏。还有，由于触头烧损，造成位弧，引起操作过电压，也会使电容器损坏。所以，在电容器的运行过程中，除要定期对电容器检查外，还要对接触器等电器配件进行检查，以及时发现问题。

（2）合闸涌流。电容器组频繁投切而产生的合闸涌流，虽然时间很短，但它的幅值很大，频率很高，会加速绝缘的老化。涌流倍数越大，相应的频率也就越高，电容器在较高频率的作用下，最容易发生元件端部放电，造成电容器损坏。对于自愈式低压并联电容器来说，过大的涌流可能会使电容器元件的喷金层脱落。

防止的对策是，在低压线路的无功补偿中，一般选择电容器专用投切接触器来限制合闸涌流。另外也有采用内置小电抗的电容器来限制合闸涌流。

（3）谐波。随着现代工业技术的发展，电网中非线性负荷大量增加。非线性负荷引起电网电压波形发生畸变，产生谐波。在有谐波的供电系统中，系统的电压是由基波电压和谐波电压叠加而成的。此时，系统电压高于电容器的额定电压，会对电容器造成危害甚至损坏。电力系统中的谐波电流一般有 3、5、6、9、11、13 等次谐波。谐波电流在在基波电流基础上产生的附加电流。谐波电流在介质中产生额外的附加损耗，使介质发热，绝缘老化。当谐波电流过大时，可能使介质绝缘损坏。

防止的对策是：

装设各种抑制谐波的装置使通过电容器的谐波电流减少。如装设滤波装置，或通过适当的线路设计和参数组合，使无功补偿电容器既起无功补偿作用，又起滤波作用，或使用耐受谐波的电容器。

（4）环境温度。环境温度对电容器的影响也很大，一般自愈式低压并联电容器的工作环境为-25~50℃（户内型）和-40~50℃（户外型）。为保证电容器工作在允许的环境温度范围，采取的对策是加强通风。

八、电力电容器的试验及其结果分析与判断

1. 电力电容器的试验项目，周期和标准

在交接试验时对电力电容器一般做以下项目试验：

（1）测量两极对外壳的绝缘电阻。

（2）测量极间电容值。

（3）渗漏油检查。

（4）交流耐压试验。

（5）冲击合闸试验。

（6）并联电阻测量。

高压并联电容器、串联电容器和交流滤波电容器的试验项目、周期和要求见表 4-8。耦合电容器和电容式电压互感器的电容分压器的试验项目、周期和要求见表 4-9。集合式电容器的试验项目、周期和要求见表 4-10。

表 4-8　高压并联电容器、串联电容器和交流滤波电容器的试验项目、周期和要求

序号	项目	周期	要　　求	说　　明
1	极对壳绝缘电阻	（1）投运后 1 年内； （2）1~5 年	不低于 2000MΩ	（1）串联电容器用 1000V 绝缘电阻表，其他用 2500V 绝缘电阻表； （2）单套管电容器不测
2	电容值	（1）投运后 1 年内； （2）1~5 年	（1）电容值偏差不超出额定值的 -5%~+10%范围； （2）电容值不应小于出厂值的 95%	用电桥法或电流电压法测量
3	并联电阻值测量	（1）投运后 1 年内； （2）1~5 年	电阻值与出厂值的偏差应在 ±10%范围内	用自放电法测量
4	泄漏油检查	6 个月	漏油时停止使用	观察法

表 4-9　　耦合电容器和电容式电压互感器的电容分压器的试验项目、周期和要求

序号	项目	周期	要　求	说　明
1	极间绝缘电阻	（1）投运后 1 年内； （2）1～3 年	一般不低于 5000MΩ	用 2500V 绝缘电阻表
2	电容值	（1）投运后1年内； （2）1～3 年	（1）每节电容值偏差不超出额定值的–5%～+10%； （2）电容值大于出厂值的 102%时应缩短试验周期； （3）一相中任两节实测电容值相差不超过 5%	用电桥法
3	tanδ	（1）投运后 1 年内； （2）1～3 年	10kV 以下 tanδ 的值不大于下列数值：油纸绝缘 0.005；膜纸复合绝缘 0.002	（1）当 tanδ 值不符合要求时，可在额定电压下复测。复测值如符合 10kV 下的要求可继续投运； （2）电容式电压互感器低压电容的试验电压值自定
4	渗漏油检查	6 个月	油漏时停止使用	用观察法
5	低压端对地绝缘电阻	1～3 年	一般不低于 100MΩ	采用 1000V 绝缘电阻表
6	局部放电试验	必要时	预加电压 0.8×1.3U_m，持续时间不小于 10s，然后在测量电压 1.1$U_m/\sqrt{3}$ 下保持 1min，局部放电量一般不大于 10pC	如受试验设备限制预加电压可以适当降低
7	交流耐压试验	必要时	试验电压为出厂试验电压的 75%	

表 4-10　　　　　　　　集合式电容器的试验项目、周期和要求

序号	项目	周期	要　求	说　明
1	相间和极对壳绝缘电阻	（1）1～5 年； （2）吊芯修理后	自行规定	（1）采用 2500V 绝缘电阻表； （2）仅对有六个套管的三相电容器测量相间绝缘电阻
2	电容值	（1）投运后 1 年内； （2）1～5 年； （3）吊芯修理后	（1）每相电容值偏差应在额定值的–5%～+10%的范围内，且电容值不小于出厂值的 96%； （2）三相中每两线路端子间测得的电容值的最大值与最小值之比不大于1.06； （3）每相用三个套管引出的电容器组，应测量每两个套管之间的电容量，其值与出厂值相差在±5%范围内	
3	相间和极对壳交流耐压试验	（1）必要时； （2）吊芯修理后	试验电压为出厂试验值的 75%	仅对有六个套管的三相电容器进行相间耐压
4	渗漏油检查	1 年	漏油应修复	用观察法

2. 测量绝缘电阻

测量绝缘电阻的目的主要是初步判断耦合电容器的两极及电力电容器两极对外壳之间的绝缘状况，测量时用 2500V 绝缘电阻表。摇测耦合电容器小套管对地绝缘电阻时用 1000V 绝缘电阻表。测量接线如图 4-11 所示。

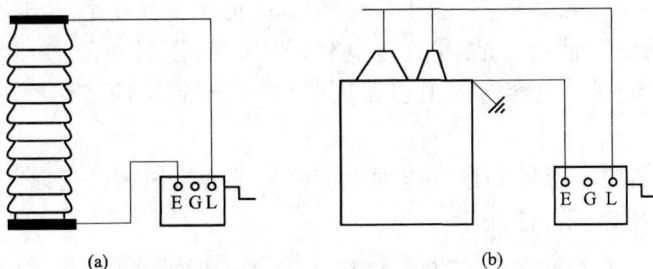

图 4-11　测量电容器绝缘电阻接线图
（a）耦合电容器测量接线；（b）电力电容器测量接线

测量结果应与历次测量值及经验值比较，进行分析判断。测量时应注意：

（1）测量前后对电容器两极之间、两极与地之间应充分放电，尤其对电力电容器应直接从两个引出端上直接放电，而不应仅在连接板上对地放电。因为大多数电力电容器两极与连接板连接时均串有熔断器，若某电力电容器熔断器熔断，在连接板上放电不一定能将该电力电容器上所储电荷放完。

（2）应按大容量试品的绝缘电阻测量方法摇测电容器。在摇测过程中，应在未断开绝缘电阻表以前，不停止摇动手柄，防止反充电损坏绝缘电阻表。

（3）不允许长时间摇测电力电容器两极之间的绝缘电阻。因电力电容器电容量较大，储存电荷也多，长时间摇测时若操作不慎易造成人身及设备事故。有些单位在摇测电力电容器两极绝缘状况时，一般先将绝缘电阻表轻摇几转，一般不超过 5 转，然后通过电容器两极放电的放电声及放电火花来判断绝缘状况。若有清脆的放电声及明显的放电火花，则认为电容器两极绝缘状况良好；若无放电声及火花，则可能是电容器内部绝缘受潮老化或者两极与电容之间引线断开，用这种方法时应注意，对两极放电的放电引线两端应接在短绝缘棒上，人身不要直接接触放电引线，放电引线应采用裸铜导线。

3. 测量 $\tan\delta$ 和电容量

对 $\tan\delta$ 和电容量的测量可以检查电容器是否有受潮老化现象及存在某些局部缺陷，并根据测量得到的电容量与铭牌值进行比较，可判断电容器内部接线是否正确，是否有断线和击穿现象。

电力电容一般不要求做 $\tan\delta$ 试验。

（1）耦合电容器的 $\tan\delta$ 和电容量测量。由于耦合电容器两极可以对地绝缘，所以一般采用 QS1 电桥正接线测量 $\tan\delta$ 值和电容量。DL/T 596 规定：$\tan\delta > 0.8$ 为不合格，大于 0.5 应引起注意。所谓引起注意，指应该采取缩短试验周期或进行带电测量等方法跟踪测量 $\tan\delta$ 的变化趋势。

由所测量的电容量计算出电容变化率 ΔC_x。计算公式为

$$\Delta C_{\mathrm{x}} = \frac{C_{\mathrm{x}} - C_{\mathrm{N}}}{C_{\mathrm{N}}} \times 100\% \qquad (4\text{–}4)$$

式中　C_{x}——测量的电容值，pF；

　　　C_{N}——所测电容器铭牌电容值，pF。

电容值的增大，可能是电容器内部某些串联元件击穿所致。电容量的减小，可能是内部元件有断线松脱情况，也可能是电容器因外壳密封不严渗油，造成严重缺油所引起。DL/T 596 规定耦合电容器的电容变化率ΔC_{x}在运行中应在铭牌电容值的+10%～5%范围。

（2）电力电容器的电容量测量。电力电容器的电容量较大，所以其电容量测量一般不用 QS1 电桥而常采用以下办法测量：

1）用法拉表测。现在国内生产的多量程法拉表，可很方便地测量出电容器两极间电容量。具体使用方法可参照法拉表使用说明书。

2）交流阻抗计算法（电压、电流表法）。交流阻抗计算法测量电容量的接线如图 4–12 所示：

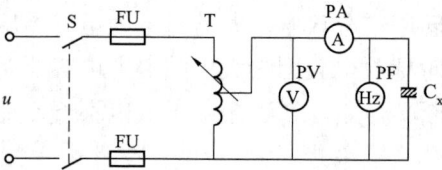

图 4–12　交流阻抗计算法测量电容值接线图
S—电源开关；FU—熔断器；T—调压器；C_{x}—被测电容

按图 4–12 接好线，合上电源，用调压器 T 升高电压，选择合适的电压表 PV、电流表 PA、频率表 PF，待表计指示稳定后，同时读取电压、电流和频率指示值。当外加的交流电压为μ，流过被试电容器的电流为 i，频率为 f 时，则 $I=U_2\pi f C_{\mathrm{x}}$，故被测电容器 C_{x} 为

$$C_{\mathrm{x}} = \frac{1}{2\pi f U} \times 10^6 \qquad (4\text{–}5)$$

式中　I——电流表 PA 所测电流值，A；

　　　U——电压表 PV 所测电压值，V；

　　　f——频率表 PF 所测频率值，Hz；

　　　C_{x}——被测电容器电容量，μF。

现场电源一般为交流 220V 或 380V。在试验是应注意以下事项：

1）无论何种测量方法，测量前后均需对耦合电容器或电力电容器两极充分放电，以保证人身安全及测量准确度。

2）用交流阻抗法测电容量时，最好用频率表直接测量试验电源频率值，并用实测值计算电容量，采用的电压表、电流表和频率表不应低于 0.5 级。

3）发现电容器有渗漏油时应视该电容器为不合格，并应立即退出运行并及时更换。

4. 交流耐压试验

对电力电容器进行两极对外壳的交流耐压试验，能比较有效地发现油面下降、内部进入潮气、瓷套管损坏以及机械损伤等缺陷。两极对外壳交流耐压试验时要求试验设备容量不大，试验方法简便。表 4–11 列出了不同电压等级电容器交流耐压试验标准，供参考。

表 4-11	电力电容器两极对外壳交流耐压试验标准				
额定电压（kV）	0.5 及以下	1.05	3.15	6.3	10.5
出厂试验电压（kV）	2.5	5	18	25	35
交流耐压试验电（kV）	2.1	4.2	15	21	30

交流耐压时间为 1min，出厂试验电压与表 4-11 不同时，交流耐压试验电压应为出厂试验电压值的 85%。

5. 冲击合闸试验

新安装的电力电容器组在投入正式运行前需进行冲击合闸试验。试验的目的是检查电容器组补偿容量是否合适，电容器所用熔断器是否合适以及三相电流是否平衡。

（1）试验方法。电容器组及与之相配套的断路器及控制保护回路电流、电压测量装置等安装好后，在额定电压下，对电容器组进行三次合、拉闸冲击试验。冲击合闸试验后，断开断路器及隔离开关，合上电容器组接地开关，极间充分放电后，检查熔断器有无熔断，如发现熔断，应查明原因，消除后才允许电容器正式投入运行。

冲击试验时，应监视系统电压的变化及电容器组每相电流的大小，观察三相电流是否平衡以及合闸及拉闸时是否给系统造成较高的过电压和谐振等现象。三相电流不平衡率一般不应超过 5%，超过时应查明原因，予以消除。

（2）注意事项。

1）冲击合闸试验时，应测量每相电流。试验前应将测量电流互感器事先接于测量回路中。如电容器组为星形接线，应将测量电流互感器串接于电容器中性点侧的回路内；电容器组为三角形接线时测量电流互感器只能串接在各相高压回路内。

2）三相电流不平衡时，应检查电容器组熔断器有无熔断，电容量是否合适等。检查前仍应对电容器两极直接放电，防止熔断器熔断使电容器带有电荷。

第五章

高低压异步电动机的运行与维护

电动机是一种实现机、电能量转换的电磁装置。它可以作为拖动各种生产机械的动力，是国民经济各部门应用最多的动力机械。在现代化工业生产过程中，为了实现各种生产工艺过程，需要各种各样的生产机械。由于电力拖动具有控制简单、调节性能好、耗损小等特点，能实现远距离控制和自动控制等一系列优点，因此大多数生产机械都采用电力拖动。加强电动机的运行与维护，是确保工厂生产设备安全、可靠、长周期运行的重要保证。

第一节　高、低压异步电动运行技术要求

一、新安装或长期停用的三相异步电动机启动前的检查内容

（1）检查电动机的绝缘电阻是否合格，对于 380V 电动机，绝缘电阻不应低于 0.5MΩ，对于 3kV 及以上的高压电动机绝缘电阻不应低于 U_nMΩ（取额定电压 U_n 的千伏数）；检查电动机定子、转子（绕线式）直流电阻各相是否平衡。

（2）检查低压电动启动设备选择是否正确，启动设备的规格和质量是否符合要求，启动装置是否灵活，有无卡住现象，触点的接触是否良好；检查高压电动机控制断路器小车是否在断开及在工作位置，断路器每相接触电阻是否在标准规定的范围之内，断路器的操作电源和控制电源是否正常；断路器的合闸与跳闸回路是否正常。

（3）检查低压电动机的保护装置是否正常，主回路空气开关或熔断器额定电流选择是否正确，热继电器电流整定是否正确，或断相保护装置选择是否正确；检查高压电动机保护装置工作是否正常，有无报警信息，检查各保护整定值是否正确，检查保护跳闸回路是否完好，动作是否可靠。

（4）检查电动机和启动设备的金属外壳是否可靠接地。

（5）检查电动机的引线截面是否符合要求，电缆的电压等级是否与电源电压相对称。

（6）检查电动机电缆的绝缘电阻是否符合要求。

（7）检查电动机各监测仪表（电流、电压、功率、功率因数、温度）接线是否正常，工作是否正常。

（8）检查电动机基础是否牢固，螺丝是否拧紧，轴承是否缺油，高压电动机轴承冷装置是否正常。

（9）检查拖动的机械负载是否具备启动条件。

二、电动机启动前的检查项目

（1）如果是停电检修后的电动机，应确定电机维修工作终结，工作票已注销，现场未遗留各类物件。

（2）检查电动机周围是否有妨碍运行的杂物和易燃品等。检查电动机基础是否稳固，检查电机底脚螺栓、外壳接地线、防护罩应完好。

（3）检查电源电缆是否完好，电气接线是否符合要求，联轴器连接是否完好，盘车三至五圈有无摩擦、卡阻、串动和不正常声响；检查运转部件传动及润滑情况是否良好。启动装置操作是否灵活，触头接触是否良好，启动设备的金属外壳是否可靠接地。

（4）检查电动机拖动的机械负载及相关的生产设备已具备启动的条件，与之相关的保护设备已可靠投入。

（5）确定电动机及相关机械负载上的所有人员已离开，并告之在启动场的所有人员。

三、电动机的允许运行方式

（1）运行温度和温升不超过允许值。在运行中，电动机的运行温度和温升不得超过允许值。否则会使电动机的绝缘老化速度加快而减少使用寿命。各种不同绝缘等级的电动机都规定了相应的允许温度和温升，见表 5–1 所示。

表 5–1　　　　　　　　　　　　　电动机最高允许温度和温升　　　　　　　　　　　　　℃

各部件名称	绝缘等级										测定方法
	A 级		E 级		B 级		F 级		H 级		
	t	θ_N	t	θ_N	t	θ_N	t	θ_N	t	θ_N	
定子绕组	105	70	120	85	130	95	155	120	180	145	
转子绕组	105	70	120	85	130	95	155	120	180	145	电阻法
定子铁芯	105	70	120	85	130	95	155	120	180	145	
滑环	$t=105$，$\theta_N=70$										
滚动轴承	$t=100$，$\theta_N=65$										红外法
滑动轴承	$t=80$，$\theta_N=45$										

注　环境温度为 35℃，表 5–1 中 t 为最高允许温度，θ_N 为最高允许温升。

（2）外加电源电压及频率不超过允许变化范围。

1）电压的允许变化范围。由于电动机的电磁转矩与外加电源电压的平方成正比。当电动机启动时，若电压太低，启动转矩小，使电动机启动时间长，甚至不能启动；对运行中的电动机，若运行电压下降，电动机转矩变小，由于机械负荷不变，电动机转速下降，引起电动机定子电流增大，使电动机发热增大，严重时会烧坏定子绕组。若电压大幅度下降，也可能造成电动机停转和烧坏定子绕组。相反，当电源电压过高，因磁路饱和，励磁电流急剧上升，使铁芯严重发热，将对电动机的绝缘造成危害。当三相电源电压不平衡进，会导致电动机三相电流不平衡，它将使电动机温升增加，且使电磁力矩减小，还会因三相电压不平衡产生振动和噪声。所以电动机电源电压变化范围规定如下：

a. 电动机电源电压在额定值的–5%～+10%范围内变化时，其额定出力不变。

b. 电动机额定运行，三相电源电压不平衡度（任一相电压与三相电压平均值之差，与三相电压平均值之比的百分数）不超过 5%，或相间电压不平衡不超过额定值的 5%。

c. 三相电压不平衡引起的三相不平衡电流不超过额定电流的 10%，且任一相电流不超过额定值。

2）频率的允许变化范围。当电源电压为额定值时，电源频率降低进，对电动机运行产生如下影响：

a. 影响电动机的出力。由电动机的电势公式 $E=4.44Kf\omega\phi$ 可知，当电源频率 f 下降时，磁通 ϕ 将增加，磁通增加使定子励磁电流增加，电动机无功消耗增加，导致电动机的功率因数降低，因而使电动机出力降低。另外，当电源频率下降时，转速降低，由于电动机机械负载的出力通常与转速有关，若负载力矩不变，则电动机的输出功率将因转速的降低而明显降低。

b. 降低电动机的散热效果。由于电源频率降低时，电动机的转速降低，电动机风扇的风量减小，影响电动机的散热效果，从而使电动机的温升增加。因此，对电动机电源频率变化范围规定如下：当电源电压为额定值时，电源频率与额定频率的偏差不得超过±10%，电动机的出力可维持额定值。如果频率过低，电动机定子电流增加，功率因数下降，效率降低，故不允许电动机在过低频率下运行。由于变频电动把传统的电机风机改为独立出来的风机，并且提高了电机绕组的绝缘性能。因此，变频调速电动机可以在低频的工况下运行。

（3）电动机振动与串动不超过允许值。电动机在运行中振动或串动过大，可能损坏设备和电动机，故规定运行中的电动机，其振动及串动值不超过表 5-2 中的规定值。

表 5-2   电动机振动和串动允许值

额定转速（r/min）	3000	1500	1000	750 及以下
振动值（mm）	0.05	0.085	0.10	0.12
串动（mm）	2~4			

四、电动机在运行中应立即切断电源的情况

（1）运行中出现危及人身安全的机械、电气事故。

（2）电动机或其启动、调节装置冒烟起火。

（3）电动机发出异响，严重过热，转速急剧下降。

（4）电动机所拖动的机械发生故障。

（5）电动机发生强烈振动和轴向串动或定、转子摩擦。

（6）电动机定子绕组电流超过规定的允许值，或运行中电流猛增。

（7）电动机的电源电缆、接线盒内有明显的短路或损坏的危险。

（8）电动机受水灾威胁。

五、电动机在运行中的监视检查内容

（1）电流、电压。正常运行时，电流不应超过允许值，允许不对称度为 10%。电压不能超过 10%或低于 5%范围的额定电压，允许不对称度为 5%。

（2）温度。测温装置应完好，准确监视电动机的各部位温度，其值应低于相应部位的最高允许温度。

（3）保护装置。低压电动机的空气开关或熔断器发热是否严重，高压电动机的保护装置工作是否正常。

（4）电气连接部位。各电气连接部位是否过热，对于绕线式电动机还应注意滑环的运行情况，火花严重时，必须及时清理滑环表面，校正电刷弹簧压力。

（5）音响、振动和气味。电动机正常运行时，声音应是均匀的，无杂声。电动机的振动应在允许的范围内。如用手触摸轴承觉得发麻，说明振动已厉害。若用手触摸外壳、手感非常烫手，或有绝缘漆气味或有绝缘焦糊味和烟气，应立即停机检查原因，采取相应措施。

（6）轴承润滑、冷却系统。检查轴承油位、油色是否正常，油环转动是否灵活，以及强力润滑系统工作是否正常。

（7）冷却系统。检查电动机的冷却系统风扇工作是否正常，冷却水供水是否正常。

（8）附件情况。检查电动机周围是否清洁，有无杂物，有无漏水、漏油、漏气等现象。

第二节　高低压异步电动机常见故障、原因及其处理

一、高压异步电动机常见的故障分析及处理方法

1. 高压电动机定子绕组常见故障及其原因

高压电动机定子绕组部分故障主要有主绝缘烧损、定子绕组连接线烧损、定子绕组匝间短路和定子引线短路。导致这些故障的主要原因如下：

（1）制造质量不佳。

1）端部固定整体性差。电动机机定子绕组制造工艺粗劣，绕组固定不良，因而使电动机定子绕组端部固定整体性差。如原有老式电动机绕组成型较差，且尺寸偏小。所以下线后绕组与槽壁间的间隙很大。实际测量最大间隙有 2mm 以上，甚至绕组在槽内悬空。而下层线棒的端部与绑环间也不服帖，绑扎松弛，其间又未填充涤纶毡等适型缓冲材料。绑绳道数少，并且表面刷漆未经过浸渍处理，端部固定整体性差；当电动机频繁启动时，强大的电动力导致绑绳开断，垫块脱落，造成绕组振动松弛，从而使槽口附近绝缘损坏或绕组背部与绑环之间绝缘磨损接地，甚至通过绑环引起相间短路。

2）端部引线和连接线的接头开焊。制造质量不佳还表现在高压电动机的引线和连接线的接头焊接不良，在启动次数多、启动电流大、启动持续时间长的情况下，将发生接头过热开焊故障。在某厂统计的 27 台次高压电动机定子故障中，就有 11 台次端部引线或连接线的接头开焊，占 40.7%。如某双水内冷发电机组的给水泵电动机，第一次启动不成功，第二次启动过程中，当启动电流尚未返回时，差动保护动作跳闸，电动机端部冒烟，拆开端部检查，发现电动机靠水泵侧端部第 52、第 53、第 54 槽正上方绕组引线接头烧断，隔槽绕组引线也被烧断。附近定子绕组端部和引线的绝缘层被电弧高温烧焦碳化，整个端部绕组和铁芯上积了一层铜沫，端部下方的转子表面均被熏黑。这是因为两次启动冲击，端部引线接头所产生的热量进一步积累，导致接头烧熔，断开时拉弧，最后导致绝缘击穿烧焦。

3）绕组断股。定子绕组断股多发生在连接线的根部，造成断股的原因，一方面是由于制造过程中连线受到反复扳、弯，留下了伤痕或裂纹，形成先天性隐患；另一方面是由于端部绕组固定不牢，运行中特别是启动时受电动力（引线间的电动力将达到正常运行时的25～49倍）或振动力的作用，而发生疲劳断裂。

定子绕组、连接线和引出线固定不牢不仅是造成绕组主绝缘磨损击穿的主要原因，同时也是匝间绝缘损坏和连接线断股的主要原因之一。

（2）主绝缘老化。定子主绝缘在正常情况下的使用寿命约为20 000～25 000h（即8～10年）。如果有制造质量方面先天性的缺陷或使用不当，会加速定子主绝缘的老化。发电厂使用高压电动机的老化因素如下：

1）机械因素。振动冲击、离心力、电磁力、热应力使绝缘产生机械变形，进而导致裂纹或磨损，出现绝缘的薄弱环节。在大启动电流的作用下，绝缘的薄弱处会产生击穿、烧损。

2）热因素。焦耳热、涡流损耗、介质损耗等产生的热量，使绝缘的温度上升。一方面绝缘软化，在各种力的综合作用下会产生变形，出现薄弱环节；另一方面产生过热，加速绝缘老化。

3）电因素。操作过电压、电压波动、突然断电、启动方法不当等，都能在绝缘的薄弱环节处发生放电或击穿，使绝缘局部烧损。

4）环境因素。湿气、化学物质、尘埃等侵入绝缘层间，会使绝缘性能下降，发生放电或击穿。如某锅炉引风机的电动机因积灰甚多，绝缘劣化，恰巧又遇上蒸汽吹灰门破裂漏汽，水蒸气喷射入电动机，使绝缘严重受潮，造成击穿短路，绕组8处烧坏，5处击穿接地。

5）工作方式。频繁启动、冲击负荷、超载运行也都会促使绝缘发生老化。特别是超载引起的高温运行是加速老化的重要原因。研究表明，沥青、云母绝缘的电动机，温度每升高10℃寿命将缩短一半。如某循环泵电动机在运行中定子铁芯外壳表面的实测温度高达104℃，铁芯内部及绕组温度更高，长期高温运行，加速绝缘老化。绕组绝缘出现龟裂现象，最终B相绕组对铁芯槽击穿，烧坏绕组，烧伤铁芯槽口。

（3）操作过电压。用真空断路器断开高压感应电动机时，容易产生较高倍数的操作过电压，特别是在断开启动状态的感应电动机时，会产生高于额定相电压3倍的操作过电压，最高可达6倍以上，严重危及感应电动机的绝缘。如某钢铁厂用ZN28—10型真空断路器断开感应电动时，3个月内击穿4台340kW的电动机。

（4）电动机进水受潮。由上所述，高压感应电动机制造质量差，端部及连接线绝缘薄弱，特别是连接线绝缘包扎松弛，如果机内进水，空气湿度增加，绝缘受潮，绝缘电阻大幅度下降，容易引起绝缘击穿故障。如某给水泵电动机，由于机壳底板孔洞密封不严而进水，机壳内底部积水深度约30mm，使绝缘受潮，运行中B相和C相击穿短路，B相引线根部和C相连线根部烧断。再如，某风机电动机，机坑廊道进水，水位淹至电缆头接线盒，引起三相短路，烧毁线鼻子和引线。

2. 高压电动机的定子绕组故障的处理方法

针对高压电动机定子绕组上述故障原因，应采取的处理对策如下：

（1）加固端部及槽楔。高压电动机在运行中，其绕组受电动力的作用易发生变形而磨损，因此，凡是端部绕组伸出长度大于 250mm 时，应设两道绑环，并要求绑环箍紧绕组，绑扎牢靠，提高绕组的整体性和耐受力水平。绕组与绑环间应垫适形涤纶毡等材料，并用涤玻绳绑紧，刷上环氧树脂胶，以防止磨损绝缘。槽楔松动或槽底垫条松动跑出时，应再打紧。槽楔和垫条不良时，应更换新的，并重新打紧。线棒出槽口应当用涤玻绳绑扎，以防止槽楔垫片在运行中退出。

（2）加强引出线和连线绝缘。定子绕组引出线过长时，应当换为长度适当的导线，截面过小者适当换粗导线。选择导线截面时，不仅要考虑启动电流，还要考虑机械强度。磨煤机、碎煤机和排粉机的电动机，可以换为 25mm² 或 35mm² 的导线，以提高机械强度。引线与机壳金属构架的接触面应加强绝缘，垫适形涤纶毡，并扎紧；将引出线排开固定，以防止击穿，造成短路。线鼻子焊接时要特别小心，防止烧脆、烧伤部分股线。拆装接线时要小心，以防止损伤股线。发现端部连线绝缘薄弱或损伤脱皮时，应重新进行处理，可用环氧云母带和黄腊带包扎后涂漆，并固定绑牢。元件间连线应绑扎加固，可用涤玻绳交织绑扎一圈，给水泵电动机应加固两道绑绳。对于发生过接头开焊故障或怀疑接头焊接不良的电动机，应加强直流电阻测量，必要时也可做探伤监测。对中性点未分开的电动机，应当将中性点分开引出，分相测量直流电阻进行分析，略有开焊断股迹象，应及时进行处理。

（3）严防电动机受潮。电动机周围的环境要通风、干燥、洁净，停运时间长了要测量绝缘状况，合格后才能启动。

对给水泵电动机，若机窝进水严重，要采取排水和堵漏水措施，密封电动机底板孔洞。此外，根据实际情况可以考虑在机壳内安装电阻加热器，停机时将加热器投入，以防止电动机绝缘受潮。风机的蒸汽吹灰管道阀门，应定期进行检查维修，防止漏气。对风机进行吹灰时，应特别小心，防止蒸汽进入电动机。对于容易被水淋湿的电动机，应采取措施防止电动机淋水受潮。

（4）减缓绝缘老化，提高设备健康水平。对夏季工作温度过高的电动机，可更换磁性槽楔降低铁芯温度，加强通风冷却。若某些电动机绝缘已有老化迹象，应当加强预防性试验，必要时进行老化鉴定试验，确定是否应当更换新绕组。

（5）更换绝缘。更换绝缘有两种情况：

1）将沥青云母绝缘（A 级）更换为 B 级或 F 级绝缘。以前生产的电动机是用沥青云母带做主要绝缘材料的。沥青云母带属 A 级绝缘材料，击穿强度不低于 16kV/mm，抗张力不少于 49N，由于沥青云母带绝缘效果较差，目前已不再使用。但这种电机仍有一部分在电厂中使用，对电网的威胁很大，所以，应有计划地更换绝缘。

现在常用的 B 级绝缘材料 5438—1 环氧粉云母带，是用桐油酸醉环氧胶粘合粉云母纸、双面无碱玻璃布补强加工而成的，抗张力不小于 98N，击穿强度不低于 24kV/mm 工作温度 130℃。目前推广使用 F 级绝缘材料，除具有 B 级绝缘材料的耐压高、抗张力强的优点外，工作温度可提高到 155℃。显然，B 级与 F 级绝缘所使用的材料不同，换上后绝缘效果有很大提高，因而可延长电机寿命。

2）更换老化了的绝缘。对于运行中绝缘老化的高压电动机，有计划的进行绝缘更换。在此项工作中必须做好工艺质量的管理工作，保证施工质量：① 更换电动机主绝缘同时更换铜线，这样可以避免铜线大量的清扫工作和由于工作不当造成隐患的可能性；② 增加匝间电气绝缘强度，在股间胶化后严格按规程规定标准进行匝间绝缘试验；③ 绕组烘压成型的尺寸严格控制在公差范围内，采用直线为 B 级胶膜压，端部为白云母黄蜡带在槽外搭接的复合绝缘结构，而不宜采用全 B 级胶整体烘焙的新工艺，以便于运行中对局部缺陷处理；④ 绕组小引线不能过长，用涤玻绝缘绳将小引线绑扎成一整环，整台浸漆并烘焙；⑤ 绕组端部与绑环之间放置涤纶毡，以免磨损绝缘；⑥ 中性点尽可能引出连接，以便分相耐压，及时发现绝缘损坏的缺陷；⑦ 嵌线后连线前进行整机的匝间绝缘检查试验，以便及时发现由于施工中可能引起的匝间绝缘缺陷；⑧ 加强管理，每道工序实行分段验收。

（6）加强预防性试验。对于在运行的电动机，利用机组大、小修和年度预试的机会，对定子绕组进行分相耐压和直流电阻的测试工作。对于直流电阻要认真进行分析比较，以便检出漏焊、脱焊等隐患。

经试验证明，即使直流电阻互差未超过 2%，但其与初始值相差较大时，也可能有缺陷存在。

（7）采取措施限制投切电动机产生的操作过电压。如采用金属氧化物避雷器。采用金属氧化物避雷器是限制操作过电压的有效措施，性能良好的金属氧化物避雷器，可将过电压限制在 2.5 倍额定电压以下，即不超过电动机的试验电压。国内运行经验表明，电动机采用金属氧化物避雷器保护后，尚未发现因操作过电压而造成的电动机绝缘事故，取得了显著的经济效益。

3. 高压电动机转子笼条断裂的原因

根据现场对事故电动机转子的解剖检查和笼条断裂特征及其受力分析，高压电动机笼条断裂的主要原因如下：

（1）产品系列不配套。在目前的高压电动机系列中，一般为连续运转型式。而有些电动机的运行是频繁启停、带负荷启动，而且属于冲击负荷。这是目前电动机笼条发生断裂的主要原因之一。

（2）设计和工艺方面的问题主要有以下几点：

1）电动机的笼条截面和端环的尺寸偏小。如 JSQ158—6 型电动机，外笼条的直径有 $\phi 8$、$\phi 10$ 和 $\phi 12$ 三种，实测和计算得到的冷态一次启动笼条局部温度高达 500℃，计算得到的热应力高达 800～1200kg/cm²，国外同容量电动机笼条直径都较大，约 16mm，笼条的电流密度不超过 1A/mm²。

2）笼条在槽内的夹紧度不足。国产双笼电动机笼条与槽之间通常采用 0.2～0.5mm 的配合公差。因此，笼条在槽内除一些支撑点与铁芯接触外，其余部分均处于悬空状态，笼条在槽内松动。所以在电磁脉动力的作用下，笼条将承受较大的倍频交变应力，使笼条与铁芯磨损，导致间隙增大。国外对笼条在槽内的固定，一般都采用陷形模处理工艺，或槽底用斜楔对槽内笼条进行夹紧处理。

3）焊接工艺质量差。国产电动机笼条与端环的焊接，一般都采用手工气焊，很难保证笼条与端环的焊缝100%熔合。由于焊接过程中端环受热不均，焊口长短不一，造成局部高温和高应力点，这些点往往形成开裂的源点。在运行中，尤其在启动时，导致开焊。

国外对笼条焊接极为重视，近几年基本上都以自动均匀焊取代了逐根的手工气焊，使用最广泛的是感应加热焊和新的气体加热焊。

4）端环偏心没有找正。在电机生产中，对端环的偏心、歪扭不做要求。然而，在穿条和焊接过程中，端环最容易变形。端环是紫铜材质的，质量很大，旋转中的离心力很大。偏心、歪扭的端环所产生的离心力将造成笼条断裂或开焊。

5）端环尺寸小。启动时由于端环电流密度大，造成温度上升过高，使端环本来就不高的机械强度下降而发生变形，进而发生断条故障。在现场调查中，发现这种情况颇多。

6）笼条伸出铁芯过长。有些电动机转子，特别是双鼠笼转子，其外端环距铁芯的距离竟长达 60mm 以上。在各种应力特别是扭振力矩的作用下，会使整个鼠笼转子铁芯伸出产生扭曲变形，从而容易造成断条。在现场调查的双鼠笼电动机中，这种现象很普遍。对内笼，由于伸出铁芯的长度要短得多，基本没有断条和端环变形现象。

（3）选型和运行不当。现场调查结果表明，电动机笼条断裂事故与选型和运行不当有关。如有些厂对 2 台电动机拖动 1 台磨煤机的电动机选用了不同型式或不同制造厂生产的电动机，由于这两台电动机启动特性不同，而使其中的 1 台过载而烧坏笼条。还有的在厂用电压降低的情况下强行启动电动机，造成笼条断裂。

（4）连接启动或启动时间过长。电动机在冷状态下启动一次，鼠笼温度会高达 200℃左右。如果再连续第二次启动甚至第三次启动，鼠笼温度将会达到不允许的程序，机械强度也降低得很多。启动过程中鼠笼所承受的各种应力，多数已达到允许值，如果超出材料的疲劳强度就会断条。在断条的电动机中，有相当一部分具有连续多次启动的历史。

当电动机因负载机械卡涩或选型不当，使其启动力矩偏小时，都会造成启动时间过长。启动时间过长会使鼠笼的温度猛增而容易损坏。

（5）电动机检修工艺差。有些工厂对断条的检修质量不太重视，使检修后的鼠笼远不及原来的牢固。重复更换笼条将使转子槽孔尺寸增大，而新换的笼条仍是原来尺寸，使笼条与铁芯间的气隙增大。焊接温度高、工艺差、使焊口附近的材质因高温而脆化，机械强度下降。检修时没有认真检查出断条和裂纹、笼条松动等，致使电机仍带着缺陷运行。

（6）断条后检修不及时。鼠笼断条很少时，因对电动机的运转影响不大而难于被发现。当发现电动机在启动时冒火、振动、噪声增大、转速下降等异常时，断条已经是严重了。有些单位，即使发现了早期断条，以为对运行没什么影响而不及时停机修理。

鼠笼断条之后，断条中仍有电流。其电流经两侧铁芯流入相邻的笼条，这既增加了相邻笼条的负担，加速了它的断裂，又会烧坏转子铁芯。当断条烧坏铁芯槽后，在离心力的作用下，断条会跳出槽口造成定子扫膛并碰坏定子线圈，不少电动机是这样损不报废的，可见鼠笼之后若不及时修复，会造成严重后果。

4. 处理高压电动机转子笼条断裂故障方法

针对高压电动机转子笼条断裂的原因，应采取的处理对策如下：

（1）固紧笼条。研究表明，如果笼条绝对固紧，可调整笼条的伸长、护环的位置和紧量、端环的截面积等，来改善笼条根部的应力。但如若笼条在转子铁芯槽中存在间隙，由于上述几种力的叠加，可使笼条根部的应力增加几倍、甚至十几倍，远远超过铜的容许应力，必然导致转子断条。因此，固紧笼条是防止断条的首要措施。

目前采用的紧固笼条的措施如下：

1）对双笼转子，采用冲击法或浸渍法提高槽内笼条的夹紧度。

2）向转子槽内灌注环氧胶，以加固笼条。灌胶时，可将转子适当加温，以增加胶的流动性。

（2）适当增大端环的几何尺寸。增大端环尺寸，不仅提高了机械强度，而且又降低了端环中的启动电流密度，并改善应力，这对防止鼠笼断条是有效的。当全部更换鼠笼时，可以考虑增大端环的几何尺寸，用加厚的端环代替原有薄端环。

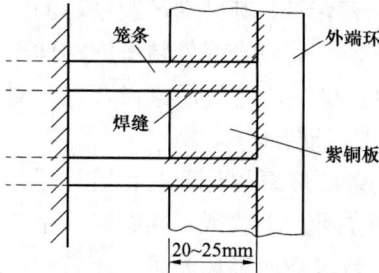

图 5-1　在外端环里侧焊接加强带示意图

对于运行中的双鼠笼电动机发现端环尺寸小和距铁芯远时，可在鼠笼两端的外端环里侧的每个笼条之间，加焊厚约 4mm 的紫铜板，三面用银焊焊接，以形成一条加强带，如图 5-1 所示。

（3）在转子端部绑扎无纬带。由于笼条出铁芯到短路环一段距离过长将导致笼条根部应力增大，使笼条断裂。为解决这个问题，有的工厂采用在高压电动机转子端部绑扎无纬带的方法，收到良好效果。

（4）更换新笼条。未运行中断条很多，并且发生断条在槽内与铁芯熔结在一起的，必须进行全部换笼条时应将铁芯拆散，重新叠片，更换新笼条。其技术要求如下：

1）新笼条材质性能不能变，否则将影响高压电动机运行特性。

2）新笼条与槽孔应为零间隙的紧密配合。当笼条直径略细时，可用镀铜的方法解决对深槽式电动机，可将一根笼条分成两个楔形条，由两侧将小头插入槽内对打。这样既便于施工，又能保证笼条在槽内紧固。

3）要认真检查笼条表面，不能有重皮或较重的划痕、凹坑等缺陷。并取样品弯曲几次无表面缺陷且韧性好者方可应用。

4）端环孔和笼条的两端应加工成如图 5-2 所示的形状，以保证焊接质量。端环孔与笼条允许有 0.1～0.15mm 的间隙。装配前，先将笼条校直，用砂布将其表面打光，涂以滑石粉或机油以便于穿槽。当槽内硅钢片叠装不齐时，应将突出部分锉去。注意端环与笼条的施焊处不能沾上油污；笼条伸出端环的长度应小于笼条直径的一半；端环距铁芯的距离要尽量的近。

（5）改进焊接工艺，提高焊接质量。焊接工艺对转子鼠笼的可靠性影响是很大的。焊接的基本原则是：

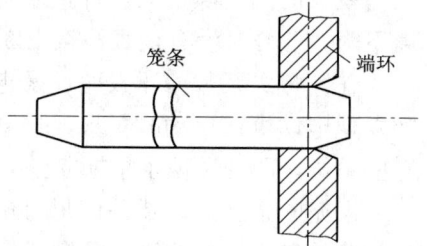

图 5-2　笼条与端环配合示意图

1）施焊温度应低些，以减小因高温而产生的变形和热应力。

2）焊口应具有足够的机械强度。

笼条与端环的焊接应使用含银量为 60%的银焊条较为合适。因为它的渗透力较强，能保证焊接质量。

焊接时，应注意的问题是：

1）将转子立放，从端环外侧施焊，焊前用玻璃丝棉或石棉布包住待焊笼条，如图 5-3 所示，以防止热量大量散失，并使焊缝缓冷，不易产生裂纹。全部更换笼条时，用两把焊炬同时施焊。先用中性火焰将端环均匀预热加温，预热温度在500～600℃为宜，然后在端环周围上同时交叉对称焊接。圆周每边连续施焊不要超过 5 个焊头。焊接速度越快越好。焊接温度控制在 1200℃ 以内，否则材质变化，强度降低。必要时可用热电偶监测施焊部位的温度。施焊方向采用右向焊法，有助于焊缝缓冷。

2）施焊时，火焰应对准端环加垫，不可对笼条直接加热，以防止笼条过热变脆。黄铜笼条过热会使铜中的锌升华。

焊完一端后，将火焰调至最大，对端环均匀加热 2～3min 后再自然冷却。当温度降至 400℃ 以下时，有小锤沿轴向和径向敲打两笼条之间的端环，以减小热应力。当冷却至 100℃ 以下时，将转子平放，用 15% 的柠檬酸温水溶液或 80℃ 以上的热水冲洗，并用钢丝刷清除焊渣。

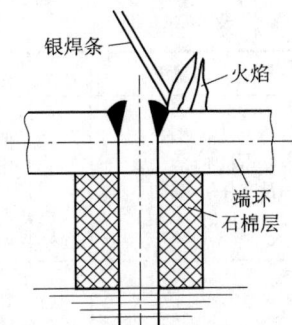

图 5-3 鼠笼施焊示意图

（6）控制电动机启动次数。严格执行相关电动机厂家限制连续启动次数的规定，对防止鼠笼断条是有效的。某火电厂为防止电动机连续启动，在容易连续启动的电动机控制回路中，加装了时间闭锁合闸装置，在设备停运时投入，运行时解除，有效地防止了在找电动机负载动平衡时无限制地连续启动。

（7）加强管理，消除隐患。

1）加强巡回检查。加强对运行中的高压电动机的巡回检查工作，早发现问题早处理。运行中电动机定子电流摆动增大时，应加强检查。对开启式或半开启式电动机，在电动机启动和运转时可以从定、转子间隙测试孔看定、转子之间是否有火花。及时发现断条及早进行处理，可以减少损失和缩短检修期。

2）适当增大电动机容量。对于因启动时间过长而经常发生断条的电动机，可适当增大其容量，通常大一级，这虽然增加了投资，但从长远看，对电动机的运行、检修与维护都有好处，经济上还是合算的。如某厂的 4 台磨煤电动机，原来容量为 650kW，由于启动时间长和频繁启动，经常发生转子断条故障。将电动机容量更换成 780kW 后，运行十余年，未发生一次断条故障。

应指出，对于两台电动机拖动一台磨煤机时，要求两台电动机的型号、厂家、生产日期应完全相同，否则，就会因电动机特性不同而使负荷分配不均，负担大的电动机就容易损坏，包括鼠笼断条故障。

3）提高检修质量。电动机大修时，要仔细检查每根笼条的松动、开焊、断裂和裂纹等情况，一旦发现就要及时处理。笼条断裂一般是由下而上逐渐发展的，用眼睛很难发现笼条的裂纹和开焊，可借用一只带柄的小镜片伸到笼条容易断裂部位的下面，再配上灯光和放大镜逐根进行检查，或用敲打笼条的方法听声音来辨别是否有断条或裂纹。笼条有裂纹者按断条处理；焊缝有裂纹者按开焊处理，防止电动机带着缺陷运行。

4）开展对鼠笼断条诊断的研究。如果能根据电动机的微小异常检测出少量的断条故障，并及时修复，在生产中将有重要意义，所以应当积极开展这方面的研究工作。

二、低压三相异步电动机常见故障分析及处理方法

1. 低压三相异步电动机常见故障、原因及其处理

低压三相异步电动机常见故障、原因及其处理见表 5-3。

表 5–3 三相异步电动机常见故障、原因及其处理

故障现象	可能的故障原因	处 理 方 法
电机不能启动，且没有任何声响	（1）电源没有电； （2）两相或三相的熔丝熔断； （3）电源线有两相或三相断线或接触不良； （4）开关或启动设备有两相或三相接触不良； （5）电机绕组丫接法有两相或三相断线，△接法三相断线	（1）接通电源； （2）更换熔丝； （3）在故障处，重新刮净，接好； （4）找出接触不良处，予以修复； （5）找出故障点，予以修复
电动机不能启动，但有"嗡嗡"声	（1）定、转子绕组断路或电源一相断线； （2）绕组引出线首尾端接错或绕组内部接错； （3）电源回路接点松动，接触电阻大； （4）负载过大，或转子被卡住； （5）电源电压过低或压降大； （6）电动机装配太紧或轴承内油脂过硬； （7）轴承卡住	（1）查明绕组断点或电源一相的断点，修复； （2）检查绕组极性，判断绕组首尾端是否正确；查出绕组内部接错点，并改正； （3）紧固螺丝，用万用表检查各接头是否假接，予以修复； （4）减载或查出并消除机械故障； （5）检查是否将△接法接成丫接法，是否电源线过细，压降过大，予以改正； （6）重新装配使之灵活，换合格的油脂； （7）修复轴承
电动机不能启动，或带负载时转速低于额定转速	（1）熔断器熔断，有一相不通或电源电压过； （2）定子绕组中或外电路有一相断开； （3）绕线式电机转子绕组电路不通或接触不良； （4）鼠笼式转子笼条断裂； （5）△形连接的电机引线接成丫形； （6）负载过大或传动机械卡住； （7）定子绕组有短路或接地	（1）检查电源电压及开关、熔断器工作情况； （2）从电源逐点检查，发现断线并接通； （3）消除断点； （4）修复断条； （5）改正接线； （6）减小负载或更换电机，检查传动机械，消除故障； （7）消除短路、接地
电动机过热或冒烟	（1）电源电压过高或过低； （2）检修时烧伤铁芯； （3）定子与转子相摩擦； （4）电动机过载或启动频繁； （5）断相运行； （6）鼠笼式转子开焊或断条； （7）绕组相间、匝间短路或绕组内部接错，或绕组接地； （8）通风不畅或环境温度过高	（1）调节电源电压，换粗导线； （2）检修铁芯，排除故障； （3）调节气隙或车转子； （4）减载，按规定次数启动； （5）检查熔断器、升关和电动机绕组，排除故障； （6）检查转子开焊处进行补焊或更换铜条；铸铝转子要更换转子或改用铜条； （7）查出定子绕组故障或接地处，予以修处； （8）修理或更换风扇，清除风道或通风口，隔离热源或改善运行环境
轴承过热	（1）轴承损坏； （2）润滑油脂过多或过少，油质不好，有杂质； （3）轴承与轴颈或端盖配合过紧或过松； （4）轴承盖内孔偏心，与轴相摩擦； （5）端盖或轴承盖未装平； （6）电动机与负载间的联轴器未校正，或皮带过紧； （7）轴承间隙过大或过小； （8）轴弯曲	（1）更换轴承； （2）检查油量：应为轴承容积的1/3～2/3为宜，更换合格的润滑油； （3）过紧应车磨轴颈或端盖内孔，过松可用黏合剂或低温镀铁处理； （4）修理轴承盖，使之与轴的间隙合适且均匀； （5）重新装配； （6）重新校正联轴器，调整皮带张力； （7）更换新轴承； （8）校直转轴或更换转子
电机有不正常的振动和响声	（1）转子、风扇不平衡； （2）轴承间隙过大，轴弯曲； （3）气隙不均匀； （4）铁芯变形或松动； （5）联轴器或皮带轮安装不合格； （6）鼠笼式转子开焊或断条； （7）定子绕组故障； （8）机壳或基础强度不够，地脚螺丝松动； （9）定、转子相摩擦； （10）风扇碰风罩，风道堵塞； （11）绕时每相匝数不等； （12）缺相运转	（1）校正转子动平衡，检修风扇； （2）检修和更换轴承，校直轴； （3）调整气隙，使之均匀； （4）校正铁芯，重叠或紧固铁芯； （5）重新校正，必要时检修联轴器或皮带轮； （6）进行补焊或更换笼条； （7）查出故障，进行修理； （8）加固、紧固地脚螺丝； （9）硅钢片有突出的要锉去，轴承损坏要更换； （10）检修风扇及风罩使之配合正确，清理通风道； （11）重新绕制，使各相匝数相等； （12）修复线路、绕组的断线和接触不良处或更换熔丝

故障现象	可能的故障原因	处 理 方 法
电机外壳带电	(1) 接地不良或接地电阻太大； (2) 电动机绝缘受潮； (3) 绝缘严重老化； (4) 绕组两端的槽口或引出线绝缘破损； (5) 嵌线时导线绝缘有损坏； (6) 电源线和接地线搞错； (7) 接线板有污垢； (8) 绕组端部紧挨机壳处绝缘损坏	(1) 找出原因，采取相应措施予以解决； (2) 进行烘干处理； (3) 老化的绝缘要更新； (4) 用绝缘材料补好，包扎或更换引出线； (5) 拆开故障线圈，处理绝缘； (6) 纠正接线； (7) 清理接线板； (8) 损坏处包扎绝缘并涂漆，在端部和机壳间垫上绝缘纸
电刷冒火，滑环过热或烧环	(1) 电刷的牌号或尺寸不符； (2) 电刷压力过大或不足； (3) 电刷与滑环接触面不够； (4) 滑环表面不平或不清洁； (5) 电刷在刷握内卡住	(1) 更换电刷； (2) 调整电刷压力； (3) 打磨电刷； (4) 修理滑环和清除垢污； (5) 检查排除
电机三相电流不平衡	(1) 三相电源电压不平衡； (2) 定子绕组匝间短路； (3) 重换定子绕组后，部分线圈匝数有误； (4) 重换定子绕组后，部分线圈接线错误	(1) 检查三相电源电压； (2) 检查定子绕组，消除短路； (3) 严重时，测出有错的线圈并更换； (4) 校正接线
绝缘电阻降低	(1) 电动机内受潮； (2) 绕组上灰尘污垢太多； (3) 引出线和接线盒接头的绝缘损坏； (4) 电动机过热后绝缘老化	(1) 进行烘干处理； (2) 清除灰尘、油污垢，并浸漆处理； (3) 重新包扎引出线绝缘； (4) 小容量电动机可重新浸漆处理
电动机启动时熔丝熔断	(1) 定子绕组一相反接； (2) 定子绕组有短路或接地故障； (3) 负载机械卡住； (4) 启动设备操作不当； (5) 传动皮带太紧； (6) 轴承损坏； (7) 熔丝规格太小； (8) 缺相启动	(1) 判别三相绕组首尾端，重新接线； (2) 检查并修复短路绕组和接地处； (3) 清除卡阻部位； (4) 纠正操作方法； (5) 适当调整皮带松紧； (6) 更换轴承； (7) 合理选用熔丝； (8) 检查并更换熔丝

2. 电动机发生火灾的原因及其预防

电动机发生火灾的原因很多，主要是选型不合理、制造质量差、使用不当和维修保养不良所造成的。通常，造成火灾的具体原因如下：

（1）过载。电动机过载的主要原因是负载超过电动机的额定功率或电压过低等。过载会导致电流增大，大电流会引起发热量增加，绝缘温度升高，严重时将损坏绝缘或引起短路着火，若引燃周围的可燃物，则造成火灾。

（2）绝缘损坏。当电动机长期过载、短时间内反复启动，会导致绕组绝缘老化；当有硬质或金属异物掉入电动机内、环境温度过高、腐蚀性气体侵蚀、电网出现的过电压等都可能导致绝缘损坏，从而发生相间或匝间短路，引起火灾。

（3）接触不良。绕组的各个连接点或引出线接点松动、焊接不良，接触电阻增大，通过电流时发热严重，加速氧化，使接触电阻进一步增大，形成恶性循环，最后导致接点烧毁并产生火花，引起火灾。

（4）选型不当。若在有火灾危险或爆炸危险的场所，选用了一般防护式电动机，当电动机发生故障时，产生的高温、电弧可引燃可燃性物质或引爆爆炸性物质，造成火灾或爆炸事故。

（5）非全相运行。运转中的三相异步电动机在一相断电的情况下，仍能继续运行，称为两相运行。若负载功率不变，两相（非全相）运行时绕组电流增大至 1.73 倍，将使绕组严重发热，最后烧毁电动机绕组，甚至引起火灾。

（6）机械摩擦。当电动机的轴承损坏时，摩擦增大，出现局部过热现象，当温度升高到一定程度时，可引燃周围的可燃物，引起火灾。另外，当轴承滚珠碾碎时，电动机转轴被卡住，电动机将因过电流而严重过热而被烧毁。有时轴承损坏后，引起转子和定子互相摩擦，温度可高达 1000℃以上，从而损坏绝缘，发生短路，产生火花。

（7）铁芯损耗过大。由于铁芯硅钢片质量、规格不符合要求，或者片间绝缘强度过低，使涡流损耗过大，有时可使空载电流达到额定电流的 50%以上。这种电动机拖动负载后，会发生过电流现象，产生过热，损坏电动机。

（8）接地装置不良。当电动机绕组与机壳发生短路时，如接地装置不良，当相线碰壳时，除可引起触电事故外，还能使机壳发热，还引燃周围可燃物，严重时引起火灾。

针对上述发生火灾的原因，应采取的措施如下：

（1）合理选择电动机的额定功率。

（2）正确选择电动机的型式。

（3）正确选择电动机的启动方法。

（4）安装应符合规范要求。

（5）装设符合安全要求的保护装置。

（6）加强运行监视和维护。

（7）定期进行预防性试验。

（8）电动机周围应配置灭火器材。

3. 电动机运行时有噪声和振动过大的原因

（1）电动机运行时有噪声的原因。电动机的运行噪声由机械原因造成。如电动机装配不良、轴承损坏等。常见的电动机装配不良有定子与转子不同心，定子铁芯与转子相碰。前者多由端盖与定子或轴承与端盖的紧固螺钉紧固不均匀、止口四周啮合不均匀造成端盖或轴承安装不正引起；后者多因轴承内外套与转轴、端盖轴孔装配太松所致。轴承的损坏常使电动机发出明显的金属撞击和振动声，此时应更换同型号的轴承。

（2）电动机运行中振动过大的原因。电动机运行中振动过大主要有机械和电气两方面的原因。机械原因主要包括地基或地脚螺丝松动、电动机与传动机械的装配不良、转轴弯曲、轴径不圆、转子或皮带轮不平衡、轴承损坏或电动机所带动的机械本身的振动等引起；电气原因主要包括电源电压不对称、绕组短路、多路绕组中个别支路开路、较多的鼠笼条断裂或开焊等。

当出现电动机运行中振动过大时，应在排除地基或地脚螺丝松动这一原因之后，先对电动机进行空转试验，若空转时振动不大，说明振动原因不在电动机本身，多由电动机与传动机械的装配不良或电动机所带动的机械本身的振动引起。此时可重新校正传动装置或将电动机所带动的机械进行对症处理。若空转时振动也较大，原因应在电动机本身。至于是电动机本身的机械原因还是电气原因，可通过观察切断电源后的振动情况进行判断：在电动机转动时突然切断电源，在电动机依赖惯性转动时如果振动消除，则说明振动是由电动机本身的电气原因引起；若振动依然存在则说明是由电动机本身的机械原因引起，此时应对转轴、轴径、轴承等进行检查，必要时可对转子进行静平衡或动平衡校验。转轴或轴径弯曲可在压力机上进行校正，轴承损坏则必须更换。若怀疑是电动机的电气原因时，可先检查电源电压是否严重不平衡或缺相，排除电源原因后，应对电动机进行拆体检查，然后进行对症处理。

4. 异步电动机"扫膛"原因及其处理

电动机"扫膛"会使电动机发出异常声和噪声，电流增大，严重时可使电动机发热甚至会烧坏电动机绝缘。造成异步电动机"扫膛"的主要原因有：

（1）电动机在装配时有异物遗落在定子腔内。

（2）绕组绕绝缘损坏后的焚落物进入定子与转子的间隙。

（3）由于机械原因造成转子"扫膛"，如由于轴承损坏、电动机主轴磨损等。

在电动机进行解体检查时，可发现有"扫膛"所造成的定子和转子铁芯的明显的擦痕。此时可仔细检查电动机转子和定子上有无异物附存，绝缘是否破坏，电动机轴承有无损坏等。对附存异物和因"扫膛"造成的毛刺应进行清理，对损坏的绝缘要恢复，电动机轴承损坏时要更换。当处理好故障后，可再次通电进行空载试验。空载试验时应运行平衡、轻快灵活、无杂声、无发热，空载电流与故障前相比，相差不应超过 5%。在空载试验正常后，方可进行带负荷操作。

5. 电动机单相运行的原因及处理

电动机的单相运行又称为断相运行或两相运行。单相运行的电动机电流很大，声音异常。若在启动时出现单相运行，电动机将不能启动，并发出"嗡嗡"声响，若不及时关机，将有可能烧坏电动机。在运行中的电动机发生单相时，若负载率在 50% 以上，也可能烧坏电动机。因此，一旦发现电动机单相运行，应立即停电关机，查明原因。电动机单相运行的主要原因主要有：

（1）供电线路发生一相断电、熔丝中有一相接触不良或熔断。可用万用表在电动机的主接触器上接线触头处检查三相交流电压。检查时可对三个上接线触头中每两个之间都进行测量。若发现有测不出电压的情况时，说明供电线路上有缺相。

（2）主接触器的主触头有接触不上的情况。可在断电的情况下测量主触头的通断情况：将动触头用力按下，用万用表的电阻档测量触头的闭合情况是否良好。

（3）电动机的定子绕组有一相断线或接线压接不良。检查时可切断电动机电源，拆去电动机接线盒盒盖，将接线柱之间的连接片取下，用万用表电阻档分别测量三相绕组，若有不通者，即为该绕组断线或接线压接不良。

如某厂一台小型电动机，电路经常规检查完好，按下启动按钮，电动机运行一段时间后烧毁。现场检查发现，电源的一相熔丝烧断，断点靠近熔丝压接点端头。从熔丝断点分析，熔丝熔断是由于在安装时受损，形成非正常熔断，造成电动机缺相运行烧毁。

在小容量的电动机中，控制、保护电器一相接触不良或断开是造成缺相运行的主要原因。如交流接触器触头一相闭合不严；熔体与熔断器或隔离开关接触不良；熔体截面损伤，特别是在隔离开关和瓷插式熔断器中的熔丝，在安装时，压得过紧易造成熔丝损伤。压得过松则易造成接触不良。

6. 绕线式电动机并头套之间击穿短路的处理方法与防止措施

绕线式电动机在运行中会产生电刷碳粉，特别是在一些恶劣的环境中运行时，有害气体、导电粉尘也会严重影响电动机的运行，使电动机转子端部的并头套发生击穿短路（俗称放炮）或接地，导致开焊，甚至将线头烧去一段。若确因短路已将断头处烧短，不能直接进行连接时，可采用如下方法和步骤进行处理：将断开处用小锉刀进行清理，除去铜屑；用红外线灯泡或酒精喷灯将清理后的断头进行局部加热，使之软化；将烧坏的铜线线头稍微向上弯曲以便于焊接（焊接时可采用银焊或锡焊，要保护好其他绕组以免烧坏）；焊接后进行修整、平直、绝缘处理和烘干；放回原处。可在放回原处时在其下面垫一层青壳纸，然后再套入并头套，在修理处涂绝缘漆并烘干即可。

若用锡焊时，可用酒精喷灯将清理后的断头进行局部加热，加热到能将焊锡熔化的温度时，改用 300W 左右的电烙铁继续加热以保持温度；沿断头向两端的一定长度（依断头导线截面大小而定）上加松香和焊锡，使之均匀地搪上一层锡，然后停止加热，用一条已搪好锡的铜丝紧紧地将搪好锡的断头连接处缠绕上层。之后，再用喷灯对缠好的并头加热，当搪锡开始熔化时，仍用电烙铁加热并进行锡焊，使焊锡均匀地在缠绕处焊牢。同样，在锡焊接时，也要注意保护绕组。焊完后进行上述有关的处理。

要避免并头套短路和接地，最好将并头套的锡焊改为硬焊。也可采用加强绝缘的方法避免故障发一，方法是：在电动机浸漆后，待干燥临近结束时，趁转子尚未冷却，用环氧树脂加固化剂调和后加温至稀将状，将其涂刷于转子的端部和并头套上，然后干燥 12～24h 即可。

7. 绕线式电动机集电环过热和火花过大的原因及其处理方法

（1）绕线式电动机集电环过热的原因及其处理方法。

绕线式电动机在运行中常常发生集电环过热现象。其常见原因及处理方法为：

1）电刷的总面积偏小。电刷的总面积偏小时，会使电刷上的电流密度过大，导致温升过高。此时可表现为电刷的连接导线因高温变色；线鼻子熔焊脱落并引起转子开路；电刷因过热膨胀或开裂在刷握中被卡死，引起集电环表面火花过大等。可在原有基础上增加电刷数量。

2）集电环处的防护罩散热孔面积过小。应改善散热。

（2）绕线式电动机集电环火花过大的原因及其处理。造成这一故障的原因主要有：电刷与刷握、电刷与集电环的配合不当；刷握松动或与集电环距离过大；电刷与集电环的接触压力过小等。

1）刷握、电刷与集电环的配合要适当。电刷安放在刷握内，应能上下自由移动，左右不应有明显晃动。过紧时可适当将电刷磨去一些，过松时要更换新电刷。电刷与刷握框间的允许空隙见表 5—4。电刷的下端面与集电环的接触面积应不小于总面积的 3/4，且应光滑平整，工作时无跳动，磨损量不应超过原高度的 2/3，否则应更换电刷。更换时应与原规格型号一致。新电刷换上后必须用 0 号或 00 号砂布研磨，使工作而光滑并与集电环表面吻合。研磨接触面时，可用 00 号砂纸包在集电环外圆面上（让有砂的一而对着电刷），并让电刷弹簧压紧电刷，按电动机正常转动方向转动转子，磨至电刷下端面有 80%以上与集电环外圆面密切接触为止。然后进行清洁，并经过 2～3min 的空载磨合，即可逐渐增加负荷正常使用。

表 5–4   电刷与刷握框间的允许空隙   mm

空　　隙	轴　　向	沿旋转方向	
		宽度 5～16mm	宽度 16mm 以上
最小空隙	0.2	0.1～0.3	0.15～0.4
最大空隙	0.5	0.3～0.6	0.4～1.0

2）刷握松动或刷握与集电环间的距离过大，将会使电刷与集电环接触倾斜、不稳，造成火花过大。此时应调整刷握与集电环之间保持 2～4mm 的距离并加以紧固。

3）电刷应与集电环间有一定压力。碳刷、碳渗石黑和铜渗石墨电刷的弹簧压力应为 150～250kg/mm^2。电化石墨电刷的弹簧压力为 150～400kg/mm^2。使用中若发现电刷磨损太快，可适当减少压力；若有较大跳火，则应增大压力。在实际工作中，可调整电刷压力至不冒火花、不跳动即可，各个电刷的压力应基本一致。

8. 绕线式电机刷握装置故障的原因及其处理方法

刷握装置故障主要指弹簧失去弹性或刷握内表面磨损。

（1）弹簧失去弹性的常见原因。由于弹簧规格不对或刷握部件绝缘不良时，在弹簧上流过较大电流，使弹簧发热而产生退火；也可能因使用时间过长后出现机械性疲劳而失去弹性。此时可检查刷握部件，有绝缘不良时要及时处理绝缘，同时应更换弹簧。更换已经退火的弹簧时，还要同时检查该刷握内的电刷，是否有刷辫接触不良的现象，因为刷辫接触不良也会使电流流过弹簧产生高温而退火，确因刷辫接触不良时应更换。

（2）刷握内表面磨损的原因。主要是电刷与刷握配合不当或滑环的振动引起的。这种情况除按表 5–4 所列数值调整好电刷与刷握间的空隙外，还应检查刷握框内表面是否有毛刺，若有毛刺，应用锉刀除去，以保证电刷上下自由移动。

9. 绕线式电动机在启动电阻切除后转速仍达不到额定转速的原因

主要原因在于绕线式电动机的控制器换挡及集电装置发生故障。控制器手柄转动不灵活或定位不正确，可能使转子电路的电阻没有真正完全切除。集电装置的故障，一是电刷压力不足或集电环接触面不光滑；二是转子绕组与集电环的连接线松动或断开。若为控制器的原因可检查调整与手柄连轴的轴杆及转动机构，使其灵活，并根据触头的开闭情况准确定位，用万用表的电阻档检查转子电路启动电阻随手柄转动的切除情况，保证控制器在最后位置时能将转子电路的电阻全部切除。若为集电装置发生故障，则应调整电刷压力，修整集电环接触面或将电动机进行拆开检查，将连接线紧固。

有时由于操作时举刷手柄未到位，集电环的短路装置触头接触不良或转子电路一相开路、拖动机械被轻微卡住也会出现转速较慢的故障。可进行仔细检查，对症处理。

三、直流电动机常见故障分析及处理方法

1. 直流电动机电刷下火花过大的原因及处理

电刷下火花过大是直流电动机最为常见、原因最为复杂的故障，在正常情况下，电刷

与换向器之间的火花均匀细密、略呈淡蓝色、火花微弱，不会导致电刷或换向器过热。换向器的圆周表面有一层褐色、光亮的氧化层薄膜。若火花呈红色且较为明亮，一般为轻微故障所致；若火花剧烈，呈红绿色甚至形成环火，则说明故障已达到严重的程度，应立即停机进行修理。

直流电动机电刷下形成火花过大的原因有机械的，也有电气的。机械的原因主要是由于电刷、刷架的位置不当或对电刷、换向器缺乏良好的维护造成的，机械性原因造成的火花在换向器上常缺乏一定的规律，电气的原因主要是电枢绕组与换向极绕组出现故障。

（1）机械故障。

1）电刷架上各电刷臂之间距离不等，造成电枢反应不平衡。此时可重新调整各电刷臂的距离使电刷臂之间的换向器片数相等。

2）电刷偏离中性线。对可逆转运行的直流电动机来说，电刷必须在中性线上，否则将造成某一转向上的火花明显加剧。对不可逆转运行的电动机和发电机，若偏离中性线，也可造成不同程度的火花过大。为了改善换向，可将电刷按旋转方向偏移1~2片换向片。

3）换向器失圆、偏摆超过规定值或表面粗糙、云母绝缘凸出。换向器的偏摆可用千分表进行测量，当偏摆值超过允许值时或表面太粗糙进应进行车削加工，在车床上修圆，修圆后的换向器工作表面的径向跳动不得超过0.01~0.02mm（直径300mm以下换向器），同时还要下刻云母片和换向器倒角，下刻深度为1~1.5mm，倒角0.5mm×45°最后进行磨光、清洁。换向器车削后应对电刷重新研磨，使之与换向器吻合。

换向器部件的良好维护是减少因机械原因发生火花的重要基础。换向器、电刷和刷握各接触导电表面应保持无油、无垢、无碳粉、明亮和接触良好。擦拭换向器时，要用柔软、干燥、清洁而无毛头的布块，沾少量汽油（或酒精）进行。擦拭时应尤其注意擦拭刷握内、换向器的根部和云母槽内。

（2）电气故障。

1）电枢绕组断线或脱焊。断路的电枢元件两侧的换向片常因在此处经常发生较大的火花而变得发黑，这是电枢绕组断路的标志，由此可迅速找出断线元件的位置。检查电枢绕组断路或脱焊也可用测量换向片间电压降的方法：对叠绕组可在换向器相邻两换向片间、对波绕组可在相隔接近一个极距的两换向片间施加直流电压，用直流毫伏表接至任意两相邻的换向片上，依次测量相邻片间的电压，没有断线或脱焊的各片间电压应基本相等的，若发现电压明显增加的，说明该片间相连接的线圈断线或脱焊。也可用导线代替毫伏表，依次短接两个相邻的换向片，当导线端头无火花时即为断线的线圈。

断线较多时，应全部调换。若只有个别绕组断线且在槽口外，则直接焊接即可；若断在槽内，需取出绕组焊接修复。

2）电枢绕组短路或换向器短路。电枢绕组短路与否可通过外观进行检查，短路点常有明显的烧灼痕迹。若外观上不能确定，可用毫伏表或通过短路侦察器检查。用毫伏表检查的步骤如下：用一对探针通过开关把直流电压（可用电池）加在相邻两个换相片上，再用另一对探针连接一毫伏表测量任两相邻换向片间的电动势，当开关断开或接通进，电动势值小的一对换向片所连接的线圈即为短路线圈。电枢绕组短路时需重新绕制。换向器短路主要是因换向片间的金属粉末、电刷粉末及尘污造成，可用钢锯条在一端锉一小钩将其清除，清除后用云母粉末加上胶水填充沟槽。换向器的片间云母片的高度，正常时应比换向片低 1mm 左右，否则应当下刻。下刻时仍可用钢锯制成的小钩沿云母片逐渐下刻，直到符合要求为止，下刻完后要进行磨光和清洁。

3）具有换向磁极的直流电动机在换向磁极极性接反时也会造成火花过大，一般是电动机在有负载时转速稍慢并出现火花。这时电动机将不能正常运转，换向器灼黑过热并伴有"嘎嘎"的强烈噪声。可用磁铁或指南针测定主磁极的 N、S 极和换向极的 n、s 极，直流电动机的极性正确顺序应为 s—S—n—N。

2. 直流电动机换向器周围发生环火的处理方法

换向器周围发生环火是直流电动机运行的恶性故障。环火产生的主要原因是：换向片间绝缘积累击穿、严重的电刷火花或特别恶劣的负载条件等。处理环火的方法是：

（1）对于较轻的环火事故，一般是烧黑换向器表面和个别电刷辫子。烧黑的换向器可用砂纸或换向器磨石进行打磨。若换向器烧灼较严重，则应进行车削处理甚至更换。在打磨和车削换向器后，必须对换向器进行倒棱和下刻。

（2）更换烧损的刷握和电刷并调整好电刷压力。电刷位置不对的，应调试电刷位置并进行试验；主极与换向极极性顺序不对的，可检查极性顺序予以改正，电刷太软的，可试换电化石墨电刷。

（3）对受损的绕组和其他部件进行焊补或更换。

（4）若绕组及其他导电部件的绝缘受损时，应处理绝缘。电枢有短路现象的，应对电枢及换向器进行短路检查。

环火不仅对换向器和电刷装置造成严重破坏，而且对其他绕组也会造成不同程度的损害。由于环火接地而产生的轴电流还会使轴颈和轴瓦出现麻点和蚀痕。环火的巨响和强光还会对人身造成危害。因此应尽量避免环火的发生。

防止环火的最有效的办法是采用补偿绕组。对于不能采用补偿绕组的小型电动机，可采用不同心气隙以减少气隙磁场的畸变。另处，加强换向器的维护，改善换向器表面（换向片倒角、云母片的适度下刻等），在刷架间加设隔弧板等都可有效地防止环火的发生。

3. 直流电动机电枢绕组过热的原因及其处理

直流电动机电枢绕组过热的主要原因及处理方法有：

（1）电枢绕组或换向片间短路。电枢绕组的短路可用电压降法进行检查。用一直流电压加在相对两相换向片间，用毫伏表依次测量换向片间的电压，若测量的电压值有规律，表示绕组良好。若电压值突然变小，说明这两个换向片间的线圈有短路故障，若电压值为零，则说明在换向片处短路。若短路故障严重，则应将拆除绕组重绕。若换向器片短路，应更换片间绝缘。

（2）电枢绕组的部分线圈的引线线头接反。可用毫伏表检查换向片间的电压来确定接错的部位。用毫伏表测量时可将探针依次接通两换向片，测量片间电压。若在某两片处测得的电压极性相反，表的指针反转，其他各处均为正常指示，说明该两片间的线圈接反。

（3）定子与转子相摩擦。定子与转子相摩擦。定子与转子相摩擦时可检查一下是否因定子磁极的螺栓松动引起，或者检查定子与电枢的空气气隙是否均匀，找出原因，进行气隙调整。

（4）检查外部原因。外部原因主要是电动机端电压过低，此时一般将伴有电动机的转速同时降低，此时应提高端电压至额定值。

4. 直流电动机不能启动的处理方法

当发生直流电动机不能启动时，可进行以下检查与处理：

（1）首先检查电源。电源线路的熔断器熔断、电源电压过低、电源容量过小等，都会导致电动机不能启动。可采取相应措施更换熔断器、提高直流电源电压、增大电源容量。

（2）检查启动器接线有无错误或接触不良，启动电阻是否过大或接线错误使启动电流过小，启动时所带负载是否过重等。

（3）应检查电动机本身。主要有：电刷是否接触不良或换向器表面不清洁、电刷位置没有校正或偏移、电动机绕组是否有接地、电枢电路有无断线、磁极螺栓是否没拧紧或气隙过小、轴承是否损坏或被卡住等。

（4）电刷接触不良时应检查电刷的压力是否过小，可调整弹簧压力使其达到要求，电刷接触不良也可由换向器云母槽没有下刻等造成。此时应整理云母槽、清洁换向器表面，使之接触良好。

第三节　高低压异步电动机试验方法及其结果分析与判断

电动机是最常见的用电设备之一，而高低压异步电动机在实际中应用最为广泛，通过对电动机的试验可以及时发现电动机的缺陷。电动机的主要试验项目有直流电阻试验、绝缘电阻和吸收比试验、泄漏电流及直流耐压试验、交流耐压试验、极性试验和空载特性试验。

一、异步电动机直流电阻试验方法及其结果分析

1. 直流电阻测量意义

异步电动机的直流电阻，包括定子绕组、绕线式电动机转子绕组及启动变阻器等的直流电阻。测量这些直流电阻，是为了检查绕组有无断线和匝间短路，焊接部分有无虚焊或开焊、接触点有无接触不良等现象。

2. 测量方法及分析

测量直流电阻的方法可参阅本书第三章有关变压器直流电阻试验方法的介绍。此外，针对异步电机各部分直流电阻测量的特点，作如下几点补充。

（1）测量绕组的直流电阻

1）定子绕组直流电阻的测量。当绕组端头全部引出至接线盒中时，应测量每相绕组的电阻值。若未全部引出，则可测量相间直流电阻值，再经计算得出每相电阻值，计算方法如下。

当无中性点引出线的异步电动机，当绕组为如图 5-4 所示的丫型接线时，测得线间电阻 R_{AB}、R_{BC}、R_{CA} 后，可按式（5-1）和式（5-2）计算各相绕组相电阻，即

$$R_A = \frac{1}{2}(R_{AB} + R_{CA} - R_{BC})$$
$$R_B = \frac{1}{2}(R_{BC} + R_{AB} - R_{CA})$$
$$R_C = \frac{1}{2}(R_{CA} + R_{BC} - R_{AB})$$

（5-1）

式中 R_A、R_B、R_C——分别为 A、B、C 相电阻。

当电动机绕组如图 5-5 所示的三角形接线时：

$$
\left.
\begin{aligned}
R_A &= (R_{AB} - R_j) - \frac{R_{CA}R_{BC}}{R_{AB} - R_j} \\
R_B &= (R_{BC} - R_c) - \frac{R_{AB}R_{CA}}{R_{BC} - R_j} \\
R_C &= (R_{CA} - R_c) - \frac{R_{AB}R_{BC}}{R_{CA} - R_j}
\end{aligned}
\right\}
\qquad (5-2)
$$

式中 R_A、R_B、R_C——A、B、C 三相电阻；

$\quad\quad R_{AB}$、R_{BC}、R_{CA}——线间电阻；

$\quad\quad R_j$——计算电阻，$R_j = \dfrac{R_{AB} + R_{BC} + R_{CA}}{2}$。

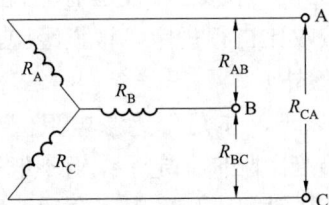

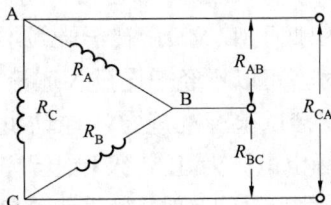

图 5-4 电动机绕组为丫型接线时绕组电阻示意图　图 5-5 电动机绕组为△型接线时绕组电阻示意图

三相绕组平衡时，星形接线的相电阻等于 0.5 倍的线电阻，三角形接线的相电阻等于 1.5 倍的线电阻。

2）绕线式电动机转子绕组直流电阻的测量。测量时，应尽可能直接在绕组接集电环上的引线处进行；若拆线有困难，则只有在集电环上进行测量。

3）绕组温度的测量。为了便与比较，应在测量直流电阻的同时，测量绕组的温度。若电机各部分（包括绕组端部、铁芯、轴表面）的温度与周围空气温度相差不大于±3℃，则可用铁芯温度代替绕组温度。

4）测量结果的分析。预防性试验时，对于额定电压在 3kV 及以上或 100kW 及以上（交接试验时对于 1kV 以上及 100kW 以上）的电动机，各相绕组直流电阻值的相互差值不应超过最小值的 2%；若中性点未引出，线间电阻相互差值不应超过最小值 1%；对于低电压、小容量的电动机，直流电阻不做统一规定，同时还应注意相互间差值历年的相对变化。

（2）测量可变电阻器或启动电阻器的直流电阻。

1）可变电阻器或启动变阻器直流电阻的测量，一般在交接或大修时才进行。预防试验规程规定，对于电压在 3kV 及以上的电动机在所有分接头上都应测量直流电阻。

2）测量结果与制造厂数值或最初测得结果比较相差不应超过 10%。可变电阻器或启动变阻器在调节过程中应接触良好、无开路现象，电阻值的变化应有规律。

二、异步电动机绝缘试验方法及其结果分析

1. 绝缘试验项目

做异步电动机绝缘试验，是为了检查电动机带电部分的绝缘状况，其中包括测量绝缘电阻和吸收比试验、泄漏电流及直流耐压试验、交流耐压试验。

2. 试验方法

各项试验的一般方法步骤及注意事项，参阅本书变压器绝缘试验的内容，在此只作补充性说明。

（1）各绕组绝缘电阻及吸收比测量。在电机的交接、大修和小修时需进行此项试验。

预防性试验规程规定：在小修和大修时，3kV 以下的电动机使用 1000V 绝缘电阻表，3kV 及以上者使用 2500V 绝缘电阻表；500kW 及以上的电动机，应测量吸收比或极化指数。小修时，定子绕组可与其所连接的电缆一起进行测量，转子绕组可与启动设备一起测量，有条件时可分相测量。

对绝缘电阻值的要求如下。

1）预防性试验规程规定：在小修和大修时，定子绕组额定电压 3kV 以下者，室温下不应低于 0.5MΩ；额定电压 3kV 及以上者，交流耐压前，定子绕组在接近运行温度时的绝缘电阻值不应低于 U_nMΩ（U_n 为电动机的额定电压，取 U_n 的千伏数），投运前室温下（包括电缆）不应低于 U_nMΩ，转子绕组不应低于 0.5MΩ；吸收比自行规定，根据经验，吸收比大于 1.3 时，可以不经干燥投入运行（容量小的电动机除外）。

2）交接试验标准规定：电动机额定电压为 1kV 以下，常温下绝缘电阻值不应低于 0.5MΩ；额定电压为 1kV 及以上者，在运行温度时的绝缘电阻值，定子绕组不低于每千伏 1MΩ，转子绕组不应低于每千伏 0.5MΩ；1kV 及以上的电动机，应测量吸收比，吸收比不应低于 1.2，中性点可拆开的应分相测量。

（2）定子绕组泄漏电流和直流耐压试验。

1）交接试验标准规定：1kV 以上及 1000kW 以上，中性点连线已引出至出线端子板的定子绕组应分相进行直流耐压试验，试验电压为定子绕组额定电压的 3 倍。在规定的试验电压下，各相泄漏电流值不应大于最小值的 100%；当最大泄漏电流在 20μA 以下时，各相间应无明显差别。

2）预防性试验规程规定：电动机大修时或更换绕组后进行此项试验，并指出有条件时可分相进行。要求的试验电压：全部更换绕组为 $3U_n$，大修或局部更换绕组时为 $2.5U_n$；泄漏电流相间差值一般不大于最小值的 100%，泄漏电流为 20μA 以下者不做规定，500kW 以下的电动机自行规定。

（3）定子绕组的交流耐压试验。定子绕组在交接、大修后及更换绕组后，需进行交流耐压试验；低压和 100kW 以下不重要的电动机，大修后和更换绕组后的交流耐压试验可用 2500V 绝缘电阻表测量代替。不同情况的试验电压标准如下。

1）交接试验电压标准。交接时电动机定子绕组交流耐压试验标准见表 5–5。

表 5–5　　　　　　　交接时电动机定子绕组交流耐压试验标准

额定电压（kV）	3	6	10
试验电压（kV）	5	10	16

2）大修时试验电压。大修时不更换或局部更换定子绕组后试验电压为 $1.5U_n$，但不低

于 1000V。

3）全部更换定子绕组后试验电压。其试验电压为（$2U_n+1000$）V，但不低于 1500V。

4）绕线式电动机转子绕组的交流耐压试验。

a. 绕线式电动机在交接时，其转子绕组需进行交流耐压试验，试验电压见表 7–2。

b. 绕线式电动机大修后或更换绕组后，转子绕组需进行交流耐压试验，其试验电压见表 5–6。

若绕线式电动机已改为直接短路启动，可不做交流耐压试验。

表 5–6 　　　　　　　　　交接时绕线式电动机定子绕组交流耐压试验电压

转 子 工 况	试验电压（V）
不可逆的	$1.5U_k+750$
可逆的	$3.0U_k+750$

注　U_k 为转子静止时，在定子绕组上施加额定电压，转子绕组开路时测得的电压。

表 5–7 　　　　　　　　　绕线式电动机绕组转子绕组交流耐压试验电压

检 修 状 况	不可逆试验电压（V）	可逆试验电压（V）
大修不更换转子绕组或局部更换绕组后	$1.5U_k$，但不小于 1000V	$3.0U_k$，但不小于 2000V
全部更换转子绕组后	$2U_k+1000$V	$4U_k+1000$V

注　U_k 为转子静止时，在定子绕组上施加电压，转子绕组开路时测得的电压。

（4）可变电阻器的交流耐压试验。在大修时可变电阻器应进行交流耐压试验，试验电压为 1kV，可用 2500V 绝缘电阻表测量代替。

三、异步电动机的极性试验方法及其结果分析

检查异步电动机三相定子绕组的头和尾，即检查定子绕组的极性，其目的是将电动机的三相定子绕组正确地接成星形或三角形。

异步电动机在交接、接线变动以及绕组端头无标号时，均应检查定子绕组的头和尾。对于双绕组的电动机，还应检查二分支连接的正确性；对于中性点无引出线的电动机，不进行定子绕组头、尾检查。

每相绕组头和尾均引出的电动机，可用直流感应法或交流电压法检查绕组的头、尾。

1. 直流感应法

（1）用直流感应法检查电动机定子绕组的头和尾试验接线如图 5–6 所示。

试验时，在任意绕组上接入 2～6V 的直流电源，在接通电源的瞬时，在其他两相绕组内将会产生互感电动势。电动势的极性可由直流毫伏表来检查。如果毫伏表指针正向偏转，则接电源正极的一端与接毫伏表负极的一端，同是头或同是尾。按此方法便可分别确定三相绕组的头和尾。其试验原理如图 5–7 所示，图中 c1、c4，c2、c5，c3、c6 分别代表定子三相绕组的端头。c1、c4 接直流试验电源（见图 5–6）。

当电源开关 S 接通的瞬时，在 c1、c4 间绕组中，从 c1 流向 c4 的电流增大，由这一电流产生的自感磁通 ϕ_1 增大。由楞次定律可知，当 ϕ_1 增大时，在 c2、c5（或 c3、c6）间绕组中产生（假定出现）的互感磁通ϕ_2（或ϕ_3）与ϕ_1方向相反。根据右手螺旋定则，由ϕ_2（或ϕ_3）的方向，可以判断出 c2、c5（或 c3、c6）间绕组中感应电动势 e_M 的方向由 c2（或 c3）指向 c5（或 c6）。如图 5–6 所示，毫伏表一定是正偏。由图 5–6 可见，与电源正极相接的 c1端和与毫伏表负极相接的 c2、c3 端，同是三相绕组的头或尾。

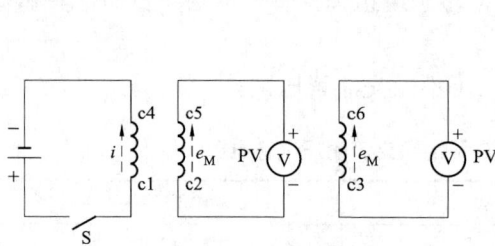

图 5–6　直流感应法检查绕组的
头和尾试验接线图

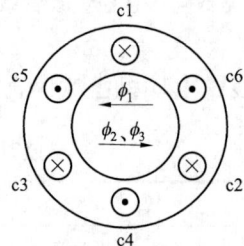

图 5–7　直流感应法检查绕组的
头和尾试验原理图

（2）用电池和小灯泡判断。若无毫伏表或万用表，用两节干电池和手电筒上的小灯泡也可以判断电动机定子绕组的头和尾。

首先判断出三相定子绕组的哪两个线头是一相的（因方法简单，叙述从略），然后再进一步判断其头和尾。

把任意两相绕组串联起来并接上小灯泡，把第三相的一个线头接在电池的负极（铅皮）上，拿另一个线头在电池的正极上点一下，如果小灯泡亮了，则说明与灯泡相连的两个线头，一个是一相的头，另一个是另一相的尾，如图 5–8（a）所示。如果小灯泡不亮，则与灯泡相连的两个线头，都是这两相的头（或尾），如图 5–8（b）所示。判断两相头尾后做好标记。

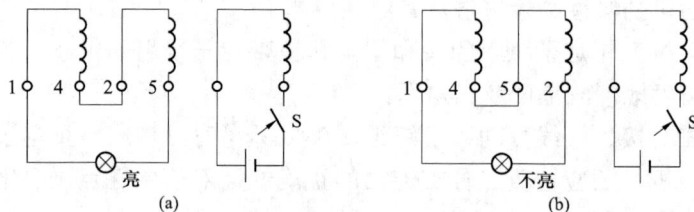

图 5–8　用电池、灯泡检查判断两相绕组的头和尾
(a) 头尾相连；(b) 头、头（或尾、尾）相连

把已知头、尾的一相绕组与不知头、尾的第三相绕组串联并接上灯泡，将已知头、尾的另一相绕组接电池，如图 5–9 所示。则根据刚接通电池时灯泡亮或不亮，可按上述同样的方法判断出第三相绕组的头和尾。

2．交流电压法

用交流电压法检查三相定子绕组头和尾的试验接线，如图 5–10 所示。

试验时，将电动机任意两相绕组串联起来，接入电压表 PV2，在第三相绕组上施加比电动机额定电压较低的电压，用电压表 PV1 监视。然后，测量被串联的两相绕组上的感应电压 U_2。若测得结果为 $U_2 \approx U_1$，则与电压表 PV2 连接的两个端头分别为两相绕组的头和尾；若测得电压数值接近于零，则与电压表 PV2 连接的两个端头，同为两绕组的头或尾。当测得电压近于零时，为防止因试验接线有问题或绕组断线导致误判断，应将串联的两相绕组中任一相绕组端头互换，再进行核对试验。

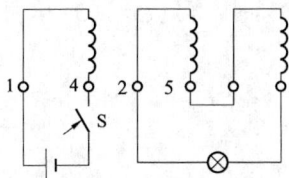

图 5-9　用电池、灯泡检查判断绕组的头和尾试验接线图

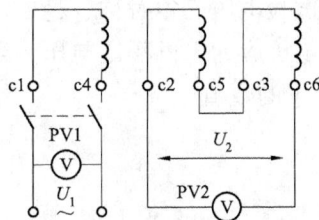

图 5-10　交流电压法检查绕组的头和尾试验接线图

确定了两绕组头和尾后，改变接线，按上述同样方法，可确定第三相绕组的头和尾。

四、异步电动机的空载特性试验方法及其结果分析

异步电动机空载特性试验是指电动机不带负载，在定子绕组上加额定电压，测其空载电流和空载损耗的试验。

1. 试验目的

通过空载特性试验，可检查电动机的内部接线和匝数是否正确，电动机气隙、铁芯质量、机械安装质量是否良好等。

交接试验标准规定：交接时进行电动机空载转动检查和空载电流测定；预防试验规程规定，在必要时才进行电动机的空转检查并测定空载电流和空载损耗。

2. 试验方法

（1）试验前的准备：

1）检查电动机绕组接线应正确。

2）电动机的绝缘试验应合格。

3）用手转动电动机转子，应转动灵活、无异常现象。

（2）试验接线。电动机空载特性试验接线如图 5-11 所示。

（3）试验步骤：

1）按图 5-11 接好线，各仪表量程选择适当。

2）合上开关 S1、S2，将电流互感器的二次侧短路。

3）合上电源开关 S，给电动机加上三相对称额定电压，使其在空载下启动。

4）电动机转速正常运转一段时间后，拉开开关 S1、S2，读取各仪表指示值。

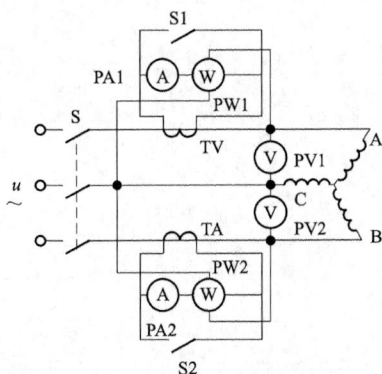

图 5-11　电动机空载特性试验接线
S—电源开关；TA—电流互感器；
S1、S2—电流互感器短路开关

5）如需测录空载特性曲线，应使用可调电压的电源供电，电压从 $1.3U_n$ 逐渐下降，测不同电压下的空载电流和功率，直到不能再低为止。

（4）注意事项：

1）试验前应做短时空转检查，规程规定一般不少于 1h，检查各部分运转是否正常，待各部分温度稳定后再进行试验，以取得稳定的空载特性。

2）预防性试验时，仅对电动机有怀疑时才测得空载电流，3kV 以下的电动机仅测量空载电流，不测量空载损耗。

3）力求试验电压三相对称、稳定，以保证试验结果的准确。

4）试验电压应为电机额定电压，当相差不超过±3%时，可换式（5-3）和式（5-4）换算成额定电压下的数值

$$I_{0n} = \frac{U_n}{U_0} \times I_0 (A) \qquad (5-3)$$

$$P_{0n} = \left(\frac{U_n}{U_0}\right)^2 \times P_0 (W) \qquad (5-4)$$

式中　　U_n、I_{0n}、P_{0n} ——分别为额定电压、额定电流下的空载电流和空载功率；

　　　　U_0、I_0、P_0 ——分别为测得的空载电压、电流、功率。

5）空载功率因数可按式（5-5）求得

$$\cos\varphi = \frac{P_0}{\sqrt{3}U_0 I_0} \qquad (5-5)$$

（5）试验结果分析。空载试验时，要求电动机转动正常，空载电流自行规定。一般在额定电压下，正常的电动机空载电流约为额定电流的 20%～50%，空载损耗约为额定功率的 3%～8%。三相电源电压对称时，额定电压下的三相空载电流应平衡，任一相与平均值的差值不应大于 10%。若差值较大，表明被试电动机内部存在三相匝数不等或定子与转子间的气隙不均匀等缺陷。预防性试验规程还规定，额定电压下的空载损耗值不得超过原来值的 50%。

第六章

直流系统及常用低压电器的运行与维护

第一节 操作电源及蓄电池

操作电源是指变电站或发电厂的控制、信号、测量和继电保护装置、自动装置以及断路器跳合闸的工作电源。

一、操作电源的要求及其分类

1. 操作电源的技术要求

每个具有一定规模的工厂都有自己的操作电源，操作电源应满足下列要求：

（1）保证供电高度可靠，应尽可能保持对交流电网的独立性，避免交流电网故障时影响操作电源的正常供电。

（2）减小设备投资，减小布置场地面积。

（3）使用寿命长，维护工作量小。

（4）改善运行条件，减小噪声干扰。

2. 操作电源分类

目前工厂采用的操作电源类型很多，主要有以下几种：

（1）硅整流蓄电池组直流系统。操作电源为直流系统，它是由相当数量的蓄电池串联成蓄电池组供电的。这种操作电源的优点是供电不受电网电压的影响，所以供电非常可靠。但蓄电池价格较贵，投资大，寿命短，随着蓄电池技术的不断发展，蓄电池组直流系统是目前大型工厂普遍采用的操作电源，其主要原因是供电可靠，其接线示意图如图 6-1 所示。

（2）硅整流电容储能装置直流系统。硅整流电容储能直流操作电源由硅整流设备和储能电容器两部分组成。正常运行时，由硅整流设备和储能电容器两部分并联供电，发生交流电源消失故障时，由储能电容器维持供电。储能电容器因容量有限，仅在交流电源消失时向继电保护装置、自动装置和断路器跳闸回路供电。

比起蓄电池组，这种操作电源的可靠性较差，但它有价格便宜、寿命长、投资小、运行维护简便、易实现自动化和远动化等优点，所以一般应用在对操作电源要求不高的场所。其系统接线示意图如图 6-2 所示。

（3）复式整流的直流操作电源。复式整流是指有两种提供直流电压的整流电源；不但由厂用变压器或电压互感器供电，简称电压源，而且还由能反映故障短路电流的电流互感器供电，简称电流源，正常运行时，由电压源供电，当发生故障时，电压下降导致电压源供电的直流电压也下降，此时短路电流增大，电流源供电的直流电压则升高，可用来供给直流负荷（如保护，断路器跳闸电源等）。其接线示意图如图 6-3 所示。

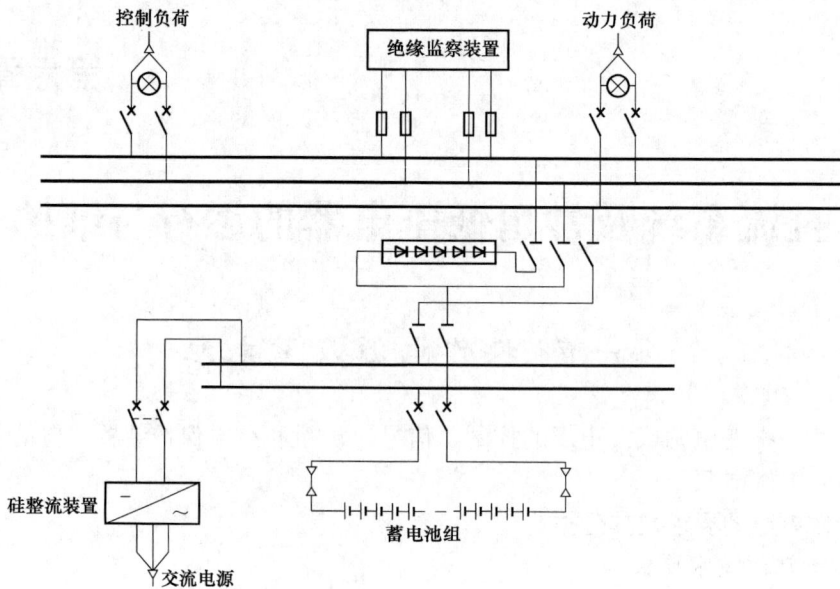

图 6-1　硅整流蓄电池组储能直流系统示意图

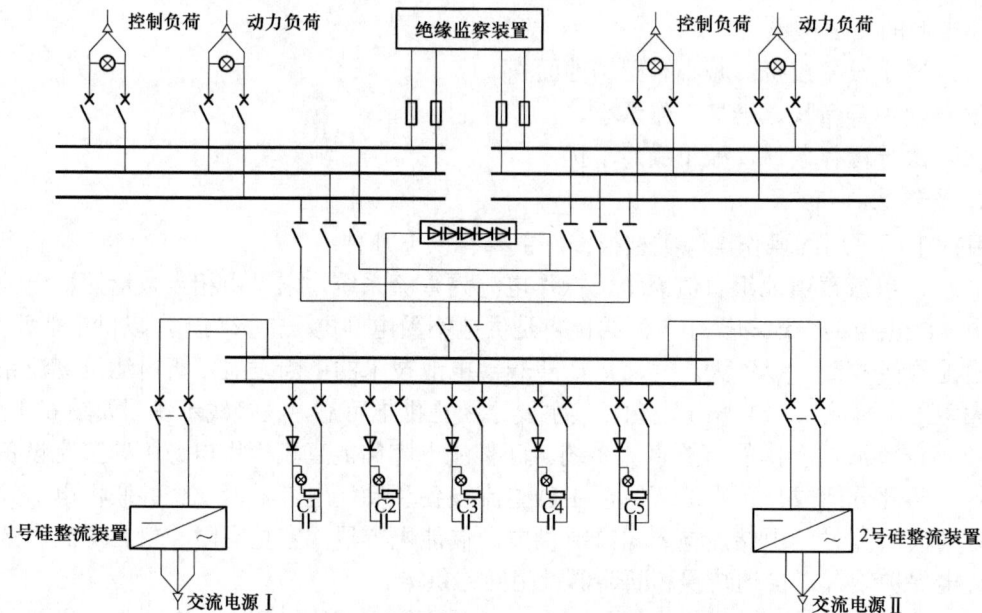

图 6-2　硅整流电容储能直流系统接线示意图

（4）交流操作电源。交流操作电源是一种直接使用交流电源供操作使用的电源。交流操作电源通常由工厂变压器供给断路器合闸电源，由电流互感器供给断路器跳闸电源，由电压互感器供给控制与信号设备。交流操作电源接线简单、投资少，但可靠性较低，一般适用于小型变电站或工厂。

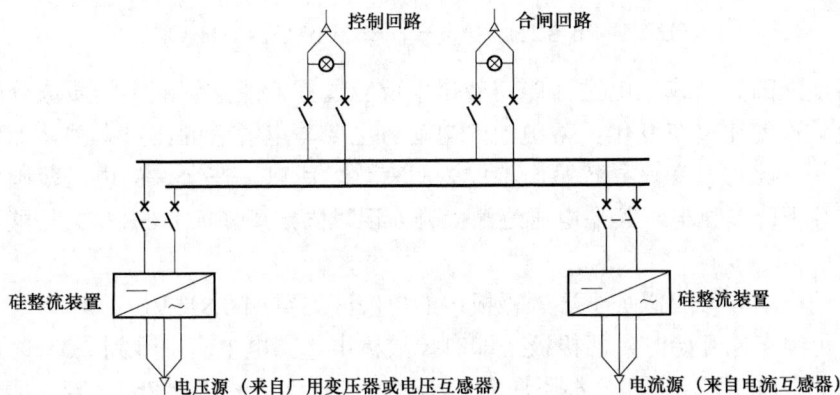

图 6-3　复式整流的直流系统接线示意图

二、蓄电池

蓄电池是最可靠的操作电源，它的电压较为稳定，不受电网电压的影响，因此被广泛采用。蓄电池主要由正、负极板，容器和电解液组成，充电时将电能变为化学能存在蓄电池内，放电时再将化学能变为电能供给负荷。根据蓄电池电解液的不同，分为酸性蓄电池和碱性蓄电池两种。

酸性蓄电池多采用固定式铅酸电池。固定式铅酸电池具有容量大、可用大电流短时放电等特点，一般适用于瞬时供电电流较大的场所，如柴油发电机的启动电机电源等。

碱性蓄电池多采用镉镍蓄电池。镉镍蓄电池具有体积小、便于维护、容量小、价格贵等特点，一般适用于小负荷的场所。

蓄电池容量反映蓄电池储存电能的重要技术指标。蓄电池容量（Q）表示蓄电池充满后，从放电开始直至放电到某一终止放电电压为止的全过程中所放出的电量，计算公式如下

$$Q=Ih$$

式中　　Q——蓄电池容量，$A \cdot h$；

　　　　I——放电电流，A；

　　　　h——放电时间，h。

同一蓄电池在不同的放电电流下放电，具有不同的容量；放电电流增大时其容量要变小；反之，放电电流减小，则其容量要适当增大。蓄电池额定容量（Q_N）是指以 10h 放电电流放电时的容量。如 GM—2000 型固定式铅酸电池，若它以 200A 恒定放电电流持续放电 10h，其额定容量为 $Q_N=200 \times 10=2000$（$A \cdot h$）。

蓄电池充电后，因为电解液上下层比重不同会产生一定的电势差，又因电解液内含有一定金属杂质会造成极板局部短路或形成原电池。由于上述种种原因，引起蓄电池的容量减少称之为蓄电池自放电。蓄电池的自放电多少与使用温度、电解液内含有的金属杂质有较大关系，有时一昼夜自放电可达其容量的 0.5%或更多。

1. 铅酸蓄电池简介

铅酸蓄电池由正、负极板，电解液和容器组成。其中正极板为二氧化铅（PbO_2）、负极板为铅（Pb），电解液是 27%～37%（比重为 1.2～1.3）的稀硫酸（H_2SO_4），容器多为玻璃、硬橡胶或塑料制成。铅酸蓄电池在放电和充电时的化学反应式为：

$$PbO_2 + Pb + 2H_2SO_4 \xrightleftharpoons[\text{充电}]{\text{放电}} 2PbSO_4 + 2H_2O$$

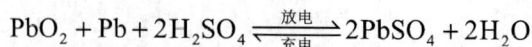

铅酸蓄电池的充电或放电过程伴随着化学反应过程，即电解液中物质成分的比例在变化，亦即电解液的比重在变化。蓄电池的电动势主要与电解液的比重有关，而电解液中物质成分的比例（比重）变化导致蓄电池的内阻变化。所以，在允许的电压范围内，放电时其端电压逐渐下降，充电时其端电压逐渐上升。现以固定型（如 GGF 型）铅酸蓄电池为例介绍如下：

蓄电池的电动势可近似等于渗入极板内的电解液比重加 0.815V。

铅酸蓄电池充电开始时，两极板上即有硫酸析出。充电电压上升到 2.3V 时，正、负极板上的硫酸铅（$PbSO_4$）大部分都还原为二氧化铅（PbO_2）和铅（Pb）。若继续充电，能使水电解，正极板上析出氧气，负极板上析出氢气。极板上析出气体后，蓄电池的内阻增大，应迅速将充电电压增至 2.5～2.6V，以维持恒定的充电电流。随后，为了减小水的电解作用，应减小充电电流至最大允许充电电流 40%左右。到充电末期，极板上的有效物质都已还原，充电电流仅能使水电解，析出大量的气体，蓄电池的电解液呈沸腾状态，电压稳定在 2.7V 左右，可认为充电已足，应停止充电。充电停止后，内电压降为零，端电压（即电动势）立即降到 2.3V。之后，随着极板周围电解液的扩散，容器中电解液浓度渐趋均匀，蓄电池的电动势降到 2.06V 的稳定状态。

若蓄电池充电电流过大，极板表面反应剧烈，极板内部的硫酸铅来不及还原就会发生沸腾，因而会误认为是充电完毕。这种充电（化学还原反应）不完全的蓄电池不仅达不到应有的容量，而且还影响其寿命。所以蓄电池充电电流应符合规程规定，不得过大。蓄电池充电是否完毕，应根据电解液比重和外加电压来判断。

蓄电池在放电反应时，正、负极板上都形成了硫酸铅（$PbSO_4$），消耗了硫酸（H_2SO_4），同时析出水（H_2O），使电解液比重减小。由于硫酸铅的电阻较大，所以放电过程中蓄电内阻逐渐增大。蓄电池开始放电时，端电压下降很快；在放电中期，端电压下降缓慢；放电末期，包围在极板上的硫酸铅使极板外的电解液渗入困难，端电压下降又很快；降至 1.8V 左右，放电便告终了。此电压为蓄电池电压急剧下降的临界电压，称为蓄电池放电终止电压。当蓄电池放电到终止电压时，若停止放电，蓄电池电动势可能回升至 2.0V 左右；若不停止放电，将影响其寿命；若过度放电，将使蓄电池极板报废。

蓄电池放电电流越大，则蓄电池的端电压下降越快，放电到达终止电压的时间也就越短。蓄电池无论在空载或工作时，其内部都有局部自放电现象。主要因电解液和电极有杂质存在，这些杂质导体构成了无数细小的局部放电回路，进行自放电，自放电是随着电池的老化程度而加剧的。蓄电池自放电会使极板硫化，且会使蓄电池容量减小。通常一昼夜之内，铅酸蓄电池由于自放电而引起容量减小 0.5%～2%。

企业变电站过去采用的铅酸电池体积大、个数多，因而占用面积大；且需防酸（硫酸蒸气具有强腐蚀性）、防爆（充电时排出氢和氧的混合气体有爆炸危险），因此要求单独装设在具有通风设施的房间内，增大了附加投资。加上运行维护多不有不便，即使平时维护得当，使用寿命较长的固定型铅酸蓄电池一般也仅能使用 10 年左右，现在的企业变配电所一般不予采用。目前企业变配电所多采用新型封闭式免维护铅酸蓄电池或采用碱性蓄电池。

封闭式免维护铅酸蓄电池具有敞开式的铅酸蓄电池的性能优点（放电容量大），并且整个蓄电池是全封闭的（电池的氧化—还原反应均在封闭的外壳内部循环进行），故不漏液，没有"有害气体"溢出，放电倍率高（一般地说 100Ah 及以下的免维护蓄电池放电倍率可达 3～4 倍），使用寿命长（一般使用寿命可达 15 年以上），不需要进行一般的日常维护，可以安装在主控制室内，特别适应于无人值班的变电站。因此，目前这种蓄电池是比较受欢迎的变电所直流设备，使用的也比较普遍。但是，它的造价也比较高。

2. 碱性（镉镍）蓄电池简介

碱性蓄电池有镉镍、铁镍、镉银、锌银等种类。变（配）电站多采用镉镍蓄电池，它的正板为氢氧化镍 [$Ni(OH)_3$] 或其他物质，负极板为镉（Cd），电解液是 20%的碱性化合氢氧化钾（KOH）或氢氧化钠（NaOH）等碱溶液。镉镍蓄电池在放电和充电时的化学反应式为：

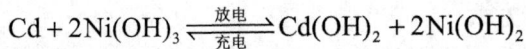

$$Cd + 2Ni(OH)_3 \underset{充电}{\overset{放电}{\rightleftharpoons}} Cd(OH)_2 + 2Ni(OH)_2$$

可见，电解液在充电或放电过程中不参加化学反应，只起到传导电流的作用，所以成分不变，浓度变化甚微。因此不能用测量电解液比重的办法来鉴别该型蓄电池所储藏的电量。对于运行中的蓄电池，不论是过充电还是欠充电，都会对电池的运行和使用寿命造成一定的影响。但是，碱性蓄电池对于过充电或者欠充电的"忍耐性"较铅酸蓄电池强，只要不太严重，发现后及时处理，对碱性蓄电池使用和寿命的影响不大。

镉镍蓄电池的额定端电压为 1.2V；充电终止电压可达 1.75V。

碱性（镉镍）蓄电池的优点如下：

（1）内阻小，放电倍率高（如 20Ah 的碱性蓄电池的放电倍率可达到 20 倍以上），所以容量可选择得较小。如选铅酸蓄电池组的容量为 100Ah，则相同电压的镉镍蓄电池组的容量仅需 35Ah。

（2）低温性能好，使用寿命长，一般为 14 年以上。

（3）维护方便，运行时不产生有害气体，仅在充电末期过充电时电解水而析出氢和氧。所以只需定期检查蓄电池液面，当液面低于标准时，可添加蒸馏水，运行费用较低。

（4）体积小，重量轻，它可与晶闸管充电回路和直流馈电回路组装于数块直流配电屏内，安装在中控室中。

（5）对充电要求不高，正常充、放电一个循环仅需 10h。

（6）自放电电流小，适应性强。新电池起用时需按照制造厂要求作恢复容量实验即可。

碱性（镉镍）蓄电池的缺点如下：

（1）单个电池端电压低（1.2～1.3V），使用电池个数多，所需材料成本高，因此设备投资较大。

（2）放电电压下降速度较快，效率较低，冲击放电能力较差，容量小，事故供电时间不很长。

（3）会因为充电使电解液溢出而出现"爬碱"现象。如果维护不当，会因爬碱的原因造成直流系统和电池损坏（溢出容器外的碱导电而短接蓄电池），导致碱性蓄电池使用寿命一般仅四五年或更短些，这种现象是影响碱性蓄电池推广使用的主要原因之一。

第二节　蓄电池的运行方式及维护

蓄电池作为电能存储设备需要通过充电来储存能量，才能向直流负荷供电。直流负荷可分为三类：

（1）经常性负荷，如信号灯等。

（2）短时负荷，如断路器电磁操作机构的跳、合闸线圈等。

（3）事故负荷，如事故照明灯等。

根据蓄电池向直流负荷供电的方式，可分为两种蓄电池的运行方式：充电—放电运行方式；浮充电运行方式。根据直流负荷对直流电源电压及可靠性的要求，在任何运行方下随时可进行断路器合闸，保证供电不中断。

一、充电—放电运行方式

这种运行方式的特点是：定期给蓄电池组充电，待蓄电池组充足电后，断开充电装置电源，由蓄电池组单独供电给直流负荷。

对充电—放电运行方式的蓄电池组，当交流电源在蓄电池组任何放电程度下发生故障，为保证直流系统供电的可靠性，蓄电池组放电时间应留有一定的余量，通常在放电至额定容量的 60%~70% 时，就进行充电。

如果蓄电池在充电时端电压变化范围较大，为维持经常性直流负荷电压的稳定，在直流母线上应装设可调节直流母线电压的装置。

蓄电池以充电—放电的方式运行，主要缺点是必须频繁充电，蓄电池老化较快，使用寿命缩短，运行维护也较复杂，目前这种运行方式采用较少，大型工厂或企业采用浮充电的运行方式。

二、浮充电运行方式

浮充电运行方式是指先将蓄电池组充好电，然后将充电设备与蓄电池组并联在一起工作。充电设备既要给直流母线上的正常负荷供电，又要以不大的电流向蓄电池组浮充电，用来补偿由于自放电而损失的能量。这样就可使蓄电池经常处于满充电状态，从而延长了蓄电池的寿命。当直流母线上有冲击负荷时，蓄电池组由于内阻很小，担任了冲击负荷的供电任务（如提供合闸电流）。而当交流系统故障引起充电设备断电时，蓄电池组就担负全部直流负荷的供电任务，直至故障解除，充电设备恢复供电。此时蓄电池又可按浮充方式运行。

对浮充电运行的蓄电池使用寿命的长短，除与电池质量的优劣和初充电是否合适有很大的关系外，对于运行维护中，能否管理好浮充电也是决定电池使用寿命的关键。浮充电流大，很容易使电池过充电，反之会造成欠充电，两者对于运行中的蓄电池都不利。由于每 12A·h 极板的内部自放电约需 0.01A 的充电电流来补偿，所以，可根据蓄电池组的容量来计算浮充电的电流值。

对按浮充电运行的铅酸电池组，为了避免由于控制浮充电电流不准确，造成硫酸铅沉淀在极板上，影响电池的容量和寿命，应对其定期充放电。一般每三个月进行一次核对性的放电。所谓核对性放电，是将蓄电池容量的 60% 放掉后再进行蓄电池组的全充电，使全组蓄电池均达到满容量。定期充放电时，一定要用 10h 放电率电流进行，不能用小电流放电，尤其是用小电流放电和大电流充电。这是因为铅酸电池充放电过程中，充电与放电电流不同，引起极板化学反应程度不同的缘故。图 6-4 为按浮充方式运行的直流系统接线示意图。

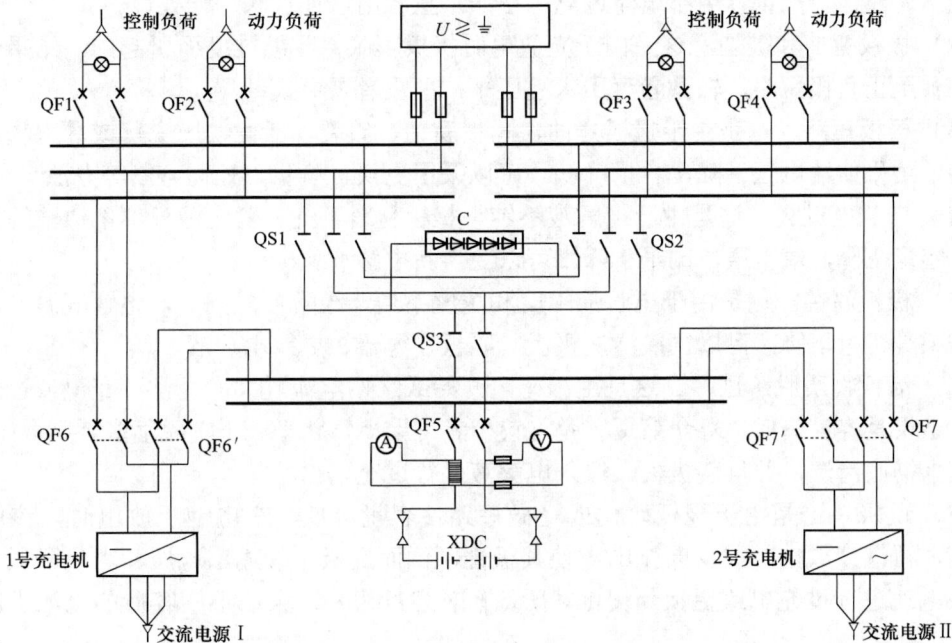

图 6-4　按浮充电运行方式的接线示意图

三、蓄电池的运行与维护

1. 非免维护铅酸蓄电池的运行与维护

非免维护铅酸蓄电池的运行与维护项目有：

（1）检查及清扫蓄电池各部分；添注电解液（每 1～2 月/次）。

（2）处理氧化接点，涂凡士林油（1 次/季）。

（3）按充电—放电方式运行的，每季 1～2 次均衡充电，对充放电次数少的每月 1 次均衡放电。

（4）按浮充电方式运行的每季 1 次核对性放电和均衡充电。

（5）检查防酸隔爆帽，必须拧紧（每 1～2 月/次）。

（6）检查、鉴定蓄电池组容量，每年一次。

2. 免维护铅酸蓄电池的运行与维护

免维护铅酸蓄电池的运行与维护项目有：

（1）保持电池清洁，只允许用清水，不允许采用毛刷和布，以免使塑料产生静电（有爆炸危险），每 6 个月进行 1 次下列操作并记录：测量电池组的电压，选定部分单元测量其电压和表面温度，测量室内温度。如果电池电压偏离±0.3V/个，表面温度偏离 5K，应及时和制造厂家联系。

（2）每年进行 1 次下列操作：测量所有单个电池的电压和表面温度，测量室内温度，目测检查螺栓连接是否牢固、电池安装情况、通风情况。

3. 蓄电池的常见故障及处理

（1）极板硫化。这是由于过量放电，缺乏定期过充电或经常充电不足引起的，在极板表面生成硫酸铅粗结晶而硬化，妨碍电解液渗透使内阻增大，容量降低。对轻微者可以适当过充电还原；较严重者用小电流过充电法；严重者用水处理法进行处理。

（2）极板弯曲和破裂。这是由于充放电时极板膨胀，收缩过度而引起的，结果使容量降低，甚至正负极短路，轻微者可用木板压平，严重者需更换。

（3）极板短路。这是由于极板弯曲，隔板腐蚀、破裂，活性物质脱落或导电物进入引起短路。结果使端电压下降，容量降低。可以采用更换、清除、处理弯曲等办法。

（4）自放电过大。这是由于电解液不纯，极板材料不纯、蓄电池外部不清洁等引起。结果是容量下降，端电压、比重下降。可以更换新电解液和极板。

（5）极板腐蚀。这是由于电解液纯度和浓度不当，经常过量充电，电解液温度高而引起，结果是容量下降，可以彻底清洗极板、隔板、容器、更换电解液。

（6）活性物质脱落过多。这是由于充电开始或终期电流过大，经常过充电或过放电而引起。结果是容量降低，寿命缩短。脱落较少者可用小竹匙平一平，脱落多者则取出清除，用蒸馏水彻底清洗，并重装极板，注入电解液进行过充电。

（7）反极。这是由于极板硫化或轻微短路使容量降低，在电池组放电时，该电池很快放电，再继续放电时被反向充电，使其极性颠倒而反极。使输出电压和容量降低。可以取出该电池进行过充电或更换新电池，所以，对容量相差过大或不同容量的电池不应串联使用。

第三节　常用低压电器的运行与维护

一、刀开关的运行与维护

刀开关的运行与维护事项如下：

（1）触头及连接导线处，必须保持良好的接触，应经常注意刀刃的磨损和刀夹座的弹性，以便控制其接触压力。

（2）定期修理刀刃和刀夹座的接触面，特别是受电弧的伤害造成的凹凸不平，必要时应进行更换。

二、接触器的运行与维护

1. 接触器的选用

为了保证接触器的正常工作，必须根据以下原则正确选择，使接触器的技术数据满足被控电路的要求。

（1）选择接触器的类型。根据所控制的电动机及负载电流类型来选择，即交流负载应选用交流接触器，直流负载应选用直流接触器。如果控制系统中主要是交流电动机，而直流电动机或直流负载的容量比较小时，也可全都选用交流接触器进行控制，但触头的额定电流应选得大一些。

（2）选择接触器的额定电压和额定电流。被选用的接触器触头的额定电压应大于或等于负载的额定电压。主触头的额定电流不小于负载电路中的额定电流。

（3）接触器吸引线圈电压的选择。接触器吸引线圈的电压一般直接选用 220V 或 380V。如果控制电路比较复杂，使用的电器又比较多，为安全起见，线圈额定电压可选低一些。

2．接触器使用接触器的注意事项

（1）应定期检查接触器的零件，要求可动部分灵活，坚固件无松动，已损坏的零件及时修理或更换。

（2）保持触点表面的清洁，不允许粘有油污。当触点表面因电弧烧蚀而附有金属小珠粒时，应及时去掉。若触点已磨损，应及时调整，消除过大的超程；若触点只剩下 1/3 时，应及时更换。银和银合金触点表面因电弧作用而生成黑色氧化膜时，不必锉去，因为这种氧化膜的接触电阻很低，不会造成接触不良，锉掉反而缩短了触点寿命。

（3）接触器不允许在去掉灭弧罩的情况下使用，因为这样很可能因触点分断时电弧互相连接而造成相间短路事故。用陶土制成的灭弧罩易碎，拆装时应小心，避免碰撞造成损坏。

（4）若接触器已不能修复，应及时更换。更换前应检查接触器的铭牌和线圈标牌上标出的参数。换上去的接触器的有关数据应符合技术要求。用于分合接触器的可动部分，看看是否灵活，并将铁芯上的防锈油擦干净，以免油污粘滞造成接触器不能释放。有些接触器还需要检查和调整触点的开距、超程、压力等，使各个触点动作同步。

（5）接触器工作条件恶劣时，接触器额定电流应选大一个等级。因为当接触器操作频率过高时，线圈会因过热而烧毁。

3．交流接触器的常见故障及处理

在日常工作中，我们会经常接触到交流接触器，其常见故障及原因及其处理方法见表 6-1。

表 6-1　　　　　　　　　交流接触器的常见故障、原因及其处理

故障现象	可 能 原 因	处 理 方 法
不动作或动作不可靠	（1）电源电压过低或波动地过大； （2）操作回路电源容量不足或发生断线现象，接线错误及控制触头接触不良； （3）控制电源电压与线圈电压不符； （4）产品本身受损（如线圈断线或烧毁，机械可动部）； （5）触头弹簧压力与超程过大； （6）电源离接触器太远，连接导线太细	（1）调高电源电压； （2）增加电源容量，纠正接线，修理控制触头； （3）更换线圈； （4）更换线圈，排除卡住故障，修理受损零件； （5）按要求调整触头参数； （6）更换较粗的连接导线
不释放或释放缓慢	（1）触头弹簧压力较小； （2）触头熔焊； （3）机械可动部分被卡住，转轴生锈或歪斜； （4）反力弹簧损坏； （5）铁芯极面有油污或尘埃； （6）E 形铁芯，当寿命终了时，因为去磁气隙消失，剩磁增大，使铁芯不释放	（1）调整触头参数； （2）排除熔焊故障，修理或更换触头； （3）排排除卡住现象，修理受损零件； （4）更换反作用力弹簧； （5）清理铁芯极面； （6）更换铁芯
电磁铁（交流）噪声大	（1）电源电压过低； （2）触头弹簧压力过大； （3）磁系统歪斜或机械上卡住，使铁芯不能吸平； （4）极面生锈或因异物质（如油垢、尘埃）粘附铁芯极面； （5）短路环断裂； （6）铁芯极面磨损过度而不平	（1）提高操作回路电压； （2）调整触头弹簧压力； （3）排除机械卡住故障； （4）清理铁芯极面； （5）调换铁芯或短路环； （6）更换铁芯

故障现象	可　能　原　因	处　理　方　法
线圈过热或烧损	（1）电源电压过高或过低； （2）线圈技术参数（如额定电压、频率、负载因数及适用工作制等）与实际使用条件不符； （3）操作频率过高； （4）线圈制造不良或由于机械损伤、绝缘损坏等； （5）使用环境条件特殊：如空气潮湿、含有腐蚀性气体或环境温度过高； （6）运动部分卡住； （7）交流铁芯极面不平或去磁气隙过大； （8）交流接触器派生直流操作的双线圈，因常闭联锁触头熔焊不释放，而使线圈过热	（1）调整电源电压； （2）调换线圈或接触器； （3）选择其他合适的接触器； （4）更换线圈，排除引起线圈机械损伤的故障； （5）采用特殊设计的线圈； （6）排除卡住现象； （7）清除极面或调换铁芯； （8）调整联锁触头参数及更换烧坏线圈
触头熔焊	（1）操作频率过高或超负荷使用； （2）负载侧短路； （3）触头弹簧压力过小； （4）触头表面有金属颗粒突起或有异物； （5）操作回路电压过低或机械上卡住，致使吸合过程中有停滞现象，触头停顿在刚接触的位置上	（1）调换合适的接触器； （2）排除短路故障，更换触头； （3）调整触头弹簧压力； （4）清理触头表面； （5）提高操作电源电压，排除机械卡住故障，使接触器吸合可靠

三、熔断器的运行与维护

1. 熔断器的维护和检查

（1）熔断器使用注意事项：

1）熔断器的保护特性应与被保护对象的过载特性相适应，考虑到可能出现的短路电流，选用相应分断能力的熔断器。

2）熔断器的额定电压要适应线路电压等级，熔断器的额定电流要大于或等于熔体额定电流。

3）线路中各级熔断器熔体额定电流要相应配合，保持前一级熔体额定电流必须大于下一级熔体额定电流。

4）熔断器的熔体要按要求使用相配合的熔体，不允许随意加大熔体或用其他导体代替熔体。

（2）熔断器巡视检查：

1）检查熔断器和熔体的额定值与被保护设备是否相配合。

2）检查熔断器外观有无损伤、变形，瓷绝缘部分有无闪烁放电痕迹。

3）检查熔断器各接触点是否完好、接触紧密，有无过热现象。

4）熔断器的熔断信号指示器是否正常。

2. 熔断器的选择

在选择熔断器时，主要考虑以下几个技术参数：

（1）熔断器类型选择。熔断器类型应根据线路的要求、使用场合和安装条件选择。

（2）熔断器额定电压的选择。熔断器的额定电压是指其带电部分允许承受的电压，选用时其额定电压应大于或等于线路的工作电压。

（3）熔断器额定电流的选择。熔断器额定电流是长期通过熔体而不使其熔化的最大电流，选用时其额定电流必须大于或等于所装熔体的额定电流。

（4）熔体额定电流的选择。

1）用于电炉、电热等电阻性负载的短路保护，熔体的额定电流等于或稍大于电路的工作电流。

2）保护单台电动机时，考虑到电动机受启动电流的冲击，熔断器的额定电流计算如下

$$I_{RN} \geqslant (1.5 \sim 2.5)I_N$$

式中　I_{RN}——熔体的额定电流；

　　　I_N——电动机的额定电流，轻载启动或启动时间短时系数可取近 1.5，带重载启动或启动时间较长时，系数可取 2.5。

3）保护多台电动机，熔断器的额定电流计算如下

$$I_{RN} \geqslant (1.5 \sim 2.5)I_{Nmax} + \sum I_N$$

式中　I_{Nmax}——容量最大的一台电动机的额定电流；

　　　$\sum I_N$——其余电动机额定电流之和。

熔断器熔体被熔断说明被保护线路或设备出现短路或过载，应对线路或设备进行检查。但有时由于熔断器熔体选得过小，在正常负载时也会熔断。所以应当根据负载的性质合理选择熔体熔量。一般来说，电动机保护用熔断器应考虑电动机的启动电流。对于一台电动机的短路保护，一般熔断器的额定电流为电动机额定电流的 2～2.5 倍，熔体的额定电流为电动机额定电流的 1.5～2.5 倍；对于多台电动机负载的短路保护，熔体的额定电流为最大电动机额定电流的 1.5～2.5 倍再加其余电动机的额定电流的和。对于降压启动的电动机，熔体额定电流为电动机额定电流的 1.5～2.0 倍。在小容量系统中，快速熔断器的额定电流应等于半导体元件额定电流的 1.57 倍。

熔断器熔体误熔断是指熔体选用不当，线路电流也在熔体的额定电流以内的不正常熔断。出现误熔断的原因主要有以下几个原因：

1）熔体两端或熔断器的触头间接触不良引起局部发热，使熔体温度过高而熔断。应检查接触部位的接触情况，若触头氧化或烧毛应予以修整，压接熔体时要压牢，保证接触良好。

2）熔体本身氧化或有机械损伤，使熔体的实际截面变小。

3）熔断器周围的环境温度过高也会造成熔体熔断。应改善通风条件，加强散热。

四、自动空气开关和漏电开关的运行与维护

1. 自动空气开关触头过热的原因及其处理

自动空气开关用于低压配电电路、电动机或其他用电设备电路中，能接通、承载以及分断正常电路条件下的电流，也能接通和分断短路电流。保护线路和设备免受过载、短路及欠电压的危害。其开关触头过热的主要原因有：

（1）开关容量过小或有短路电流流过开关触头。开关容量过小时，开关的接触面与通过的电流不相适应会造成触头过热。若有大容量设备启动或短路电流通过触头时，开关会在动静触头间发生弧光，使触头过热甚至会发生熔焊。此时可更换大容量的开关，并且注意一般不能用开关启动负荷。用开关直接启动负荷时，不能频繁操作，而且开关的容量应比设备的额定电流大三倍以上。发生轻微熔焊时，整修后可继续使用，发生严重熔焊时应更换触头。

（2）开关的动静触头间压力降低，造成接触不良，接触电阻增大。此时可对开关触头进行修整，并调整开关触头的弹簧压力，使之接触良好。对触头间的氧化层应及时清除并在清除氧化层后涂以凡士林。

（3）由于操动机构方面的原因，动触头插入静触头的深度不够，降低了开关的容量，导致触头发热。此时可调整操动机构的杠杆，保证动触头的插入深度达到规定要求。

2. 断路器合闸线圈烧坏的原因及其处理

低压断路器合闸线圈烧坏的常见原因主要有：

（1）合闸线圈在完成合闸后辅助触点未能及时将合闸线圈的电源切断。断路器跳、合闸线圈按其设计都只能短时通电工作，如线圈在开关合闸后不能及时断电，长时间运行时，必将因过热而烧毁。此时可检查辅助开关的触点是否完好，有无烧结粘连的现象。

（2）机械结构失灵。应检查主开关与辅助开关的联动机构是否正常。当联动机构失灵时，辅助开关的触点将不能正常开合，这将导致线圈不能及时断电。

（3）接线出错而使线圈不能断电，应按电气图纸检查控制电路接线。

（4）线圈回路中有接地现象。由于线圈回路接地故障，使线圈不再受辅助开关的控制，接通电源后线圈即带电。此时应检查线圈的绝缘，是否有接线搭地的现象。

3. 断路器常见故障及其处理

低压断路器常见故障的原因和处理方法见表 6-2。

表 6-2　　　　　　　　　　　低压断路器常见故障及其处理

序号	故障现象	原　　因	处　理　方　法
1	手动操作断路器不能闭合	（1）失电压脱扣器无电压或线圈损坏； （2）储能弹簧变形，导致闭合力减小； （3）反作用弹簧力过大； （4）机构不能复位再扣	（1）检查线路，施加电压或更换线圈； （2）更换储能弹簧； （3）重新调整弹簧力； （4）调整再扣面至规定值
2	电动操作断路器不能闭合	（1）操作电源电压不符； （2）电源容量不够； （3）电磁铁拉杆行程不够； （4）电动机操作定位开关变位； （5）控制器中整流管或电容器损坏	（1）调换电源； （2）增大操作电源容量； （3）重新调整或更换拉杆； （4）重新调整； （5）更换损坏元件
3	有一组触头不能闭合	（1）一般型断路器的一相连杆断裂； （2）限流断路器拆开机构的可拆开连杆之间的角度变大	（1）更换连杆； （2）调整至原技术条件规定值
4	分励脱扣器不能使断路器分断	（1）分励脱扣线圈短路； （2）电源电压太低； （3）再扣接触面太大； （4）螺丝松动	（1）更换线圈； （2）调换电源电压； （3）重新调整； （4）拧紧
5	欠电压脱扣器不能使断路器分断	（1）反力弹簧变小； （2）若储能释放，则储能弹簧变小或断裂； （3）机构卡死	（1）调整弹簧； （2）调整或更换储能弹簧； （3）消除卡死原因（如生锈）
6	启动电动机时断路器立即分断	（1）过电流脱扣器瞬时动作整定值太小； （2）脱扣器某些零部件损坏，如半导体器件、橡皮膜等损坏； （3）脱扣器反力弹簧断裂或落下	（1）调整瞬动整定值； （2）更换脱扣器或更换损坏的零部件； （3）更换弹簧或重新装上

续表

序号	故障现象	原　　因	处 理 方 法
7	断路器闭合经一定时间自动分断	(1) 过电流脱扣器长延时整定值不对; (2) 热元件或半导体延时电路元件变化	(1) 重新调整; (2) 更换
8	断路器温升过高	(1) 触头压力过低; (2) 触头表面过分磨损或接触不良; (3) 两个导电零件连接螺钉松动; (4) 触头表面污染	(1) 调整触头压力或更换弹簧; (2) 更换触头或清理接触面。不能更换者,只好更换整台断路器; (3) 清除油污或氧化层
9	欠电压脱扣器噪声	(1) 反力弹簧太大; (2) 铁芯工作面有油污; (3) 短路环断裂	(1) 重新调整; (2) 清除油污; (3) 更换衔铁或铁芯
10	辅助开关不通	(1) 辅助开关的动触桥卡死或脱落; (2) 辅助开关传动杆断裂或滚轮脱落; (3) 触头不接触或氧化	(1) 拨正或重新装好触桥; (2) 更换传动杆或更换辅助开关; (3) 调整触头,清理氧化物
11	带半导体脱扣器的断路器误动作	(1) 半导体脱扣器元件损坏; (2) 外界电磁干扰	(1) 更换损坏元件; (2) 清除外界干扰,如邻近的大型电磁铁的操作、接触器的分断、电焊等,予以隔离或更换线路

4. 漏电断路器常见故障及其排除方法

漏电断路器常见故障及其排除方法见表 6-3。

表 6-3　　　　　　　　　　漏电断路器常见故障及其排除方法

故障状态			原　　因	排 除 方 法
操作反常	不能合闸		连杆机机械损坏	更换
			机构弹簧断裂或疲劳性失效	更换
			锁扣没有锁位	使其锁扣
			锁扣磨损已不能锁扣	更换
		漏电脱扣器不能复位	漏电脱扣器进入尘埃,水汽等导致吸合不住	更换、返修
			牵引杆变形复位点位移	揭开密封板、重新调整复位点
			漏电脱扣器灵敏度下降	更换、返修
			漏电继电器摇臂复位拉簧脱落	更换拉杆
		放大机构故障	晶闸管、集成块或其他电子元件击穿	更换报废元件
			操作按钮没有复位	按复位钮使其复位
		经常使用电压脱扣器来脱操		更换断路器,将电压脱扣改为电操作
	不能分闸		由于短路电流作用,双金属片变形	修理
			电压不足,线圈没有励磁	使线圈励磁
			没有经过必须的锁扣时间	等双金属片冷却后再锁扣
			分合机构磨损性故障	更换
			分合弹簧折断,疲劳性失效	更换
			触头熔焊,自由脱扣机构不能动作	更换
			分断大电流而使触头熔焊	用分断容量较大的漏电断路器替

续表

故障状态		原　因	排除方法
操作反常	按动试验按钮负载不动作	试验按钮按不到底	加长按钮顶端
		试验回路断线	重新焊接
		试验电阻烧毁	更换电阻
		零序电流互感器副边引线折断	重新焊接
		电子元件部分虚焊断线	重新焊接，连线
		电子元件特性变化，整机灵敏度下降	更换
		漏电脱扣器衔铁支撑点焊脱落	更换
按动试验按钮，漏电动作后没有指示		指示灯不良，寿命已到	调换新指示灯
		指示按钮装置部分调整不佳，造成指示件跳不出	更换
		指示件复位弹簧未装	装入弹簧
漏电动作值变小		半导体元件或晶闸管漏电电流增大	更换管子
		漏电脱扣器动作功率或保持力等变小	调节永久磁铁；调节释放拉簧，使力变大
漏电动作值变大		零序电流互感器特性下降，或剩磁增大	更换零序电流互感器
		半导体元件放大倍数下降	更换管子
		漏电脱扣器动作功率或保持力变大	调节永久磁铁；调节释放拉簧，使力变大
三相漏电动作值差异明显		整流部分的滤波电容击穿	更换元件
手柄拆断		操作力过大	更换手柄
		手柄和机架相对位置错位	更换手柄
导通不良		动静触头间混进异物	去除异物
		分断电流过大，导电部分熔断	更换
		短路电流作用使触头损耗大	更换
		操作频率过高而引起导电部分软连接折断	更换
在正常负载下动作		环境温度过高；选择不当或温度修正曲线选择不当	更换规格
		温升过高；触头发热；接线端部分松动	加固接线端
		漏电断路顺质量差；调整不合格	更换
启动过程中误动作		由于反复启动，启动电流引起发热	更换规格
		启动时间长	更换规格
启动瞬时动作		启动电流大	更新调整电磁脱扣或更换规格
		Y—△启动转换时过渡电流或反转时的过渡电流	
		瞬时再启动时的闪流	同上
		电动机绝缘层短路	修理电机
		热脱扣器动作后没有充分冷却	应充分冷却
		漏电断路器操动机构磨损或转轴变形	更换
		在合闸同时有反常电流	检查电路排除故障
		漏电断路器质量差	更换

续表

故障状态	原　　因	排除方法
合闸时误动作	配线长，对地静电容量大，有漏电流流过	变更额定漏电动作电流
	漏电断路器并联使用，或没有接入零线	接正确接线法接线
使用过程中误动作	雷电感应或过强的脉冲过电压，过电流窜入	在漏电断路器中安装防冲击波装置
	附近有大电流母线	远离电流源
电源侧短路误动作	电弧空间不足	消除原因，更换机座
	灰尘堆积	清洁，去除灰尘
	导电体落在电源侧	消除原因，更换机座
接线端温度升高反常	紧固不良	增固
	触头接触不良，使触头发热	修理触头
	维护保养不良使触头发热、紧固部发热	增固、修理触头
接线螺钉发热	螺钉松动	增固
	螺钉和接线端接触不良	螺钉重新调过
	超过所选的额定电流	调换规格
	使用电源频率不当	调换品种
过电流时不脱扣	短路电流作用使双金属片变形	更换
	运输震动等外部原因使电流脱扣器衔铁失落或卡死	更换
	漏电断路器质量差	更换
	后备保护断路器分断时间短	降低电流整定值，变更后备保护开关

五、热继电器的运行与维护

1. 热继电器选择

（1）一般情况下，可选用两相结构的热继电器。当电网电压的均衡性较差，工作环境恶劣或较少有人照管的电动机，可选用三相结构的热继电器。当电动机定子绕组是三角形接法时，应采用有断相保护装置的三相结构的热继电器。

（2）热元件的额定电流等级一般略大于电动机的额定电流。热元件选定后，再根据电动机的额定电流调整热继电器的整定电流，使之等于电动机的额定电流。对于过载能力较差的电动机，所选用的热继电器的额定电流应适当小一些，一般为电动机额定电流的60%～80%；如果电动机拖动的是冲击性负载（如冲床、剪床）或电动机启动时间较长的情况下，选择的热继电器的整定电流要比电动机额定电流高一些。

（3）双金属片热继电器一般用于轻载、不频繁启动电动机的过载保护。对于重载、频繁启动的电动机，可采用过电流继电器做过载和短路保护。

2. 热继电器常见故障及处理

热继电器的常见故障主要有热元件烧断、热继电器误动作和拒绝动作，其具体见表6-4。

表 6—4　　　　　　　　　　热继电器常见故障诊断及处理

故障现象	诊　　断	处　理　方　法
电动机烧坏热继电器不动作	（1）热继电器的整定电流设置过大； （2）热继电器的热元件脱焊或烧断； （3）动作机构卡住； （4）上导板脱出	（1）按电动机的额定工作电流来设置整定电流值； （2）退出运行，将其更换； （3）退出运行，将其更换； （4）重新放入，并作灵活性检查
热继电器动作太快	（1）整定电流设置偏小； （2）电动机启动时间过长； （3）连接导线截面太小； （4）强烈的冲击振动； （5）可逆动转及密接通断	（1）合理设置整定电流值，如热继电器的整定电流范围未包含所需整定值，则更换热继电器规格； （2）改选用其他脱扣器等级的热继电器； （3）改用相关要求的截面导线； （4）采取防振措施； （5）改用其他保护方式（如电流保护）
动作不稳定	（1）接线螺钉未拧紧； （2）电源电压波动太大，配电电压质量差	（1）拧紧接线螺钉； （2）加装电力稳压器，改善电源电压质量
热元件烧断	负载侧短路	根据负荷大小加装短路保护电器
主电路不通电	（1）接线螺钉未拧紧； （2）热元件烧毁	（1）拧紧接线螺钉； （2）更换热继电器
辅助电路不通电	（1）触头表面有油污； （2）辅助电路额定工作电压太低	（1）清除触头表面油污； （2）提高辅助电路额定工作电压

3. 热继电器误动作的原因及其处理

热继电器误动作的原因及处理方法如下：

（1）整定值偏小。应合理调整整定值，如热继电器额定电流不符合要求，应予以更换。

（2）电动机启动时间过长。由于电动机启动电流较大，如果启动时间很长，较大的启动电流延续时间过长，热继电器会发热动作。此时可按启动时间要求，选择具有合适的返回时间级数的热继电器或在启动过程中将热继电器的动断触点临时短接。

（3）操作频率过高、密集通断或可逆转。密集通断或可逆运转一般不宜选用双金属片-热元件式热继电器，应改用其他保护方式（如采用过电流保护）。操作频率过高时，可合理选用并限定操作频率。

（4）强烈的冲击振动。对有强烈冲击振动的场合，应选用带防冲击振动装置的专用热继电器，或采取防振措施。

（5）环境温度变化太大或环境温度过高。可改善使用环境，使周围介质温度不高于+40℃且不低于-30℃。

4. 热继电器拒绝动作的原因及其处理

热继电器拒绝动作的原因及其处理方法如下：

（1）整定值偏大或整定调节刻度有偏大的误差。可重新调整整定值。调整过程如下：启动电动机正常运行后，将调整电流的凸轮向小电流方向旋转，直到热继电器动作，然后再将凸轮向大电流方向稍作旋转即可。此时的整定值一般在电动机额定电流的1.1倍左右。

（2）热元件烧坏或脱焊。应更换已坏继电器。

（3）动断触点烧结不能断开。可检修触点，若有烧毛时可轻轻打磨，对表面灰尘或氧化物等要经常清理。

（4）动作机构卡住或导板脱出。进行维修调整，但应注意修后不能使其特性发生变化。

170

若导板脱出可重新放入，并试验动作是否灵活。

5. 热继电器动作太快的原因及其处理

热继电器动作太快的原因及其处理方法如下：

（1）热继电器的整定电流太小。应根据负荷的额定电流合理调整整定值。若热元件的额定电流值与负荷的额定电流不相适应，则要更换热元件。

（2）电动机启动时间过长或操作过于频繁。若电动机启动时间过长但操作不频繁时，可在启动时临时将热继电器动断触点短接；若启动比较频繁时，则应通过试验适当加大热元件的整定电流值；若启动过于频繁或密集通断、可逆运转时，则不宜采用热继电器保护。

（3）与热继电器相连接的导线过细或连接不牢导致接触电阻过大，引起局部过热，通过热传导作用使继电器的热元件发热变形。这两个原因都可造成热元件的非过负荷误动作，因此应合理选用连接导线并压紧接线端。热继电器连接用导线的截面积见表6-5。

表6-5 热继电器连接用铜导线截面选用

热元件额定电流（A）	导线截面（mm²）	热元件额定电流（A）	导线截面（mm²）
<11	2.5	45～63	16
11～22	4	63～100	25
22～33	6	100～160	35
33～45	10		

六、电磁铁的运行与维护

1. 电磁铁线圈过热的原因及处理方法

电磁铁线圈过热的可能原因及处理方法主要有：

（1）线圈的电源电压比线圈的额定电压高得多。若为三相电磁线圈可检查将星形连接形式误接为三角形连接形式。

（2）电磁铁的工作定额（负载持续率）与线圈的特性不符。此时可更换线圈。

（3）电磁铁的牵引力过载。此时应调整弹簧压力或调整行程。

（4）在工作位置上电磁铁极面间不紧贴。应调整机械部分消除极面间隙。

2. 电磁铁吸合时发出很大噪声的原因及处理方法

电磁铁吸合时发出很大噪声的原因及处理方法主要有：

（1）电磁铁严重过负荷。要调整弹簧压力或调整重锤位置。

（2）铁芯极面故障。主要包括极面有污垢或生锈；极面接触不正；极面不平等。此时应修整极面，将污垢或锈迹除净，调整机械结构使极面接触平整，极面不平时要修平。

（3）单相电磁铁铁芯上的短路铜环断裂或脱落。此时应重新焊好短路铜环或加固。

（4）三相电磁铁的一相绕组烧坏。应更换绕组。

（5）线圈电压过低，吸力不足造成换铁芯振动。应提高线圈的电源电压至额定电压。最低不能低于额定电压的85%。

第七章

工厂继电保护及其整定计算

第一节　工厂继电保护的基本任务与要求

一、继电保护的基本任务

工业企业供配电系统中，由于电气设备内部绝缘的老化、损坏或雷击、外力破坏以及工作人员的误操作等，使运行中的电气设备发生故障和不正常运行状态。最常见的故障是各种形式的短路，短路产生很大的短路电流，使电气设备承受电动力和热效应的作用，造成的危害主要有：

（1）故障点的短路电流很大而燃起电弧，使故障设备损坏。

（2）从电源到短路点间流过短路电流，它们引起的发热和电动力将造成在该路径中有关的非故障元件损坏。

（3）靠近故障点的电压大幅下降，使其他设备的正常工作遭到破坏而影响生产和产品的质量。

（4）破坏电力系统的稳定性。

所谓不正常工作状态是指电力系统的正常工作受到干扰，使运行参数偏离正常值，如一些设备的过负荷、系统频率过低、中性点不接地系统中发生单相接点等。

电气设备处于故障和不正常工作状态时，若不及时处理或处理不当，就可能引起事故。事故是指人员伤亡和设备损坏，系统对用户少供电或停电、电能质量下降到不能容许的程度。

故障和不正常运行情况常常是难以避免的，但事故却可防止。电力系统继电保护装置就是装设在每一个电气设备上，用来反映电气设备发生的故障和不正常运行状态，从而动作于断路器跳闸或发出信号的一种有效的反事故的自动装置。在供配电系统继电保护的主要任务如下：

（1）当某一个被保护的电气元件（或设备）发生故障时，继电保护装置能自动地、迅速地、有选择性地动作，使对应的断路器跳闸，将故障的电气元件（或设备）从供配电系统中切除，使其他非故障部分能迅速恢复正常供电，并使故障元件（或设备）免遭继续破坏，以减少或消除故障所引起的严重后果。

（2）当某一个被保护的电气元件（或设备）出现不正常运行状态时，继电保护装置应能正确反映电气设备的不正常运行状态，即根据要求经过一定的时限后发出预报信号，以便值班人员采取措施，以消除不正常运行状态，使电气设备正常工作。

（3）继电保护装置与供配电系统的自动装置（如自动重合闸装置、备用电源自动投入装置等）配合，可以大大缩短事故停电时间，从而提高供配电系统的运行可靠性。

由于企业供配电系统的供配电范围较小，负荷密度较大，线路负荷较重，电气设备工作环境恶劣，运行操作频繁等原因，故企业供配电系统继电保护的特点应是简单、有效、可靠、有较强的抗干扰能力。

电力系统发生故障时，会引起电流的增加和电压的降低，以及电流与电压间相位的变化等，因此电力系统中所应用的各种继电保护装置，大多数是利用故障时物理量与正常运行时物理量的差别来构成的。例如，反映电流增大的过电流保护、反映电压降低（或升高）的低电压（或过电压）保护等。能够反映故障时物理量（电量或非电量）变化、并能够与事先通过计算已设定的整定值进行比较、判断是否应该启动的继电器，称为继电保护装置的启动元件。如反映电流增大或电压降低（或升高）的电流或电压继电器。因此人们设计出了能够反映各种物理量变化的继电器，如电流继电器、电压继电器、气体继电器、频率继电器、温度继电器、压力继电器等电气和非电气继电器，用来构成各种继电保护装置和自动控制装置。继电保护原理结构的方框图如图 7-1 所示，继电保护装置按功能可分为三部分：① 检测部分，用来接收反映被保护设备状态的有关信息（如来自电流互感器或电压互感器的电流或电压等），并与整定值进行比较判断，输出"是"（启动）或"非"（不启动）的逻辑信号；② 逻辑部分，根据检测部分输出的逻辑信号，按照一定的逻辑程序工作，向执行部分输出"是"（执行）或"非"（不执行）的逻辑信号；③ 执行部分，根据逻辑部分传输的信号，最后完成保护装置所担负的任务，即给出跳闸或信号脉冲。

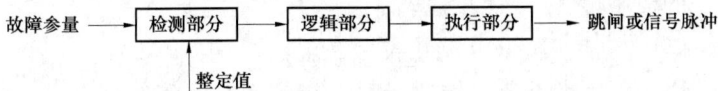

图 7-1　继电保护原理结构方框图

二、对继电保护的基本要求

为了使继电保护能及时、正确地完成它所担负的主要任务，供配电系统对继电保护提出了选择性、速动性、灵敏性和可靠性等四个基本要求。

1. 选择性

当电力系统中某部分发生故障时，继电保护应保证使最靠近故障点的断路器首先跳闸，只将故障部分切除，使停电范围尽量缩小，以保证其他非故障元件能继续维持正常运行。保护装置具备的这种能正确地挑选并切除故障部分，以减小故障停电范围的能力称为保护动作的选择性要求。满足选择性要求的目的，就是为了减小故障停电造成的损失，从而提高系统供配电的可靠性。

2. 速动性

为了减轻短路故障电流对电气设备的损害程度，要求继电保护装置在发生短路故障时尽快动作将故障切除。快速地切除故障部分还可以防止故障范围扩大，加速系统电压的恢复过程，减少用户在故障时低电压下的工作时间，有利于工厂电动机的自启动，提高电力系统运行的稳定性和可靠性。

应当指出，为了满足选择性，企业供配电系统的某些继电保护需要带一定时限，允许时切除故障的时间一般为 0.5~2.0s。即速动性和选择性往往是有矛盾的，当两者发生矛盾时，一般应首先满足选择性而牺牲速动性，但应在满足选择性的情况下，尽量缩短切除故障的延时时间。切除故障所需要的时间等于继电保护装置整定的延时时间及其动作时间与断路器跳闸至灭弧时间的总和，为此，应尽量采用快速继电保护和快速断路器。但在许多允许有一定延时来切除故障的场合，就不一定都要选用价格昂贵的快速动作的断路器和继电保护装置，以便降低设备投资费用。对一个具体的保护装置来说，在无法兼顾选择性和速动性的情况下，为了快速切除故障以保护某些关键设备，或者为厂尽快恢复系统的正常运行，有时甚至也只好牺牲选择性来保证速动性。

3. 灵敏性

灵敏性是指在所希望的（所规定的）保护范围内发生所有可能发生的故障或不正常工作状态时，保护装置的反应能力。所谓希望的保护范围是指在该保护范围内故障时，不论故障点的位置以及故障的类型如何，保护装置都能敏锐且正确的使继电保护装置的启动元件启动。所谓反应能力是用继电保护装置的灵敏系数（灵敏度）来衡量。如果保护装置对其保护区内极轻微的故障都能及时地反应和动作，就说明保护装置的灵敏度高。继电保护装置的灵敏度一般是用被保护电气设备故障时，通过保护装置的故障参数（例如短路电流）与保护装置整定的动作参数（例如动作电流）的比值大小来判断的，这个比值称为灵敏系数，亦称灵敏度，用 K 表示，其大小代表灵敏度高低。

（1）对于反映故障时参数量增加而动作的保护装置，其灵敏度的定义为：灵敏度=保护区末端金属性短路时的最小计算值/保护装置动作参数的整定值。

如过电流保护的灵敏度为

$$K_{sen}=I_{k.min}/I_{OP.2} \tag{7-1}$$

式中　$I_{k.min}$——保护区内末端金属性短路时最小短路电流（折算到电流互感器二次侧）；

　　$I_{OP.2}$——保护装置的二次动作电流值（即保护装置整定的动作电流）。

（2）对于反映故障参数量降低而动作的保护装置，其灵敏度的定义为：灵敏度=保护装置动作参数的整定值/保护区末端金属性短路时的最大计算值。

如低电压保护的灵敏度为

$$K_{sen}=U_{OP.2}/U_{k.max} \tag{7-2}$$

式中　$U_{OP.2}$——保护装置的二次动作电压值（即保护装置整定的动作电压）；

　　$U_{k.max}$——被保护区末端金属性短路时，保护安装处母线上的最大残余电压值（折算到电压互感器二次侧）。

对不同作用的保护装置和被保护设备，所要求的灵敏度是不同的，在 GB/T 50062—2008《继电保护和自动装置设计技术规程》中规定：主保护的灵敏度一般要求不小于 1.5~2。

由式（7-1）和式（7-2）可见，若某点的灵敏度小于 1 时，就意味着该点在最不利于启动的情况下，保护装置不可能动作，或者说保护范围缩小，以至于不包括该点；由于灵敏度的定义式中把金属性短路作为取值条件（便于计算），考虑到故障可能是非金属性短路以及测量误差和保护装置误差等因素，因此要求 $K_{sen}>1$。若某点的灵敏度大于 1 而小于要求值时，则意味着该点短路时保护装置就不能可靠动作，或者说最小保护范围可能不包括该点；若某点的灵敏度达到要求时，才能保证保护装置可靠动作。

为此，要求保护装置不但在最大运行方式下三相金属性短路时能可靠地动作，而且在最小运行方式和经过较大的过渡电阻两相短路时（最不利于启动的情况）也能可靠地动作。

最大运行方式是指被保护线路末端短路时，系统等值阻抗最小，而通过保护装置的短路电流为最大的运行方式。

最小运行方式是指电力系统处于短路阻抗为最大，短路电流为最小的状态的一种运行方式。即指被保护线路末端短路时，系统等值阻抗最大，而通过保护装置的短路电流为最小的运行方式。

校验保护装置的灵敏度，应根据对保护装置动作最不利的条件进行计算，即把灵敏度校验点选在保护区末端，只校验在最小运行方式下该点发生两相短路时，保护装置的灵敏度是否满足要求。

4. 可靠性

企业供配电系统对任何电气设备、元件或装置都有可靠性的要求，继电保护装置的可靠性是指继电保护装置在其所规定的保护范围内发生故障或不正常工作状态时，一定要准确动作，即在应该动作时，就应该动作，不能拒动；而其他非故障电气元件（或设备）的保护装置（即故障或不正常工作状态发生地点不属其保护范围）则一定不应动作，即在不应该动作时，不能误动。供配电系统正常运行时，也不应该误动作。继电保护装置的任何拒动或误动，都会降低电力系统的供电可靠性。如果不能满足可靠性的要求，则继电保护装置本身便成为扩大事故或直接造成事故的根源。保护装置的可靠程度，与保护装置的元件质量、接线方案以及安装、整定和运行维护、外部环境等多种因素有关。为了提高保护装置动作的可靠性，应尽量采用高质量的继电器，简化保护装置接线（即所采用的继电器个数及串联的接点数目应尽可能少些），提高安装和调试质量，加强运行和维护等。

除了满足上述的四个基本要求外，继电保护装置还应投资少，便于调试和运行维护，并尽可能满足用电设备运行的条件。不同的保护对象、不同的保护装置对四项要求往往有所侧重，在考虑继电保护方案时，要正确处理四个基本要求之间既相互联系又相互矛盾的关系，使继电保护方案技术上安全可靠，经济上合理。

第二节　工厂常规继电保护

一、高压线路常规保护

由于一般企业的高压线路不长，容量不大，因此其继电保护装置通常比较简单，按照GB/T 50062—2008《电力装置的继电保护和自动装置设计规范》规定，对 3～66kV 电力线路，应装设相间短路保护、单相接地保护和过负荷保护。

作为线路的相间短路保护，主要采用带时限（定时限和反时限）的过电流保护和瞬时动作的电流速断保护（统称为过电流保护），只有当定时限过电流保护的灵敏度不够时，才会采用低电压闭锁的过电流保护等；当瞬时动作的电流速断保护灵敏度不够时，才会采用电流电压联锁速断保护等；当定时限过电流保护的时限不大于 0.5～0.7s 时，可不装设瞬时动作的电流速断保护。相间短路保护应动作于断路器的跳闸机构，使断路器跳闸，切除短路故障部分，同时动作于发出信号。

作为单相接地保护，可采用两种方式：① 绝缘监视装置，利用电压互感器等元件构成，动作于发生信号；② 零序电流保护，利用零序电流互感器等元件构成，亦动作于发出信号，但当危及人身和设备安全时，则应动作于跳闸。对可能经常过负荷的电缆线路，应装设过负荷保护动作于发出信号。

各种继电保护装置的设计原理都要满足对继电保护装置的基本要求，在处理灵敏性和选择性的关系时，通常依靠采用各级保护动作整定值不同（如电流速断保护）或动作时限不同（如定时限过电流保护）来满足选择性要求，在满足选择性要求的前提下，尽量降低动作整定值，以扩大保护范围，提高保护灵敏度。

1. 瞬时电流速断保护

瞬时电流速断保护，又称无时限电流速断保护。在小电流接地系统中，保护相间短路的瞬时电流速断保护，一般都采用不完全星形接线方式。它既可采用 GL 系列电流继电器（感应式）来实现，又可采用 DL 系列电流继电器（电磁式）来实现。

图 7-2 为线路上同时装有瞬时电流速断保护和定时限过电流保护的原理电路图，其中 1KA、2KA、1KS 和 K 属瞬时电流速断保护。从组成上看，瞬时电流速断保护就是一种瞬时动作（无延时）的过电流保护，当本线路相间短路发生在瞬时电流速断保护范围内时，瞬时电流速断保护的 1KA 或 2KA 立即动作而直接接通信号继电器 1KS 和中间继电器 K 的线圈回路，由中间继电器的常开触点接通断路器 QF 的跳闸回路。也就是说瞬时电流速断保护装置只要测量到线路的电流大于整定电流，不经任何延时就使相关的断路器跳闸，达到快速切除故障的目的。

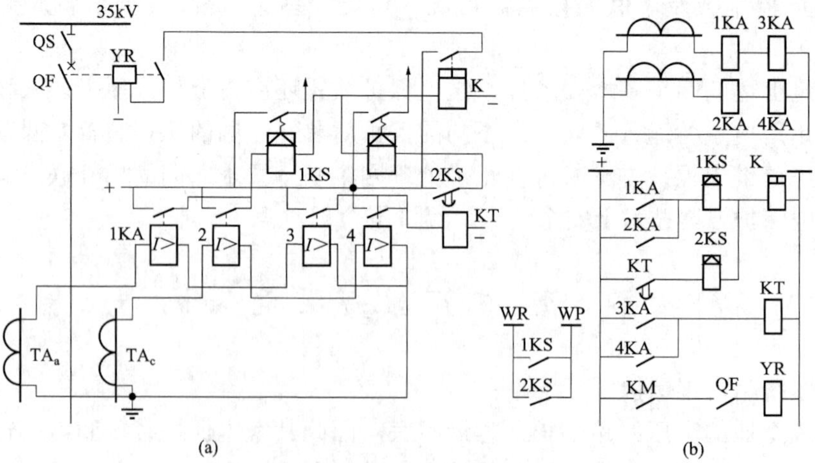

图 7-2　瞬时电流速流与定时限过电流相配合的原理电路图
(a) 原理接线图；(b) 原理展开图

瞬时电流速断保护作为线路（或设备）的主保护，其保护范围理应包括本线路全长（或本设备全部）。由于保护无延时，其保护范围又不能延伸至下一级线路（或设备）。瞬时电流速断保护整定及保护范围如图 7-3 所示。

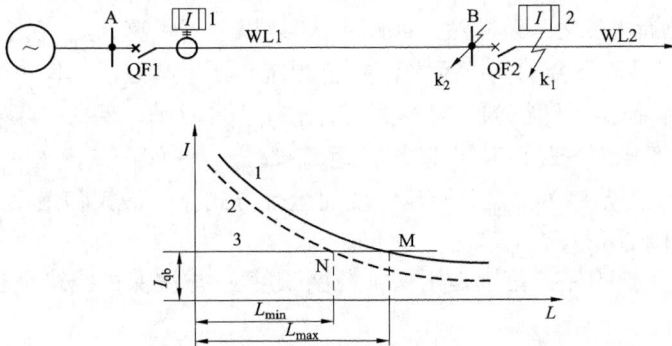

图 7-3 瞬时电流速断保护整定及保护范围

由于 k_1 点与 k_2 点之间的空间距离很短，即电气距离（阻抗）近似为零，实际上两点短路电流近似相等，电流继电器无法区别。在后一级线路首端发生三相短路时，要避免前一级速断保护误动作，就只有采用提高其动作电流整定值以限制其保护动作范围的方法才能实现。

（1）瞬时电流速断保护动作电流的整定。为了保证前后两级电流保护的选择性，瞬时电流速断保护的动作电流（即速断电流）$I_{qb.1}$ 应躲过被保护线路末端短路时可能出现的最大短路电流（最大运行方式下三相短路电流），$I_{k.max}^{(3)}$ 来整定。

即 $I_{qb.1} > I_{k.max}^{(3)}$，亦即：

$$I_{qb.2} = K_{rel}K_w I_{k.max}^{(3)}/K_i \tag{7-3}$$

式中 K_{rel} ——可靠系数，对 DL 型电流继电器，取 1.2～1.3；对 GL 型继电器，取 1.4～1.5；

K_w ——保护装置的接线系数。对两相继电器接线（相电流接线）为 1，对两相一继电器接线（两相电流差接线）为 $\sqrt{3}$（视最大负荷电流对称）；

K_i ——电流互感器的变比。

只有这样整定，才能避免瞬时电流速断保护越级跳闸，以保证选择性。因为这样整定，其保护范围退出本线路末端，使其实际上不能保护线路全长。

（2）瞬时电流速断保护的范围。正确理解短路电流大小是理解瞬时电流速断保护范围的关键，短路电流 I_k 大小与短路点远近（短路阻抗大小）、电力系统运行方式、短路类型有关。不同短路点，I_k 大小不同，即短路点离电源侧越远（近），短路阻抗越大（小），短路电流越小（大）；同一短路点，短路类型不同，I_k 大小不同，即 $I_k^{(3)} > I_k^{(2)}$；同一短路点，相同的短路形式，电力系统运行方式不同，I_k 大小不同，即系统阻抗越大（小），短路电流越小（大），因而最大运行方式下 $I_{k.max}$ 大于最小运行方式下 $I_{k.min}$。所以，同一点短路电流可能出现两种相反的极端情况为最大运行方式下的三相短路电流 $I_{k.max}^{(3)}$ 和最小运行方式下的两相短路电流 $I_{k.max}^{(2)}$。

在图 7-3 中，给出了短路点位置与对应的短路电流大小的关系曲线。其中曲线 1 表示最大运行方式下流过保护装置的三相短路电流 $I_{k.max}^{(3)}$ 与保护安装处至短路点的距离 L 的关系，曲线 2 表示最小运行方式下流过保护装置的两相短路电流 $I_{k.max}^{(2)}$ 与 L 的关系，直线 3 表示保护装置的速断电流 $I_{qb.1}$，直线 3 分别与曲线 1 和 2 交于 M 和 N，即线路上 M 点（至电流互感器安装处的距离为 L_{max}）的最大短路电流 $I_{k.max}^{(3)}$ 和 N 点（距离为 L_{min}）的最小短路电

流 $I_{k.max}^{(2)}$ 恰好等于速断电流 $I_{qb.1}$。显然，线路上 M 点以后（距离＞L_{max}）任何一点，$I_{k.max}^{(3)} <$ $I_{qb.1}$，瞬时电流速断保护不会动作；反之，M 点以前，$I_{k.max}^{(3)} > I_{qb.1}$，保护会动作，说明其最大保护范围为 L_{max}。但是，同在 N～M 段线路上，$I_{k.max}^{(3)} > I_{qb.1}$，保护又不会动作，说明其保护范围随短路电流变化而变化。N 点以前（距离＜L_{min}，任何一点，$I_{k.max}^{(2)} > I_{qb.1}$，保护都会动作，说明其最小保护范围为 L_{min}。经常出现的运行方式介于最大和最小运行方式之间，同理，常见的保护范围 L 介入 L_{min} 和 L_{max} 之间。

瞬时电流速断保护的保护范围是用保护范围长度 L 与被保护线路全长 L_{AB} 的百分比表示的，即

$$L\%=(L/L_{AB})\times100\% \qquad (7-4)$$

（3）瞬时电流速断保护灵敏度校验。按照灵敏度的定义，在某点灵敏度满足要求，应包括两种含义：① 在该点短路，保护能可靠动作；② 灵敏度越高，最小保护范围超过该点延伸的越多。

因为瞬时电流速断保护无法保护本线路末端，所以其灵敏度校验点不可能选在本线路末端，而只能选在本线路首端，按灵敏度含义②估计超过首端的最小保护范围大小。

瞬时电流速断保护的灵敏度按其安装处（即线路首端）在系统最小运行方式下的两相短路电流（作为最小短路电流）$I_{k.max}^{(2)}$ 来检验。因此瞬时电流速断保护的灵敏度必须满足的条件为

$$K_{sen}=I_{k.min}^{(2)}/I_{qb.1}=K_w I_{k.min}^{(2)}/K_i I_{qb.2}\geqslant1.5 \qquad (7-5)$$

式中 $I_{qb.1}$、$I_{qb.2}$——保护一次侧动作电流；

$I_{k.min}^{(2)}$——线路首端在系统最小运行方式下的两相短路电流。

瞬时电流速断保护的灵敏度通常也可用保护范围来衡量，保护范围越大，说明保护越灵敏。一般认为最小保护范围 L_{min} 超过被保护线路全长的 50%时，保护效果良好。

如果线路比较短，运行方式变化大，采用瞬时电流速度保护时，灵敏度往往不够，可采用电流闭锁电压速断保护，以提高保护的灵敏度。

2. 定时限过电流保护

在供电系统中，当被保护线路发生短路时，继电保护装置延时动作，并以恒定的动作时间来保证选择性，动作时间与短路电流大小无关，这就是所谓定时限过电流保护。其特点是动作整定值小，保护范围大，灵敏度高，但延时时间往往较长，不利于快速切除短路故障，因此常作为其他保护的后备保护。

定时限过电流保护主要由启动元件和延时元件组成。启动元件即电流继电器的作用是当被保护线路发生短路故障，且短路电流增加到大于电流继电器的动作电流时，电流继电器立即启动。延时元件即时间继电器的作用是用以建立适当的延时，保证保护动作的选择性。

图 7-4 为两相两继电器式定时限过电流保护的原理电路图。在正常情况下，被保护线路的一次电流经电流互感器 TA 流入电流继电器 1KA、2KA，不足以将其启动，电流继电器 1KA、2KA 的常开触点是断开的。当被保护线路发生短路故障时，短路电流 $I_{k.1}$ 反映到电流继电器中，电流值 $I_{k.2}$ 若大于其整定值时便启动（三相短路或 AC 相短路启动 1KA 和 2KA；

AB 相短路启动 1KA；BC 相短路启动 1KA），并通过其触点接通时间继电器 KT 的线圈回路，时间继电器启动。经过整定的延时时间 t 后，其延时闭合的常开触点闭合，启动信号继电器 KS，其常开触点闭合发出信号；并同时启动出口中间继电器 K，其常开触点闭合，接通断路器 QF 跳闸线圈 YR，使断路器跳闸，切除短路故障。QF 跳闸后，其辅助常闭触点 QF_{1-2} 随之切断跳闸回路，实现跳闸线圈 YR 短时通电在短路故障被切除后，继电保护装置除 KS 外的其他所有继电器均自动返回起始状态，称为失电自动复归，而 KS 需手动复位。

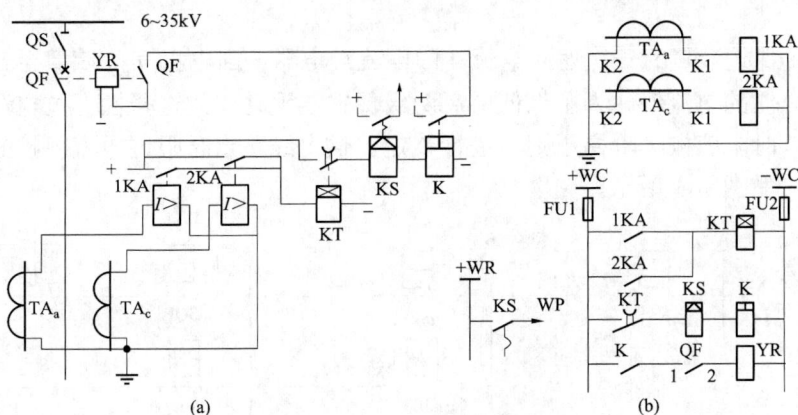

图 7-4　定时限过电流保护的原理电路图
(a) 原理接线图；(b) 原理展开图

图 7-4（a）和（b）分别为同一种电路的不同表示方法，其中图（a）为集中表示的原理电路图，即把所有元件的组成部件各自归总在一起表示，通常称为归总式原理接线图，简称原理归总图或归总图，初学者感觉易学易懂。图（b）为分开表示的原理电路图，即把所有元件的组成部件按各部件所属回路来分开表示，通常称为展开式原理结线图，简称原理展开图或展开图，熟练者认为简明清晰，便于分析、修改和设计，在工程中普遍应用（说明：二次回路图中，按 GB/T 4728.8—2000《电气简图用图形符号》规定，各元件等的项目代号中字符可由大写字母和数字组合构成，如 K1、K2。本书为方便叙述，采用在字符后标注数字下标表示同一继电器的不同触点，为避免混淆，大都改为字母前加数字，即 1K、2K，其触点则表示为 $1K_1$、$1K_2$ 和 $2K_1$、$2K_2$ 等）。

定时限过电流保护常作为其他保护的后备保护，就是因为其保护范围大且有延时，要获得更大的保护范围，只有尽量降低动作整定值。但是不能够低于正常情况下线路最大负荷电流，以免在最大负荷电流通过时保护装置误动作。在短路故障被其他保护装置切除后，已被短路电流启动的本保护装置应能可靠地返回，否则将造成本保护装置误动作，扩大停电面积。因此，企业高压供电线路的定时限过电流保护动作电流整定必须满足以下两个条件。

（1）线路输送最大负荷电流时保护装置不应启动，动作电流必须躲过（大于）最大负荷电流，即

$$I_{op.1} > I_{L.max} \tag{7-6}$$

式中　$I_{op.1}$——保护装置一次动作电流，即电流继电器动作电流 $I_{op.2}$ 归算至一次（高压）侧

4

的电流值；

$I_{\text{L.max}}$——线路最大负荷电流。考虑线路实际可能的情况，取$(1.5\sim3)I_{30}$。I_{30}为线路计算电流，即根据线路实际负荷中最大用电设备的启动电流或自启动总电流相对I_{30}所占比例大或小而取系数大或小。

（2）线路电压恢复而出现最大负荷电流时保护装置应能可靠地返回，返回电流也应躲过（大于）最大负荷电流，即

$$I_{\text{re.1}} > I_{\text{L.max}} \qquad (7-7)$$

式中　$I_{\text{re.1}}$——保护装置的一次返回电流。即电流继电器返回电流 $I_{\text{re.2}}$ 归算至一次（高压）侧的电流值。为了保证前后两级保护装置动作的选择性，过电流保护的动作时限应按"阶梯原则"进行整定。供电线路定时限过电流保护的时限配合图如图7-5所示。

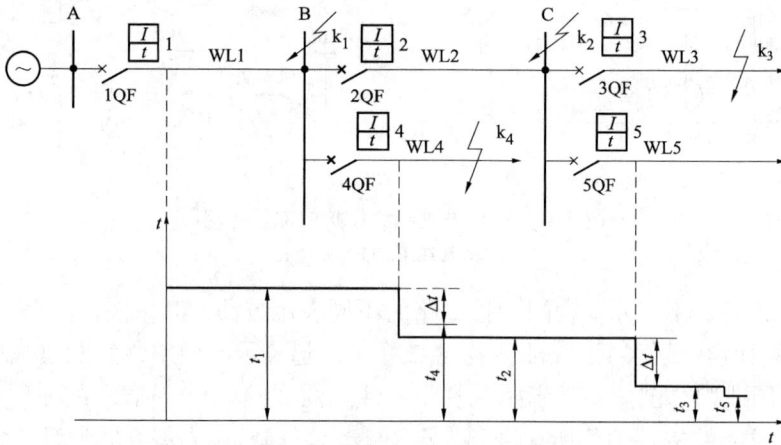

图7-5　供电线路定时限过电流保护的时限配合图

3. 低电压闭锁的定时限过电流保护

所谓低电压闭锁就是在定时限过电流保护接线中，将低电压继电器 KV 的常闭触点串联在电流继电器 KA 常开触点回路中，形成"与门"电路。低电压继电器的输入电压来自接在被保护线路母线上的电压互感器上，其动作电压及返回电压则按躲过母线正常最低工作电压 U_{min} 来整定。即要满足 $U_{\text{op.1}} < U_{\text{re.1}} < U_{\text{min}}$，则 KV 动作电压为

$$U_{\text{op.2}} = U_{\text{min}}/K_{\text{rel}}K_{\text{re}}K_{\text{u}} \approx 0.6U_{\text{N}} \qquad (7-8)$$

式中　U_{min}——母线正常最低工作电压，取（0.85～0.95）U_{N}；

　　　K_{rel}——低电压闭锁装置的可靠系数，可取 1.2；

　　　K_{re}——低电压继电器的返回系数，一般取 1.25；

　　　K_{u}——电压互感器变比。

定时限过电流保护，不仅可以作为线路的近后备保护或主保护，而且可以作为变压器、电动机（都是大阻抗元件，可视为一级）的近后备保护或主保护；不仅可以作为相邻的下一级线路的远后备保护，而且可以作为相邻下一级变压器或电动机远后备保护。

定时限过电流保护，其整定的动作电流较小，灵敏度较高，保护范围很大且互相重叠，

其选择性是依靠按阶梯原则整定的动作时限来保证的。这样，如果保护级数越多，则越靠近电源侧，短路电流越大，保护的动作时限反而越长，短路危害也越严重，显然与保护的速动性要求相背，这是定时限过电流保护在原理上存在的缺点。因此，定时限过电流保护一般作为线路或设备的后备保护，只有当动作时限较短时，才可作为线路或设备的主保护。为了克服定时限过电流保护时限较长的缺点，常与其他无时限或短时限电流保护配合，互相弥补各自的缺点；也可采用短路电流越大，保护动作时限越短的反时限过电流保护，取代定时限过电流保护。

4. 监视与单相接地保护

在第一章中已经介绍电力系统的运行方式，在小接地电流的电力系统中，若发生单相接地故障时，只有很小的接地电容电流，而相间电压仍然是对称的，因此可暂时允许继续运行。但是这毕竟是故障，而且由于非故障相的对地电压要从原来为相电压升高到线电压，即为原来对地电压的 $\sqrt{3}$ 倍，因此对线路及设备绝缘是种威胁，如果长此下去，可能引起非故障相的对地绝缘击穿而导致两相接地短路故障，这将引起一条（两相接地点在同一条线路上）或两条（两相接地点不在同一条线路上）线路开关跳闸而停电。因此，在系统发生单相接地故障或电气设备、母线等对地绝缘降低到一定值时，有必要通过无选择性的绝缘监视装置或有选择性的单相接地保护装置，发出报警信号，以便运行人员及时发现和处理。

（1）交流绝缘监视装置。交流绝缘监视（也称绝缘监察）装置作为监视单相接地故障的一种措施，用于小接地电流的系统中，可通过电压表或零序电压滤过器来反应单相接地故障状况。6～35kV 系统的绝缘监视装置，可采用三个单相双绕组电压互感器和三只电压表，接成如图 7-6（a）所示的接线，也可采用三个单相三绕组电压互感器或者一个三相五心柱三绕组电压互感器，接成如图 7-6（b）所示的接线。

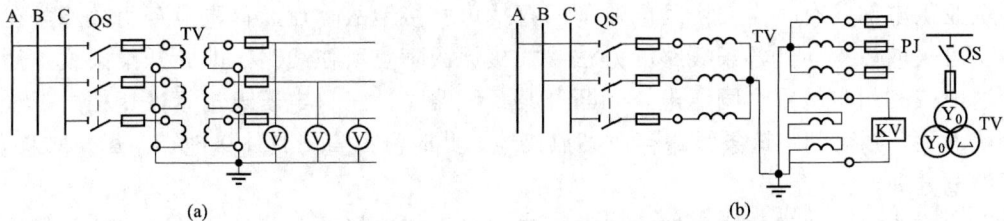

图 7-6　6～35kV 系统绝缘监视装置的接线形式
(a) 三个单相电压互感器 Y_0/Y_0 形接线；(b) 三个单相电压互感器 $Y_0/Y_0/\triangle$ 形接线

图 7-7 为 6～35kV 系统常采用的绝缘监视装置，兼作母线电压的测量。电压互感器 TV 中，接成 Y_0 的主二次绕组三只电压表均接各相的相电压。正常运行时，系统三相电压对称，没有零序电压，三相电压表的读数相等，均为相电压。当一次电路某一相（如 A 相）发生接地故障时，因接成 Y_0 的一次绕组中性点也接地，则电压互感器 A 相一次绕组被短接，线电压 BA、CA 直接加到 B、C 相一次绕组上，其主二次侧的对应相（A 相）的电压表指零，B、C 两相的电压表读数则升高到线电压。由指零电压表的所在相即可得知该相发生了单相接地故障，但不能判明是哪一条线路发生了故障，因此这种绝缘监视装置是无选择性的。电压互感器中接成开口三角形的辅助二次绕组，构成零序电压滤过器，供电给一个过电压继电器 KV。正常运行时，电压互感器辅助二次绕组的各相电压对称，其额定相电压应为

100/3V，三相绕组串联，各相电压相量和近似为零，没有零序电压，即开口三角形两端电压近似为零，过电压继电器 KV 不动作。当一次电路某一相（如 A 相）发生接地故障时，辅助二次绕组中三相（只有 B、C 两相）电压相量和不为零，即开口三角形两端输出三倍零序电压（零序电压大小等于额定相电压）为 100V，使电压继电器动作，发出报警的灯光信号和音响信号。可见，一个零序电压滤过器虽能对其所在电压等级上所有并联线路发生单相接地故障报警，但仍不能判明是哪条线路，甚至是哪相发生了故障，这种绝缘监视装置也是无选择性的。

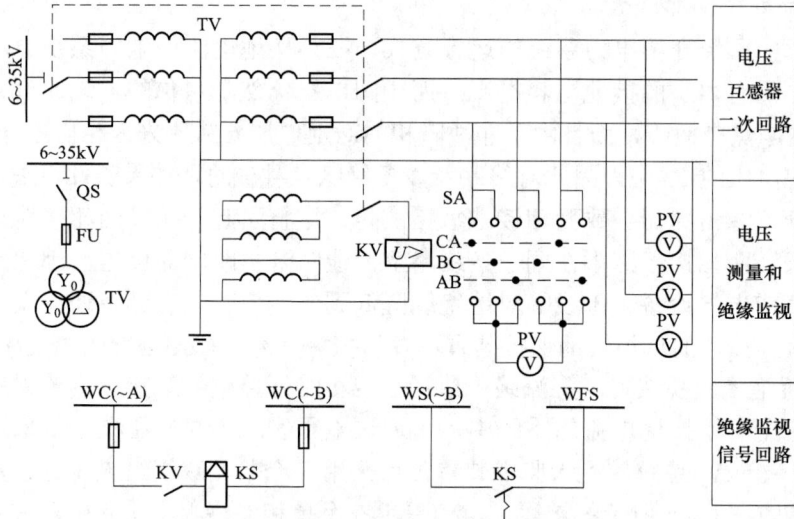

图 7-7 6~35kV 系统绝缘监视及母线电压测量回路

企业供电部门有时需要协助电业部门查找单相接地故障点，首先应查明故障条在哪条线路。可采取依次断开各条线路的办法寻找接地故障点所在线路，即断开某条线路后立即合闸送电或利用自动重合闸送电。当断开某条线路时，三只电压表指示恢复相同，说明系统接地消除，则可判定该条线路存在某点接地。此时派人查出具体接地点，尽量转移负荷，然后停电处理。

上述交流绝缘监视装置虽然给出的预告信号没有选择性，但是这种装置简单易行。因此一般适用于线路数目不多，允许短时一相接地，且负荷可以中断供电的系统中，而企业供电系统大多数符合上述要求，故得到广泛应用。也可作为有选择性的单相接地保护的一种辅助装置。

（2）单相接地保护。单相接地保护，又称零序电流保护。在 6~35kV 小接地电流的系统中，单相接地产生的零序电流即为工频电容电流，可通过零序电流互感器和零序电流滤过器来分别反应电缆线路和架空线路的单相接地故障状况。

单相接地保护是利用一单相接地所产生的零序电流而使保护装置动作于信号的一种保护，通过零序电流互感器或滤过器将一次电路的零序电流反映到其二次侧的电流继电器中去，构成零序电流保护装置如图 7-8 所示。零序电流互感器可分为电缆型和母线型两种，一次绕组就是三相导线，二次绕组包围着三相导线的铁芯上。三相导线中的电流分别产生三相磁通，在铁芯中合成，合成磁通即为零序磁通，在二次绕组中感应出零序电流输入电流继电器。电缆型零序电流互感器的结构较简单，因此广泛用在电缆线路或带有电缆引出线的架空线路上。

将三相装设的同型号规格的电流互感器同极性并联，输出端接入电流继电器，组成零序电流滤过器。三相电流互感器二次绕组输出的二次电流叠加后形成零序电流输入电流继电器。由于三相电流互感器励磁电流一般不会对称，将有不平衡电流

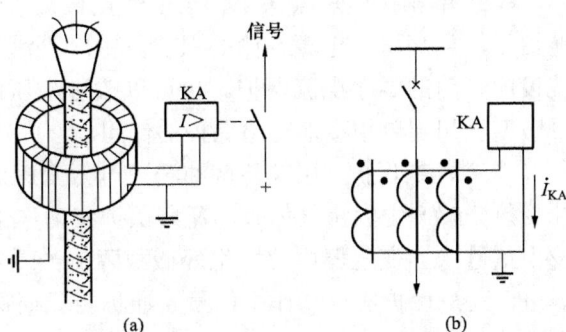

图 7-8　零序电流互感器和滤过器的结构和接线
(a) 零序电流互感器；(b) 零序电流滤过器

输出。在反映工频电容电流的小电流接地保护装置中，采用零序电流滤过器测取接地电容电流值时，由于企业供电系统的高压架空线路不长，电容电流很小，有可能滤过器的不平衡电流接近或超过折算到二次侧的接地电容电流，使零序电流滤过器不能正确测量小的接地电容电流。因此，一般不采用这种方式。只有当单相接地电容电流较大，足以克服零序电流滤过器中不平衡电流的影响时，才可采用这种方式。零序电流滤过器主要用于大电流接地系统中构成零序电流保护装置。

二、变压器常规继电保护

在工厂供配电系统中，电力变压器是一种技术重要、价格昂贵的电气设备，必须根据变压器可能发生的故障和不正常运行状态，以及变压器的容量大小和重要程度装设相应的保护装置。

变压器的故障主要是变压器绕组及其引出线的相间短路、绕组匝间短路和中性点接地侧单相接地短路；外部相间短路及外部接地短路引起的过电流及中性点过电压。相间短路及单相接地短路的短路点发生在油浸式电力变压器的内部是很危险的，因为短路电流产生的电弧不仅会破坏绕组的绝缘，烧毁铁芯，而且由于绝缘材料和变压器油受热分解会产生大量的气体，可能引起变压器油箱的爆炸。

不正常运行状态主要是变压器过负荷、油面降低、温度升高或油箱压力升高或冷却系统故障。

根据上述可能发生的故障及不正常运行状态，变压器一般可能装设下列保护装置：

（1）电流速断保护。用来防御变压器内部故障及电源侧引出线套管的故障。是变压器的主保护之一，瞬时动作于电源侧断路器跳闸，并发出信号，但变压器内部某些位置故障及负荷侧引出线套管故障时，电流速断保护不动作。

（2）过电流保护。用来防御变压器内部和外部故障，作为变压器主保护的后备保护和下一级母线及出线的远后备保护，带时限动作于电源侧断路器跳闸，并发出信号。

（3）过负荷保护。用来通告变压器过负荷运行状态。当变压器的实际运行负荷超过其额定容量一定比例时，过负荷保护一般延时动作于信号，也可以延时跳闸，或延时自动减负荷。容量在 400kVA 及以上的变压器，当数台并列运行或单台运行并作为其他负荷的备用电源时，应根据可能过负荷的情况装设过负荷保护。

（4）单相接地短路保护。当中性点直接接地系统（三相四线制）的低压侧发生单相接地短路，且高压（电源）侧的保护灵敏度不满足要求时，在变压器低压侧中性点引出线上装设的专门的零序电流保护。也可以改进高压侧的过电流保护接线方式，提高过电流保护灵敏度，起到单相接地短路保护的作用。

（5）瓦斯保护。用来防御油浸式电力变压器的内部故障。当变压器内部发生严重故障，油受热分解产生大量气体时，瓦斯保护应动作于电源侧断路器跳闸（通称重瓦斯保护），并发出信号；当变压器内部发生轻微故障，油受热分解产生少量气体时，或当变压器油面降低时，瓦斯保护应仅动作于信号（通称轻瓦斯保护）。瓦斯保护也是变压器的主保护之，容量在 800kVA（车间内为 400kVA）及以上的油浸式变压器，按规定应装设瓦斯保护。

（6）纵联差动保护。用来防御变压器内部故障及引出线套管的故障。其保护范围固定于厂变压器高低压两侧的电流互感器安装点之间，是一种高灵敏度的主保护。容量在 10 000kVA 及以上单台运行的变压器和容量在 6300kVA 及以上并列运行的变压器，都应装设纵联差动保护来代替电流速断保护。对容量在 2000kVA 以上的变压器，当电流速断保护灵敏度不满足要求时，应改为装设纵差保护。

1. 电流速断保护

变压器的电流速断保护，其组成、原理与线路的电流速断保护完全相同，对于企业供电采用的降压变压器的继电保护装置，其电流互感器安装在变压器的高压侧。变压器电流速断保护动作电流（速断电流）的整定计算公式也与线路电流速断保护基本相同。

变压器电流速断保护的灵敏度，按保护装置装设处（高压侧）在系统最小运行方式下发生两相短路的短路电流 $I_{k.min}^{(2)}$ 来检验，要求 $K_{sen} \geq 1.5$。

需要指出的是，变压器在空载投入或短路切除后电压突然恢复时将出现一个冲击性的励磁涌流，其初始值可达变压器额定电流的 8～10 倍，励磁涌流中含有数值很大的非周期分量，而且比短路电流非周期分量衰减得慢。为了避免电流速断保护误动作，通常在速断电流整定后，在变压器开始运行时，应将变压器空载试投若干次，以检查速断保护是否误动作，如果动作，应将速断保护的动作电流适当增大，直到使速断保护不动作。运行经验证实，速断保护的动作电流只要大于变压器一次额定电流的3～5倍，即可避免流过励磁涌流时错误地断开变压器。

变压器电流速断保护具有接线简单、动作迅速等优点，但它不能保护变压器的全部，因此不能单独作为变压器的主保护。

2. 过电流保护

变压器的过电流保护，用来作为变压器瓦斯保护和电流速断保护或差动保护的近后备保护，同时又可作为变压器低压出线或设备的远后备保护，同样可称其为未设保护的低压母线及变压器电流速断保护死区的基本保护。无论采用电流继电器还是采用脱扣器，也无论是定时限还是反时限，变压器过电流保护的组成、原理与线路过电流保护的组成，原理完全相同。

变压器过电流保护的动作电流应按躲过流经保护装置安装处的最大负荷电流来整定，其整定计算公式与线路过电流保护基本相同。变压器过电流保护的动作时限亦按"阶梯原则"整定，与线路过电流保护完全相同。但是对车间变电站（电力系统的终端变电站），其动作时间可整定为最小值（0.5～0.7s），这样可省去电流速断保护。

变压器过电流保护的灵敏度，应按变压器低压侧母线在系统最小运行方式下发生两相短路时，高压侧流经保护装置安装处的电流互感器的穿越电流值来校验，要求 $K_{sen} \geqslant 1.5$。如保护灵敏度达不到要求，也可采用低电压闭锁的过电流保护。

3. 过负荷保护

对于油浸式电力变压器，在维持变压器规定的使用年限不变的情况下，允许变压器适当过负荷运行。但是，当变压器实际负荷超过其额定容量20%（室内）或30%（室外）时，过负荷保护应延时 10～15s 动作于信号，以便运行人员及时查找原因。

变压器过负荷保护的动作电流应按躲过变压器正常过负荷电流来整定，其整定计算公式为

$$I_{0L.2}=(1.2～1.3)I_{1N.T}/K_{re}K_i \tag{7-9}$$

式中　$I_{1N.T}$——变压器额定是流；

　　　K_{re}——返回系数，对 DL 型电流继电器，取 0.85～0.95；

　　　K_i——电流互感器的变比。

变压器过负荷保护的动作时限一般取 10～15s，以躲过尖峰电流，避免误发信号。

图 7-9 所示为变压器的定时限过电流保护、电流速断保护和过负荷保护的综合电路。图中所有保护均采用电磁式继电器，其中 5KA 为过负荷保护的电流继电器，仅采用一只电流继电器反映一相（图中为 B 相）电流，表示过负荷保护只需要反映变压器对称过负荷运行状态。

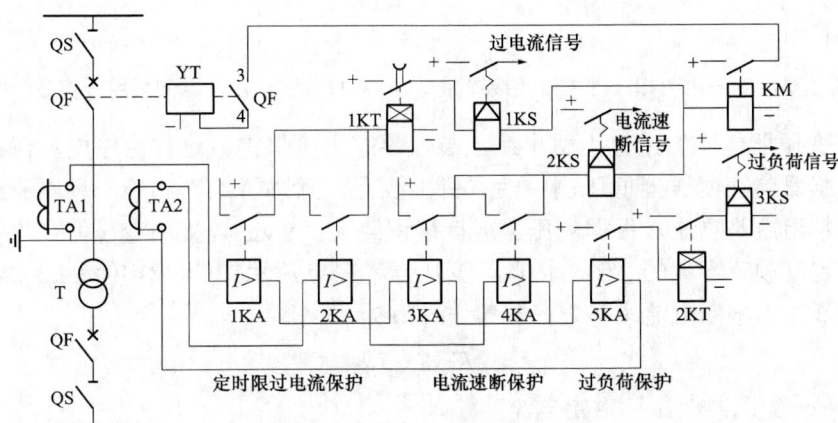

图 7-9　变压器的定时限过电流保护、电流速断保护和过负荷保护的综合电路图

4. 低压侧的单相接地短路保护

对变压器低压侧的单相（接地）短路，可采取下列有效保护措施之一。

（1）在变压器低压侧装设三相都带过流脱扣器的低压断路器。小型企业变电站或车间变电站变压器低压侧一般装设容量较大的低压断路器，作为控制低压母线上所有负荷的总开关。这种低压断路器，不仅装有三相过流脱扣器，能够实现低压侧的相间短路和单相短路保护；而且装有失压脱扣器和热脱扣器，能够实现失压、欠压（低电压）保护和过负荷保护；同时还装有分励脱扣器和伺服电动机，能够实现电动分、合闸及变压器保护联动跳

闸。所以，这项措施应用最广泛。

（2）在变压器低压侧装设熔断器。低压熔断器也可以用来作低压侧的相间短路和单相短路保护，但熔断器不能作控制开关使用，且熔断后需更换熔体才能恢复供电，因此这项措施仅限于用在给不重要负荷供电的变压器。

（3）采用两相三继电器接线或三相三继电器接线的过电流保护。对于 Y,yn0 连接和 D,yn11 连接的变压器，采用两相三继电器接线或三相三继电器接线方式的过电流保护，如图 7-10、图 7-11 所示。这两种接线方式接有三只电流继电器，分别反映变压器高压侧三相穿越短路电流，任何一只电流继电器获得三相穿越短路电流中的最大值，都能提高过电流保护的灵敏度。所以，这两种接线方式，对 Y,yn0 连接的变压器低压侧 b 相短路及对 D,yn11 连接的变压器低压侧 ab 相短路，过电流保护的灵敏度较两相两继电器式接线方式提高了 1 倍。

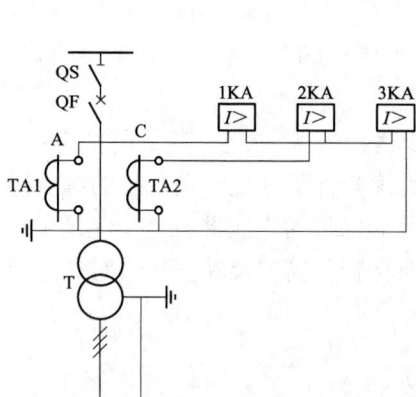

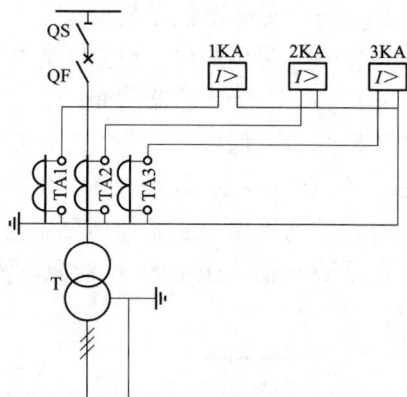

图 7-10　变压器高压侧采用两相三继电器式接线图　　图 7-11　变压器高压侧采用三相三继电器式接线图

（4）在变压器低压侧中性点引出线上装设零序电流保护。这种零序电流保护是将一只零序电流互感器装在变压器低压侧中性点引出线上，互感器二次侧接一只电流继电器，反应低压侧的单相短路电流。根据变压器运行规程要求，Y,yn 连接的变压器二次侧单相不平衡负荷不得超过额定容量的 25%。因此，变压器零序电流保护的动作电流 $I_{op(0)}$，按躲过变压器低压侧最大不平衡电流来整定，其整定计算为

$$I_{op(0)} = K_{rel}K_{dsq}I_{2N.T}/K_i \tag{7-10}$$

式中　$I_{2N.T}$——变压器低压侧额定电流；

　　　K_{dsq}——不平衡系数，取决于单相最大不平衡负荷，一般取为 0.25；

　　　K_i——零序电流互感器的变比。

零序电流保护的动作时间一般取为 0.5～0.7s。其保护灵敏度，按低压干线末端发生单相短路来校验。

5. 瓦斯保护

瓦斯保护是利用变压器油等受热产生气体而动作的一种保护，又称气体继电保护，是反应油浸式电力变压器油箱内部绕组故障的一种基本保护装置。

瓦斯保护的主要元件是气体继电器。在变压器出厂时就已装设在变压器的油箱与储油

柜之间的连通管上。在变压器油箱内发生任何一种故障时，由于短路电流和短路电弧的作用，将使变压器油及其绝缘材料因受热而分解产生气体，因气体比较轻，它们就要从油箱流向储油柜的上部。为了使油箱内产生的气体能够顺畅地通过气体继电器排往储油柜，变压器安装时，其顶盖与水平面应取 1%～1.5% 的倾斜度（坡度）；而变压器在制造时，连通管对油箱顶盖也有 2%～4% 的倾斜度。这样，当变压器油箱内部发生故障时，可使气流通过气体继电器进入储油柜，并能防止气泡聚积在变压器的顶盖内。

变压器气体保护的原理接线如图 7-12 所示（原理展开图如图 7-13 所示）。当变压器内部发生轻微故障（或漏油）时，气体继电器 KG 的上触点 KG_{1-2} 闭合（轻瓦斯动作），动作于报警信号。当变压器内部发生严重故障（或漏油）时，KG 的下触点 KG_{3-4} 闭合（重瓦斯动作），通常是经中间继电器 KM 动作于断路器 QF 的跳闸线圈 YR，同时通过信号继电器 KS 发出跳闸信号。

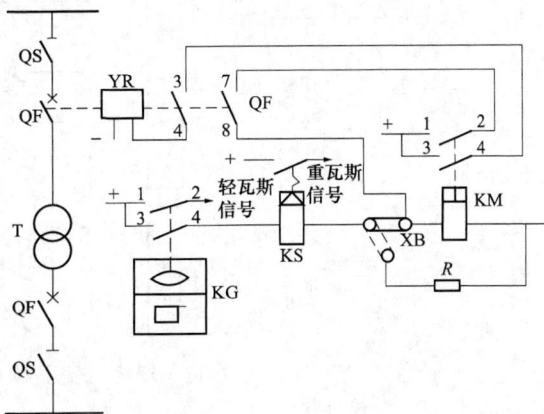

图 7-12　变压器气体保护的原理接线图

为了防止瓦斯保护在变压器换油或气体继电器试验时误动作，在出口回路中装设了切换连片 XB，利用 XB 将重瓦斯回路切换至电阻 R，仅动作于信号。切换回路中电阻 R 的阻值应选择得使串联的信号继电器 KS 能可靠动作。

在变压器多种保护共用的出口中间继电器 KM 前并联了自保持触点 KM_{1-2}，这是因为重瓦斯是靠油流和气流的冲击而动作的，但在变压器内部发生严重故障时，油流和气流的速度往往很不稳定，KG_{3-4} 可能有"抖动"（接触不稳定）的现象，因此为使断路器有足够的时间可靠地跳闸，中间继电器 KM 必须有自保持回路。只要 KG_{3-4} 一闭合，KM 就动作，并借助 KM_{1-2} 闭合而稳定 KM 动作状态（自保持，即使 KG_{3-4} 又断开，KM 仍通电），同时 KG_{3-4} 也闭合，接通断路器 QF 跳闸回路，使其跳闸。而后断路器辅助触点 QF1-2 返回，切断跳闸回路，同时 QF_{3-4} 返回，切断 KM 自保持回路，使 KM 返回。

6. 纵联差动保护

变压器的纵联差动保护是将高低压侧专用 D 级电流互感器同相二次绕组反极性连接形成输入至电流继电器或专用差动继电器的电流为两侧同相二次电流之差的一种保护。即按环流法原理对被保护设备两侧电流的大小和方向进行比较，从而实现在整个保护区内瞬时动作。正常运行时，电流差的理想值为零，实际上存在不平衡电流，继电器不动作。当高低压侧电流互感器之间（通称保护范围内部）的变压器及两侧引线短路时，两侧电流之差为短路电流（单侧有电源）或两侧短路电流之和（两侧有电源），使继电器动作。当高低压侧电流互感器之外（通称保护范围外部）短路时，两侧短路电流之差理想值为零，实际上存在更大的不平衡电流，继电器也不动作。

纵联差动保护的动作电流，应躲过外部短路时流入继电器的最大不平衡电流和正常运行时二次回路一侧断线时流入继电器的最大负荷电流，这就是变压器纵联差动保护的基本思想。

图 7-13 为双绕组降压变压器综合保护原理展开图示例。

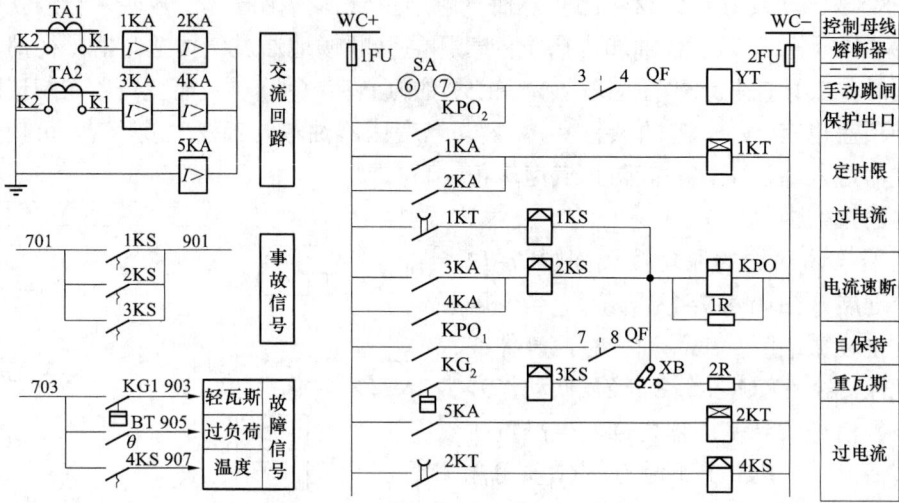

图 7-13　双绕组变压器综合保护原理展开图示例图

三、高压电动机的常规继电保护

在工业企业生产中常采用高压异步电动机和同步电动机作为动力设备，它们在运行中可能发生各种故障或不正常工作状态。因此高压电动机必须装设相应的保护装置，以便尽快地切除故障或发出告警信号，避免造成电动机烧毁和其他损失，以确保运行安全。

高压电动机常见的短路故障、不正常工作状态及其相应的保护如下：

（1）电动机定子绕组相间短路故障，这是最严重的故障。按 GB 14285—2006《继电保护技术规程》规定应装设电流速断保护。对容量为 2000kW 及以上的高压电动机，或小于 2000kW，但具有六个引出端子的重要高压电动机，在电流速断保护达不到灵敏度要求时，应装设差动保护。两种保护装置都应动作于跳闸。

（2）电动机定子绕组单相接地（碰壳）故障，这是电动机常见的故障。对小电流接地系统，当接地电容电流大于 5A 时，应装设有选择性的单相接地保护，并动作于跳闸。

（3）电动机由于所拖动的机械负荷过载而引起过负荷，这是常见的不正常工作状态。过负荷会引起电动机过热，加剧绝缘老化，严重过负荷（包括缺相运行）时，会很快烧毁电动机。因此，对容易过负荷的高压电动机，要求装设过负荷保护，保护动作于发告警信号或跳闸或自动减负荷。

（4）电源低电压，即供电网络电压因别处短路或其他原因而降低或消失，虽然不是电动机的故障，但是电源电压降低影响了所有电动机的正常运行，使电动机处于不正常工作状态。低电压保护装置可同时控制并联在同一电源母线上的所有电动机，其目的是当电源电压降低到某一数值时，低电压保护部分继电器动作，切除不重要的或不允许自启动的电动机，以保证重要电动机在电源电压恢复时，顺利地自启动。当电源电压继续降低到另一数值时，低电压保护另一部分继电器动作，切除所有重要的电动机。

（5）同步电动机失步运行，即同步电动机失磁、电源电压过低等使同步电动机失去同步进入异步运行状态，可利用失步运行时在定子回路内出现震荡电流或在转子回路内出现交流而构成同步电动机失步保护，失步保护动作于跳闸。

同步电动机所有保护动作于跳闸时，都应联动励磁装置断开电源开关并灭磁。

1. 高压电动机相间短路保护和过负荷保护

目前广泛采用电流速断保护作为防御中、小容量的高压电动机相间故障的主保护。保护装置多采用两相电流差的接线，如图7-14所示。

当灵敏度不够（按三相对称负荷整定动作电流时，$K_w=\sqrt{3}$，当 AB 或 BC 短路时，$K_w=1$，灵敏度降低）时，可改用两相式接线（$K_w=1$ 不变），如图7-14所示。对所拖动的机械负荷不易使电动机产生过负荷的电动机，接线中采用电磁型电流继电器（如 DL—11 型）作为电动机电流速断保护和过负荷保护的启动元件，对于机械负荷容易使电动机产生过负荷的情况，电动机电流速断保护和过负荷保护宜采用感应型电流继电器（如 GL—14型）。感应型电流继电器的电磁（瞬动）元件作用于断路器跳闸，作为电动机相间短路的保护，继电器的感应（反时限）元件作用于信号、自动减负荷或跳闸，作为电动机的过负荷保护，如图7-14所示。对采用差动保护的电动机，可选用电磁型电流继电器，按一相一继电器式接线单独构成过负荷保护。

图 7-14 高压电动机的电流速断保护和过负荷保护的电路图

2. 高压电动机瞬时电流速断保护

电动机位于供电系统的最末端，无须动作时限配合，可按带时限过电流保护动作电流整定原则考虑速断保护整定，而不必涉及短路电流，以提高保护灵敏度，因无时限，所以瞬时电流速断保护的动作电流（速断电流）I_{op} 应按躲过电动机的最大启动电流 $I_{st.max}$ 来整定。保护装置中继电器的动作电流为

$$I_{qb.2}=K_{rel}K_wI_{st.max}/K_i=K_{rell}K_wK_{st}I_{N.M}/K_i \tag{7-11}$$

式中　K_{rel}——可靠系数。采用电磁型继电器时取 1.4～1.6；采用感应型继电器时取 1.8～2；

　　　K_w——接线系数。因启动电流对称，采用两相电流差接线时取 $\sqrt{3}$，采用两相式接线时取 1；

　　　$I_{N.M}$——电动机的额定电流；

　　　K_{st}——电动机的启动倍数，除应躲过启动电流外，还应躲过外部短路时同步电动机输出的最大三相短路电流（即同步电动机瞬时向附近短路点反馈的最大三相短路冲击电流）。

高压电动机瞬时电流速断保护的灵敏度可按式（7-12）校验

$$K_{sen}=I_{k.min}^{(3)}/I_{qb.1}=/K_wI_{k.min}^{(2)}/K_iI_{qb.2}\geqslant1.5 \tag{7-12}$$

式中　$I_{k.min}^{(3)}$——在系统最小运行方式下，电动机机端两相短路电流，即最小短路电流；

　　　K_w——接线系数。取 AB 或 BC 短路时，$K_w=1$（最小值）。

3. 高压电动机的差动保护

在 3～10kV 系统中，电动机差动保护可采用 DL—11 型电流继电器组成两相式接线，

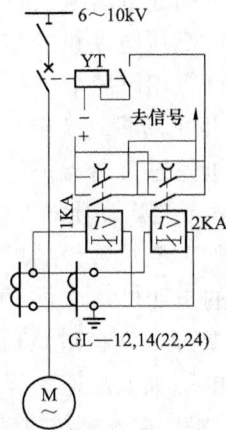

也可采用差动继电器组成两相式或三相式接线。电流互感器应具有相同特性，并能满足 10% 误差要求。高压电动机的差动保护的基本原理同变压器的差动保护一样，而需要采取的措施和整定计算相对简单一些。

4. 高压电动机过负荷保护

电动机的过负荷保护，可根据机械负荷具体特性动作于发告警信号或跳闸或自动减负荷。对启动或自启动困难（如直接启动时间在 20s 以上）的高压电动机，为防止启动或自启动时间过长，要求装设的过负荷保护动作于跳闸；对于能手动或自动消除过负荷，有值班人员监视的电动机，过负荷保护应动作于信号或自动减负荷。

（1）高压电动机过负荷保护的接线。对采用感应型电流继电器，利用其电磁（瞬动）元件构成电动机电流速断保护的装置，可同时利用其感应（反时限）元件构成电动机的过负荷保护，图 7-14 接线方案只动作于发告警信号，动作于跳闸的接线方案或自动减机械负荷的电路。

对采用差动保护的电动机，过负荷保护可选用电磁型电流继电器，构成一相一继电器式接线方案。

（2）高压电动机过负荷保护动作电流的整定。高压电动机过负荷保护的动作电流 I_{OL} 应按躲过高压电动机额定电流 $I_{N.M}$ 来整定。即

$$I_{OL.2}=K_{rel}K_w I_{N.M}/K_{re}K_i \tag{7-13}$$

式中　K_{rel}——可靠系数，动作于信号时，取 1.05～1.1 动作于减负荷或跳闸时，取 1.2～1.25。

（3）高压电动机过负荷保护动作时限的整定。高压电动机过负荷保护的动作时限，应大于被保护电动机的启动与自启动时间，对有冲击负荷的电动机应躲开生产过程中出现正常冲击负荷的持续时间，对于启动困难的电动机，可按躲过实测的启动时间来整定，但都不应超过电动机过负荷允许持续时间。

电动机带负荷启动经历的启动时间，一般约为 10～15s 或更长的实测启动时间。对选用电磁型电流继电器的过负荷保护动作时限一般取为 15～20s（或应大于实测值）；对选用感应型电流继电器的过负荷保护，由于启动或自启动电流对应的动作电流倍数达到或接近了感应型电流继电器定时限特性部分，所以，在实际整定中，一般按 10 倍动作电流的动作时间来整定，即取 10 倍动作电流的动作时间为 15～20s（或应大于实测值）。由于 10 倍动作电流的动作时间整定的较长，实际电流倍数较小时，实际动作时间更长。可取两倍动作电流在继电器反时限特性曲线上求出对应的动作时间，与两倍动作电流时的过负荷允许持续时间比较，动作时间应小于对应的过负荷允许持续时间。

5. 高压电动机低电压保护

（1）低电压保护装设的原则。电动机低电压保护的目的是保证重要电动机顺利自启动和保护不允许自启动的电动机不再自启动。因此，低电压保护装设的原则如下：

1）在电源电压暂时下降后又恢复时（如别处短路被切除），为了保证重要电动机此时能顺利同时自启动，应尽量减少同时自启动的电动机数量和容量。因此，对不重要电动机和不允许自启动的电动机，应装设动作电压为（60%～70%）$U_{N.M}$（$U_{N.M}$ 为电动机的额定电压），且动作时限为 0.5～1.5s 的低电压保护，保护动作于这些电动机跳闸。

2）对由于生产工艺或技术安全的要求，不允许"长期"失电后再自启动的重要电动机，

应装设动作电压为（40%～50%）$U_{N.M}$，且动作时限为 9～10s 的低电压保护，保护动作于跳闸。

（2）低电压保护装置应满足的基本要求。

1）母线三相电压均下降到保护整定值时，保护装置应可靠启动，并闭锁电压回路断线信号装置，以免误发信号。

2）当电压互感器二次侧熔断器一相、两相或三相同时熔断时，应发出电压回路断线信号，但低电压保护不应误动作。在电压回路断线期间，若母线又真正失去电压（或电压下降到保护整定值）时，保护装置仍应能正确动作。

3）电压互感器一次侧隔离开关因误操作被断开时，低电压保护应给予闭锁，以免保护装置误动作。

4）0.5s 和 9s 的低电压保护的动作电压应分别整定。

高压电动机低电压保护原理电路图如图 7-15 所示。图中低电压继电器 1KV、2KV、3KV 及时间继电器 1KT 作为次要电动机的低电压保护，以 0.5s 跳闸。其动作电压应考虑在次要电动机被切除后，能保证重要电动机的自启动，通常母线电压为（0.55～0.65）$U_{N.M}$ 时，可保证重要电动机的自启动。因此，1～3KV 的动作电压可取（0.6～0.7）$U_{N.M}$；低电压继电器 4KV、5KV 及时间继电器 2KT 作为重要电动机的低电压保护，以 9～10s 跳闸。其动作电压可取（0.4～0.5）$U_{N.M}$。接线中 1～5KV 均应接在线电压上，3KV 的专用熔断器 4FU、5FU 的额定电流比 1～3FU 大两级；电压互感器高低压侧开关操作机构的辅助触点控制着低电压保护的启动回路。正常运行时，1～5KV 的常闭触点全部断开，切断了低电压保护的启动回路。

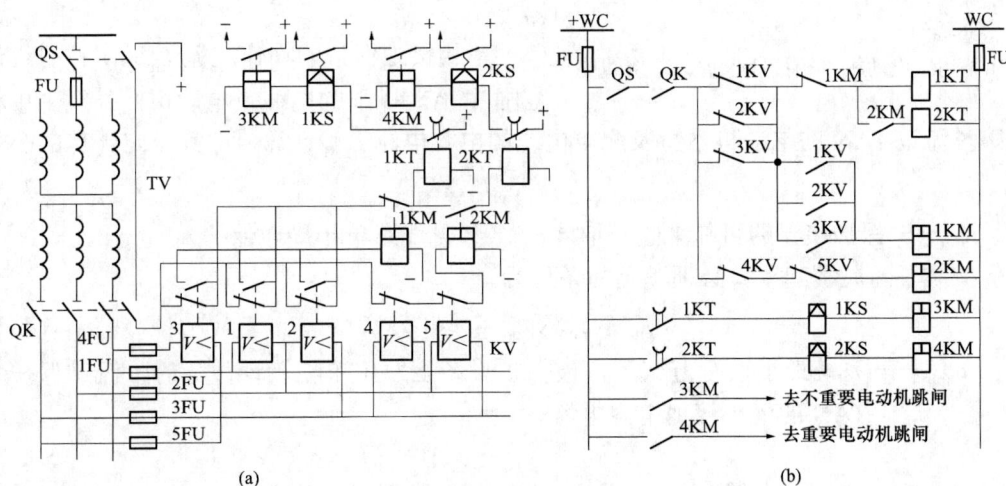

图 7-15 高压电动机低电压保护原理电路图
(a) 原理接线图；(b) 原理展开图

当母线电压三相均降至（60%～70%）$U_{N.M}$ 时，1～3kV 启动，它们的常闭触点均闭合，而它们的常开触点断开，使 1KM 仍然失电，其动断触点始终闭合，因此接通 1KT，其动合触点延时 0.5s 闭合，接通 3KM，使其动作于次要电动机跳闸并发出信号。同时 KM1 常开触点断开闭锁电压回路断线信号装置而避免误发信号（图中未画出信号回路）。如母线电压继续下降至（40%～50%）$U_{N.M}$ 时，4、5kV 启动，其常闭触点闭合，接通 2KM，使 2KT 动作，经 9～10s 延时接通 4KM，使其动作于重要电动机跳闸。若母线电压从正常直接降至（40%～50%）$U_{N.M}$ 时，1～5KV 同时启动，按整定的动作时限，先后切除所有电动机。对同步电动机而言，当出现低于 $50\%U_{N.M}$ 值时，其稳定运行可能被破坏，因此，同步电动机低电压保护的动作电流整定值不宜低于 $50\%U_{N.M}$，通常取 $0.5U_{N.M}$。

当电压互感器一次侧或二次侧断线时，甚至二次侧熔断器 1FU～3FU 同时熔断，至少有一个低电压继电器仍有线电压，其动合触点闭合，使 1KM 通电，1KM 动断触点断开，切断了低电压保护的启动回路（闭锁低电压保护），防止了低电压保护误动作同时 1KM 动合触点闭合，发出断线（含熔断器熔断）信号。

当电压互感器一次侧高压隔离开关 QS 或二次侧刀开关 QK 因误操作被断开时，其操作机构上辅助触点 QS 或 QK 随着断开，使低电压保护装置失去控制电源而退出工作，避免保护装置误动作。

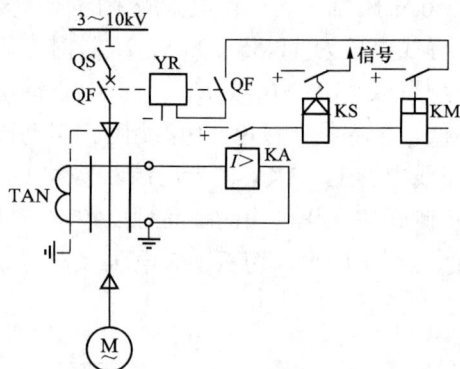

图 7-16　高压电动机单相接地保护原理接线图

6. 高压电动机的单相接地保护

按规定，高压电动机在发生单相接地，接地电流大于 5A 时，应装设单相接地保护。电动机的单相接地保护（零序电流保护），可由个电流继电器接于零序电流互感器 TAN 上构成，如图 7-16 所示。电缆头的保护接地线应通过 TAN 的铁芯窗口；当电源电缆为两根及两根以上时，应将各零序电流互感器的二次侧绕组串联接到电流继电器上。

单相接地保护的动作电流 $I_{op（E）}$，按躲过保护范围（TAN 以下的电缆及电动机）外发生单相接地故障时流过 TAN 的电动机本身及配电电缆的电容电流 $I_{C.M}$ 计算，即其整定计算的公式为

$$I_{op（E）}=K_{rel}I_{C.M}/K_i \qquad (7-14)$$

式中　K_{rel}——保护装置的可靠系数，取 4～5（参见线路单相接地保护）。

保护装置的灵敏度校验必须满足的条件为

$$K_{sen}=I_{C.min}/K_iI_{op（E）}\geqslant1.5～2 \qquad (7-15)$$

式中　$I_{C.min}$——系统最小运行方式下，被保护设备上发生单相接地故障时，流过保护装置 TAN 的最小接地电容电流。

第三节　工厂继电保护整定计算

一、短路电流周期分量计算

工厂电气设备继电保护整定计算时，首先应掌握短路电流的计算，在计算短路电流的实际计算中，为了简化计算，常采用以下简化假设：

（1）电力系统中各电势相角差为零，即短路时系统中各电源仍保持同步。不考虑由于

发生短路、系统功率分布变化、各发电机转速发生变化而引起发电机的摇摆甚至失步等现象。实际上，短路时的电磁变化过程极快，时间很短。

（2）在电力系统发生短路时，不计发电机、变压器等元件的磁路饱和，因此可以应用求解线性电路的方式（如叠加原理）进行网络简化或电量的计算。

（3）负荷只做近似估计。电力系统负载中，异步电动机占很大比重，一般当做恒定电抗，当发生负荷反馈现象时，则看做临时附加电源，一般只对 1000kW 以上的电动机，且当短路发生在电动机端点附近时才考虑负荷反馈的影响。

（4）忽略高压输出线路的电阻和电容，忽略变压器的电阻和励磁电流，即发电、输电、变电和用电的元件均用纯电抗表示，可以避免复数运算。

（5）所有短路为金属性短路。短路处相与相（或地）之间的接触往往经过一定的电阻，通常称为过渡电阻。金属性短路即不计过渡电阻的影响。显然，欲求出最大可能的短路电流值，应以最坏的情况考虑，即假定在故障点没有任何电阻。

（6）三相系统对称。短路电流周期分量计数的步骤主要是：各电抗标幺值计算→绘制电抗标幺值阻抗图→网络化简及转移电抗计算→转移电抗换算为计算电抗→计算短路电流标幺值及有名值。

1. 标幺值及各电抗标幺值的计算

采用标幺值计算时，通常先将给定的发电机、变压器、线路等元件的原始参数按一定的基准条件（即基准容量和基准电压）进行换算，换算为同一基准条件下的标幺值（或采用有名制时换算为同一基准条件下的有名值），然后才能进行计算。标幺值计算中，基准条件一般选基准容量 $S_j=100\text{MVA}$，基准电压 $U_j=U_p$（U_p 为电网线电压平均值）。当 S_j、U_j 确定后，对应的基准电流 $I_j=\dfrac{S_j}{\sqrt{3}U_j}$、基准阻抗 $Z_j=\dfrac{U_j^2}{S_j}$。

当 $S_j=100\text{MVA}$ 时，U_j、I_j、Z_j 值见表 7-1。

表 7-1　　　　　　　　　电压、电流、阻抗基准值（基准容量取 100MVA 时）

电压 U_j（kV）	0.23	0.4	0.525	3.15	6.3	10.5	15.75	37	115
电流 I_j（kA）	251	144	110	18.3	9.16	5.5	3.665	1.56	0.502
阻抗 Z_j（Ω）	0.052 9/100	0.001 6	0.002 8	0.099 5	0.397	1.103	2.48	13.69	132.3

（1）发电机等旋转电机同步电抗 X''_{de} 换算成标幺值的公式为

$$X_{*j}=X''_{de}\frac{S_j}{S_e} \tag{7-16}$$

实际上 X''_{de} 是标幺额定值，它是由 $X''_{de}=\dfrac{X''_d}{X_e}=\dfrac{X}{\dfrac{U_e}{I_e}}=\dfrac{X}{\dfrac{U_e^2}{S_e}}$

由此可推出发电机同步电抗有名值 $X=X''_{de}\dfrac{U_e^2}{S_e}$

将它化为基准标幺值为 $X_{*j} = X''_{de} \dfrac{U_e^2}{S_e} / Z_j = X''_{de} \dfrac{U_e^2}{S_e} / \dfrac{U_j^2}{S_j} = X''_{de} \dfrac{S_j}{S_e}$

若取 $U_j=U_e$，即式（7–16），说明：只要取基准电压等于计算级平均电压，拆算过的电抗标幺值与计算级电压及基准电压值无关。因此，对多级电压的电路不需再作电压折算，也不需给基准电压取具体数值，这是标幺值的特点之一。

（2）变压器短路电压 $U_k\%$ 的换算到电抗基准标幺值公式为

$$X_{*j} = \frac{U_k\%}{100} \frac{S_j}{S_e} \qquad (7-17)$$

由短路电压百分比定义可知

$$U_k\% = \frac{\sqrt{3}I_e X_T}{U_e} \times 100 = \frac{X_T}{U_e/\sqrt{3}I_e} \times 100 = \frac{X_T}{X_e} \times 100$$

可见，变压器的阻抗电压（或短路电压）百分值即为其电抗百分值。变压器的电抗标幺额定值为

$$X_{T*e} = \frac{U_k\%}{100}$$

对于三绕组变压器各绕组的电抗标幺额定值为

$$X_{I*e} = \frac{1}{200}(U_{dI-II}\% + U_{dI-III}\% - U_{dII-III}\%)$$

$$X_{II*e} = \frac{1}{200}(U_{dI-II}\% + U_{dII-III}\% - U_{dI-III}\%)$$

$$X_{III*e} = \frac{1}{200}(U_{dI-III}\% + U_{dII-III}\% - U_{dI-II}\%)$$

所以三绕组变压器短路电压 $U_k\%$ 的换算到电抗基准标幺值公式为

$$X_{I*j} = X_{I*e} \frac{S_j}{S_e}$$

$$X_{II*j} = X_{II*e} \frac{S_j}{S_e}$$

$$X_{III*j} = X_{III*e} \frac{S_j}{S_e}$$

将变压器电抗百分值计算到某一侧额定电压 U_e 时，计算公式为

$$X_T = \frac{U_d\%}{100} \frac{U_e^2}{S_e}$$

当把有名值折算到计算级电压 U_P 时，计算公式如下

$$X_T = \frac{U_d\%}{100} \frac{U_P^2}{S_e}$$

（3）线路阻抗、电抗标幺值换算公式为

$$Z_{*j} = Z_\Omega \frac{S_j}{U_P^2}$$

$$X_{*j} = X_\Omega \frac{S_j}{U_P^2}$$

（4）电抗基准标幺值。产品给出电抗百分值 $X_L\%$，即

$$X_L\% = 100 \times \frac{X_L}{X_{Le}} = 100 \times \frac{X_L}{\frac{U_e}{\sqrt{3}I_e}}$$

电抗的有名值为

$$X_L = \frac{U_e}{100\sqrt{3}I_e} X_L\%$$

电抗器的基准标幺值为

$$X_{L*j} = X_L / Z_j = \left(\frac{U_e}{100\sqrt{3}I_e} X_L\%\right) / \frac{U_j^2}{S_j} = \frac{X_L\%}{100} \frac{U_e}{\sqrt{3}I_e} \frac{S_j}{U_j^2}$$

注意：三相电路中的标幺值欧姆定律为 $U_* = I_* U_*$，功率方程为 $S_* = U_* I_*$，与单相电路相同，当电网的电源电压为额定值时（即 $U_* = 1$），功率标幺值与电流标幺值相等，且等于电抗标幺值的倒数，即

$$S_* = I_* = \frac{1}{X_*}$$

在短路电流计算时，先据上算计算出电流的标幺值，然后换算到有名值

$$I = I_* I_j$$

2. 绘制标幺值阻抗图

按照主接线图，绘制标幺值阻抗图。

3. 网络化简及转移电抗计算

图 7-17（a）中各机组对短路点的综合阻抗为

$$X_\Sigma = X_{x1} + X_{f1} / / X_{f2} / / X_{f3}$$

图 7-17（b）中各机组（或电源）对短路点 D 的转移电抗用分支系数法计算为

$$X_{f1zy} = X_\Sigma X_{f1} / (X_{f1} / / X_{f2} / / X_{f3})$$
$$X_{f2zy} = X_\Sigma X_{f2} (X_{f1} / / X_{f2} / / X_{f3})$$
$$X_{f3zy} = X_\Sigma X_{f3} / (X_{f1} / / X_{f2} / / X_{f3})$$

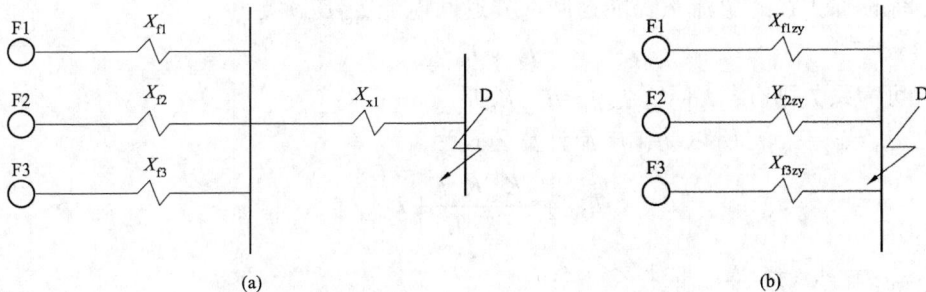

图 7-17　标幺值阻抗图

（a）各机组对短路点综合阻抗；（b）各机组对短路点的转移电抗

4. 由转移电抗换算为计算电抗

计算公式为

$$X_{js} = X_{zy} \frac{S_e}{S_j}$$

5. 求短路电流标幺值和有名值

短路电流标幺值计算公式为

$$I_* = \frac{1}{X_{js}}$$

短路电流标幺值为计算电抗的导数。计算出短路电流标幺值，应将标幺值转换实际短路电流大小，即化为有名值，计算公算如下

$$I = I_* I_j$$

二、6～35kV 线路继电保护整定计算

1. 6～35kV 线路继电保护的构成及装设原则

（1）线路的相间短路保护

6～10kV 线路继电保护一般由两段式的电流速断和定时限过电流保护构成，作为线路相间短路故障的保护装置，对于一般变电站出线，除采用定时限的电流保护外，也有采用反时限电流保护的。

（2）线路的单相接地保护

① 零序电流保护——利用故障接地线路的电容电流大于非故障接地线路的电容电流来选择接地线路。

② 零序功率方向保护

当系统总的电容电流不大时，零序电流保护的灵敏度很低，可采用零序功率方向保护装置。

除上述保护装置外，还可以用绝缘监察装置。

2. 整定计算方法

（1）过电流保护整定计算。最大自启动电流 $I_{ss.max}$ 与正常运行时最大负荷电流 $I_{l.max}$ 有如下关系

$$I_{ss.max} = K_{ss}.I_{l.max}$$

为了保证保护在此电流下仍能返回，其返回电流 I_{rel} 应满足

$$I_{rel} > I_{ss.max}$$

引入可靠系数则有：$I_{rel} = K_{rel} I_{ss.max} = K_{rel} K_{ss} I_{l.max}$。

因为 $I_{rel}/I_{OP.2} = K_{rel}$，所以动作电流计算公式为

$$I_{OP1.2} = \frac{K_{rel} K_{ss} K_w}{K_{re} K_i} I_{l.max}$$

式中 K_{rel} ——可靠系数，取 1.2～1.3；

K_{ss} ——自启动系数；单台电动机在满载全电压下启动，K_{ss} 约为 4～8，综合负载（包括动力负荷与恒定负荷）的 K_{ss} 约为 1.5～2.5，纯动力负荷的 K_{ss} 约为 2～3；

K_w ——接线系数；指流入继电器的电流 I_{KA} 与电流互感器二次电流 I_{TA} 的比值，即：$K_w = I_{KA}/I_{TA}$。对于两相两继电器的接线方式，$K_w = 1$，对于两相单继电器式接线方式，$K_w = \sqrt{3}$；

K_{re} ——返回系数，电磁型继电器的返回系数约为 0.85，晶体管型、集成电路型及微机保护返回系数较高，约为 0.85～0.95，最高的可达 0.99。带有助磁特性的继电器返回系数较低，约为 0.5～0.65；

K_i ——电流互感器变比。

（2）电流速断保护整定计算。

1）瞬时动作电流计算公式为

$$I_{OP1.2} = \frac{K_{rel}K_w}{K_i} I_{k.max}$$

式中 $I_{k.max}$ ——被保护线路末端或在配合点故障时，流过保护的最大短路电流，$I_{k.max} = \dfrac{U_e}{\sqrt{3}(Z_{s.min} + Z_1 l_{max})}$；

U_e ——短路点的计算电压（或称为平均额定电压），按我国电压标准，U_e 有 0.4、0.69、3.15、6.3、10.5、37kV 等；

Z_1 ——每千米线路的正序阻抗；6～10kV 架空线路每相单位长度电抗平均值为 0.38Ω/km；6～10kV 电力电缆，每相单位长度电抗平均值为 0.08Ω/km；

l_{max} ——短路点至保护安装处的距离，km；

$Z_{s.min}$ ——保护安装处到系统电源之间的最小阻抗（即最小运行方式的系统阻抗）。

2）限时电流速断保护整定计算公式为

$$I_{OP2.2} = K_{rel}I_{op1.2}$$

式中 K_{rel} ——可靠系数，取 1.1～1.2。

（3）零序电流接地保护整定计算。中性点非直接接地系统中，零序电流保护动作电流一般计算公式为

$$I_{op.2} = K_{rel}3U_\phi \omega C_0 / K_{i0}$$

式中 K_{rel} ——可靠系数，瞬时动作时取 4～5，延时动作时取 1.5～2；

U_ϕ ——线路的相电压；

K_{i0} ——零序电流互感器的变比；

C_0 ——本线路每相对地电容。$C_0 = \dfrac{\sqrt{3}I_C}{U_e \omega}$，每千米架空线路及电力电缆单相金属接地电容电流平均值见表 7-2。

表 7-2　　　　　每千米架空线路及电力电缆单相金属接地电容电流平均值　　　　　　　　A

	线路架设情况	6kV	10kV	35kV
架空线路	无架空地线的单回线路	0.013	0.025 6	0.078
	有架空地线的单回线路	—	0.032	0.091
	无架空地线的双回线路	0.017	0.035	0.102
	有架空地线的双回线路	—	—	0.110

电缆芯的标称截面（mm²）	—	—	—
10	0.33	0.46	—
16	0.37	0.52	—
25	0.46	0.62	—
35	0.52	0.69	—
50	0.59	0.77	—
70	0.71	0.9	3.7
95	0.82	1.0	4.1
120	0.89	1.1	4.4
150	1.1	1.3	4.8
185	1.2	1.4	5.2

（电缆线路）

单相金属接地电容电流平均值也可按如下取值：

6kV 架空线路 I_C=0.015（A/km）

10kV 架空线路 I_C=0.025（A/km）

6kV 电缆线路 $I_C=\dfrac{95+2.84S}{2200+6S}$（A/km）

10kV 电缆线路 $I_C=\dfrac{95+1.44S}{2200+0.23S}$（A/km）

S——电缆截面，mm²。

当线路有几段时，一般零序电流保护是三段式，有时也可以四段式。Ⅰ为瞬时电流速断保护，Ⅱ段为限时电流速断保护；Ⅲ段为过电流保护。

1）零序电流速断。按躲过被保护线路末端发生单相接地短路流过本线路的最大零序电流计算

$$I_{OP.0}^{I} = K_{rel} 3I_{0.max}$$

式中 K_{rel}——可靠系数，取 1.2～1.3；

$3I_{0.max}$——线路末端发生单相接地短路流过本线路的最大零序电流。

2）限时零序电流速断保护。

a. 与下一段的零序电流速断保护配合

$$I_{OP.0}^{II} = K_{rel} I_{OP.0}^{I}$$

式中 K_{rel}——可靠系数，取 1.1～1.2。

b. 按躲过下一线路始端三相短路时由零序电流滤过器输出的最大不平衡电流 $I_{unb.max}$ 整定

$$I_{OP.0}^{III} = K_{rel} I_{unb.max}$$

式中 K_{rel}——可靠系数，取 1.1～1.2。

根据运行经验 $I_{OP.0}^{III}$ 一般取 2～4A（二次值）。

三、6~35kV 变压器继电保护整定计算

1. 反时限过电流保护的整定计算

（1）反时限动作电流的计算。其动作电流计算公式为

$$I_{OP.2}=\frac{K_{rel}K_{ss}K_{w}}{K_{re}K_{i}}I_{e}$$

式中　　K_{rel}——可靠系数，取 1.25~1.3；

　　　　K_{ss}——负荷自启动系数，一般取 1.2~1.5；

　　　　K_{w}——接线系数；

　　　　K_{re}——返回系数，电磁型继电器的返回系数取 0.85，晶体管型、集成电路型及微机
保护返回系数取 0.95；

　　　　I_{e}——变压器的额定电流。

（2）两倍反时限动作电流的时间整定值。原则上，应使其保护均能与上级电源断路器
处的保护及低压侧出线断路器处的保护进行配合，故要求反时限特性曲线在变压器低压侧
为最大短路电流时有 0.5~0.8s 的动作时限，而且要与上一级断路器处的保护至少有 0.5s 的
时限级差。一般情况下，两倍反时限动作电流的时限取 1~1.5s 即可。

（3）电流速断元件动作电流的整定计算。其动作电流按躲过变压器低压侧的三相短路
电流整定

$$I_{OP.2}=K_{rel}K_{w}\frac{I_{k.max}^{(3)}}{K_{i}}$$

式中　　K_{rel}——可靠系数，取 1.5；

　　　　$I_{k.max}^{(3)}$——变压器低压侧三相短路电流的最大值（一般约为变压器额定电流的 15~
18 倍）；

　　　　K_{w}——接线系数；

　　　　K_{i}——电流互感器变比。

2. 定时限过电流保护的整定计算

（1）电流速断保护的动作电流计算公式和反时限电流速断动作电流的计算公式相
同，即

$$I_{OP.2}=K_{rel}K_{w}\frac{I_{k.max}^{(3)}}{K_{i}}$$

同时，还应按躲过变压器励磁涌流整定

$$I_{OP.2}=K_{rel}\frac{I_{e}}{K_{i}}$$

式中　　K_{rel}——可靠系数，取 3~5，对变压器容量较大的取较小值，反之取较大值；

　　　　I_{e}——变压器的额定电流；

　　　　K_{i}——电流互感器变比。

（2）定时限过电流保护定值计算。动作电流按下述条件计算：

1）按躲过变压器最大负荷电流整定，即

$$I_{OP.2} > \frac{K_{rel}K_{ss}K_w}{K_{re}K_i}I_e$$

其计算公式与反时限元件的动作电流计算公式一样。

2）按与上、下级保护装置定值相配合计算，即

$$I_{OP.2} \leqslant \frac{K_w I'_{OP.1}}{K_{re}K_i}$$

$$I_{OP.2} \geqslant \frac{K_{re}K_w I''_{OP.1}}{K_i}$$

式中　K_{rel}——可靠系数，取 1.1～1.2；

$I'_{OP.1}$——上级保护断路器处过电流保护一次动作电流；

$I''_{OP.1}$——下级保护断路器处过电流保护一次动作电流。

3）按灵敏度要求计算，即

$$I_{OP.2} = \frac{K_w I^{(2)}_{k.min}}{K_{sen}K_i}$$

式中　K_w——接线系数；

K_{sen}——变压器低压侧故障时的灵敏系数，一般不小于 1.3～1.5；

$K^{(2)}_{k.min}$——变压器低压侧故障时的最小短路电流。

（3）动作时间整定计算。其动作时间应比上一级定时限过电流保护的动作时间小一个时间级差，过电流保护动作时间一般大于 0.5～0.8s。

3. 电弧炉变保护整定计算

由于电弧炉引燃以及在冶炼时的电流较大（一般为额定电流的 1.2～3.5 倍），持续时间均在 3s 左右，继电保护应能满足这一特点。

（1）反时限过电流保护动作计算。其计算公式为

$$I_{OP.2} = \frac{K_{rel}K_g K_w}{K_{re}K_i}I_e$$

式中　K_{rel}——可靠系数，取 1.25～1.3；

K_g——过载系数；一般取 1～2，由变压器而定；

K_w——接线系数；

K_{re}——返回系数；

I_e——变压器的额定电流。

（2）两倍反时限动作电流时的动作时间整定计算。一般按 3.5s 左右整定，对于新变压器或认为强度较好的变压器，可按 5～6s 整定，对于旧变压器及强度较差的变压器，一般可按 2～2.5s 整定。

（3）电流速断元件动作电流整定计算。其动作电流计算公式为

$$I_{OP.2} = K_{rel}K_w \frac{I^{(3)}_{k.max}}{K_i}$$

式中　K_{rel}——可靠系数，取 1.5；

$I_{k.max}^{(3)}$ ——变压器低压侧三相短路电流的最大值，因变压器短路电抗在 10%～20%之间，故一般约为变压器额定电流的 5～10 倍；

K_w ——接线系数；

K_i ——电流互感器变比。

4. 整流变的保护整定计算

由于整流变一般不考虑过载运行，当在直流电流一侧发生短路时，其高压侧开关应在 0.15s 之内断开。一般应装设反时限的过电流保护，其整定计算如下：

（1）反时限动作电流计算。其动作电流计算公式为

$$I_{OP.2} = \frac{K_{rel}K_w}{K_{re}K_i} I_e$$

式中　K_{rel} ——可靠系数，取 1.2；

K_w ——接线系数；

K_{re} ——返回系数；

I_e ——变压器的额定电流；

K_i ——电流互感器变比。

（2）电流速断元件动作电流整定计算。一般可取 3～4 倍反时限动作电流作为电流速断元件的动作电流。

5. 变压器电流差动保护动作电流整定计算

动作电流整定计算应按以下原则进行：

（1）按躲过变压器励磁涌流整定

$$I_{OP.2} = K_{rel} \frac{I_e}{K_i}$$

式中　K_{rel} ——可靠系数，有躲非周期分量特性的保护装置取 1.3，无躲非周期分量特性保护装置取 3～5；

I_e ——变压器的额定电流；

K_i ——电流互感器变比。

（2）按躲过区外短路时的最大不平衡电流整定

$$I_{OP.2} = K_{rel}\left[(10\%K_{aper}K_{st} + \Delta f + \Delta U)\frac{I_{k.max}}{K_i} \right]$$

式中　K_{rel} ——可靠系数，有取 1.3～1.5；

K_{aper} ——非周期分量影响系数，取 1.5～2.0，当采用具有速饱和功能装置时取 1；

K_{st} ——电流互感器的同型系数，同型号时取 0.05，不同型号时取 1；

Δf ——平衡不准确产生的误差，若是电磁式继电器开始计算时可暂取 0.05，若是微机保护不需考虑；

K_i ——电流互感器变比。

6. 变压器带电压闭锁元件的过电流保护整定计算

（1）电压闭锁元件的整定。

1）三相低电压闭锁方式的接线及定值整定。对于主变压器为 Y，y 接线方式时，电压继电器接入线电压；对于主变压器为 YN，d 接线方式时，若继电器接线电压，则只能正确测量装设低电压元件一侧的不对称短路残压，若继电器接入相电压，则只能正确测量变压器另一侧的不对称短路残压。为了正确反映各侧的不对称短路残压，必要时在各侧均装设一套低电压闭锁元件。

电压元件的动作电压计算公式为

$$U_{op.2} = \frac{U_{e.min}}{K_{rel}K_{re}K_u}$$

式中　　$U_{e.min}$——最低运行电压，取 $0.9U_e$；

　　　　K_{rel}——可靠系数，取 $1.2\sim1.25$；

　　　　K_{re}——返回系数，取 $1.15\sim1.2$；

　　　　K_u——电压互感器变比。

根据运行经验，可按如下公式计算

$$U_{op.2} = \frac{0.7U_{e.min}}{K_u}$$

2）复合电压闭锁元件整定计算。复合电压闭锁元件，即由低电压继电器和负序电压继电器组成的闭锁元件。由于装设有负序电压继电器，故在后备范围内发生不对称短路时，负序电压元件的灵敏度不受变压器接线方式的影响（即能够测量各侧残压的正确值）。装设于相间电压上的低电压继电器（可只装设一相），则主要反应三相短路时的母线残压，因此，复合电压闭锁元件只需装设于变压器的一侧，一般即可正确测量变压器的故障残压，其接线因而比较简单。

a. 对接地相间电压的低电压元件，其整定计算为

$$U_{op.2} = \frac{U_{e.min}}{K_{rel}K_{re}K_u}$$

式中　　$U_{e.min}$——最低运行电压，取 $0.9U_e$；

　　　　K_{rel}——可靠系数，取 $1.2\sim1.25$；

　　　　K_{re}——返回系数，取 $1.15\sim1.2$；

　　　　K_u——电压互感器变比。

b. 对于负序电压元件，按躲过正常运行时的最大不平衡电压计算，即

$$U_{op.2} = \frac{(0.06\sim0.07)U_{e.min}}{K_u}$$

式中　　$U_{e.min}$——最低运行电压，取 $0.9U_e$；

　　　　K_u——电压互感器变比。

（2）电流元件定值计算。按下述条件计算，取其中最大值。

1）按变压器额定电流整定

$$I_{op.2} = \frac{K_{rel}I_e}{K_{re}K_i}$$

式中　　I_e——变压器的一次额定电流；

　　　　K_{rel}——可靠系数，取 1.15～1.2；

　　　　K_{re}——返回系数，取 0.85～0.95；

　　　　K_i——电流互感器变比。

2）对于三绕组变压器，除按额定电流条件外，还需考虑变压侧保护定值的配合：

a. 对于单侧电源变压器，两侧保护定值之间的配合，应考虑因变压器抽头变动所引起的配合系统的影响。

b. 对于多侧电源变压器，不带方向保护的电流元件定值的整定，应按配合顺序考虑。例如，对单侧电流变压器电流元件定值之配合，如图 7-18 所示，其定值计算为

$$I_{op.2} = K_p I_{op2.2}$$

$$I_{op.2} = K_p I_{op3.2}$$

式中　　K_p——配合系数，一般取 1.15～1.25。此系数中包括了变压器各侧电压分接头变动
　　　　　　　所引起的影响，对有载调压的变压器，可取较大数值。

3）电压闭锁过电流保护的动作时间整定。

a. 单侧电源变压器。动作时间应与负荷侧出线保护动作时间相配合，如图 7-19 所示，即

$$t_3 = t_1 + \Delta t$$

$$t_4 = t_2 + \Delta t$$

$$t_5 = t_3 + \Delta t$$

$$t_5 = t_4 + \Delta t$$

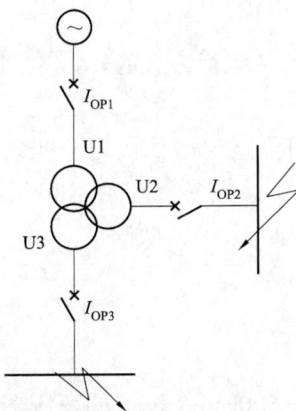

图 7-18　单侧电源变压器电流保护定值配合图　　　　图 7-19　单侧电源变压器后备保护时间配合

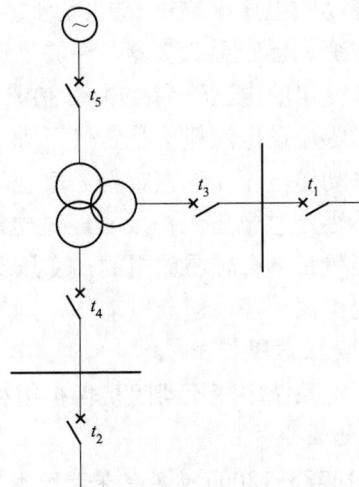

b. 多侧电源变压器。有三侧电源的多绕组变压器，三侧均应装设后备保护，且动作时间小的一侧应加装方向元件。当加装了方向元件后，仍应保证变压器内部故障时有后备保护段的措施。要求在各种运行方式下，有一侧保护对三侧母线均应有足够的灵敏度，动作后切除三侧断路器的时间段。若灵敏度不满足，必要时可装设负序电流保护。

7. 变压器的负序电流保护整定计算

对于大型变压器，为提高后备保护灵敏度，必要时可装设负序电流保护。其特点是保护装置的构造简单，在不对称短路时灵敏度高。其缺点是不能反映三相短路，定值计算及配合较复杂，负序电流保护定值的整定计算按躲过正常运行时负序滤过器的不平衡电流整定，即

$$I_{op.2} = (0.1\sim0.2)I_e / K_i$$

8. 变压器零序电流保护整定计算

对于降压变压器，一般不需装设零序电流保护。

9. 变压器零序过电压保护整定计算

（1）零序过电压保护的整定计算。经验公式为

$$U_{op0} = (0.05\sim0.1)\frac{3U_{0e}}{K_{u0}}$$

式中　U_{0e}——电压互感器零序一次额定电压，在中性点直接接地系统中，其为额定相电压；

K_{u0}——电压零序电压变比，在中性点直接接点系统 $K_{u0} = \frac{U_e}{\sqrt{3}} / 0.1$。

（2）变压器中性点经放电间或隙接地时零序过电压保护的整定。对于并联运行的中性点不接地的变压器，其中性点可经放电间隙接地。此时，为防止变压器过电压，可采用零序过电压保护，或用零序过电流保护。当采用零序过电压保护时，电压整定值 U_{DZ0}=180V（二次电压），动作时间为0.5s，动作后跳开各侧开关，当采用零序过电流保护时，动作电流整定为 $I_{OP0}\leqslant$100A（一次电流），动作时间为0.3～0.5s，动作后跳开变压器各侧开关。

上述动作电压不宜过高，因为电压互感器在系统电压升高时铁芯将会饱和，故电压不能完全按变比感应至二次侧，经验证明，虽然额定电压最大值 $3U_0$=3×100V=300V，而实际上只能传变出的电压约为220～230V。

上述零序过电流保护整定值不大于100A，是由于正常运行方式时，放电间隙无电流流过，所以动作电流允许整定得灵敏些。

上述零序过电压保护及零序过电流保护的动作时间可整定得尽量短一些，这是由于放电间隙一般是不会轻易放电的，变压器零序电压一般也不会轻易升高至180V，故动作时间可以整定得短一些，但一旦动作，则应尽快切除变压器。

10. 变压器阻抗保护

在配电系统中变压器阻抗保护很少采用。

11. 过励磁保护

GB 14285—2006《继电保护技术导则》规定只有在500kV及以上的变压器才装设过励磁保护。

12. 变压器过负荷保护整定计算

（1）动作电流计算公式为

$$I_{OP.2} = \frac{K_{rel}I_e}{K_{re}K_i}$$

式中　I_e——变压器的一次额定电流；

K_{rel}——可靠系数，取 1.05；

K_{re}——返回系数，取 0.85~0.95；

K_i——取额定电流侧的电流互感器变比。

（2）动作时间整。动作时间应比同一设备之过电流保护之最长动作时间大。

四、电动机继电保护整定计算

电动机内部常见故障有：

（1）定子绕组相间短路。

（2）定子绕组单相接地。

（3）定子绕组匝间短路。

电动机常见的不正常运行状态有：

（1）过负荷。

（2）电压消失或降低。

电动机的保护方式有以下几种：

（1）相间短路装设电流保护或纵差保护。

（2）为防止过负荷，装设电流保护或过热保护。

（3）为防止发生单相接地装设零序电流保护。

1. 差动保护整定计算

差动保护动作电流整定公式为

$$I_{op.2} = \frac{K_{rel}I_e}{K_i}$$

式中　I_e——电动机的一次额定电流；

K_{rel}——可靠系数，取 1.3~2.0；

K_i——电流互感器变比。

2. 反时限过电流保护整定计算

（1）反时限动作电流。按躲过最大负荷电流整定，即

$$I_{op.2} = \frac{K_{rel}K_wI_{f.max}}{K_i}$$

式中　$I_{f.max}$——电动机最大负荷电流，按电动机负载情况决；

K_{rel}——可靠系数，取 1.25~1.3；

K_i——电流互感器变比。

（2）两倍反时限动作电流的时间整定。继电器反时限部分的动作时间都要大于电动机启动电流的持续时间。一般高压电动机启动电流的持续时间为：

鼠笼式电动机空载启动，启动电流持续时间约为 5s；

鼠笼式电动机轻载启动，启动电流持续时间约为 20s；

绕线式电动机启动电流持续时间约为 10~15s。

两倍反时限动作电流的时间计算方法为：先将电动机启动电流折算到二次侧，并计算出电动机启动电流与继电器反时限动作电流之比的倍数（如为 4 倍），若启动电流持续时间

为 10s，则要求继电器反时限特性曲线在 4 倍动作电流处对应的时限大于 10s，并利用此曲线查出两倍动作电流处的时间，即为整定的两倍反时限动作电流的时间。

（3）速断保护动作电流的整定。速断保护的动作电流应大于电动机的启动电流，即

$$I_{op.2} = \frac{K_{rel}K_w}{K_i} I_{st}$$

式中　I_{st} ——电动机启动电流周期分量的最大值，其参考值如下，单鼠笼式，$I_{st}=(5.5\sim 7.0)I_e$；双鼠笼式，$I_{st}=(3.5\sim 4.0)I_e$；绕线式电动机，$I_{st}=(2.0\sim 2.5)I_e$；

K_{rel} ——可靠系数，取 1.3；

K_i ——电流互感器变比；

K_w ——接线系数，对于两相两继电器的接线方式，$K_w=1$，对于两相单继电器式接线方式，$K_w=\sqrt{3}$。

3．定时限过电流保护整定计算

（1）电流速断保护动作电流整定。按躲过电动机启动电流最大值整定，即

$$I_{op.2} = \frac{K_{rel}K_w}{K} I_{st}$$

式中　I_{st} ——电动机启动电流周期分量的最大值，其参考值如下，单鼠笼式，$I_{st}=(5.5\sim 7.0)I_e$；双鼠笼式，$I_{st}=(3.5\sim 4.0)I_e$；绕线式电动机，$I_{st}=(2.0\sim 2.5)I_e$；

K_{rel} ——可靠系数，取 1.5；

K_i ——电流互感器变比；

K_w ——接线系数，对于两相两继电器的接线方式，$K_w=1$，对于两相单继电器式接线方式，$K_w=\sqrt{3}$。

（2）过负荷保护动作电流整定：按电动机额定电流整定，即

$$I_{op.2} = \frac{K_{rel}K_w}{K_{re}K_i} I_e$$

式中　K_{rel} ——可靠系数，取 1.05～1.2；

K_i ——电流互感器变比；

K_w ——接线系数，对于两相两继电器的接线方式，$K_w=1$，对于两相单继电器式接线方式，$K_w=\sqrt{3}$；

K_{re} ——返回系数，取 0.85～0.95；

I_e ——电动机的一次额定电流。

4．电动机失压保护整定计算

低电压保护保证重要电动机自启动，对于电源电压短时降低或中断情况，根据自启动条件，必须切除部分不重要的电动机。

（1）按躲过电动机自启动条件整定，即

$$U_{op.2} = \frac{U_{min}}{K_{rel}K_{re}K_u} \approx (0.55\sim 0.65)U_e$$

（2）按切除不允许自启动的条件整定，一般取（0.6～0.7）U_e。

以上两种整定值均取 0.5s 的动作时限，以躲过速断保护动作及电压回路断线引起的误

动作。

（3）根据保安条件，在电压长时间消失后不允许自启动的电动机，电压保护动作值一般取（0.25～0.4）U_e，失压时取 6～10s。

5. 电动机的单相接地保护整定计算

当接地电流大于 5A 时，才在电动机上装设单相接地保护，零序变流器装在母线侧的电缆始端，这样就把电缆也包括在保护区内，保护装置动作电流一般计算为

$$I_{0op} = \frac{K_{rel}I_C}{K_i}$$

式中　K_{rel}——可靠系数，是为了躲过弧光接地故障所产生的不稳定过程电流而设定的。如保护装置不带时限，可取 K_{rel}=4～5；如带 0.5s 时限，取 K_{rel}=1.5～2；

　　　　K_i——零序电流互感器的变比；

　　　　I_C——该线路的电容电流，$I_C = 3U_\phi\omega C_0$；6kV 电缆线路 $I_C = \frac{95+2.84S}{2200+6S}$ （A/km），

　　　　10kV 电缆线路 $I_C = \frac{95+1.44S}{2200+0.23S}$ （A/km）；

　　　　S——电缆截面，mm^2。

五、电力电容器保护整定计算

对于 1kV 及以上电压的并联补偿电容器有以下故障及异常运行方式：

（1）电容器组和断路器之间的连接线短路。

（2）电容器内部故障及其引出线的短路。

（3）如电容器组由若干个电容器并联及串联组成，且每个电容器上装有熔断器，则当一部分电容器因故障切除后，其余电容器上电压升高可能超过允许值。

（4）电容器组的单相接地故障。

串联电容器组按规定装设以下保护装置：

（1）对电容器组和断路器之间连接线短路，应装设无时限或带短时限的电流保护，动作于跳闸。

（2）对电容器内部故障及其引出线的短路，可采用下列保护中的一种保护：

1）如电容器台数较多，可按电容器容量的大小及熔断器的断流容量将电容器分组，在每组上装设熔断器。

2）可将电容器分成两组，装设横联差动保护，动作于跳闸。

（3）对电容器组中其中个别电容器的切除而引起的电压升高，可装设横联差动保护或利用电容器内部故障的横差保护。装置在未超过允许值可作用于信号，超过允许值应动作于跳闸。

（4）对电容器组撞单相接地故障，装置在未超过允许值时可装设单相接地保护。

1. 采用熔断器保护的整定计算

熔断器的熔体电流整定为

$$I_{er} = K_{rel}I_{eC}$$

式中　I_{er}——熔断器熔体额定电压；

K_{rel}——可靠系数，一般取 1.35～1.8；

I_{eC}——电容器组额定电流，当电容器实际运行电压与电容器额定电压不相同时，电

容器的实际电流 $I_C = \dfrac{U_C}{U_{eC}} I_{eC}$。

采用熔断器作电容器组过流保护时，电容器组最大容量是 400kvar。

2. 反时限过电流保护整定计算

（1）反时限过电流保护动作电流整定。按躲过电容器额定电流计算

$$I_{op.2} = \frac{K_{rel} K_{bw} K_w}{K_{re} K_i} I_{eC}$$

式中　　K_{rel}——可靠系数，一般取 1.35～1.8；

K_{bw}——波纹系数，取 1.2～1.25；

K_w——接线系数，对于两相两继电器的接线方式，$K_w = 1$，对于两相单继电器式接线方式，$K_w = \sqrt{3}$；

K_i——电流互感器变比；

I_{eC}——电容器组额定电流。

（2）两倍反时限动作电流整定，一般采用 1s。

（3）速断保护动作电流整定。按躲过电容器充电电流计算，即

$$I_{op.2} = \frac{(4\sim5)}{K_i} I_{eC}$$

3. 二次电流直接动作时的整定计算

将断路器的脱扣线圈直接串接在电流互感器的二次回路中，整定断路器跳闸的电流可以通过选择适当的电流互感器变比和调节跳闸线圈的动作电流来达到。

断路器跳闸线圈的动作电流整定为

$$I_{op.2} = \frac{K_{rel} K_{bw} K_w}{K_i} I_{eC}$$

式中　　K_{rel}——可靠系数，取 2；

K_{bw}——波纹系数，取 1.2～1.25；

K_w——接线系数，对于两相两继电器的接线方式，$K_w = 1$，对于两相单继电器式接线方式，$K_w = \sqrt{3}$；

K_i——电流互感器变比。

4. 定时限过电流保护整定计算

（1）过电流保护动作电流整定。按躲过电容器组额定电流整定，即

$$I_{op.2} = \frac{K_{rel} K_{bw} K_w}{K_{re} K_i} I_{eC}$$

式中　　K_{rel}——可靠系数，一般取 1.25；

K_{bw}——波纹系数，取 1.2～1.25；

K_w——接线系数，对于两相两继电器的接线方式，$K_w = 1$，对于两相单继电器式接

线方式，$K_w = \sqrt{3}$；

　　K_i——电流互感器变比；

　　K_{re}——返回系数，取 0.8～0.95；

　　I_{eC}——电容器组额定电流。

（2）过电流保护时间整定。一般整定在 0.2s 左右。

（3）对于定时限过电流保护，必须考虑与分组熔断器保护特性相配合，只有当每相 3 组及以下时，才需校核，并可适当提高定时限动作电流整定值来配合。

5. 电容器分组电流保护整定

该保护包括熔断器、零序保护、横差保护以及中性点电流平衡保护等。其整定计算分述如下：

（1）采用熔断器时，熔断器的额定电流选择与保护整组的熔断器额定电流的选择相同。

（2）零序电流保护整定计算。容量在 300kvar 及以上的电容器可采用零序电流保护代替分组电流保护的熔断器。

1）动作电流整定。按躲过电容器组三相不平衡电流计算，即

$$I_{op.2} = \frac{15\% I_{eC}}{K_i}$$

式中　I_{eC}——电容器一相额定电流。

2）时间整定。时间取 0.2s 或用一个中间继电器达到延时，以避免过电压影响。

（3）横差保护整定计算。接成双△的电容器组，可用横差保护作为分相电容器内部元件的保护如图 7-20 所示。

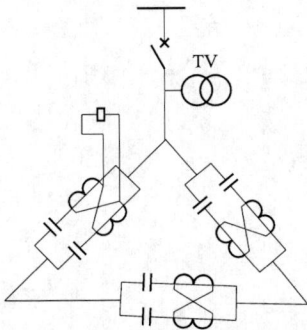

图 7-20　电容器横差保护原理图　　　图 7-21　电容器横差保护原理图

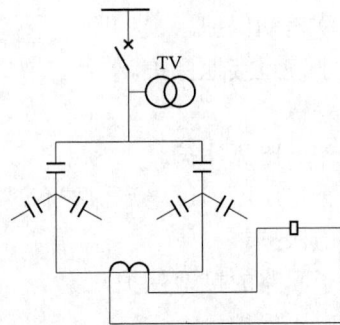

电流继电器接在同相两组电容器的差电流上，正常时横差电流继电器中只有少量的不平衡电流流过，它的动作电流计算公式为

$$I_{op.2} = \frac{15\% I_{eC}}{K_i}$$

式中　I_{eC}——一组电容器额定电流。

（4）平衡保护。接成双 Y 形的电容器组可以采用中性点的电流平衡保护作为分组电容器内部元件保护，如图 7-21 所示。

平衡保护工作原理是：在正常运行时，两组对称的电容器组之间或者一组平衡的三相

电容器组之间电流基本上平衡的，当一台或几台电容器故障时，平衡破坏，平衡保护继电器中流过电流而动作，将整组电容器切除，平衡保护动作电流计算为

$$I_{op.2} = \frac{15\% I_{eC}}{K_i}$$

式中　I_{eC}——一组（一个丫接的一相）电容器额定电流。

时间整定：0.2～0.15s 或用一个中间继电器延时达到。

6. 电容器的接地保护整定计算

6～10kV 系统单相接地电流大于 20A 时，需装设单相接地保护，它们的构成原理都是在相间保护的基础上加设反应零序电流的电流保护。其中，有的是采用定时限零序过电流保护来做单相接地保护。

6～10kV 每千米线路接地电流估算公式如下：

$$架空线 I_C = \frac{U_e}{350} \quad (A/Km)$$

$$电缆 I_C = \frac{U_e}{10} \quad (A/Km)$$

定时限零序过电流保护的动作电流按 20A 整定，即

$$I_{op.2} = \frac{20}{K_i}$$

六、发电机继电保护整定计算

根据 GB 14285—2006《继电保护技术规程》，在容量为 1000kW 以上的发电机，按不同容量和机组的特点要求，可能装设以下保护装置。

（1）纵联差动保护。

（2）定子绕组接地保护。

（3）横差保护。

（4）负序过电流保护。

（5）复合电压闭锁过电流保护和过负荷保护。

（6）失磁保护。

（7）转子回路的接地保护。

（8）过电压保护。

1. 纵差保护整定计算

（1）普通的差动保护整定计算。由于发电机差动保护两侧电流互感器同型号，故在外部故障时差动回路中不平衡电流很小，也没有空载投入时的励磁涌流，所以整定值尽可能灵敏。投运时建议按下式进行整定

$$I_{op.2} = \frac{(0.15\sim0.2)I_e}{K_i}$$

式中　I_e——发电机的额定电流；

　　K_i——电流互感器变比。

（2）对于比率制动式差动保护整定计算。

1）最小动作电流可按下式计算

$$I_{\text{op.2}} = \frac{(0.1 \sim 0.3)I_{\text{e}}}{K_{\text{i}}}$$

2）制动系数。制动系数是指动作电流与制动电流之比。为保证可靠起见，一般制动系数一般取 0.3～0.4。

2. 定子绕组接地保护整定计算

由于发电机的外壳是接地的，因此 GB 14285—2006《继电保护技术规程》规定：当接地电流等于或大于 5A 时，定子绕组接地保护应动作于跳闸；当接地电流小于 5A 时，应作用于信号。在中性点不接地的发电机中，定子单相接地电流是经过定子绕组和其相连的电网对地电容而流通的。因此要知道故障电流的大小，就必须知道对地电容的大小。

汽轮发电机的对地电容为

$$C_{\text{0f}} = \frac{2.5K_1 S_{\text{ef}}}{\sqrt{U_{\text{ef}}(1 + 0.08 U_{\text{ef}})}} \quad (\mu\text{F})$$

式中　S_{ef}——发电机的额定容量，MVA；

U_{ef}——发电机的额定电压，kV；

K_1——决定于绝缘等级的系数，当发电机温度为 15～20℃时，$K_1 = 0.018\,7$。

水轮发电机的相对地电容为

$$C_{\text{0f}} = \frac{K_2 S_{\text{ef}}^{3/4}}{(U_{\text{ef}} + 3600)n^{1/3}} \quad (\mu\text{F})$$

式中　n——转数；

K_2——决定绝缘等级的系数，对 B 级绝缘，当温度为 25℃时，$K_2 = 40$。

发电机的接地电容电流 $\dot{I}_{\text{jdf}}$ 和电网的接地电容电流 $\dot{I}_{\text{jd}}$ 分别为

$$\dot{I}_{\text{jdf}} = j3\omega C_{\text{0f}} a \dot{U}_{\text{ex}}$$

$$\dot{I}_{\text{jd}} = j3\omega C_{0\Sigma} a \dot{U}_{\text{ex}}$$

则接地点的总接地电容电流为

$$\dot{I}_{\text{jd}\Sigma} = \dot{I}_{\text{jdf}} + \dot{I}_{\text{jd}} = j3\omega(C_{\text{0f}} + C_{0\Sigma}) a \dot{U}_{\text{ex}}$$

式中　$\dot{I}_{\text{jdf}}$——发电机接地电容电流三相值，A；

$\dot{I}_{\text{jd}}$——发电机电压网络的接地电容电流，A；

C_{0f}——发电机相对地电容，F；

$C_{0\Sigma}$——电网相对地电容，F；

ω——角速度；

a——接地匝数占总匝数的百分数；

$\dot{U}$——发电机额定电相电压，V。

（1）利用零序电流构成的定子接地保护整定计算。助磁式零序电流保护，是用于保护接于汇流母线的发电机定子的接地保护，为使接地保护尽可能反应发电机内部接地故障，将零序电流互感器直接装设在发电机引出端。这种保护装置的一次动作电流不应超过 5A，当超过 5A 时，保护应作用于跳闸。如果发电机接地电流大于 5A，还要求发电机能够带着单相接地点继续运行时，则要求装设消弧线圈，以补偿接地电流。

零序电流动作值按躲过发电机外部发生单相接地并伴随着两相短路时产生的最大不平衡电流来整定，即

$$I_{dz} = \frac{1}{K_f}(K_k 3I_{cf} + K_k' I_{bp})$$

式中　K_f——继电器的返回系数；

K_k——可靠系数，当接地保护带 0.5～1s 的动作时限时，取值为 2～3，其中较大的动作时间，采用较小的值；

K_k'——可靠系数，取 1.5；

$3I_{cf}$——被保护发电机的电容电流；

I_{bp}——发电机外部短路时，变流器产生的最大不平衡电流一次值。为了降低不平衡电流，提高灵敏度，在外部短路时，采用过电流保护进行闭锁。这时计算不平衡电流，只由闭锁电流值决定，其值比短路电流小，提高了灵敏度。

（2）其他形式接地保护整定计算。除利用零序电流构成的接地保护外，还有利用零序电压构成的定子接地保护、双频式定子接地保护、外加直流式定子接地保护及附加低频电压式接地保护等形式，其保护整定计算可参考相关保护装置产品说明书。

3. 负序电流保护整定计算

发电机由于负荷不平衡或外部不对称短路而产生的负序电流，将在转子的某些部分产生附加损失和额外温升，如不及时处理，就可能严重损坏发电机。因此 GB 14285—2006《继电保护技术规程》要求容量在 50MW 及以上或者经常出现负序过负荷的发电机上，应装设负序过电流保护。

（1）过负荷部分。按躲过发电机长期允许的负序电流值和最大负荷时负序滤过器的不平衡电流整定，对于汽轮发电机长期允许负序电流为 6%～8% 额定电流，水轮发电机为 12% 额定电流。考虑到频率降低对负序滤过器的影响，其动作值为

$$I_{op.2} = \frac{(0.1\sim0.2)I_e}{K_i}$$

式中　I_e——发电机的额定电流；

K_i——电流互感器变比。

（2）过电流部分，按转子发热条件整定。对于汽轮机，按如下整定

$$I_{op.2} = \frac{0.5I_e}{K_i}$$

对于水轮机，按如下整定

$$I_{op.2} = \frac{0.6I_e}{K_i}$$

4. 电压元件闭锁过电流和过负荷保护整定计算

（1）低电压元件，包括三相式及单相式低电压。对于汽轮发电机，按躲过电动机自启

动或发电机失磁而出现的非同步运行方式时的最低电压整定，通常可取

$$U_{op.2} = \frac{(0.5\sim0.6)}{K_u}U_{ef}$$

式中　U_{ef}——发电机额定电压；

　　　K_u——电压互感器变比。

对于水轮机，由于不允许在失磁情况下运行，因此低电压动作整定为

$$U_{op.2} = \frac{0.7U_{ef}}{K_u}$$

（2）负序电压元件整定计算。复合电压闭锁中的负序电压元件按躲过正常运行最大不平衡电流整定，经验公式为

$$U_{op.2} = \frac{(0.06\sim0.09)}{K_u}U_{ef}$$

式中　U_{ef}——发电机额定电压；

　　　K_u——电压互感器变比。

（3）过电流元件整定计算。按发电机额定电流整定，即

$$I_{op.2} = \frac{K_{rel}I_{ef}}{K_{re}K_i}$$

式中　I_{ef}——发电机额定电流；

　　　K_i——电流互感器变比；

　　　K_{rel}——可靠系数，取 1.2；

　　　K_{re}——返回系数，取 0.85～0.95。

（4）动作时间整定计算。按大于相邻元件保护最大时限 $t'_{op.max}$ 的 2～3 个时间级差整定，即

$$t = t'_{op.max} + (2\sim3)\Delta t$$

式中　$t'_{op.max}$——相邻元件保护最大时限；

　　　Δt——时间级差，0.3～0.5s。

（5）过负荷保护整定计算。对于中、小容量的发电机，过负荷保护动作于信号，保护装置的动作电流整定电流为

$$I_{op.2} = \frac{K_{rel}I_{ef}}{K_{re}K_i}$$

式中　I_{ef}——发电机额定电流；

　　　K_i——电流互感器变比；

　　　K_{rel}——可靠系数，取 1.05；

　　　K_{re}——返回系数，取 0.85～0.95。

动作时限，应比发电机过电流保护动作时限大 1～2 个时间级差。

5. 发电机失磁保护整定计算

发电机失去励磁后，转子磁通将近似按指数函数衰减，于是定子内感应电势 E 将减小，从而使发电机电磁功率 $P = \dfrac{EU}{\sum x_1}\sin\delta$ 随之减小。由于原动机输出功率不变，因而转子被加

213

速，E 与 U 间的夹角增大，当 δ 角超过 90° 时，发电机转入异步运行状态。

发电机是否失磁表现在：

（1）由于转子的转速已超过同步转速，因而与同步旋转磁场切割产生电势和电流，此电流产生异步制动转矩，使发电机仍能向系统输出有功功率，由于原动机的调速器在转速增大的影响下，关小汽门，因此有功功率将减小，约为原动机功率的 75% 左右，达到新的功率平衡状态。

（2）由并列运行的系统吸收大量无功功率，将使机端电压降低。系统无功储备越小，电压的降低也就越严重，甚至使系统电压崩溃，以致破坏稳定运行。

（3）由于发电机失磁，机组本身因受机械力的冲击而产生振动和局部温升过高的威胁，所以水轮发电机或绕线式转子的汽轮发电机和调相机，都不宜于异步运行，所以应考虑装设失磁保护。

发电机失磁保护的构成方式和整定计算如下：

（1）失磁后机端阻抗的变化。发电机失磁到失步这一过程中，由于发电机转子存在惯性，发电机输出有功功率基本上与失磁前一样，而无功功率从正值变为负值，机端测量阻抗由感性变化为容性，在阻抗复数平面上，测量阻抗的轨迹由第一象限进入第四象限。失磁前发电机所带的有功功率不同，测量阻抗将有不同的位置，有功功率越大，阻抗轨迹越靠近 X 轴，在励磁消失之后，如果发电机有功功率不变，对于接到无限大系统的发电机，其机端测量阻抗的轨迹最后将在 X 轴上。滑差 S 大，则失磁发电机的等效电抗表现为暂态电抗 X_d'；滑差 S 小（极限 S=0 即同步运行），则表现为 X_d。最终一定包括 $-jX_d'$ 和 $-jX_d$ 两点在内的阻抗圆内。

（2）各元件的整定计算如下：

1）阻抗 Z_A、Z_B 的整定如下

$$Z_A = -j\frac{1}{2}X_d'\frac{U_{ef}}{\sqrt{3}I_{ef}}$$

$$Z_B = -K_{rel}X_d\frac{U_{ef}}{\sqrt{3}I_{ef}}$$

式中　U_{ef}——发电机额定电压；

I_{ef}——发电机额定电流；

X_d'——发电机暂态电抗（额定标幺值）；

X_d——发电机的同步电抗（额定标幺值）。

2）时间元件。躲过系统振荡周期，一般为 1.5s。

3）闭锁元件。采用转子电压作为系统故障或系统振荡的闭锁元件，其整定值为在额定有功功率下，对应于静稳极限特性所具有的转子电压的 80%～90%。转子电压的整定还应考虑到发电机在最小有功负荷的正常情况下，转子低电压继电器不应误动，即 $U_{op} < U_{lc.min}$（$U_{lc.min}$ 为发电机在最小有功负荷的正常情况下励磁电压）。

6. 发电机励磁回路接地保护整定计算

（1）一般转子回路一点接地保护接地电阻整定范围为 0.5～20kΩ。动作时间一般取

2~3s。

（2）两点接地保护的动作电流，规程规定其电流为 70mA，动作时间一般为 1～1.5s。

7. 发电机电流速断保护整定计算

1000kW 及以下容量的发电机与其他机组或系统并列运行时，应在发电机出口侧装设电流速断保护，作为定子绕组相间短路保护。

按躲过发电机引出线故障时流过发电机的最大短路电流整定，即

$$I_{op.2} = \frac{K_{rel}I_{k.max}}{K_i}$$

式中 K_{rel}——可靠系数，取 1.5～1.8；

         K_i——电流互感器变比；

     $I_{k.max}$——发电机出口三相短路电流，$I_{k.max} = I_j I_* = I_j \dfrac{1}{X''_{d*j}}$。

第四节　工厂继电保护整定计算算例

某 10～35kV 的系统接线图如图 7-22 所示，请作整定计算方案。

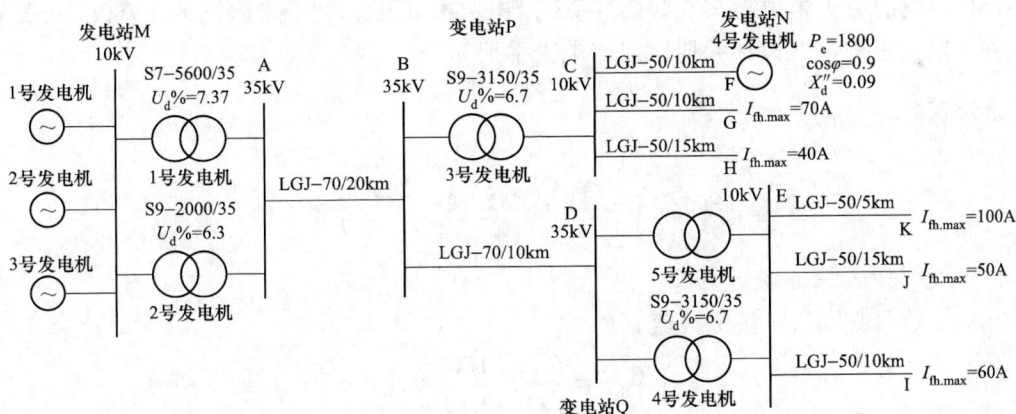

图 7-22　某 35KV 系统接线图

一、各元件参数计算

1. 基准值的选取

各电压等级基准值见表 7-3。

表 7-3   各 电 压 等 级 基 准 值

电压等级	额定容量（S_j）	基准电压（U_j）	基准电流（I_j）	基准阻抗（Z_j）
35kV	100MVA	37kV	1560A	13.7Ω
10kV	100MVA	10.5kV	5500A	1.1Ω

注　基准值可以随便取，为了便于记忆，最好是按表 7-3 中的数据取值。

2. 发电站 M 标幺参数计算

（1）M 站每台发电机参数。根据公式 $X_{*j} = X''_{de} \dfrac{S_j}{S_e}$ 得

$$X_{F1(2\sim3)*j} = X''_{de} \frac{S_j}{P_e / \cos\varphi} = 0.09 \times 100 / (1.8/0.9) = 4.5$$

（2）M 站主变压器电抗标幺值计算。根据公式 $X_{*j} = X''_{de} \dfrac{U_e^2}{S_e} / Z_j = X''_{de} \dfrac{U_e^2}{S_e} / \dfrac{U_j^2}{S_j}$ 得：

1 号主变压器

$$X_{B1*j} = \frac{7.37}{100} \times \frac{100}{5.6} = 1.3 \ (\text{认为 } U_j = U_e)$$

（对于主变压器折算到 10kV 或 35kV 侧均可以，这里折算至 10kV 侧）

2 号主变压器

$$X_{B2*j} = \frac{6.3}{100} \times \frac{100}{2.0} = 3.1$$

3. 线路 AB 的阻抗标幺值计算

LGJ—70 导线的每千米电阻按 0.46Ω，每千米电抗按 0.4Ω，即千米阻抗为 0.61Ω；LGJ—50 导线的每千米电阻按 0.64Ω，每千米电抗按 0.4Ω，即千米阻抗为 0.75Ω；相关参数可参考《电力工程电气设计手册》或《电工手册》。

据公式 $Z_{*j} = Z_\Omega \dfrac{S_j}{U_P^2} = \dfrac{Z_\Omega}{Z_j}$ 得

$$X_{AB*j} = X_\Omega \frac{S_j}{U_P^2} = \frac{X_\Omega}{X_j} = \frac{L_{AB}Z_{AB}}{Z_{j.35}} = \frac{20 \times 0.61}{13.7} = 0.9$$

4. 变电站 P 标幺参数计算

（1）3 号主变压器电抗标幺值。

$$X_{B3*j} = \frac{6.7}{100} \times \frac{100}{3.15} = 2.1$$

（2）各 10kV 出线电抗标幺值。

线路 CF
$$X_{CF*j} = \frac{L_{CF}Z_{CF}}{Z_{j.10}} = \frac{10 \times 0.75}{1.1} = 6.8$$

线路 CG
$$X_{CG*j} = \frac{L_{CG}Z_{CG}}{Z_{j.10}} = \frac{10 \times 0.75}{1.1} = 6.8$$

线路 CH
$$X_{Cf*j} = \frac{L_{cf}Z_{cf}}{Z_{j.10}} = \frac{15 \times 0.75}{1.1} = 10.2$$

5. 发电站 N 标幺参数计算

（1）4 号发电机电抗标幺值

$$X_{F4*j} = X''_{de} \frac{S_j}{P_e / \cos\varphi} = 0.09 \times 100 / (1.8/0.9) = 4.5$$

（2）线路 BD 电抗标幺值

$$X_{BD*j} = \frac{L_{BD}Z_{BD}}{Z_{j.35}} = \frac{10 \times 0.65}{13.7} = 0.45$$

6. 变电站 Q 电抗标幺值计算

（1）4 号、5 号主变压器电抗标幺值

$$X_{B4(5)*j} = \frac{6.7}{100} \times \frac{100}{3.15} = 2.1$$

（2）各 10kV 出线电抗标幺值

线路 EI
$$X_{EI*j} = \frac{L_{EI}Z_{EI}}{Z_{j.10}} = \frac{10 \times 0.75}{1.1} = 6.8$$

线路 EJ
$$X_{EJ*j} = \frac{L_{EJ}Z_{EJ}}{Z_{j.10}} = \frac{15 \times 0.75}{1.1} = 10.2$$

线路 EK
$$X_{EK*j} = \frac{L_{EK}Z_{EK}}{Z_{j.10}} = \frac{5 \times 0.75}{1.1} = 3.4$$

二、运行方式的确定

1. 最大运行方式

发电机 M1、2 号机、3 号机及 N4 号机全部都满发，1 号、2 号及 4 号、5 号主变压器都并列运行。

2. 最小运行方式

发电机 M3 号机满发，2 号主变压器单台运行，4 号或 5 号主变压器单台运行，发电站 N 停机备用。

三、各母线短路时的最大电流与最小电流计算

1. 最大短路电路

（1）A 母线的最大短路电流。当只考虑发电站 M1、2 号发电机、3 号发电机作用时

$$I_{A.max} = I_{j.35} / [1/3X_{F1*J} + X_{B1*J} /\!/ + X_{B2*J}] = 1560/[1/3 \times 4.5 + 1.3 /\!/ + 3.1] = 646A$$

只考虑发电站 N4 号机单独作用时

$$I'_{A.max} = I_{j.35} / [X_{AB*j} + X_{B3*j} + X_{CF*j} + X_{F4*j}] = 1560 / [0.9 + 2.1 + 6.8 + 4.5] = 110A$$

（2）B 母线最大短路电流。当只考虑发电站 M1、2 号机组、3 号机组作用时

$$I_{B.max} = I_{j.35} / [1/3X_{F1*j} + (X_{B1*j} /\!/ X_{B2*j}) + X_{AB*j}]$$
$$= 1560/[1/3 \times 4.5 + 1.3 /\!/ 3.1 + 0.9] = 472A$$

当只考虑发电站 N4 号机组单独作用时

$$I'_{B.max} = I_{j.35} / [X_{B3*j} + X_{CF*j} + X_{F4*j}] = 1560 / [2.1 + 6.8 + 4.5] = 116A$$

（3）C 母线最大短路电流。当只考虑发电站 M1、2 号机组、3 号机组作用时

$$I_{C.max} = I_{j.10} / [1/3X_{F1*j} + (X_{B1*j} /\!/ X_{B2*j}) + X_{AB*j} + X_{B3*j})]$$
$$= 5500/[1/3 \times 4.5 + 1.3 /\!/ 3.1 + 0.9 + 2.1] = 1018A$$

当只考虑发电站 N4 号机组单独作用时

$$I'_{C.max} = I_{j.10} / [X_{CF*j} + X_{F4*j}] = 5500 / [6.8 + 4.5] = 487 \text{A}$$

当同时考虑发电站 M1、2 号机组、3 号机组及发电站 N4 号机组共同作用时

$$I''_{C.max} = I_{j.10} / \{ [1/3X_{F1*j} + (X_{B1*j} // X_{B2*j}) + X_{AB*j} + X_{B3*j}] // (X_{CF*j} + X_{F4*j}) \}$$
$$= 5500 / [1/3 \times 4.5 + 1.3 // 3.1 + 0.9 + 2.1] // (6.8 + 4.5) = 1505 \text{A}$$

（4）线路 CF 末端最大短路电流。只考虑发电站 M1、2 号发电机、3 号发电机作用

$$I_{CF.max} = I_{j.10} / [1/3X_{F1*j} + (X_{B1*j} // X_{B2*j}) + X_{AB*j} + X_{B3*j} + X_{CF*j})$$
$$= 5500 / [1/3 \times 4.5 + 1.3 // 3.1 + 0.9 + 2.1 + 6.8] = 450 \text{A}$$

（5）线路 CG 末端最大短路电流。需同时考虑发电站 M1、2 号发电机、3 号机组与发电站 N4 号机组共同作用

$$I_{CG.max} = I_{j.10} / \{ [1/3X_{F1*j} + (X_{B1*j} // X_{B2*j}) + X_{AB*j} + X_{B3*j}] // [X_{CF*j} + X_{F4*j}] + X_{CG*j} \}$$
$$= 5500 / \{ [1/3 \times 4.5 + 1.3 // 3.1 + 0.9 + 2.1] // [6.8 + 4.5] + 6.8 \} = 524 \text{A}$$

（6）线路 CH 末端最大短路电流。需同时考虑发电站 M1、2 号机组、3 号机组与发电站 N4 号机组共同作用

$$I_{CH.max} = I_{j.10} / \{ [1/3X_{F1*j} + (X_{B1*j} // + X_{AB*j} + X_{B3*j}] // [X_{CF*j} + X_{F4*j}] + X_{CH*j} \}$$
$$= 5500 / \{ [1/3 \times 4.5 + 1.3 // 3.1 + 0.9 + 2.1] // [6.8 + 4.5] + 10.2 \} = 596 \text{A}$$

（7）D 母线最大短路电流。需同时考虑发电站 M1、2 号机组、3 号机组与发电站 N4 号机组共同作用

$$I_{D.max} = I_{j.35} / \{ [1/3X_{F1*j} + (X_{B1*j} // X_{B2*j}) + X_{AB*j}] // [X_{B3*j} + X_{CF*j} + X_{F4*j}] + X_{BD*j} \}$$
$$= 1560 / \{ [1/3 \times 4.5 + 1.3 // 3.1 + 0.9] // [2.1 + 6.8 + 4.5] + 0.45 \} = 503 \text{A}$$

（8）E 母线最大短路电流。需同时考虑发电站 M1、2 号机组、3 号机组与发电站 N4 号机组共同作用

$$I_{E.max} = I_{j.10} / \{ [1/3X_{F1*j} + (X_{B1*j} // X_{B2*j}) + X_{AB*j}] // [X_{B3*j} + X_{CF*j} + X_{F4*j}] + X_{BD*j} + X_{B4*j} // X_{B5*j} \}$$
$$= 5500 / \{ [1/3 \times 4.5 + 1.3 // 3.1 + 0.9] // [2.1 + 6.8 + 4.5] + 0.45 + 2.1 // 2.1 \} = 1341 \text{A}$$

（9）线路 EI 末端最大短路电流。需同时考虑发电站 M1、2 号机组、3 号机组与发电站 N4 号机组共同作用

$$I_{EI.max} = I_{j.10} / \{ [1/3X_{F1*j} + (X_{B1*j} // X_{B2*j}) + X_{AB*j}] // [X_{B3*j} + X_{CF*j} + X_{F4*j}] + X_{BD*j} + X_{B4*j} // X_{B5*j} + X_{EI*j} \}$$
$$= 5500 / \{ [1/3 \times 4.5 + 1.3 // 3.1 + 0.9] // [2.1 + 6.8 + 4.5] + 0.45 + 2.1 // 2.1 + 6.8 \} = 500 \text{A}$$

（10）线路 EJ 末端最大短路电流。需同时考虑发电站 M1、2 号机组、3 号机组与发电站 N4 号机组共同作用

$$I_{EJ.max} = I_{j.10} / \{ [1/3X_{F1*j} + (X_{B1*j} // X_{B2*j}) + X_{AB*j}] //$$
$$[X_{B3*j} + X_{CF*j} + X_{F4*j}] + X_{BD*j} + X_{B4*j} // X_{B5*j} + X_{EJ*j} \}$$
$$= 5500 / \{ [1/3 \times 4.5 + 1.3 // 3.1 + 0.9] // [2.1 + 6.8 + 4.5] + 0.45 + 2.1 // 2.1 + 10.2 \} = 385 \text{A}$$

（11）线路 EK 末端最大短路电流。需同时考虑发电站 M1、2 号机组、3 号机组与发电

站 N4 号机组共同作用

$$I_{\text{EK.max}} = I_{j.10} / \{[1/3X_{\text{F1*j}} + (X_{\text{B1*j}} /\!/ X_{\text{B2*j}}) + X_{\text{AB*j}}] /\!/$$
$$[X_{\text{B3*j}} + X_{\text{CF*j}} + X_{\text{F4*j}}] + X_{\text{BD*j}} + X_{\text{B4*j}} /\!/ X_{\text{B5*j}} + X_{\text{EK*j}}\}$$
$$= 5500 / \{[1/3 \times 4.5 + 1.3 /\!/ 3.1 + 0.9] /\!/ [2.1 + 6.8 + 4.5] + 0.45 + 2.1 /\!/ 2.1 + 3.4\} = 730\text{A}$$

注：对于 10kV 线路在同一线路的不同地点短路时，短路电流相差很大。

2. 最小短路电流计算

（1）A 母线最小短路电流。只考虑发电站 M3 号机组作用

$$I_{\text{A.min}} = \frac{\sqrt{3}}{2}I_{j.35} / [X_{\text{F3*j}} + X_{\text{B2*j}}] = 0.866 \times 1560/(4.5+3.1) = 0.866 \times 1560/7.6 = 178\text{A}$$

（2）B 母线最小短路电流

$$I_{\text{B.min}} = \frac{\sqrt{3}}{2}I_{j.35} / [X_{\text{F3*j}} + X_{\text{B2*j}} + X_{\text{AB*j}}]$$
$$= 0.866 \times 1560/(4.5+3.1+0.9) = 0.866 \times 1560/8.5 = 160\text{A}$$

（3）C 母线最小短路电流

$$I_{\text{C.min}} = \frac{\sqrt{3}}{2}I_{j.10} / [X_{\text{F3*j}} + X_{\text{B2*j}} + X_{\text{AB*j}} + X_{\text{B3.j}}] = 0.866 \times 5500/(4.5+3.1+0.9+2.1)$$
$$= 0.866 \times 5500/10.6 = 450\text{A}$$

（4）F 母线最小短路电流

$$I_{\text{F.min}} = \frac{\sqrt{3}}{2}I_{j.10} / [X_{\text{F3*j}} + X_{\text{B2*j}} + X_{\text{AB*j}} + X_{\text{B3.j}} + X_{\text{CF*j}}]$$
$$= 0.866 \times 5500/(4.5+3.1+0.9+2.1+6.8)$$
$$= 0.866 \times 5500/17.4 = 274\text{A}$$

（5）线路 CG 末端最小短路电流

$$I_{\text{CG.min}} = \frac{\sqrt{3}}{2}I_{j.10} / [X_{\text{F3*j}} + X_{\text{B2*j}} + X_{\text{AB*j}} + X_{\text{B3.j}} + X_{\text{CG*j}}]$$
$$= 0.866 \times 5500/(4.5+3.1+0.9+2.1+6.8)$$
$$= 0.866 \times 5500/17.4 = 274\text{A}$$

（6）线路 CH 末端最小短路电流

$$I_{\text{CH.min}} = \frac{\sqrt{3}}{2}I_{j.10} / [X_{\text{F3*j}} + X_{\text{B2*j}} + X_{\text{AB*j}} + X_{\text{B3.j}} + X_{\text{CH*j}}]$$
$$= 0.866 \times 5500/(4.5+3.1+0.9+2.1+10.2)$$
$$= 0.866 \times 5500/20.8 = 230\text{A}$$

（7）D 母线最小短路电流

$$I_{\text{B.min}} = \frac{\sqrt{3}}{2}I_{j.35} / [X_{\text{F3*j}} + X_{\text{B2*j}} + X_{\text{AB*j}} + X_{\text{BD.j}}]$$
$$= 0.866 \times 1560/(4.5+3.1+0.9+0.45)$$
$$= 0.866 \times 1560/9.0 = 152\text{A}$$

（8）E 母线最小短路电流

$$I_{E.min} = \frac{\sqrt{3}}{2} I_{j.10} / [X_{F3*j} + X_{B2*j} + X_{AB*j} + X_{BD.j} + X_{B4*j}]$$

$$=0.866 \times 5500/(4.5+3.1+0.9+0.45+2.1)$$

$$=0.866 \times 5500/11.1=430A$$

（9）线路 EI 末端最小短路电流

$$I_{EI.min} = \frac{\sqrt{3}}{2} I_{j.10} / [X_{F3*j} + X_{B2*j} + X_{AB*j} + X_{BD.j} + X_{B4*j} + X_{EI*j}]$$

$$=0.866 \times 5500/(4.5+3.1+0.9+0.45+2.1+6.8)$$

$$=0.866 \times 5500/17.9=267A$$

（10）线路 EJ 末端最小短路电流

$$I_{EJ.min} = \frac{\sqrt{3}}{2} I_{j.10} / [X_{F3*j} + X_{B2*j} + X_{AB*j} + X_{BD.j} + X_{B4*j} + X_{EJ*j}]$$

$$=0.866 \times 5500/(4.5+3.1+0.9+0.45+2.1+10.2)$$

$$=0.866 \times 5500/21.3=225A$$

（11）线路 EK 末端最小短路电流

$$I_{EK.min} = \frac{\sqrt{3}}{2} I_{j.10} / [X_{F3*j} + X_{B2*j} + X_{AB*j} + X_{BD.j} + X_{B4*j} + X_{EK*j}]$$

$$=0.866 \times 5500/(4.5+3.1+0.9+0.45+2.1+3.4)$$

$$=0.866 \times 5500/14.5=330A$$

四、保护整定计算

1. 线路 CF

（1）速断保护。按躲过本线路末端三相短路时的最大短路电流整定（只考虑 M 侧 3 台机组提供短路电流）

$$I_{CF.1OP} = K_{rel} I_{CF.max} = 1.3 \times 450 = 580A$$

由于反方向 C 母线短路时，发电站 N4 号机组单独所提供的最大短路电流只为 116A，小于保护的动作电流，故保护不需要加方向元件。

（2）限时速断。按保证本线路末端短路时有 1.2 的灵敏度

$$I_{CF.2OP} = I_{CF.min} / 1.2 = 274 / 1.2 = 228A$$

动作时间整定，由于本线路是最末一级，故动作时间按最短动作时间选择，但需与发电站 N 的发电机的差动保护配合整定

$$T_{CF.2.} = 0.4s$$

（3）过电流保护。按躲过本线路的最大负荷电流整定

$$I_{CF.3OP} = K_{rel} K_{ss} I_{CF.1.max} = 1.3 \times 1.5 \times 50 = 97A$$

负荷自启动系数取 1.5。

灵敏度校验，按本线路末端最小短路电流校验

$$K_{sen} = I_{CF.min} / I_{CF.3OP} = 274 / 97 = 2.8 > 1.5$$

动作时间：由于本线路是最末一级，故动作时间按最短动作时间选取

$$T_{CF.3.} = 0.8s$$

2. 线路 CG

（1）速断保护。按躲过本线路末端三相短路时的最大短路电流整定

$$I_{CG.1OP} = K_{rel}I_{CG.max} = 1.3 \times 524 = 680A$$

（2）限时速断。按保证本线路末端短路时有 1.2 的灵敏度

$$I_{CG.2OP} = I_{CG.min} / 1.2 = 274 / 1.2 = 228A$$

动作时间整定，由于本线路是最末一级，故动作时间按最短动作时间选择

$$T_{CG.2.} = 0.4s$$

（3）过电流保护。按躲过本线路的最大负荷电流整定

$$I_{CG.3OP} = K_{rel}K_{ss}I_{CG.l.max} = 1.3 \times 1.5 \times 70 = 136A$$

负荷自启动系数取 1.3。

灵敏度校验，按本线路末端最小短路电流校验

$$K_{sen} = I_{C.Gmin} / I_{CG.3OP} = 274 / 136 = 2.0 > 1.5$$

动作时间：由于本线路是最末一级，故动作时间按最短动作时间选取

$$T_{CF.3.} = 0.8s$$

3. 线路 CF

其整定方法同上。

4. 3 号主变压器整定计算

（1）差动保护整定。变压器各侧额定电流为

$$I_{35e} = S_e / \sqrt{3}U_{35e} = 3150 / 1.732 \times 35 = 52A$$

$$I_{10e} = S_e / \sqrt{3}U_{10e} = 3150 / 1.732 \times 10 = 173A$$

差动保护电流互感器变比选取

$$K_{35i} = 100 / 5 \quad K_{10i} = 300 / 5$$

差动电流互感器接线方式：Δ / Y

差动二次额定电流

$$I_{35e} = K_wI_{35e} / K_{35i} = \sqrt{3} \times 52 / 20 = 4.5A$$

$$I_{10e} = K_wI_{10e} / K_{10i} = 1 \times 173 / 60 = 2.88A$$

差动电流整定：

1）按躲过变压器励磁涌流整定

$$I_{B3.OP.2} = K_{rel}\frac{I_e}{K_i} = 1.3 \times 4.5 = 5.85A$$

2）按躲 10kV 外部短路时的最大不平衡电流整定

$$I_{\text{B3.OP.2}} = K_{\text{rel}}\left[(10\%K_{\text{aper}}K_{\text{st}} + \Delta f + \Delta U)\frac{I_{\text{C.max}}K_{\text{w}}}{K_{10.\text{i}}}\right]$$

$$=1.3\times(0.1+0.05+0.05)\times1018\times1.732\times10.5/35\times20=6.9\text{A}$$

所以，差动电流整定值选择为

$$I_{\text{B3.OP.2}} = 6.0\text{A}$$

（2）35kV 侧过电流保护整定。

1）按躲过主变压器 35kV 侧额定负荷电流整定

$$I_{\text{B3.OP}} = K_{\text{rel}}\frac{I_{35.\text{e}}}{K_{\text{i}}}=1.3\times52/20=3.35\text{A}$$

2）按躲过最大负荷电流整定

$$I_{\text{B3.OP}} = K_{\text{rel}}(I_{\text{CF.L.max}} + I_{\text{CF.L.max}} + I_{\text{CH.L.max}})/K_{\text{i}}=1.3\times160\times10.5/35/20=3.15\text{A}$$

所以过电流整定电流 $I_{\text{B3.OP}} = 3.40\text{A}$

3）动作时间整定。按与 10kV 侧出线（CF、CG、CH）过电流保护动作时间最长线路配合整定

$$T_{\text{B3.T.}} = 0.8 + 0.4 = 1.2\text{s}$$

跳主变压器两侧开关。

4）保护的动作方向由 35kV 母线指向主变压器。

（3）10kV 过电流保护整定计算。

1）按躲过主变压器 10kV 侧额定负荷电流整定

$$I_{\text{B3.OP}} = K_{\text{rel}}\frac{I_{10.\text{e}}}{K_{\text{i}}}=1.3\times173/60=3.75\text{A}$$

2）按躲过发电站 N4 号机组提供的最大负荷电流整定

$$I_{\text{B3.OP}} = K_{\text{rel}}\frac{I_{\text{F4.max}}}{K_{\text{i}}}=1.3\times110/60=2.38\text{A}$$

所以 10kV 侧过电流整定电流 $I_{\text{B3.OP}} = 3.80\text{A}$

3）动作时间整定。按与 35kV 侧出线 BA、BD 过流保护动作时间最长线路配合整定

$$T_{\text{B3.T.}} = 1.6 + 0.4 = 2.0\text{s}$$

（4）35kV 侧过负荷整定。

1）按躲过主变压器 35kV 侧额定负荷电流整定

$$I_{\text{B3.OP.2}} = \frac{K_{\text{rel}}I_{35.\text{e}}}{K_{\text{i}}} = \frac{1.05\times52}{20} = 2.73\text{A}$$

2）动作时间。动作时间应比同一设备之过电流保护之最长动作时间大

$$T_{\text{B3.T.}} = 2.0 + 0.4 = 2.4\text{s}$$

（5）瓦斯保护整定。

重瓦斯 V=0.8m/s；跳两侧开关

轻瓦斯 S=250cm^3；T=4s；发信

5. 线路 EI 的整定计算

（1）速断保护。按向过本线路末端三相短路时的最大电流整定

$$I_{EI.1OP} = K_{rel}I_{EI.max} = 1.3 \times 500 = 650A$$

（2）限时速断。按保证本线路末端短路时有 1.2 的灵敏度

$$I_{EI.2OP} = I_{EI.min}/1.2 = 267/1.2 = 220A$$

动作时间整定，由于本线路是最末一级，故动作时间按最短动作时间选择

$$T_{EI.2.} = 0.4s$$

（3）过电流保护。按躲过本线路的最大负荷电流整定

$$I_{EI.3OP} = K_{rel}K_{ss}I_{EI.l.max} = 1.3 \times 1.5 \times 60 = 117A$$

负荷自启动系数取 1.5。

灵敏度校验，按本线路末端最小短路电流校验

$$K_{sen} = I_{EImin}/I_{EI.3OP} = 267/117 = 2.28 > 1.5$$

动作时间整定，由于本线路是最末一级，故动作时间按最短动作时间选取

$$T_{EI.3.} = 0.8s$$

6. 线路 EJ 的整定计算

（1）速断保护。按向过本线路末端三相短路时的最大电流整定

$$I_{EJ.1OP} = K_{rel}I_{EJ.max} = 1.3 \times 385 = 500A$$

（2）限时速断。按保证本线路末端短路时有 1.2 的灵敏度

$$I_{EJ.2OP} = I_{EJ.min}/1.2 = 255/1.2 = 188A$$

动作时间整定，由于本线路是最末一级，故动作时间按最短动作时间选择

$$T_{EJ.2.} = 0.4s$$

（3）过电流保护。按躲过本线路的最大负荷电流整定

$$I_{EJ.3OP} = K_{rel}K_{ss}I_{EJ.l.max} = 1.3 \times 1.5 \times 50 = 98A$$

负荷自启动系数取 1.5。

灵敏度校验，按本线路末端最小短路电流校验

$$K_{sen} = I_{EJmin}/I_{EJ.3OP} = 225/98 = 2.3 > 1.5$$

动作时间整定，由于本线路是最末一级，故动作时间按最短动作时间选取

$$T_{EJ.3.} = 0.8s$$

7. 线路 EK 的整定计算

（1）速断保护。按向过本线路末端三相短路时的最大电流整定

$$I_{EK.1OP} = K_{rel}I_{EK.max} = 1.3 \times 730 = 950A$$

（2）限时速断。按保证本线路末端短路时有 1.2 的灵敏度

$$I_{EK.2OP} = I_{EK.min}/1.2 = 330/1.2 = 275A$$

动作时间整定，由于本线路是最末一级，故动作时间按最短动作时间选择

$$T_{EK.2.} = 0.4s$$

（3）过电流保护。按躲过本线路的最大负荷电流整定

$$I_{EK.3OP} = K_{rel}K_{ss}I_{EK.l.max} = 1.3 \times 1.5 \times 100 = 150A$$

负荷自启动系数取 1.5。

灵敏度校验，按本线路末端最小短路电流校验

$$K_{sen} = I_{EKmin} / I_{EK.3OP} = 330 / 150 = 2.2 > 1.5$$

动作时间整定，由于本线路是最末一级，故动作时间按最短动作时间选取

$$T_{EK.3.} = 0.8s$$

8. 4 号、5 号主变压器保护整定

差动保护整定方法与 3 号相似，不再重复。

35kV 侧过电流保护（当无压闭锁时）。按躲过最大负荷电流整定

$$I_{B.OP} = K_{rel}(I_{EI.L.max} + I_{EF.L.max} + I_{EK.L.max}) / K_{B4} = 1.3 \times 210 \times 10.5/35 = 82A$$

灵敏系数校验

$$K_{sen} = I_{Emin} / I_{B.3OP}K_{B4} = 430 \times 10.5 / 82 \times 35 = 1.57 > 1.5$$

若采用复压闭锁过电流保护，低电压

$$U_{B4.op.2} = 0.7U_e = 0.7 \times 100 = 70V \quad （二次值）$$

负序电压

$$U_{B4.op.2} = 0.07U_e = 0.07 \times 100 = 7V \quad （二次值）$$

注：为提高复合电压的灵敏度要求电压接 10kV 侧电压

动作电流。按变压器额定电流整定

$$I_{B.OP} = K_{rel}I_{B4.e} = 1.3 \times 52 = 67A$$

灵敏系数校验

$$K_{sen} = I_{Emin} / I_{B.3OP}K_{B4} = 430 \times 10.5 / 67 \times 35 = 1.9 > 1.5$$

动作时间整定。第一动作时间按与 10kV 侧出线（EI、EJ、EK）过电流保护动作时间最长者配合整定

$$T_{B4.T1.} = 0.8 + 0.4 = 1.2s$$

跳主变压器两侧开关。

第二动作时间与第一动作时间配合

$$T_{B4.T2.} = 1.2 + 0.4 = 1.6s$$

注：由于是单侧电源，所以保护不需要方向，只在高压侧装一套电流保护即可。

9. 线路 BD 的整定计算

（1）速断保护。按向过本线路末端三相短路时的最大电流整定

$$I_{BD.1OP} = K_{rel}I_{BD.max} = 1.3 \times 503 = 654A$$

（2）限时速断。按保证本线路末端短路时有 1.2 的灵敏度

$$I_{BD.2OP} = I_{BD.min} / 1.2 = 152 / 1.2 = 127A$$

按躲过母线 E 三相短路时最大短路电流整定（4 号、5 号主变压器并列运行）

$$I_{\text{BD.2OP}} = K_{\text{rel}}I_{\text{E.max}} / K_{\text{B3}} = 1.3 \times 1341 \times 10.5 / 35 = 523\text{A}$$

所以限时速断整定为

$$I_{\text{BD.2OP}} = 523\text{A}$$

动作时间整定，由与 4 号、5 号主变压器过电流保护动作时间配合整定最短动作时间选取

$$T_{\text{BD.2.}} = T_{\text{B4.2}} + 0.4\text{s} = 1.6 + 0.4 = 2.0\text{s}$$

（3）过电流保护。按躲过本线路的最大负荷电流整定

$$I_{\text{BD.3OP}} = K_{\text{rel}}K_{\text{ss}}I_{\text{BD.1.max}}K_{\text{Bi}} = 1.3 \times 1.5 \times 210 \times 10.5 / 35 = 123\text{A}$$

负荷自启动系数取 1.5。

灵敏度校验，按本线路末端最小短路电流校验

$$K_{\text{sen}} = I_{\text{Dmin}} / I_{\text{BD.3OP}} = 152 / 123 = 1.2 < 1.5 \text{（灵敏度达不到要求，需采用其他保护，如电压}$$
保护）

动作时间。与 4 号、5 主变压器保护最大的时间配合

$$T_{\text{BD.3.}} = 1.6 + 0.4 = 2.0\text{s}$$

10. 线路 AB 的整定计算

（1）速断保护。按流过本线路末端三相短路时的最大电流整定

$$I_{\text{AB.1OP}} = K_{\text{rel}}I_{\text{AB.max}} = 1.3 \times 472 = 610\text{A}$$

（2）限时速断。按保证本线路末端短路时有 1.2 的灵敏度

$$I_{\text{AB.2OP}} = I_{\text{AB.min}} / 1.2 = 152 / 1.2 = 133\text{A}$$

按躲过母线 C 三相短路时最大短路电流整定（4 号、5 号主变压器并列运行）

$$I_{\text{AB.2OP}} = K_{\text{rel}}I_{\text{C.max}} / K_{\text{B3}} = 1.3 \times 1018 \times 10.5 / 35 = 397\text{A}$$

按与线路 BD 的速断保护配合

$$I_{\text{AB.2OP}} = K_{\text{rel}}I_{\text{BD.1.OP}} = 1.2 \times 654 = 785\text{A}$$

按与线路 BD 限时速断保护配合

$$I_{\text{AB.2OP}} = K_{\text{rel}}I_{\text{BD.2.OP}} = 1.2 \times 523 = 628\text{A}$$

所以限时速断整定为

$$I_{\text{AB.2OP}} = 785\text{A}$$

动作时间整定，与 3 号主变压器差动保护动作时间和与线路 BD 的限时速断时间配合

$$T_{\text{AB.2.}} = 0.4 + 0.4 = 0.8\text{s}$$

（3）过电流保护。按躲过本线路的最大负荷电流整定

$$I_{\text{AB.3OP}} = K_{\text{rel}}K_{\text{ss}}I_{\text{ab.1.max}}K_{\text{Bi}} = 1.3 \times 1.5 \times 370 \times 10.5 / 35 = 216\text{A}$$

负荷自启动系数取 1.5。

灵敏度校验，按本线路末端最小短路电流校验

$$K_{\text{sen}} = I_{\text{ABmin}} / I_{\text{AB.3OP}} = 160 / 216 = 0.74 < 1.5 \text{（灵敏度达不到要求，需采用其他保护如电压}$$
保护）

动作时间整定，与 3 号主变压器 35kV 侧过流保护和线路 BD 的过流保护两者中最大的

时间配合

$$T_{AB.3.} = 2.0 + 0.4 = 2.4s$$

11. 线路 BA 的整定计算

（1）速断保护。按向过本线路末端三相短路时的最大电流整定

$$I_{BA.1OP} = K_{rel}I'_{A.max} = 1.3 \times 110 = 143A$$

（2）限时速断。按保证本线路末端短路时有 1.2 的灵敏度

$$I_{BA.2OP} = I_{BA.max} / 1.2 = 110 / 1.2 = 92A$$

动作时间整定，与 1 号、2 号主变压器差动保护动作时间配合

$$T_{BA.2.} = 0.4s$$

（3）过电流保护。按躲过本线路的最大负荷电流整定，考虑发电站 M 全部停机，其厂内负荷由发电站 N 侧供电（厂内最大负荷按 30A 考虑）

$$I_{BA.3OP} = K_{rel}K_{ss}I_{ab.l.max} = 1.3 \times 1.5 \times 30 = 59A$$

负荷自启动系数取 1.5。

灵敏度校验，按本线路末端最小短路电流校验

$$K_{sen} = I'_{ABmin} / I_{AB.3OP} = 110 / 59 = 1.86 > 1.5$$

动作时间整定，与 1 号、2 号主变压器 35kV 侧过流保护配合（假设主变压器 35kV 侧过流保护动作时间为 1.2s）

$$T_{BA.3.} = 1.2 + 0.4 = 1.6s$$

12. 线路 FC 的整定计算

（1）速断保护。按流过本线路末端三相短路时的最大电流整定

$$I_{FC.1OP} = K_{rel}I'_{C.max} = 1.3 \times 487 = 633A$$

（2）限时速断。按保证本线路末端短路时有 1.2 的灵敏度

$$I_{FC.2OP} = I'_{C.max} / 1.2 = 487 / 1.2 = 400A$$

按躲过 B 母线三相短路的最大短路电流整定

$$I_{FC.2OP} = K_{rel}I'_{B.max}K_{Bi} = 1.3 \times 116 \times 10.5 / 35 = 502A$$

按与线路 CG 的速断保护配合

$$I_{FC.2OP} = K_{rel}I_{CG.1OP} = 1.1 \times 680 = 750A$$

按与线路 CG 的限时速断保护配合

$$I_{FC.2OP} = K_{rel}I_{CG.2OP} = 1.1 \times 228 = 250A$$

按与线路 CH 的速断保护配合

$$I_{FC.2OP} = K_{rel}I_{CH.1OP} = 1.1 \times 680 = 750A$$

按与线路 CH 的限时速断保护配合

$$I_{FC.2OP} = K_{rel}I_{CH.2OP} = 1.1 \times 228 = 250A$$

所以限时速断保护取值为

$$I_{FC.2OP} = 750A$$

动作时间整定，需与线路 CG、CH 的限时速断时间配合

$$T_{FC.2.} = 0.4 + 0.4 = 0.8s$$

（3）过电流保护。按躲过 4 号发电机提供的最大负荷电流整定

$$I_{FC.3OP} = K_{rel}I_{F.l.max} = 1.3 \times 110 = 143A$$

灵敏度校验，按本线路末端最小短路电流校验

$$K_{sen} = I'_{Cmax} / I_{FC.3OP} = 487 / 143 = 3.4 < 1.5$$

动作时间整定，与 3 号主变压器 10kV 侧过流保护配合

$$I_{CF,T} = 2.0 + 0.4 = 2.4s$$

注：由于在反方向母线 F 处短路时，发电站所提供的短路电流大于线路 FC 的保护定值，故保护需加
方向元件，其方向由母线指向线路。即对于双电源的线路，定值小的那一侧必须加方向元件，否
则该侧保护会误动作。

第八章

工厂常用二次回路的运行与维护

第一节　工厂二次回路基本电路图

在工厂企业中，为了安全生产、减轻劳动强度，提高生产效率，自动化程序越来越高，为此根据需要装设了如测量仪表、控制和信号、继电保护和自动控制装置（如计算机、PLC）等。这些设备称为二次设备。二次设备经导线或控制电缆按一定的方式相互连接成的电路称为二次回路，也叫二次接线。

二次回路图有三种：原理接线图、展开接线图、安装接线图。

1. 原理接线图

原理接线图也叫归总式原理接线图，它用来表明自动控制装置、测量仪表、继电保护装置的工作原理，所有的自动化元件、仪表和电器都以整体的形式绘在一张图上，相互联系的电流回路，电压回路和交、直流回路都综合在一起，为了表明这种回路对一次回路或生产设备的作用，将一次回路或是生产设备示意图也画在原理接线图内，这样就能对这个回路有一个明确的整体概念。图 8-1 为某工厂 35kV 变压器的电流速断保护原理接线图。

从图 8-1 中可以看出，整个变压器速断保护由四只继电器组成，电流继电器 KA1、KA2、KA3 的线圈接于变压器高压侧三相电流互感器的二次侧，各个电流继电器的常开触点并联，当一次回路任一相电流超过整定值时，相对应的电流继电器动作经信号继电器（电流型）线圈接通变压器高压侧断路器的跳闸线圈，从而使断路器跳闸，同时信号继电器动作发信。

原理接线图主要用来表示某一控制或保护装置的工作原理和构成这套装置所需的设备，它可作为二次回路设计的原始依据。由于原理接线图上各元件之间的联系是整体连接表示的，没有画出它们的内部接线和引出端子的编号、回路的编号，直流仅标

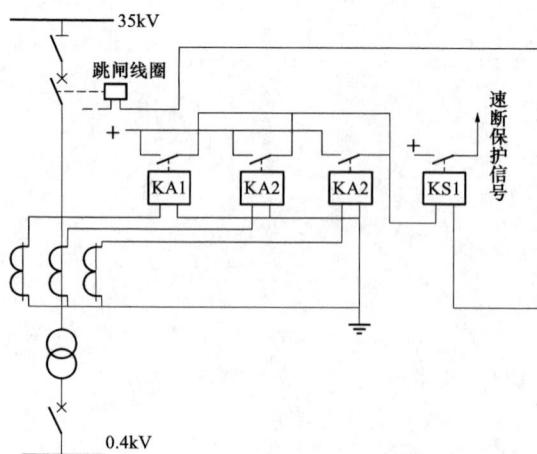

图 8-1　某工厂 35kV 变压器速断保护原理接线图

明电源的极性，信号部分也无具体接线。因此，只有原理接线图是不能进行二次回路施工的，还要其他一些二次图纸配合，而展开接线图就是其中一种。

2. 展开接线图

展开接线图也叫展开式原理接线图，它是整个电路图按交流电流回路、交流电压回路和直流回路分别画成几个彼此独立的部分，仪表和电流线圈、电压线圈和触点要分别画在不同的回路里，为了避免混淆，属于同一元件的线圈和触点采用相同的文字符号。

展开接线图的绘制，一般分交流电流回路、交流电压回路、直流控制回路和信号回路等几个主要组成部分。每一部分又分许多行或竖，交流回路按相序排列，直流回路按继电器的动作顺序从上到下（或从左到右）排列。每一行或列的线圈和触点按实际顺序排列，每一列或行都配有文字说明，以便阅读图纸。将图 8-1 变压器速断保护原理接线图画成展开图如图 8-2 所示。

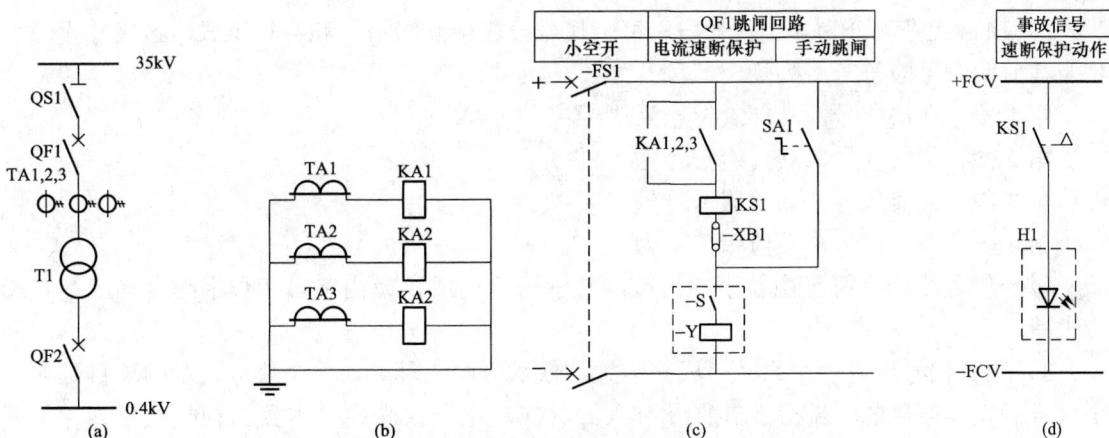

图 8-2 某厂变压器电流速断保护展开接线图

（a）主接线示意图；（b）交流电流回路；（c）直流控制回路；（d）信号回路

QS—隔离开关；QF—断路器；TA—电流互感器；T—变压器；

KA—电流继电器；FS—小空气开关；KS—信号继电器；XB—连接片；

S—断路器的常开位置开关；Y—断路器的跳闸线圈；SA—控制开关；H—事故光字牌

展开接线图中所有元器件均按国家标准的图形符号与文字符号来表示，所有开关及触点均按正常状态（原始）来表示，即未对其进行合闸操作或是断路状态、线圈无励磁动作状态。图 8-2（a）是主接线示意图，（b）是交流电流回路图，变压器高压侧每相安装一台电流互感器，互感器的二次侧分别接一只电流继电器作为速断保护的测量元件，在（c）图中在"小空开"一列中，表示断路器控制电源装有一双极小空气断路器，在"QF1 跳闸回路"单元中分两列，一列是电流速断保护，将三个电流继电器的常开触点并联，经电流型的信号继电器线圈（线圈阻很小）KS1、连接片 XB1、断路器的合闸位置开关及其跳闸线圈构成回路，当电流回路中任一电流继电器动作时，其常开触点接通，断路器的跳闸线圈接通电流而跳闸，电流型的信号继电器 KS1 因通过工作电流而动作且掉牌，当 QF1 跳开后，电流继电器返回而使其常开触点断开、同时断路器的合闸位置开关断开，自动切断跳闸回路；另一列是"手动跳闸"回路，当要使断路器手动跳闸，只要操作控制开关 SA1，使其接点接通即可接通跳闸回路。而在信号回路中，如果是由速断保护跳闸将使信号继电器掉牌而动作，其常开触点接通，在信号回路驱动事故光字牌亮，提醒运行人员，如果是手动跳闸，由于供给跳闸线圈的电流不经过信号继电器的线圈而不会驱动信号回路。

3. 安装接线图

安装接线图是二次接线的主要施工图，也是提供厂家制造屏和柜的图纸。施工图经过施工和试运行检验并修正后，就成为对二次回路进行维护、试验和检修的基本图纸。安装接线图一般包括屏面布置图、端子排图、屏面接线图。

（1）二次设备的表示方法。由于二次设备都是属于某一次设备或电路的，而一次设备或电路又属于某一成装置，因此为避免混淆，所有二次设备都必须按 GB/T 4728—2005《电气简图用图形符号国家标准汇编》标明其种类代号。电气图中的项目代号具体要求如下：

1）电气图中每个用图形符号表示的项目，应有能识别其项目种类和提供项目层次关系，实际位置等信息的项目代号。

2）项目代号可分为 4 个代号段，每个代号段应由前缀符号和字符组成，各代号段的名称及其前缀符号应符号下列规定：

第 1 段　高层代号，其前缀符号为 "="；
第 2 段　位置代号，其前缀符号为 "+"；
第 3 段　种类代号，其前缀符号为 "–"；
第 4 段　端子代号，其前缀符号为 "："。

每个代号段的字符可由拉丁字母或阿拉伯数字构成，或由字母和数字组合构成，字母应大写。

3）项目代号应以一个系统、成套装置的依次分解为基础。一个代号表示的项目是前一个代号所表示项目的一部分。在图 8-5（a）、（b）电测仪表中，本身的种类代号为 P，在图中有有功电能表、无功电能表和电流表，分别标为 P1、P2、P3；也可以按 GB/T 4728—2005 规定，分别标为 PJ1、PJ2 和 PA。而这些仪表又从属于某一线路，线路的种类代号为 WL，因此对不同线路又要分别标为 WL1、WL2、WL3 等。假设此无功电能表属线路 WL5 上使用的，则此无功电能表的项目种类代号应标为 "+WL5–PJ2"。假设对整个变电站来说，这线路 WL5 又是开关柜内的线路，而开关柜的种类代号为 A，因此无功电能表 PJ2 的项目种类代号，可以更详尽的标为 "=A3+WL5–PJ2"。但是在不至于引起混淆的情况下，作为高压开关柜二次回路的接线图，由于柜内只有一条线路，因此这无功电能表的项目种类代号可以只示 P2 或 PJ2。这只无功电能表能与外部设备连接的有 8 个端子，则每个端子的标注都可有区别，端子①应标为 "=A3+WL5–PJ2：1" 或 "PJ2：1"，端子⑧可标为 "PJ2：8）。

（2）端子排的表示方法。屏（柜）外的导线或设备与屏上的二次设备相连时，必经过端子排。端子排由专门的接线端子板组合而成。一般控制屏和保护屏的端子排是垂直排列的，并分别于屏的左右两侧。端子排的一般形式如图 8-3 所示，端子排的文字代号为 X。接线端子板分为普通端子、连接端子、试验端子和终端端子等型式。

普通端子板用来连接由屏外引至屏上或由屏上引至盘外的导线。连接端子板有横向连片，可与邻近端子板相连，用来连接有分支的二次回路导线；而试验端子板用来在不断开二次回路的情况下，对仪表、继电保护装置进行试验。

（3）连接导线的表示方法。安装接线图中端子之间的连接导线有下列两种表示方法：

1）连续线表示方法。表示两端子之间连接导线的线条是连续的，如图 8-4（a）所示。用连续线表示的连接导线需要全线画出，连线多时显得过于繁杂。

2）中断线表示方法。表示两端子之间连接导线的线条是中断的，如图 8-4（b）所示。在线条中断处必须标明导线的去向，即在接线端子出线处标明对方端子的代号，这种标号方法，称为"相对标号法"或"对面标号法"。此法显得简明清晰，对安装接线和维护检修都很方便。

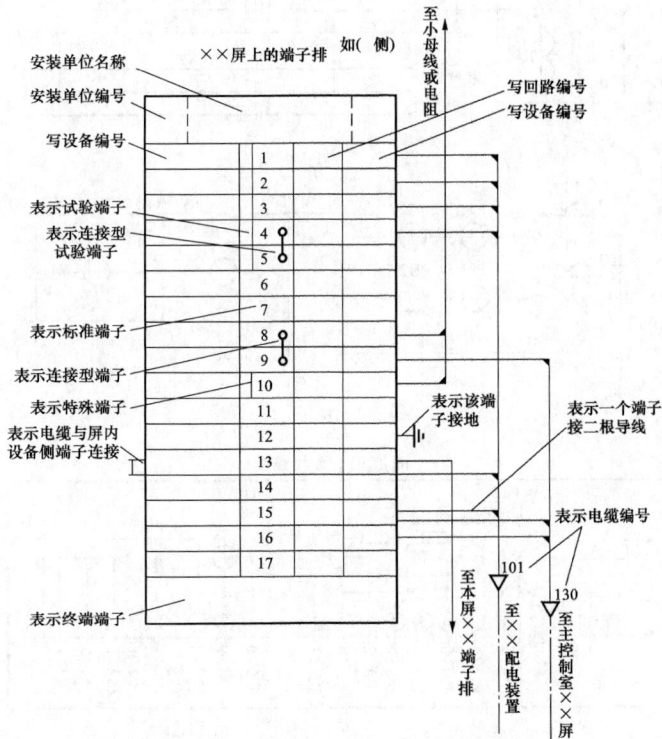

图 8-3 端子排表示方法示意图

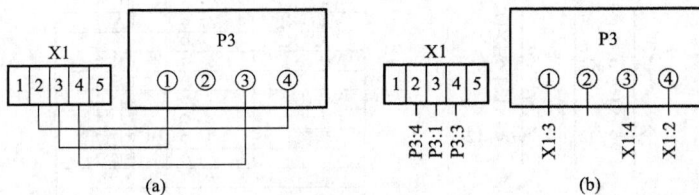

图 8-4 连接导线的表示方法
（a）连续线表示方法；（b）中断线表示方法

图 8-5 为某工厂 10kV 电源进线电气测量的原理接线图、展开图和安装接线图。

图 8-5（c）为安装接线图，可对照原理图 8-5（a）掌握绘图、看图的方法。如以 A 相电流回路为例，检查相对标号法绘图是否正确。从 TA1 的端子 K1（TA1：K1）出发，经端

子排 X1 的 1 号端子（X1：1）至有功电能表 PJ1 的端子①（PJ1：1），①进③出至无功电度表 PJ2 的端子①（PJ2：1），①进③出至电流表端子②，②进①出经端子排 X1 的 3 号端子（X1：3）回到 TA1 的端子 K2（TA1：K2）。

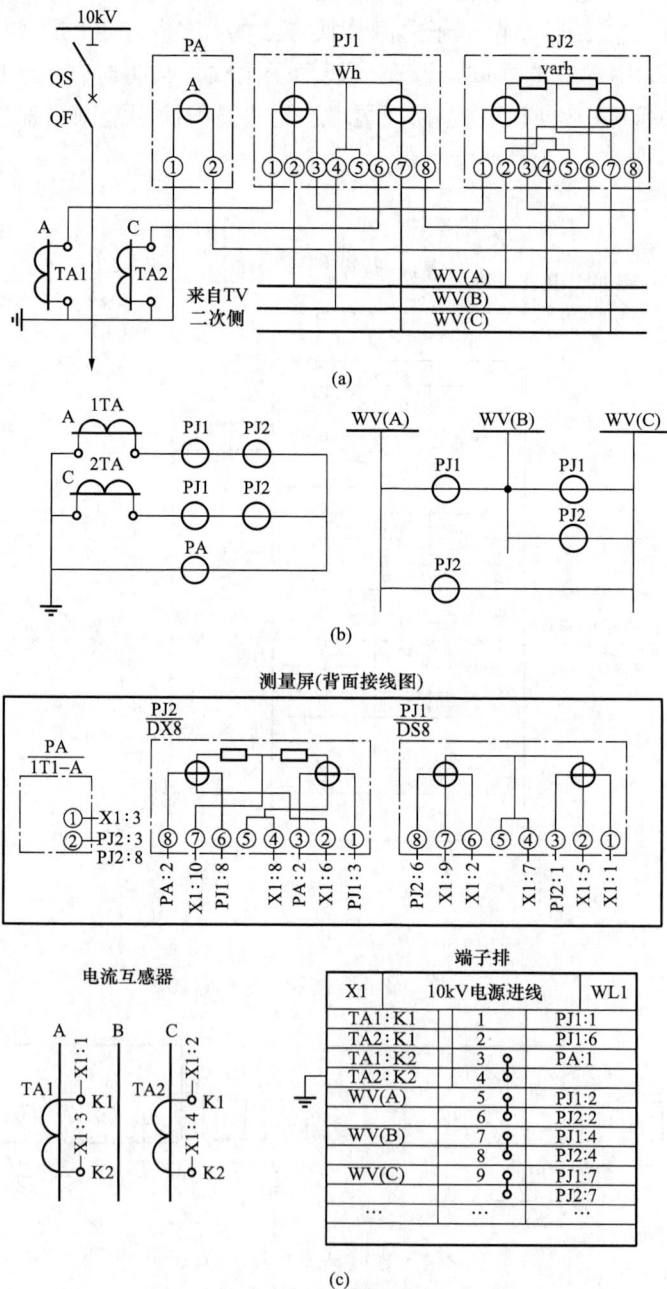

图 8-5　某工厂 10kV 电源进线电气测量二次电路图

（a）原理接线图；（b）展开接线图；（c）安装接线图

（4）二次回路安装接线图实例。图 8-6 是一工厂 10kV 电源进线过流保护二次电路图。

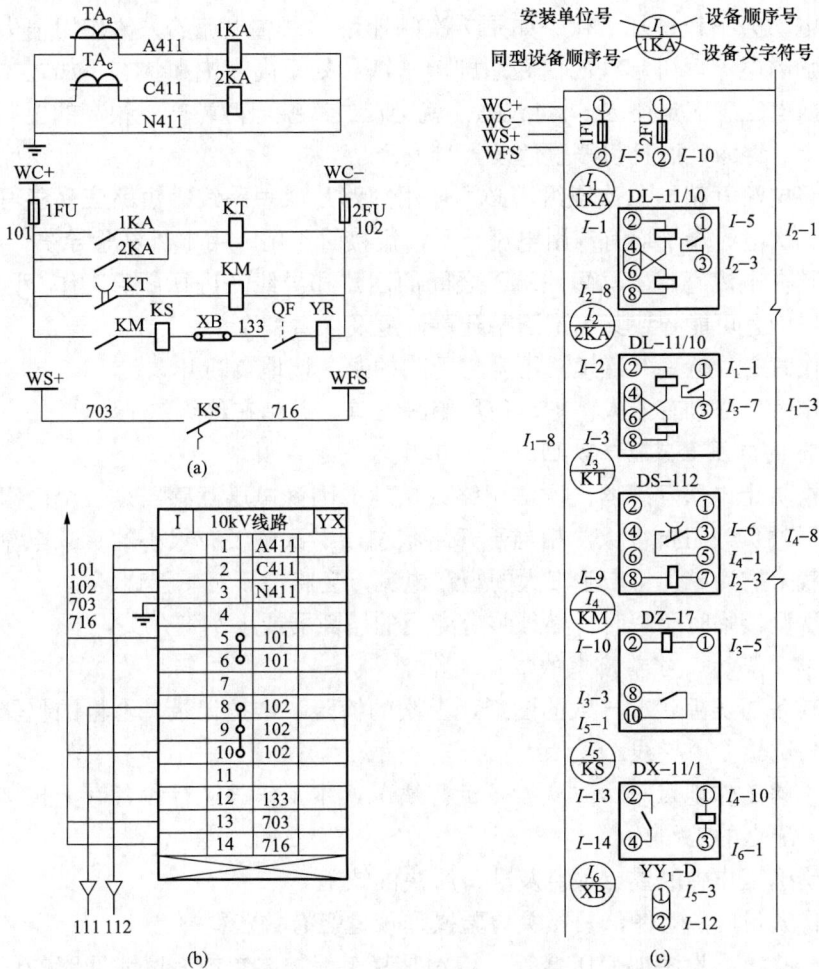

图 8-6 某工厂 10kV 供电线路过流保护二次电路图
(a) 展开图; (b) 端子图; (c) 背面 (屏后) 接线图

第二节 工厂二次回路运行与维护注意事项

　　工厂电气二次回路中的控制、保护、计量、测量、信号等回路的正常工作是确保厂区生产设备、变 (配) 电设备安全可靠、长周期运行的前提,特别是随着工厂自动化水平的迅速提高,对从事工厂电气设备运行与维护人员在自动控制、保护等电气二次技术方面提出了较高的要求,只有掌握电气自动控制、保护等技术才能适用其技术的发展,才能在工作中及时分析、诊断各种自动控制方面的故障,并采取果断的处理措施,使得故障的二次系统能尽快恢复正常工作。

一、二次回路上维护工作注意事项

1. 在带电的电流互感器二次回路上工作时注意事项

(1) 严禁将电流互感器二次侧开路,因为电流互感器在正常运行时,二次电流产生的磁通势对一次电流产生的磁通势起去磁作用,励磁电流很小,铁芯中的总磁通很小,二次绕组的感应电动势不超过几十伏。如果二次侧开路，二次电流的去磁作用消失，其一次电流完全变为励磁电流，引起铁芯内磁通剧增，铁芯处于高度饱和状态，加之二次绕组的匝数很多，根据电磁感应定律 $E=4.44fNBS$，就会在二次绕组两端产生很高的电压，不但可能损坏二次绝缘的绝缘，而且将严重危及人身安全。

（2）短路电流互感器二次绕组，必须使用短路片或短路线，短路应妥善可靠，严禁用导线缠绕，二次电流端子均有专用电流端子，短接时可用专用电流试验导线。

（3）严禁在电流互感器与短路端子之间的回路和导线上进行任何工作，因为在此区域进行任何工作均有可能导致其二次回路开路，危及人身安全。

（4）工作时必须认真、谨慎，不得将回路的永久接地点断开。

（5）工作时，必须有专人监护，使用绝缘工具，并站在绝缘垫上。

2. 在带电的电压互感器二次回路上的工作时注意事项

（1）严格防止电压互感器二次侧短路或接地。因为电压互感器是一个内阻极小的电压源，正常运行时负载阻抗很大，相当于开路状态，二次侧仅有很小的负载电流。当二次侧短路时，负载阻抗为零，将产生很大的短路电流，会将电压互感器烧坏。

（2）二次侧接临时负载时，必须装有专用的熔断器或小空气开关。

3. 在二次回路上工作前应做的准备工作

（1）应准备与实际状况一致的图纸，上次的检验、维护记录，合格的仪器仪表、备品备件、工具和试验专用导线。

（2）应了解工作地点一、二次设备运行情况，本工作与运行设备有无直接联系，与其他工作面有无配合的工作。

（3）应明确工作中的重点项目及准备解决的缺陷。

（4）工作人员应熟悉图纸及相关检验操作规程等有关资料。

（5）对一些重要设备如变压器等，特别是复杂保护装置或有联跳回路的保护装置，如母线保护现场校验时，应编制经技术负责人审批的试验方案和由工作负责人填写并经技术负责人审批的继电保护安全措施票。

4. 在更改二次回路接线时应注意的事项

（1）更换二次回路接线前，应绘制二次回路接线图，修改后的接线图必须经过审核，更改接线前要与原图校对，做好记录。接线更改后要与新图进行核对，并及时修改底图，并存档以便备查。

（2）保护装置二次接线变动或更改时，严防寄生回路存在，没有用的线应拆除，不能拆除的线头应做好绝缘处理。

（3）在变动直流回路后，应进行相应的模拟和传动试验，有条件应模拟各种故障进行整组试验。

（4）变更电压、电流二次回路后，要用负荷电压、电流检查变动后回路的正确性，同时应检查在负荷电压、电流下，与之相连的各回路电压电流的正确性。变更电流回路，还应检查与之相连的保护回路、测量回路、计量回路极性的正确性。

5. 新投入或经更改的电流、电压回路需利用负荷电充、电压检查的内容

（1）测量电流二次回路每相及零序回路电流值。

（2）测量电流二次回路各相电流的极性及相序是否正确。

（3）对接有差动保护二次回路或电流相序滤过器的回路，测量有关不平衡值。

（4）测量电压互感器每一个二次绕组的相电压。

（5）测量电压互感器二次回路的相间电压。

（6）测量电压互感器二次零序电压，对小电流接地系统的电压互感器，在带电测量前，应在零序电压回路接入合适的电阻负载，避免出现铁磁谐振现象，造成错误测量。

（7）测量电压互感器二次回路相序。

6. 电压互感器二次回路熔断器或自动空气开关的配置原则

（1）在电压互感器二次回路出口，应装设总熔断器或自动开关，用以切除二次回路的短路故障。

（2）若电压互感器二次回路发生故障，由于延迟切断二次回路故障时间可能使保护装置和自动装置发生误动作或拒动，因此应装设监视电压回路完好的装置。此时宜采用自动空气开关作为短路保护，并利用其辅助触点发出信号。

（3）在正常运行时，电压互感器二次开口三角形辅助绕组两端无电压，不能监视熔断器是否断开，且熔丝熔断时，若系统发生接地，保护会拒绝动作，因此开口三角绕组出口不应装设熔断器或自动空气开关。

（4）接至仪表及电气参数变送器的电压互感器二次电压分支回路应装设熔断器或自动空气开关。

（5）电压互感器二次回路中性点引出线上，一般不装设熔断器或自动空气开关，采用 B 相接地时，其熔断路器或自动空气开关应装设在电压互感器二次回路 B 相引出端与接地点之间。

7. 查找直流接地的操作步骤及注意事项

直流正极接地有造成控制或保护误动的可能，因为一般电磁线圈（包括断路器跳闸线圈、各种继电器、电磁阀继圈等）均接负极电源，若这些回路再发生接地或绝缘不良就会引起保护误动作。直流负极接与正极接地同一道理，如回路中再有一点接地可能造成控制或保护拒绝动作。因为两点接地将跳闸或合闸（启动或停止）回路短路，这时还有可能烧坏各种电气二次触点。

当二次回路直流系统出现接地故障时，应根据运行方式、操作情况等进行判断可能出现的接地点，采取分路寻找，分段处理的方法，以先信号和照明部分后操作部分，先室外部分后室内部分为原则，在切断各专用直流回路时，切断时间一般不得超过 3s，不论回路接地与否均应合上。当发现某一专用直流回路有接地时，应及时找出接地点，尽快消除。在查找直流接地时应注意：

（1）用仪表检查时，所用仪表的内阻不应低于 2000Ω/V。

（2）当直流系统发生接时，禁止在二次回路上工作。

（3）处理直流系统接点时，不得造成直流回路短路和另一点接地。

（4）查找接地点时，禁止使用灯泡寻找的方法。

（5）拉开直流电源回路前应采取必要措施，以防止直流失电可能引起保护及自动装置的误动，且应由两人同时进行工作。

二、保护控制继电器的一般性查

1. 外部及机械部分的检查

（1）外部检查。继电器的外部检查的项目如下：

1）继电器外壳应清洁、完整，外壳与底座间压接紧密，底座与盘间固定牢固，安装端正。

2）继电器外壳及玻璃应完好，端子接触可靠、不松动，接线牢固可靠。

3）保护盘上的标记应与实际继电器相符，导线的标号齐全并与图纸相符。

（2）内部检查。继电器的内部检查的项目如下：

1）继电器内部无灰尘、油污；所有焊接头、螺丝、螺帽、连接线、弹簧和轴承等应完好、紧固、接触良好。

2）继电器的可动部分应动作灵活，转轴的横向和纵向活动范围应适当；用于将可动部分拨动到动作位置，并放手后，能可靠返回到原位，无卡涩现象。

3）弹簧无变形；当弹簧由起始位置转至最大刻度位置时，层间距离均匀，整个弹簧平面与转轴垂直。

4）检查触点应无烧伤、氧化、铜绿、折伤或者变形等现象；常开触点闭合后要有足够的压力，并有明显的共同行程，常闭触点接触应紧密且有足够的压力；动、静触点接触时应中心对正。

5）修理触点时，禁止用砂纸、锉刀等粗糙器件；烧伤处可用细油石或银粉纸打磨，并用绸布擦干净。

6）继电器的轴和轴承，除有特殊要求外，禁止注入任何润滑油，各种时间继电器的钟表机构及可动系统在前进和后退时动作应灵活，触点闭合应可靠。

7）多对触点的继电器，应根据具体要求，分别检查每对触点的动作时间。

（3）保护盘的检查。保护盘的检查项目有：

1）保护盘的安装须牢固可靠，盘本身不应振动。

2）继电器端子脚与盘间应有可靠绝缘，螺丝与盘的圆孔之间保持一定的距离，套上的绝缘套管应能在圆孔内自由转动。

3）所有配电盘及保护装置应有良好的接地。

4）为了便于在运行中监视中间继电器的触点状况，出口中间继电器应使用透明的或装有玻璃的外盖。

5）跳闸连接片的安装，必须保证跳闸引线接在连接片上端，而将保护触点来的跳闸引线接在连接片的下端。每个跳闸回路都应有专门的压板。

6）接线端子排的端子，应按交流电流、交流电压、直流回路等不同用途而分开。同一回路的端子应尽可能排在一起。跳闸、合闸回路端子两侧必须用空闲端子与别的回路隔开，并用鲜明颜色标记。禁止将直流正电源端子设置在跳、合闸回路端子旁边。直流正、负电源之间应用空闲端子隔开。

7）当不同安装单位的保护装置安装在同一配电盘上时，其继电器、端子排、试验部件及连接片等，不应交错布置；安装单位编号应清楚，按区域分开，并用鲜明漆上分界线，以便于识别。

8）从小母线引至各回路的分支线，应考虑当连接或断开任何支路时，不致使主回路中断。对于在检修试验时经常要切换的信号回路，应考虑安装能切换的电流型端子排。

9）凡一经碰触就有可能使断路器跳闸的继电器，均应作出明显的警告标志。对跳闸按钮、跳合闸控制开关等设备，应加防护罩以防止误碰触。

2. 绝缘检查

（1）继电器的绝缘检查。继电器的绝缘检查项目有：

1）对单个继电器的绝缘试验，一般应在电气特性试验之前进行。如果继电器线圈额定电压为 100V 及以上时，应使用 1000V 绝缘电阻表测量；若线圈额定电压为 50V 及以下者，应使用 500V 绝缘电阻表测量。

单个继电器的绝缘电阻应满足下列要求：

a. 全部端子对底座和磁导体的绝缘电阻应不小于 50MΩ；

b. 各线圈对接点及各接点间的绝缘电阻应不小于 50MΩ；

c. 各线圈间的绝缘电阻应不小于 10MΩ；

2）有几个线圈的中间继电器，在定期检验时应测量各线圈间的绝缘电阻。

（2）二次回路绝缘电阻检查。二次回路绝缘检查的项目如下：

1）对配电盘上的导线及设备，在新安装及定期检验时，应用 1000V 绝缘电阻表测量绝缘电阻，其值应不小于 1MΩ。

2）当新设备投入运行前，绝缘检查合格后，应对全部联结回路进行 1min、1000V 的交流耐压试验。对运行的设备及回路每 3～4 年应进行一次耐压试验。当绝缘电阻高于 1MΩ 时，允许临时用 2500V 绝缘电阻表测试绝缘电阻的方式代替耐压试验。

3）试验电压回路时，应将已经断开的电压互感器的二次侧用导线连接起来，以免对地绝缘击穿时损坏继电器和仪表的线圈。在被试验的回路内若具有带电压线圈和电流线圈的继电器和仪表时，在试验电压回路时，应将电流线圈短接。

在被试回路内若有高阻值的电阻和线圈，都应短接起来，以免在邻近处击穿而损坏。接线内装有的电容器、半导体元件，均应将它们短接起来。接线内的氖气灯、稳压管等均应从盘上取下。

4）气体保护的电缆芯，不仅要进行对地绝缘试验，而且还应进行电缆芯间的绝缘试验。

3. 二次回路接线检查

新安装的控制保护设备，或者一、二次回路接线变更后，都要对二次回路接线进行查对。当运行中的继电保护及电气测量仪表发生异常时，有时也应检查二次接线是否正确。其主要内容为检查二次回路接线是否与图纸相符。未经实际查对的二次接线，一般不能投入运行，更不能用直接通电的办法代替查线。

（1）对新安装或经改造的二次接线，必须根据展开接线图、安装接线图进行认真查对，以确保接线无错漏、编号正确，无寄生回路等。

（2）进行配电盘间、互感器至配电盘间的接线查对，可采用两节 1.5V 的干电池做成对线灯进行，或者用电话、电铃、绝缘电阻表等。图 8-7 为用电话查对二次回路接线示意图。

图 8-7 中电话筒是低电阻的，利用电缆的铅皮或已知芯线作为公共导线，电池为 3～6V 的干电池。试验前将电缆芯从两侧断开，按图 8-7 所示方法将电缆芯逐根核对，假若电缆

芯没有标记或编号时，应预先做好编号头，核对完就将编号头套入。

图 8-8 为用灯泡法查对电缆回路接线示意图。试验前应预先拟定好顺序和信号，一般在回路接通后两边的灯泡都亮，先由一端开合三次，对端再开合三次表示回路正确。两端的电池在回路中必须是串联，即一端的电池正极接铅皮，另一端的负极接铅皮，否则即使回路接通了灯泡也不会亮。

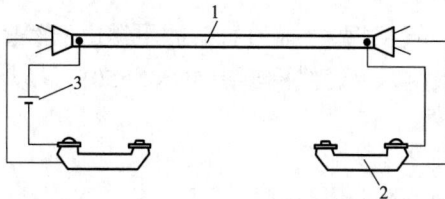

图 8-7　用电话查对二次回路接线示意图
1—二次电缆；2—电话筒；3—干电池

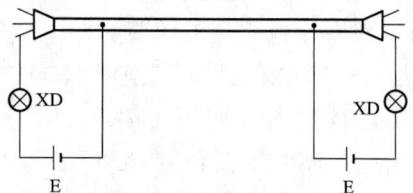

图 8-8　用灯泡法查对电缆回路接线示意图

如果没有电缆铅皮，或没有可靠通路可利用时，则在试第一根电缆芯时，必须利用其他电缆芯，进行查对。第一根电缆芯找出后，即可作公共端通路来查找其他电缆芯。

（3）查对盘后接线是否正确时，可用对线灯泡直接进行，而不需要将导线两端断开。

（4）检查断路器传动机构的辅助接点时，应先进行接点清洁工作，再检查辅助接点的接触情况。合闸回路中的常闭接点应在断路器闭合，传动装置行程终止时断开，跳闸回路的常开接点应在断路器断开后断开。

各种继电保护装置的校验详见厂家说明书。

三、继电保护整组试验

对单个继电器进行的试验叫元件试验，而对全套保护装置进行的试验叫整组试验。元件试验是基础，而整组试验是关键。为确保继电保护装置正确、可靠地动作，必须在投入运行前进行整组试验。

按规定每套保护装置的整组试验，都应该作用于断路器。为了减少断路器的跳、合闸次数，在有公共出口继电器的情况下，可由一套保护装置操作断路器，其余的保护装置的整组试验可只作用到公共端出口继电器。

1. 整组试验的内容和方法

（1）整组试验的内容。整组试验的内容如下：

1）检查各套保护间的电压、电流回路的相别和极性是否一致。

2）各套装置间有配合要求时，检查各元件在灵敏度及动作时间上是否确实满足配合要求。

3）检查同一故障类型下应该同时动作于发出跳部脉冲的保护，在模拟短路故障中是否均能动作，其信号指示是否正确。

4）检查有两个以上线圈的直流继电器的极性连接是否正确，对于用电流启动（保持）的回路，其动作（保持）性能是否可靠。

5）检查所有相互间存在闭锁关系的回路，其性能是否与设计相符。

6）检查中央信号装置的动作及有关光、音信号指示是否正确。

7）检查自动重合闸和备用电源自动合闸装置。模拟永久性故障时重合闸装置是否只重合一次，检验带前加速或后加速的重合闸的相互动作情况。

8）检查监视继电保护装置状态的信号工作情况，如跳闸回路的监视信号、直流回路和电压互感器回路熔断器熔断信号及差动回路断线信号等。

9）检查在操作回路发生故障时（如灯、继电器、限流电阻等断开、短路或其他情况）是否会引起断路器的误跳闸或误合闸。

10）检查动作于信号的保护装置的信号显示情况。如瓦斯保护信号及过负荷信号等。

（2）整组试验方法。

1）用外部电源供给一次电流法。用外部电源供给一次电流法就是在电流互感器的一次绕组通入大电流，于是反应电流增大的保护装置就要动作，将断路器跳闸。由于电流互感器一次侧电流较大，不但设备笨重，而且要求接触良好，尽量减小接触电阻，否则一次侧电流升不上去，因此工厂一般采用此方法。

2）二次电流法。二次电流法就是在电流互感器二次侧出线端子处通入电流，使继电器动作，若在电压互感器出线端子处用三相调压器向电压回路加电压时，对方向保护、功率表和电能表等接线都能检查。只要互感器的极性和相序正确，完全能满足实际需要，因此，现场普遍采用这种方法。

3）短接接点法。所谓短接接点法，即利用钳子或螺丝刀在配电盘后短接启动元件接点。应注意，切不可将继电器盖子打开直接拨动接点，因为这样既不安全又容易碰坏接点系统。利用这种方法检查继电器相互动作情况和顺序是很方便的，在现场最受欢迎，其缺点是交流回路的接线和定值无法检查。

4）打气法。打气法是检查气体保护装置的一种特殊方法。当气体继电器调试、安装完毕，对气体保护装置进行整组检查时，拧开气体继电器顶盖上的放气阀，用打气筒向继电器打气，油面下降，继电器动作，发出轻瓦斯信号。

无论是采用哪种方法做整组试验，都应注意以下事项：

1）在试前应将相互动作过程中可能引起其他装置误动作的回路、压板断开。

2）如果一种被保护设备有多套保护时，应按套分别进行。当试验一套保护装置是应将其他保护装置的连接片断开。

3）若保护装置的动作与短路故障的类别有关，应尽量对各种可能的故障情况都进行模拟试验。

4）对新安装的保护装置进行整组试验时，应将直流电压降到80%额定电压，以检查当母线电压降低时，继电保护装置动作的正确性和可靠性。

2. 用负荷电流和工作电压检验

用负荷电流和工作电压检验是继电保护装置投入运行前的最后一次检查，对于某些保护装置是非常必要的。

（1）保护装置电压回路检验。

1）在配电盘的端子排处，用电压表测量电压互感器引来的相电压 U_{an}、U_{bn}、U_{cn} 和线间电压 U_{ab}、U_{bc}、U_{ca} 及开口三角形的电压 U_{LN}。再用相序表检查电压的相序。

2）检查在运行中可能并联的两台电压互感器二次侧的相位。此时两台电压互感器二次线圈必须有一个电气公共点，然后用电压表轮流测量 U_{Aa}、U_{Ab}、U_{Ac}、U_{Ba}、U_{Bb}、U_{Bc}、U_{Ca}、U_{Cb}、U_{Cc} 等 9 个电压。当电压表为零时，两电压为同名端；当电压表指示为相电压或线电压时，则为异名端。如果两台电压互感器的接线方式不同，应在测量前先分析可能的电压值，然后进行测量。

3）开口三角形线圈接线正确性的检查。如果开口三角形侧的每个绕组都有导线引至配电盘时，可将三角形接线改成星形接线，再用定相法与二次线圈定相，确定其相别和极性，然后重新恢复成开口三角形接线。如果开口三角形是在户外电压互感器端子箱接成开口三角形电压时，该项试验可在端子箱处进行，然后将引出的两根线核对清楚。

（2）电流回路相序、相别及相位检查。凡是具有方向性的继电保护装置，为了保证其动作正确，在投入运行前必须测量带负荷时的电流向量，借此判断电流回路相序、相别及相位是否正确。

第三节　工厂高压断路器控制回路和信号回路

断路器是电力系统最重要的开关电器，既可以在正常情况下接通或断开一次系统中的负荷电流，又可在系统故障的情况下切断故障电流。为了保证断路器在上述工况下迅速、可靠、正确地动作，人们设计了多种断路器控制回路，以实现对断路器合、分操作或自动跳闸、重合闸的控制与监视。

断路器控制回路的接线方式较多，按监视方式，可分为灯光监视的控制回路与音响监视的控制回路。前者应用的最为普及，而后者一般只用于在电气主接线的进出线很多的场合，以减少控制屏所用的空间。

一、对断路器控制回路的一般要求

断路器的控制回路必须完整、可靠，因此应满足下面一些要求：

（1）断路器的合闸和跳闸回路是按短时通电来设计的，操作完成后，应迅速自动断开合闸或跳闸回路以免烧坏线圈。为此，在合、跳闸回路中，接入断路器的辅助触点，既可将回路切断，同时还为下一步操作做好准备。

（2）断路器不仅能用控制开关进行手动合闸与分闸，而且应能由继电保护和自动装置实现自动分闸和合闸。

（3）应有表示断路器处于"合闸"或"分闸"状态的位置信号，并且由继电保护和自动装置自动分、合闸后的位置信号与手动操作后的分、合闸位置信号应有区别。

（4）当断路器的操动机构不带防止断路器"跳跃"的机械联锁机构或机械"防跳"不可靠时，必须装设电气"防跳"装置。

（5）控制回路应有熔断器保护，并应有监视电源及控回路是否完好的措施。

二、控制开关和操动机构

1. 控制开关

断路器的合、跳闸命令是由运行人员按下按钮或转动控制开关等控制元件发出的。按钮虽然简单，但触点数量太少，不能满足控制回路与信号回路的需要，故目前多采用带有转动手柄的控制开关来发现合、跳闸命令。

控制开关（万能开关）是一种有转动手柄的组合式开关，每个控制开关所装触点盒的节数及型式可根据控制回路的需要进行组合，目前常用 LW2 系列或 LW5 系列控制开关。LW2 系列控制开关共有 9 种，其中 LW2—W 型表示带有自动复位机构的手柄，常用于有自动重合闸的线路的断路器控制回路；LW2—Z 表示带有自动复位及定位机构、手柄内无信号灯，多用于工厂及小型变电站的断路器控制回路。

LW2—Z 控制开关有 6 个操作位置，即"预备合闸"、"合闸"、"合闸后"、"预备跳闸"、"跳闸"、"跳闸后"；LW2—W 型控制开关只有 4 个（无"预备合闸"和"预备跳闸"位置）控操位置或 3 个（"合闸后"与"跳闸后"合为一个位置）操作位置。带有自动复位机构手柄的控制开关（如 LW2—W 型）具有以下性能：操作手柄从垂直位置顺时针旋转 45° 即为"合闸"位置，属于复位位置或暂时位置，因为松开手柄时，手柄在弹簧的作用下，又自动回到垂直位置，即为"合闸后"位置；同理，逆时针操作手柄，即为"跳闸"和"跳闸后"位置。

带有自动复位及定位机构手柄的控制开关（如 LW2—Z 型），有两个固定位置和两个复位位置。其操作顺序如下：合闸操作时，操作手柄从水平位置（"跳闸后"位置）顺时针旋转 90° 至垂直位置，即为"预备合闸"位置，再顺时针旋转 45° 时即为"合闸"位置；跳闸操作时，操作手柄从垂直位置（"合闸后"位置）逆时针旋转 90° 至垂直位置，即为"预备跳闸"位置，再逆时针旋转 45° 时即为"跳闸"位置。

LW2 系列控制开关的触点共有 14 种，一般常采用 1a、2、4、6a、20、40 等几种类型。其中有些类型的触点随手柄转动而转动，随手柄自动复位而复位，有些类型的触点转轴上有弹簧压片，只能随手柄转动而转动，不随手柄复位而复位（称保持触点）。随着转动手柄所处的位置不同，触点盒内触点的通断情况也不相同。

LW2—W—2、2、40/F6 和 LW2—Z—1a、4、6a、40、20E 型的控制开关的触点位置图表如图 8-9 和图 8-10 所示。图 8-9 和图 8-10 中"×"表示触点为接通状态，"—"（或空白）表触点为断开状态。观察触点位置图形时，有时还可以检查表中"×"位置是否标错或漏标。从图 8-9 中可以看出，当将控制开关的手柄从"跳闸后"位置顺时针旋转 45° 时即为合闸操作，此时对照开关动作表可以看出触点②④、⑥⑧、⑨⑩为接通状态，而其他触点处于断开状态。

另一种表示触点通断的方法是直接在断路器的控制电路中标出，即在控制开关的触点图形符号上画出 4 条或 6 条垂直虚线，分别表示控制开关的位置状态，而在触点图形符号下方的位置竖线上画黑点，表示控制开关在该位置时该对触点为接通状态，不画黑点为断开状态，如图 8-10 所示。

2. 操动机构

操动机构是断路器本身附带的跳、合闸传动装置。工厂企业中常用的操动机构有电磁式（CD 型）、弹簧式（CT 型）和液压式（CY 型）。目前弹簧式操动机构最常见。所有操动机构的跳闸线圈的跳闸电流都不大（不超过 10A），当直流操动电压为 110～220V 时，跳闸电流约为 5～2.5A。因此可利用控制开关的触点直接接通跳闸线圈回路，发出直接命令。

而各种操动机构都具有合闸线圈，但需要的合闸电流相差很大——电磁操动机构合闸线圈需要的合闸电流很大（35～250A），因此不能用控制开关的触点直接接通合闸线圈回路，而必须通过接触器的主触头去接通合闸线圈回路，且需要独立设置合闸小母线和熔断器，但各断路器电磁操动机构合闸线圈回路可以共用合闸小母线电源；弹簧储能型及液压型操动机构所需的合闸电流不大（不超过 5A），故可利用控制开关的触点直接接通其合闸线圈回路，直接发出合闸命令。

在中间位置手柄(正视)和触点盒(背视)位置	跳 合	① ② ④ ③		⑤ ⑥ ⑧ ⑦		⑨ ⑩ ⑫ ⑪	
手柄和触点盒型式	F6	2		2		40	
位置 \ 触点号	–	1–3	2–4	5–7	6–8	9–10	10–11
跳　闸　后		–	–	–	–	–	×
合 闸 操 作		–	×	–	×	×	–
合　闸　后		–	–	–	–	×	–
跳 闸 操 作		×	–	×	–	–	×

图 8–9　LW2—W—2、2、40/F6 型控制开关触点动作表

手柄在跳后位置时触点盒在背面状态	手柄与触点盒型式	触点端子号	手柄在不同位置各触点的闭合表						竖线为手柄位置黑点表示闭合状态	
	F8		跳后	预合	合闸	合后	预跳	跳闸	跳后 预跳 跳闸	预合 合后 合闸
① ② ④ ③	1a	1—3		×		×			①	③
		2—4	×				×		②	④
⑤ ⑥ ⑧ ⑦	4	5—8			×				⑤	⑧
		6—7						×	⑥	⑦
⑨ ⑩ ⑫ ⑪	6a	9—10		×		×			⑨	⑩
		9—12			×				⑨	⑫
		10—11	×				×	×	⑩	⑪
⑬ ⑭ ⑯ ⑮	40	13—14		×			×		⑬	⑭
		14—15	×					×	⑭	⑮
		13—16			×	×			⑬	⑯
⑰ ⑱ ⑳ ⑲	20	17—19			×	×			⑰	⑲
		17—18		×			×		⑰	⑱
		18—20	×					×	⑱	⑳
㉑ ㉒ ㉔ ㉓	20	21—23			×	×			㉑	㉓
		21—22		×			×		㉑	㉒
		22—24	×					×	㉒	㉔

图 8–10　LW2—Z/F8 型控制开关触点动作表

而工厂常用的断路器操动机构主要是电磁型和弹簧储能型。

三、工厂常用断路器的控制回路和信号回路

1. 电磁操作的断路器最基本控制回路

采用电磁操作机构的断路器最基本的控制回路如图 8–11 所示。在电路图中控制开关左右两侧标 OFF 和 ON，分别表示跳闸操作方向和合闸操作方向，而两侧虚线上标出的箭头表示控制开关 SA 手柄自动返回的方向。即图中四条垂直虚线代表控制开关手柄四种位置状态，从左到右分别为“跳闸”、“跳闸合”、“合闸后”、“合闸”。图中 SA 的触点①③左下方“跳闸”位置虚线上标有黑点“●”，表示在“跳闸”位置时 SA 的触点①③接通；同理 SA 的触点②④在“合闸”位置时接通。由此可见，利用虚线和黑点表示各对触点对应控制开关在不同位置时的状态，非常清楚，在电气设备控制电路图中，完全可以省去控制开关动作表。

图 8–11 中，断路器的电动合闸和电动跳闸的操作过程如下：

断路器处在跳闸位置时，其辅助触点 QF1 和 QF2 分别处在闭合和断开状态，断路器跳闸位置指示灯（即绿灯 GN）亮，断路器合闸位置指示灯（即红灯 RD）不亮。

操作控制开关顺时针旋转 45° 至“合闸”位置时，SA 的②④触点接通，合闸接触器 KO 线圈通电励磁，其主常开触头闭合，断路器的合闸线圈 YO 通电励磁，断路器合闸。合闸和几乎完成时，其常闭辅助触点 QF1 断开，切断合闸回路，合闸线圈 YO 失电，实现了合

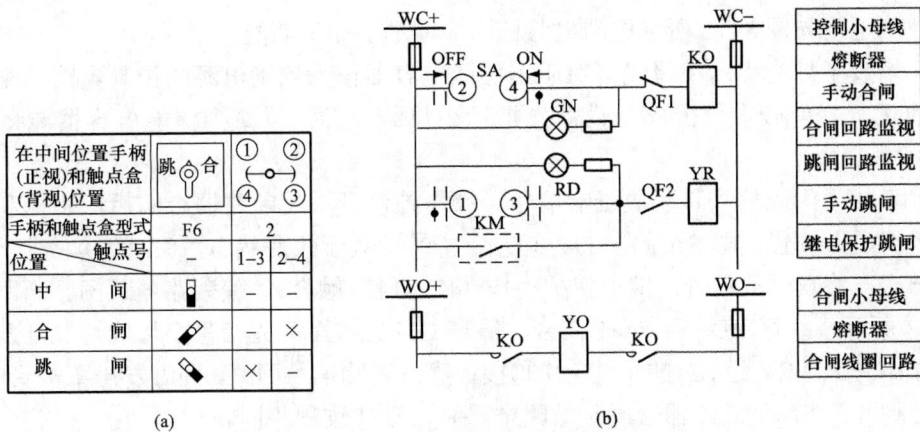

图 8–11　断路器基本控制回路

（a）控制开关动作表；（b）基本控制电路

闸线圈短时通电的要求，同时常开辅助触点 QF2 闭合，为随时跳闸做好准备。合闸完成后绿灯（GN）灭，红灯（RD）亮。红灯即表示断路器已处于合闸状态，也表示跳闸回路完好。

当断路器处于合闸状态时，操作控制开关逆时针旋转 45°至"跳闸"位置，SA 的①③触点接通，跳闸线圈 YR 通电励磁，断路器跳闸。跳闸完成时，其辅助触点 QF2 断开，切断跳闸控制回路，实现跳闸线圈短时通电，同时常闭辅助触点 QF1 闭合，为随时合闸做好准备。此时红灯灭、绿灯亮。绿灯亮即表示断路器处于跳闸状态，又表示合闸回路完好。

当被保护的设备或线路发生短路事故时，继电保护装置动作，其保护出口继电器 KM 动作，常开触点闭合驱动跳闸线圈跳闸。

关于断路器控制回路做如下补充说明：

（1）信号灯串接在跳、合闸回路里，共用控制电源电压不会引起断路器误动。这是因为跳闸线圈或合闸接触器的电阻比灯及附加电阻小得多。由于灯及其附加电阻的分压，跳闸线圈上的电压不足以使断路器跳闸或合闸接触器线圈上的电压不足以使其吸合。增设附加电阻不仅可以降低信号灯额定电压，还可以避免因信号短路而引起断路器误动。

（2）串联于跳闸回路的断路器辅助触点 QF2 应调节为先闭合、后断开。先投入是指断路器即将合闸之前，QF2 已闭合。其目的是合闸时遇到设备或线路短路故障（合闸之前已经存在）的情况下，能保证迅速跳闸；后断开是指断路器主触头断开后，QF2 才断开，保证断路器可靠跳闸。

（3）能够实现灯光监视控制回路电源及跳、合闸回路是否完好。断路器在跳闸（或合闸）位置时，若绿灯（或红灯）灭，即红、绿灯都不亮（灯无故障的情况下）说明合闸（或跳闸）回路有断线故障或断路器辅助触点接触不良或合闸接触器（或跳闸线圈）有断线或烧毁故障；若跳、合闸回路正常，又无断路器误动现象，则红、绿灯都不亮时，说明可能是控制电源消失或是熔断器熔断。

2. 采用电磁操动的断路器常用控制和信号回路

具有事故音响信号、闪光信号和灯光监视的断路器控制回路和信号回路如图 8–12 所示。控制开关 SA 采作 LW2/F8 型。

243

该控制电路与图 8-11 所示控制电路相比，增加了如下功能：

（1）增设了灯光指示小母线。对于用储能电容器作为控制电源的控制电路，由于红绿灯长时间运行耗能较多，因此另设灯光指示小母线电源，以减少储能电容器能量的过多消耗。

（2）增加了闪光信号和事故音响信号。操作控制开关使断路器合闸后，手柄和触点都处于"合闸后"位置，即 SA 的①③、⑨⑩、⑰⑲、处于接通状态，SA 的⑪⑩处于断开状态。当一次电路发生故障时，继电保护动作（KM 触点触合），使断路器跳闸。断路器辅助触点 QF2 断开，红灯 RD 灭；QF1 闭合，绿灯 GN 经接至闪光信号小母线，绿灯发出事故闪光信号；QF3 闭合，经 SA 的①③、⑰⑲接通事故音响信号回路，同时发出事故音响信号。当操作控制开关 SA 使断路器合闸于故障电路时，动作过程相同。

（3）增设了控制开关预备合闸、预备跳闸位置。先操作控制开关 SA 至合闸或跳闸的预备位置，经检查无误后，再进行合闸或跳闸操作，可有效避免误操作。如操作控制开关手柄置"预备合闸"位置时，触点⑪⑩、⑨⑩接通，该断路器控制回路中的绿灯由平光变成闪光，提示值班人员对照检查该断路器是否就是要操作的断路器。

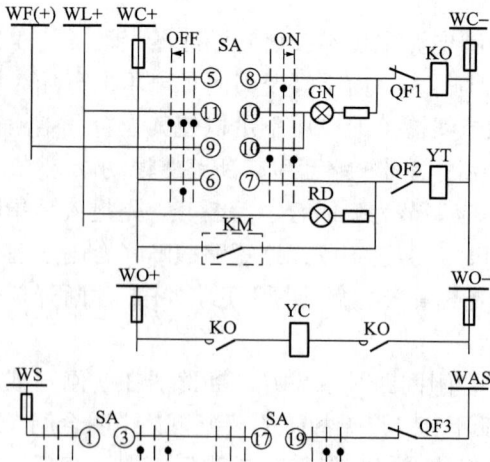

手柄在跳后位置时触点盒在背面状态	手柄与触点盒型式	触点端子号	手柄在不同位置各触点的闭合表						竖线为手柄位置黑点表示闭合状态		
▭ F8			跳后	预合	合闸	合后	预跳	跳闸	跳闸	预跳	预合合后
①②④③	1a	1—3	×		×				①		③
		2—4	×				×		②		④
⑤⑧⑧⑦	4	5—8			×				⑤		⑧
		6—7						×	⑥		⑦
⑨⑩⑫⑪	6a	9—10	×				×		⑨		⑩
		9—12		×					⑨		⑫
		10—11			×				⑩		⑪
⑬⑭⑯⑮	40	13—14	×				×		⑬		⑭
		14—15	×					×	⑭		⑮
		13—16			×				⑬		⑯
⑰⑱⑳⑲	20	17—19			×				⑰		⑲
		17—18		×					⑰		⑱
		18—20	×				×		⑱		⑳
㉑㉒㉔㉓	20	21—23			×				㉑		㉓
		21—22		×					㉑		㉒
		22—24	×				×		㉒		㉔

图 8-12　具有灯光监视及事故信号的断路器控制电路图

3. 采用电磁操作的具有"防跳"装置的断路器控制和信号回路

若断路器的操作机构不带防止断路器"跳跃"的机械联锁机构，采用图 8-12 所示控制电路，如发生下列故障时，将会出现跳跃现象：

（1）操作控制开关 SA 使断路器合闸于永久性短路故障电路，继电保护动作，立即使断路器跳闸，如果这时控制开关仍处在"合闸"位置（手还未松开）时。

（2）若操作控制开关 SA 使断路器合闸后，SA 的⑤⑧粘住。当一次电路发生永久性短路故障时。

以上两种情况，尤其是 SA 触点⑤⑧粘住不易被发现，却始终在发合闸命令。一旦遇有保护跳闸，QF1 闭合（合闸控制回路接通），断路器自动合闸，再次向故障点提供短路电源，保护再次自动跳闸……这种多次重复的跳、合、跳闸现象称为断路器"跳跃"。断路器多次连续切断短路电流，可能导致断路器毁坏；即使是第一种情况，操作人员发现"跳跃"后，及时松手，断路器停止"跳跃"，已发生的"跳跃"现象对断路器的使用寿命影响也极大。防止断路器"跳跃"的方法是在断路器控制电路中加电气"防跳"装置。图 8-13

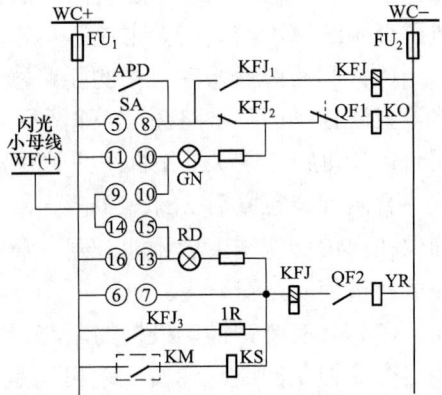

图 8-13　具有"防跳"装置的断路器
控制和信号回路电路图

所示为增设了电气'"防跳"装置的断路器控制和信号回路。即在控制回路中增设了防跳继电器 KFJ，KFJ 为双线圈（电压、电流线圈）中间继电器，无论是电流线圈励磁，还是电压线圈励磁，继电器都能动作。电气"防跳"装置的工作原理如下：

若控制开关触点 SA 的⑤⑧粘住或备用电源自动投入装置 APD 出口触点粘住，当一次电路发生永久性短路故障时，继电保护动作，即其出口触点 KM 闭合，同时激励电流线圈 KFJ 和跳闸线圈 YR。KJF$_3$ 闭合自保持；同时 KFJ$_2$ 断开，切断合闸控制回路；同时 KJF$_1$ 闭合，利用 SA 的⑤⑧或 APD 出口触点粘住这一故障特点，使 KFJ 电压线圈带电，并由 KFJ$_1$ 自保持，使 KFJ$_2$ 始终断开，断路器不可能再合闸。当断路器跳闸后，QF2 断开，KFJ 电流线圈失电，但因 KFJ 电压线圈有自保持回路，其触点并不返回。而 QF1 闭合时，因 KFJ$_2$ 始终断开而不起作用。

在断路器控制回路增设电气"防跳"装置，不会影响正常跳、合闸操作和继电保护、自动装置的跳、合闸。因为所谓"防跳"，实际是"防止重合"。首先要依靠跳闸电流（命令）启动，并且要依靠触点 SA 的⑤⑧粘住自保持，起主要作用的触点 KFJ$_2$ 始终断开才能"防合。"如果没有 SA 的⑤⑧（粘住）给 KFJ 提供自保持电源，KFJ 电压线圈无法带电，则串联在合闸控制回路中的常闭触点 KFJ$_2$ 断开后，随着断路器跳闸后，QF2 断开，KFJ 电流线圈失电而返回。因此，不会影响合闸控制回路的正常功能。不仅是电磁操作系统，而且弹簧储能及液压操作系统都可以设置电气"防跳"装置。

图 8-13 中还增设了自动合闸回路（如备用电源自动投入装置 APD）及自动合闸时红灯闪光回路。作为备用电源自动投入装置，则当用电设备的工作电源消失后，备用电源自动投入立即动作，使图中所控制的断路器自动合闸。此时控制开关仍处在"跳闸后"位置，即 SA 的⑭⑮处在闭合状态，两者位置"不对应"。断路器自动合闸后，QF2 闭合，接通闪光电源，红灯 RD 闪光。

4. 采用弹簧储能操动的断路器常用控制和信号回路

弹簧操动机构由电磁操动机构（跳闸和合闸线圈）与弹簧储能装置（电动机和弹簧）组成，平时，由储能电动机将弹簧拉紧储能；合闸时，合闸线圈使弹簧释放，将断路器合上；跳闸时，仍然依靠电磁跳闸线圈完成。可见，合闸动力依靠储能弹簧释放能量。因此，电磁合闸线圈不需要很大电流。

（1）具有弹簧操动机构的断路器直流控制回路。图 8-14 所示为具有弹簧操动机构的断路器直流控制回路电路图，当弹簧释放能量以后，操动机构常闭限位开关常闭触点 SL_2、SL_3 闭合，自动启动电动机使合闸弹簧拉紧储能；同时其常开触点 SL_1 断开，防止在弹簧储能过程中合闸弹簧拉紧后 SL_2、SL_3 断开，电动机停止；同时 SL_1 闭合，为正常合闸做好准备，确保在弹簧储能结束后才能合闸。操作控制开关 SA 电动合闸时，合闸线圈 YO 接通，弹簧释放能量使断路器合闸。

（2）具有弹簧操动机构的断路器交流控制回路。图 8-15 所示为采用弹簧操动机构的断路器交流控制回路。弹簧操动机构是靠弹簧所储存的能量来驱动断路器合闸的，而弹簧储能既可以手动也可以电动。储能弹簧在释放能量过程中将断路器合闸后，SL_2 闭合，按下按钮 SB，接通电动机，才能使弹簧再储能。储能结束后，SL_2 自动断开，同时 SL_3 闭合，白灯 WH 亮，表示储能结束。

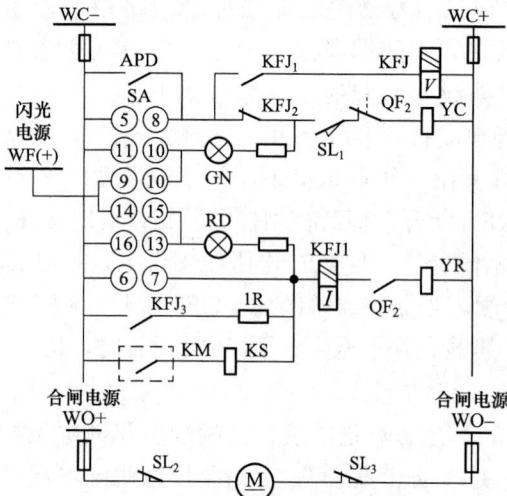

图 8-14　采用弹簧操动机构的断路器
直流控制回路电路图

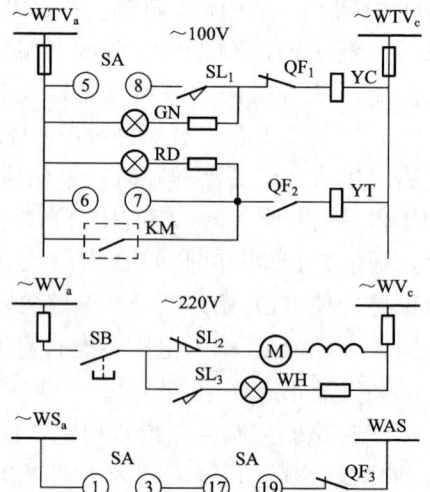

图 8-15　采用弹簧操动机构的断路器
交流控制回路电路图

弹簧储能电动操动机构的出现，为工厂变（配）电站采用交流操作创造了条件，目前正广泛应用。

5. 传统的中央信号系统

在工矿企业中，为了掌握电气设备的工作状态，须用信号及时显示当时的情况。发生事故时，应发出各种灯光及音响信号，提示运行人员迅速判明事故的性质、范围和地点，以便做出正确的处理。所以，信号装置具有十分重要的作用。信号装置按用途来分，有以下几种：

（1）事故信号。如断路器发生事故跳闸时，立即用蜂鸣器发出较强的音响，通知运行人员进行处理，同时，断路器的位置指示灯发出闪光。

（2）预告信号。当运行设备出现危及安全运行的异常情况时，如变压器过负荷、二次回路断线等，便发出另一种有别于事故信号的音响——铃响，此外，标有故障内容的光字牌也变亮。

（3）位置信号。包括断路器位置信号和隔离开关位置信号。前者用灯光来表示其合、跳闸位置；而后者则用一种专门的位置指示器来表示其位置状况。

（4）其他信号。如指挥信号、联系信号和全厂信号等。这些信号是全厂公用的，可根据实际需要来装设。

四、断路器控制回路的典型故障及处理

断路器控制回路的常见故障主要有拒绝合闸、拒绝跳闸或是发生跳合闸线圈跳环等故障。

1. 断路器拒绝合闸故障的查找和处理

如图 8-11 中断路器基本控制回路所示，如果操作图中的控制开关 SA 至合闸位置，断路器不合闸时，应采用排除法从易到难对断路器的控制回路进行检查。

（1）首先应考虑断路器的控制回路电源是否消失，我们可以通过断路器控制回路的信号灯（绿灯、红灯）来判断，如果发生信号灯不亮则应怀疑控制电源，此时可以检查控制回路熔断器是否熔断、用表测量电源是否消失或断线，如熔断器熔断应更换同容量、同规格的熔断器，如是电源消失，应到控制电源总馈电屏进行检查是否有开关跳闸现象。

（2）如果确认控制电源正常不能合闸时，应对控制回路进行检查，首先可站在离断路器较远的安全地方，叫人操作控制开关至"合闸"位，此时用耳朵听是否有接触器的吸合声响，如有则说明控制回路无故障，故障应该在合闸线圈回路，如果没有接触器的吸合声，故障可能在合闸接触器的控制回路上。针对合闸接触器有吸合声而不能合闸时，应该对合闸线圈回路进行检查。在图 8-11 所示的合闸线圈回路中，首先可检查合闸电源的熔断器是否熔断，如熔断则更换同型号、同规格的熔体，如果熔体完好，则怀疑接触器的两对主触头 KO 是否脱落，可将接触器的灭弧罩取下检查，如触头故障可更换触头或是接触器。如果接触器触头无故障应怀疑合闸回路的接线是否有断线或接触不良（如果接触不良，在接触处的接触电阻增加，压降增大，加在合闸接触器线圈上的电压达不到其启动电压也会使接触器不能吸合）现象，可检查各接线柱是否有松动现象。如上述检查均正常，便可怀疑是接触器的线圈是否烧断或断线，可用万用表测量接触器的线圈电阻，如发现线圈断线后须更换新的接触器。

（3）对于具有防跳回路（如图 8-13）的断路器拒合时，当按上述进行排除仍找不出原因时，应考虑是否是因防止回路而引起拒动。此时可以检查防跳继电器 KFJ_2 是否闭合，特别是在断路器事故跳闸后更应注意此现象，如果 KFJ_2 继电器粘住不能接通时，应对断路器的控制回路重新上电，或是更换该继电器。此外，还应检查断路器的辅助常闭触点动作是否正常。

2. 断路器拒绝跳闸故障的查找和处理

如图 8-11 中断路器基本控制回路所示，当断路器处于合闸状态时，如果操作图中的控制开关 SA 至跳闸位置断路器不跳闸时，也应采用排除法从易到难对断路器的控制回路进行检查。

（1）观察断路器的合闸信号灯（RD）是否工作正常，如果灯亮证明断路器跳闸回路完好，应检查控制控制开关是否接通，可以将控制开关切换至跳闸位用万用表测量 SA 的①③

247

两端的电压，如果测得的电压数值为控制电源电压值，则说明控制开关触点未接通，应更换开关或是将此对触点接线更换至备用触点上。

（2）如果合闸信号灯（RD）不亮，或是亮度不正常（变暗），则说明断路器拒跳的原因在（如图8-11）跳闸线圈和辅助常开触点 QF2 上，首先可用万用表检查（测量直流电阻）跳闸线圈是否有断线或是短路现象，如在确认跳闸线圈两端接线无松动现象的前提下应更换同型号规格的跳闸线圈，如跳闸线圈无故障后，应检查断路器的辅助常开触点 QF2 接触是否良好，判断其接触是否良好也可采取测量触点两端电压的方法进行，在合闸状态下 QF2 两端电压应为零，如果有电压则说明其触点工作不正常，为进一步判断在跳闸操作时是否有接触不良现象，可将控制开关切至"跳闸"位置，SA 的①③接通，测量辅助触点 QF2 两端的电压，如有电压且数值较高，则说明其触点接触不良，在流过跳闸线圈的励磁电流时有压降，导致加在跳闸线圈两端的电压降低而拒绝跳闸，此时可用细砂纸对其触点进行打磨等氧化处理。

第四节　工厂常用电测仪表运行与维护

为了监视工厂电气一次设备的运行状态和计量所消耗的电能，保证工厂电气设备安全、可靠地运行，工厂电气设备必须装设一定的电测仪表。所谓工厂电测仪表是指对电气设备运行参数做经常测量、选择测量、记录用的仪表和做计费、技术分析考核管理用的计量仪表的总称。

电气仪表按其用途可分为常用测量仪表和电能计量仪表两类。测量仪表是对电气一次设备运行参数（如电压、电流、功率等）做经常测量、选择测量和记录用的仪表。而计量仪表是对电气一次电路进行用电的技术经济考核分析和对电量进行测量、计量的仪表，即各种电能表。

对工厂常用测量仪表的一般要求如下：

（1）常用测量仪表应能正确反映电气设备的运行参数，能随时监测电气回路的工作状况。

（2）交流回路仪表的精确度等级，除谐波仪表外，不应低于 2.5 级；直流回路仪表的精确度等级，不应低于 1.5 级。

（3）1.5 级和 2.5 级的常用测量仪表，应配用不低于 1.0 级的互感器。

（4）仪表的测量范围（量程）和电流互感器变比的选择，宜满足当电气回路以额定值运行时，仪表的指示在标度尺的 70%～100%处。对有可能过负荷运行的回路，仪表的测量范围，宜留有适当的过负荷裕度。对重载启动的电动机和运行中有可能出现短路冲击电流的回路，宜采用具有过负荷标尺的电流表。对有可能双向运行的电气回路，应采用具有双向标尺的仪表。

对电能计量仪表的一般要求：

（1）月平均用电量在 10 万 kWh 及以上的电能计量点，应采用 0.5 级的有功电能表，月平均用电量小于 10 万 kWh，在 315kVA 及以上的变压器高压侧计费的电能计量点，应采用 1.0 级的有功电能表。在 315kVA 以下的变压器低压侧计费的计量点、75kW 及以上的电动机及仅作为内部技术经济考核而不计费的设备，均应采用 2.0 级有功电能表。

（2）对 315kVA 及以上的变压器高压侧计费的计量点和并联电容器组，均应采用 2.0 级的无功电能表。在 315kVA 以下的变压器低压侧计费的计量点及仅作为企业内部技术经济考核而不计费的计量点，均应采用 3.0 级的无功电能表。

（3）0.5 级的有功电能表，应配用 0.2 级的互感器。1.0 级的有功电能表、1.0 级的专用电能计量仪表、2.0 级计费用的有功电能表及 2.0 级的无功电能表，应配用不低于 0.5 级的互感器。仅作为工厂内部技术经济考核而不计费的 2.0 级有功电能表及 3.0 级的无功电能表宜配用不低于 1.0 级的互感器。

工厂测量仪表有电压表、电流表、有功功率表、无功功率表、功率因数表、相位表、频率表、变送器、万用表、绝缘电阻表、直流电桥等，下面主要介绍几种常见仪表的使用、检定和修理。

一、万用表

万用表是电气设备检修、试验和调试等工作中常用的测量工具，通常可测量直流电压、电流，交流电压、电流及电阻等。目前主要有数字式和指针式两类，数字式运用集成电路加转换开关，用液晶显示，指针式由测量线路加转换开关及磁电系仪表组成。

万用表在使用时应注意以下事项：

（1）测量电流与电压不能旋错档位。如果误将电阻挡或电流档去测电压，就极易烧坏电表。万用表不用时，最好将档位旋至交流电压最高档，避免因使用不当而损坏。

（2）测量直流电压和直流电流时，注意"+""-"极性，不要接错。如发现指针反转，既应立即调换表棒，以免损坏指针及表头。

（3）如果不知道被测电压或电流的大小，应先用最高挡，而后再选用合适的挡位来测试，以免表针偏转过度而损坏表头。所选用的挡位越靠近被测值，测量的数值就越准确。

（4）测量电阻时，不要用手触及元件的裸体的两端（或两支表棒的金属部分），以免人体电阻与被测电阻并联，使测量结果不准确。如将两支表棒短接，调"零欧姆"旋钮至最大，指针仍然达不到零点，这种现象通常是由于表内电池电压不足造成的，应换上新电池方能准确测量。

（5）万用表不用时，不要旋在电阻档，因为内有电池，如不小心易使两根表棒相碰短路，不仅耗费电池，严重时甚至会损坏表头。

万用表常见故障及处理方法见表 8-1。

表 8-1　　万用表常见故障及处理方法

序号	常 见 故 障	故 障 原 因	处 理 方 法
（一）直流电压测量故障			
1	某量限误差大	该量限附加电阻变化	重新调整附加电阻
2	某量限无指示，其他量限工作正常	（1）转换开关与该档连接线接触不良或脱焊；（2）该附加电阻烧坏或脱焊	（1）处理开关，焊好连线；（2）更换电阻或焊好脱焊处

续表

序号	常 见 故 障	故 障 原 因	处 理 方 法
3	仪表通电时无指示	（1）转换开关电压部分公用触点接触不良或断线； （2）公用附加电阻断路	（1）处理触点，焊好断线； （2）更换电阻
4	某量限无指示	该量限附加电阻断线	重新更换电阻
（二）交流电压测量故障			
1	仪表误差大，有时可达±50%	全波整流器中一只二极管被击穿	检查整流二极管，更换二极管
2	通电时仪表读数很小或指针不轻微摆动	（1）整流器二极管工作不正常； （2）转换开关接触不良	（1）检查整流二极管并更换； （2）调整开关位置或清洗
3	小量限误差大，量限增大时误差减小	该挡附加电阻变化	重新调整附加电阻
4	各量限指示普遍偏慢	（1）整流器工作特性变坏，反向电阻减小； （2）电位器阻值变化	（1）更换整流器； （2）调整电位器阻值
5	某挡误差大	该挡附加电阻变化	更换该挡附加电阻
（三）电阻测量电路故障			
1	当测试棒短接时指针调不到零位	（1）电池容量不够； （2）转换开关接触不良	（1）更换电池； （2）清洗开关
2	转动零欧姆调整器指针跳跃不定	零欧姆调整器使用日久严重磨损，致使接触不良	清洗滑动片或更换
3	测量棒短路时，指针不动	（1）转换开关公共接触点断开； （2）干电流无电压输出或断线	（1）处理压紧接触点； （2）更换电池，焊好断线处
4	个别量限不通	转换开关接触不上	压紧接触点

二、绝缘电阻表

绝缘电阻表俗称"兆欧（MΩ）表""摇表"，它是由直流高压供电和磁电比率计测量机构两部分组成，主要用于测量电气设备绝缘电阻。供电设备、用电设备及各类仪器装置经过了一段时期后，由于绝缘的老化、变质，往往会产生漏电，引起设备绝缘的击穿、烧毁，甚至造成人员伤亡等重大事故。因此，定期对各类电气设备、用电设备或投入运行前的电气设备进行绝缘电阻的测量，是保证电气设备安全运行的一项重要工作。

（一）绝缘电阻表的使用

在使用绝缘电阻表进行绝缘的测量工作时，应注意以下事项：

（1）绝缘电阻表的选择，被测设备额定电压在500V及以下时，应选用500V的绝缘电阻表；被测设备额定电压在500V时，应选用1000V或2500V的绝缘电阻表。

（2）测量时，将绝缘电阻表上标有"线路"（L）的接线柱接被测设备的导电部分，将标有"接地"（E）的接线柱接地或被测设备的外壳。

（3）使用绝缘电阻表测量高压设备绝缘的工作应由两人进行。

（4）测量用的导线，应使用绝缘导线，其端部应有绝缘套。

（5）测量绝缘时，必须将被测设备从各方面断开，验明无电压，确实证明设备无人工作后，方可进行。在测量中禁止他人接近设备。

（6）在测量设备绝缘的前后，必须将被试设备对地放电。测量线路绝缘时，应取得对方的允许后方可进行。

（7）在有感应电压的线路上测量绝缘时，必须将另一回线路同时停电，方可进行；雷电时严禁测量线路绝缘。

（8）在带电设备附近测量绝缘电阻时，测量人员和绝缘电阻表的安放位置，必须选择适当，保持安全距离，以免绝缘电阻表引线或引线支持物触碰带电部分，移动引线时，必须注意监护，防止工作人员触电。

（9）为了获得准确的测量结果，要求在绝缘电阻表达到额定转速（接近 120r/min）后并持续到指针稳定时才读数，对有电容的被测设备，更应注意这一点。

（二）绝缘电阻表的检定

为了保证绝缘电阻表能正确测量电气设备的绝缘状况应定期对其进行检定，主要检定的项目有：

1. 外观检查

（1）绝缘电阻表应有保证正常使用的必要标志，如接线柱、表盘各符号等。

（2）从外表看，零部件完整、无松动、无裂缝、无明显残缺或污损。当倾斜或轻摇仪表时，内部无撞击声。

（3）对有机构调零的绝缘电阻表，向左右方向转动机械调零器时，指示器应转动灵敏、左右对称，指针不应弯曲，与标度盘表面的距离要适当。

2. 初步试验

（1）首先在被检绝缘电阻表测量接线柱（L、E）开路情况下，接通电源或摇动发电机手柄，被检表指针应指在"∞"位置，不得偏离标度线中心位置±1mm。若有无穷大调旋钮，则被检表指针能调节到"∞"分度线，且有一定的裕量。

（2）当将绝缘电阻表线路接线柱和接地端接线柱短接时，指针应指在零分度线上，不得偏离分度中心位置±1mm。

（3）对于没有零分度线的绝缘电阻表，应接上起始点电阻进行试验。

（三）绝缘电阻表的修理

绝缘电阻表主要由磁电式比率表和手摇式直流发电机组成，其常见故障主要发生在高压直流电源和测量机构。因此，对它的修理和调整，除了很明显的故障外，理应先从高压直流源着手检查，待排除了该部位的故障，恢复了该部位的正常工作后，再检查和修理测量机构。

1. 手摇发电机常见故障的修理

手摇发电机常见故障、产生原因及排除方法见表 8-2。

表 8-2　　　　　　　　手摇发电机常见故障、产生的原因及排除方法

序号	常 见 故 障	故 障 原 因	排 除 方 法
1	发电机摇不动，有卡住现象或摇时手感很重	（1）发电机转子与极靴相碰； （2）增速齿轮啮合不好或已损坏； （3）滚珠轴承脏，油干涸； （4）小机盖固定螺丝松动，使转子在滚珠轴承位置不正； （5）转轴弯曲	（1）拆下发电机修理重装； （2）调整齿轮位置使啮合好，如损坏则应更换； （3）拆下轴承、转轴，清洗并上润滑油； （4）调整小机盖位置，紧固螺丝； （5）整直

续表

序号	常 见 故 障	故 障 原 因	排 除 方 法
2	摇发电机打滑，无电压输出	（1）偏心轮固定螺丝松动，造成齿轮啮合不好； （2）调速器弹簧松动或弹性不足	（1）调整好偏心轮位置并使各齿轮啮合好，再固紧偏心轮螺丝； （2）旋动调速器螺母拉紧弹簧，使摩擦点压紧摩擦轮
3	发电机电压不稳定	（1）调速器装置螺丝松弛，调速器摩擦点接触不紧； （2）调速器的弹簧松动或弹性不足	（1）固牢调速器位置上的螺丝，使调速器橡皮接点紧压摩擦轮； （2）旋动柱形螺母，紧拉弹簧或更换
4	摇发电机时，产生抖动	（1）发电机转子不平衡； （2）发电机转轴不直	（1）把转子放在平衡架上调整平衡； （2）把转轴校直
5	机壳漏电	（1）内部引线碰壳或发电机弹簧引出线碰壳； （2）受潮造成绝缘不好	（1）检查线路消除碰壳现象； （2）烘干
6	发电机无输出电压或电压很低	（1）绕组断线； （2）线圈接头或线路断线； （3）碳刷接触不良或电刷磨损	（1）重绕； （2）检查断线处重新焊牢； （3）调整碳刷与整流环接触面或重换碳刷
7	摇发电机手感很重且输出电压低	（1）发电机两整流环之间有磨损，有碳粒或铜屑短路； （2）整流环击穿短路； （3）转子绕组短路； （4）发电机并联电容器击穿； （5）内部线圈短路	（1）用汽油清洗整流环； （2）修理或更换整流环； （3）重绕转子绕组； （4）调换电容器； （5）清理线圈短路处
8	摇发电机时碳刷有声响、火花产生	（1）碳刷与整流环磨损，表面不光滑，接触不良； （2）碳刷位置偏移与整流环接触不在正中间	（1）配换碳刷，整流环磨损可用细砂纸磨光并用汽油清洗； （2）调整碳刷位置在整流环正中，并使之全面接触

对发电机常见故障的检查与修理方法主要有：

（1）碳刷及整流环故障的修理。

1）若碳刷座螺丝松动，会造成碳刷位置偏移，与转子接触不良，导致电压降低和碳刷与整流环之间产生火花。只要用汽油清洁整流环，恰当地调整碳刷位置，把止动螺丝固紧即可。

2）若碳刷磨损，可重新配换新的碳刷，通常更新为 DS8 碳刷，也可用调压器碳刷改制后代替。碳刷外形通常有方形和圆形，可先用手锯锯成毛坯，然后用锉刀锉成所需的形状尺寸。

3）若整流环磨损，在每片整流环隙缝边缘造成凹凸不平，可以把它拆下，在车床上车圆，然后用细砂纸打光，再用汽油清洗干净。如磨损不太严重，可以不拆下，一面用手转动转子，一面把小什锦锉置于面上锉，再用细砂纸打光。若三片整流环间的绝缘隙缝中有脏物和碳化点，应用汽油清洗，用竹片将其剔除。

（2）发电机磁钢的充磁。经修理、调整后若发电机输出电压仍不能达到额定输出电压时，则可能是磁钢失磁。这种情况就必须将转子拆下，对定子中的磁钢进行充磁。

2. 测量机构常见故障的修理

绝缘电阻表测量机构的常见故障、产生的原因及修理方法见表 8-3。

表 8-3　　　　　　　绝缘电阻表测量机构常见故障、产生原因及修理方法

序号	常 见 故 障	故 障 原 因	排 除 方 法
1	指针转动不灵活，有卡滞现象	（1）线圈上粘有毛或铁芯与极掌间隙有铁屑等杂质； （2）线圈转动时导流丝碰固定部分； （3）铁芯松动并与线圈相碰； （4）轴承与轴尖空隙过大，铁芯、极掌相碰； （5）线圈受压变形并与铁芯、极掌相碰； （6）表盘上有细毛与指针相碰	（1）用细探针清理杂质； （2）调整导流丝； （3）固定铁芯螺丝； （4）调整轴承螺丝； （5）重整线框； （6）清除细毛
2	指针指不到∞位置	（1）导流丝变形附加力矩变大； （2）电流电压不足； （3）电压回路电阻变化，数值增高； （4）电压线圈局部短路或断路	（1）整理导流丝，在不通电时使指针在"∞"位置； （2）修理电源、发电机或变换器； （3）调配回路电阻； （4）重绕电压线圈
3	指针指示超出∞	（1）无穷大平衡线圈（有的仪表无此线圈）短路或断路； （2）回路电阻变小； （3）导流丝变形	（1）重绕无穷大平衡线圈； （2）调换电压回路电阻； （3）修理或更换导流丝
4	指针不指零位	（1）电流回路电阻值变化，阻值减小，指针超过零位，阻值增大，指针指不到零位； （2）电压回路电阻变化，阻值增大指针超过零位，阻值减小指针指不到零位； （3）导流丝变质； （4）电流线圈或零点平衡线圈有局部短路或断路	（1）调换电流回路电阻； （2）调换电压回路电阻； （3）更换导流丝； （4）重绕电流线圈或零点平衡线圈
5	可动部分平衡不好	（1）指针打弯或向上翘起； （2）平衡锤上螺丝松动，使位置改变； （3）轴承松动，轴间距离大，中心偏移	（1）校正指针； （2）重调平衡，固定螺丝； （3）调整轴承螺丝
6	指针位移较大，不能指一定值	（1）轴尖磨损或生锈； （2）轴承碎裂或有杂物	（1）摩修或重配轴尖； （2）清洁杂物或重换轴承

对于绝缘电阻表测量机构检查与调整方法主要有：

（1）可动部分的检修。绝缘电阻表可动部分的故障，可先检查指针有否弯曲、卡住，平衡是否有变。在排除了这些故障后，再检查测量线路。检查时，可把测量线路逐个焊开，用万用表电阻测量挡分别接在三根导流丝外焊片处（一根为电流线圈输入，一根为电压线圈输入，一根为电流和电压线圈共同输出端），检查电压线圈、无穷大平衡线圈及电流线圈或零点平衡线圈回路是否通，如不通，可能是导流丝或线头脱焊或者是线框断线。

如果发现有断路短路现象，可把整个线框从支架上拆下，找出各线圈接头，再分别测量每只线圈的阻值，如确已损坏，须进行修理或重绕线圈，在未拆大小铝框前，应注意先

记下线框的相对位置与指针夹角、各线圈端部连接点，如电流、电压线圈始端及它们的公共端，并记下原来线圈线径、绕制方向、线圈匝数等，然后进行绕制。绕制方法与其他线圈一样，绕好后照原来位置组装。

导流丝的焊接较为重要，焊接不正确会增加附加力矩，而且容易相碰。此外，导流丝变质、变形或过短，都会造成指针不能正确地指在零位。此外，导流丝变质、变形或过短，都会造成指针不能正确地指在零位，尤其是指示无穷大位置时，会产生一定误差。当调整无法修复时，需要更换为原规格的新导流丝。一般可用成品配制，在缺乏成品的情况下，可根据原有导流丝的长度、厚度、宽度、圈数选用检流计吊丝进行盘制。盘制过程中应特别注意导流丝表面不要有折伤痕迹，盘制后，可将导流丝两头夹上焊片予以焊接。焊接前，为使焊接方便、效果最佳，可用折叠后的纸片插入动圈与磁极之间，固定表头可动部分，不让它自由转动；焊接时，先将三根导流丝焊在外焊片上，然后分别将本根导流丝沿转轴各绕一圈，再焊到各线圈焊片上。此时应先焊好与线圈较近的一根导流丝，移动可动部分并使指针指在表盘刻度"∞"位置，磁场对电压线圈的作用最弱，如存在导流丝的附加力矩就会引起仪表误差，因此，当仪表没有接通电源时，要求指针能自然地处于表盘刻度"∞"位置。焊接后的导流丝应符合下述要求：

1）表面清洁，无折伤现象。

2）转轴在导流丝圆周的中心位置。

3）尽量减少上翘和下垂现象。

4）用手拨动指针，从"0"到"∞"偏转时，导流丝不应与其他物件相碰。

（2）可动部分的平衡调整。可动部分机械重心不平衡将产生仪表指示值的附加误差，尤其是当仪表指示值接近无穷大处，磁场很弱，定位力矩小，可动部分机构不平衡的影响更大，因此，必须进行机械平衡的调整。调整的方法有通电平衡调整和不通电平衡调整两种。

1）通电平衡调整。将绝缘电阻表输出端钮"E"和"L"开路，在仪表由工作位置向前、后、左、右倾斜30°的四个位置上摇动发电机，依照指针在表盘"∞"位置的情况，进行平衡调整；也可用一节1.5V电池、限流电阻和电位器接入电流及电压线圈回路，并通入一定电流（一般不超过线圈的额定电流），使指针指在中间刻度，然后将绝缘电阻表由工作位置向前、后、左、右倾斜30°，按照指针偏离表盘"∞"位置的情况进行机构平衡的调整。机械平衡的调整方法，可根据平衡锤结构形式，结合磁系仪表机械平衡调整方法进行。

2）不通电平衡调整。绝缘电阻表不通电时，指针一般在表盘"∞"附近，可先在仪表工作位置时确定某点A，然后将仪表由工作位置向前、后、左、右倾斜30°，按指针偏离A点的情况调整仪表的机构平衡。

3. 测量回路误差的调整

绝缘电阻表测量回路误差的调整必须在仪表的电路、机械结构正常工作的状态下进行，调整中要注意两个测量线圈及指针和线圈的相对位置是否准确，若仪表内部测量机构和高压直流源部分确无问题，可根据下面几种情况分别进行调整。

（1）在额定电压下将仪表输出端钮"E"、"L"开路，若仪表指针不指到"∞"，原因可能是整流电路板没有与发电机接通（不到∞时），或者是整流电路板绝缘不良，有漏电。否则，应适当减少电压回路的电阻；若超出"∞"位置应增加该电阻阻值。但必须注意不能轻易地增减电阻。

（2）在额定电压下将仪表输出端钮"E"、"L"短接，若仪表指针不指到"0"，应减少电流回路电阻；如指针示值超出"0"，则应增加电阻。

（3）若没有"∞"调节装置（如分磁片或电位器），通常应首先调整好仪表的"∞"位置。

（4）若"∞"和"0"位置都已调整好，但仪表在表盘的前半段或后半段刻度上仍存在误差，可少量的伸长或缩短导流丝后重新焊接，利用残余力矩来改变刻度的特性（但导流丝变化后，仪表的"∞"和"0"刻度位置需重新调整）。

（5）若仪表指针少许指不到"0"位或超出"0"位，可扳动指针进行调整。若指针少许指不到"∞"位置，可用镊子拨动一下导流丝，利用残余力矩使指针指在"∞"位置。

（6）仪表刻度特性改变产生较大误差时，可能是轴座位置或线框偏斜（主要是重绕线框时装偏），指针与线框夹角和两线框之间夹角的改变，都能造成刻度特性的误差，必须检查轴座及线框夹角度，并将发现的缺陷予以消除。

（7）当"0"和"∞"两点或附近刻度点都调整好，只是刻度的中心点附近超差较大，调整不起作用时，可以通过重画表盘刻度予以解决。

三、直流电桥

直流电桥是一种用来测量直流电阻的比较式仪器。它具有灵敏度高、测量准确度高和操作方便等特点，在电力工程试验工作中被广泛地应用。直流电桥按测量电路可分为单臂电桥和双臂电桥两大类。前者用于测量 $10\sim10^9\Omega$ 的电阻；后者用于测量 $10\sim10^{-6}\Omega$ 的电阻。单臂电桥目前使用较的型号为 QJ23，而双臂电桥目前使用较多的型号为 QJ44。

对电气设备进行直流电阻的测量试验是为了检查电气设备绕组（线圈）的质量及回路的完整性，以便及时发现因制造或运行中由于振动和机械应力等原因所造成的导线断裂、接头开焊、接触不良、匝间短路等缺陷。

1. 直流电桥的使用及其注意事项

在利用直流电桥对电气设备进行直流电阻测量时的步骤如下：

（1）根据被测量的电阻的大小，选择单臂电桥或双臂电桥。

（2）将电桥放置平稳，先打开检流计销扣，调整指针在零位。

（3）将被测电阻接于电桥相应的接线柱上。使用双臂电桥时，电压线和电流线应分开，且应使电压线连接点比电流线连接点更靠近被测电阻。

（4）根据被测电阻以前的测量值，选择合适的比率臂和比较臂。

（5）先按下电源按钮，再按下检流计按钮，观察检流计偏转情况。若指针正向（向右）偏转，应加大比较臂电阻；反之，则减小比较臂电阻。经反复调整，当检流计偏转不大时，可将检流计按钮锁紧，连续调整，直至电桥平衡。读取并记录比率臂和比较臂的值，然后断开电源按钮。

（6）测量完毕，用锁扣锁紧检流计。

（7）记录被试器的温度，以便对被测量电阻进行温度换算。

在使用直流电桥进行测量工作时，应注意以下事项：

（1）若不知被试品过去的测量电阻值，可先用万用表粗测其值。

（2）接线要牢固，以防测量时因接线松脱造成电桥不平衡而损坏检流计。

（3）当被测元件电感较大时，应先将电源按钮按下一段时间后，再按检流计按钮，以免因自感电动势较大而损坏检流计。

（4）测量完毕，应特别注意必须先松开检流计按钮，而后断开电源按钮，否则，检流计可能受被测量元件上较大的自感电动势的冲击而损坏。

（5）对含电容较大的设备进行测量时，应先将其放电一段时间后，再进行测量。

2. 单臂电桥的修调

单臂电桥的常见故障主要是检流计损坏和示值超差。

（1）检流计的修调。单臂电桥检流计多采用无骨架的线圈，反作用力矩由张丝或吊丝产生，动圈电流直接经张丝或吊丝引入，其作用原理与磁电系仪表基本相同。由于检流计无轴尖、轴承之间的摩擦，因而灵敏度很高，一般都能达到 10^{-6}A/分格。在实际使用中，正是由于检流计灵敏度很高，易过载，且结构精细，所以常会发生各种各样的故障，通常，对检流计的故障分析，首先应检查外观，观察动圈、张丝的完整情况，然后再检查线圈的通断。检流计常见故障及产生的原因、修调方法见表 8-4。

表 8-4　　　　　　　直流单臂电桥检流计常见故障、原因及修调方法

常见故障	故 障 原 因	修 调 方 法
通电时无偏转	张丝（或悬丝）、导线由于受振折断或过载破坏	更换张丝或导线
	悬丝、导线固定销松落或者脱焊	重新紧固
	电气线路或动圈断路或短路	查明线路，排除故障，更换动圈
	磁空隙内有灰尘微粒粘附卡住动圈	用球压空气吹去灰尘，用带尖钢针迅速引出铁屑

单臂电桥的检流计的修调与检测方法简述如下：

1）检流计张丝的焊接。检流计张丝材料性能的好坏，直接影响到检流计的质量，因此，在张丝损坏需要调换时，应尽可能选用同规格、同材料的张丝，以保持检流计原有的技术参数不变。调换时，应将张丝与检流计动圈的一端先焊好，焊点要求光洁平整，张丝不可有折痕、歪斜，焊好后其表面用酒精清洗干净，涂上少量防氧化漆，然后放入检流计支架上，将 2～3mm 厚的纸片垫入动圈与圆磁极之间，使动圈不能移动，用镊子分别将动圈的上、下端张丝穿过检流计上、下端焊片支撑件孔，再用镊子夹住张丝端部使之紧贴弹簧焊片并压下弹簧片 1～2mm，以尖头烙铁点焊即可。用同样的方法焊接另一端。检查无误后，即可抽去动圈与圆磁极之间的纸片，同时观察动圈在磁极中的四面空隙是否相等，将可动部分向四面倾斜 90°，转动不应有轧住现象。

2）检流计动圈平衡的调整。在未装入磁极金属套环之前，应进行检流计动圈机械平衡的初调。初调时，可将检流计在水平和垂直方向倾斜 90°，用焊锡材料对动圈进行机械平衡的调整。调整的方法同十字形平衡锤的平衡调整。调整完毕，再将检流计动圈插入磁极金属套环中，装上表盘后，在动圈的接线端并接一个 10kΩ 电阻，使检流计活动于微欠阻尼状态，然后再细调检流计的机械平衡，直至符合要求。

（2）示值超差的修调。通常，单臂电桥示值超差故障主要发生在比较臂。比较臂由电

阻 10×1Ω、10×10Ω、10×100Ω、10×1000Ω 组成，单臂电桥示值误差基本上可分为零值电阻大及示值变差大、示值误差两种。

1）零值电阻大及示值变差大。电桥旋臂的活动部分接触不良，比较盘电刷与极板之间不清洁，导致零值电阻大；有的旋臂电刷因压力调节不当，致使电刷和极板变形，接触不良，出现示值变差大。为此必须对所有的按钮、触点以及经常处于旋转状态的刷形开关进行清洗、涂油；对于变形的电刷，应校准形状，调节触点压力，使其接触良好。

2）示值误差。由于单臂电桥比较臂"×1000Ω"盘是由 10 只名义值为 1000Ω 的电阻串联而成。表 8-5 为某次对该盘进行检定和修理的数据。从表 8-5 中所列数据可能看出，该盘中 2000～5000Ω 四点阻值的相对误差均超过±0.02%。从结构特点看，它们均是由同名值的电阻串联组成，各电阻的阻值大小不一，因此不必调整某些电阻元件的阻值，只要将电阻进行适当换位后，就可使"×1000Ω"盘各点的误差都小于±0.02%。换位方法是：首先根据表 8-5 中列出的检定数据，计算出各单元电阻的实际值。由于该电桥比较臂是由 10 只名义值为 1000Ω 的电阻串联组成，所以将后面元件的数值减去前面元件的数值，如第 2 单元件示值的实际值为 2000.75Ω，第 1 单元件示值的实际值为 1000.10Ω，那么 2000.75-1000.10=1000.65Ω，以此计算出 10 只电阻元件的数值，列入表 8-5 中；然后按其误差的大小、符号的正负重新进行排列，使各电阻累计阻值的误差均小于±0.02%。在此例中只要把第 2 单元件与第 7 单元件互换，就可使换位后各点的相对误差均小于±0.02%，该盘调修后各电阻的相对误差见表 8-5。

表 8-5　　　　　　　　　　QJ23a 电桥×1000Ω 盘检定和修理数值

序号	指示值（Ω）	检定数值（Ω）	相对误差（%）	单元件电阻实际（Ω）	换位后数值（Ω）	调修后相对误差（%）
1	1000	1000.10	−0.01	1000.10	1000.10	−0.01
2	2000	2000.75	−0.038	999.80	999.90	+0.005
3	3000	3001.15	−0.038	1000.40	3000.30	−0.01
4	4000	4000.95	−0.024	999.80	4000.10	−0.002 5
5	5000	5001.05	−0.021	1000.10	5000.20	−0.004
6	6000	6000.55	−0.009	999.50	5999.70	−0.005
7	7000	7000.35	−0.007	1000.65	7000.35	−0.005
8	8000	8000.50	−0.0051	1000.20	8000.55	−0.005 2
9	9000	9000.30	−0.0033	999.80	9000.35	−0.004
10	10 000	10 000.60	−0.006	1000.30	10 000.65	−0.006 5

对于不能用换位方法解决的误差，则应查对某误差点，细心地通过阻值的调整来解决。

四、电测量变送器

电测量变送器是一种把被测电量变换成与之成比例的直流模拟量或数字量的计量器具。通常，电测量变送器的被测电量是交流电压、交流电流、有功功率、无功功率、频率、相位和电能等。其输出的直流模拟量可由磁电系仪表直接显示，也可与系统远动装置连接，组成自动化测量和监控系统。

（一）电测量变送器的分类

电测量变送器按用途和性能，基本上可分为：

（1）根据被测量电量的不同，电测量变送器可分为交流电压变送器、交流电流变送器，有功功率变送器、无功功率变送器、频率变送器、相位（或功率因数）变送器、电能变送器及功率变送器等。为使用方便，常将同一种或不同被测电量的变送器组合在一起，组成多路或多种类的电测量变送器。如有功、无功组合变送器等。

（2）根据电测量变送器的测量原理，电测量变送器可分为平均值响应变送器和均方根值变送器。前者多以整流形式将被测量转换，输出量为被测交流量的平均值的模拟函数；后者则用拆线逼近法将被测量转换，输出量为被测交流量的方均根的模拟函数。通俗地说，前者的测量反映的是平均值，后者的测量反映的是有效值。通常，反映平均值的变送器的输出量是以有效值定度的，与平均值之间的关系会随交流量的波形变化而变化。当波形发生畸变，其定度比例的标称使用范围极限，可将变送器用畸变因数等级划分为 A、B、C 级。A 级，畸变因数小于 0.05；B 级，畸变因数小于 0.1；C 级，畸变因数小于 0.5。

（3）根据输出特性的不同，电测量变送器可分为恒流恒压输出变送器和非恒流恒压输出变送器。前者的负载能力强，负载特性好，输出负载变化引起的改变量小，常被称为可变输出负载变送器，后者的负载能力很差，当负载偏离额定值时会发生很大的误差，通常只能带固定负载，故常被称为固定输出负载变送器。

（4）按电测量变送器对被测量频率的敏感程度，电测量变送器可分为频敏变送器和非频敏变送器。前者，当被测量频率偏差只要大于±0.1%额定值时，就不会产生附加误差，对频率很敏感；后者，只有当被测量频率偏差大于±2%额定值时，才会产生附加误差，对频率的变化反应不敏感。

（5）按电测量变送器的测量准确度等级，电测量变送器可分为 0.1、0.2、0.5、1.0、1.5 五个等级。常用的变送器准确度等级为 0.2 级和 0.1 级。

（6）按电测量变送器使用的环境条件，电测量变送器可分为 A1 类、A2 类、B 类，其使用场所及环境条件见表 8-6。

表 8-6　　　　　　　　不同类别电测量变送器使用场所与环境条件

类别	温度范围	相对湿度范围	使用场所
A1	5～40℃	≤95%	无特殊环境控制的建筑物或其他掩体空间内
A2	−10～55℃	≤95%	无特殊环境控制的建筑物或其他掩体空间内
B	−25～55℃	≤95%	户外或恶劣环境

（二）电测量变送器的检定

1. 检定项目

按电测量变送器的主要技术性能对其进行周期检定的项目是：

（1）外观检查。

（2）绝缘电阻的测定。

（3）基本误差的测定。

（4）输出波纹含量的测定。

对于新安装或修理的变送器，除了应进行上述检定项目外，还应根据需要选做下列项目中的全部或一部分项目：

（1）工频耐压试验。

（2）响应时间的测定。

（3）由于以下是各项条件变化引起的影响量的测定。

1）自热引起的。

2）多元件中不平衡电流引起的。

3）功率变送器的功率因数变化引起的。

4）相位变送器输入电流变化引起的。

5）输入电压或辅助电源电压变化引起的。

6）输入量频率变化引起的。

7）输入量波形畸变引起的。

8）输出负载变化引起的。

9）环境温度变化引起的。

10）外磁场影响引起的。

2. 检定方法与要求

各种电测量变送器的通用周期检定方法与要求如下：

（1）外观检查。变送器的外壳上应有制造厂名或商标，制造厂的产品型号和名称、等级、被测量种类、被测量和输出量的范围、接线端钮的用途标记等。

变送器的外壳应无裂缝和明显的损伤，接线螺栓应齐全，轻摇时，内部应无声音。

（2）工频耐压试验。耐压试验装置应有足够的容量，检测方法是：首先将试验装置的无负载电压调到规定值的 50%，然后接上被测变送器，当观察到的电压降小于该电压的 10% 时，则认为试验装置的容量足够的。试验电压应按被检变送器的试验电压标志，从表 8-7 中选取。

表 8-7　　　　　　　　　　　　工频耐压试验电压规定值

线路绝缘电压（V）	星号内标志	试验电压（均方根值）（kV）
≤50	无数字	0.5
50~250	1.5	1.5
250~650	2	2
>650	0	不进行耐压试验

试验电压施加点为：

1）连接在一起的所有测量线路与参考接地点之间。

2）辅助线路与参考接地点之间。

3）连接在一起的输入电压回路与连接在一起的输入电流回路之间。

4）不同的输入电流回路之间。

在耐压试验时，试验电压应平稳地上升到规定值，保持 1min，然后平稳地下降到零，被检变送器应不出现击穿与闪络现象。

3. 基本误差的检定

电测量变送器的基本误差检定方法主要有比较测量法和微差测量法两种。微差测量法是采用与被检变送器具有相同标称值的高等级变送器的输出量作为标准值，通过测量被检变送器的输出量，求出与标准值的差值，来确定被检变送器误差的一种测量方法。由于高一等级的变送器较难配备，且比较测量法的检定装置较易建立，因此，在实际工作中，常用比较测量法对电测量变送器的基本误差进行检定。

电测量变送器在周期检定中常会发生被检变送器输出值超出允许基本误差和无输出或输出不正常情况。对于输出值超出允许基本误差的情况，一般可以在检定时通过被检变送器的校准器（调整电位器）进行调整，以满足测量准确度的要求；对于被检变送器无输出或输出不正常的情况，应先检查接入变送器的电源是否正常，接线是否有错。在排除了这些因素，确定为变送器内部故障后，可采用"替代法"进行检查。

采用"替代法"时，需要用合格的备用器件替代被检变送器中被怀疑的不良元器件，这在用户中一般不易做到，尤其是某些专用模块器件，更是难以找到备品，通常只能送到制造厂进行修理。

第五节　工厂自动控制回路典型故障分析与处理

常规自动控制回路故障查找的前提是能够看懂控制电路图，控制电路图是电气控制回路的接线、调试、检修的基础。在控制回路中，每一个回路（从正电源回到负电源或是从交流相线回到另一相线或中性线）都完成一个控制，一般都是通过控制电磁线圈的通电与断电去执行某项操作。如电动机正反转控制电路，实际上就是控制两个能接通与断开电动机主回路的接触器，当正转接触器线圈施加其额定工作电压时，电磁线圈带电而使接触器吸合接通电动机工作电源回路，当正转接触器线圈失电时，接触器释放而断开电动主回路电源，而反转控制只需控制反转接触器线圈即可。这是一个最简单的常规控制电路，如果对这个简单的电路图组成的控制电路各种故障均能判断并分析原因，那么对较复杂的控制电路故障，排除采用简单正反转控制电路故障排除方法同样也能查出原因，并采取相应的处理措施。因为，任何一个复杂的控制电路都可看成是多个正反转控制电路组成。

下面通过分析最简单的电动机正反转控制电路出现各种故障时如何查找故障，来说明如何对自动控制回路的故障进行诊断与处理，电动机正反转控制电路图示例如图 8-16 所示。

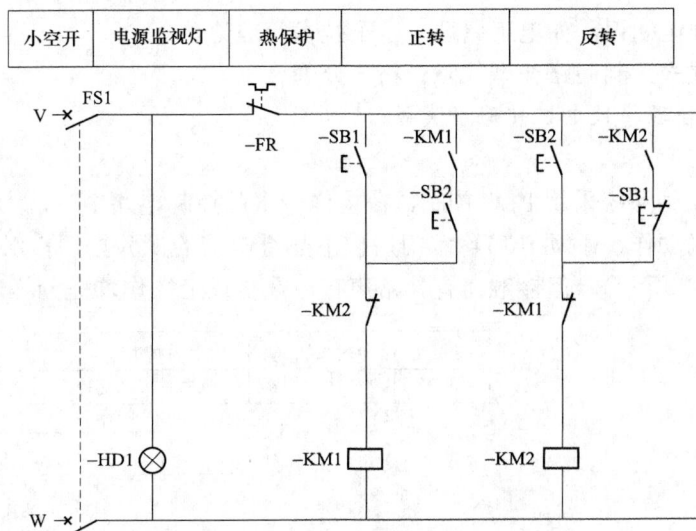

图 8-16　电动机正反转控制电路图示例

从图 8-16 中可看出，两个接触器线圈的工作电压为 380V，要使电动机正转，必须使正转接触器线圈带电（施加 380V 电压），如果按下正转按钮 SB1，正转接触器不吸合，按下反转按钮 SB2，反转接触器也不动作，首先应怀疑控制电源，观察电源指示灯是否亮，如不亮，进一步检查小空气开关是否跳闸，如没有跳闸，就用万用表测量小空气开关上端与下端电压是否正常；如控制电源正常（电源灯亮或小空开下端电压正常）就进行下一步检查，如控制电源正常而正反转接触器均不动作应考虑其公共回路，从图 8-16 可看出，构成正反转接触器线圈回路的公共元件只有热继电器辅助触点 FR，应观察热继电器是否动作，复归热继电器再进行正反转操作，如仍然不动作，那么应分别检查正转控制回路与反转控制回路。正转控制回路由正转控制按钮常开点 SB1，反转接触器常闭辅助闭锁接点 KM2、热继电器辅助触点 FR 和线圈组成。由于是正反转均不能动作，在复归热电器仍不能动作，仍需对其公共元件——热继电器辅助触点进行排除，在不停电的情况下可采用测量热继触点两端电压的方法判断：按下正转控制按钮保持不动，用万用表测量热继辅助接点两端电压，如果测得其两端电压为控制电源电压（380V），则证明 V 相控制电源通过小空气开关已加至热继辅助点的左端，而 W 相控制电源已通过正转接触器线圈 KM1、反转接触器常闭辅助闭锁接点 KM2，正转控制按钮常开点 SB1 加至热继辅助点的右端，这证明热继电器辅助触点没接通，应排除故障。而在停电状态下，可直接测量相关触点是否接通。

在带电状态下，可利用测量电压的方法判断相关触点是否接触正常，如按下正转按钮后测得正转接触器线圈两端电压为控制电压数值，则可判断为接触器线圈烧毁，为进一步判断可测量其直流电阻来确认。

通过上面最简单的自动控制回路故障排除的过程，我们对控制回路故障排除可总结如下方法：如果进行某一操作，相关元件不动作时，可再进行另一项操作，两项操作均不动作时，首先应排除控制电源问题，这是最优先考虑的问题；其次考虑两项操作元件公共的元件是否正常，再排除相关元件回路中所串接的元件接触是否正常，通过工作中的多看、多想、多试，熟练后就会得心应手地排除各种故障，当然排除各种难度较大的故障需要有一定的电气专业理论知识，如电工原理、电子技术等理论。

一、常规电磁式控制回路典型故障分析与处理

（一）设计不合理导致电机热保护失效

1. 故障现象

某 1000T 级船闸系统采用 PLC 控制，在检修输水门控制电路中时，为确认输水门电机热保护是否能正确动作，手动开启输水门后按下热继电器的试验按钮接触器不掉闸（其控制电路图如图 8-17 所示）。但接触器有异常声音，重复以上操作均是同样现象和结果。

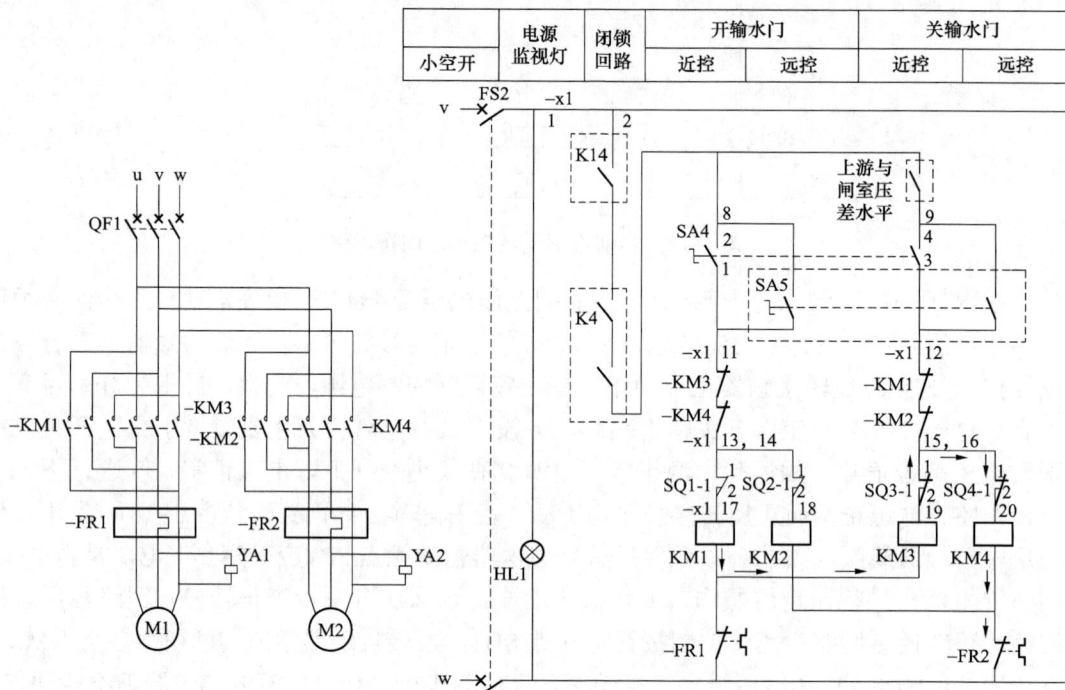

图 8-17　某船闸输水门原有控制电路图

2. 检查与分析

以上现象一般认为是接触器由于频繁操作导致主触头粘死，但是当停止操作或是切除控制电源后接触器能自动跳闸，因此可以排除此种可能性。在检查过程中对输水门进行关门的操作后按下热继电器的试验按钮，关门用接触器不能掉闸且接触器有异常声响。如果同时按下两个热继电器的试验按钮任何一接触器均能掉闸，从这一点可证明输水门控制电路中开门、关门电路是混淆在一起而不能独立分开，按照现场的实际情况——输水门分左、右两个门，分别用两台电机拖动门的开、关，两台电机的保护应该是独立分开的。即正常情况下左右门同时启、闭，当一台电机出现故障时退出运行而另一台可继续运行。从现场试验表明只有两台电机同时出现过载现象时才能跳闸，一台电机出现故障不能跳闸。随后对照原输水门的设计图纸进行分析，发现热继动作接触器不跳闸的真正原因是图纸设计不合理。如图 8-17 所示，开门操作时是通过 KM1、KM2 接触器控制左、右门，而关门操作是通过 KM3、KM4 接触器控制左、右门，实际上是由 KM1、KM3 控制左输水门电机的正

反转、由 KM2、KM4 控制右输水门电机的正反转。从图 8–17 中可看出：假设是开门操作即 KM1、KM2 带电吸合，左右门同时开门，当左门拖动电机故障热继电器 FR1 动作后按常规应该跳开 KM1 以保护电机，但 FR1 断开后 KM1 线圈可与 KM3、KM4 线圈构成回路而使其继续励磁（如箭头所指），只要 KM1 释放电压（返回电压）较小就会使 KM1 继续吸合而不能掉闸。接触器的释放电压一般在 $20\% \sim 55\% U_e$，图 8–18 中三个型号规格相同的接触器串接后并联在 380V 的电源上使得每个接触器线圈分压在 130V 左右，所以能使其吸合而不释放。同样如果在关门操作时出现 FR2 热继电器动作 KM4 可通过 KM2、KM1 构成回路而不会掉闸。而出现异常声响的原因是由于接触器线圈两端电压较低时衔铁发现的电磁振动声。

3. 处理及结果

将原有控制图更改成如图 8–18 所示，保证两台电机的保护是完全分开，任一台电机出现故障时能够可靠的将故障电机切除。

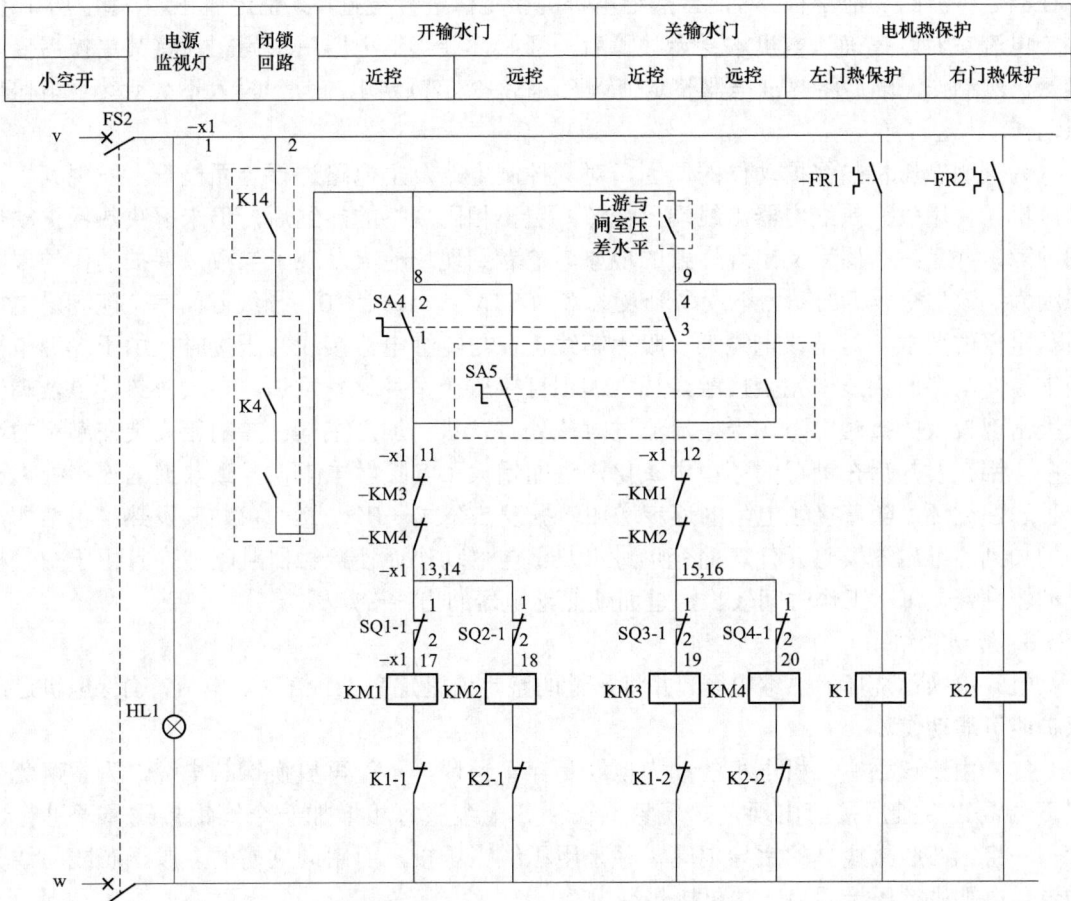

图 8–18 改造后输水门控制电路图

4. 经验及教训

（1）在设计控制部分的图纸时，要认真思考，防止寄生回路的产生。

（2）设备在安装施工前，应对施工图纸进行仔细的阅读，在调试时要按照施工图纸进行认真模拟调试，及时发现设备在以后运行中的安全隐患。以上现象如果在施工前或调试时任何一个环节做得细致一点都能在设备投运行以前发现并解决。

（二）设计不合理导致空压机热保护频繁动作

1. 故障现象

某工厂设计安装了两台低压空气压缩机，正常情况下互为备用，而电机功率为22kW，采用常规的继电器控制方式。投运以来，两台低压气机均工作正常，但运行到半年后的夏天，低压气机经常在自动启动不久后报电机过载故障，而手动打压时，无论哪台运行在未打至停机压力时，也经常出现因过载而停机的现象。为保证气压正常，维护人员只得采取取消热保护（将热继电器的辅助接点短接）的方法，强行投入气机打压。

2. 检查与分析

由于两台气机在夏天因热保护多次动作而不能正常打压，检修人员手动投入电机后，用钳型电流表测得两台电机的电流均未超过额定电流，且三相电流对称，而最大起动电流也在额定电流的3倍左右。对两台热继电器的整定值进行检查，其整定值正确，均为1.1倍额定电流左右。在确认电机本身无故障后，开始怀疑热继电器质量问题，将其更换后投入运行仍然动作，随后将热继电器整定值调至1.5～2倍额定电流，但投入不久后热继电器仍然动作。

为查明空压机热保护动作的原因，对其控制电路及主电路进行全面检查，发现其中1号气机（主用位）热继电器出线端已烧坏，更换相同规格的热继后，仍未解决热保护动作的故障，并且在一周后又出现烧毁的现象。笔者到现场检查发现了导致热保护动作的根本原因为：该站空压机的动力电缆型号及规格为VLV–3×16+1×10，导线截面完全能满足电机负荷电流的要求，但是该电缆为多股铝芯线，在与热继电器接线柱压接时，由于热继电器是铜导体与多股铝线未完全接触，加之铜铝直接压接本身就易发热，导致在热继电器端压接处出现较大的接触电阻，当电流流过时该处将发热，加之空气机控制箱安装在潮湿的环境中，铝在发热后在潮湿的环境中氧化，进而增大了其接触电阻，导致热继的连接处形成一种恶性循环，随着接触电阻的逐步增加，据发热公式（$W=I^2Rt$）可知其发热量也增加，当增加到热继电器发热元件弯曲变形进，热继电器动作而使接触器跳闸，并且由于空气机起动较频繁，每次工作时间较长，进而使热继电器的出线端烧毁。

3. 处理及结果

（1）更换已烧坏的热继电器，并将热继的整定值整定在1.1倍额定电流，确保电机过载保护能可靠动作。

（2）由于该站空气机电机的动力电缆是穿管预埋，不能再更换铜芯电缆，为了避免热继下端铜铝直接压接而出现发热现象，在铝芯电缆头每相增加一个铜铝接线鼻子进行过渡——将铝芯线接线鼻的铝导电端，并采用压线钳压接，而用同规格的多股铜芯线与线鼻的铜导电端进行压接，另一端再接热继电器。

通过处理后，该站再未出现过因上述现象而造成过载保护误动作。

4. 经验及教训

（1）为保证变电站设备的可靠运行，对于一些重要的动力设备最好优先采用铜芯电缆，防止上述现象的发生，即使采用铝芯电缆，在与铜导体进行对接时，一定要压接牢靠，并保证足够的接触面，并且要采用铜铝线鼻进行过渡，防止因铜铝直接压接而氧化、发热。

（2）维护人员在巡视设备时，应经常性检查各导体连接处是否发热或氧化，发现后应立即处理，防止故障的发生。

（三）自动控制过程中，手动跳开顺序控制的开关后不能手动合闸

1. 故障现象

某工厂一生产线由多台高压电动机拖动，采用 PLC 顺序控制，在开机过程由于一设备出现故障，程序不能继续往下执行，所以手动跳开该设备的断路器，在故障处理完毕后，准备手动合上该断路器，让程序继续完成自动顺序开机流程，多次按下合开关按钮却不能将其开关合上，且无任何反映。

2. 检查与分析

首先对开关柜内的控制电路的电源保险进行检查未发现不正常现象（合闸控制电路如图 8–19 所示）。

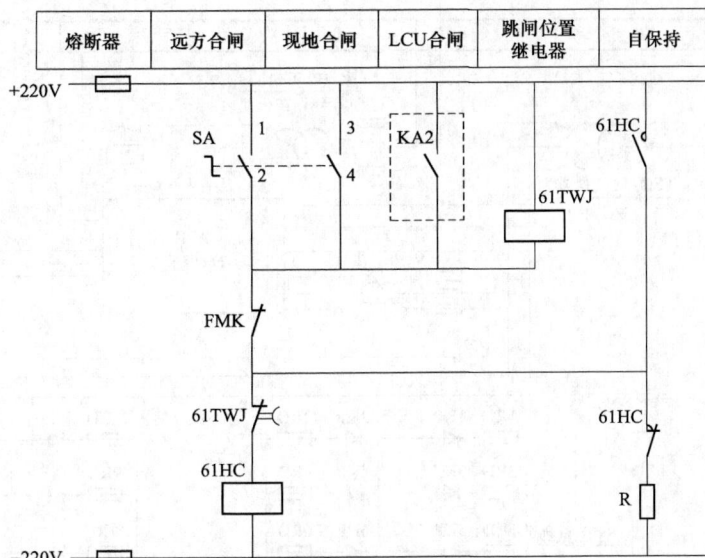

图 8–19　某生产线开关合闸控制电路图

63HC—合闸接触器；61TWJ—开关跳闸位置继电器；FMK—开关辅助触点

将开关合闸接触器对外所有接线临时拆除对其单独施加工作电压（DC 220V）时，接触器能可靠动作并带动灭磁开关合闸。在恢复上述接线后，按下合闸按钮后用万用表测得合闸接触器线圈两端电压为 0，柜屏面上的合闸接指示灯不亮，且开关处于跳闸状态下时跳闸位置继电器 61TWJ 未动作，这说明开关的合闸出现故障。随即到 PLC 屏进行检查发现合该开关的中间继电器处于输出的吸合状态。发现 PLC 自动开机过程中合开关的中间继电器 KA2 一直处于动作状态，将开关操作回路的跳闸位置继电器 61TWJ 线圈短接，61TWJ 瞬时闭合延时打开的常开触点打开，当手动跳开开关后，由于 PLC 开出的合开关继电器始终闭合，61TWJ 无励磁不能使其触点闭合，导致合闸回路不通。

3. 处理及结果

（1）为满足当时需要，将 PLC 屏中合开关的继电器临时取下，待跳闸位置继电器带电且跳闸位置信号灯亮后，手动合开关一次成功。

（2）为防止同类现象的发生，对 PLC 的程序进行修改以达到以下目的——当 PLC 程序执行到合该开关后，合闸信号在开关合闸到位后自动撤消（根据开关辅助接点判断），这将保证开关跳合闸回路随时处于完好状态。

4. 经验及教训

（1）加强工作人员的工作责任心，熟悉现场电气设备的控制原理，领会控制电路的设计图。

（2）要从各方面提高专业技术人同的综合思维、分析问题、解决问题的能力。

（四）操作不熟练导致手动起励时发电机无法正常升压

1. 故障现象

某工厂利用余热的发电机采用可控硅自并励静止励磁装置，正常情况下采用辅助直流电源起励，其系统接线图如图 8-20 所示。

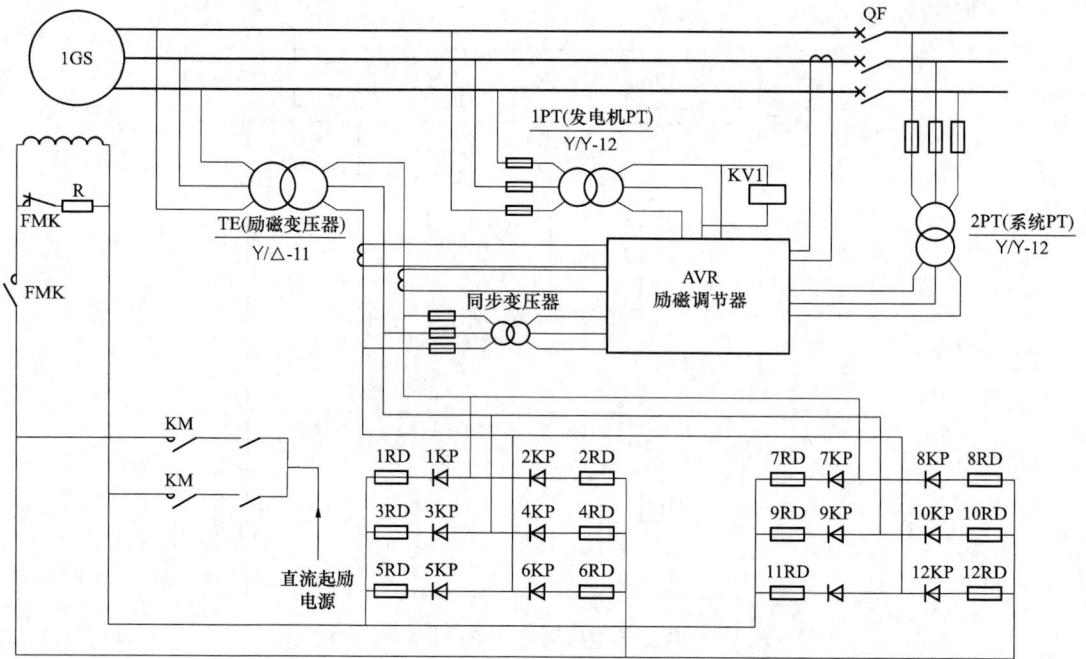

图 8-20 某厂余热发电机励磁装置主回路接线示意图

由于该台机组自动化水平不高，一般情况下采用手动方式开、停机操作。该机组自投运以来，经常出现手动起励不成功的现象，每次开机并网需多次操作起励按钮才能将发电机的电压升至励磁调节器的预置值（80%U_e），而采用自动开机时，能可靠的自动起励。

2. 检查与分析

为了处理上述手动起励不能成功的现象，进行分析和检查：由于每次自动开机时，由 PLC 发起励令，励磁调节器均能将电压升到预置值，并能手自动调节发电机电压，这证明励磁调节器本身无故障，引起故障原因可能存在于起励回路中。随后对起励回路进行检查（其起励回路原理接线图如图 8-21 所示）。

从图 8-21 中可知，无论是采用手动还是自动起励，操作电源通过同一路径给直流接触器 KM 线圈供电，同时起励时限继电器 KT1 开始计时，当发电机机端电压升至 40%额定电

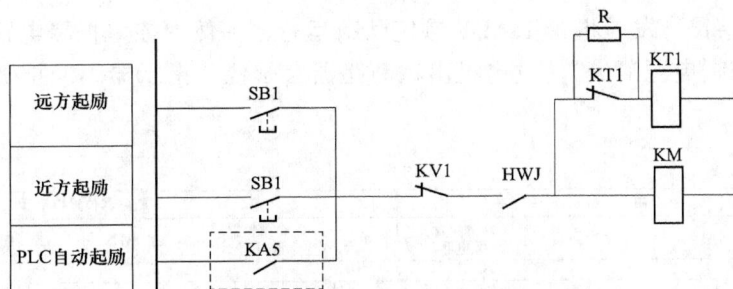

图 8-21　某厂励磁系统起励操作回路原理图
（注 HWJ 为灭磁开关合闸接触器触点）

压时，电压继电器 KV1 动作，切除直流接触器线圈的电流回路，断开直流辅助电源，励磁装置利用发电机本身的电源经可控硅整流给励磁绕组提供励磁电流。后来按照此电路图请值班人员在机组空转状态下采用现地手动起励，前两次起励操作均失败，第三次才成功，且两次操作后的现象都是一样——当按下起励按钮时从仪表盘观察发电机电压开始缓慢上升，当起励按钮松手后发电机电压迅速下降至零。这证明当按下按钮时起励接触器 KM 线圈已得电吸合给励磁绕组励磁，但为何定子建压后松开起励按钮电压不继续上升？按设计原理只要给转子绕组一辅助起励电源，建压后即使该辅助电源撤消也可通过本身励磁装置升压。随后将空载的发电机逆变灭磁后，维护人员多次操作每次都能成功起励将电压升至预置值，但换成值班人员操作总会出现起励不成功的现象。通过观察运行操作人员的操作过程及仪表指示情况，找出了起励不成功的真正原因：操作起励按钮的时间太短，由于该励磁装置自并励正常工作时所需机端电压必须大于或等于 $40\%U_e$（因为此装置未设计残压起励）。当操作人员按下起励按钮后，从按钮接通至发电机建压需要一定时间，而过早断开起励按钮会使发电机电压在未升至 $40\%U_e$ 时就切断了辅助起励电源，使励磁绕组失磁，这就导致无法成功起励。而采用自动开机时，PLC 发出起励后并不马上撤消，而是等收到机端电压大于 $40\%U_e$ 开关输入量后再撤消，所以能保证成功起励。

3. 处理及结果

操作人员在手动起励操作时，操作起励按钮的时间稍长一些，一定要等到机端电压升至 $40\%U_e$ 时再释放按钮。经过操作方法上的改进，再未出现过上述现象。但有人提出起励接触器是短时带电工作的，其线圈是否会因带电时间加长而烧毁。这种担心是多余的，因为在起励回路中串接了测量发电机机端电压的继电器 KV1，其整定值为 $40\%U_e$，当发电机电压升至 $40\%U_e$ 时，该继电器动作，切断起励接触器的电流回路。

4. 经验及教训

（1）值班人员及检修人员应熟悉变电站重要设备的控制原理，理解每个操作元件的真正作用。

（2）操作人员在操作设备时，应合理把握各种设备的操作方法，确保设备能正常投入运行。

（五）控制回路电压过高导致断路器合闸位置继电器烧毁

1. 故障现象

某工厂汽轮发电机采用电磁型的常规控制及保护装置。发电机部分控制电路图如

267

图 8-22 所示。某日，发电机带 18MW 额定负荷运行，突然中控室报警电铃响起，光字牌显示"发电机控制电源消失"，发电机出口断路器合闸位置指示器不能正确指示断路的工作状态。

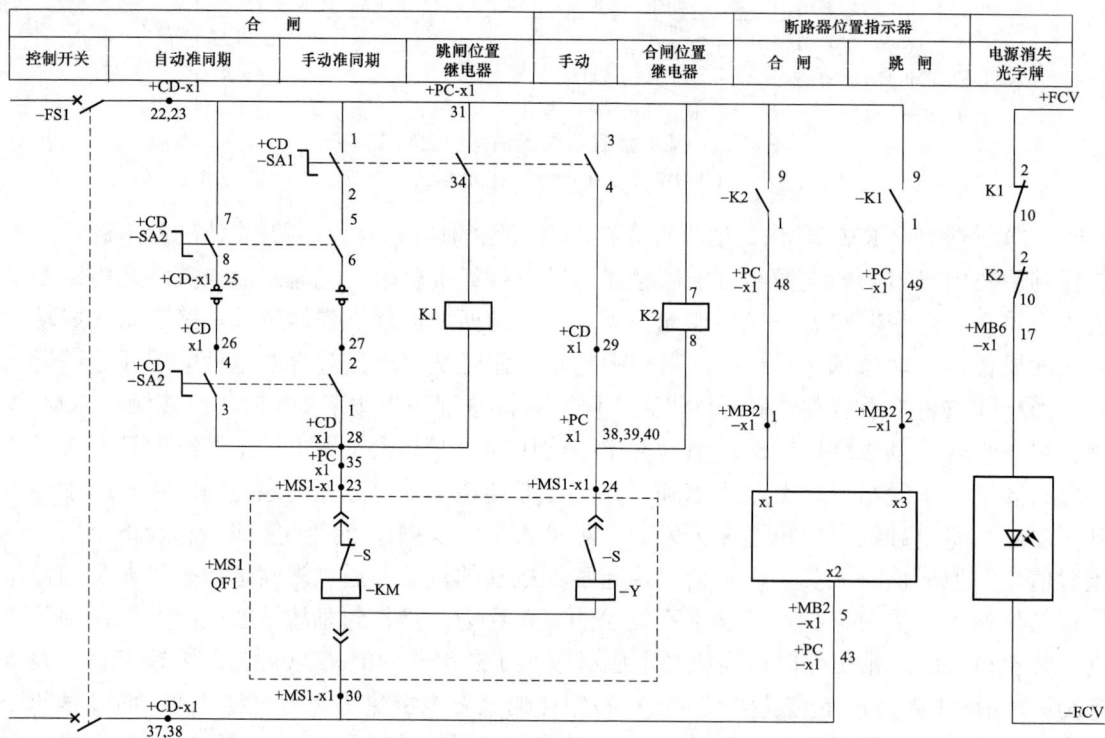

图 8-22 某发电机部分控制电路图

2. 检查与分析

运行人员立即按运行规程要求对发电机控制、保护回路的控制电源进行检查。直流馈电屏中的自动空气开关未跳闸、熔断器完好无熔断现象，发电机保护屏中的小空气开关处于合闸位置，用万用表测得小空气开关正负端的电压为 242.2V。因此，发电机的控制电源并未真正消失，但为什么会在断路器合闸状态下报电源消失呢？

随后到发电机保护屏检查发现发电机出口断路器的合闸位置继电器和跳闸位置继电器均处于释放状态，从设计施工图中可看出发电机控制电源消失是利用发电机出口断路器合闸位置继电器与跳闸位置继电器的常闭触点相串联来驱动声光报警系统，K1 是断路器合闸位置继电器，K2 是断路器跳闸位置继电器，它们一方面反映断路器的位置。另一方面可利用跳闸位置继电器来监视发电机出口断路器合闸回路是否完好，利用合闸位置继电器监视发电机出口断路器跳闸回路是否完好。如果断路器处于合闸状态而合闸位置继电器不吸合可能是其跳闸回路出现故障，这将有可能在继电保护动作时发电机出口断路器拒动的安全隐患，同时也有可能是控制电源消失导致其释放。从上面的检查（测量发电机保护屏后控制电源总开关直流电压）可证明此次合闸位置继电器不吸合不是因控制电源消失而引起，事后随即测量合闸位置继电器直流线圈两端的电压，其测量结果为 242.2V，证明发电机出口断路器跳闸回路完好，即跳闸线圈未断线、断路器位置开关动作正常、回路中无断线现象，否则合闸继电器线圈两端就不可能有电压。随后将合闸位置继电器拨出来进行检查，在拨继电器时就明显感觉到其线圈发热严重，检查线圈时发现线圈有明显过热现象，用表计测量其线圈电阻值为无穷大，证明其线圈已烧毁。而中控制室报"发电机控制电源消失"的真正原因是其出口断路器的合闸位置继电器线圈烧坏而使其释放，常闭触点返回，而此时跳闸位置继电器因断路器体身位置开关的常闭点断开而不带电，继电器常闭触点接通，两个串联接通的触点驱动了声光报警系统，而中控室断路器位置指示器指示不准确是因为其合闸位置指示器是利用合闸位置继电器（K1）常开触点驱动的。按照继电器的技术参数规格在额定电压下是可长期工作的，而引起这次继电器烧坏的主要原因是该工厂整个控制系统的控制电压过高，导致长期工作的继电器承受超过 110%的额定电压使其过热。

3. 处理及结果

（1）更换已烧坏的中间继电器。

（2）将直流充馈电屏中用来调节直流母线电压的硅堆投入运行，将控制母线电压调至230V 左右。

4. 经验及教训

（1）直流系统中控制母线与动力母线（如断路器电磁操动机构电源、事故电机电源）一定要分开，并且要保持控制母线的电压在额定电压的±5%左右，这样既可保证控制元器件正常工作的需要，并能使其工作在额定参数范围内，提高元器件的可靠性。

（2）针对电磁型的继电器，每年在条件允许时应对各元件进行全面校验检查，及时发现设备的缺陷并及时处理。

（六）多股线断股导致液压启闭机无法开启

1. 故障现象

某大型泵站 1、2 号闸门采用液压的控制方式，在对 1 号闸门进行开启操作时，在油压正常后手动操作开门操作把手长达近 1min 的时间闸门都不动作。

2. 检查与分析

维护人员现场对闸门操作台的信号进行检查。从全关信号灯亮而全开信号灯不亮可判断出闸门的全关、全开位置开关动作正常，当油泵电动机启动后，压力油能迅速上升至额定值，排除了因压力油压不够导致闸门不能动作的可能性。而在额定油压的情况下将控制开关 SA 手动切至"启门"挡位时（如图 8-23 所示）：中间继电器 KA13 能带电吸合，且启门信号指示灯 HL8 亮，用万用表在控制台后测量继电器及信号灯两端的电压正常（AC220V），而闸门的启门电磁阀的电磁线圈也并联在 KA13（HL8）线圈的两端，从这就可判断出闸门的启门控制回路无故障，否则中间继电器或信号灯两端会无电压，排除了控制开关接点和 KA13 中间继电器触点接触不良的可能性。随后到电磁阀的现场观察——当操作启门开关时，启门电磁阀带电的指示灯（发光二极管）亮，证明电压回路处于通路状态，但是电磁阀仍不能动作，初步判断电磁阀线圈或是阀芯已坏。为使闸门能够立即开启，在不拆线的情况下把电磁阀及线圈拆下并将线圈接线插头拔出，将 2 号门的电磁阀取出更换至 1 号门。重新开启动油泵使油压至额定值后进行启门操作闸门仍不动作，但是用一小螺丝刀靠近电磁线圈时能感觉到线圈已励磁，将插头与电磁阀控制导线连接部分（采用电胶布包扎）前端剥去绝缘测得电压为 220V，将接线插头拔出直接测量插座内电压也为 220V（电磁阀现场接线示意图如图 8-24 所示）。紧急情况下将电磁阀接线插头取下，从控制台直接取 220V 交流电源（电磁线圈额定电压）接至线圈两端，电磁阀立即动作驱动阀组操作闸门开启、开关腔压力指示正常。

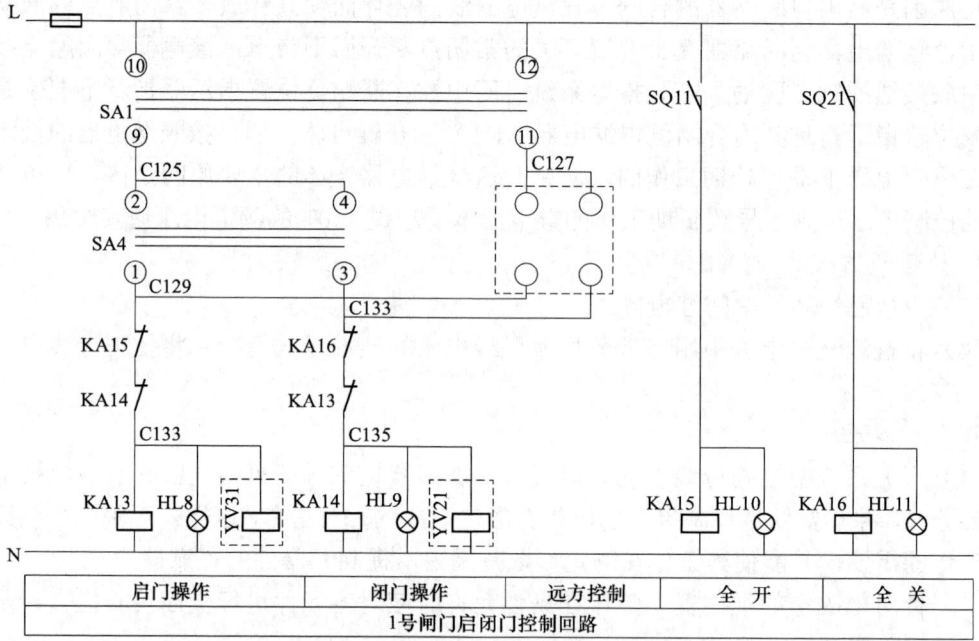

图 8-23　某泵站弧形闸控制电路图

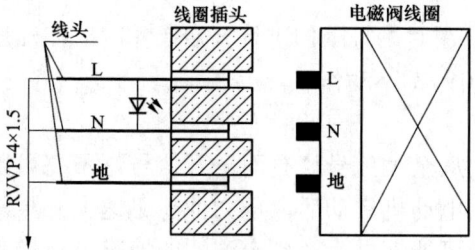

图 8-24　某泵站弧形闸站控制
电磁阀现场接线示意图

当闸门全开后，松开临时电源线后闸门在全开位置、全开信号灯亮。事后对此次故障进行分析提出了一个疑问：为何在进行启门操作时，并联在电磁阀线圈两端的启门信号灯 HL8 能亮且其接线插头上测得电压正常而将其与线圈连接后不能使电磁阀动作，而直接将 220V 电源加至电磁线圈上就能动作？为查找原因，将原 2 号闸门拆下的线圈进行检查，测得线圈电压为 1200Ω 左右，证明线圈未烧断或未出现匝间短路，将其

回装至 1 号门后同样采取直接给电磁线圈加压的方法能够将门开启，则可以排除电磁阀线及阀组及油路出现故障的可能造成 1 号闸门不能启门，但为何在线头前测得电压正常而线圈不能驱动阀芯？是否是由于控制台的电源电压未全部加至线圈两端而使线圈电磁力矩不够？后来拆开包扎的线头检查时发现采用的直接绞接的多股芯线的控制导线与接线插头引线处几乎全部断股，只有一股线勉强搭接，且在拆卸时已断开。问题就在此：导线连接处采用直接绞接，当断股只剩下一股线搭接时，只要有一点接触可测出电压正常。但其接通电磁阀线圈时，由于搭接处的接触电阻较大加上线径很细，当电压流过在此处的压降很大，真正施加在电磁线圈上的电压远远低于其额定电压，导致线圈力矩不够而不能驱动阀芯。

3. 处理及结果

将该线头重新进行焊接包扎，对门进行启、闭操作电磁阀能正确动作。同时对该大坝所有电磁阀的接线进行检查，并将全部接头采用锡焊的方法进行连接，以确保连接牢固、可靠。

4. 经验及教训

控制回路导线的连接不能采用直接绞接的方法进行连接，以免造成接头接触不良，必须使用接线端子连接或是采用锡焊的方法进行连接。

（七）信号继电器烧坏导致灭磁开关不能跳闸

1. 故障现象

某工厂热电厂 1 号机组励磁装置型号为 TKL11—6，该装置灭磁开关的跳闸控制回路如图 8—25 所示。

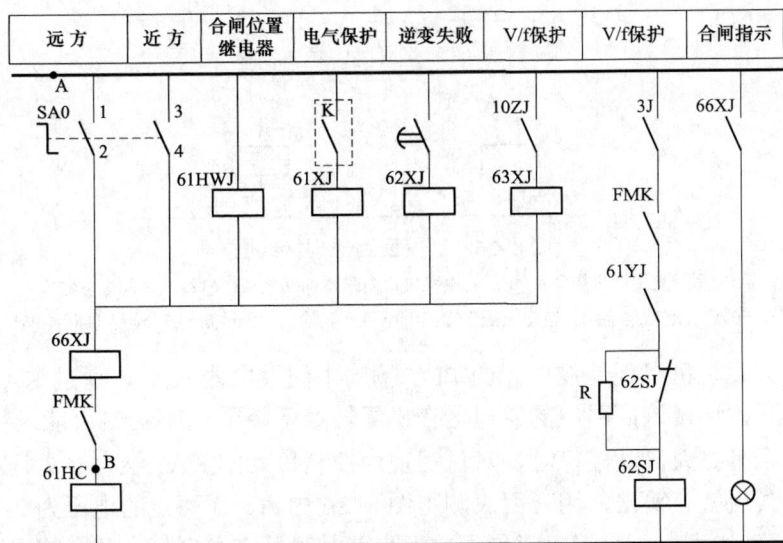

图 8—25　某热电厂灭磁开关跳闸原理示意图

66XJ—灭磁开关分闸信号继电器；FMK—灭磁开关辅助触点；61HC—灭磁开关跳闸线圈；

61XJ、62XJ、63XJ—信号继电器；61YJ—电压继电器；62SJ—时间继电器；61HWJ—合闸位置继电器

从图 8—25 中可看出，手动（近、远方）、电气保护、逆变失败及 V/f 保护均可使灭磁开关跳闸。而该装置在正常停机时，一般采用手动或自动逆变灭磁而不跳灭磁开关。只有在逆变失败后才采用跳灭磁开关利用灭磁电阻进行灭磁。某日，运行人员自动停机过程中，当发电机与系统解列后，中控室突然报"1 号机组励磁逆变失败"，发电机的机端电压未立即下降而是随着机组转速而慢慢下降，运行人员发现逆变不成功后立即采用手动逆灭磁。

2. 检查与分析

在停机后对上述现象进行了分析与研究，提出两个问题：① 同样一个励磁调节器为何不能自动灭磁而可以采用手动灭磁？② 按设计原理图可知，无论是手动逆变还是自动逆变，只要逆变开始在规定时间内（图 8—25 中 62SJ 时间继电器整定值为 5s）机端电压未下降到40%额定电压时，便认为是逆变失败，而从原理中可知当逆变失败是要跳灭磁开关而利用灭

271

磁电阻灭磁的，为何调节器在逆变失败后不跳灭磁开关？

针对第一个问题对该励磁系统的逆变回路进行了详细检查，其逆变电路如图8-26所示。

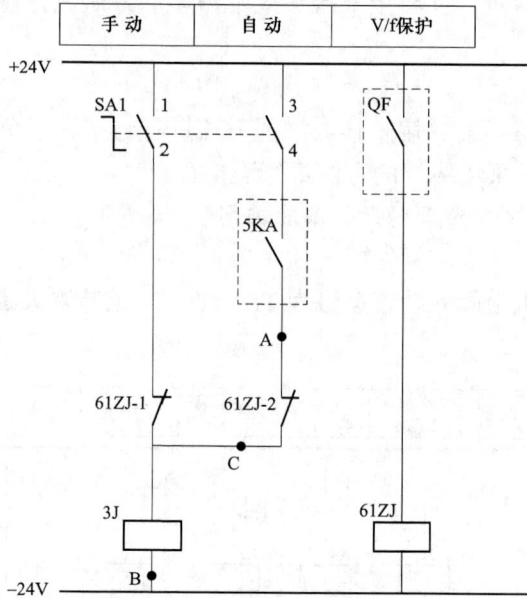

图8-26　逆变回路原理接线图

3J—逆变中间继电器；QF—发电机出口断路器辅助接点；61ZJ—中间继电器

5KA—机组现地控制单元"逆变灭磁"输出继电器（其输出的条件是 QF 分闸及转速≤95%）

由于自动灭磁是机组现地控制单元的 PLC 输动中间继电器 KA5，通过 KA5 的常开触点实现的，所以开始怀疑该回路中的继电器在机组转速下降至 $95\%n_e$ 时可能未带电，导致 3J 不带电。趁机组第二天自动停机时，对机组现地控制单元的 KA5 继电器进行观察，当机组与系统解列不久后就有输出，用万用表测得图8-26中 A、B 两点的电压为 24V，从这可证明 KA5 继电器动作可靠，且接点工作正常，也就是说从+24V 端至 A 点的回路是通的。进一步分析电路图，手动可逆变成功证明中 3J 线圈工作正常，自动不能逆变的可能性缩小在其常闭触点 62ZJ-2，因为从 62ZJ-2 至 24V 回路通过试验是通的，而 3J 至-24V 回路也是正常的（通过手动逆变成功可知），后来在停电状态下测得图8-26中 AC 两点间不通，这是不正常的，因为发电机出口断路跳闸后 QF 常开触点断开，61ZJ 线圈失电，其常闭触点应返回而接通。所以第一个问题的原因就在此，将继电器拨下检查发现，有两对触点已严重氧化。

针对第二个问题，我们按照灭磁开关的跳闸回路进行了检查，在灭磁开关处于合闸状态的情况下，采用手动操作方法将灭磁开关跳闸，但无论怎样操作控制开关 SA0，灭磁开关均不能跳闸，后来采用直接给跳闸线圈通电的方法（用短接线将图8-26中的 AB 短接）将灭磁开关跳开，手动合闸后对励磁柜的信号回路进行检查发现合闸指示灯不亮？而从图8-26中可看出合闸指示灯是信号继电器 66XJ 的常开触点驱动的，进一步检查发现在灭磁开关处于合闸时信号继电器 66XJ 未动作，而合闸位置继电器 61HWJ 也未动作。随后对合闸继电器 61HWJ 进行检查未发现异常现象，在试验室对其线圈加至额定电压时能可靠动作，动作电压及返回电压均满足要求。而将信号继电器 66XJ 取下对其线圈加电流时，发现回路断线，测量仪表不起表。对其线圈进行测量发现直流电阻为无穷大，证明其线圈已经断线，这是赞成灭磁开关不能自动跳闸和合闸的根本原因，从图中可知，由于 66XJ 是串联在灭磁开关跳闸回路中，只要此继电器线圈断线，无论是手动还是继电保护动作均不能跳开灭磁开关、用此继电器触点驱动的合闸位置指示灯也未接通，同时使电压型的合闸位置继电器 61HWJ 线圈两端无电压，而使其也不能动作。

3. 处理及结果

（1）对 61ZJ 中间继电器，我们将其更换成质量较好的全密封型继电器（欧姆龙），确保触点动作可靠，防止因触点氧化而引起励磁系统故障。

（2）针对第二个问题，由于合闸信号继电器 66XJ 与合闸位置中间继电器 61HWJ 的作用都是反映灭磁开关的合闸状态，加之 61HWJ 的触点对数完全满足现场的要求，为了减小跳闸回路的故障点，将信号继电器 66XJ 取消（将其线圈短接），原有用 66XJ 触点驱动的回路改用 61HWJ 的对应触点驱动。

4. 经验及教训

（1）对于灭磁开关的跳合闸回路，在满足安全的条件下应尽量减少回路中的元器件，多一个元件意味着多一个故障点，这将得灭磁开关拒绝动作的机率增大。

（2）在检修时对励磁系统开环、闭环性试验虽然重要，但是更不能忽视继电保护装置的检验，每年应对各个继电器进行检验，及时发现设备的故障及处理，确保开关在需要动作时能可靠动作。

（3）运行、维护人员应加强对设备的了解，巡视设备应认真仔细，上述现象如果在巡视励磁装置时只要认真核对灭磁开关的位置信号灯是否正确就可以发现合闸信号灯不亮，根据信号灯不亮去检查或是合闸位置继电器不带电就可发现灭磁开关跳闸回路出现故障。如果当时是由于发电机本身故障而不能跳灭磁开关迅速灭磁时，有可能将事故扩大，造成严重的后果。因此在日常巡视维护中要特别注意灭磁开关的跳合闸回路是否完好。

（八）接线错误导致润滑油电动阀无法操作

1. 故障现象

某工厂在技术改造时，将一润滑油 DFX-10 型电磁配压阀（工作电压为 DC 220V）更换成 DK1 型的电动阀（工作电压为 DC 24V），随后采用短接触点的方法对电动阀进行开、关操作试验时发现驱动电动阀的电机不运转。

2. 检查与分析处理

事后对电动阀电机接线进行检查，发现导致电机不转的主要原因是接线错误。在电动阀上共有五个接线柱，分别标有①："+"、②："−"、③："COM"、④："OPEN SIGN"、⑤："SHUT SIGN"，工作人员利用原有电磁阀的电缆芯线（原电缆为 4 芯，原用了三根，其中一根公共端，一根为开阀，另一根为关阀），将原接公共端的线改接③（"COM"），将原接开阀的线改接④（"OPEN SIGN"），而将原接关阀的芯线改接⑤（"SHUT SIGN"），通过核对该电动阀的接线图（如图 8-27 所示）。

"SHUT SIGN" 及 "OPEN SIGH" 端分别是电动阀的全开和全关的开关量接点，而阀的开关是通过控制加入电动机电源极性改变电机正反转来实现的。所以如此接线，电源根本未加到电机上。为此，对机组现地控制单元控制润滑油阀的开出继电器的接线进行更改，通过电机的正反转来控制润滑油阀的开与关，其接线图如图 8-27 所示。

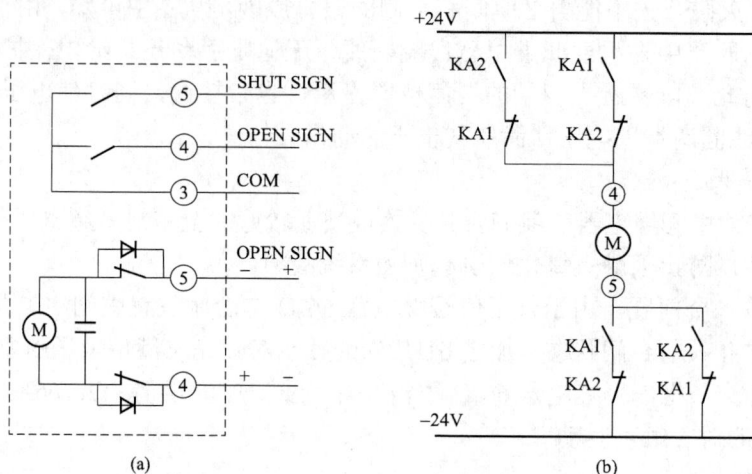

图 8-27　某厂电动阀接线图

（a）电动阀接原理接线图；（b）现场更改接线图

KA1—润滑油阀开；KA2—润滑油阀关

3. 经验及教训

（1）工厂在技术改造时，哪怕更换控制元件，在事前都应做好充分准备，要了解原设备和新设备的工作原理及作用等。特别是应考虑现场接线是否能满足新更换设备的要求，在未做好准备前，不得随意对设备进行更换，以免改造失败。

（2）自动化元件在安装前，应详细阅读其说明书，了解其接线情况，在安装前应对其进行检查，在确认动作可靠后再安装到现场。

（九）测温电阻故障导致变压器误报温度过高

1. 故障现象

某企业为了测量和控制主变压器的顶层油温，装设了两套 BWY-803（TH）型温度指示控制器，该控制器带有 PT100 铂热电阻，现场用于指示，而通过 PT100 铂热电阻将变压器温度远传至控制室的数字式温度调节仪，通过两个温度控制仪来控制变压器冷却风机的启、停。上限值设置为 65℃（启风机温度），上上限值设置为 85℃，而停风机设置值为 55℃。该变压器自投入运行以来，冷却风机均能自动投入或退出。但某日，控制室数显温控仪显示值超过 100℃，报主变压器温度过高，自动投入风机。

2. 检查与分析

运行人员到现场检查，发现两个温度指示控制器的指示值为均 60℃，用手探测变压器本身的温度并不是很高。在此情况下，运行人员为了降低变压器的温度，将该电站一台发电机退出运行，将变压器的负荷减少了近 1/3。但是经过一个多小时后，现场指示温度有所下降，但数显温控仪显示值并未下降，仍然报温度过高故障信号。由此怀疑数显温控仪有故障。将其拆下利用标准电阻箱根据 PT100 铂热电阻分度表（见表 8-8）对其进行校验，其显示值与标准电阻折算值一一对应，证明温控仪本身无故障。而用万用表测量温度控制仪的输入电阻值为 138.5Ω，并且阻值波动较大。后将 PT100 测温电阻从变压器器身上取下，利用外加热的方法对测温电阻进行试验，在不同温度情况下，测得的电阻值折算至温度值与实际用标准温度计测得的温度值相差很大，这证明测温电阻已损坏。

3. 处理及结果

（1）更换同规格型号的测温电阻，在安装前对其进行老化试验，在确认测温电阻工作完好的情况下再将其投入运行。

（2）对主变压器风机的控制回路进行更改，直接用现场的温度控制器对风机进行自动控制，中控室数显只作为远方监视变压器油温的辅助措施。

4. 经验及教训

（1）加强对设备的巡视，不断总结运行经验。当设备出现故障信号后，能基本判断故障的原因，从而决定处理方法。上述现象当中，三个温度测量仪表中一个温度显示很高，而其他两个指示一样，加之现场试探变压器温度并未上升至上限值，应该考虑到测量设备出现故障，而不应盲目性地停机。

（2）应定期对测量设备进行校验，及时发现相关元件的缺陷，以免引起控制、保护设备误动作。

表 8-8　　　　PT100 铂热电阻值分度表（执行 JJG 229—2010 标准）

温度值（℃）	电阻值（Ω）	温度值（℃）	电阻值（Ω）	温度值（℃）	电阻值（Ω）
-10	96.09	11	104.29	32	112.45
-9	96.48	12	104.68	33	112.83
-8	96.87	13	105.07	34	113.22
-7	97.26	14	105.46	35	113.61
-6	97.65	15	105.85	36	114.00
-5	98.04	16	106.24	37	114.38
-4	98.44	17	106.63	38	114.77
-3	98.83	18	107.02	39	115.15
-2	99.22	19	107.40	40	115.54
-1	99.61	20	107.79	41	115.93
0	100.00	21	108.18	42	116.31
1	100.39	22	108.57	43	116.70
2	100.78	23	108.96	44	117.08
3	101.17	24	109.35	45	117.47
4	101.56	25	109.73	46	117.86
5	101.95	26	110.12	47	118.24
6	102.34	27	110.51	48	118.63
7	102.73	28	110.90	49	119.01
8	103.12	29	111.29	50	119.40
9	103.51	30	111.67	51	119.78
10	103.90	31	112.06	52	120.17

温度值（℃）	电阻值（Ω）	温度值（℃）	电阻值（Ω）	温度值（℃）	电阻值（Ω）
53	120.55	89	134.33	125	147.25
54	120.94	90	134.71	126	148.33
55	121.32	91	135.09	127	148.70
56	121.71	92	135.47	128	149.08
57	122.09	93	135.85	129	149.46
58	122.47	94	136.23	130	149.83
59	122.86	95	136.61	131	150.21
60	123.24	96	136.99	132	150.58
61	123.63	97	137.37	133	150.96
62	124.01	98	137.75	134	151.33
63	124.39	99	138.13	135	151.71
64	124.78	100	138.51	136	152.08
65	125.16	101	138.88	137	152.46
66	125.54	102	139.26	138	152.83
67	125.93	103	139.64	139	153.21
68	126.31	104	140.02	140	153.58
69	126.69	105	140.40	141	153.96
70	127.08	106	140.78	142	154.33
71	127.46	107	141.16	143	154.71
72	127.84	108	141.54	144	155.08
73	128.22	109	141.91	145	155.46
74	128.61	110	142.29	146	155.83
75	128.99	111	142.67	147	156.20
76	129.37	112	143.05	148	156.58
77	129.75	113	143.43	149	156.95
78	130.13	114	143.80	150	157.33
79	130.52	115	144.18	151	157.70
80	130.90	116	144.56	152	158.07
81	131.28	117	144.94	153	158.45
82	131.66	118	145.31	154	158.82
83	132.04	119	145.69	155	159.19
84	132.42	120	146.07	156	159.56
85	132.80	121	146.44	157	159.94
86	133.18	122	146.82	158	160.68
87	133.57	123	147.20	159	161.05
88	133.95	124	147.57	160	161.31

续表

温度值（℃）	电阻值（Ω）	温度值（℃）	电阻值（Ω）	温度值（℃）	电阻值（Ω）
161	161.43	165	162.91	169	164.40
162	161.80	166	163.29	170	164.77
163	162.17	167	163.66	171	165.14
164	162.54	168	164.03	172	165.51

（十）限位开关进水导致桥机不能正常工作

1. 故障现象

某工厂露天桥机行走电机的控制电路图如图 8-28 所示，某日，在一次行操作过程中，在操作左行按钮时，桥机控制电源消失。

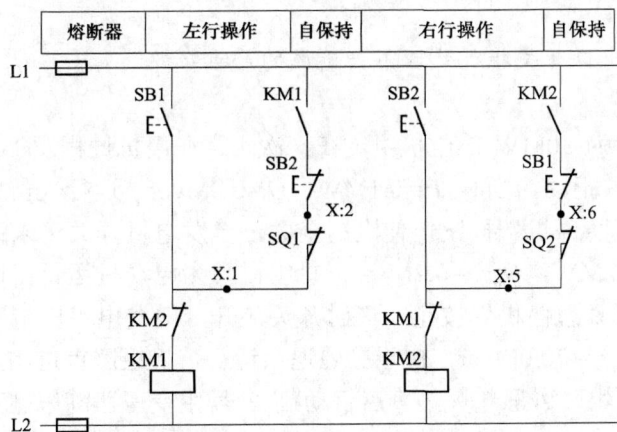

图 8-28　某厂桥机行走电机控制电路图

2. 检查与分析

到现场检查控制电源的熔断器，发现 L1 相的额定电流为 10A 的熔芯已烧断，更换同规格的熔芯后，按下右行按钮 SB2（如图 8-28 所示），接触器 KM2 能得电并自保持，桥机能正常行走，但是当按下左行按钮后又出现了 L1 相熔芯熔断的现象。随后将接触器 KM1 的线圈接线临时拆下，直接测量接触器线圈的直流电阻，未发现线圈短路的现象。随后更换了熔芯，细心的检修人员发现当控制电源恢复后，即使不对其回路进行任何操作，接触器也有轻微的电磁振动声。这证明该线圈已有电流流过，因为在电磁线圈中，只有电流才能产生磁场。但为何不操作行走按钮就使接触器 KM1 线圈形成电流回路呢？后来用万用表测量其线圈两端的电压，其测量值为 190V，再次证明接触器线圈中已有电流流过。将限位开关的接线拆除后（拆下图 8-28 中的 X:1 接线端子）再次测量 KM1 线圈两端电压为零，而接触器的电磁声也同时消除，因此 KM1 线圈有电流流过的原因是其自保持回路所引起的。分析认为，要使接触器两端形成 190V 左右电压最大的可能性是回路中出现了接地现象。由于此电路比较简单，为排除故障，将去限位开关 SQ1 的两根对外接线全部甩开，直接将 X:1 和 X:2 接线端子短接。线圈两端电压消失，电磁声响消失，而再次按下左行按钮 SB1 时，熔丝不熔断。——将限位开关 SQ1 拆下检查发现，该开关内的两对触点全部被水浸泡，并且水温较高（证明有电流流过而发热），从这明显判断导致熔芯熔断的直接原因就是因限位开关进水、控制回路出现一点接地短路。但为何不按 SB1 时，控制回路也存在接地而 L3 熔芯不熔断？这是因为当未按下 SB1 时，为故障点提供电流的是 L3 相电源，此时短路电流要流过接触器 KM1 的线圈，由于线圈阻抗大，对接地短路电流起到限制作用，故障电流未达到熔芯的熔断电流。

3. 处理及结果

更换同型号规格的限位开关，并对限位开做好密封措施，防止在雨水季节进水或受潮而引起控制回路故障。

4. 经验及教训

当控制回路操作时出现控制电源开关跳闸或是熔断器熔断的现象时，首先应考虑所操作的控制回路有存在短路或接地现象，是由操作时将某一回路接通而使故障点对回路产生的作用所致。

（十一）发电机出口开关拒跳处理不当造成的严重事故

1. 事故现象

某工厂单机容量为 30MW 热电机组，在一次正常在停机过程发"3 号机开停机失败信号"，发电机出口开关拒动，当时 $P=0.1MW$，$Q=0.2Mvar$，运行人员见机组还没有停下，便在上位机按下"紧急停机"按钮，使汽门全关，但发电机开关仍未跳开，灭磁开关也未跳，此时 $P_{max}=-16.2MW$，$Q_{max}=0.2Mvar$，机组已转为电动机运行；运行人员见有功功率进相，又立即按下"紧急停机"按钮，灭磁开关跳开，但发电机出口开关仍然拒动，此时 $P_{max}=-29.0MW$，$Q_{max}=-70.0Mvar$，由于励磁退出运行，机组严重进相，短时间内励磁回路由于过压过流致使机组励磁屏起火，事后手动跳 2 号主变压器高压侧开关才使机组与系统解裂。

2. 检查与分析处理

开关拒跳的原因一般来说有以下几种：① 直流系统有负极接地，但通过查看事故追忆清单，停机前并无直流接地信号；② 发电机出口开关跳闸线圈损坏，而经检查开关跳闸线圈，正常停机流程作用的跳闸线圈正常，另一跳闸线圈系灭磁开关起火引起损坏；③ 开关操作或储能机构存在问题，将发电机出口开关拖出检查，在手动合上发电机出口开关 332 后，开关不能跳开，且不能储能。因此，发电机出口开关拒跳的根本原因很大可能是开关本身机构问题。

运行人员采取以上处理方法导致机组严重事故的原因如下。按其处理程序分两个阶段：一是第一次按上位机"紧急停机"按钮。机组在停机过程中出口开关拒跳，自动停机流程停止执行下一步，机组最小负荷运行，在上位机发"3 号机紧急停机"命令后，汽轮机快关阀动作全关汽门，机组汽门关闭后从系统吸收有功，机组做电动机运行，逆功率保护动作，因发电机出口开关跳不开，机组灭磁开关还未跳，励磁系统运行正常，并没有从系统吸收大量无功，当时 $P_{max}=-16.2MW$，$Q_{max}=0.2Mvar$。二是第二次按拼块屏"紧急停机"按钮（在拼块屏上的"紧急停机"按钮为电气跳闸，直接作用于机组发电机出口开关、灭磁开关的两个跳闸线圈，使发电机出口开关和灭磁开关同时跳，并使机组汽轮机快关阀动作）。按下"紧急停机"按钮后，发电机出口开关仍然不能跳开，此时因励磁退出运行，机组严重进相，发电机从系统吸收的有功在 12～29MW 之间摆动，无功功率大量进相，这时发电机转子与灭磁电阻连成一个回路，由于进相后转子能量太大，灭磁电阻根本无法将如此巨大的能量消耗掉，灭磁电阻处起火，造成励磁屏柜烧坏，同时由于灭磁开关起火，灭磁开关辅助接点及直流起励回路短路，引起直流系统多处直流接地，整个厂房直流系统对地电压不正常，造成多处与直流有关的设备损坏。

3. 经验及教训

（1）在这次事故中，当出现发电机出口开关拒跳之后，由于当值人员不太了解"紧急停机"按钮的作用所在，加上一时紧张，匆忙按下"紧急停机"按钮，处理不当，从而使故障扩大为事故。从这点来看，应加强技术人员的技术水平，对设备的性能和原理要深入熟悉，不断提高其分析问题和处理问题的能力，特别是对突发事件的处理，更要做好事故预想的准备。

（2）作为运行人员应该清楚：由于发电机出口开关已不能与系统解裂，无论按下那种"紧急停机"按钮，在关闭汽门和退出励磁后机组就会作为电动机运行，并严重进相，这样会导致机组严重受损，所以当发电机出口开关拒跳时，应不可再按"紧急停机"按钮，较为稳妥的处理办法是先将同一母线上的其他机组停下来，然后再跳开下一级开关使机组与系统解裂。

（3）对发电机开关等经常动作的这类设备应及时进行维护保养和检查，保证其工作总是在良好状态，应尽量避免出现故障。

（4）在机组事故停机程序时，设计发电机出口断路器拒跳的控制程序，当程序发出跳断路命令后，延时未收到发电机出口断路器跳闸位置信号时，应开出"事故停机断路器拒跳"命令，通过该驱出继电器的触点接跳开与该发电机有电气接连的所有断路器，确保发电机安全。

二、自动化控制回路典型故障分析与处理

（一）接线端子松动导致 PLC 电源消失故障

1. 故障现象

某工厂一生产线采用 PLC 作为自动控制与监视，PLC 的型号为 FX2N—128MR，某日，值班人员交班后对设备进行巡视突然发现 PLC 输入、输出端无任何信号指示，且"运行"和"电源"指示灯均不亮。

2. 检查与分析处理

从值人员反映的情况可看出，PLC 不但停止了运行且从无任何输入、输出信号及电源指示灯不亮，判断 PLC 的工作电源已消失。由于 PLC 已停止工作，为保证设备的正常工作，将各设备的控制方式切至常规自动或手动控制方式，对 PLC 电源回路进行检查及处理。用万用表测得机组顺控屏总交流电源开关的上、下端电源正常，且 UPS 工作正常且各信号灯指示正常。但是测得 PLC 本身电源接线端子上无电压，后来在测量与电源相关（UPS 输出）的屏后接线端子时，发现相线的接线端子产生明显的火花，随后 PLC 电源恢复正常，并且"运行"指示正常，这证明接线端子有明显的松动现象。将 PLC 的电源开关切断（防止检查时电源不稳造成 PLC 烧毁）后，对接线端子进行检查发现相线已经完全松脱，将其重新紧固，并对所有接线端子进行全面检查及紧固后，将设备恢复正常。

但是，为何用于设备控制保护、监视的 PLC 电源消失后无任何报警信号呢？该厂设备全部采用 PLC 控制，如果 PLC 停止运行或是停止运行而生产线有故障或是出现事故时，那将不能报警或事故停车。后查阅图纸发现在设计时未设计 PLC 电源消失的故障报警回路。为确保机组的安全、稳定运行，在不更改接线的情况下增加一电源消失监视回路，即用一额定电压为交流 220V 的中间继电器并联在 PLC 的电源输入端，其继电器的常闭触点接至中央控制室的声光报警系统中（如图 8-29 所示），当 PLC 的交流电源消失时立即报警、提醒运行人员。

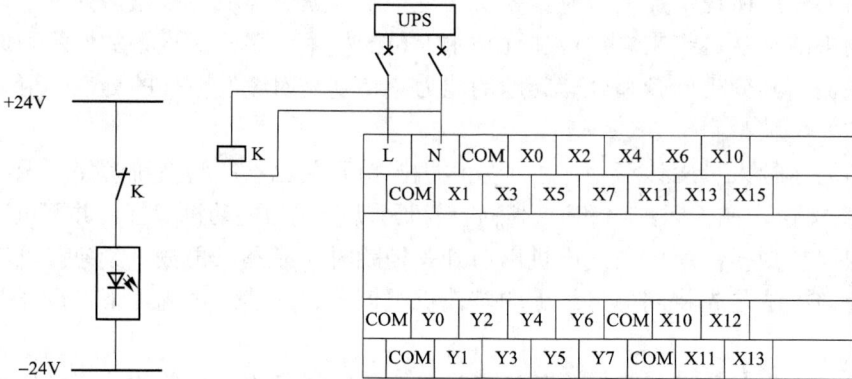

图 8-29　增加 PLC 电源监回路的接线示意图

3. 经验及教训

（1）工厂控制设备由于受机械振动及其他因素的影响可能导致接线端子松动，检修人员应定期对控制回路的接线端子进行检查及紧固。

（2）对工厂一些重要的控制、保护设备必须设计、安装必要的工作电源、控制电源的监视回路，当电源消失时能迅速报警并得到及时处理，防止故障的扩大。

（3）运行人员在日常巡视中，要注意各设备的工作状态及时发现设备故障及缺陷。

（二）程序编写出错导致经常性误报故障信号

1. 故障现象

某工厂一条生产线采用 PLC 自动控制，自投运以来，中控室一直报"厂房故障"信号。从现地控制单元中的触摸屏观察所有机组的开关量动作状态未发现任何故障输入信号，只发现了排水池液位控制器经常出现停泵、启泵信号同时存在的现象，且启泵信号一直不消失，排水泵启停非常频繁，主要依靠停泵点的动作来控制排水泵，经检查是由于排水池的磁翻板液位控制器动作不灵敏所造成。后将其更换成动作可靠的液位控制器，排水泵启、停正常，两信号不再同时出现，但随后排水泵每次启动时仍报"厂房故障"，并发出报警声，运行人员在值班过程中经常被报警声惊动。

2. 检查与分析

首先将输入到 LCU 排水泵的启、停及排水池水位过高信号接线全部拆除，要现地控制单元采取短点的方法进行模拟试验。当短接"排水池水位过高"点时，排水泵启动并有主厂房故障"声光报警信号"和"排水池油位过高"语音报警信号，再短接停泵点时，排水泵能正常停泵。但在随后短接启泵点时，虽然排水泵能正确启动，但是仍然报"厂房故障"

声光故障信号，当油泵运行一段时间后，该信号又能自消除，重复几次模拟试验后都出现同样的现象。按常规排水泵的正常启动是不应该报警，为何出现此现象呢？从现场竣工图纸可看出"厂房故障"声光故障信号是从现地控制单元中的 PLC 开出，经过上面的检查可判断造成此现象的可能是 PLC 程序编写时出错。

在停机状态下，将现地控制单元中的 PLC 程序导出进行观察，发现原排水泵的控制程序编写出现错误——将启泵信号并入到故障输出报警回路中，如图 8-30 所示。

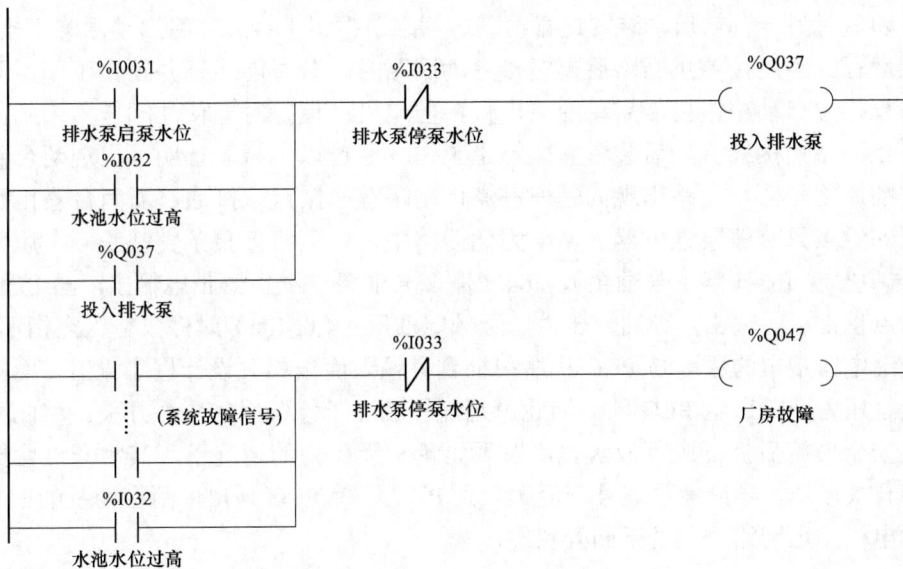

图 8-30 某厂排水泵原有控制程序

每当排水泵启泵信号有输入后都驱动故障输出继电器，当水位下降后启泵信号消失从而故障报警信号消失。由于排水泵启动本不属于故障信号，所在在现场控制单元中的触摸屏和上位机都未做报警画面或光字牌，导致每次只听到报警声而看不到任何故障信号。

3. 处理及结果

将编写错误的一句程序删除，重新将程序写入 PLC，运行 PLC 后继续采用模拟的方法试验启、停及水位过高程序的执行情况。经过试验证明当水池水位过高时能正常报警，而正常启泵时不再误报信号。

4. 经验及教训

（1）在厂家编写机组的控制程序时，一定要与厂家进行全面的沟通，要全面了解现场被控设备的原理及控制要求，根据实际情况确定最佳的控制流程图。

（2）控制设备调试时，不要放过任何一个细小的环节，如果上述情况调试人员在调试时注意到排水池液位控制器经常性出现启、停两个信号同时存在的现象时进行检查就可将此缺陷在调试时消除。

（三）压力开关故障导致油压装置软启动器不能正常工作

1. 故障现象

某工厂一液压系统额定油压为 4.0MPa，启主用油泵的压力为 3.6MPa，启备用油泵的压力为 3.4MPa，两台 75kW 油泵电机采用软启动装置控制。某日，工作人员发现当压力油罐的油压下降至 3.6MPa 时，控制压油泵的软启动装置不启动电机，直到压力下降到 3.4MPa（备用泵启动条件）报警时油泵仍然未运行。现场采用手动操作也不起作用，而软启动装置无任何故障显示。

2. 检查与分析

（1）为保证生产线不因油压继续下降而导致停机停产，立即将一台软启动器进出线经一个 170A 的接触器短接，对油泵电机采用直接启动的手动方式临时将油罐油压打至额定值。

（2）随后对另一台软启动装置进行检查（其接线图如图 8-31），将启动回路直接短接后，装置不能运行。当短接停止回路后再短接启动回路时，装置能运行并正常工作，而在短接停止回路直接按启动按钮也能启动油泵电机，但电机在运行时即使油罐压力未到停泵压力只要将停止回路短接线拆除后装置立即停止工作，经过以上试验证明了出现两台装置不能正常工作的原因是停止回路出现问题——停止回路有一接点未接通，而两台停止回路同时不能接通的触点只有停泵继电器了，因为此回路中两台电机停泵条件都是一个压力接点。在 PLC 屏中发现 J63（停 1 号油泵）、J64（停 2 号油泵）继电器带电输出，与 PLC 对应的相关输出点也指示有输出，当油罐压力低于额定油压（4.0MPa）时停泵输入点指示有输入，证明停泵继电器带电的原因是 PLC 程序扫描到有输入而按相关设计程序输出。而停泵输入信号是通过压力开关送至 PLC 的，为此可判断根源在于停泵用的压力开关。将此压力开关做好相关安全措施后拆下进行校验时，发现无论有无压力的情况下，其常开点均接通，则证明压力开关已坏，导致停泵信号一值送入到 PLC 而使 PLC 开出停两台油泵的信号，致使两台油泵电机停止回路一直处于断开状态。

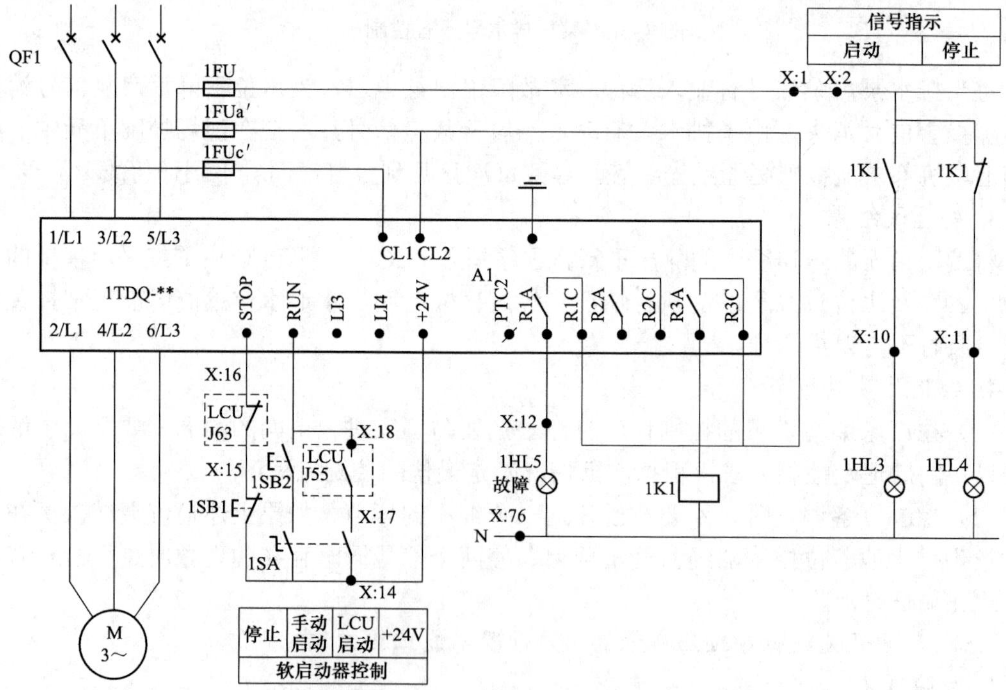

图 8-31　某厂 1 号机 1 号油压装置电机控制电路图

J63—LCU 停泵继电器；J55—LCU 启泵继电器

3. 处理及结果

将停泵用压力开关更换成有明显压力指示的磁助式电接点压力表，在校验合格后再回装。为保证同类故障的发生，在软启装置上加装一个旁路接触器，当软启装置出现故障时，为保证生产线的安全运行，在故障处理时可采用手动方式进行控制（如图 8-32 所示），经过处理后两台软启动装置全部恢复正常。

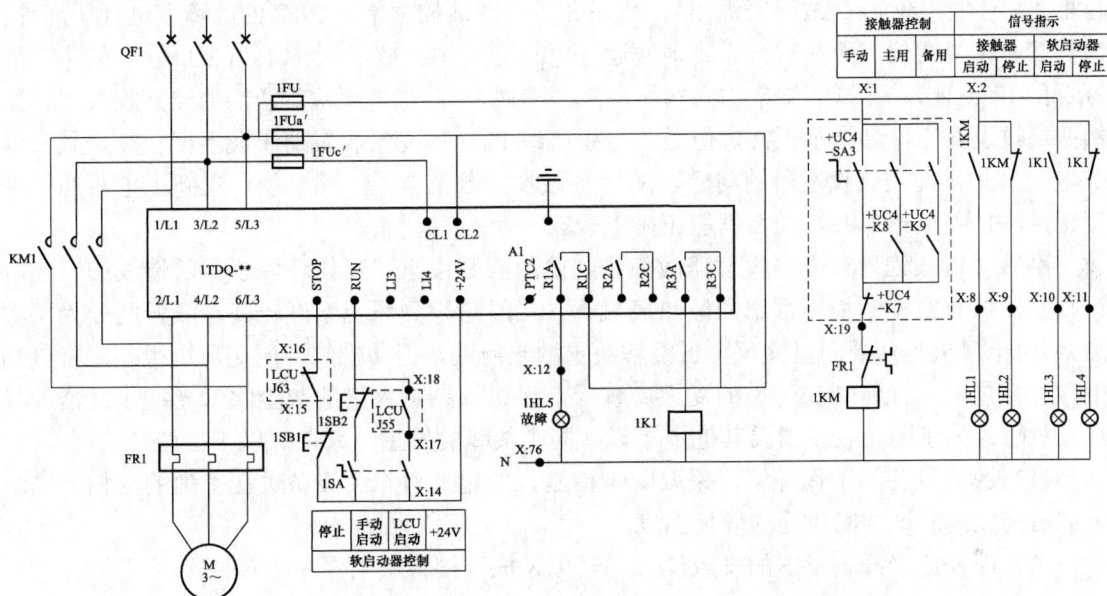

图 8-32　某厂 1 号机 1 号油压装置电机更改后的控制电路图
K7—停泵中间继电器；K8—启主用泵中继；K9—启备用泵中继

4. 经验及教训

（1）定期对油、气、水的测量、控制仪表进行检验，特别是压力容器的仪表，及时发现缺陷，确保设备安全运行。

（2）在选用设备时，要根据现场的实际需要，不得盲目追求进口产品。

（四）光纤收发器故障导致 PLC 与后台通信中断

1. 故障现象

某工厂采用计算机监控系统对全厂设备进行监视与控制，两条生产线的现地控制单元主要由 GE-30 型系列 PLC 数据采集单元和 pro-face 触摸屏组成，系统采用 PLC 直接上网的方案。同时配置了 IC693PCM301 协处理卡，用来与温度巡检装置、软启动器、变频调速器等智能装置进行通信。该系统自投运以来一直工作正常，但在投运一年后的某日，后台系统实时数据显示 1 号生产线 PLC 与后台的通信中断，10min 左右自动恢复正常。而第二天早上 8 时左右再次出现通信中断，1 号生产线 PLC 所有实时数据均不能上传，而后台系统的操作命令也不能下达至 1 号生产线 PLC，从此一直未自动恢复。

2. 检查与分析处理

对后台系统进行检查未发现任何异常现象，虽然 1 号生产线 PLC 与后台系统通信中断，但是 2 号生产线 PLC 与后台系统的通信均正常。到 1 号生产线 PLC 现地控制单元进行检查，CPU 模块工作正常，各指示灯指示正确，PLC 与触摸屏及其它自动装置通信正常，但是通信模块 IC693CMM321 工作不正常——虽然电源指示灯工作正常，但是通信指示灯（Line）时而闪烁时而停止不动，并且"STAT"故障指示灯亮。这证明网络确实出现故障，多次操作该模块的复位按钮，通信恢复正常不到 3min 又中断。随后将后台系统重启、PLC 重新上电、交换机及两端的光纤收发器重新上电都未将故障消除。考虑到故障前后台系统曾报"1 号生产线 PLC 故障表溢出"，所以在线对现地控制单元 PLC 的故障表进行了清除，但仍然未恢复通信。而在后台系统多次运行"ping 1.80.2.3"命令（1.80.2.3 是 1 号生产线 PLC 的 IP 地址），测试的结果均为网络故障（不通），后来再次检查两端的光纤收发器，虽然两端收发器工作灯指示正常，但是 1 号生产线 PLC 的光纤收发器表面温度较高，且布满灰尘。由此怀疑是该收发器的问题。随后将该收发器及电源一并更换，重新上电后通信恢复正常，1 号生产线 PLC 的数据能正确上传。

事后分析认为导致光纤收发器故障的主要原因是由于其工作环境恶劣所造成的。当时该收发器放置在控制柜屏顶部的散热风机下（当时考虑到环境温度较高，放置此处为了散热），由于风机是从外向里吹风，虽然解决了散热问题，但是控制屏所在环境很差，空气当中含有大量灰尘，特别在干燥的夏天、秋天，风机长期将大量的灰尘吹入光纤收发器，导致其故障。为了防止收发器及其他电子设备同类故障的发生，采取了以下措施：

（1）改善设备的工作环境，采取防尘措施，并定期对相关设备进行灰尘的清扫，同时采取措施控制现地控制单元的环境温度。

（2）改变原光纤收发器的安放位置，避免风机直接将灰尘直接吹入装置内部。

3. 经验及教训

加强对工厂各电气设备的维护，随着工厂自动化水平的不断提高，虽然 PLC 对工作环境的要求不高，但网络设备及其他微机智能装置对环境要求较高。因此在提高工厂自动化水平的同时，应注重设备工作环境的改善，确保设备能在规定的环境内工作。

（五）PLC 程序设计不合理导致机组自动开机后不能自动起励

1. 故障现象

某工厂余热发机组采用 LTW6200 型励磁调节器，该装置自投运以来一直工作正常，但是在 2014 年 10 月 7 日上午 9 时自动开机后，机组转速达到额定转速时，励磁系统不能自动起励，数分钟后运行人员采用手动起励成功，并带额定有功和无功负荷运行，在以后的开机过程中经常出现此现象。

2. 检查与分析

由于多次出现上述不能自动起励的现象，为此对此进行了全面的检查及分析。按励磁系统厂家的设计意图，当该装置投入运行后在未检测到正常开机令（起励令）时，对发电机定子电压给定值进行预置，当接到自动开机令（起励令）且机组转速达到 95%额定转速以上时，立即将发电机电压升至预置值，或是机组转速达到 95%额定转速以上且有人工起励令后也将发电机电压升至预置值。从现场可手动起励正常升压可控可知调节器本身并无故障。而机组在自动开机时，调节器的自动开机令是机组现地控制单元（LCU）PLC 发出来的，为证明机组在自动开机过程中 PLC 是否发出开机令，在机组自动开机过程中，对 PLC 的开出回路进行监视，当转速达到额定转速时，PLC 投励磁令的输出点并未输出。因此励磁调节器不能自动开机的原因是由于 PLC 未发起励令。

对 PLC 的开机程序进行检查发现，在投励磁逻辑程序中［如图 8-33（a）所示］，PLC 要使投励磁令有输出的逻辑关系是：机组的转速≥95%n_e，灭磁开关合及发电机出口断路器分位三个条件与的逻辑运算结果。要使起励令有输出，上述三个条件必须同时满足。为了进一步查找是哪个开关量在未正常输入导致起励令无输出，在自动开机时利用 PC 机在线对机组 PLC 的程序进行监视，开机前由于灭磁开关是处于合闸状态，所以灭磁开关合这一开关量有输入（接通），当开机后转速到额定转速时，相关的输入点也正常输入。但此时断路器合位开关量未输入——这是导致 PLC 在额定转速后不驱动励磁系统起励输出继电器的原因。事后对机组发电机出口断路器辅助接点进行检查发现，辅助接点的弹簧脱落导至接点不能正常切换。

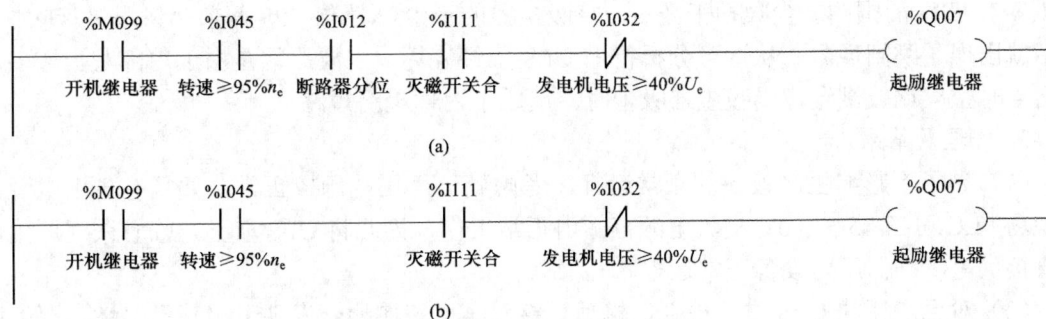

图 8-33 PLC 起励控制程序

（a）原有程序；（b）修改后的程序

3. 处理及结果

由于励磁系统要求起动的条件是转速大于 95%n_e 及有投励令（自动投励令及手动投励令），在 PLC 起励程序中串入断路器分位接点无任何意义，只要机组转速达到额定转速、励磁系统无故障即可发起励令，为此将 PLC 驱动励磁系统起励程序中的断路器分位接点删除［如图 8-33（b）所示］。重新开机后，励磁系统能正确自动起励并将机端电压升至预定值，彻底解决了此问题。

4. 经验及教训

（1）随着工厂自动化水平的不断提高，在技术改造或设备投运调试时，要加强对施工单位及设备厂家的技术监督，加强技术人员的培养，对电站所有机电设备进行全面了解，自动化设备能真正地为生产服务而不是形同虚设。

（2）对于从事自动控制的专业技术人员在机组的程序编写和修改时，一定要注意各系统的原理、作用及注意事项。对于顺控程序要求是在达到同样效果、同样安全可靠的情况下尽量少使用中间变量，尽量少串联一些无关紧要的条件，有些程序并不是闭锁条件越多就越可靠，相反会造成一些拒动。

（六）对未停电自动化设备进行灰尘清扫导致其烧坏

1. 故障现象

某工厂主要控制设备（PLC、温控仪）为保证供电可靠性均通过容量为 1kVA 的 UPS 进行供电，而 UPS 的输入由一路 220V 交流和一路 220V 直流组成，两路电源互为备用。某日维护人员对设备检修时，对 PLC 控制柜中的设备进行带电吹扫，在吹扫的过程中，运行人员反映后台系统与 PLC 的通信中断，所有实时信号不能上传，检修人员立即停止工作，并保持现状。

2. 检查与分析

检修工作负责人到中控室确认后台工作站工作正常，数据不能上传的主要原因是 PLC，到现场检查发现 PLC、温度巡检仪及触摸屏已全部停止工作（电源消失），到屏后进行检查发现为该屏提供电源的 UPS 已完全停止了工作，两路电源的自动空气开关均已跳闸。用万用表测得直流输入端和交流输入端电压均正常。试合跳闸的开关后，虽然开关不跳闸但是 UPS 不能正常工作，无电压输出。

而对现场的工作人员了解情况得知，在事发前他们正对运行的 UPS 进行灰尘清扫，用吸尘器对 UPS 周围的灰尘吸扫干净后，将吸尘器的吸尘口对准 UPS 两散热风扇进行吹扫，随后就出现了跳闸现象。从这可分析得知 UPS 已经烧坏，主要原因是由于内部灰尘较多，加之当时空气比较潮湿，当吸尘器吸尘时，造成了内部电路短路。

3. 处理及结果

（1）为了不影响生产设备的正常运行，考虑到该厂用电源较正常，并且有备用电源，而现场 PLC 可在 85～240V 交流电源范围内正常工作，为此将 UPS 取下，临时采用厂用电源直接供电，确保厂内设备正常运行。

（2）对已烧坏的 UPS 进行检查、修理，核对其电路图检查发现三极管已烧坏，更换同规格的三极管后，用专用清洗剂对电路板进行全面的清洗，并用电吹风将其吹干，通电后 UPS 恢复正常工作。

4. 经验及教训

随着目前工厂自动化程度越来越高，大多数设备均采用微机控制，这些控制设备对工作环境要求较高，为此要改善现场设备的工作环境，并定期对控制设备进行灰尘清扫，但在清扫前必须将相关设备停电再进行工作，并采取相关的防损措施，确保设备安全。

（七）程序设计不合理导致设备多次无故障信号停车

1. 故障现象

某工厂有一机械生产设备采用 PLC 自动控制，在程序控制中设置了轴承温度保护、电机事故保护（电机是微机保护），该控制系统投运以来一直工作正常，但在投运一年多后，多次出现事故停车的现象，每次事故停车时，无任何报警信号。

2. 检查与分析

为了分析造成事故停车的原因，对生产设备的控制、保护进行全面检查——电机保护装置全部是微机型保护装置，本身带有故障记忆功能，每一种保护动作均会有记录，且与控制室计算机监控系统通信，查阅后台工作站的历史数据未发现电机的任何历史故障记录。浏览电机微机保护装置的动作记录也未发现其动作记录。这证明事故停车并不是电机保护动作所致，而是 PLC 程序停车。

为何事故停车时后台及现地控制单元都无任何故障信号呢，是不是 PLC 在程序设计时漏写了相关程序或是人为手动事故停车呢？为证明这一点，现场将 PLC 程序下传至 PC 机，对程序进行逐行分析，原 PLC 中事故停机的程序如图 8-34 所示。

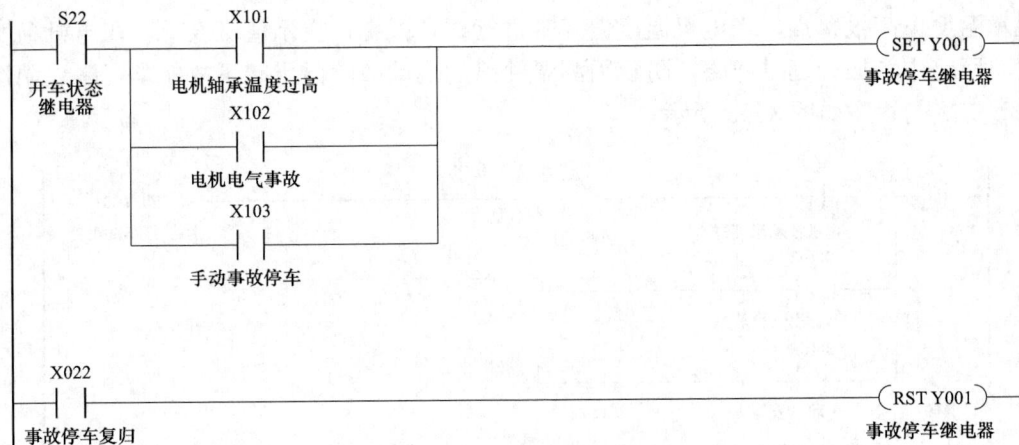

图 8-34　某厂生产设备原事故停车程序

原程序设计设备事故停故停车的有三个条件：电机电气事故、电机轴承温度过高、手动事故停车。以上三个任何一个条件均可启动事故停车程序，随后现场模拟手动事故停车，在线监视程序的执行情况，当按下事故停车按钮时，事故停机继电器被程序驱动，各外围执行元件均可靠动作，而模拟电气事故、电机轴承温度过高事故均能驱动停车程序，但存在同一现象就是后台无任何实时的事故信号，也无语音报警。从这基本确定造成设备多次无故障报警而事故停车的原因就在此——由于原程序漏写了相关的故障报警程序导致了事故停车无报警及记录。

那么到底是三个条件的哪个呢？正在讨论此缺陷时，检修人员在现地控制单元发现有一块电机轴承温度控制器显示值瞬间从正常值（40℃）跳至 100℃后又立即跳回原显示值，最高可跳至 140℃左右，在跳跃的同时，温度控制仪上限值及上上限值越限报警输出灯亮，证明其相关输出点已动作（上限整定值为 65℃、上上限整定值为 70℃），且跳跃现象在时间和幅值上无任何规律，虽然温度上升很高，但瞬时又降至正常值，这证明并不是轴承温度真正上升，因为如果轴承温度真正上升跳动的幅度和频率不会那么高——问题就在于此：导致设备事故停车的根本原因是该温度控制仪跳跃引起"电机轴承温度过高"点瞬间输出至现地控制单元 PLC，PLC 收到该信号将走事故停车流程。由于在程序编写时未将"电机温度偏高"和"电机温度过高"等数据向上传至后台工作站，而 PLC 触屏上光字牌是不保持的实时数据，即有相关输入时才有显示，所以设备在此事故停车时无任何信号。

随后对该温度控制仪进行检验，利用标准电阻箱接入温控仪输入回路，通过改变输入电阻值对照相关数据表对仪表进行检验，试验证明温控仪显示值与电阻折算值基本相同，误差不超过 10%，证明温控仪工作正常。而用万用表测量该温控仪输入端测温电阻时，发现其电阻值极不稳定，120～180Ω 跳动，甚至出现无穷大的现象。将相关接线端子紧固后仍出现上述现象。这证明安装在电机轴承上的测温电阻已坏。

3. 处理及结果

（1）修改机程序，将"电机轴承温度偏高"和"电机轴承温度过高"、"手动事故停机"、"电机电气事故"开入信号实时传至后台并记录，并对其他所有事故信号重新进行模拟试验，确保所有事故和故障信号能实时传至后台，以便设备在出现故障时进行分析。同时增加电机轴承温度偏高报警点，当电机温度偏高时进行语音报警，提示值班人员。在电机温度过高停车回路中增加一延时回路，防止因测温回路的跳动故障而引起事故停车程序误动作。其修改前后的程序如图 8-35 所示。

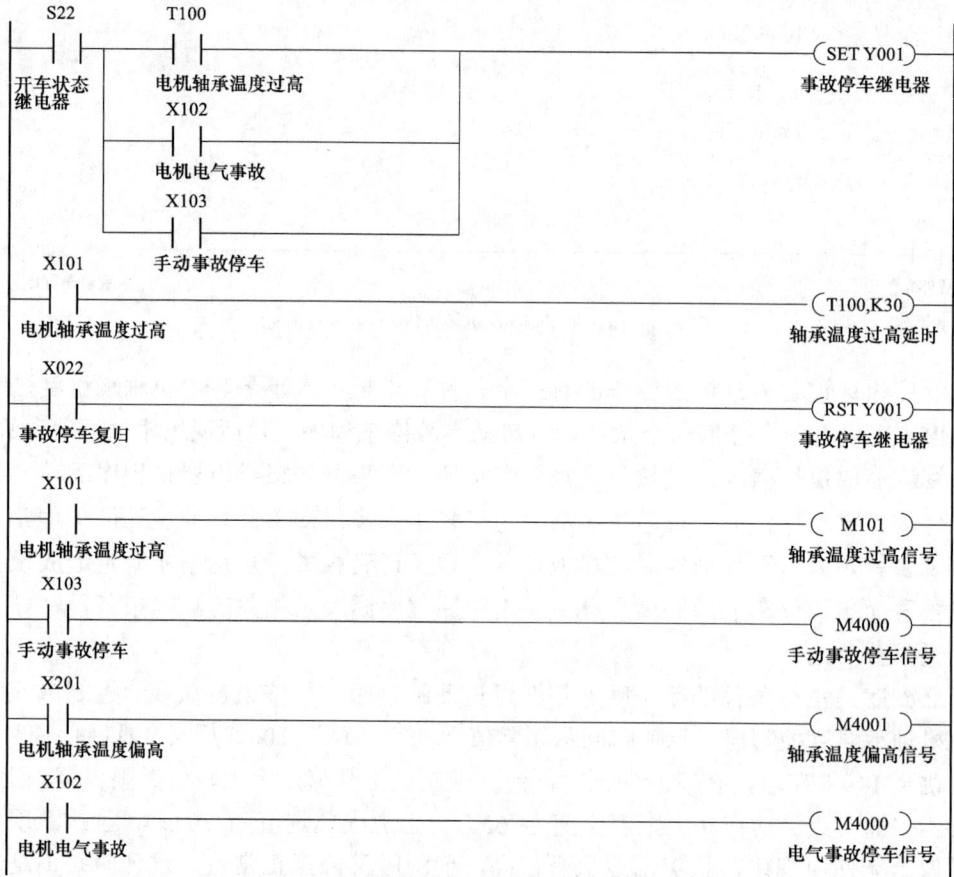

图 8-35　某厂生产设备修改后的事故停车程序

（2）将出现故障的测温电阻接线拆除，更换经试验合格的测温电阻。

4. 经验及教训

（1）测温电阻在安装前，一定要对其进行检查，并将其接至相关温控仪上采用加热的方法检测电测温电阻工作是否正常，并且要经过多次的老化筛选，以便发现存在缺陷的电阻。而安装后同样需对其进行电阻值测量，及时发现由于安装而损坏的电阻。

（2）每年应该定期对各测温点的测温电阻进行校验检查，及时发现存在缺陷的电阻并进行更换，确保电站自动元件动作正确。

（3）随着工厂自动化程度越来高，在设备控制程序设备时应结合实际进行程序编写，特别需注意那些不能自动保持信号应通过程序记录其动作状态，以使故障分析。

（八）程序设计不合理导致误报故障信号后不能复归

1. 故障现象

某水电厂 2 号机组采用 FX2N 系列的 PLC 对水车回路进行控制、保护，机组顺序控制程序中设计了自动开、停机和分步开机程序，机组辅助设备控制方式有"手动"、"PLC"和"常规自动"三种方式。2 号机组自 2003 年投运以来，运行人员每当按照定期工作或相关运行规程对机组冷却水泵进行主，备用切换时，在实际机组供水正常的情况下中控室声光报警系统会立即报"2 号机冷却水备用泵启动"故障信号，而对润滑油泵进行切换时在轴承供油正常的情况下中控室报"2 号机润滑油备用泵启动"故障信号，只要报警后故障信号是不能消除的，直到停机时才能复位。如果此时将两台水泵或油泵控制方式切至"PLC"位时两台泵会同时启动。

2. 检查与分析

由于这一现象一直存在，后经检查发现中控室故障信号是从机组顺控屏中启 1 号、2 号泵（油、水）中继常开触点串联而来，即只要 PLC 同时开出启 1 号泵和 2 号泵（冷却水、润滑油）时，中控室将会报备用泵启动信号。但为何会在切换冷却水泵或润滑油泵时报备用泵启动信号？在对顺控屏的接线及辅助设备控制回路进行全面检查未发现任何异常情况后，为彻底解决以上现象将 2 号机组 PLC 的程序调出进行检查，两台冷却水泵及润滑油控制程序如图 8-36 所示。

从以上程序中可看出原程序在编写存在缺陷——由于冷却水泵和润滑油泵启泵输出继电器均采用置位指令，当启泵输出置"1"后，要使其复位必须有与其相关的复位指令，否则输出继电器不会"掉电"。假设机组采用分步开机开 1 号水泵（Y077 置位输出）此时开 2 号水泵 Y100 无输出，当机组并网运行时 PLC 内部触点 Y077、S22、S58、S20、X065、X003、S21、S44 均处于接通位置，手动切除 1 号水泵后投入 2 号水泵，此时 Y077 仍然"带电"，

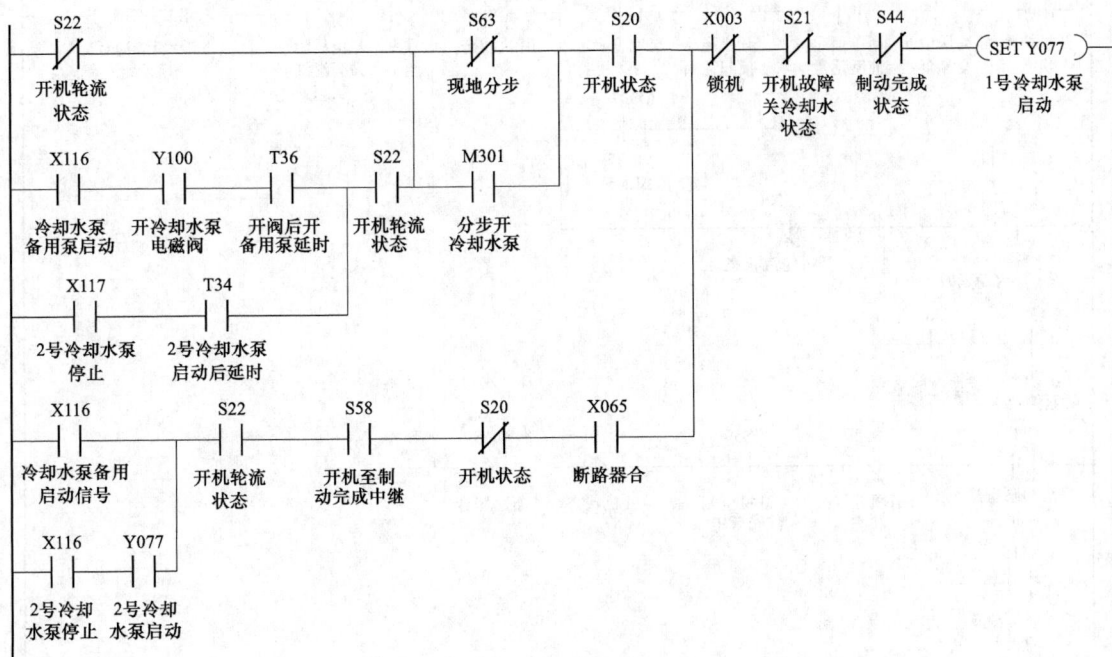

图 8-36 某水电厂 PLC 原有程序（一）

（a）1 号冷却水泵控制程序

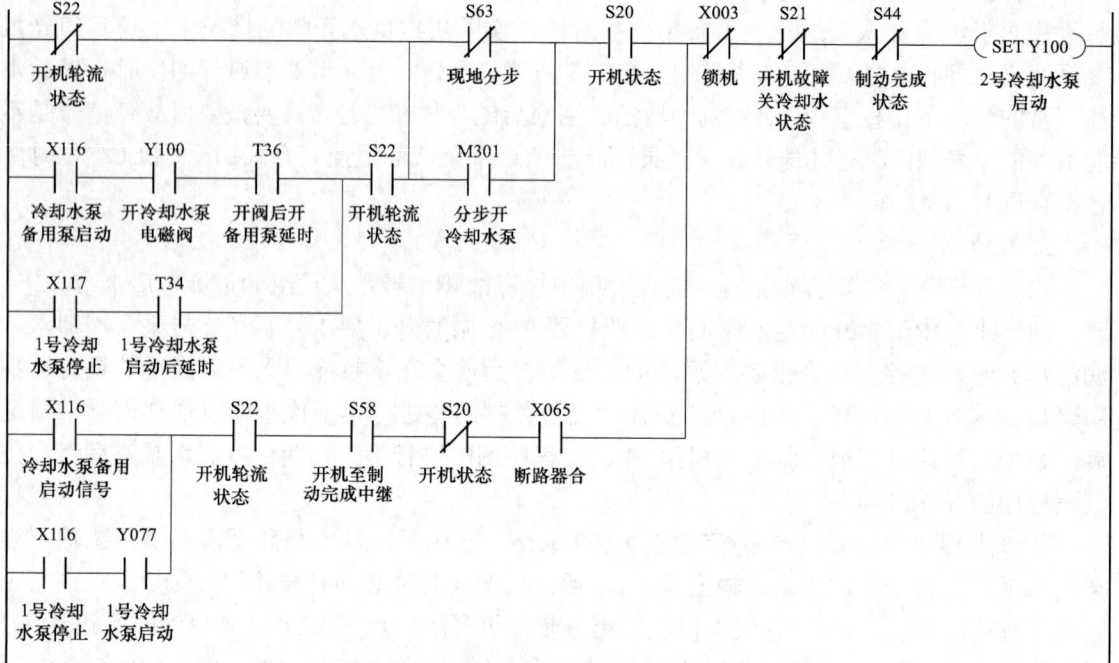

(b)

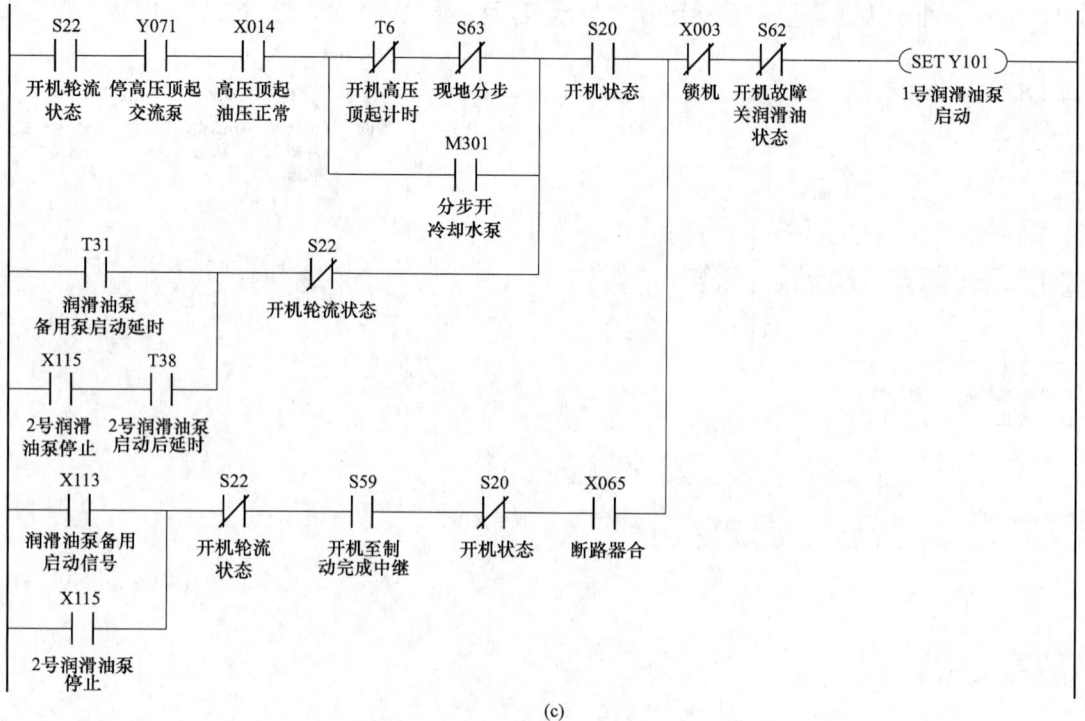

(c)

图 8-36　某水电厂 PLC 原有程序（二）

（b）2 号冷却水泵控制程序；（c）1 号润滑油泵控制程序

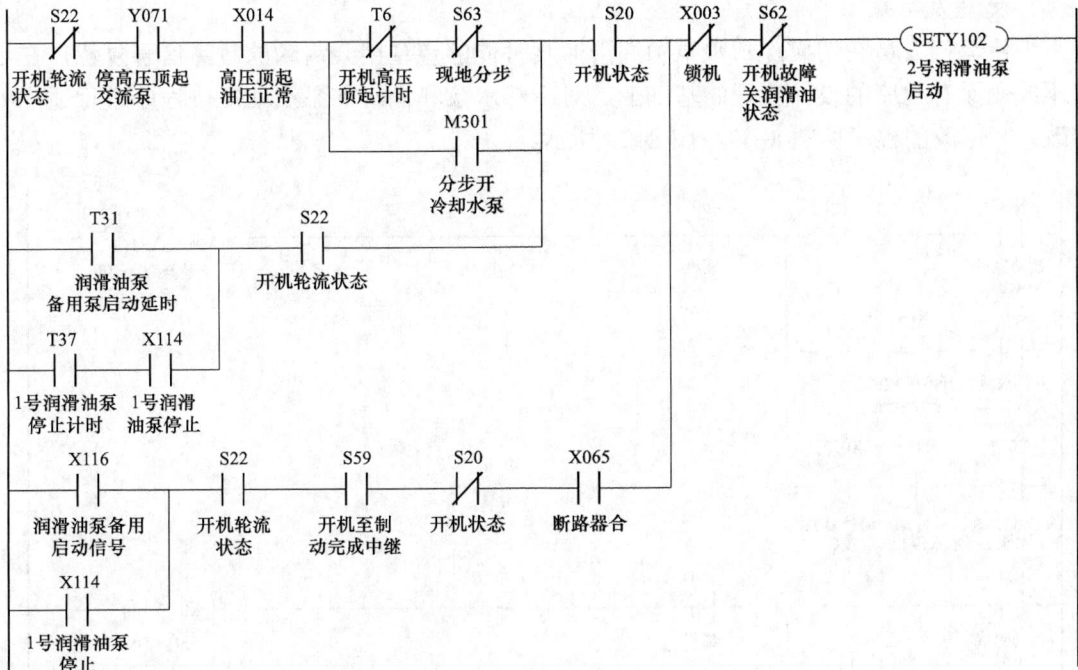

(d)

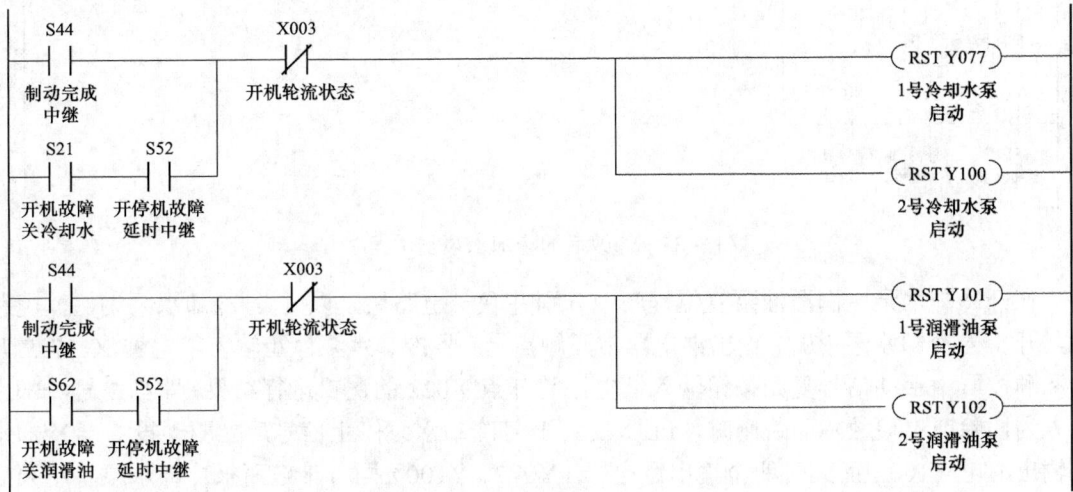

(e)

图 8-36　某水电厂 PLC 原有程序（三）

（d）2 号润滑油泵控制程序；（e）冷却水泵、润滑油泵复位程序

实际 1 号泵人为停止而 X117 有输入。而此时开 2 号水泵的条件已满足使 Y100 置位"得电"（Y077 要失电必须是制动完成或是开机故障），此时 Y077、Y100 同时输出驱动相关中继带电而报冷却水泵备用泵启动；若机组开机时程序轮换为投 2 号冷却水泵，而当人为切除 2 号水泵而投入 1 号水泵同样会出现 Y077 和 Y100 同时得电输出的现象，由于 PLC 已开出投两台水泵的指令并保持到停机时才能复位，所以当两台冷却水泵控制方式在"PLC"挡会立即运行两台水泵。根据程序分析两台润滑油泵控制程序存在同样的缺陷。

3. 处理及结果

为使运行人员在切换冷却水泵和润滑油泵时能够将备用泵启动的故障信号复位，在尽量不改变原有程序的设计流程的基础上，对冷却水泵和润滑油泵启动复位程序进行适当的修改。其修改的程序如图 8-37、图 8-38 所示。

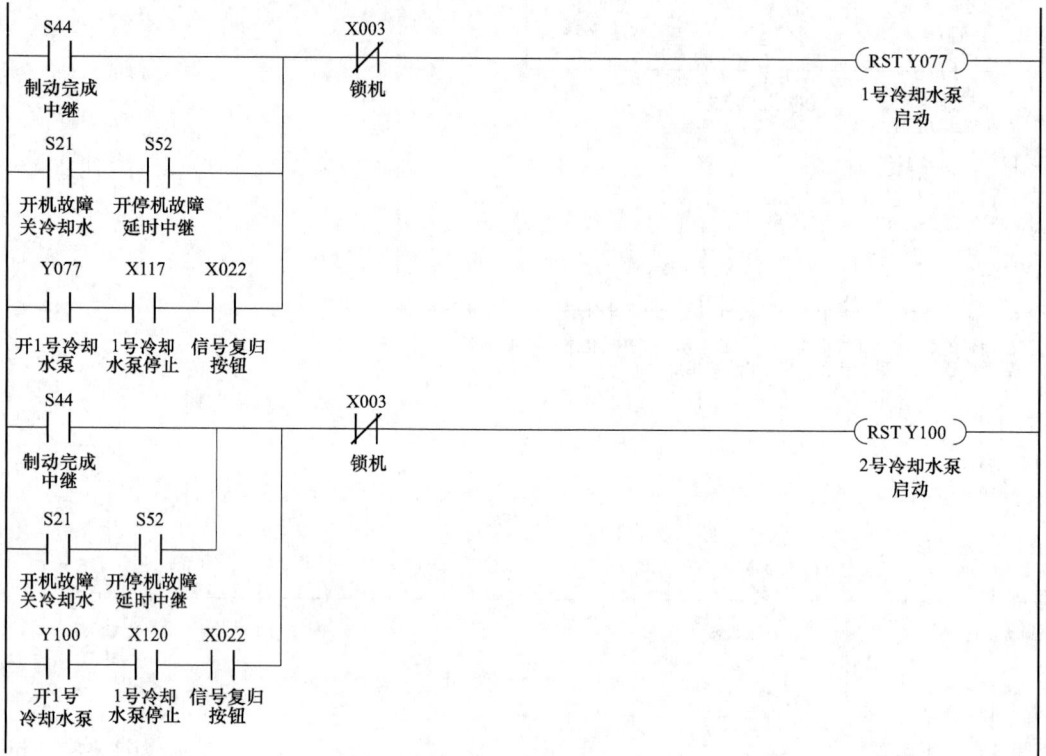

图 8-37　修改后的冷却水泵复位程序

在开冷却水泵、润滑油泵复位程序中分别并联一电路块，以 1 号冷却水泵为例，电路块是开 1 号冷却水泵 Y077 输出继电器常开触点、1 号冷却水泵停止输入继电器 X117 常开点和顺控屏中手动信号复归按钮输入继电器常开点 X022 的逻辑运行结果，即当 1 号冷却水泵人为切除或出现故障而跳闸时，PLC 收到 1 号冷却水泵停止信号后立驱动投 2 号冷却水泵输出继电 Y100，而此时两个输出继电器（Y077、Y100）同时带电而报冷却水泵备用泵启动信号，在并联电路块中 Y077 和 X117 接通，此时如果按下顺控屏上的信号复归按钮时 X22 有输入而接通进而复位 Y077，从而复归故障信号。如果确实有备用泵启动信号输入（X113）即使手动按信号复归按钮也不能将其 Y077 复位（置 0）。2 号冷却水泵及两台润滑油泵启泵复位也具有同样效果。

通过修改、模拟各种状态下进行调试证明此次修改的程序能够满足现场的需要——在人为切换冷却水泵或润滑油泵时报备用泵启动故障信号后能手动复归，而当真正出现备用泵启动信号输入时，不能将故障信号复归，直至备用泵启动输入信号消失后才能复位。

4. 经验及教训

（1）水电厂机组现地控制单元在程序编写前一定要对机组的控制流程图进行多次思考

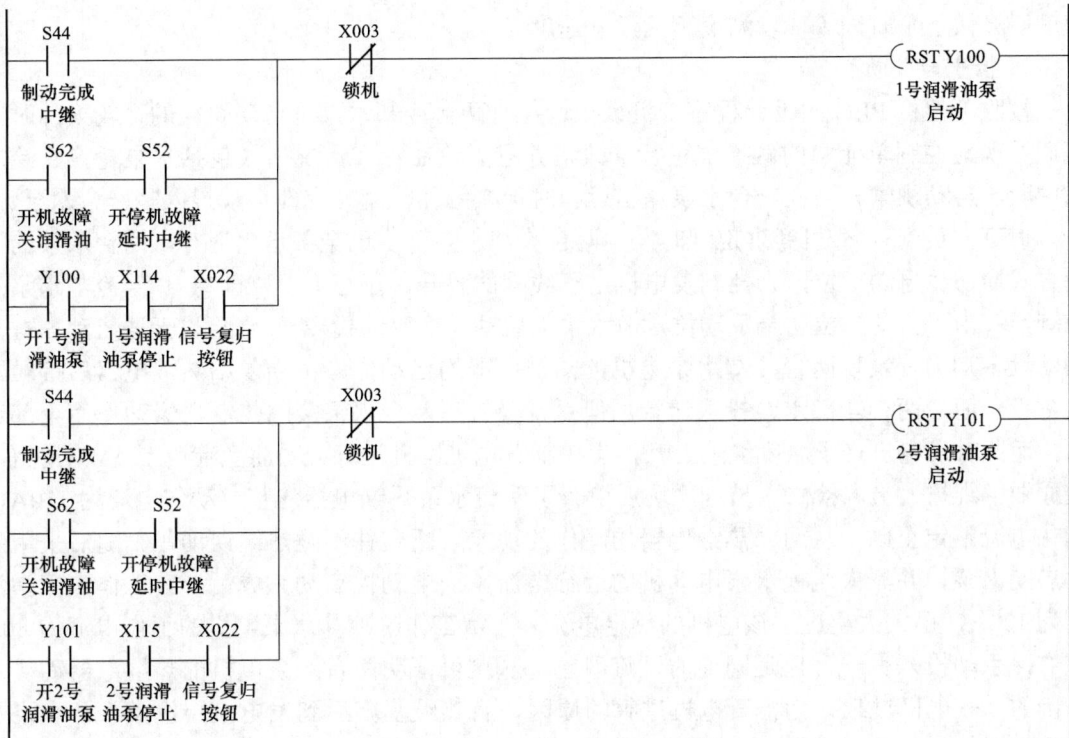

图 8-38　修改后的润滑油泵复位程序

和讨论，结合实际选择最佳流程。

（2）在程序编写时要结合现场的实际情况合理选择指令，对输出继电器是选择直接驱动还是置位指令，是脉冲输出还是保持输出都需经过详细琢磨、推敲。

（九）电磁阀发卡导致冷却水泵电机过载而停车

1．故障现象

某工厂热电厂冷却水系统设有两台互为备用的冷却水泵，水泵电机功率为 55kW，其水泵出口管路示意图如图 8-39 所示。

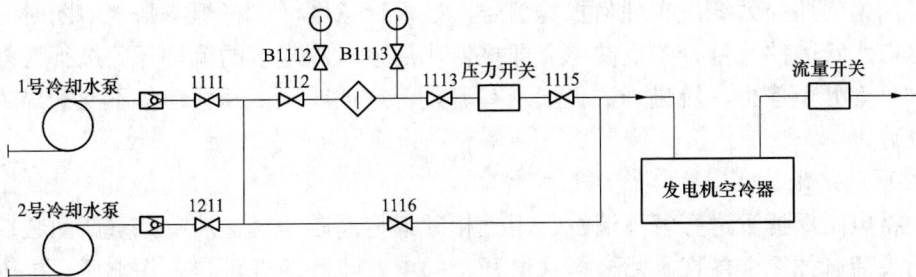

图 8-39　某厂冷却水管路示意图

某日，当班值长在观察上位机的实时数据时，发现辅助设备中 1 号冷却水泵在退出后自动投入了 2 号冷却水泵，但 2 号冷却水泵在时隔 3min 后也停止运行，从此以下数据中未再发现有冷却水泵投入的数据记录，且发现发电机定子铁芯、线圈及空冷器热风温度上升速度明显快于平时同等环境温度下的温升速度。

2. 检查与分析

按照下位机 PLC 的设计程序，机组在运行时两台冷却水泵是自动轮换的，轮换的时间可通过现地控制单元中的触摸屏进行修改，并且无论在什么情况下（包括水泵轮换、冷却水中断、自动跳闸）当任一台水泵退出运行时（接触器跳闸）立即自动投入另一台水泵。

值班人员到 1 号机旁屏巡视时发现两台冷却水泵确实已全部退出运行，两台水泵的控制方式均在"自动"位，为控制发电机定子线圈的温升，运行人员立即将 1 号冷却水泵的控制开关由"自动"位切至手动位，但水泵不启动，而手动投 2 号水泵也无法启动。打开辅助设备动力屏发现两台冷却水泵电机的热继电器均已动作，手动复归热继电器后接触器立刻吸合而使两台全部水泵投入运行。但是几分钟后两台水泵又因热继电器动作而全部退出。而此时发电机定子温度继续上升，为控制发电机温升运行人员将负荷降至 5MW 左右，并通知了维护人员。检修人员到现场后检查了两台水泵热继电器的整定动作电流为 110A，确认电流整定正确，从两台热继电器均动作的现象可断定并不是热继误动作。随后采用手动启动水泵，并派人监视水泵电动机的运行电流，当电动机启动完成后，其工作电流指示值为 120A，已大大超过了该电机的额定电流。正常工作时冷却水泵电机的工作电流为 80A 左右，手动投入另一台也是同样的过流现象，从这可证明两台水泵电机的热继电器动作是正确的——电机过载！为检查电机过载的原因，将热继复归后到发电机层检查冷却水泵及其电机本体，当接近水泵电机时就听出电机发出沉闷的异常声音，观察滤水器两侧压力表时，发现两侧压力的指示虽然相同（证明滤水器无堵塞现象），但是其指示值比正常时高 0.3MPa（正常时压力表指示值应为 0.3MPa），而当时指示值为 0.6MPa。随后对各阀门及管路进行检查发现冷却水总出水口的液压操作阀未打开。发现故障后立即将液压操作阀的旁通阀 1116 打开，滤水器两侧压力表的压力同时下降至正常值，水泵电机沉闷的过载声立即消除。事后对液压操作阀及其电磁配压阀检查，采用短点的方法试验发现当电磁阀开启线圈带电时阀芯不能动作，手动也无法推动——证明电磁阀已经拒动，不能驱动液压操作阀动作。

但是，机组开机后两台冷却水泵都因总供水电阀液压阀未打开而不能向机组空气冷却器供水时，为何监控系统没有任何报警信号，按设计意图，当机组冷却水中断时可通过机组冷却出口水管处的流量开关反映并立即报警，后来对冷却水的流量开关进行检查时发现当两台水泵都处于停止，流量开关仍指示有流量，这证明流量开关动作不准确导致冷却水中断不报警。

3. 处理及结果

（1）将电磁阀拆下进行解体清洗，用金相砂纸将阀芯的锈迹清除，重新回装后在手动来回推动灵活自如无卡住现象后，多次给开、关电磁线圈通以额定工作电压，电磁阀能正确动作并可靠驱动液压阀。

（2）对机组冷却水流量开关灵敏度进行重新调整，将其灵敏度降低，保证冷却水中断时能够可靠动作。

（3）针对两台冷却水泵在机组运行时热保护动作不报警现象，在机组 LCU 系统中增加两台冷却水泵电机热继动作的空接点并增加相关程序——即当任一台热保护动作均报主厂房故障信号并在现地控制单元的触摸屏上显示，同时将数据送至上位机语音报警系统提醒运行人员，增加的程序如图 8-40 所示。

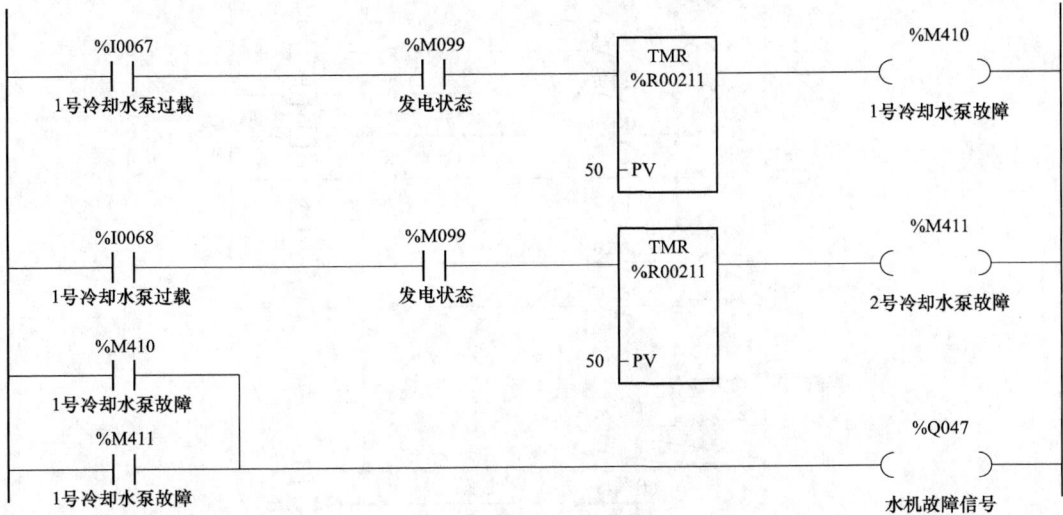

图 8-40　冷却水泵故障（过载）报警程序

4. 经验及教训

（1）为保证工厂自动控制设备可靠运行，应定期对机组自动化元器件进行清洗、检查，及时发现其缺陷并做相应处理。

（2）设备投入运行后应对各设备进行全面认真、全面的巡视检查，及时发现设备的故障。

（3）控制系统在设计、安装和调试时，对相关重要的辅助设备要设计合理的监视点，并按设计图纸认真安装、调试，确保运行设备故障时能准确提醒运行人员及时处理。

第六节　工厂继电保护、计量回路典型故障分析与处理

一、继电保护回路接线错误导致的典型故障分析与处理

（一）电压互感器接线错误导致变压器保护误动而跳闸

1. 故障现象

某大型工厂 110kV 变电站为双母线接线方式，事故前 2 号母线接入 2 号、4 号机变压器，每一母线上有一组电压互感器，该变电站电压互感器接线如图 8-41 所示：

某日，在系统没有故障的情况下，2 号母线上的 2 号、4 号主变压器零序过电压保护误动作跳闸。

2. 检查与分析

事故后经检查发现 2 号电压互感器开口三角有不稳定的零序电压。并且发现 W1 线 B 相选相元件电压线圈有接地。由于 2 号母线上电压互感器上中性线没有引出线，其等值电路如图 8-42 所示。

当 2 号电压互感器××线 B 相选相元件电压线圈接地短路后 2 号电压互感器 B 相熔断

295

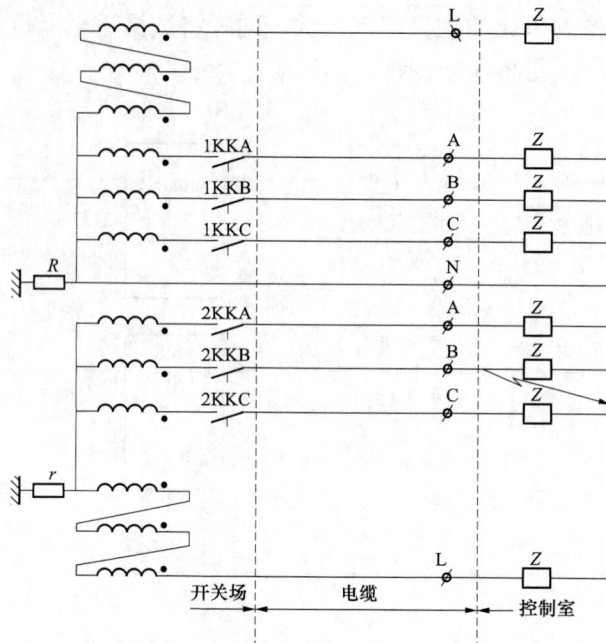

图 8-41　某大型工厂原双母线 PT 二次接线图

Z—TV 所接等值负载；R、r—1 号、2 号母线 PT 在开关场接地网的接触电阻；

1KK、2KK—快速小空气开关

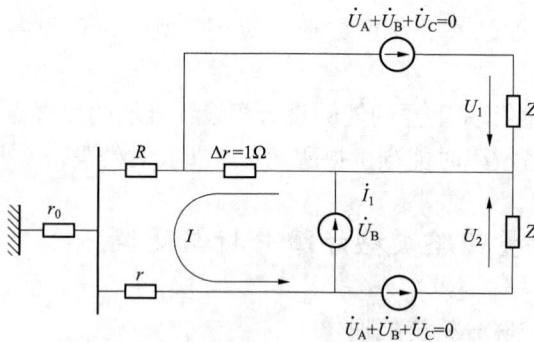

图 8-42　双母线电压互感器 2 号
TV 负载接线等值电路图

R、r—1 号、2 号 TV 在开关接地网的接触电阻

r_0—地网接地电阻；Δr—中性线电阻，约 1Ω

器没有熔断，其熔断器熔断电流为 6A，可见 2 号电压互感器 B 相负载接地短路后的短路电流小于 6A。而两电压互感器接地电阻值为 R+r，从图 8-42 等值回路图中可计算出 1 号电压互感器开口三角形上电压约为 6V，2 号电压互感器开口三角形上电压约为 $100/\sqrt{3}$ V，而变压器中性点零序电压保护定值二次值为 10V。且运行变压器的零序电压保护取自变压器所在运行母线上电压互感器的开口三角电压。

显然，接在 1 号母线上变压器的零序电压保护不会动作，而接在 2 号母线上变压器的零序电压保护必然会误动作，这就是 2 号、4 号变压器的零序电压误动作跳闸的原因。

3. 处理措施

双母线接线方式的母线上的电压互感器其正确的接线应该是：每一台电压互感器的二次绕组四根线、零序绕组开口三角两根（及 U_a 试验线）线都必须全部引入到控制室中。每一台电压互感器的二次绕组中性线与零序绕组零线不允许共用，保证二次回路和三次回路相互独立，其电压互感器接地点不能设在开关站，应该将二次绕组中性线和零序绕组零线都接到零相小母线上，再从零相小母线牢固焊在接地网上。为了保证接地可靠，各电压互感器的中性线不得装设熔断器或快速开关等设备。

4. 经验及教训

（1）电压互感器的二次回路只允许一点接地，电压互感器二次回路和三次回路相互独立，在我国已在相关的事故通报及规程都有过明确的规定，特别是"反措要点"规定更加明确。

（2）电压互感器二次侧必须有一点接地，这是为了保障人身和二次设备的安全，假设电压互感器二次回路没有接地点，电压互感器一次侧高电压，将通过一、二次绕组间的分布电容和二次回路对地分布电容形成分压，将一次高电压引入二次回路上，当然其值决定于两分布电容的比值，人若在二次回路上工作，很容易触电。若二次回路中性点接地，则二次回路的分布电压为零，从而保证了人身安全，绝大多数电气工作人员对这一点都能理解。

（3）电压互感器二次侧只允许有一点接地，不能有多点接地。

（4）每台电压互感器的二次绕组中性线及三次绕组的零线都必须引到控制室内，不能两台电压互感器二次回路只引一根中性线引入到控制室内，在开关场也不允许有两个接地点，因为这种接线在某电厂主变压器就发生过零序电压保护无故障跳闸事故。电压互感器二次绕组四根线及三次绕组开口三角形两根线必须同时引入到控制室，在控制室将中性线和零线同时接在一根小母线上接地，不允许从电压互感器端子箱的中性线与开口三角中性线在开关场连接在一起。

（5）单台电压互感器二次绕组和三次绕组必须相互独立决不允许二次绕组的中性线和三次绕组的零线从开关场共用一根线引入到控制室来接地。

（二）接线错误导致发电机定子接地保护误动

1. 故障现象

某工厂余热发电机组配置有全套集成电路型保护装置。其定子接地保护采用双频式100%的接地保护装置。投产初期，3 次谐波定子接地保护无法调平衡。为此，保护制造厂家专门改制了该保护插件。投产运行 1 年后，该发电机组的三次谐波定子接地保护曾两次动作，切除了并网运行的发电机。

2. 检查与分析处理

第一次事故后，曾对保护继电器进行了试验检查，未检查出什么问题。第二次误动后，对保护继电器及二次回路进行了试验检查。检查发现，保护继电器的输入回路线接错了——本应接在发电机中性点配电变压器二次的线，而错误地接在了发电机中性点 TA 的二次侧，如图 8-43 所示。

正确接线应该将接中性点 TA 二次的两根线接在配电变压器二次电阻 R 的两端，以取得中性点三次谐波电压。

由于接线错误，无论在什么工况下，中性点三次谐波电压永远很小或者等于零。在发电机运行时机端三次谐波电压（由机端 TV 开口取得）始终存在，且随发电机有功负荷增加而增大。因此，在发电机运行时，三次谐波接地保护的动作条件永远满足，故该保护误动。

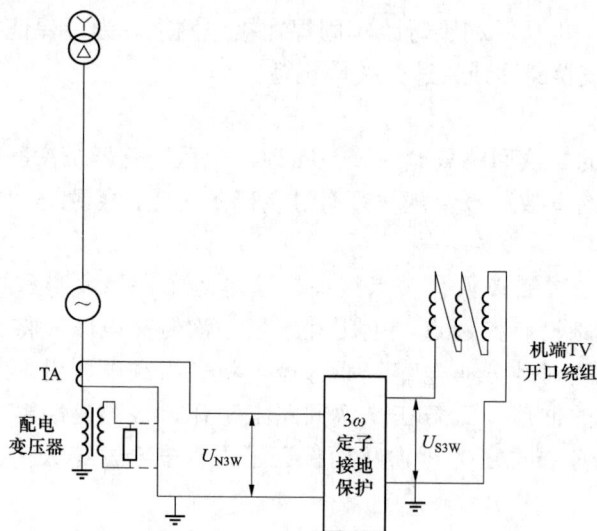

图 8-43　定子接地保护误动时接线图

在发电机组投运时，三次谐波接地保护之所以无法调平衡，并不是保护继电器插件有问题，而是输入回路接错，此时中性点三次谐波电压只是一些杂散扰动信号。

3. 经验及教训

（1）继电保护装置投运时，一定要通过试验检查来确保二次回路接线的正确性。

（2）对于三次谐波式定子接地保护，在第一次开机试验时，应用专用的谐波分析仪来测量机端（PT 开口）及中性点（中性点 PT 或配电变压器二次）的三次谐波电压的大小及相对相位，随发电机电压及负荷的变化规律，以确认二次输入回路的正确性。

（三）接线错误导致高压电动机开关远近控制方式失效

1. 故障现象

某工厂一高压电动机开关柜中断路器控制回路接线如图 8-44 所示，为了保证安全和便于操作，断路器有两种控制方式，在正常情况下将断路器的控制方式切至远方控制方式时，现地控制开关失效，只能由控制室的电动机保护屏上的控制开关或测控装置进行跳合闸操作，而断路器控制方式切至现地控制方式时，远方操作失效。该断路器投运以来控制方式一直在远方控制方式，无论在通过保护屏上的开关还是通过计算机操作均能进行正常的跳合闸操作。而在后来对电动机的开关柜检修时，检修人员在现场将断路器的控制方式切至现地，在远方的保护屏是操作断路器控制开关，断路器仍然能跳合闸。

2. 检查与分析

从图纸上可看出，当开关柜中断路器控制方式开关在"现地"时，断路器远方操作应失效，远方的控制开关不能对断路器进行操作，因为控制方式开关在"现地"时，转换开关 1SA 只有接点③-④和接点⑦-⑧通，而接点⑤-⑥断路，即控制正电源通过其两对接点接至现地断路器操作开关 2SA 接点①和③，而控制正电源无法与远方的保护屏操作开关接通。

检修人员首先对控制开关 1SA 进行了检修——将 1SA 切至"远方"时，测得其接点①-②通，③-④和接点⑦-⑧不通，将 1SA 切至"现地"时，测得其接点①-②不通，③-④和接点⑦-⑧接通，这证明断路器控制方式开关 1SA 开关接点转换正常。随后用万用表进行了

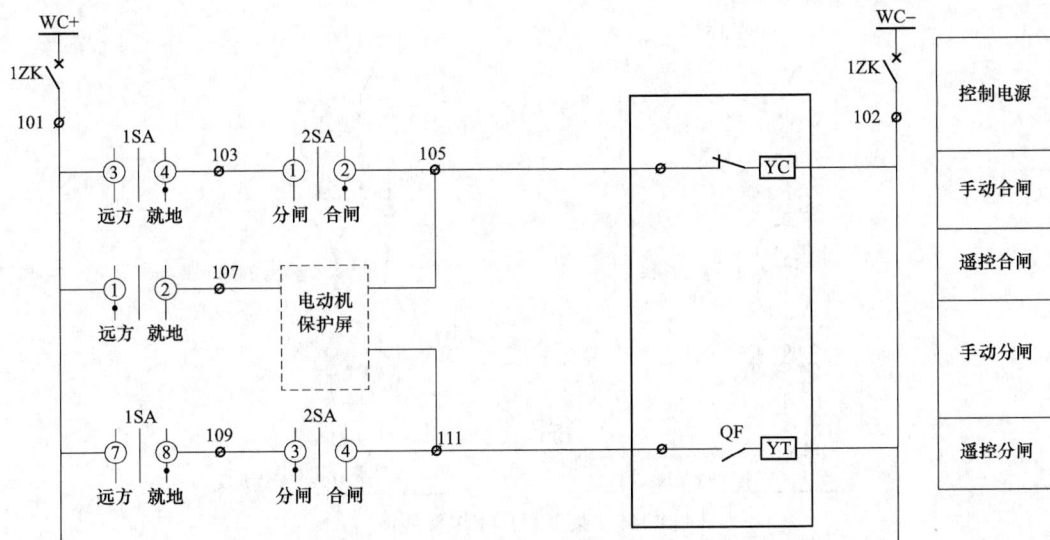

图 8-44　某厂高压电动机断路器控制电路图

如下检查，在断路器为跳闸的状态下，分别将控制方式开关切至"远方"和"现地"，测量如图所示的"107"和"105"之间的电压均为 220V（为控制电源电压）；在断路器为合闸的状态下，分别将控制方式开关切 1SA 至"远方"和"现地"，测量如图所示的"107"和"111"之间的电压也均为 220V（为控制电源电压）；这为不正常现象。从图中可看出，当 1SA 至"现地"时，断路器无论是在合闸状态还是"分闸"状态，"107"和"105"及"107"和"111"之间的电压应为零，因为在"远控"时，"107"与控制正电源不相连接。通过检查的结果可断定断路器控制方式开关 1SA 没起作用。随后将控制电源开关 1ZK 断开，分别将 1SA 切至"远方"和"现地"，测得图中的"101"和"107"均接通，经检查发现，在端子排上 16 号端子没有标号为"107"的接线，标号为"107"的线接到了 4 号端子上，问题就在此——现场将标号为"107"的接线接至 4 号端子，而 4 号端子的屏内接线为断路器控制正电源"101"，相当于将"107"和"107"短接，控制方式选择开关 1SA 不超作用。

3. 处理及结果

现场将 4 号端子上标号为"107"的接线进线对线确认后，将其改接至 16 号端子，分别模拟"远方"和"现地"状态下的断路器操作，各种操作均恢复正常。

4. 经验及教训

继电保护装置及回路投运前必须按照原理图进行认真调试，模拟各状态下进行相关操作，以确保现场接线与原理接线相符，及时发现设备安装中错误接线，以保证投运后设备和人身的安全。

（四）设计不合理导致备自投开关出现跳跃现象

1. 故障现象

某工厂厂用电低压侧主接线图如图 8-45 所示。

两段母线分段运行，其中母联开关+LS3-QF1 为备用电源自投开关，备自投开关控制电路如图 8-46 所示。某天当 1 号厂用电流速断保护动作，将 1 号厂用变高低侧开关跳开后，启

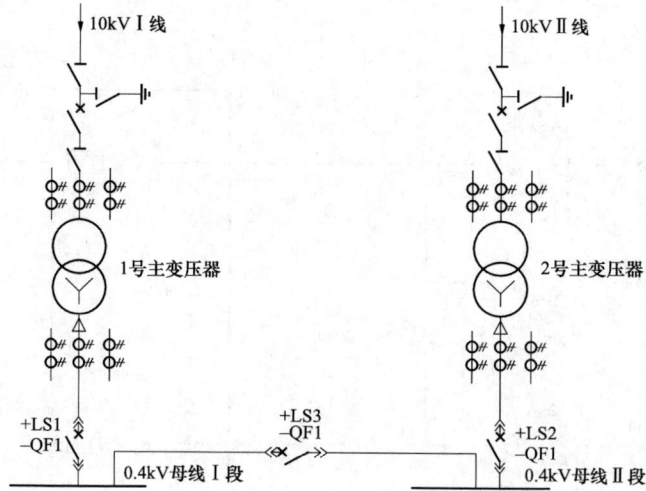

图 8-45　某工厂厂用电接线图

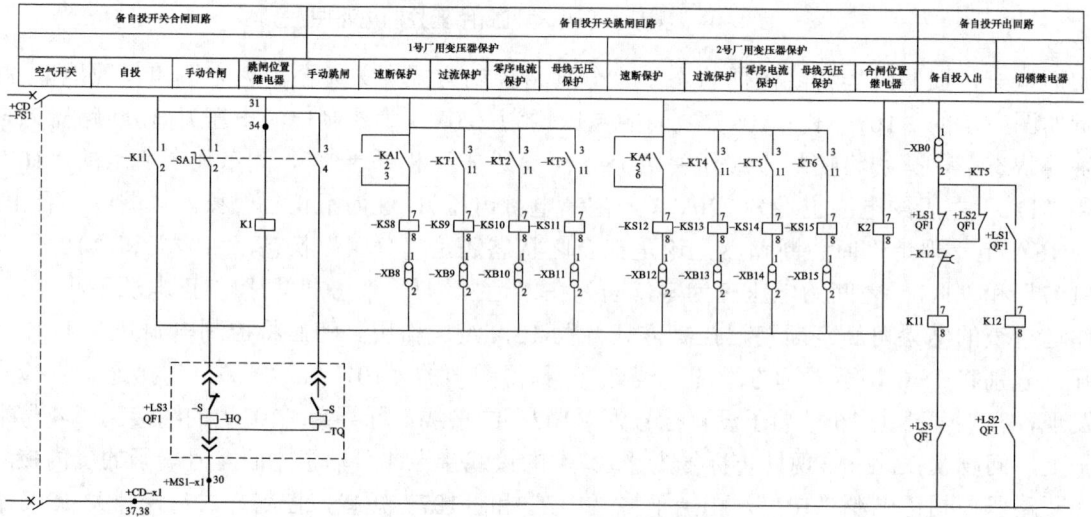

图 8-46　某工厂厂用电备自投接线图

动备自投回路，合上母联开关+LS3-QF1，当合上后由于 0.4kV 母线 I 段短路故障未消除，使母联开关出现跳跃现象。最终导致 0.4kV 母线 II 段电机负载接触器失压而掉闸，扩大了事故。

2. 检查与分析处理

从图 8-46 中，可明显看出，造成跳跃起主要原因是备自投回路没有设计闭锁回路，加装闭锁回路，如图 8-47 所示，随后模拟动作，未再出现跳跃现象。

3. 经验及教训

（1）工厂电气设备带有继电保护的断路器控制回路设计时，必须设计断路器跳跃闭锁回路，防止手合或是自动合闸于故障设备或回路而产生跳跃的事故。

（2）二次回路调试时，应根据设计图纸及其意图，进行各种模拟试验以验证回路的可靠性，确保设备投运后能可靠工作。

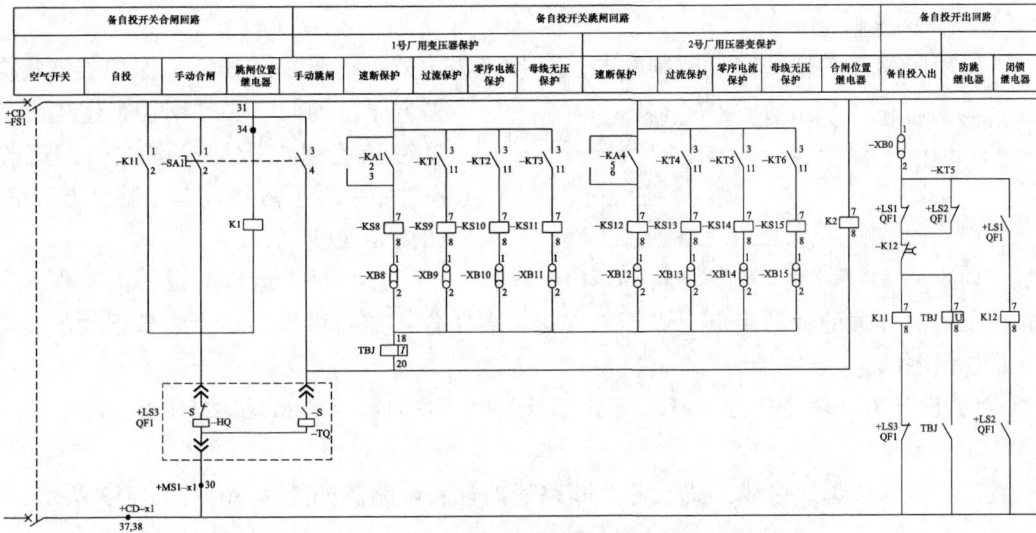

图 8-47　加装跳跃闭锁回路的厂用电备自投接线图

（五）电压切换继电器产生寄生回路导致主变保护出口动作跳闸

1. 故障现象

某大型工厂 110kV 变电站采用双母线接线方式，某日，工厂运维人员将 1 号主变压器由 I 段切换至 II 段运行，根据设计图纸，主变保护的电压回路也相应要切换到 II 段电压互感器运行，但进行切换时，主变压器保护回路切换中间继电器 K1 线圈不失电（不失磁）处于吸合状态。此时，维护人员将下图中的 X:8 号接线端子拆开，当断开这一端子后立即引起 1 号主变压器保护出口继电器 K0 带电动作，使 1 号变压器高低侧开关跳闸。

2. 检查与分析处理

经检查，在发生跳闸前，因隔离开头的辅助常开触点 -11QS 由于春季雨水导致触点生锈粘死，已被短接，在上图中 X:8 号端子有三根线，一根是 K1、K2 的线圈的负极线，一根是负电源，一根是主变压器保护出口继电器 K0 线圈的并联电阻 1R 的负端。当时，维护人员不了解现场接线情况，擅自拆开 8 号端子后，形成了如图 8-48 中箭头所示的寄生回路。

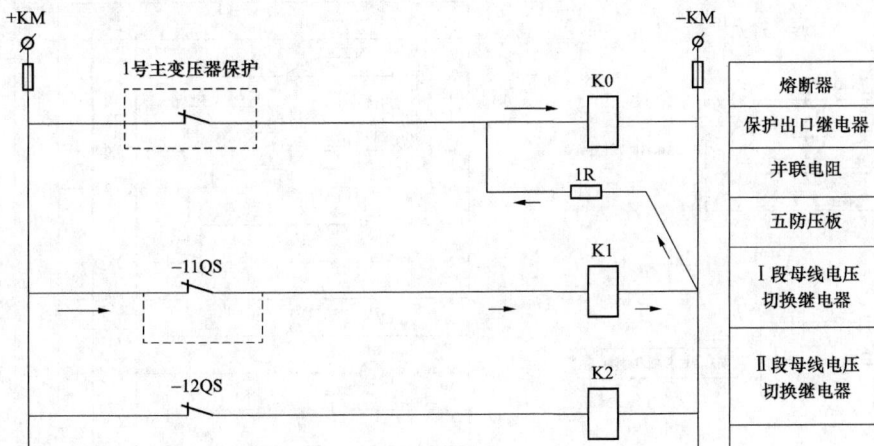

图 8-48　某工厂变电站母线二次电压切换控制图

3. 经验及教训

（1）用隔离开关辅助接点控制的电压切换切继电器，一旦出现异常，保护装置将会失去电压，为此，必须用切换继电器的一对触点监视电压切换继电器的工作状态，如果不正常必须立即发出告警信号，如图 8-49 所示。

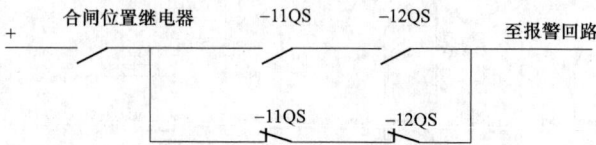

图 8-49　母线电压切换监视回路接线图

（2）对于运行的设备，工作人员不得随意在隔离开关的辅助接点上进行工作，需要工作一定有可靠的防止设备误动的安全措施，并看懂图纸。

（六）设计不合理导致备自投入有故障母线时，备自投开关出现跳跃现象

1. 故障现象

某工厂 0.4kV 母线接线方式及各个断路器的控制电路图如图 8-50～图 8-53 所示。

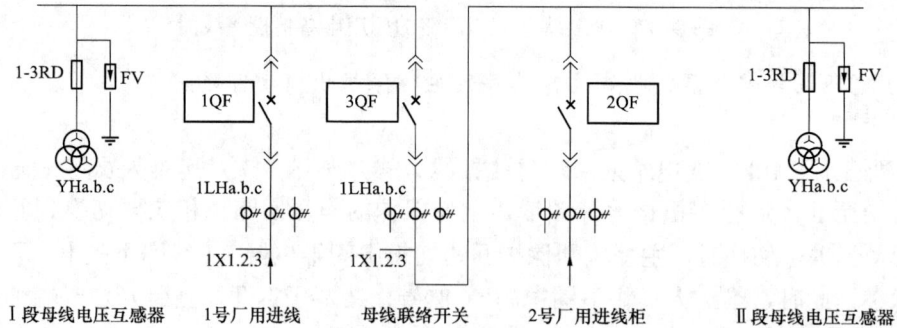

图 8-50　1 号厂用电进线开关控制电路图

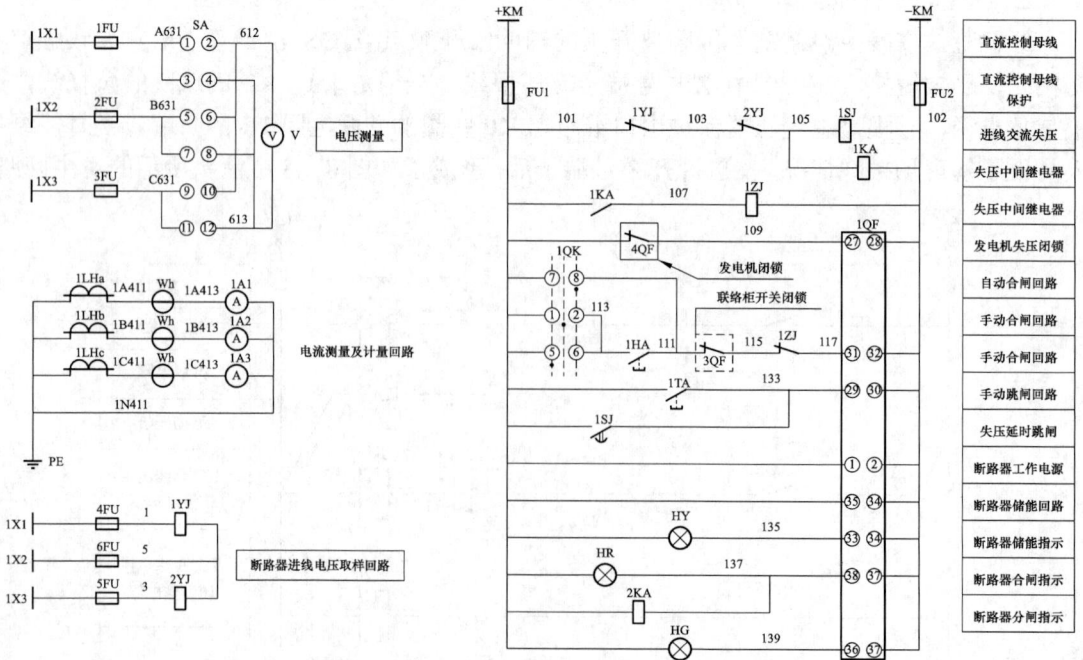

图 8-51　1 号厂用电进线开关控制电路图

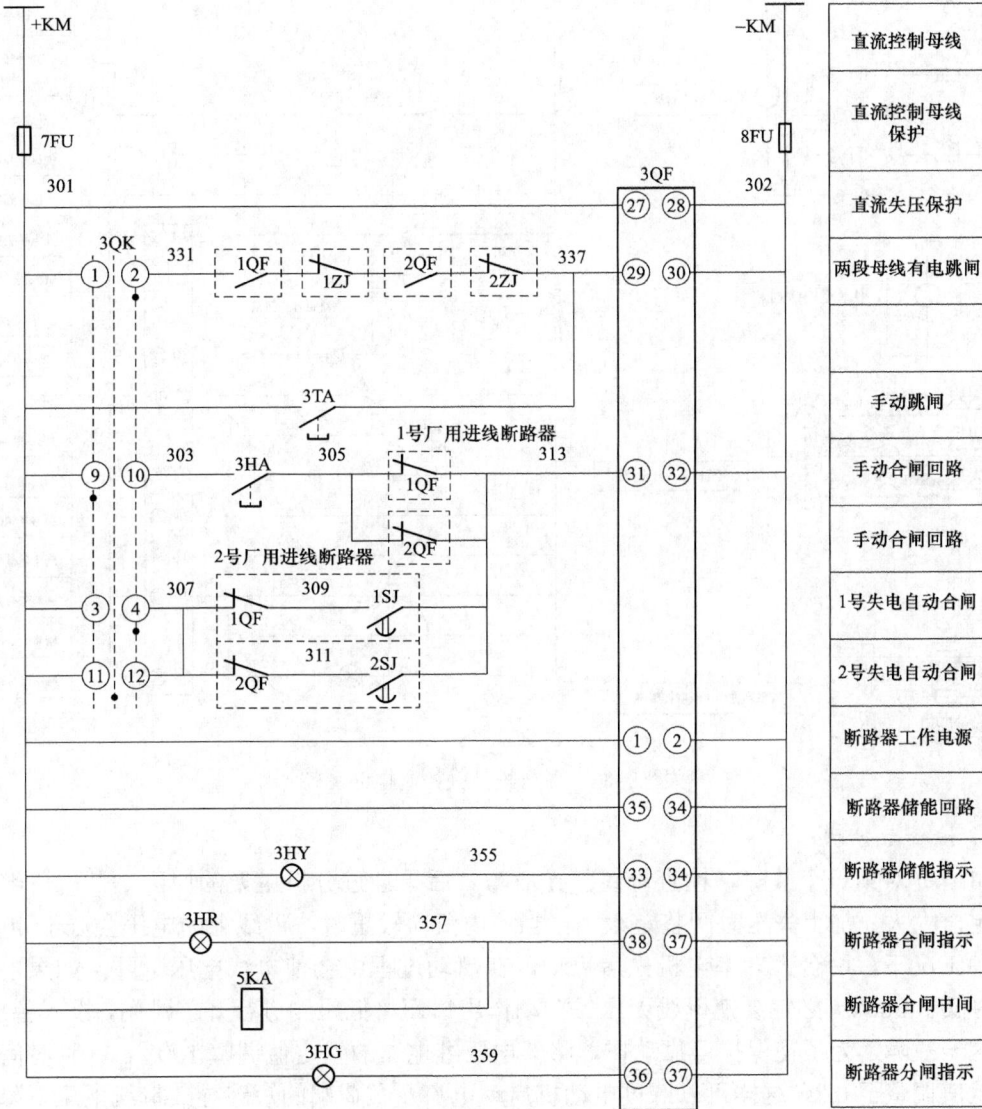

图 8-52 2 号厂用电进线开关控制电路图

Ⅰ段、Ⅱ段进线开关的控制路设计了母线失压保护，失压保护通过电压继电器 1YJ、2YJ 监测 A、C 相电压通过时间继电器延时 0.5s 作用到断路器的跳闸回路，电压继电器的整定值为 380V。该厂大功率电动机均采用软启动控制，但该备自投自投运以来出现过两种故障现象：

（1）当厂内负荷较重时，当接至同一段母线的两台大型电动机先后直接启动时，该段母线低压侧进线开关跳闸，备自投开关自动投入。

（2）Ⅱ段母线出现过一次金属性 AC 相间短路时，Ⅱ段母线低压侧进行开关（失压）跳闸，延时后投入备自投开关，由于相间短路故障未消除，导致Ⅰ段母线失压保护经 0.5s 延时后将其低压侧进线开关跳闸，使全厂停电。

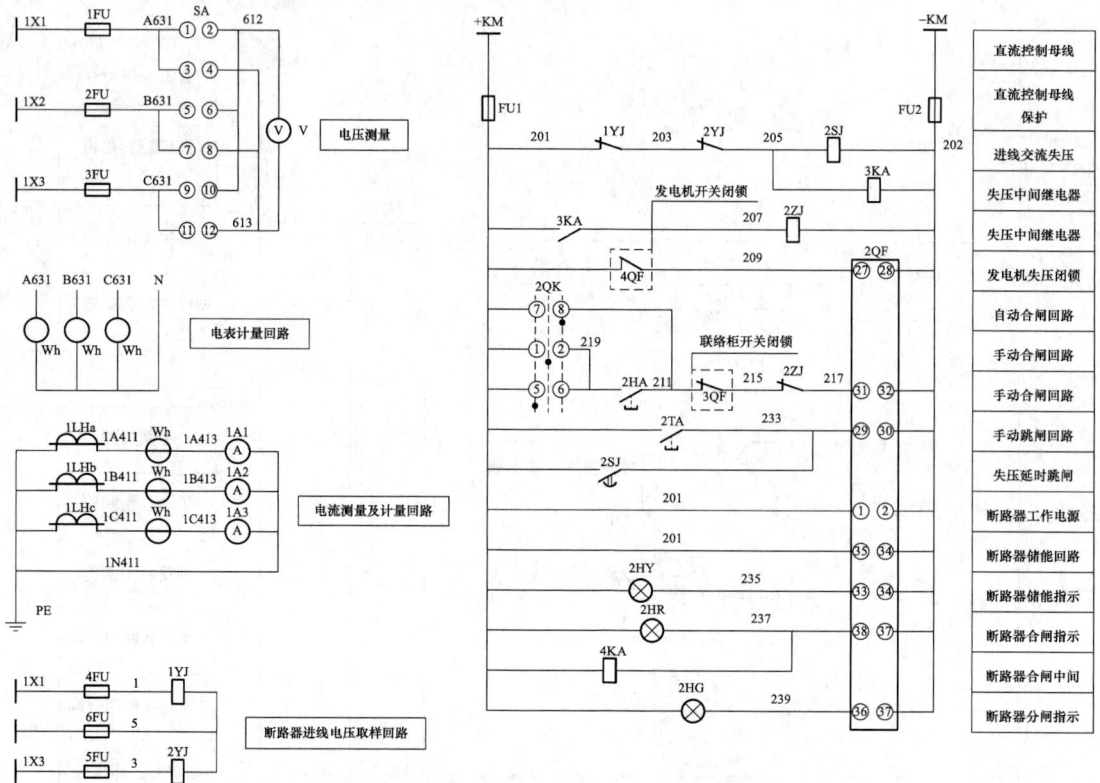

图 8-53　备自投开关控制电路图

2. 检查与分析

（1）针对第一个故障，检查母线并无故障。后果经过分析主要的原因是低电压继电器的整定值太大，加上失压时间整定太小，当厂内负荷较重时，母线上的电压会低于 400V，在这种工况下，两台大功率电机先后启动，在启动过程中会使母线电压下降，如果电压在 0.5s 内低于 380V，必定会使母线无压保护动作出口而将低压侧进行开关跳闸，投入备自投，针对这一故障，为了使保护可靠动作，将低电压继电器的整定值调整 160V，并将时间继电器整定值调整至 0.8s，这样可以躲过电动机启动电流及负荷端的短路导致母线电压下降不致跳闸，调整后经过模拟电机启动试验保护不动作，当出现母线失压时可靠动作。

（2）针对第二个故障，通过分析电路图可知，由于原两段母线无压动作出口时间是 0.5s，当 II 段母线出现永久性短路故障时，均由无压保护延时 0.5s 出口跳闸，同时合上备自投开关，I 段母线向 II 段母线提供电源，但这时由于母线短路故障仍然存在，备自投开关不能自动将故障切除，I 段母线无压保护动作延时出口将其进线侧断路器断开，扩大了停电事故。从原理图不难看出，当任一段母线失压后，备自投开关投入后，如果失压母线是永久性故障，这时备自投开关不能自动跳闸，这样将会使本来正常的另一段母线失压继电器动作导致其进线侧的开关跳闸，扩大了停电范围。

3. 处理措施

在备自投开关控制回路中增加一跳闸回路，当备自投开关合上后经一定延时（时间必须比 I、II 无压保护时间短，保证选择性）仍判断为任一段母线无压，将使保护出口继电器动作并保持，在两段恢复正常后再退出闭锁回路。电路图如图 8-54 所示。

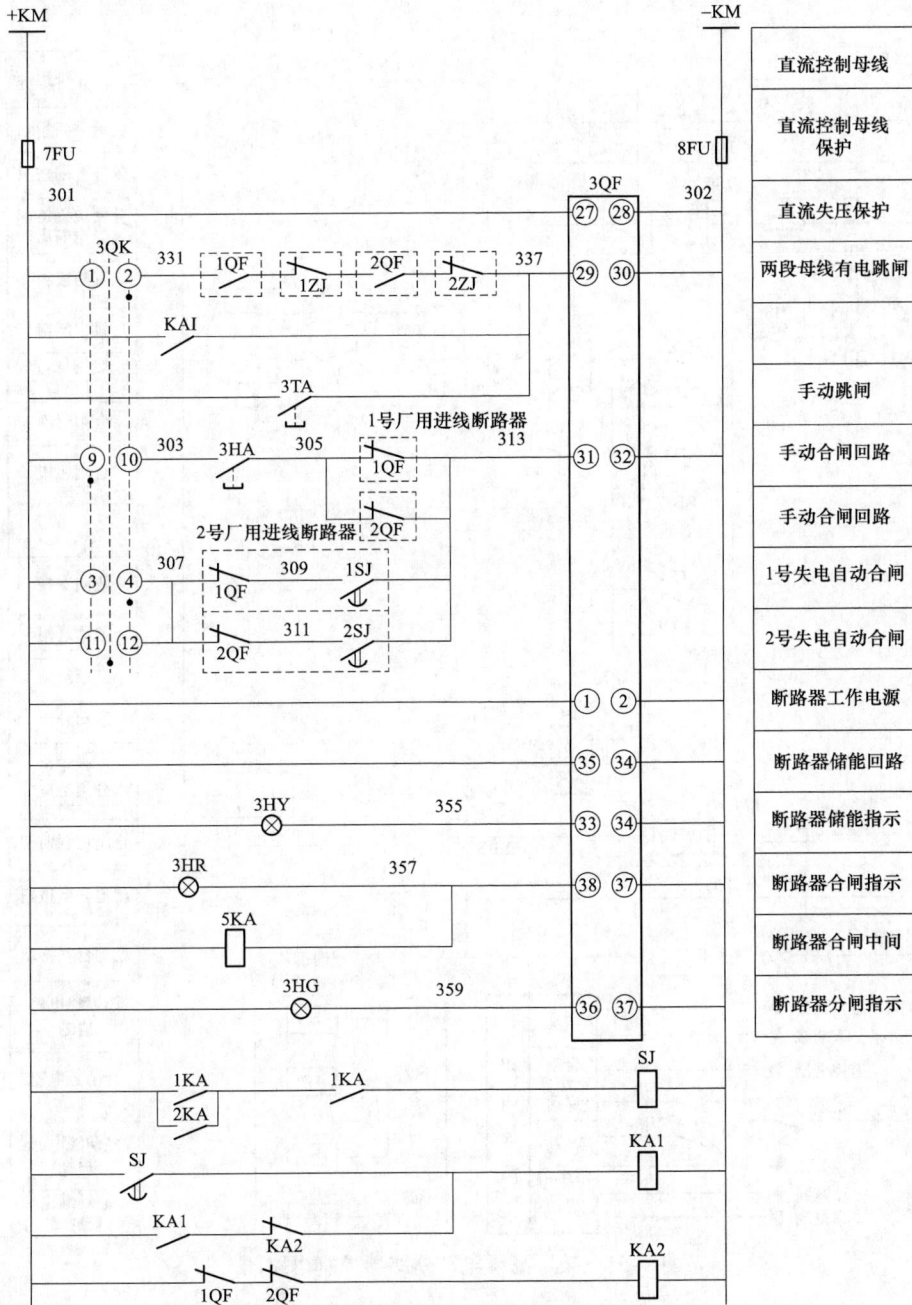

图 8-54　改进后的备自投开关控制电路图

（七）跳闸压板螺丝未拧紧导致高压电动机无法投入运行

1. 故障现象

某工厂一高压电动机带差动保护，其断路器的控制回路如图 8-55 所示，运行了近两个星期后，生产人员准备采用手动停机，当手动按下跳闸按钮 TA 后，开关不跳闸，检查合闸指示灯指示正常，证明跳闸回路"完好"。在操动机构上采用手动分闸后，对回路进行检查。

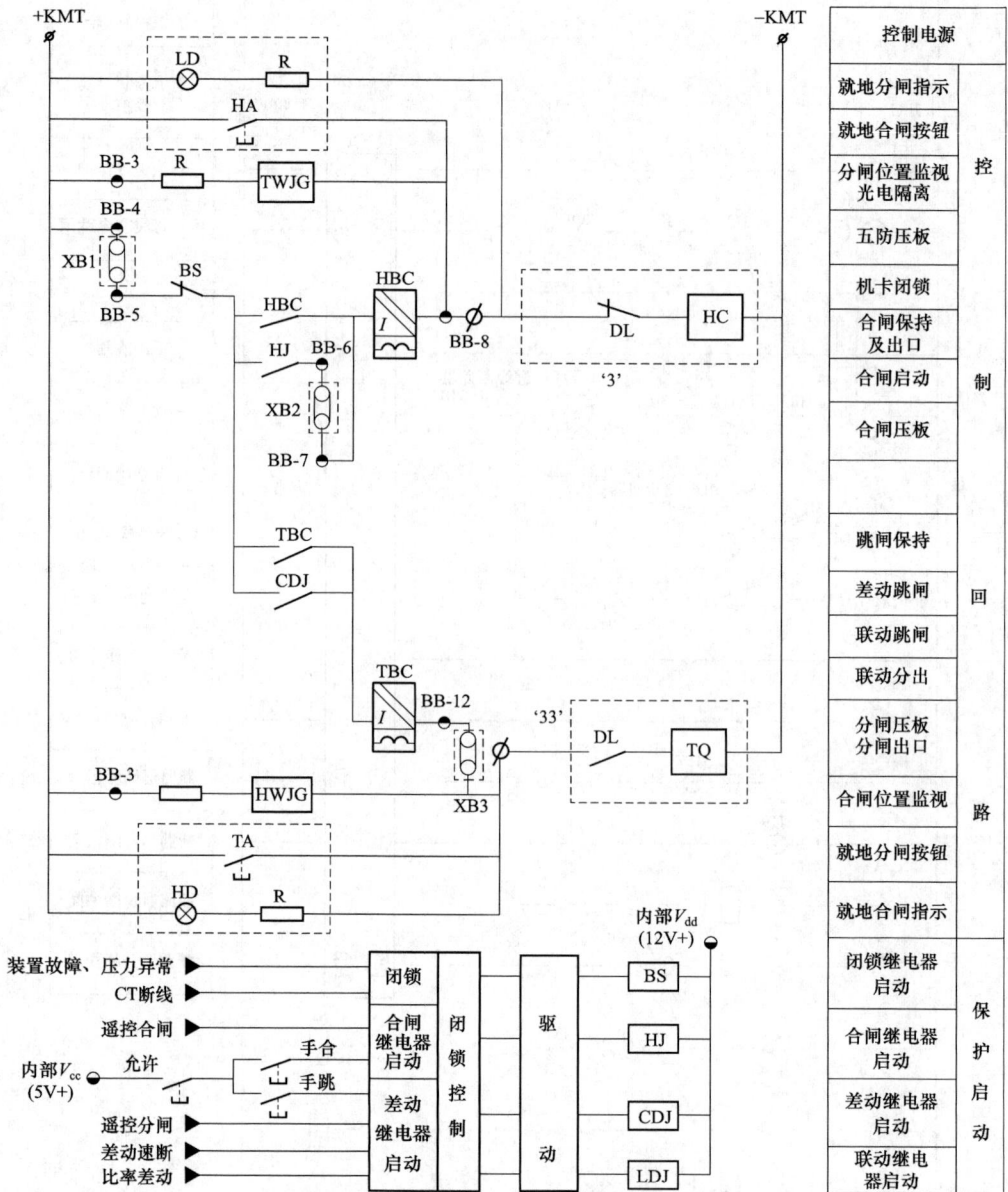

+KMT　−KMT

控制电源

就地分闸指示

就地合闸按钮

分闸位置监视
光电隔离

五防压板

机卡闭锁

合闸保持
及出口

合闸启动

合闸压板

跳闸保持

差动跳闸

联动跳闸

联动分出

分闸压板
分闸出口

合闸位置监视

就地分闸按钮

就地合闸指示

闭锁继电器
启动

合闸继电器
启动

差动继电器
启动

联动继电器启动

控制回路 保护启动

LD　R　HA

BB-3　R　TWJG

BB-4

XB1

BB-5　BS

HBC　HBC　HBC　I　BB-8　DL　HC　'3'

HJ　BB-6

XB2

BB-7

TBC

CDJ

TBC　I　BB-12　XB3　'33'　DL　TQ

BB-3　R　HWJG

TA

HD　R

内部 V_{dd}（12V+）

装置故障、压力异常　CT断线　遥控合闸　闭锁

内部 V_{cc}（5V+）　允许　手合　手跳

合闸继电器启动　闭锁控制　驱动　BS

遥控分闸　差动速断　比率差动　差动继电器启动　HJ　CDJ　LDJ

图 8-55　某厂高压电动断路器控制电路图

2. 检查与分析

将小车推至试验位置后，手动按下合闸按钮 HA 后断路器动作正常，而再次按分闸按钮 TA 断路器能可靠分闸，但通过重复、分 5 次有 2 次不能动作，而断跳器操作回路的跳、合闸指示灯均工作正常，跳合闸位置继电器 HWJG、TWJG 动作也正常，后对断路器的跳闸线圈进行检查，线圈直流电阻正常，动作电压正常，通过短时外加额定直流电压给线圈，连接 5 次均能可靠跳闸，这证明偶然故障在外部电路，恢复接线后，用一指针式的电压表

直接接至断路器的跳闸线圈两端，再进行手动跳闸试验，经过几次试验发现，每次跳闸线圈动作跳闸时，加在线圈两端电压接近额定电压，而线圈不动作时，加在线圈两端电压较低，低于线圈的最低动作电压，且保护装置面板上的合闸指示的发光二极管不亮（此二极管是通 HWJG 的触点驱动），这证明当断路器不能跳闸时，跳闸回路中产生较大的压降，导致跳闸线圈的电磁力矩不够。

按照图纸对跳闸回路进行检查，对接线端子进行紧固时发现跳闸出口连片螺丝松动厉害，轻碰后连片直接掉下来，由此得出连接片接触不良导致在此的压降增大，限制了跳闸线圈的工作电流而使电磁铁不能动作。

3. 处理措施

（1）拧紧连接片。

（2）从图 8-55 中可看出，其电路图设备意图是通过指示灯 HD、LD 来监视断路器的位置，通过 TWJG、HWJG 来监视合闸回路和跳闸回路是否完好，但实际两者都只起到监视断路器位置的作用，当跳、合闸出口接点至保持继电器、连接片间任一回路出现开路都不能监视，这是一安全隐患，如果如上述故障不能及时发现，当电动机保护动作时将有可能会使断路器拒动，扩大故障范围。所以，将控制电路图作如下更改，如图 8-56 所示。

（八）更换电动机断路器跳闸线圈后导致断路器不能正确分合闸

1. 故障现象

某工厂运维人员对某一高压电压机断路器的操动机构进行检查时发现合闸线圈由于频繁操作出现过热现象，于是在停机状态下及时更换了该合闸线圈，完工后对断路器进行合、分试验，发现断路器只能合闸不能分闸，保护装置上的跳闸指示灯亮，开关柜上的跳闸信号灯亮。其原有接线图如上例中图 8-56 所示。

2. 检查与分析处理

经过检查发现不能跳闸的原因是由于跳闸线圈的负电源不通，原因是在更换线圈时，两线圈公共线未短接，即图中的 X:1 与 X:2 端子未短接，造成只能合闸不能跳闸。更换线圈后断路器的实际接线如图 8-57 所示。

将 X:1 与 X:2 端子短接后，再次进行合闸试验，当按下合闸按钮后，断路器合不上，并且动作时好像有跳跃现象，每按一下合闸按钮断路器的机械位置指示都发生合、分指示。这证明断路器先进行了合闸又进行了分闸两个操作过程，如果按下合闸按钮停留一段时间，在这段时间内断路器出现合、分的跳跃现象，后对电动机进行检查未发现任何故障，而将跳闸线圈的 X:2 端子拆掉后，断路器能正确合闸，但是不能分闸，后恢复 X:2 端子接线后按下跳闸按钮时也同样出现按合闸按钮一样的故障现象。也就是说无论操作跳闸还是合闸按钮均能使两个线圈带电，从原理图中可知应该是先合闸再跳闸，为何两线圈会单一操作而同时带电？细心的工作人员发现保护装置面板上的跳、合闸指示发光二极管同时亮，这说明跳闸位置继电器和合闸位置继电器同时带电，也证明了跳合闸回路同时接通。后来经过分别检查合闸和跳闸回路发现在更换合闸线闸时误将跳闸线圈和合闸线圈并联（将 X:5 和 X:6 端了短接），导致出现跳跃现象，如图 8-58 所示。

将短接线拆除，再次进行合、分试验，断路器动作正常。

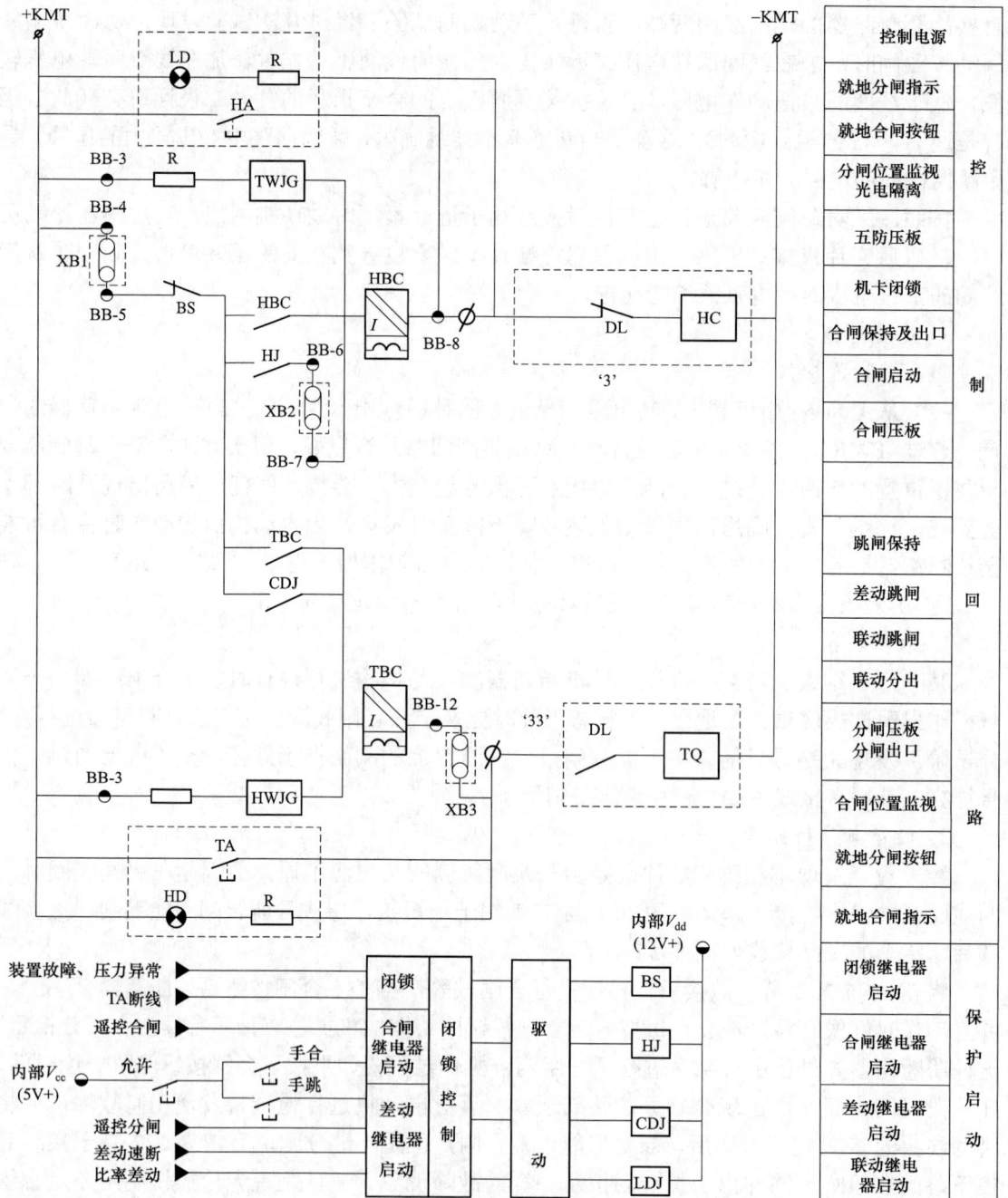

图 8-56　改进后的高压电动断路器控制电路图

3. 经验及教训

（1）二次回路上进行拆接线的工作，工作前必须熟悉原理接线图，拆前做好记录，接好要进行仔细检查。

（2）更换二次回路元器件时，事前应观察新的元器件接线方式是否与老元器件接线方式一致，如有不一致，应对照原有原理接线结合新元器件的接线方式，绘制接线图，经复核无误后才开展工作。

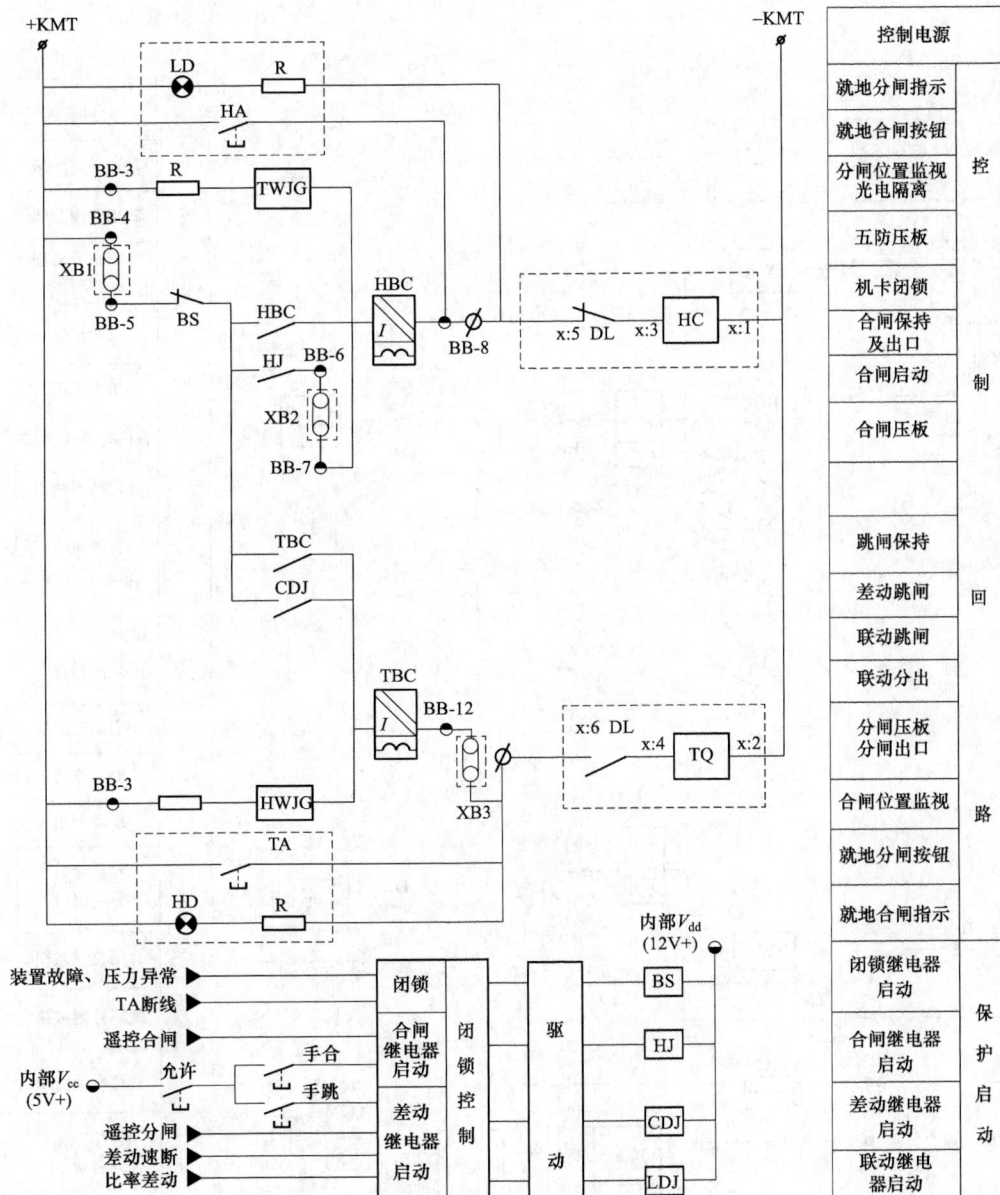

图 8–57　改更跳闸线圈后跳合闸线圈公共端未短接断路器实际控制电路图

（九）接线错误导致电动机开关防跳继电器不起作用

1. 故障现象

某高压电动机断路器的控制电路图如图 8–59 所示，断路器增设了防跳回路，电动机投产时，试验人员进行断路器的分合闸试验，断路器动作正常，投运两年多来保护装置及电动机本从未出现过故障，某天运维人员在停机状态下对电动机引出线的螺栓进行紧固，由于工作前临时装设的接地线未拆除就对电动机送电，导致电机速断差动保护及速断保护动作，在操作过程中断路器出现多次跳跃现象，跳合闸线圈严重过热。

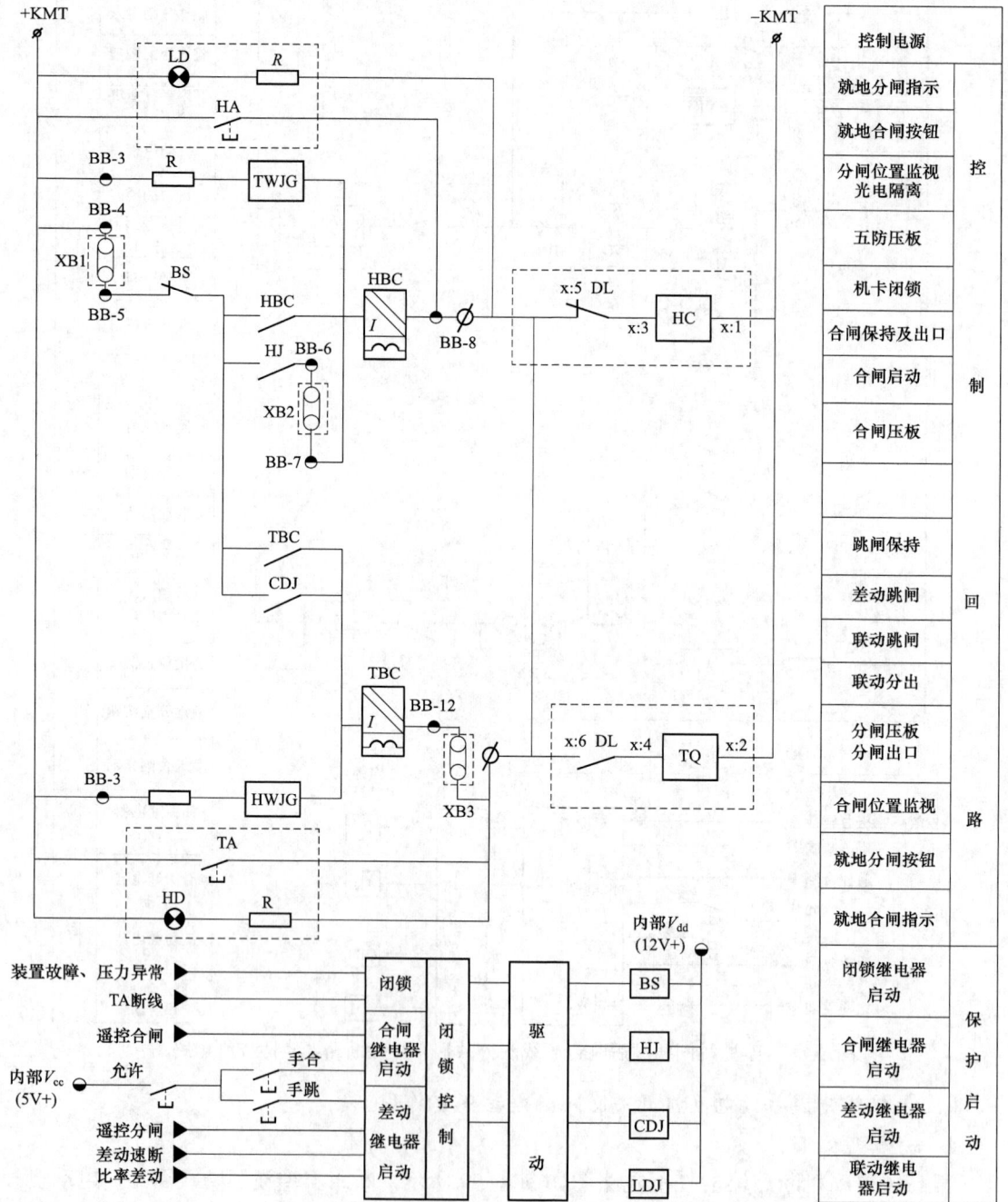

图 8-58　改更跳闸线圈后跳合闸线圈并接断路器实际控制电路图

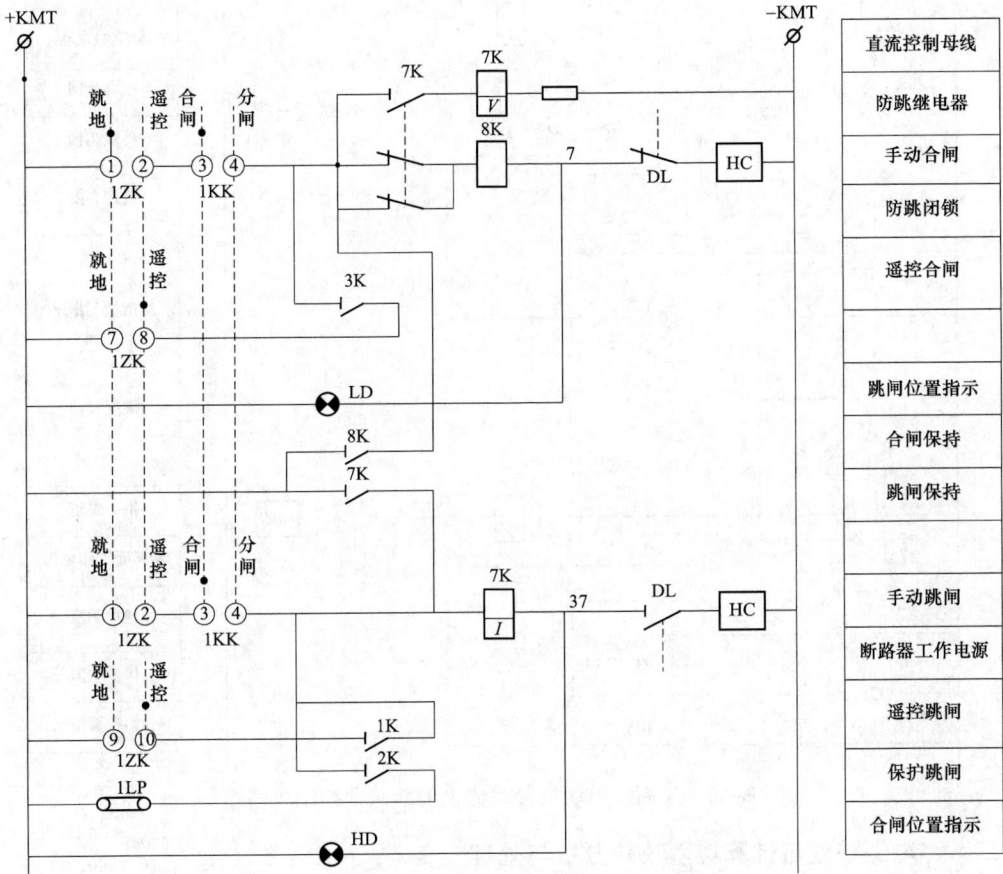

图 8-59　某高压电动机断路器控制电路图

2. 检查与分析处理

按设计原理图，设计了防跳回路，如果手合故障电动机保护动作时防跳继电器动作将合闸回路闭锁，防止断路器跳跃，但这次为何防跳回路失效，事后因怀疑防跳继电器的电压或电流线圈烧毁，对两线圈进行检查未发现异常，对保护装置进行模拟短路试验，保护可靠动作，出口继电器 K2 可靠动作，对防跳继电器 7K 进行校验，继电器动作可靠，将开关推至试验位置，合上断路器后模拟短路试验后保护可靠动作并使断路器可靠跳闸，但将保护出口继电器的开点短接后，手合开关，防跳继电器不动作，这证明防跳回路本身接线存在问题，经检查发现保护出口继电器的线接至防跳继电器的线圈的后端，如图 8-60 所示。将接线更改后，故障消除。

3. 经验及教训

（1）继电保护装置及其二次回路投运调试时，一定要按照原理图进行各种模拟试验，以确认二次回路接线是否正确，各种保护功能在相关故障或事故发生时能否可靠动作。

（2）电气设备安装调试时，应做好技术监督工作，防止调试时试验项目漏项。

311

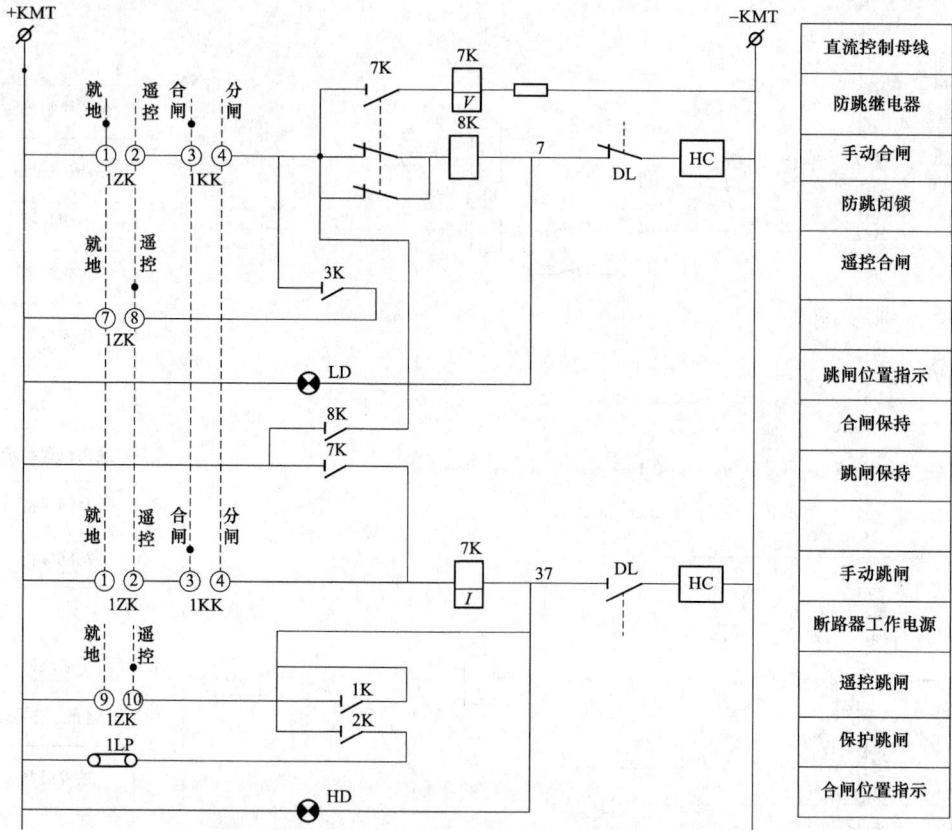

图 8-60　某高压电动机接线错误的断路器控制电路图

二、继电保护整定计算典型故障分析与处理

（一）差动继电器整定值较小导致其误动作分析与处理

1. 故障现象

某工厂热电机组定子绕组为 Y 型连接，且每相绕组支路数为 2。由于发电机结构的特殊性，设计的纵差保护的交流回路（以一相为例）如图 8-61 所示。

在图 8-61 中，中性点 TA 两个并联，每个 TA 变比为 9000/5；机端 TA 为 18000/5。为了使正常工况下差动继电器的差流为零，在中性点 TA 的输出接一中间变流器、中间变流器的变比为 2/1。某日，距电厂较远的线路上发生了 A 相接地故障，厂内热电机组 C 相差动保护动作，切除了发电机组。差动保护动作时发电机的电流约 1.5 倍额定电流。

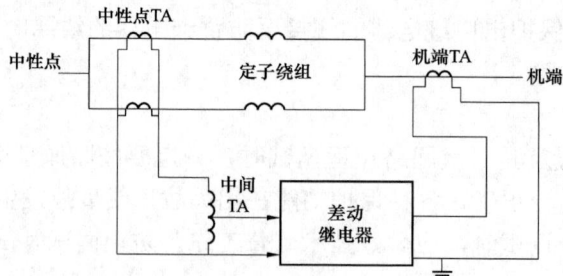

图 8-61　一相差动继电器的交流回路

2. 检查与分析

经调查知，误动的差动保护是具有比率制动特性的集成电路型分相差动保护。其整定值如下：初始动作电流 I_{dz0}=0.9A；比率制动系数 K_{res}=0.3；拐点电流 I_{zd0}=4A。

事故发生之后，多方面的有关人员对差动继电器、二次回路进行了试验检查；并在正常工况下进行了测量，没有发现问题。

为了查清差动保护误动的原因，对差动 TA 的特性进行了试验，模拟区外故障观察对差动继电器的影响。基本搞清了差动保护误动原因。

（1）对两侧差动用电流互感器的伏安特性进行录制，其 C 相的伏安特性见表 8-9。

表 8-9　　　　　　　　　　　电流互感器伏安特性试验记录

中性点 TA	二次电压（V）	98	195	279	337	381	428	455	509
	二次电流（mA）	39	90	139	176	206	246	278	395
	二次电压（V）	110	186	278	339	390	409	436	503
	二次电流（mA）	54	84	121	150	180	194	216	330
机端 TA	二次电压（V）	92	180	279	329	431	511	597	692
	二次电流（mA）	10	14	22	30	53	74	100	136

根据表 8-9 中数据绘得的曲线如图 8-62 所示。由图 8-62 可以看出：差动 TA 两侧的 V—A 特性相差很大，中性点 TA 在 500V 左右开始呈现饱和，而机端 TA 在 700V 时仍为线性。这样在区外故障时的暂态过程中，由于差动保护两侧 TA 暂态特性不一致，可能短时在差动继电器中出现差流。

（2）模拟区外故障模拟试验。区外故障模拟试验接线如图 8-63 所示。在图中，W1、W2 为差动继电器的制动线圈；W3 为差动继电器的差动线圈；K1、K2 为三相刀闸的两个刀口；E_A、E_B 为继保测试仪的两相电流源。

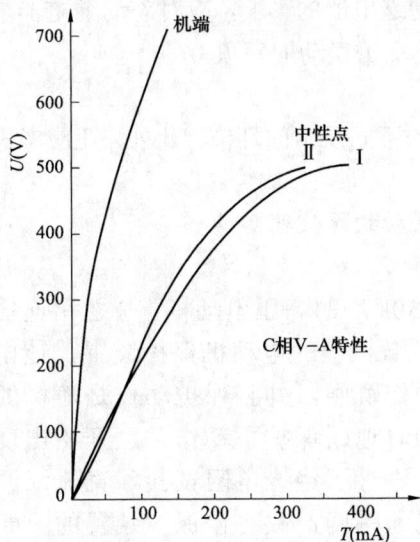

图 8-62　某电厂 C 相差动继电器 TA 伏安特性能

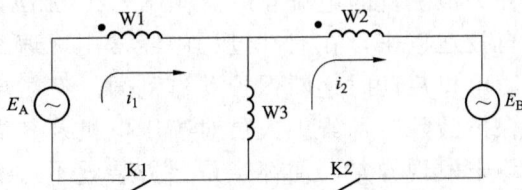

图 8-63　区外故障模拟试验接线示意图

试验时：先合上 K1、K2，调节继保测试仪使 $i_1=i_2=5A$，i_1 与 i_2 的相位相同，拉开 K1、K2。突合 K1、K2，观察差动继电器的状态。

试验结果如下：当继电器定值为 $I_{dz0}=0.8A$，$K_{res}=0.3$、$I_{zd0}=4A$ 时，同时突合刀闸（即 K1、K2）5 次，每次差动继电器均动作。而当继电器的定值提高为 $I_{dz0}=1.6A$；$K_{res}=0.4$，$I_{zd0}=4A$ 时，再突合 5 次刀闸，差动继电器可靠不动作。

为了验证试验仪工作性能及 K1、K2 闭合的同时性，对上述试验进行了录波。从录波图可以看出：合 K1、K2 后，电流 i_1、i_2 立即大小相等，方向相同，并没有暂态过程。

另外，K1、K2 合闸不完全同时度，只相差 2～3ms。而测量差动继电器的动作时间得知，5 倍动作电流时的动作时间为 15ms 左右。

（3）差动继电器误动原因分析。区外故障差动继电器误动原因主要有：差动继电器的整定值较小，两侧 TA 的暂态特性及电流上升速率不同，以及当整定值较小时差动继电器本身工作不稳定。与其他发电机的差动保护不同，该机两侧差动 TA 的型号不一，变比不同，且中性点 TA 由两个 TA 并联，又加一个中间变流器。因此，该机差动继电器的整定值应适当提高，制动系数应增大，拐点电流应降低。

而原定值为，$I_{dz0}=0.8A$，仅为额定电流的 0.2 倍；比率制动系数只有 0.3。对于集成型差动继电器，拐点电流取 0.7～0.8I_e 是合理的，而实际拐点电流为 I_e。

在区外故障时，由于两侧 TA 特性不一致，且中性点侧 TA 又多一个中间环节，因此保护两侧电流，上升的快慢必定不一样，很可能有 3～5ms 之差。从区外故障模拟证实：当两侧电流出现时间相差 2～3ms 时，便足能使差动继电器动作。差动继电器的最短动作时间为 15m 左右。而两侧电流出现时间差（即出现差流的时间）仅为 2～3ms，差动保护就动作实属差动继电器本身问题。

3. 处理及结果

为了提高该机该型差动保护的动作可靠性，可采取以下对策。

将初始动作电流 I_{dz0} 增大至 0.4I_e；比率制动系数增大到 0.40～0.45；拐点电流降至 0.7I_e。此外，为了消除两侧 TA 暂态特性不一致对差动继电器的影响，应对差动继电器增加 10～15ms 的动作延时。经过以上处理后未再发生差动保护误动的现象。

4. 经验及教训

在计算差动继电器的整定值时，应考虑两侧 TA 的不同及中间环节。此外，还应考虑采用的差动继电器构成特点及性能。

（二）整定计算值偏小导致电动机速断保护频繁误动故障处理

1. 故障现象

某工厂有一台额定电压为 10kV，额定功率为 630kW 的高压电动机，与之相连的高压开关柜配置的电流互感器变比为 150/5A，配备了微机型的电动机保护装置，该电动机自投运以来，在启动过程中经常出现速断保护动作跳闸，并且保护动作是随机的，有时电机启动时速断保护动作跳闸，有时电机启动时速断保护不动作。刚开始出现速断保护故障时，维护人员对高压电机及其高压电缆进行了绝缘电阻试验，直流泄漏试验均未发现异常，便怀疑是保护装置不可靠误动引起跳闸，故将该保护装置的速断保护退出运行。

314

2. 检查与分析处理

针对以上这种故障现象分析便知,保护动作并不是电动机本身故障引起,而是保护装置中监测到电动机启动时的实际电流达到或是超过了速断保护整定电流。在停机状态下,将保护装置中保护定值打印出来进行校验,从打印出来的定值单可以看出,TA 变比为 150/5,电流速断定值为 8.66A,用继电保护测试仪模拟速断保护试验时,当电流增加至 8.66A 时,速断保护正确动作并可靠出口将电动机的断路器跳开。这证明保护装置本身工作正常,而按速断保护定值计算公式 $I_{qb.2}=K_{rel}K_wK_{st}I_{N.M}/K_i$ 对速断保护定值进行计算可知,当可靠系数 K_{rel} 取 1.5,接线系数 K_w 取 1,电动机额定电流为 43.3A,电动机启动倍数 K_{st} 取 4,变比 K_i 为 150/5,计算结果为 8.66A,从计算结果并未发现定值有不妥之处。随后将速断保护出口连片退出,启动电动机时,发现速断保护立即启动并动作,故障记录其动作时电流最大值达到了 10.2A,大大超过的其整定值,这证明电动机正常启动过程中启动电流超过速断保护整定值,而电动机启动过程受电源等因素影响,启动电流并不是固定不变的,这是造成以上故障现象的真正原因。

随后对电动机进行多次启动,每次启动电流在 10A 左右,为确保速断保护不误动作,根据现场的实际情况重新计算速断保护定值,将电动机启动倍数 K_{st} 取 5,可靠系数 K_{rel} 取 1.6,计算速断保护定值为 11.55A,修改定值后,多次启动电动机未出现速断保护误动现象。

3. 经验教训

(1)电动机保护整定计算时,特别是速断保护整定计算,由于其计算时应考虑躲过电动机的启动电流,一般取 4~7 倍额定电流,为保证保护可靠动作,其可靠系统及启动倍数适当取大值。

(2)电动机保护定值整定后,应进行调试,观察电动机实际正常启动、运行过程中的电流值,根据实测值考虑定值的合理性。

三、计量回路典型故障分析与处理

(一)二次电流回路极性接反造成电度表计量不准

1. 故障现象

某厂用电设计安装两台 1000kVA 的干式变压器,正常情况下一台主用一台备用,对厂用电是采用三相四线制的感应式脉冲电度表在低压侧进行计量。运行人员反映工厂自投投运以来 1 号厂用电电度表计量不准——在一定时间段内根据实际负荷估算的电量与电度表计量的电量相差很大。

2. 检查与分析

现场检查发现 1 号厂用电度表的铝盘能够正常旋转且转向正确,对输入电度表的三相电压进行测量,测得三相电压对称且正确,未发现任何现象。后来用钳型相位相序表对接入电度表的电压、电流进行相位、幅值的检测,其检测数据如下:

表 8–10　　　　　　　　　　某厂 1 号厂用电计量回路测量数据

	电压幅值	相　位		电流幅值		相　位
ab	105V	120°	a	1.6A	ab	60°
bc	105V	120°	b	1.5A	ac	120°

续表

	电压幅值	相 位		电流幅值		相 位
ca	104V	120°	c	1.5A	bc	300°
			N	3.0A		

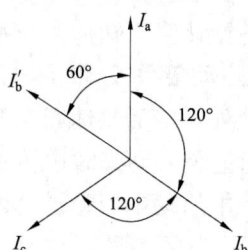

图 8-64　某厂 1 号厂用电表计
电流回路向量图

注　I_a、I_b'和 I_c 组成了实测的相位关系

从以上的测量数据分析可知电压回路的幅值和相位均正确无误，三相电流大小相等但不是对称的三相交流电，其相位不正确。ab 相位差应为 120°，但实测为 60°，bc 相位差应 120°但实测为 300°，且当三相对称时中性线上理论计算值应为零，但实际测量中性线上的电流为相电流的两倍（3.0A）。根据以上测量数据对三相电流作向量图如图 8-64 所示。从向量图可看出 b 相电流回路的极性接反了。

3. 处理及结果

将 1 号厂用电变压器负荷进行转移后，将其退出运行，对厂用电计量用电流互感器的极性进行检查性试验，确认 B 相电流互感器的极性接反，将其 K_1 与 K_2 的接线互换，随后投入该变压器，在同样厂用电负荷的情况下测量电度表三相电流的幅值均为 1.5A 左右，三相电流相位互差 120°且中性线上的电流接近为 0（其测量数据见表 8-11）。电度表铝盘转动速度明显加快，在厂用电负荷较稳定的情况下观察证实电度表计量准确。

表 8-11　　　　　　　某厂 1 号厂用电 B 相 CT 更改极性后计量回路测量数据

	电压幅值	相 位		电流幅值		相 位
ab	105V	120°	a	1.6A	ab	120°
bc	105V	120°	b	1.5A	ac	120°
ca	104V	120°	c	1.5A	bc	120°
			N	0.1A		

4. 经验及教训

对一些有极性要求的测量仪表进行安装调试时，一定要对现场接线的极性进行检测，确保极性正确。特别是计量仪表及有关保护装置的电流回路在做设备的升流试验或是带负荷试验时必须对其进行全面检测。

（二）电缆芯线绝缘降低造成电度表计量不准

1. 故障现象

某工厂 35kV 双回输电线路采用 DT864 型三相四线制感应式电度表进行电量计量。工厂投运两年后，运行人员从打印报表数据发现线路的计量数值与实际估算值相差太远。

2. 检查与分析

检修人员到现场观察发现电能表计屏中的线路有功、无功电能表的转速较以前相同工况下明显下降，用高内阻万用表测得输入到电度表的线电压数据如下：$U_{ab}=37V$，$U_{ac}=80V$，$U_{bc}=105V$，从测量数据分析除 bc 相线电压正常外（TV 变比为 110/0.1kV），其他两线电压均不正常。随后到升压站输电线路电压互感器二次端子箱内各相熔断器前后对三相电压进行重新测量，其测量数据基本相同。而取下所有熔断器后直接测量电压互感器侧的三相线电压对称且均为 105V，各相相电压均为 58V 左右，由此可证明并不是电压互感器本身引起二次三相电压不平衡。而对于负载端引起电压不平衡可以排除电压互感器二次负载阻抗超过其允许负载阻抗的问题，因为此组互感器是专供有功、无功计量用。

随后检修人员将取下的保险回装，在回装的过程中有明显的火花，再次测量其二次电压仍然不对称。从理论上分析电压互感器是一个内阻极小的电压源，正常运行时负载阻抗很大，相当于开路状态，二次侧仅有很小的负载电流，在回装保险时不应有如此大的火花，因此怀疑电压二次回路有短路现象。将该电压互感器至电度表间的电缆芯线解开后，用 500V 的绝缘电阻表测量 a、b 相电缆芯线间的绝缘为 0（实际不为 0，因为绝缘电阻表的最小量程为 $0.1M\Omega$）。因此，造成二次电压不平衡是因此回路中的电缆芯线对地绝缘受损而引起。但为什么出现接线现象（绝缘降低）而二次熔断器不熔断？对熔断器检查时发现其熔丝的额定电流为 20A，这已严重违反了继电保护及自动装置的反措要点——熔断器的熔丝配置太大。现场更换为一额定电流为 2A 的熔丝后立即熔断，更换额定电流为 4A 的熔丝同样熔断，从这可证明二次回路中出现经过渡电阻接地的短路故障。

3. 处理及结果

（1）更换一根同型号、同规格的经绝缘试验合格的控制电缆。

（2）严格按照《电力系统继电保护及自动装置的反措要点》要求，将电压互感器二次熔断器熔丝更换成额定电流为 6A 的熔丝，测得三相电压对称。

（3）其他电压回路的熔丝更换，对电缆芯线进行绝缘检测。

更换熔丝后，在相同负荷的情况下原电度表的转速明显加快，经过 8 个小时观察、记录证明该电能表计量准确。

4. 经验及教训

（1）定期检测二次回路的绝缘及时发现设备的各种绝缘缺陷。

（2）从事二次部分工作的技术人员一定要注意电压回路熔断器选型和配置问题，一般情况下电压二次回路熔断器熔丝的额定电流选择为 6A，这将能保证保护的正确、可靠动作。

第九章

变频器的运行与维护

随着电力电子技术的迅速发展，变频器已成为最理想的调速装置，它具有调速范围宽，平滑性好，效率高等优点，并具有良好的静态和动态特性。其优异的性能使得变频器在电力、造纸、化工、水泥、机床、铁路、纺织、食品等传统工业中适用越来越广泛。掌握变频器的运行与维护是一名工厂电气专业技术应具备的技能。

第一节 变频调速现状与其控制技术

变频调速技术特别是交流变频调速技术以其卓越的调速性能、显著的节电效果以及在国民经济各领域的广泛适用性，代表了电气传动发展的主流方向。变频调速技术为节能降耗、改善控制性能、提高产品的产量和质量提供了至关重要的手段。

一、变频调整技术的发展与现状

最初步交流变频调速理论产生于 20 世纪 20 年代，直到 60 年代，由于电力电器件技术进步，才促进变频调速技术向实用方向发展；70 年代的石油危机使变频调速技术有了很大发展并得到推广应用；80 年代变频调速器已产品化，性能不断提高，开始取代直流调速；进入 90 年代，由于新型电力电子器件如 IGBT、IGCT 等发展及微机发展，加上先进控股集团理论和技术的完善和发展，极大提高了变频调速的技术性能，促进了变频调速的发展，使变频器的调速范围、驱动能力、调速精度、动态响应、输出性能、功率因素、运行效率及使用方便性等方面大大超过了其他常规交流调速方式，性能指标超过直流调速系统，达到了取代直流调速的地步。

变频调速技术的现状具有以下特点：

（1）在功率器件方面，近年来高电压、大电流的晶闸管如 GTO、IGBT、IGCT（IPM）的生产及并联、串联技术的应用，使高电压、大功率变频器的生产及应用成为现实，IGBT（IPM）已全面取代了电力晶体管成为通用变频器逆变电路的主流开关器件，而综合了 IGBT 和 GTO 优点的 IGCT 在高压领域的应用优势相当明显。

（2）在微电子方面，16 位和 32 位高速微处理器以及 DSP 和专用集成电路 ASIC 技术的快速发展，为实现变频器高精度、多功能化提供了基础。

（3）在控制理论方面，矢量控制、磁通控制、转矩控制、非线性控制、智能控制等新的控制理论为研制高性能变频器的发展提供了相关理论基础。

我国电力半导体虽然经过较长时间发展，但是总体水平仍较低，还需不断发展。

二、变频器常用电力电子器件

1. 电力晶体管（GTR）

GTR 是一种电流控制的双极双结大功率、高电压电力电子器件，具有自关断能力，产生于 20 世纪 70 年代。它既具备晶体管饱和压降低、开关时间短和安全工作区宽等固有特性，又增大了功率容量，因此，由它所组成的电路灵活、成熟、开关损耗小、开关时间短，在电源、电机控制、通用逆变器等中等容量、中等频率的电路中应用广泛。GTR 的缺点是驱动电流较大、耐浪涌电流能力差、易受二次击穿而损坏。在开关电源和 UPS 内，GTR 正逐步被功率 MOSFET 和 IGBT 所代替。在电力电子技术中，GTR 主要工作在开关状态。GTR 通常工作在正偏时大电流导通；反偏时处于截止状态。因此，给 GTR 的基极施加幅度足够大的脉冲驱动信号，它将工作于导通和截止的开关状态。

2. 可关断晶闸管（GTO）

GTO 是指门极可控制导通与关断的晶闸管（Gate Turn off Thyristor，GTO），它是具有门极正信号触发导通和门极负信号关断的全控型电力电子器件，它既有普通晶闸管耐压高、电流大的特点，同时又具有 GTRE 可关断的优点。是理想的高压、大电流开关器件。GTO 的容量及使用寿命均超过电力晶体管（GTR），只是工作频率比 GTR 低。目前，GTO 已达到 3000A、4500V 的容量。大功率可关断晶闸管已广泛用于斩波调速、变频调速、逆变电源等领域，显示出强大的生命力。

3. 电力场效应晶体管（MOSFET）

电力场效应晶体管（Metal Oxide Semiconductor Field Effect Transistor，MOSFET）是近来发展最快的一种全控电力电子器件，目前国产出 1200V、300A 的产品，其优点主要有：

（1）输入阻抗高，属于电压型控制器件，可以直接与数字逻辑集成电路块联接，驱动电路简单，功能小。

（2）开关速度快，工作频率可达 1MHz，比 GTR 快十倍，且开关功耗小。

（3）热稳定性能好，工作可靠。

4. 绝缘栅双极型晶体管（IGBT）

IGBT 是以场效应管作为基础，以电力晶体管作为发射极与集电极复合而成，它综合了 MOSFET 和 GRT 的优点：具有 MOSFET 的工作速度快、输入阻抗高、驱动电路简单，热温度性好；又包含了 GTR 的载流量大，阻断电压高。IGBT 是取代 GRT 的理想开关器件，是目前变频调速应用最多的电力电子元件器，

5. 智能型 IGBT 功率模块（IPM）

内部集成了驱动和保护电路，使用更方便，体积更小，可靠性更高；主要特点有：

（1）开关速度快，开关损耗小。

（2）低功耗，IPM 内的 IGBT 导通压降低，开关速度快所以功耗小。

（3）快速的过热保护,其采用连续检测 IGBT 电流的传感器式检测电路,实时检测电流,当过电流时，IGBT 将被控制软关断，同时报信号。

（4）过热保护，在靠近 IGBT 芯片的绝缘基础板上安装了温度传感器，当过热时 IPM 内部控制电路将截止栅极驱动，不响应控制输入信号，同时报警。

（5）驱动电源（一般为 15V）欠压保护功能，当驱动电源低时，就会造成驱动能力不足，增加导通损耗，有时会烧坏管子，当驱动电源电压下降到一定时，将截止驱动信号。

（6）桥臂对管互锁保护。在串联的桥臂上，两管的驱动信号互锁，有效地防止了直通现象的发生，提高了可靠性。

6. 集成门极换流晶体管（IGCT）

功率半导体经过近 50 年发展在低压（50～500V）和中压（500～2000V）的范围内得到广泛应用，而在高压（2～10kV）范围内的应用仍存在一定问题，比如晶闸管必须有反向阳极电压才能实现关断，GTO 必须有庞大的 du/dt 吸收电路才能强迫关断，而 IGBT 虽有较好频率特性，但在高阻断电压下损耗较高，同时由于 MOS 结构比较复杂，使 IGBT 芯片尺寸已至板限（1～2cm^2）等。这些器件都不能很好地满足大功率应用的要求。

20 世纪 90 年代初，ABB 公司通过优化门极驱动单元和器件外壳设计，采用集成门极等技术，大大降低了门极驱动回路的电感，并采用负门极电流上升率的方法来缩短储存时间，这就是所谓的 GTO "硬驱动"技术，从而产生了一个新型功率器件——集成门极换流晶闸管（IGTC），它将门极换流晶闸管 GCT 通过印制电路板与门极驱动装置连成一个整体。它综合了 GTO 和 IGBT 两者优点——有与 GTO 相同的高阻断能力和低通态压降；有与 IGBT 相同的开关性能。

在所有高（中）压变器领域的应用中，IGCT 代替了 GTO。它综合了晶闸管通态损耗低和晶体管的均匀特性，具有良好的可制造性及高可靠性，功率容量比 GTO 更大，工作频率比 GTO 更高。目前 IGBT 和 IGCT 占领了大功率器件的应用领域。就功率装置的电流和电压而言，这两种器件具有很大的互补性。在实际应用中需注意的是：电压较低时选用 IGBT 较为合算，电压较高时选项用 IGCT 较为合算。根据应用和设计的标准不同，在 1800～3300V 之间，两种器件交叉使用，IGBT 较适于功率较小的装置，而 IGCT 则更适用于功率较大的装置。

三、变频调速器的基本控制方式及负载转矩特性

异步电动机转速 n 与定子供电频率之间有以下关系

$$n = n_0(1-s) = 60 f_1(1-s)/p$$

式中　　n_0——同频转速；

s——转差率；

f_1——电源频率；

p——电机磁极对数。

从表面上看，只要改变定子供电频率就可以调节转速了，但是事实上，只改变频率并不能正常调速，如果调高频率而感应电动势不变，则磁通将减小，这时电动机的拖动能力会降低，若带恒转矩负载会因电磁转矩小于负载转矩而堵转，这种情况称为欠励磁。若仅调频率，则磁通会增加，严重时会因绕组过热而损坏电动机，这种情况称为过励磁。

因此，只改变定子频率实际上并不能正常调速，电压和频率在异步电动机变频调速系统中既是两个独立的变量，又相互联系，需要通过电压和频率的协调控制实现不同类型的变频调速。

1. 基频以下的变频调速控制方式

电动机常用的典型的调速方式有两种：恒转矩调速方式和恒功率调速方式。如果输出转矩和转速无关则为恒转矩调速方式，如果输出转矩和转速成反比，则为恒功率调速方式。

异步电动机的调速分为基频下调和基频上调，基频下调通常采用恒转矩调速方式，而基频上调通常采用恒功率调速方式。

（1）保持 E_s/f_1=const 的严格恒磁通控制。在调速过程中，最大电磁转矩是恒定不变的，在低频低速下也能保持这个最大电磁转矩，因此称为恒转矩调速方式，也就是说，这种调速方式下电动机的转矩输出能力是恒定的。

（2）保护 U/f_1=const 的近似恒磁通控制（U/f 控制）。也称为恒压频比控制或 U/f 控制，它是开环变频调速系统常用的控制方式。

最大电磁转矩随着定子供电频率的下降而减小，频率很低时，电磁转矩很小，这是因为当频率低时，感应电动势很小，致使最大拖动转矩明显降低，甚至会出现带不动负载的现象。

其优点是变频装置结构简单，造价低、运行可靠、调试方便、但是在这种控制方式下，异步电动机在低频工作时，最大转矩将随定子供电频率的下降而减小，在频率很低时，启动转矩也将减小，因此它比较适用于调速范围不大或转矩随转速下降而减小的负载，如风机、水泵类负载，风机、水泵类负载属于平方转矩负载，在低频时要求的电磁转矩小。

2. 基频以上的变频调速控制方式

（1）近似恒功率调速方式。异步电动机在额定转速以上保持电动机端电压一定调速时，气隙磁通与频率成反比下降，电磁转矩与频率的变化并不成反比关系，不是真正的恒功率调速方式。

（2）严格恒功率控制方式。为了获得严格的恒功率调速，在频率由基频上调时，应使电压与频率的 1/2 次方成正比变化，这时过载倍数保持不变，但要使电压高于额定电压，是不容易的，这时可精心选择变频器的压频比曲线，使其达到基频时的电压低于额定电压，这样在基频以上恒功率调速时电压仍有一定的上升空间，可按达到最高转速时电压正好等于额定电压进行设计。

3. 负载的转矩特性

比较典型的负载转矩特性通常大致分为三种：恒转矩负载、恒功率负载和平方转矩负载。

（1）恒转矩负载——负载功率与转速成正比变化。如传送带、搅拌机、挤压机等磨擦类负载和起重机、提升机等重负载。

变频器驱动恒转矩负载时，在低速区的转矩要足够大，并且要有足够的转矩过载能力，对于 U/f 控制方式的通用变频器而言，并能仔细调整 U/f 特性，使电动机产生的转矩既能满足启动和低速稳定运行的需要，又不会出现过励磁现象。性能较好的通用变频器设有全程自动转矩提升功能，这类变频器可实现自动调整 U/f 以配合负载转矩，低速下的过载能力比较大，更适合于恒转矩负载。

恒转矩负载的功率与转速成正比，转速越大，负载所需的功率越大，电动机的功率应满足最高转速下的负载功率的要求。如果需要在低速下稳定运行，应考虑到由于负载转矩不变、电动机定子电流也基本不变，而通用标准异步电动机的散热能力却变坏的特点，采取相应的措施。

（2）恒功率负载。其静负载转矩与转速大致成反比，负载功率基本保持不变，与转速无关，如轧钢机、造纸机及各类机床。

变频器在驱动恒功率负载时，通常考虑在某转速下采用恒转矩调速方式，而在高于该转速时才采用恒功率调速方式，当速度很低时，受设备机械强度的限制，电磁转矩不可能无限增大，因引负载的恒功率性质应该是就一定的速度变化范围内而言的，一般是在较高转速范围内，低速下则转变为恒转矩性质。

（3）平方转矩负载。各种风机、水泵、油泵随着叶轮转动，空气或液体在一定的速度范围内所产生的阻力大致与转速的二次方成正比。随着转速的减小，转矩按转速的二次方减小。

四、变频调速关键控制技术及其发展

针对交流电动机这样一个非线性、多变量、强耦合的控制对象，为实现其调速系统的有效控制，获得优异的动态性能，国内外许多学者进行了大量的研究工作，并取得了很大的进展。早期的变频调速主要采用恒压频比控制方式，20世纪70年代提出的矢量控制技术，可以说是交流电动机控制理论领域具有里程碑意义的成果，它使得异步电动机高性能控制得以实现。此后出现的直接转矩理论则提高了转矩响应的动态性能。近年来，现代控制理论的发展、新型大功率电力电子器件的出现，以及微机数字控制技术日臻完善，直接促进了变频调速技术的迅速发展。现代控制理论和电机控制技术的融合使得许多控制方法如模型参考自适应控制（MRAC）、自调整控制（stc）、变结构控制（vsc）等得到研究和应用。

1. 矢量控制技术

矢量变换控制是一种高性能的交流电动机调速控制理论和控制技术，首先由德国工科大学的 K. Hasse 博士于 1968 年提出，西门子公司于 1971 年将这种一般化的概念形成系统理论，并以磁场定向控制（Field Orientation Control）的名称发表。矢量控制一出现就引起同行们的极大关注，其出发点是模仿控制直流电动机的方式来控制交流电动机，把磁场矢量的方向作为坐标轴的基准方向，采用坐标变换的方法实现交流电动机的转速和磁链控制的解耦。迄今为止，矢量控制无论是在理论和技术方面，还是在产品化方面已经获得了长足的发展和优良的业绩。

矢量控制方法的提出，使交流传动系统的动态特性得到了显著的改善，这无疑是交流传动控制理论上的一个质的飞跃。但是经典的矢量控制方法要以转子磁链定向，需要先求得转子磁链的相位，然后才能进行坐标变换。然而，异步电动机特别是笼型异步电动机的转子磁链是无法直接测量的，只有实测电动机气隙磁链后，再经过计算才能求得；而且气隙磁场本身也常由于谐波磁场的影响而难以测准，这就影响了以转子磁链定向的矢量控制技术的准确性。在实用中，一般利用磁链观测器理论，根据电动机的电压、电流和转差由软件计算求得磁链的幅值和相位。而电动机的转子电阻在运行中由于温升、集肤效应等原因，往往是电动机控制系统中变化最为明显的参数之一，是一个慢时变参数，严重影响磁通观测器的准确性，现代控制技术中的模型参考自适应控制和滑模变结构控制技术可在很大程度上解决这一问题。

2. 无速度传感器矢量控制技术

近年来，高性能异步电动机调速系统得到广泛的应用，而速度传感器的安装、维护等方面的问题，影响了异步电动机调速系统的简便性、廉价性和可靠性。无速度传感器异步电动机的控制已越来越受到人们的关注和重视。

无速度传感器矢量控制变频器既具有矢量控制高性能的优点，又具有通用变频器没有速度传感器的长处。在进行矢量控制时如何获得速度信号是无速度传感器矢量控制的技术关键。无速度传感器控制系统获得速度信号的方法是用直接计算、参数辨识、状态估计、间接测量等手段，根据电动机定子较易测量的定子电压、电流计算出与速度有关的量，从而得到转子速度，并将其用于速度反馈系统之中。常用的方法有：利用电动机的基本方程（静态和动态）导出速度的方程式进行计算；根据模型参考自适应控制的理论，选择合适的参考模型和可调整模型，利用自适应算法辨识出速度；利用电动机的齿谐波电动势计算速度等。

无速度传感矢量控制策略从 1983 年被提出以来，一直受到学术界和产业界高度重视，日立、安川电机公司于 1987 年分别发表了研究成果，并相继推出了产品。目前无速度传感器矢量控制变频器的调速范围为 1:120 左右，个别厂商有 1:200 甚至更高的产品。

3. 直接转矩控制技术

直接转矩控制技术（DTC）是继矢量控制技术之后发展起来的又一种新型的高性能交流变频调速技术，实际上，由于转子磁链难以准确观测，系统特性受电动机参数的影响比较大，而且坐标变换比较复杂，矢量控制存在着某些理论与实践不符的情形。

1985 年，德国的一个科研人员首次提出直接转矩控制的理论，它直接在定子坐标系下分析交流电动机的数学模型，采用定子磁场定向而无需解耦电流，直接控制电动机的磁链和转矩，着眼于转矩的快速响应，以获得高效的控制性能。这种控制技术与矢量控制技术相比，对电动机参数不敏感，不受转子参数的影响，简单易行，在很大程度上克服了矢量控制技术的缺点，但美中不足是直接转矩控制系统在低速运行时存在着转矩脉动大的问题。解决的主要方法是引入电流模型，并观测转子磁链，涉及的电动机参数和矢量控制一样多。因此，直接转矩控制系统在非长期低速运行的场合具有广阔的发展和应有前景。在直接转矩控制的产品化生产方面，ABB 公司处于世界先进水平。

4. PWM 控制技术

随着电压型逆变器在高性能电力电子装置，如交流传动、不间断电源和有源滤波器的应用越来越广泛，脉宽调制（PWM）控制技术作为这系统的共用及核心技术，引起人们的高度重视，并得到深入研究。所谓 PWM 技术就是利用半导体器件的开通和关断把直流电压变成一定形状的电压脉冲序列，来实现频率、电压控制和消除谐波的一门技术。自关断器件的发展为 PWM 控制技术铺平了道路，目前几乎所有的变频调速装置都采用这一技术。PWM 控制技术用于变频器的控制，可以明显改善变频器的输出波形，降低电动机的谐波损耗，并减小转矩脉动，同时还简化了逆变器的结构，加快了调节速度，提高了系统的动态响应性能。

PWM 控制技术除了用于逆变器的控制，还用于整流器的控制，PWM 整流器现在已开发成功，它可以使输入电流为正弦波和电网侧功率因数为 1，因此，PWM 整流器被称为对电网无污染的"绿色"变流器。

目前已经提出并得到应用的 PWM 控制方案不下数十种。尤其是微处理器数字化技术应用使得 PWM 发生原理性的变革，从最初追求电压波形的正弦，到电流波形的正弦，再到磁通的正弦；从效率最优，转矩脉动最少，再到消除噪声等，PWM 控制技术的发展经历了一个下断创新和完善的过程，目前仍有新的方案不断提出。不少方法已趋成熟，有许多在实际中得到应用。PWM 控制技术一般可分为 3 大类，即正弦 PWM、优化 PWM 及随机 PWM。从实现方法上来看，大致有模拟式和数字式两种，而数字式中又包括硬件、软件在线计算或查表等几种实现方式。从控制特性来看主要可分为两种：开环式（电压或磁通控制型）和闭环式（电流或磁通控制型）。

随着微处理器的不断进步，数字式 PWM 已逐步取代模拟式 PWM，成为电力电子装置共用的核心技术。交流电动机调速性能的不断提高在很大程度上是由于 PWM 控制技术的不断进步。目前广泛应用的是在规则采样 PWM 的基础上发展起来的准优化 PWM 法，即 3 次谐波叠加法和电压空间矢量 PWM 法。这两种方法具有计算简单、实时控制容易的特点。

5. 数字化控制技术

早期变频器的控制电路都以模拟电路为基础，采用运算放大器和少量的数字电路组成，结构非常复杂，功能相当少，调试十分麻烦，性能指标低下，实用效果不佳，严重阻碍了交流调速技术的发展和推广。随着微处理器技术的高速发展，特别是 DSP 等高速处理器的涌现，为实现交流调速系统全数字化控制、硬件软件化奠定了坚实的物质基础，使得现代变频器的性能近乎完美，功能丰富齐全，操作日益简单，极大地促进了变频调速技术的发展和应用。

由于交流电动机不同于一般的工业过程或装置，是一个高阶次、强非线性、多变量耦合系统，其调速性能"先天不足"，电气动态过程对控制系统的硬件、软件和控制理论都提出了相当高的要求。要想"后天"改变和提升交流电动机调速性能并赶超直流电动机，必须依靠强大的理论工具和如矢量控制、直接转矩控制、无速度传感器控制和先进的控制理论（如模糊控制、滑模神经网络控制等）。然而这些理论的控制算法非常复杂，对硬件、软件的要求自然是相当高的。因此，交流传动数字化控制技术就应运而生了，它是推动变频器高性能化、多功能化和易操作化的关键技术。

微处理器技术的最新发展包括处理器、系统结构和存储器件 3 方面。目前适用于变频调速的微处理器主要有单片机、数字信号处理器（DSP）、精简指令集计算机（RISC）、专用集成电路（ASIC）以及并行处理器等。其中，计算机结构形式有采用超高速缓冲存储器、多总线结构、流水线结构和多处理器结构等。高速和大存储量的存储器也已问世，以满足高速微处理器的需求。所有这些进展，使得微处理器组成的系统达到了较高的性价比。

DSP 是一种高速专用微处理器，运算功能强大，能实现高速输入和高速率传输数据。它包含灵活可变的 I/O 接口和片内 I/O 管理，高速并行数据处理算法的优化指令集。DSP 保持了微处理器自成系统的特点，又具有优于通用微处理器对数字信号处理的运算能力。与通用微处理器不同的是，DSP 中专门设置了乘法累加器，从硬件上实现了乘法器和累加器的并行工作，可在单指令周期内完成一次乘法并将乘积求和的运算，这对于数字信号实时处理无疑是至关重要的。DSP 的卓越性能为交流调速提供高效可靠的平台，是变频器主控电路首选部件。

RISC 是一种计算机结构形式，它的指令系统只包含使用频率很高的少量指令，并提供一些必要的指令以支持操作系统和高级语言。它强调的是处理器的简单化和经济性。现已开发的 RISC 处理器提高了执行速度，利用流水线结构，并包含有限个简单指令的简化指令系统，同时将复杂运算转移至软件完成。一般 RISC 的结构特征是有大容量寄存器堆和指令高速缓冲寄存器，而不设数据高速缓冲寄存器。专用集成电路（ASIC）是为某种特殊用途而专门设计和制作的集成电路。随着超大规模电路技术的发展，AS1C 的概念已被引入到集成电路的研制阶段，允许用户参与设计，以满足其特殊需要。人们可采用如 DSP 或 RISC 芯片、存储器、模拟块和逻辑模块等组成专门的控制芯片设计自己的控制系统。目前，像坐标变换（ABC/dq 变换）、脉宽调制、PID 控制器、模糊控制器、神经网络等诸多 ASIC 都已产品化。这种芯片用于运动控制设计不仅能明显减少处理器的计算量，提高采样速度，而且可以大大地减少芯片数量，降低成本，提高系统的可靠性。

目前市场上的变频装置几乎都是全数字化控制，由于元器件的高性能和小型化，使变频装置实现了高精度控制，极大地改善了电流波形，大幅度降低变频器的噪声。另外，使装置的元器件数量得到前所未有减少，从而使变频装置的可靠性大幅度提高。早期由于受到 CPU 处理速度限制和离散化延迟时间的影响，电流控制响应为数毫秒，速度控制响应为 10ms 左右。近年来 CPU 处理速度的提高和应用 DSP，ASIC 控制使扫描时间大幅度缩短，目前电流响应为 0.1～0.5ms，速度响应为 2～4ms，用以满足传动领域的控制要求。

6. 高压（中压）变频调速技术

随着变频调速技术的发展，作为大容量传动的高压（2～10kV）变频调速技术也得到了广泛的研究和应用，高压变频器已成为当前电力电子技术最新发展动向之一。到目前为止，高压变频器还没有像低压变频器那样近乎统一的拓扑结构，各种新型的高压变频器不断出现。根据其组成方式，高压变频器可主要分为两种，即间接高压变频器和直接高压变频器。间接高压变频器也称高—低—高型变频器，它由输入、输出变压器和低压变频器组成。输入变压器为降压变压器，它将高压电源电压降至变频器所允许的电压，经低压变频器后，再经输出变压器即升压变压器升压后，供给高压电动机。高—低—高型高压变频器由于产生谐波，具有较明显的缺陷。这种技术难度相对较低，投资相对较少，一般适用于功率小于 200kW 的高压电动机。

直接高压变频器主要有采用低压 IGBT 多重化技术的单元串联多电平 PWM 电压源型高压变频器和采用高压 IGBT、IGCT 的三电平型高压变频器。单元串联多电平变频器一般采用多重化技术，所谓多重化技术就是采用若干个低压 PWM 功率单元串联的方式实现直接高压输出，其结构原理如图 9-1 所示。

各功率单元由一个多绕组的隔离变压器供电，以高速微处理器和光导

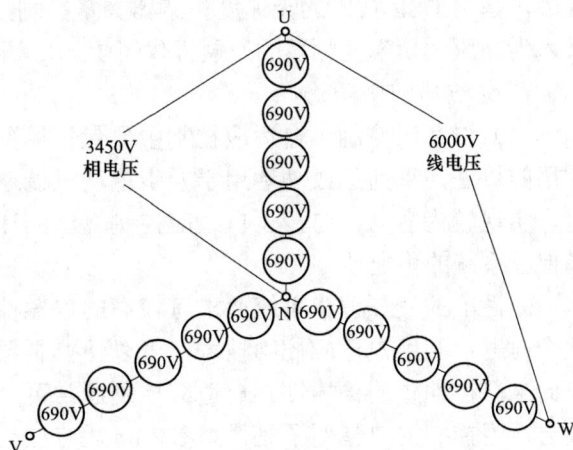

图 9-1　多重化变频器结构原理示意图

纤维实现控制和通信。这项技术由美国罗宾康公司发明并申请专利，取名为"完美无谐波变频器"。该技术从根本上解决了一般 6 脉波和 12 脉波变频器产生的谐波问题，可实现完美无谐波变频，具有对电网谐波污染小、输入功率因数高、不必采用输入谐波滤波器和功率因数补偿装置，不存在由谐波引起的电动机附加发热和转矩脉动、噪声、共模电压等问题。其输出电压等级有 2.3、3.3、4.16、6kV 等，功率为 800～5600kW，适合于功率在 1000kW 以上的电厂辅机应用。其缺点是造价昂贵，占用空间大，安装较困难。

变频器中常用的开关器件多为 GTO，IGBT 等。由于制造水平及原材料的原因，这些器件很难直接应用于高电压场合。最近几年来，许多国家开始研制开发新材料及新的高耐压器件，IGCT 已达到 9kV/6kA 的研制水平，6.5kV 或者是 6kA 的器件已经开始供应市场。终端处理技术的进步使得 6.6kV 的 IGBT 模块已经问世，但是由于其价格高昂，要完全取代高功率 GOT 和 IGCT 尚需时日。西门子、ABB 公司、GE 公司分别采和专门研制的高耐压开关器件并以传统的交流变频器的结构研制开发了自己的高压变频器，其中典型的产品如西门子公司的 SIMOVERT MV 系列变频器。

SIMOVERT MV 系列变频器采用传统的电压型变频器结构，通过采用耐压较高的 HV–IGBT 模块使得串联器件数减少为 12 个，可靠性越高，并且降低了成本，减小了柜体尺寸，由于 SIMOVERT MV 系列变频器逆变部分采用传统的三电平方式，如图 9–2 所示。所以不可避免地会产生较大的谐波分量，这是三电平逆变方式所固有的。因此 SIN—IM HIT MNSIMOVERT MV 系列变频器的输出侧需要配置输出滤波器才能用于通用的电动机。同样由于谐波的影响，电动机的功率因数和工作效率都会受到一定的影响，这是该类变频器的缺点所在。

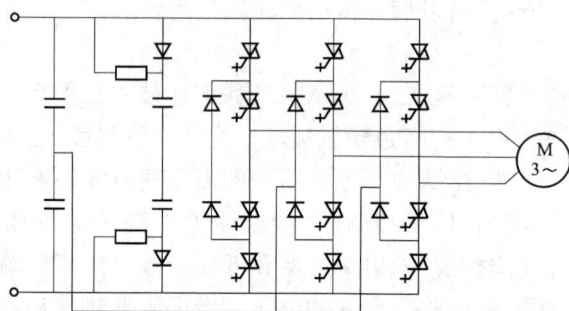

图 9–2　三电平逆变器主电路示意图

目前，高压变频器正向着高可靠性、低成本、高输入功率因数、高效率、低输入/输出谐波、低共模电压、低 du/dt 等方向发展。此外，基于 DSP 技术的无速度传感器矢量控制技术以及串联功率单元的热插拔、热备份等技术为高压大功率变频器的发展提供了更为广阔的空间。

7. 先进的控制理论

（1）自适应控制。自适应控制主要包括模型参考自适应控制和自校正自适应控制两种常用的算法，目前已成功地用于异步电动机调速系统中。模型参考自适应控制物理概念清楚，实现较为容易；自校正自适应控制算法的计算量通常比模型参考自适应控制小，且容易保证系统的稳定性。

高性能的变频调速系统要求有较高的鲁棒性，而矢量控制等方法对参数较敏感。针对这个问题，利用自适应控制技术，可以使控制器的参数不断变化来适应对象参数的变化，以此来获得期望的鲁棒性。自适应控制通常可分为直接自适应控制和间接自适用控制。直接自适用控制的典型例子是模型参考自适应控制。在模型参考自适应控制的控制结构中，被控对象的输出响应跟踪参考模型的输出响应，与对象参数变化及负载扰动无关。控制系统鲁棒性的获得是以失去优化响应速度为代价的。而复杂一点的自校正调节器大多采用间接自适应控制结构。

（2）变结构控制。变结构控制，又叫滑模控制，是一类特殊的非线性控制。早在20世纪50年代，苏联学者就已开展了对结构系统基本理论的研究。60年代末，人们研究的对象由规范空间扩大到多输入多输出系统和非线性系统。80年代以来，随着计算机、开关器件技术的进步，变结构控制获得了相当大的发展，其应用范围涉及机器人、电机及航天器等对象。

变结构控制的思想是将被控状态量（或状态误差）的轨迹吸引到期望的轨迹上并在其上滑动变化。其设计思想分两步：首先设计一个合适的滑模流形面，即期望的系统状态或状态误差轨迹；然后设计合适的控制律，使系统轨迹能在此控制律的作用下被吸引到期望轨迹上并能稳定在其周围。变结构控制思想简单，易于实现，在现代电机控制占有重要地位。具主要的优点是鲁棒性和解耦性能。当系统轨迹被吸引到流形面后，系统即对匹配或不匹配的扰动或参数摄动均具有鲁棒性，变结构控制还可以把系统模型降阶化处理，从而简化了系统控制的难度。其缺点是存在系统轨迹在滑模流形面抖振现象，目前比较通用的是通过添加连续控制项或用饱和函数使系统轨迹切换平滑化的方法削弱抖振。

（3）精确反馈线性化控制。由微分几何理论发展而来的精确反馈线性化方法，所要研究的是如何通过非线性状态反馈坐标变换，实现系统的动态解耦和全局线性化，从而将复杂非线性系统控制策略的设计问题转化为线性系统的综合问题。这种方法与传统的利用泰勒级数展开，忽略高阶项而实现系统的局部线性化不同，它适用于整个定义域，而且没有忽略任何高阶项，因而得到的模型是精确的。根据所研究的侧重点不同，反馈线性化包括状态反馈线性化和输入/输出反馈线性化。前者侧重于线性化解耦关系。在线性化的基础上可结合线性控制方法或者系统的控制规律。

针对异步电动机这样多输入多输出、强耦合的非线性系统，有些学者应用微分几何和直接反馈线性化的方法，或者逆系统理论选择合适的输出变量，将异步电动机模型完全解耦成两个独立的线性单变量系统，实现电动机模型的线性化。反馈线性化是一种确定性的方法，它依赖于对象的精确模型和对系统动态的准确观测，而不考虑系统中的不确定因素。然而，异步电动机的参数往往随环境温度、运行工况而变化，如果仍按照线性时变系统进行控制，会影响系统的鲁棒性，从而使系统性能恶化。

（4）自抗扰控制。自抗扰控制是我国著名控制论学者韩京清教授在20世纪90年代末提出的一种针对非线性、不确定性系统的控制方法。典型的ADRC由扩张状态观测器、跟踪微分器和非线性状态误差反馈控制律组成，它将模型内扰（模型及参数的摄动）和不可测外扰的作用归结为系统的总扰动，利用误差反馈的方法对其实时估计，并给予补偿。ADRC特殊的非线性和不确定性处理方法，同时具有经典调节理论和现代控制理论的优点，由于它不依赖于系统的精确模型，采用扩张状态观测器的双通道补偿结构，对原系统模型加以改造，使得非线性、不确定系统近似线性化和确定性化，具有较强的鲁棒性，自抗扰控制在变频调速中的应用有将磁链环与转速环之间的相互耦合作用以及因参数变化而产生的模型扰动都当作系统的内扰处理，实现转子磁链和转速的动态解耦控制等。

ADRC典型模型中普遍应用了非线性环节，但这在提高系统的收敛速度的同时，也使得计算量很大，对系统硬件的计算能力提出了较高的要求，增加了实时控制的难度。另外，ADRC 参数繁多，其控制性能很大程度上取决于参数的选取，如何调整、选择众多参数，使控制器工作于最佳状态是 ADRC 真正应用化中所面临的一个难题。

（5）智能控制。智能控制是从解决工程和技术问题的实践中产生和发展起来的。随着自动化技术的提高和普及，受控对象日趋复杂，对于许多难以获得数学模型或模型复杂的过程，应用经典和现代控制理论往往不能取得令人满意的控制效果，智能控制理论和技术就应运而生了。各种仿照人的知识、思维进行控制的方法，统称为智能控制，如人工智能、专家系统、神经网络控制、模糊控制等。现代控制理论和智能控制理论在交流传动领域应十分活跃，在控制量（如磁链、速度、转矩、磁极位置）的检测、估计中已有相当成熟的研究成果，部分成果在产品中得到应用。尤其是应用观测器的理论构造系统状态观测器，估算系统中难以用传感器检测到的物理量，改善系统控制性能，取得了良好的效果。模糊控制、神经元网络等智能控制理论与变结构控制理论相结合在交流传动系统中具有良好的应用前景。

交流电动机本质上是一个非线性的被控对象，许多拖动负载含有弹性或间隙等非线性因子素，而且交流电动机本身的参数（如转子电阻）和负载参数在某些场合会随工况而变化。这使得常规 PID 调节器在各种工况下不能都保持设计时的性能指标，即系统的鲁棒性较差。智能控制可以充分利用其非线性、变结构、自寻优等各种功能来克服交流调速系统中时变参数与非线性因素的不利影响，从而提高系统的鲁棒性。因此，将智能控制用于交流调速系统中，并不是出于建模的困难，而是希望用这些新的方法来克服电气传动对象的变参数、非线性等不利因素，以提高系统的鲁棒性为目的。智能控制无疑是实现交流调速系统的高性能控制的重要手段。交流调速系统的智能控制的理论问题主要体现在：建立比较完整的理论，特别是系统的稳定性和鲁棒性理论，从而保证系统的静态、动态性能。鲁棒性问题是控制理论界的一个研究热点，但迄今为止，所得出的实用结论仍然十分有限。电气传动智能控制系统对于某些参数变化的稳定鲁棒性，可使用分离性原理来求取它的稳定区间，比如电气传动模糊控制系统对转动惯量变化的稳定鲁棒性，就可在分离性原理下采用波波夫判据求得保持系统稳定的转动惯量允许变化范围。

第二节　变频器的类型及特点

根据变频过程中有无直流环节，电力电子变频器可分为交—交变频器和交—直—交变频器两类。交—交变频器将工频交流电源直接变换成频率或可控频率的交流电，没有中间直流环节；而交—直—交变频器则先将工频交流电源变成直流，然后再经过逆变器将直流电变换为可控频率的交流电。根据直流侧电源性质的不同，交—直—交变频器又可分为电压源型和电流源型两种。目前应用较多的是交—直—交电压源型变频器。

一、交—交变频器及其特点

交—交变频器通过一个环节直流恒压恒频的交流电电源变换成变压变频（VVVF）的交流电源，又称为直接变频装置。交—交变频器可分为整流器组式和矩阵式。

1. 整流器组合式交—交变频器

整流器组合式交—交变频器的每一相都是由两套晶闸管整流装置组成的可逆电路，常用的反并联连接单相电路及输出波形如图9-3所示。

交流输出的正半周电流由正组整流器提供，负半周电流则由反组整流器提供，正、反两组整流器按一定周期轮流切换。对于三相负载，其他两相也各用一套反并联的可逆电路。负载电压 u_L 大小取决于两组整流装置的触发延迟角 a，u_L 的频率取决于两组整流器的切换频率。

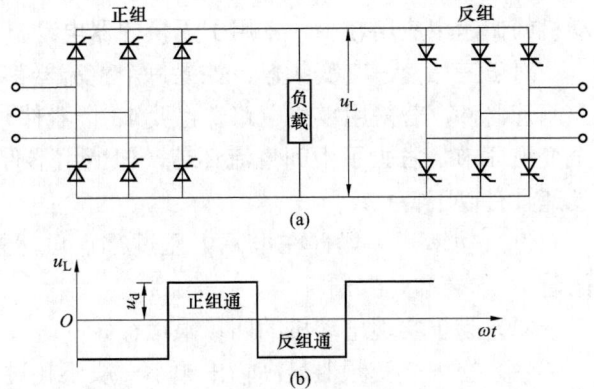

图9-3 交—交变频器反并联连接的单相电路及输出电压波形

（a）主电路；（b）方波型平均输出电压波形图

如果每个整流器都用三相桥式电路，则三相整流器组合式交—交变频器主电路如图9-4所示。该主电路由 I～VI 六组三相桥式整流电路组成，I、III、V为正组，II、IV、VI为反组。运行中各整流电路应每隔 60，按 I、II、III、IV、V、VI、I 的顺序轮流导通，每组工作 120。

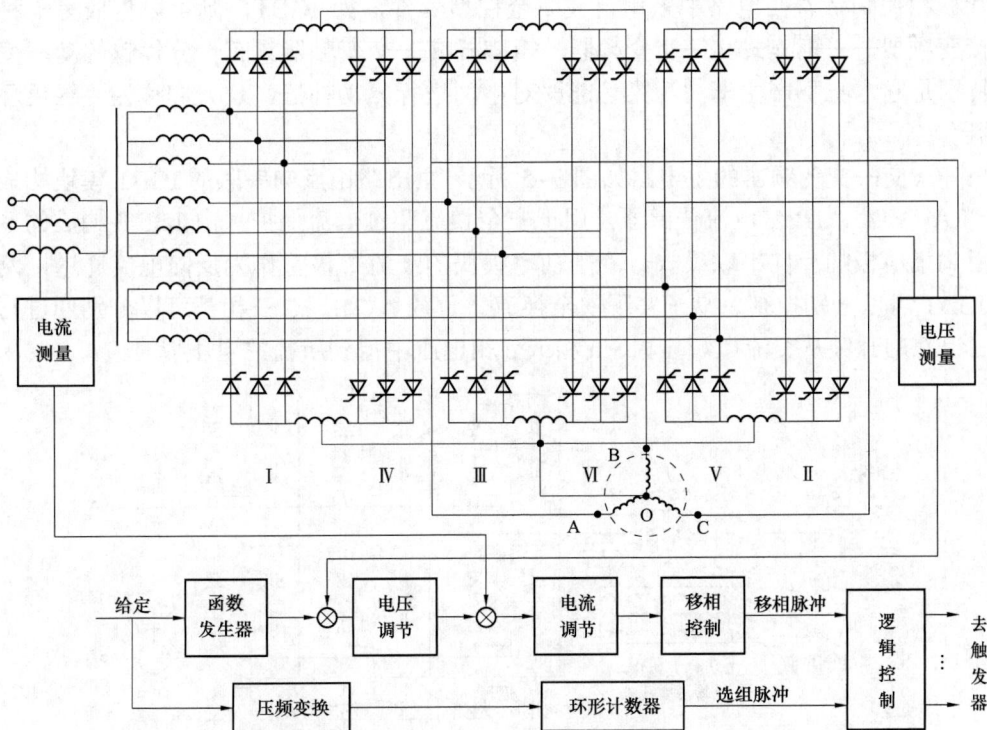

图9-4 三相整流器组合式交—交变频器主电路

如果在各组工作期间触发延迟角 a 一直不变，则各组的输出直流电压的平均值 U_d 不变，在负载上获得幅值为 U_d 的方波电压 u_L，如图9-3（b）所示。方波中存在谐波使电动机的低速转矩脉动较大，转动不均匀、损耗及噪声增大。因此，方波型交—交变频器在异步电动机的调速中应用较少，常用于无换向器电动机的调速系统及超同步串级调速系统中。

对于三相交—交变频器，如果每个整流器都用桥式电路，共需 3 套反并联电路，36 个晶闸管器件，若采用零式电路，也要 18 个器件。因此，交—交变频器虽然在结构上只有一个变换环节，省去了中间直流环节，但所用器件数量更多，设备相当庞大。交—交变频器调速具有以下特点：

（1）功率开关器件在电网电压过零点自然换相，对器件无特殊要求，可采用普通晶闸管。

（2）易于实现电动机的四象限运行。

（3）交—交变频器最高输出频率一般不超过电网频率的 1/3～1/2，否则输出波形畸变太大，将影响变频调速系统的正常工作。

（4）由于电路结构的特点，交—交变频器特别适用于低速、大容量的调速系统，如球磨机、水泥回转窑等。这类机械由交—交变频器供电的低速电动机直接拖动，可能省去庞大的齿轮减速箱，极大地缩小装置的体积，减少日常维护，提高系统性能。

2. 矩阵式交—交变频器

整流器组合式交—交变频器的缺点是交流输入电流谐波严重，功率因数低且只能降频而不能升频使用（只能用于额定频率及以下），这些缺点源于变频器采用了半控型开关器件晶闸管移相控制。若在电路中采用自关断全控型器件，如 IGBT，则可以构成另一种交—交直接变频器——矩阵式交—交变频器。矩阵式交—交变频器具有十分优越的功率变换性能，特别是它本身不产生谐波污染且能够对电网进行无功补偿，被人们称为"绿色环保型变频器"。

矩阵式交—交变频器的主电路如图 9-5 所示，主电路由反向串联的 IGBT 模块构成双向开关，TA_1～TA_2 为霍尔电流传感器，用于安全换流和过电流保护。由 IGBT 构成的双向开关采用共集电极的反向串联模式，利用功率模块的续流二极管作为反向电流通道，两个方向的 IGBT 可以分别控制，易于实现安全换流。负载 A、B、C 三相都可以分别通过与之相连的 3 组双向开关从交流电源 a 相、b 相或 c 相电压中得到所需的电压瞬时值。

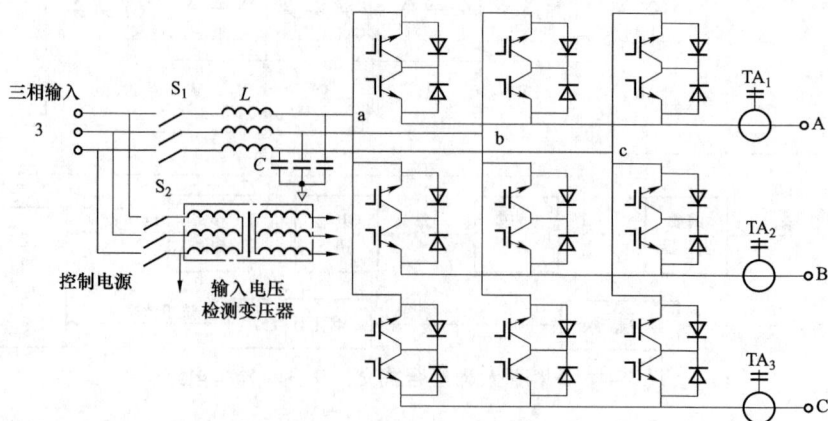

图 9-5　矩阵式交—交变频器主电路

为了保证矩阵式交—交变频器的输入电流和输出电压都是正弦波,对 9 组双向开关都实行 PWM(脉宽调制)控制。在矩阵式变频器中功率器件的安全换流比传统变频器中要困难得多,连接同一相输出的任意两组双向可控开关之间进行切换必须满足:

(1)换流时确保连接同一输出相的各输入相双向开关不能同时导通,否则将造成输入两相短路。

(2)换流器不能插入死区,以防止感性负载与线路分布电感由于开路而感应瞬时高电压,威胁功率器件安全,因此 3 组开关也不能同时断开。也就是说,既不允许两组开关同时导通,也不允许有切换死区,所以必须有严格的逻辑控制。

在矩阵式交—交变频器的发展过程中,曾经出现过多种换流方式,如交叠换流、死区换流、两步换流、改进型两步换流、四步换流等多种方式,目前应用较为成功的有四频换流和两步换流策略。其中四步换流策略是一种基于负载电流极性的换流策略,目前使用比较普遍。

矩阵式交—交变频器主要有以下特点:

(1)相当于一台取消了大容量贮能元件的双 PWM 变流器,没有大容量储能元件使装置的体积减小,结构紧凑,效率较高。

(2)设置了适当的输出滤波器后,输入相电流是连接的正弦波,其相位可控,能够实现功率因数为 1 或可控,采用某些控制算法还能得到超前的功率因数,使得矩阵式交—交变频器具有类似同步电动机的无功补偿性能。

(3)可以输出正弦负载电压,且输出电压频率和幅值宽范围连续可调,特别是输出频率可高于基频,克服了整流器组合式交—交变频器只能在额定频率以下调速的不足。

(4)能够实现能量双向流动,便于电动机实现四象行运行。

二、交—直—交变频器及其特点

在实际中应用更为广泛的是交—直—交型变频器。交—直—交型变频器由整流、逆变和中间直流环节组成,如图 9—6 所示。其控制方法根据变压与变频是否同时进行可分为两种:一种是把变压(VV)与变频(VF)分开完成,前面的环节用来改变直流电压的幅值,后面的环节用来改变逆变器输出的频率,这种分别控制直流电压幅值和交流输出频率的方法称为脉冲幅值调制方式,简称 PAM 控制方式;另一种是把变压(VV)与变频(VF)集中于逆变器完成,即前面为不可控整流器,中间直流电压恒定,而后由逆变器同时完成变压与变频,逆变器采用脉冲宽度调制方式,简称 PWM 控制方式。

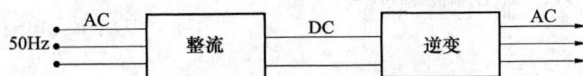

图 9-6 交—直—交变频器的组成

交—直—交变频器根据中间直流环节电源的性质可分为电压源型变频器和电流源型变频器两种,在一般工业场所大量使用的通用变频器都有是交—直—交电压源型变频器。

1.交—直—交电压源型变频器

交—直—交电压源型变频器的核心部分为逆变器,三相电压源型逆变器主电路如图 9-7 所示。

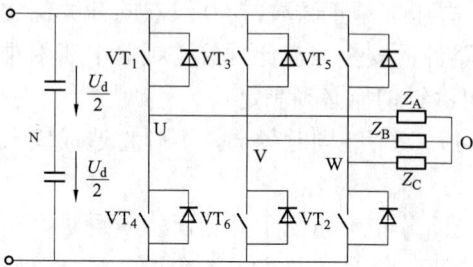

图 9-7　三相电压源逆变器主电路

图 9-7 中的功率开关器件可以采用 IGBT、GTR、GTO 或晶闸管，每只功率开关器件反并联一只续流二极管，为感性负载的滞后电流提供续流通路。逆变器直流环节并联有大容量滤波电容，当逆变器的负载为三相异步电动机时，这个电容同时又是缓冲负载无功功率的储能元件。

电流源型逆变器的工作方式根据不同的控制方式和电路结构可分为 180° 导通型或 120° 导通型，即每只功率开关器件在一个周期内导通 180° 或 120°，在由半控型器件组成的逆变器中，这还取决于换流电路的结构，如串联二极管式逆变器只能是 120° 导通型，而串联电感式逆变器可以是 120° 导通型，也可以是 180° 导通型。

交—直—交电压源型变频器的主要特点有：

（1）交—直—交电压源型变频器中间直流环节采用大电容滤波，直流电压脉动很小，近似为电压源，具有低阻抗特性。逆变器的开关只改变电压的方向，其输出的三相交流电压波形受直流电源钳位为矩形波或阶梯波，不受负载参数的影响，而交流侧电流波形因负载阻抗角的不同而不同，其波形接近三角波或正弦波。

（2）由于直流环节并联大电容，直流电压的极性不能改变，直流电流受整流电路功率器件单向导电性的限制也不能改变流向，因此当负载电动机需要做再生制动运行时，需与整流电路反并联一组逆变桥，使再生能量通过逆变桥回馈到交流电网。这种方法用于大容量的系统。当系统容量较小时，可在直流电路加装能耗电阻，当再生能量回馈到直流电路，使直流电压升高到设定阈值时，控制与能耗电阻串联的功率开关器件导通，使再生能量消耗在电阻上。

2. 交—直—交电流源型变频器

三相桥式电流源型逆变器的主电路如图 9-8 所示。

图 9-8 中的功率器件是门极关断晶闸管（GTO），电流源型逆变器由于直流侧电流不能反向，因此功率开关器件两端不需反并联二极管。为了吸收换流时感性负载中储存的能量，在交流输出侧需设置电容器。

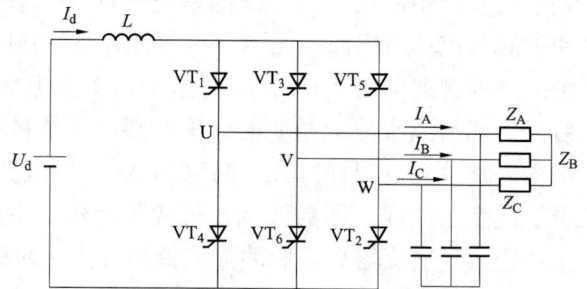

图 9-8　三相桥式电流源型逆变器主电路

三相电流电源型逆变器基本工作方式是 120° 导电方式。即每个功率器件一周期内导通 120°，按 $VT_1 \sim VT_6$ 的顺序每隔 60° 依次触发导通，每个时刻共阴极组和共阳极组各有一个器件导通。

交—直—交电流源型变频器的主要特点是，由于中间直流环节采用大电感滤波，因而直流电流脉动很小，近似为电流源，具有高阻抗特性，大电感同时又起到缓冲负载无功能量的作用。逆变器的开关只改变电流的方向，三相交流输出电流波形为短形波或阶梯波，而输出电压波形及相位随负载不同而变化。由于直流侧电压可能迅速改变甚至反向，所以动态响应比较快，而且当负载电动机运行于再生制动状态时，不需像电压源型变频器那样在整流侧反向并联逆变桥，若交—直变换采用可控整流器，再生能量就可以方便地回馈到交流电网。因此主电路结构简单，安全可靠，非常适用于大容量或要求频繁正、反转运行的系统。

交—交变频器与交—直—交变频器主要特点比较见表9-1。

表 9-1　　　　　　　　交—交变频器与交—直—交变频器主要特点比较

比较项目 \ 类别	交—交变频器	交—直—交变频器
换形形式	一次换能	两次换能
效率	较高	采用晶闸管时效率低，目前采用全控型器件时，比交—交变频器效率高
换流方式	电网电压自换流，矩阵式采用全控型器件可控关断	全控型器件可控关断，晶闸管强迫换流或负载谐振换流
使用器件数量	较多	较少
调频范围	一般较窄，输出最高频率为电网频率的 1/2~1/2，矩阵式调频范围较宽	频率调节范围宽
电网功率因数	一般较低，矩阵较高	用可控整流调压时，低压时功率因数较低，用斩波器或 PWM 方式调式时，功率因数高
适用场合	特别适用于低速大功率拖动	可用于各种拖动装置

第三节　通用变频器的运行与维护

通用变频器是相对于某些有特殊要求的专用变频器而言的，这种变频器可以用于驱动通用型交流电动机，而不一定要求使用专用的变频电动机，且其具有各种可供选择的功能，以适应不同性质的机械负载。通用变频器大部分都是以快速全控型器件（如 IGBT 等）为功率开关的电压型变频器。其控制方式为可实现各种调速（如 U/f、转差频率控制方式、矢量控制方式等）的 PWM 控制，具有调速性能好、调速范围宽、运行精度高和效率高等优点。

随着变频器在工厂电气控制方面应用越来越普及，掌握通用变频器的运行与维护知识是从事电气设备运行与维护人员的基本技能。

一、通用变频器的技术参数指标及主要功能

1. 通用变频器输入侧技术参数指标

输入侧的技术参数主要是额定电压和相数。根据各国的工业标准或用途不同，其电压级别也各不相同。在选择变频器时首先应注意它的电压级别是否与输入电源以及所驱动的电动机的电压级别相适应。我国变频器输入电压的额定值有以下几种：三相 380V/50Hz，绝大多数都属于这种情况；单相 200~230V/50Hz，主要用于精细加工和家用电器。输入电压额定值一般是以一定的适用电压范围形式给出的，如 200V 等级的 208~240V，400V 等级的 380~480V 等。这一技术数据对电源电压的波动范围做出限定，代表允许的输入电压变化范围。如果电压大幅度上升超过变频器内部如整流模块、电容器、逆变器模块、开关电源等允许电压时，将可能烧毁这些器件。相反，电源电压大幅下度则可能引起 CPU 工作异

常，逆变器驱动功率不足、管压降增加、损耗加大而造成逆变器模块永久性损坏等问题。因此，电压过高、过低对变频器都是有害的。

2. 通用变频器输出侧技术参数指标

（1）输出额定电压。由于变频器在调频的同时也要调压，所以输出电压的额定值是指输出电压中的最大值。大多数情况下，它就是输出频率等于电动机额定频率时的输出电压值。通常输出电压的额定值与输出电压是相等的。

（2）输出额定电流。最能代表变频器输出能力的参数是额定输出电流。它是指在容许温度和额定电压条件下，能够连续输出的电流值，也称连续额定电流，不受输出电压、频率的影响。变频器容量选择，主要就是依据这个参数。变频器输出容量 S_n 与额定电压 U_n、额定电流 I_n 关系为 $S_n = \sqrt{3} I_n U_n$。

（3）配用电动机容量。变频器说明书中规定的配用电动机容量，通常是指最大适配电动机的容量，仅适合于长期连续负载。

变频器作为电动机的一种电源设备，其容量必须用千伏安表示。但在实际应用中，它仅是一个参考值。电动机的功率值是指其额定输出功率，变频器的容量是指电动机可以获得的输入视在功率，两者相差甚远。变频器使用说明书中通常会在技术规范中对应的给出其系列中各型号变频器的输出容量及适配电动机容量，一般视在功率为额定功率的 1.5 左右，其差别来自所驱电动机的功率因数及效率等因素。若用电动机功率值在变频器规格表上对应查选容量值，实际上是忽略了两个方面的问题。其一，没有考虑所用电动机的极数。因为电动机的极数不同即转速不同，其功率因数 $\cos\varphi$ 和效率 η 也不一样，同样容量的电动机的额定电流也就出现差别。对于电动机来说，其输出有功功率和输入视在功率的关系式为 $P_n = S_n \cos\varphi\eta$。而变频器说明书规格表中所列功率与容量的对应关系，通常是以 4 极电动机为基准来考虑的，2 极、6 极电动机可以参考。8 极以上的电动机功率因数和效率都比较低，规格表中的这种对应关系就不存在了。其二，是没有考虑负载要求的电动机启动转矩和启动时间，这两个参数随负载类型而异。由于变频器的过载能力受电流大小和时间长短两个因素的限制，为了减小启动容量，只好采用低频低压软启动，电动机的启动转矩要比工频电源直接启动时低得多。

（4）过载能力。变频器的过载能力是指在规定条件下，能够在规定的时间段内供给而不超过规定限值的最大输出电流。变频器所允许的过载电流通常以额定电流的百分数和允许的时间来表示。一般变频器的过载能力为 1.5 倍额定电流，持续 60s、1.3 倍额定电流持续 60s 或者 1.8 倍额定电流持续 0.5s。衡量变频器是否符合系统要求，特别是启动特性要求，其过载能力是必须考虑的问题。如果瞬时负载超过了变频器的过载能力，即使变频器与电动机的额定容量相符，也应该选择大一挡的变频器。

（5）频率范围。变频器的输出频率范围，即变频器能够输出的最高频率和最低频率。各种变频器规定的频率范围不尽一致。通常最低工作频率为 0.1～1Hz，最高频率则因变频器性能指标而异，其范围一般在 120～650Hz。

二、通用变频器的安装环境

1. 环境温度

对环境温度的要求，主要取决于保证变频器控制电路中各种集成电路正常工作所需的条件及保证主电路和电源电路中电解电容寿命的条件。温度对电子元器件的寿命和可靠性影响很大，特别是当半导体器件的结温超过规定值时，将会直接导致器件的损坏。对于装入配电柜或控制盘内使用的变频器来说，考虑柜内预测温升10℃，则上限温度为+50℃，对于此要求，一般室内环境均能满足要求。在环境温度较高的场所使用变频器时，必须采取安装冷却装置和避免日光直照等措施，保证环境温度在厂商要求的范围内，从而达到保证变频器正常工作的目的。变频器装入配电柜时，为了减少温升，可以采取在屏柜装设散热风扇或取掉单元外罩等措施。此外，在进行定期保养维护时还应及时清扫控制柜的空气滤格和检查冷却风扇是否正常工作。

2. 环境湿度

潮湿环境对于变频器的主要危害是元器件及导体的锈蚀问题，潮湿也会使弱腐蚀性环境转变为强腐蚀性环境。当空气中的温度较大时，将会引起金属腐蚀，使绝缘水平降低，并由此引起变频器的故障。严重的潮湿环境，对于任何电气设备都是不允许的，变频器安装设计时必须采取措施避开这类场所。变频器周围湿度推荐为40%~95%。单纯空气湿度大对于变频器没有特别的危害，只有当水分凝结在变频器内部元器件及导体表面时才会产生锈蚀作用。变频器运行时内部温度较高，不会发生凝露现象，因此，各变频器说明书对运行时空气湿度的要求一般是相对湿度不超过95%，也即保证不凝露，这个条件一般很容易达到。但在变频器没有运行时，由于昼夜温差变化，当变频器自身温度较低，温度相对较高的高温度空气进入变频器时很可能发生凝露，这种情况通常发生在夜间温度较低季节的清晨，因此可能较长时间不运行的变频器调速系统在潮湿环境中需要考虑防潮措施，以保证变频器在重新启动时仍能正常工作。过滤材料不能吸附非饱和空气中的水分，因此，密闭柜体加强强制通风的措施不能解决潮湿问题。对于强腐蚀环境的密闭柜体，加封闭式空调的方式可以解决潮湿问题，但单纯对潮湿情况而采用此高成本措施没有必要。基本的防潮思路是保持柜内温度不要低于周围环境温度，具体方法有加装红外线加热器等，在系统运行期间加热器应该关闭，系统停止运行一段时间后接通，可以制定操作规程由人工手动控制，也可以利用系统的控制设备来进行逻辑控制。

3. 振动

振动将对变频器内部的电子元器件产生应力，并可能引起故障。变频器自身的设计抗振能力允许运行时有小幅值低频率振动，各种通用变频器的耐振性因型号不同而不同，但不允许有机械冲击性振动。调速设备安装在牢固地面时，一般都能够满足要求，安装在移动平台上时，则要保证没有强烈冲击。

变频器承受的振动超过容许值，将引起结构件坚固部分的松动，接线材料机械疲劳引起的折损，以及继电器、接触器等有可动部分的器件的误动作，往往导致系统不稳定运转。对于传送带和冲压机械等振动较大的设备，在必要时应采取安装防振橡胶等措施，将振动抑制在规定值以下。而对于由于机械设备共振而造成振动的情况，则可以利用变频器的频率跳跃回避功能，使机械系统避开这些共振频率。将装有变频器的柜体用防振垫支撑安装，也是一个可行方案，但选择防振垫时要注意，刚性过高的防振垫或者简易的薄橡胶垫不能有效降低冲击振动，而刚性过低的防振垫又可能造成柜体摇晃，选择时要注意。

三、通用变频器投运检查、试验

1. 通电前的检查

首先检查变频器的型号是否和设计图选型一致，随机附件及说明书是否齐全；所在的环境是否符号要求，装置有无脱落、破损；安装时有没有螺栓和垫圈之类的异物掉入变频器；螺母是否松动，插件是否确定插入插槽，变频器所在的控制柜是否进行灰尘、杂物的清扫；主电路，控制电路以及其他电气连接有无松动，端子之间、外露导电部分是否有短路、接地短路现象，接地端子及接地线连接是否可靠，确认所有开关是否都处于断开状态，保证通电后变频器不会异常启动或发生其他异常动作，主电路电源电压是否在容许的电源电压范围内。

2. 上电检查试验

初始上电检查试验，实际上是正式调试前的准备工作和安全检查过程。初始上电试验的基本任务是确认变频器自身是否存在硬件故障，确认主电路接线正确。虽然变频器在出厂时都是经过严格检验的，但是在运输与安装过程中有可能受到损伤，因此，初始上电的第一个步骤就是自身的上电检查。

通电前的检查完成并确认无误后，断开被控电动机的电气连接回路，断开外部控制电路电源，合上主回路电源进线开关，对变频器通电，此时应注意，如果变频器在运输过程中受到损伤，通电时可能发生危险，通电人员不要离变频器太近，尽量选择变频器主回路电源上一级开关进行通电，通电前应将安装变频器的屏柜门关闭，同时随时准备如发生异常情况立即切断电源。通电后，除风机控制方式设置为变频器启动时才运行外，通用变频器的散热风机一般都会开始运行。数秒后变频器自检完成，查看数字操作面板上的显示是否与说明书上通电之后的显示画面一致。是否有故障报警信号。正常的变频器应没有机械碰擦声和明显的尖锐电气噪声（脉宽调制的载波声应该出现在电动机上，而不是变频器上）。无异常现象后，参照说明书对变频器改变频率设置，进行启动、停止等操作，观察变频器频率的变化是否正常，三相电压输出是否平衡。

3. 空载与负载试验

（1）空载试验。上电结束后，变频器的输出端与被控电动机连接，将电动机与其拖动的负载脱开，或者使被控电动机处于空载状态。先将频率给定设置为一个较低的频率，短时间启动运行以观察电动机启动是否正常及旋转方向是否正确。若旋转方向错误，对于不可逆运行系统，可以随后将方向选择设置为反向运行，或者将运行控制线改接到反向运行端子上；对于可逆运行系统，或者带速度传感器的矢量控制及直接转矩控制的，应变更输出电缆相序，因为可逆运行时有多个参数与方向有关，速度传感器的信号也与方向有关，用更改参数的方式解决旋转方向问题容易出现混乱。

转向确定后，输入变频器初始化参数，如果是 U/f 模式，按照电动机铭牌输入额定电流、额定电压、电动机极数等基本参数；如果是矢量控制或者直接转矩控制模式，则进入参数辨识运行阶段，参数辨识完成后，初始上电调试完成。参数辨识有两种基本方式：停止型和旋转型。旋转型参数辨识获得的电动机参数更完整、准确，在电动机能够和被拖动设备脱离时，应该进行旋转型参数辨识运行。若电动机与被拖动设备无法脱开调试，则选择停止型参数辨识，此时运行效果会有所降低。某些变频器的全部或者部分矢量控制模式只允许旋转型参数辨识，若电动机不能脱离被拖动设备调试，则不能使用相关控制模式，这个问题在设计选型阶段就应该已有相关考虑。

实施旋转型参数辨识时，一旦开始辨识，变频器会自动控制电动机旋转，启动电动机运行前没有警告，因此，需要特别注意安全。参数辨识运行的步骤，由变频器自行控制，操作时只需要启动该模式，同时按照电动机铭牌提供必要的参数给变频器即可。应该注意的是，即使是同型号同规格的电动机，每一台的具体参数也存在差异，因此，在更换或者修理电动机后，参数辨识要重新进行。

在完成前一个步骤后，就可以输入参数总表的预设参数了，但是，加速和减速时间的设置不在这个步骤进行，保持在默认参数下调试出现加速时过电流保护或者减速时过电压保护动作，则可以适当加长加、减速时间，以保证保护不动作，准确调试需要在负载调试时进行。参数设置好后，在电动机不带负载的情况下启动电动机空载运转。将频率上调至额定频率并使电动机运行一段时间，如一切正常，再选若干个低频、中频、高频常用的工作频率也运行一段时间，对于可逆系统，要在正反两个方向运行；然后将给定频率信号降为零，观察电动机的控制情况。运行中注意观察变频器显示的输出频率与电动机运行转速是否一致、电动机运行时除载波噪声外有无其他异常声音等。

空载调试的任务是确认变频器的基本操作功能是否正常，确认电动机自身是否工作正常，如果电动不能与被拖动的负载脱开，则可以跳过空载调试步骤，在参数设置好后以后就直接进入负载调试阶段。

（2）负载试验。空载调试正常之后，将电动机与被拖动负载连接进行加载调试。在负载试验运行之前，应首选项确认负载机械是否满足可以开始运行的条件以及如果机械负载开始运行是否存在安全问题。同时，负载试验时需要格外注意人身和设备安全，应该会同机械专业人员一起进行，在有规范规定的情况下，应该由持有操作证的操作人员进行操作。加载试验的任务是确认变频器与电动机及其负载的转矩和功率配合是否正确；调整修改加速、减速时间等运行参数；测试设计中采用了的变频器控制功能是否正常起作用。利用外部的点动运行指令，或者按操作面板上的点动操作按键，进行点动运行。这样做不仅可以再次确认电动机的转向，还可以发现系统是否存在因金属摩擦而产的异常，当机械设备尚处于阶段，启动摩擦较大时，可以灵活运行变频器的转矩自动增大功能，逐渐加速，检查系统是否存在机械振动或异常声音等。当速度增加至额定转速的一半左右时，使机械暂停，以确认制动功能是否正常，逐渐加速至额定转速，并在加速过程中注意机械系统是否出现异常现象。

试验时使变频器在低频、中频、高频下稳定运行，注意从数字操作面板上观察稳态电流，它不应超过电动机的额定电流。在按实际电流选择变频器时，如果变频器功率选择小于电动机的功率，则稳态电流应该小于变频器额定电流。根据需要使机械系统以中速或高速进行磨合运行，同时应观察电动机的发热情况。当变频器的模拟量检测端子接有检流计或频率计时，参照数字操作面板的显示对其进行校准。对于长期工作的负载，将加速时间尽量设置长一些，然后启动电动机，逐步缓慢加速到全速，派人在机械设备旁观察有无共振现象，同时在操作人员应随时准备停止系统运行，两处人员间要保持通信畅通。发现共振区域后，设置跳越频率参数。对于短时工作制负载，一般可能不作此试验。

进行零速至全速加速以及全速至零速减速操作时，观察加速与减速时的电流和直流电压，调整加速及减速时间。调速时应该关闭加速及减速时失速防止功能，以使调整准确，调整完成后，根据需要可以恢复这两个功能。对加速性能要求很高时，可以同时调整过渡曲线时间。这部分调试时要满负载进行，且在设置中要留出余地。如设计中使用了特殊功能，应设计一些验证方案，以确认这些功能是起作用的，并且确认其作用符合设计意图。对于多机构联合系统，空载和负载试验都有应是单机构逐次进行，逐台变频器完成设置和试验。有些机械设备的多个机械之间存在着运行配合关系，单机调试可能是不允许的。如果手动操作又不能保证满足这种配合关系的话，就不能进行单机负载调试，只能直接在系统联合调试时解决单机负载调试所进行的参数设置。

（3）联合调试。空载及负载调试之后，变频器的主要运行功能已经测试完成，主要参数已经设置好，对于控制简单的直接操作型系统，调试工作就算已经完成，可以进行试运行了。对于有较复杂连锁关系的系统、多机构联合运行系统、外部控制由 PLC 或工控机等控制设备构成的系统，还有一个重要的调试工作没有完成，那就是将变频器置于外部控制设备的指挥下，按照实际运行时的条件进行调试，即系统联合调试。

在系统联合之前，外部控制部分应该经过单独的调试步骤，即对电路的逻辑动作关系进行测试，或者对 PLC 的控制程序进行离线调试，确认其逻辑控制输出正确无误。控制部分单独调试期间，变频器输入电源应该断开，即要保证控制部分单独调试时，不会导致调速系统的实际运行。这样做的目的，一方面是为了保证调试安全，另一方面则是为了在出现错误时缩小查找问题的范围。对于以通信方式连接 PLC 和变频器的情况，还需要单独对通信功能进行测试。在变频器上设置命令源和频率源参数，将操作功能指向控制端子或者通信方式，把系统的控制权移给外部控制系统，在 PLC 上将程序中为适应离线调试进行的修改恢复，即可开始系统联合调试了。

联合调试应该模拟正常运行条件，测试在各种可能的情况下，系统的反应与设计要求是否一致。联合调试完成后，系统可以直接投入试运行。有条件时，在联合调试之初，应该对系统的各个单独动作进行模拟操作，确认动作正常后再模拟正常生产运行情况进行联合调试。联合调试之后，可进行试运行，试运行与正常条件下的生产运行没有本质的区别，只是系统调试人员在此期间还应该继续留在现场，观察运行情况并保护对设备状态的监控，对出现的问题随时进行处理，同时对系统运行功能作进一步的优化设置。根据系统控制复杂程度的不同，试运行期从数小时到数周不等。试运行完成后，应该根据调试和试运行期间的硬件更改完成竣工图，并根据最后确定的参数填写变频器竣工参数表，将包括竣工图样、竣工参数表、PLC 程序清单在内的系统的完整技术资料移交给使用单位。

四、通用变频器的日常维护和故障处理

变频器用户在日常工作中会遇到变频器报警跳闸的故障情况，变频器常见故障及其排除对策如下。

1. 导致变频器的故障外围因素及其防范

（1）外部的电磁感应干扰。如果变频器周围存在干扰源，它们将通过辐射或电源线侵入变频器的内部，引起控制回路误动作，造成工作不正常或停机，严重时甚至损坏变频器。提高变频器自身的抗干扰能力固然重要，但由于受装置成本限制，在外部采取噪声抑制措施，消除干扰源显得更合理，更必要。以下几项措施是对噪声干扰实行不输出干扰、不传送干扰、不接受干扰"三不"原则的具体方法。

1）变频器周围所有继电器、接触器的控制线圈上需加装防止冲击电压的吸收装置，如RC吸收器。

2）尽量缩短控制回路的配线距离，并使其与主线路分离。

3）指定采用屏蔽线的回路，必须按规定进行，若线路较长，应采用合理的中继方式。

4）变频器接地端子应按规定进行，不能同电焊、动力接地混用。

5）变频器输入端安装噪声滤波器，避免由电源进线引入干扰。

（2）安装环境。变频器属于电子器件装置，在其规格书中有详细安装使用环境的要求。在特殊情况下，若确实无法满足这些要求，必须尽量采用相应抑制措施。

1）振动是对电子器件造成机械损伤的主要原因。对于振动冲击较大的场合，应采用橡胶等避振措施。

2）潮湿、腐蚀性气体及尘埃等将造成电子器件生锈、接触不良、绝缘水平降低而形成短路。作为防范措施，应对控制板进行防腐防尘处理，并尽量采用封闭式结构。

3）温度是影响电子器件寿命及可靠性的重要因素，特别是半导体器件，若结温超过规定值将立刻造成器件损坏，因此应根据装置要求的环境条件安装空调或避免日光直射。

除上述 3 点外，定期检查变频器的空气过滤器及冷却风扇也是非常必要的。对于特殊的高寒场合，为防止微处理器因温度过低而不能正常工作，应采取设置空间加热器等必要措施。

（3）电源异常。电源异常表现形式大致分 3 种，即缺相、低电压、停电。有时也出现它们的混合形式。这些异常现象的主要原因多半是输电线路因风、雪、雷击造成的，有时也因为同一供电系统内出现对地短路及相间短路。而雷击因地域和季节有很大差异。除电压波动外，有些电网或自行发电单位，也会出现频率波动，并且这些现象有时在短时间内重复出现，为保证设备的正常运行，对变频器供电电源也提出相应要求。

1）如果附近有直接启动电动机和电磁炉等设备，为防止这些设备投入时造成的电压降低，应与变频器供电系统分离，减小相互影响。

2）对于要求瞬时停电后仍能继续运行的场合，除选择合适规格的变频器外，还因预先考虑负载电机的降速比例。变频器和外部控制回路采用瞬停补偿方式，当电压回复后，通过速度追踪和测速电机的检测来防止在加速中的过电流。

3）对于要求必须连续运行的设备，要对变频器加装自动切换的不停电电源装置。

二极管输入及使用单相控制电源的变频器，虽然在缺相状态也能继续工作，但整流器中个别器件电流过大及电容器的脉冲电流过大，若长期运行将对变频器的寿命及可靠性造成不良影响，应及早检查处理。

（4）雷击、感应雷电。雷击或感应雷击形成的冲击电压有时也能造成变频器损坏。此外，当电源系统一次侧带有真空断路器时，短路器开、闭也能产生较高的冲击电压。

1）为防止因冲击电压造成过电压损坏，通常需要在变频器的输入端加压敏电阻等吸收器件，保证输入电压不高于变频器主回路期间所允许的最大电压。

2）当使用真空断路器时，应尽量采用 RC 浪涌吸收器。

3）若变压器一次侧有真空断路器，因在控制时序上保证真空断路器动作前先将变频器断开。

2. 变频器对周边设备的影响及故障防范

变频器的安装使用也将对其他设备产生影响，有时甚至导致其他设备故障。因此，对这些影响因素进行分析探讨，并研究应该采取哪些措施时非常必要的。

（1）电源高次谐波。由于目前的变频器几乎都采用 PWM 控制方式，这样的脉冲调制形式使得变频器运行时在电源侧产生高次谐波电流，并造成电压波形畸变，对电源系统产生严重影响，通常采用以下处理措施。

1）采用专用变压器对变频器供电，与其他供电系统分离。

2）在变频器输入侧加装滤波电抗器或多种整流桥回路，降低高次谐波分量。

对于有进相电容器的场合因高次谐波电流将电容电流增加造成发热严重，必须在电容前串接电抗器，以减小谐波分量。对电抗器的电感应合理分析计算，避免形成 LC 振荡。

（2）电动机温度过高及运行范围。对于现有电机进行变频调速改造时，由于自冷电机在低速运行时冷却能力下降造成电机过热。此外，因为变频器的输出波形中所含有的高次谐波势必增加电机的铁损和铜损，因此在确认电机的负载状态和运行范围之后，采取以下的相应措施。

1）对电机进行强冷通风或提高电机规格等级。

2）更换变频专用电机。

3）限定运行范围，避开低速区。

（3）振动、噪声。振动通常是由于电机的脉动转矩及机械系统的共振引起的，特别是当脉动转矩与机械共振电恰好一致时更为严重。噪声通常分为变频装置噪声和电动机噪声，对于不同的安装场所应采取不同的处理措施。

1）变频器在调试过程中，在保证控制精度的前提下，应尽量减小脉冲转矩成分。

2）调试确认机械共振点，利用变频器的频率屏蔽功能，使这些共振点排除在运行范围之外。

3）由于变频器噪声主要有冷却风扇及电抗器产生，因此选用低噪声器件。

4）在电动机与变频器之间合理设置交流电抗器，减小因 PWM 调制方式造成的高次谐波。

（4）高频开关形成的尖峰电压对电机绝缘不利。在变频器的输出电压中，含有高频浪涌电压。这些高次谐波冲击电压将时电动机绕组的绝缘强度降低，尤其以 PWM 控制型变频器更为明显，应采取以下措施。

1）尽量缩短变频器到电机的配线距离。

2）采用阻断二极管的浪涌电压吸收装置，对变频器输出电压进行处理。

3）对 PWM 型变频器应尽量在电机输入侧加装滤波器。

3. 通用变频器的检修维护

变频器是属于静止型电源设备，其核心部件基本上是免维护的。在调试工作完成、经过试运行确认系统的硬件和功能都正常后，日常的运行中可能引起系统失效的因素主要是操作不当、散热条件变化以及部分损耗件的老化和磨损。

变频器维护人员必须熟悉变频器的基本原理、功能特点、指标等，具有变频器的运行经验，维护时应注意如下问题：

（1）由于内部有大容量电容，在变频器的电源切断之后，与此充电电容有关的部分仍将有残存电压。所以，在"充电"指示灯熄灭之前不应触摸有关部分。

（2）新型变频控制电路中使用了许多 CMOS 芯片，用手指直接触摸电路板时将可能使这些芯片因静电作用而遭到破坏，所以应充分加以注意。

（3）在通电状态下不允许进行改变接线和拔插连接插头等操作。

（4）在变频器工作过程中不允许对电路信号进行检测，这是因为在连接测试仪表时所出现的噪声以及误操作有可能带来变频器故障。

（5）必须保证变频器的接地端子可靠接地；不允许进行电压耐压实验等。

（6）日常检查项目及维护。日常检查主要是检查变频器运行时是否有异常现象，其主要项目有：

1）安装地点的环境是否有异常。

2）冷却系统是否正常。

3）变频器、电动机、变压器是否过热、变色或有异味。

4）变频器和电动机是否有异常振动、异常声音。

5）主电路和控制电路电压是否正常。

6）滤波电容是否有异味，是否有胀出现象。

7）各种显示是否正常。

在日常运行维护中，应记录系统工作情况以便及时发现各种问题。如在相同的环境温度及负载情况下，发现温度高于往常，则很可能是散热条件发生了变化，要及时查明原因，又如，输出电流在同样工况下有高于往常的现象，也应查明原因，可能的原因有机械设备方面的因素、电动机方面的因素、变频器设置被更改或者变频器隐性故障。

（7）不定期检查。为防止变频器出现因元器件老化和异常等造成的故障，在变频器的使用过程中必须不定期的在变频器退出运行时进行状态检查，状态检查的重点应放在变频器运行中无法检查的部位，具体的检查项目及基本方法如下：

1）周围环境是否满足变频器的运行要求，有无放置工具等异物和危险品。

2）框架盖板等结构有无异常声音、振动，螺栓等紧固件有无松动，是否有过热而变色的现象，是否沾着灰尘、污损。

3）主电路导体导线有无过热而变色变形，电线护层有无破裂和变色。

4）滤波电容器有无漏液、变色、裂纹和外壳膨胀，安全阀是否正常。

5）电阻器是否有由于过热而产生异味和绝缘体开裂、是否断线等。

6）变压器、电抗器有无异常振动和异味。

7）电磁接触器、继电器工作时有无振动、声音，接点接触是否良好。

8）控制电路中的印刷电路板螺钉和连接器有无松动、有无异味和变色，有无裂缝、破损、变形或显著锈蚀，电容器是否漏液和有无变形痕迹。

9）冷却系统中的风扇有无异常声音、异常振动，有无过热和变色等。

功率器件、印刷电路板、散热片等表面的粉尘可用压缩空气吹扫，散热片吸附的油雾可用清洗剂清洗；出现腐蚀和锈蚀现象时要采取防潮防蚀措施，严重时要更换受蚀部件，清扫空气过滤器同时要检查冷却系统是否正常。

（8）零部件的更换。

1）冷却风扇的更换。冷却风扇是属于易损件，要定期强制更换，一般正常寿命是 3 年，或者累计运行 15 000 小时，若有备件，运行维护较好、每班对变频器进行巡视、监测，可在发现风扇异常时再及时更换也可。

2）滤波电容的更换。滤波电容应用在中间直流滤波环节，电容量大，由于脉冲电流等因素，其性能要劣化，也属于易损件，其劣化受周围温度和使用条件影响很大，一般情况下使用年限约为 5 年，所以每年至少测量一次电容值，如实际容量低于额定值的 85%时应更换。

4. 常见故障及其诊断与处理

设置不当、负载变化、外界运行条件的改变以及变频器元器件的损坏或接触不良等因素都有可能造成变频器故障。

变频器常见的故障类型有过电流、短路、接地、过电压、欠电压、电源断相、变频器内部过热、变频器过载、电动机过载、CPU 异常、通信异常等。

当发生故障时变频器保护会立即动作，并显示故障代码，但有些故障是由多方面原因引起，需要根据经验逐一排除。

（1）过电流保护动作故障的诊断。过电流保护动作跳闸原因可能是过电流或主电路功率模块过热。

故障可能是短路、接地、过载、负载突变、加减速时间设定太短、转矩提升量设定不合理，变频器内部故障或谐波干扰大等，其诊断流程如图 9-9 所示。

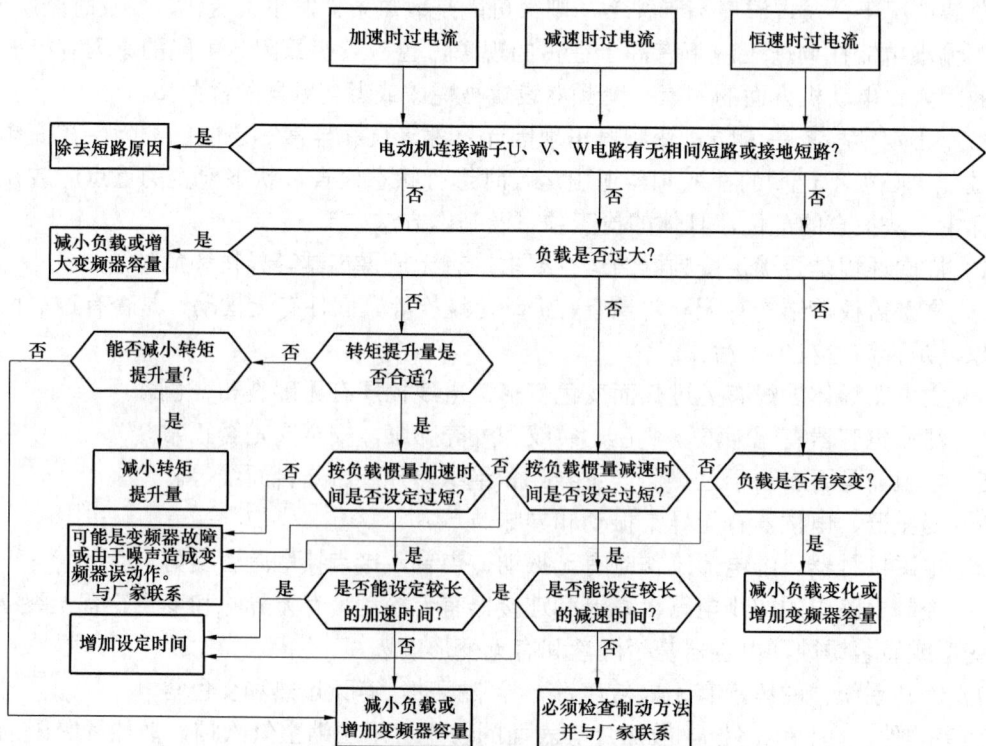

图 9-9 变频器过流故障诊断流程示意图

1）主要故障现象及原因：

a. 新启动时，一升速就跳闸。这是过电流十分严重的现象。主要原因有负载短路、机械部位有卡住、逆变模块损坏、电动机的转矩过小等。

b. 上电就跳闸，这种现象一般不能复位，主要原因有模块坏、驱动电路坏、电流检测电路坏。

c. 重新启动时并不立即跳闸而是在加速时，主要原因有加速时间设置太短、电流上限设置太小、转矩补偿（V/F）设定较高。

2）检查方法：

a. 检查输入三相电源是否出现缺相或不平衡。

b. 检查电机接线端子（U、V、W）电路之间有无相间短路或对地短路。

c. 检查电机电缆（包括相序）。

d. 检查编码器电缆（包括相序）。

e. 检查电机功率是否匹配。

f. 检查在电机电缆上是否含有功率因数校正电容或浪涌吸收装置。

g. 检查变频器输出侧安装的电磁开关是否误动作。

h. 检查变频器的加速时间。

i. 检查变频器的参数设定（电机相关参数）。

j. 检查变频器电流测量回路。

3）过电流保护动作的典型故障。

实例1： 电流传感器故障导致过流跳闸。

一台 22kW 的变频器调整器，一上电就报"过流"故障而跳闸；且信号不能复归。首先检查逆变模块没有发现问题，其次检查驱动电路也没有异常现象，估计问题不在这一块，可能出在电流测量这一部位，将其电流传感器拆下后上电，显示一切正常，故认为传感器已坏，找一个新品换上后带负载实验一切正常。

实例2： 驱动电路故障导致过流跳闸。

一台 LG—IS3—4 3.7kW 变频器一启动就跳闸，报"过流"故障。打开机盖没有发现任何烧坏的迹象，在线测量 IGBT 基本判断没有问题，为进一步判断问题，把 IGBT 拆下后测量 7 个单元的大功率晶体管开通与关闭都很好。在测量上半桥的驱动电路时发现有一路与其他两路有明显区别，经仔细检查发现一只光耦 A3120 输出脚与电源负极短路，更换后三路基本一样。模块装上重新上电，运行一切良好。

（2）过电压故障的诊断。

1）跳闸原因：直流母线产生过电压。

2）故障诊断：电源电压过高、制动力矩不足、中间回路直流电压过高、加/减速时间设定得太短、电动机突然甩负荷、负载惯性大、载波频率设定不合适等，过电压故障诊断流程如图 9-10 所示。

3）检查处理方法：

a. 检查电源电压是否在规定范围内。

b. 检查变频器的减速时间是否设置过短，如过短，延长减速时间。

c. 是否正确使用制动单元。

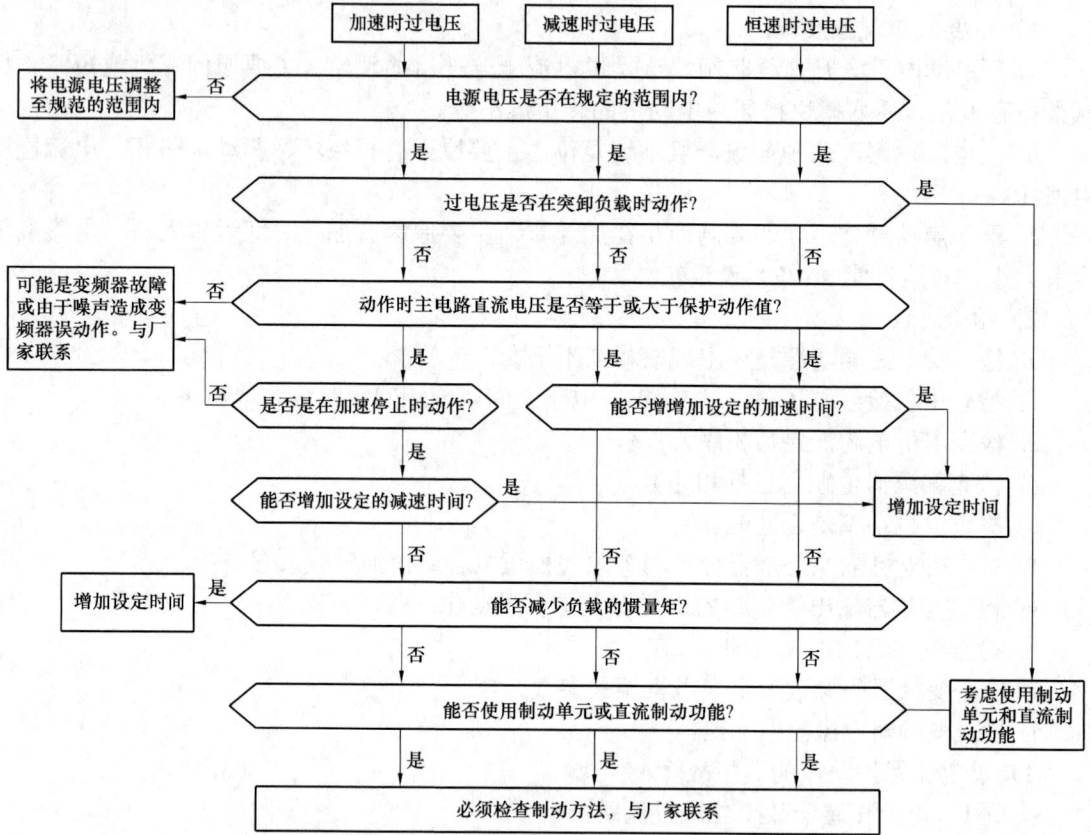

图 9-10 变频器过电压故障诊断流程示意图

d. 降低负载惯量或放大变频器容量。

（3）欠电压故障诊断。欠电压故障跳闸可能的原因有交流电源欠电压、断相、瞬时停电等。

故障可能是电源电压偏低、电源断相、在同一电源系统中有大启动电流的负载启动、变频器内部故障等，其故障诊断流程如图 9-11 所示。

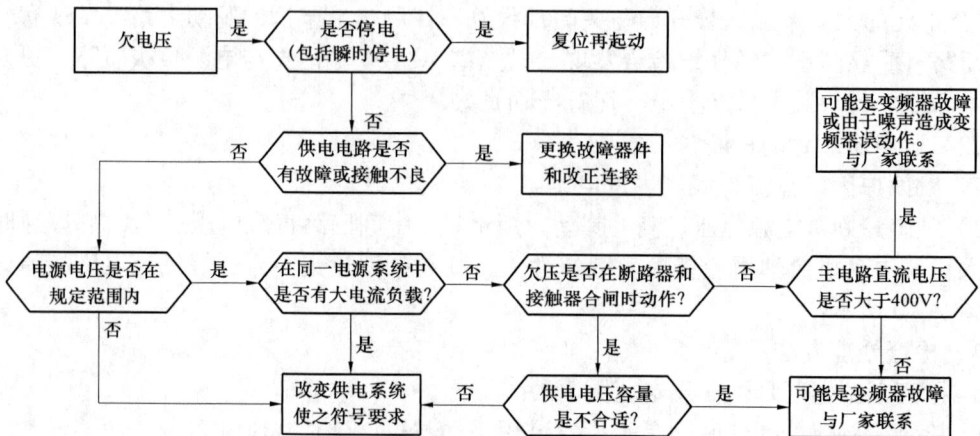

图 9-11 变频器欠压故障诊断流程示意图

检查处理方法如下：

1）检查电源是否存在停电、瞬间停电、主电路器件故障、接触不良等。

2）检查电源电压是否在规定范围内。

3）检查供电变压器容量是否合适。

4）检查系统中是否存在大启动电流的负载。

除上述故障外，变频器保护动作相关的还有对地短路故障、熔断器断路、变频器内过热、散热板过热、变频器过载、电动机过载、存储器异常、CPU 异常、输出电路异常、输入电源断相等。相关诊断流程如图 9-12 所示。

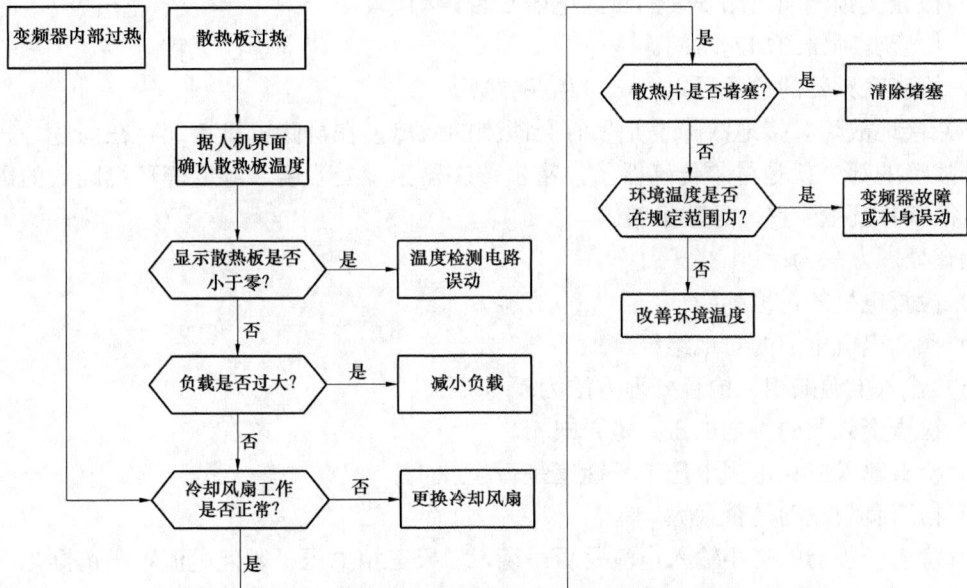

图 9-12　变频器内过热、散热故障诊断流程示意图

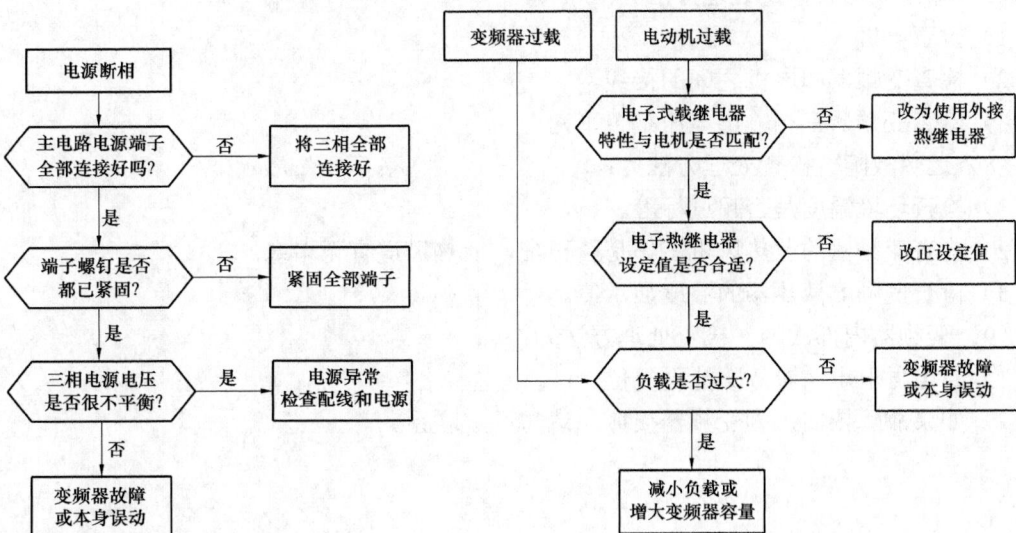

图 9-13　变频器输入电源断相故障
诊断流程示意图

图 9-14　变频器过载、电机过载故障
诊断流程示意图

（4）过载故障。过载也是变频器比较频繁的故障之一，平时看到过载现象我们其实首先应该分析一下到底是马达过载还是变频器自身过载，一般来讲马达由于过载能力较弱，只要变频器参数表的电机参数设置得当，一般不大会出现马达过载，而变频器本身由于过载能力较差很容易出现过载报警。

检查处理方法为：

1）检查负载是否过重。

2）检查变频器输出三相是否平衡。

3）检查在电机电缆上是否含有功率因数校正电容或浪涌吸收装置。

4）检查变频器输出侧安装的热继电器是否误动作。

5）检查变频器的加速时间。

6）检查变频器的参数设定（电机相关参数）。

（5）接地故障。接地故障也是平时会碰到的故障，在排除电机接地存在问题外，最可能发生故障的部分就是霍尔传感器了，霍尔传感器由于受温度，湿度等环境因数的影响，工作点很容易发生飘移，导致报警。

检查处理方法为：

1）检查电机的对地绝缘。

2）检查电机电缆的对地绝缘。

（6）输入电源缺相。检查处理方法为：

1）检查变频器的供电电压，是否缺相。

2）检查输入三相电源电压不平衡度是否超过 4%。

3）检查负载波动是否太大。

4）检查变频器的三相输入电流是否平衡，如果三相电压平衡但电流不平衡则为变频器故障，请与厂家联系。

（7）输出缺相。检查处理方法为：

1）检查电机。

2）检查变频器和电机之间的接线。

3）检查变频器三相输出电压是否平衡。

（8）过热故障。检查处理方法为：

1）检查环境温度是否超过标准。

2）检查变频器的散热风机工作是否正常，散热风道有无堵塞。

3）检查变频器散热器的温度显示值。

（9）变频器内部故障。检查处理方法为：

1）断电再上电，看故障能否复位。

2）如果故障依旧，为变频器损坏，请与厂家联系。

第十章

PLC 的运行与维护

可编程序逻辑控制器简称为 PLC（Programmable Logical Controller），它是微机技术与继电器接触器常规控制概念相结合的产物，即既采用了微型计算机的基本结构和工作原理，又融合了继电器接触器控制的概念构成的一种新型电控器，它专为在工业环境下应用而设计，采用可编程序的存储器，用来存储执行逻辑运算、顺序控制、定时、计数和算术运算等操作的指令，并通过数字式、模拟式的输入和输出，控制各种类型的机械或生产过程。随着工厂自动化程序越来越高，PLC 在工厂自动控制中起到举足轻重的地位，作为一名从事电气专业的技术人员，必须掌握 PLC 的运行与维护的基本知识，并能够根据实际情况判断各种 PLC 故障。

第一节　PLC 的基本功能与结构

一、PLC 的基本功能和特点

PLC 是电子技术、计算机技术与继电器逻辑自动控制相结合的产物。PLC 不仅充分发挥了计算机的优点，以满足各种工业生产过程自动控制的要求，同时又照顾到一般电气操作人员的技术水平和习惯，采用梯形图或流态流程图等编程方式，使 PLC 的使用始终保持大众化的特点。

1. PLC 的基本功能

PLC 可用于单台机电设备的控制，也可用于生产过程和工艺要求编制控制程序。程序运行后，PLC 就根据现场输入信号（按钮、行程开关、接近开关或其他传感器信号），按照预选编入的程序对执行机构（如电磁阀、接触器、继电器等）的动作进行控制。PLC 的型号繁多，各种型号的 PLC 的功能不尽相同，但一般都具有下列功能：

（1）条件控制——PLC 具有逻辑运算功能，它能根据输入继电器触的与、或等逻辑关系决定输出继电器的状态，故它可代替继电器进行开关控制。

（2）定时控制——为满足生产工艺对定时控制的要求，一般 PLC 向用户提供上百个功能较强的计数器，如 FX2 型 PLC 共有 256 个定时器。所有定时器的定时值可由用户在编程时设定，即使在运行中定时值也可被读出或修改，使用灵活、操作方便。

（3）计数控制——为满足对计数控制的需要，PLC 向用户提供了上百个功能较强的计数器，如 FX2 型 PLC 可向用户提供 241 个计数器。其中 6 个高速计数器，121 个电池后备计数器。所有计数器的设定值可由用户在编程时设定，且随时可以修改。

（4）步进控制——步进顺序控制是 PLC 的最基本的控制方式，许多 PLC 为方便用户编制较复杂的步进控制程序，设置了专门的步进控制指令。如 FX2 型 PLC 中拥有上千个状态元件，为用户编写较复杂的步进顺控程序提供了极大的方便。

（5）数据处理——PLC 具有较强的数据处理能力，除能进行加、减、乘、除四则运算甚至开方运算外，还能进行字操作、移位操作、数制转换、译码等数据处理。

（6）通信和联网——由于 PLC 采用了通信技术，可进行远程的 I/O（输入/输出）控制。多台 PLC 之间可进行相互链接，还可用计算机进行链接，接受计算机的命令，并将执行结果告诉计算机。一台计算机与多台 PLC 可构成集中管理、分散控制的分布式控制网络，以完成较大规模的复杂控制。

（7）对控制系统的监控——PLC 具有较强的监控功能，它能记忆某些异常情况或在发生异常情况时自动终止运行。操作人员通过监控命令，可以监视系统的运行状态，可以改变设定值等，方便程序的调试。

2. PLC 特点

可编程序控制器被认为是真正的工业控制计算机，在工业自动控制系统中占有极其重要的地位，最重要的原因是它具有如下独特的特点：

（1）通用性强——由于采用了微型计算机的基本结构和工作原理，而且接口电路考虑了工业控制的要求，输出接口能力强，因而对不同的控制对象，可以采用相同的硬件，只需编制不同的软件，就可实现不同的控制。

（2）接线简单——只要将用于控制设备的接线、限位开关和光电开关等接入控制器的输入端，将被控制的电磁铁、电磁阀、接触器和继电器等功率输出元件的线圈接至控制器的输出端，就完成了全部的接线任务。

（3）编程容易——一般使用与继电器接触器控制电路原理图相似的梯形图或用面向工业控制的简单指令形式编程。因而编程语言形象直观，容易掌握，具有一定的电工和工艺知识的人员可在短时间学会并应用自如。

（4）抗干扰能力强、可靠性高——PLC 的输入输出采取了隔离措施，并应用大规模集成电路，故它能适应各种恶劣的环境，能直接安装在机器设备上运行。

（5）容量大、体积小、重量轻、功耗少、成本低、维修方便——如一台具有 128 个输入输出点的小型 PLC，其尺寸为 $216×127×110mm^3$，质量约 2.3kg，空载功耗为 1.2W，它可以完成相当于 400～800 个继电器组成的系统的控制功能，而其成本仅相当于相同功能继电器系统的 10%～20%；PLC 一般采用模块结构，又具有自诊断功能，判断故障迅速方便，维修时只需更换插入式模块，因而维修十分方便。

二、PLC 的基本构成及分类

PLC 作为自动控制系统中的核心部件，要使它能在控制系统充分发挥功能，就必须了解 PLC 的结构及其工作原理。

PLC 生产厂家很多，产品的结构也各不相同，但其基本构成是一样的，都采用计算机结构，如图 10-1 所示，都以微处理器为核心，通过硬件和软件的共同作用来实现其功能。PLC 主要组成部分有：CPU（中央处理器）、存储器、输入/输出（I/O）接口电路、电源等。

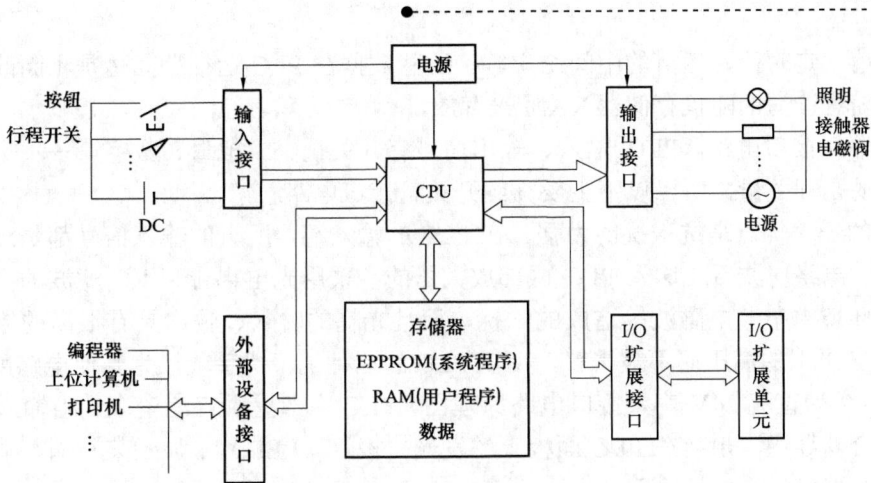

图 10-1　PLC 的结构示意图

（1）CPU。CPU 是中央处理器（Central Processing Unit）的英文缩写。它是 PLC 的核心和控制指挥中心，主要由控制器、运算器和寄存器组成，并集成在一块芯片上。CPU 通过地址总线、数据总线和控制总线与存储器、输入/输出接口电路相连接，完成信息传递、转换等。

CPU 的主要功能有：接收输入信号并存入存储器，读出指令，执行指令并将结果输出，处理中断请求，准备下一条指令等。

（2）存储器。存储器主要用来存放系统程序、用户程序和数据，根据存储器在系统中的作用可将其分为系统程序存储器和用户程序存储器。

系统程序存储器用来存放制造商为用户提供的监控程序，模块化应用了功能程序、命令解释程序、故障诊断程序及其他管理程序。

系统程序直接影响着 PLC 的整机性能。系统程序需要永久保存在 PLC 中，不能因关机、停电或其他部分出现故障而改变其内容。因此，制造商将系统程序固化在只读存储器 ROM 中，作为机器的一部分提供给用户，用户无法改变系统程序的内容。

用户存储器是专门提供给用户存放程序和数据的，所以用户存储器通常又分为用户程序存储器和数据存储器两个部分。

用户存储器有 RAM、EPROM、E^2PROM 三种类型。随机存储器 RAM 一般都是 CMOS 型的，耗电极小。通常都用锂电池作后备，这样在失电时也不会丢失程序。为防止由于错误操作而损坏程序，在程序调试完成后，还可用 EPROM 或 E^2PROM 将程序固化。EPROM 的缺点是在写入和擦除时都必须要用专用的写入器和擦除器，用户使用很不方便，所以目前用得最多的是 E^2PROM，它采用电擦除的方法，写入和擦除时只需编程器即可，而不要其他专用装置。

用户存储器用来存放用户编写的应用程序。通常情况，PLC 的控制对象有一定的稳定性，所以控制内容和相应的控制程序也是相对稳定不变的。根据这一特点，调试成熟的用户程序一般都存储在 EPROM 或 E^2PROM 中，如果需要改变程序就需要重写或更换 EPROM 或 E^2PROM。

数据存储器用来存放控制过程中需要不断改变的信息，如输入/输出信号、各种工作状态、计数值、定时值、运算的中间结果等。这些数据在 PLC 运行期间总是不断改变的，只能用可以随意读写的随机存储器 RAM 来存放。

（3）输入接口电路。PLC 输入、输出信号有开关量、模拟量、数字量三种类型，用户涉及最多的是开关量，所以以下主要介绍开关量接口电路。

PLC 的一大优点是抗干扰能力强。在 PLC 的输入端，所有的输入信号都是经过光电耦合并经 RC 电路滤波后才送入 PLC 内部放大器的，采用光电耦合和 RC 滤波的措施后能有效地消除环境中杂散电磁波等造成的干扰，而且光耦的输入、输出具有很高的绝缘电阻，能承 1500V 以上的高压而不被击穿，所以 PLC 的这种抗干扰手段已为其他电路所采用。

图 10-2 为直流 24V 输入接口电路原理图，PLC 内部提供直流电源。当输入开关接通时，光耦合器导通，由装在 PLC 面板上的发光二极管（LED）来显示某一输入端口（图中只画了一个端口）有信号输入。

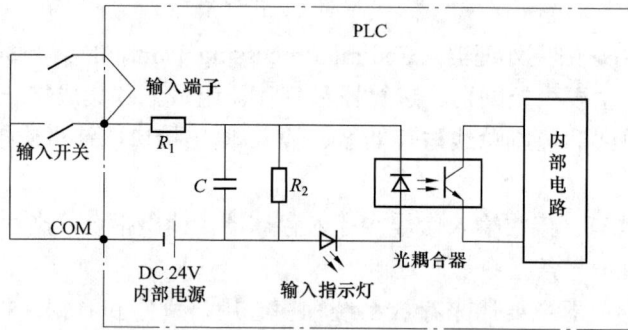

图 10-2　直流 24V 输入接口电路

图 10-3 为交/直流输入接口电路原理图。其内部电路结构与直流输入接口电路基本相同，不同之处在交、直流电源外接。

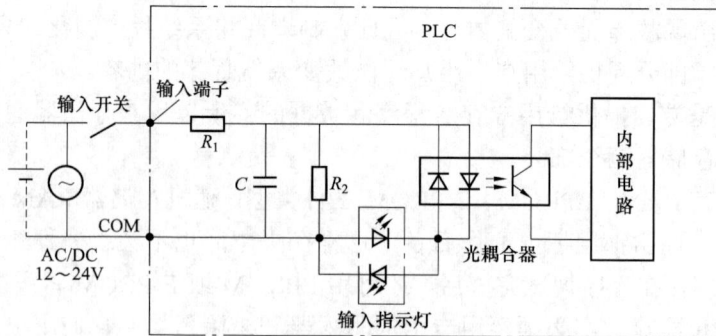

图 10-3　交/直流输入接口电路

（4）输出接口电路。为适应负载的不同需要，各类 PLC 的输出接口电路都有三种形式：一种是继电器输出，一种是晶闸管输出，一种是晶体管输出。

继电器输出型是利用继电器线圈与输出触点，将 PLC 内部电路与外部负载电路进行电气隔离，其电路示意图如图 10-4 所示。

晶闸管输出型是采用光控晶闸管，将 PLC 的内部电路与外部负载电路进行电气隔离，其电路示意图如图 10-5 所示。

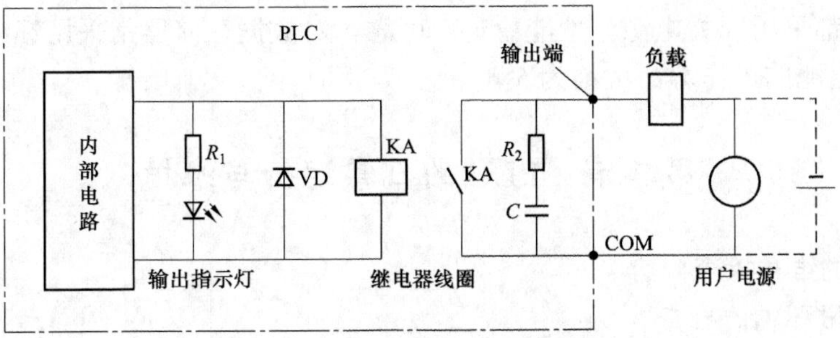

图 10-4　继电器输出接口电路

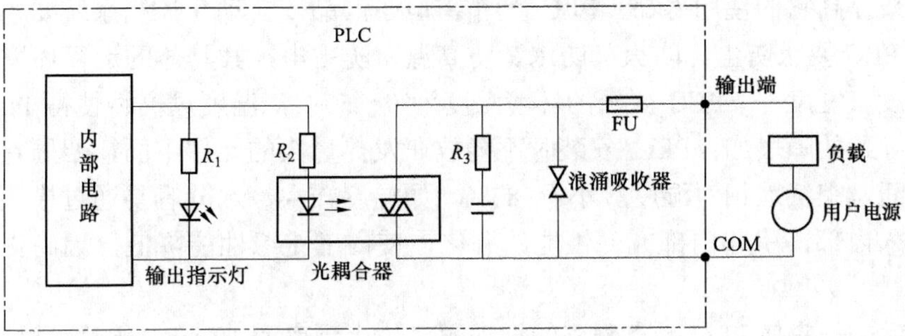

图 10-5　晶闸管输出接口电路

晶体管输出型是采用光电耦合将 PLC 内部电路与输出晶体管进行隔离，其电路示意图如图 10-6 所示。

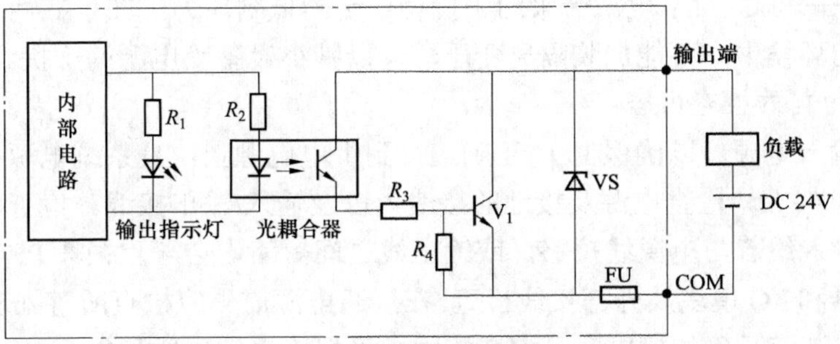

图 10-6　晶体管输出接口电路

（5）电源部分。一般小型 PLC 的电源输出分为两部分，一部分供 PLC 内部电路工作，另一部分用于向外提供给现场传感器等工作。与其他电子设备一样，电源是非常重要的一部分，它的性能如何将直接影响 PLC 的功能和可靠性。

PLC 对电源的基本要求是：

1）能有效控制、消除电网电源带来的各种噪声。

2）不会因电源发生故障而导致其他部分产生故障。

3）能在较宽的电压波动范围内保持输出电压稳定。

4）电源本身的功耗应尽量能低，以降低整机的温升。

5）内部电源及 PLC 向外提供的电源与外部电源间应完全隔离。

6）有较强的自动保护功能。

目前 PLC 都采用开关电源，性能稳定、可靠。对数据存储器常采用锂电池作断电保护后备电源，锂电池的工作寿命大约为 5 年。

第二节　PLC 的日常运行与维护

一、PLC 的维护检查内容

1. PLC 使用环境的检查

PLC 适用于大多数工业现场，对使用场合、环境温度有一定要求，控制 PLC 的运行环境，可以有效提高它的使用寿命。PLC 为精密电子产品，自动化控制系统要求不间断稳定运行，因此 PLC 要求防尘、防火、防水、防高温、防雷电，其具体的运行环境要求为：

（1）温度、湿度——PLC 要求的环境温度为 0～55℃，温度过高将使得 PLC 内部元件性能恶化，导致故障增加，PLC 安装时不能放在发热量大的元件下面，四周有应有较大的通风散热空间。空气地相对湿度应小于 85%。如温度较大，水分容易通过模块的金属表面的缺陷而侵入内部，引起内部元件性能的恶化，使内部绝缘性能降低，因高压或浪涌电压而短路。

（2）振动——应使 PLC 远离强烈的振动源，防止频率为 10～55Hz 的频繁或连续振动。当使用环境具有不可避免的振动时，必须采取减振措施。

（3）空气——应避免 PLC 和腐蚀、易燃的气体接触，对于空气中有较多粉尘或腐蚀性气体的环境，可将 PLC 安装在封闭性较好的控制室或控制柜中。

（4）电源——PLC 对于电源带来的干扰有一定的抵制能力，在可靠性要求很高或电源干扰特别严重的环境中，可能加装隔离变压器，以减小设备受电源的干扰。

2. PLC 使用前的检查内容

（1）检查输入电源，以确保 PLC 正确连接到供电电源上，且系统电源布线合理，并连接到每个 I/O 机架上。检查电源及接地的接线，以及输入/输出接线。检查电源端子接线是否正确，直流输入线若与电源线短路，或输出线之间短路均会严重损坏 PLC。

（2）处理器和 I/O 模块及外部接线检查。在接通电源前先应检查所有处理器和 I/O 模块，以确保它们均安装在正确的槽中，且安装牢固。确保连接处理器和每个 I/O 机架的每根 I/O 通信电缆是正确的，检查 I/O 机架地址分配情况。确保控制器模块的所有输入、输出导线连接正确，且安全连接在对应的端子上。

（3）上电检查。上电（PLC 接通电源）后，检查 PLC 各指示灯是否正常（电源 POWER 指示灯，运行 RUN 指示灯，电池电压 BATT 指示灯、各输入模块、输出模块指示灯等）。

3. PLC 日常维护检查内容

（1）检查 PLC 运行环境是否在规定的技术指标范围内，即温度、湿度是否在上述规定的范围之内。

（2）检查 PLC 的安装状态是否正常，包括各 PLC 模块是否牢固，各种 I/O 模块端子是否松动，PLC 通信电缆的连接器是否完全插入并旋紧，外部连接线有无损伤等。

（3）检查与 PLC 的人机对话装置（触摸屏、工作站）是否有 PLC 系统报警信息，如发现有系统报警，应及时进行相应处理。

（4）检查 PLC 柜（箱）散热风扇运行是否正常，空气滤网是否有积尘，如有积尘应及时清除。

（5）检查输入、输出模块，电源模块，模拟量输入、输出模块，通信模块等工作是否正常（主要通过指示灯进行判断）。

（6）检查 PLC 是否处于运行状态。

（7）检查 PLC 的工作电源是否正常，检查供电电压是否在 85%～110%之内，观察电压波动是否频繁。

（8）检查 PLC 驱动的继电器安装是否到位，是否有松脱现象等。

二、PLC 的在线操作与监控测试

PLC 在运行过程中，如有需要，可将原 PLC 中的程序传送至 PC 机，对程序进行检查、修改，并可将修改好的程序下载到 PLC。以三菱 FX 系列 PLC 编程软件"SWOPC-FXGP/WIN-C"为例介绍在线操作的方法和 PLC 的监控与测试方法。现场可据相关 PLC 厂家的编程软件进行操作。

1. PLC 的在线操作

对 PLC 进行操作之前，首先将计算机的 RS-232 接口和 PLC 的 RS-422 接口连接好，然后设置计算机的通信端口参数。由于各种 PLC 编程软件不同，所以在线操作也不尽相同，但基本思路是一样。

（1）端口设置。执行"PLC"菜单中的"端口设置"命令，可以选择计算机的 RS-232C 串行口和传输速率。

（2）文件传送。

1）执行"PLC"→"传送"→"读入"命令，可将 PLC 中的程序传送到计算机中。

2）执行"PLC"→"传送"→"写出"命令，可将计算机中的程序下载到 PLC 中。

（3）PLC 口令的修改与删除。在"PLC"的下拉菜单中，可以对 PLC 进行新口令的设置，也可以修改或清除旧口令。

（4）遥控运行/停止。执行"PLC"→"遥控运行/停止"命令，可在弹出的窗口中选择"运行"或"停止"，点击"确认"按钮后可以改变 PLC 的运行模式。

（5）存储器清除。执行"PLC"→"存储器清除"命令，可以对"PLC 存储空间"、"数据元件存储空间"、"位元件存储空间"的数据进行清除，但特殊存储器的数据不会被清除。

（6）PLC 诊断。执行"PLC"→"PLC 诊断"命令，将显示与计算机相连的 PLC 的状况，给出出错信息、扫描周期的当前值、最大值和最小值以及 PLC 的运行/停止状态。

2. PLC 监控与测试

在梯形图方式执行"监控/测试"→"开始监控"命令后，用绿色表示触点或线圈接通，且定时器、计数器和数据寄存器的当前值将显示在元件号的上面。

（1）元件监控。选择"监控/测试"菜单，执行"进入元件监控"命令后，将弹出元件监控画面，如图 10-7 所示，在该画面上双击左侧的深蓝色矩形光标，出现如图 10-8 的"设置元件"对话框，输入所监控元件的起始编号和要监控元件的数量，按下"输入"按钮后，将在屏幕上用绿色方块表示需要监控元件的状态。

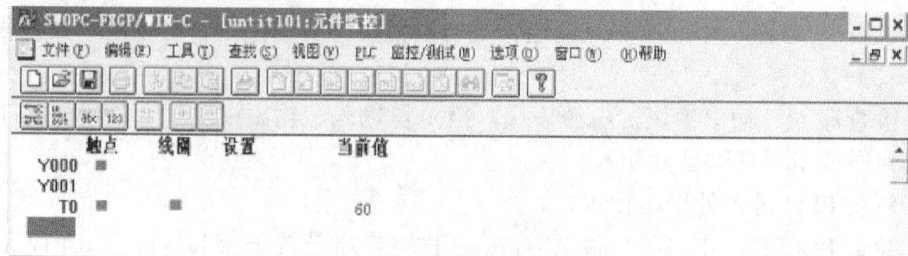

图 10-7　元件监控画面

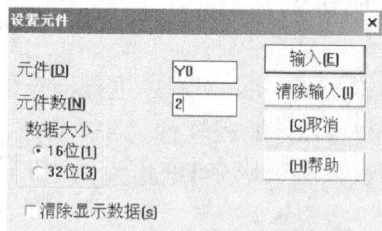

图 10-8　设置元件对话框

元件监控画面还可以监控 T、C、D 等元件的当前值。若需要改变当前值，可以选中该元件，然后单击右键并改变当前值。

选择"监控/测试"菜单，执行"开始监控（光标）"命令，可以直接进入程序界面，在程序上就可以观察元件的状态和数值。

（2）强制。用户可以强制指定值或对变量赋值，所有强制改变的值都存到主机固定的 EEPROM 存储器中。

选择"监控/测试"菜单，执行"强制 ON/OFF"命令，可以对位元件 X、Y、M 及特殊类型的元件 M、S、T、C 等进行置位操作，也可以对 X、Y、M 及 S、T、C、D、V、Z 等类型的元件进行复位操作。

（3）改变设置值。利用此功能来实现指定元件设定值的改变。

此功能仅在监控梯形图时有效，若光标所在位置为计数器或定时器线圈，选择"监控/测试"菜单，执行"改变设定值"命令，可以对字元件 T、C、D 及特殊字元件 D、V、Z 等进行设定值的改变。

三、PLC 的定期检查

PLC 作为一种工业控制设备，以其高可靠性的特点在各行各业得到了广泛的应用。为了使 PLC 连接工作在最佳状态，尽管 PLC 控制系统设计时已考虑到最大可能地减少维护工作量，当系统安装完毕并可操作时，也应考虑一些维护方面的问题。良好的定期维护措施可大大降低系统的故障率，所以周期性检查是很必要的。因为 PLC 的部件是半导体器件，而且长期运行，加上工作环境、外围设备及自身的一些问题，每隔半年到一年的时间要对 PLC 控制系统进行定期检查和维护，确保 PLC 控制系统的正常运行。

通常 PLC 定期检查的内容有：

（1）交流电源电压稳定度检查。测量加在 PLC 上的电压是否为额定值；电源电压是否出现频繁急剧的变化。检查的标准是：电源电压必须在工作电压范围内；电源电压波动必须在允许范围内；供电频率应为额定频率。

（2）工作环境温度、湿度、灰尘检查。检查温度和湿度是否在相应的变化范围内。检查的标准是：温度在 0～50℃ 范围内；相对湿度 95% 以下，振幅小于 0.75mm，无大量灰尘、盐分或铁屑。

（3）安装条件检查。基本单元和扩展单元是否安装牢固，基本单元和扩展单元的连接电缆是否完全插好，连接螺钉是否松动；外部接线是否损坏；接地电阻是否符合要求。检查的标准是：安装的螺钉必须上紧，连接的电缆不能松动；外部接线不能有任何外观异常。

（4）使用寿命检查。继电器输出触点。检查的标准是：继电器输出触点寿命通常在 300 万次。

在 PLC 运行过程中，可以从设备外部目视检查运行状况有无异常，可通过人机对话装置查阅 PLC 的运行参数，掌握 PLC 日常运行状况，以便及时发现 PLC 问题。此外还要注意以下几点：

（1）保持 PLC 周围环境清洁、干燥，严禁在 PLC 附近放置杂物，定期清洗或更换 PLC 柜的空气过滤器。这样可确保为 PLC 柜提供洁净的空气环流。对过滤器的维修不应推迟到定期机器维修的时候，而应根据所在地区的灰尘量进行定期检查。

（2）设专人定期对 PLC 进行清扫、吹灰，保持 PLC 内部的清洁及风道的畅通。由于 PLC 控制系统长期运行，线路板和控制模块会渐渐吸附灰尘，影响散热，易引发电气故障。定期除尘时要把控制系统的供电电源关闭，可将净化压缩空气和吸尘器配合使用。定期除尘可以保护电路板清洁，防止短路故障，提高元器件的使用寿命，对 PLC 控制系统是一种有效的防护措施。

（3）每次维护 PLC 后，要认真检查有无遗漏的螺丝及导线等，防止小金属物品造成 PLC 短路事故。定期检查 I/O 模块的连接，确保所有的插座、端子板和模块连接良好，且模块安放牢固。当 PLC 控制系统所处的环境经常受到使端子连接松动的振动时，应当常做此项检查。

保证 PLC 在较低的温度状态下运行是延长 PLC 寿命的基本要求，在使用 PLC 时应降低安装 PLC 空间的环境温度。

第三节　PLC 故障分析与处理

PLC 故障是指不可避免的异常工作状态，分析和查找故障是工厂电气专业人员需具备的技能。

对于使用一段时间后 PLC 出现的故障，故障原因可能是元器件损坏、回路发生短路或断路（如接插件接触不良，电位器、电阻接触不良或是焊点虚焊等）或作用条件发生变化（如电网电压波动、过湿或过热的工作环境等）影响 PLC 的正常运行。对于首次使用的 PLC 来说，其发生故障的原因可能是在运输、安装过程中，因振动等原因引起 PLC 内的电路插件松动或脱落、连线发生短路或断路等；在 PLC 仓储的过程中，由于 PLC 内元器件或电路板受潮等原因引起的元器件失效；由于使用人员未能按 PLC 的使用操作步骤而导致的故障；PLC 故障无论是发生在线路上，还是发生在电气电子元器件上，一般都是由短路或断路引起——当电路局部短路时，负载因短路而失效，这条负载线路电阻小，而产生很大的短路电流，导致电源过载，导线绝缘烧坏，严重时还会引起火灾。如直流电源两极直接接通；电源未经过负载直接接通；绝缘导线被破坏，并相互接触造成短路；接线螺丝橙脱造成线头相碰；导线头碰触机架金属部分等。

一、PLC 故障的类型与故障分析方法

1. PLC 故障的类型

PLC 故障类型有多种分类方法，按故障性质可分为系统性故障和随机性故障；按故障产生的原因可分为 PLC 自身故障和外部故障。按 PLC 故障现象可分以下几类：

（1）停机故障。停机的原因通常有：CPU 异常报警，存储器异常报警，输入/输出单元异常报警，扩展单元异常报警。

在 CPU 异常报警时，应检查 CPU 单元连接于内部总线上的所有器件。具体方法是依次更换可能产生故障的单元，找出故障单元，并作相应处理。

存储器异常报警时，可先采取重新传送程序的方法判断故障是否清除，否则应更换存储器。

在输入/输出单元、扩展单元异常报警时，应首先检查输入/输出单元和扩展单元连接器的插入状态及电缆连接状态，确定故障发生的单元之后再更换单元。

（2）程序不执行故障。程序不执行分为：全部程序不执行，部分程序不执行，计数器误动作。不执行程序可按下列步骤进行检查：

1）输入检查。输入检查是利用输入 LED 指示灯判断故障部分，当输入 LED 不亮时，可初步确定是外部输入系统故障，再配合万用表检查，如果输出电压不正常，就可确定是输入单元故障。当 LED 灯亮而内部监视器无显示时，则可认为是输入单元、CPU 单元或扩展单元的故障。

2）执行程序检查。执行程序的检查是通过 PC 机监视（通过对 PLC 的在线操作和监视，参见本章第二节内容）检查故障，当梯形图的接点状态与结果不一致时，则是程序错误（如内部继电器双重使用等），或是运算部分出现故障。

3）输出检查。输出检查是利用输出 LED 灯判断故障部位，当运算结果正确而输出 LED 指示错误时，则可认为是 CPU 单元、I/O 接口单元的故障。当输出 LED 是亮的而无输出，则可判断是输出单元故障，或是外部负载系统出现了故障。

部分程序不执行的检查方法与前项相同，如果计数器、步进控制器等的输入时间过短，则会出现无响应故障，这时应该校验输入时间是否足够大。

（3）程序内容变化或消失故障。程序内容变化或消失的原因能有：长时间停电引起程序变化；电源开关操作引起的程序变化，运行中程序发生变化。电源的短时掉电也会使程序内容消失，这时除了检查电池，还要进行下列检查——通过反复通断 PLC 本身电源来检查，为使微处理器正确启动，PLC 中设有初始复位点电路和电源断开时的保存程序电路。这种电路发生故障时，就不能保存程序。所以可用电源的通、断进行检查，如果在更换电池后仍然出现电池异常报警，就可判断是存储器故障或是外部回路的漏电流异常增大所致。

（4）输入/输出单元不动作。输入/输出单元不动作的原因有：输入信号没有读入 CPU；CPU 没有发出信号。

（5）电源重新投入或复位后动作停止故障。这种故障可能是噪声干扰或 PLC 内部接触不良所致，噪声一般都是电路板中小电容容量减小或元件性能不良所致，接触不良可通过轻敲 PLC 机体进行检查；还要检查电缆和连接器的插入状态。

2. PLC 故障的分析方法

当 PLC 发生故障时，首先要区分是全局性的还是局部性的故障，如上位机显示多个现地控制单元工作不正常，提示很多报警信息，这就需要检查 CPU 模块、存储器模块、通信模块及电源等公共部分。如果是局部性故障的可从以下几方面进行分析：

（1）根据上位机的报警住处查找故障。PLC 控制系统都具有丰富的自诊断功能，当系统发生故障时会立即给出报警信息，可以迅速、准确地查明原因并确定故障部位，具有事半功倍的效果，这是维修人员排除故障的基本手段和方法。

（2）根据动作顺序诊断故障。对于自动控制系统，其动作都是按一定的顺序来完成的，通过观察系统的运行过程，比较故障和正常时的情况，即可发现疑点，诊断出故障原因。

（3）根据 PLC 输入/输出状态诊断故障。在 PLC 控制系统中，输入/输出信号的传递是通过 PLC 的 I/O 模块实现的，因此一些故障会在 PLC 的 I/O 接口通道上反映出来，这个特点为故障诊断提供了方便。如果不是 PLC 系统本身硬件故障，可不必查看程序和有关电路图，通过查看 PLC 的 I/O 接口状态，即可找出故障原因。因此要熟悉 PLC 控制对象的 I/O 通常状态和故障状态。

（4）通过 PLC 程序诊断故障。PLC 控制系统出现的绝大部分故障都是通过 PLC 程序检查出来的，有些故障可在 PC 机或触摸屏幕上直接显示出报警原因，有些虽然在屏幕上有报警信息，但并没有直接反映出报警的原因；还有些故障不产生报警信息，只是有些动作不执行。遇到后两种情况，跟踪 PLC 程序的运行是确诊故障的有效方法，对于简单故障可根据程序通过 PLC 的状态显示信息，监视相关输入、输出及标志位的状态，对于复杂的故障必须使用 PC 机来跟踪程序的运行。

总之，当 PLC 发生故障时，为了迅速查出故障原因并及时处理，在切断电源和复位之前，必须识别 PLC 显示内容，观察电源、RUN、输入/输出指示灯，检查 PLC 自诊断结果显示内容，为了识别异常状态如何变化，可以将开关从"RUN"位置切换至"STOP"位置，经短暂复位后再切换至"RUN"位置，或者保持在"RUN"位置不变，切除 PLC 电源后再投入运行。经过上述操作后，如果 PLC 返回初始状态并能正常运转，就可判断并不是 PLC 硬件故障或软件异常，而是外部原因所致，如噪声干扰、电源异常等。

二、PLC 电源故障的分析与处理

1. PLC 电源故障的检查

PLC 的电源有主机电源、扩展机电源等。供电方式有通过隔离变压器供电，通过电力逆变器供电或是直接供电。任何电源显示不正常时都要进入电源故障检查流程。如果各部分功能正常，只可能是指示灯显示有故障，否则应首先检查外部电源，如果外部电源无故障，再检查系统内部电源是否有故障。电源指示灯不亮则需对供电系统进行检查。

查看 PLC 电源是否有电，若有电，则测量电压是否在 PLC 工作电源的范围之内。有电且正常，则进行下一步；有电不正常，则对电源模块的输出端与输入端进行检测，若输出端不正常而输入端正常，则更换模块；若输入端不正常，则对输入端进行相应的检查，如检查变压器交流输出端电压是否正常或是电力逆变器交直流输出电压是否正常，若其输入正常，则应更换隔离变压器或是电力逆变器。

2. PLC 电源故障的分析

主机、I/O 机座、I/O 扩充模组、特殊模组的正面均有一个"POWER"指示灯，当主机接上电源时，绿色 LED 灯应亮。若主机通电电源后指示灯不亮，可将电源一端临时拆开，若指示灯亮起，则表明 DC 负载过大，此种情况下，不要使用本端子段电源，应另行配置电源，若将电源一端临时拆开后，指示灯仍然不亮，可能是 PLC 内部熔断器的熔体已经熔断。

如果"POWER"指示灯呈闪烁状态时，很有可能是"+24V"端子与"COM"端子短路，如将"+24V"端子临时拆除，若指示灯恢复正常，则应检查线路部分，若指示灯仍然闪烁，可能是 PLC 内的电源模块已出现故障。

当 PLC 面板上的"BATT"红色指示灯亮时，则表明 PLC 内的锂电池的寿命快结束了（约剩一个月），此时应尽快更换新的锂电池以免 PLC 内的程序自动消失。若更换新的锂电池之后，此指示灯仍然亮着，那很可能是 PLC 的 CPU 出现故障。

3. PLC 电源故障的处理

当 PLC 系统电源出现故障时，如是外部原因可根据具体实际情况进行排除，如供电电源不可靠（电压波大较大，电源谐波分量较大等），而 PLC 控制系统很重要，可根据 PLC 负载大小配置适当容量的电力逆变器，采用交、直流两路输出电源，确保 PLC 供电可靠性，提高 PLC 抗干扰的能力。

如需更换 PLC 锂电池时，应按下列步骤进行：

（1）在更换电池前，首先应用 PC 机备份 PLC 的用户程序。

（2）在拆装前，应先让 PLC 通电一段时间（1min），这样可使作为存储器备用电源的电容器充电，在锂电池断开后，该电容可对 PLC 做短暂供电，以保护 RAM 中的信息不丢失。

（3）断开 PLC 的电源开关。

（4）打开基本单元的电池盖板，取出电池，装上新电池，装电池时注意极性标志。

（5）确认电池无误后，盖上电池盖板。

（6）合上 PLC 电源开关，并确认"BATT"指示灯已熄灭。

更换电池时间要尽量短，一般不允许超过 3min。如时间过长，RAM 中的程序将消失。

三、PLC 运行故障的分析与处理

运行过程的 PLC 如果电源正常，而运行指示灯不亮，说明系统已因某种原因异常而终止了正常运行，PLC 系统最常见的故障是停止运行，不能启动，这时需要根据异常现象进行分析诊断。我们可根据 PLC 运行模式判断故障，检查 PLC 的 CPU 是在"RUN"模式，或是在"STOP"模式，还是在"RUN"模式的指示灯闪烁状态和调试模式。如果仅是"RUN"模式则 CPU 和各模块正常；如果是在调试模式，则可能是运行过程中用户程序出现断路而处于调试程序状态，或在启动模式下断点出现，只需重新调试好程序，再次将控制程序下载到 CPU 中；如果是在"STOP"模式，引起 STOP 的原因可能是供电部分出现问题或是异常掉电，或是 CPU 损坏。

1. PLC 周期性死机分析及处理

PLC 周期性死机的特征是 PLC 每运行一段时就出现死机或者程序混乱，或者出现不同的中断故障显示，重新重动后又一切正常。PLC 周期性死机的特征是 PLC 每运行若干时间就出现死机或者程序混乱，或者出现不同的中断故障显示，重新启动后又一切正常。根据实践经验认为，该现象最常见原因是 PLC 机体长时间的积灰。所以应定期对 PLC 机架插槽接口处进行吹扫。吹扫时可先用压缩空气或软毛刷将控制板上、各插槽中的灰尘吹扫净，再用 95%酒精擦净插槽及控制板插头。清扫完毕后细心回装。

2．PLC 无故程序丢失分析及处理

PLC 程序丢失通常是由于接地不良、接线有误、操作失误和干扰等几个方面的原因造成的。处理方法为：① PLC 主机及模块必须有良好的接地。② 主机电源线的相线与中性线必须接线正确。③ 预先准备好程序包，用作备份。④ 使用手持编程器查找故障时，应将锁定开关置于垂直位置，拔出就可起到保护内存的功能。⑤ 由于干扰的原因造成 PLC 程序丢失，其处理方法可参照 PLC 受干扰引起故障的处理。当 PLC 出现故障时，只要按照一般的故障规律进行判断，应该可以准确迅速地把故障排除掉。

3．PLC 受到干扰引起的功能性故障

自动化系统中所使用的各种类型 PLC 是专门为工业生产环境而设计的控制装置在设计和制造过程中采用了多层次抗干扰和精选元件措施，故具有较强的适应恶劣工业环境的能力、运行稳定性和较高的可靠性因此一般不需要采取什么特殊措施就可以直接在工业环境使用。PLC 受到的干扰可分为外部干扰和内部干扰。在实际的生产环境下，外部干扰是随机的，与系统结构无关，且干扰源是无法消除的只能针对具体情况加以限制。内部干扰与系统结构有关，主要通过系统内交流主电路、模拟量输入信号等引起，通过精心设计系统线路或系统软件滤波等处理，可使内部干扰得到最大限度的抑制。PLC 生产现场的抗干扰技术措施，通常从电源与接地保护、接线安排、屏蔽处理和抗噪声 4 个方面着手考虑。

（1）电源与接地保护。PLC 本身的抗干扰能力一般都很强。通常，将 PLC 的电源与系统的动力设备电源分开配线，对于电源线来的干扰，一般都有足够强的抑制能力。但是电源干扰特别严重，可加接一个带屏蔽层的隔离变压器以减少设备与地之间的干扰，提高系统的可靠性。如果一个系统中含有扩展单元，则其电源必须与基本单元共用一个开关控制，也就是说，它们的上电与断电必须同时进行。为了抑制附加在电源及输入端、输出端的干扰，应给 PLC 接专用地线，接地线线径要足够粗，接地电阻要小于 4Ω，接地点应尽可能靠近 PLC，并且接地点要与其他设备分开。对供电系统中的强电设备，其外壳、柜体、框架、机座及操作手柄等金属构件必须保护接地。PLC 内部电路包括 CPU、存储器和其他接口共接数字地，外部电路包括 A/D、D/A 等共接模拟地，并用粗短的铜线将 PLC 底板与中央接地点星形联结防噪声干扰。PLC 非接地工作时，应将 PLC 的安装支架容性接地以抑制电磁干扰。

（2）接线安排。电气柜内只有有屏蔽的模拟量输入信号线才能与数字量信号线装在同一线槽内，直流电压数字量信号线和模拟量信号线不能与交流电压线同在一线槽内。只有有屏蔽的 220V 电源线才能与信号线装在同一线槽内，电气柜电缆插头的屏蔽一定要可靠接地。

电气柜外部直流和交流电压的数字量信号线和模拟量信号线一定要各自用独立的电缆，且要用屏蔽电缆。信号线电缆可与电源电缆共同装在一线槽内，为改进抗噪性建议保证间隔 10cm 以上。

（3）屏蔽处理。PLC 外壳的屏蔽，一般应保证与电气柜浮空。在 PLC 外壳底板上加装一块等位屏蔽板（一般使用镀锌板），保护地使用铜导线与底板保持一点连接其截面积应不少 10mm²，以构成等位屏蔽体，有效地消除外部电磁场的干扰。对模拟量信号的屏蔽总线可绝缘并将中央点连到参考电位或地（GND）上。数字量信号线的电缆两端接地可保证较好地排除高频干扰。

（4）抗噪声的措施。对处于强磁场（如变压器）的部分要进行金属屏蔽，电控柜内不宜采用荧光灯具照明。PLC 控制系统电源也应采用相应的抗干扰措施。PLC 控制系统电源抗干扰的方法有采用隔离变压器、低通滤波器及应用频谱均衡法 3 种。其中隔离变压器是最常用的，因为 PLC 的 I/O 模块电源常用 DC 24V，须经隔离变压器降压，再经整流桥整流供给，或者直接使用开关电源供给。

四、PLC 输入输出延迟响应分析与处理

1. 输入、输出延迟响应

由于 PLC 采用循环扫描的工作方式，即对信息采用串行的处理方式，导致输入、输出延迟响应。从 PLC 的输入端有一个输入信号发生变化到 PLC 输出端对该输入变化作出反应，需要一段时间，这段时间就称为响应时间或滞后时间（通常为几十毫秒），这种现象称为输入、输出延迟响应或滞后现象。

从 PLC 的工作原理可以看出，输入信号的变化是否能改变其对应输入映像区的状态，主要取决于两点：① 输入信号的变化要经过输入模块的转换才能进入 PLC 内部，这个转换需要时间，就是说要经过一定的延时才能进到 PLC 内部，这一延时称输入延时；② 进入了 PLC 的信号只有在 PLC 处在输入刷新阶段时才能把输入的状态读到 PLC 的 CPU 输入映像区，此延时最长可达一个扫描周期 T，最短接近于零。只有经过了上述两个延时，CPU 才有可能读入输入信号的状态。输入延时是 CPU 可能读到输入端子信号状态发生变化的最短时间，而输入端子信号的状态变化被 CPU 读到的最长时间可达"扫描周期 T+信号转化输入延时"，故输入信号的脉冲宽度至少要比一个扫描周期 T 稍大。

当 PLC 根据用户程序进行运算操作，把运算结果赋给输出端时也需要延时，该延时也由两部分组成。第一个延时是发生在运算结果必须在输出刷新时，才能送入输出映像区的输出信号锁存器中，此延时最长可达一个扫描周期 T，最短接近于零；第二个延时是输出信号锁存器的状态要通过输出模块的转换才能成为输出端的信号，这个输出转换需要的时间称输出延时。只有经过上述两个延时，CPU 才可能把输出信号的状态传送到输出端子。注意，在一个用户程序中，如果给一个输出端对应的输出映像区多次赋值，中间状态的变化会改变所连输出映像区的状态，但只有最后一次赋值才能送到输出端子，这里是所谓执行指令的后者优先。

由 PLC 循环扫描工作方式等因素而产生输入、输出延迟响应，在编程中，语句的安排也会影响响应时间。对一般的工业控制，这种 PLC 输入/输出响应滞后是完全允许的，但是不能满足那些要求响应时间小于扫描周期的控制系统，这时可以使用智能输入/输出单元（如快速响应 I/O 模块）或专门的指令（如立即 I/O 指令），通过与扫描周期脱离的方式来解决。应该注意的是，这种响应滞后不仅是由 PLC 扫描工作方式造成的，更主要的是 PLC 输入接口的滤波环节带来的输入延迟，以及输出接口中驱动器件的动作时间带来输出延迟，同时还与程序设计有关。滞后时间是设计 PLC 应用系统时应注意的一个参数。

2. 响应时间

响应时间是设计 PLC 控制系统时应了解的一个重要参数，它与以下因素有关：① 输入电路滤波时间，它由 RC 滤波电路的时间常数决定，改变时间常数可调整输入延迟时间；

② 输出电路的滞后时间，它与输出电路的输出方式有关，继电器输出方式的滞后时间约 10ms，双向晶闸管输出方式在接通负载时滞后时间约为 1ms，切断负载时滞后时间小于 10ms，晶体管输出方式的滞后时间小于 1ms；③ PLC 循环扫描的工作方式；④ PLC 对输入采样、输出刷新的集中处理方式；⑤ 用户程序中语句的安排。

这些因素中有的目前不能改变，有的可以通过恰当选择、合理编程得到改善。如选用晶闸管输出方式或晶体管输出方式可以加快响应速度。

如果 PLC 在一个扫描周期刚结束之前收到一个输入信号，在下一个扫描周期进入输入采样阶段，这个输入信号就被采样，使输入更新，这时响应时间最短。最短响应时间=输入延迟时间+一个扫描周期+输出延迟时间。

如果收到一个输入信号经输入延迟后，刚好错过 I/O 刷新时间，在该扫描周期内这个输入信号无效，要等到下一个扫描周期输入采样阶段才被读入，使输入更新，这时响应时间最长。最长响应时间=输入延迟时间+两个扫描周期+输出延迟时间。

输入信号如刚好错过 I/O 刷新时间，至少应持续一个扫描周期的时间，才能保证被系统捕捉到。对于持续时间小于一个扫描周期的窄脉冲，可以通过设置脉冲捕捉功能使系统捕捉到。设置脉冲捕捉功能后，输入端信号的状态变化被锁存并一直保持到下一个扫描周期输入刷新阶段。这样，可使一个持续时间很短的窄脉冲信号保持到 CPU 读到为止。

图 10-9 为未优化的梯形图，将其改成图 10-10 所示的重新优化后的梯形图后，考察从外部输入触点 I0.0 接通到 Q0.0 驱动的负载接通所经历的响应延迟，缩短了一个扫描周期。

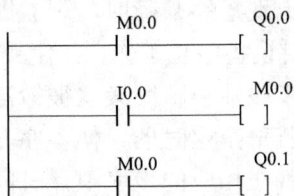

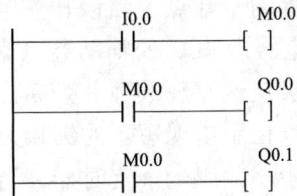

图 10-9　未优化的梯形图　　　　图 10-10　重排优化后的梯形图

PLC 总的响应延迟时间一般只有几十毫秒，这对于一般的系统来说是无关紧要的，对要求输入与输出信号之间的滞后时间尽量短的系统，可以选用扫描速度快的 PLC 或采取其他措施。

3. PLC 对输入、输出的处理原则

PLC 与继电器控制系统对信息处理方式是不同的：继电器控制系统是"并行"处理方式，只要电流形成通路，可以有几个电器同时动作；而 PLC 是以扫描的方式处理信息，它是顺序地、连续地、循环地逐条执行程序，在任何时刻它只能执行一条指令，即以"串行"处理方式工作。因而在考虑 PLC 的输入、输出之间的关系时，应充分注意它的周期扫描工作方式。在用户程序执行阶段，PLC 对输入、输出的处理遵循以下规则：输入映像寄存器的内容在整个工作周期内是不变的，保存值决定于刷新阶段输入端子的状态；输出映像寄存器的内容是随程序的执行而变化的；输出锁存器的状态由上一次输出刷新期间输出映像寄存器的状态决定；输出端子板上各输出端的状态由输出锁存器来确定；执行程序时所用的输入、输出状态值取用于输入、输出映像寄存器的状态。

尽管 PLC 采用周期性循环扫描的工作方式，发生输入、输出响应滞后的现象，但只要使其一个扫描周期足够短，采样频率足够高，足以保证输入变量条件不变，即如果在第一个扫描周期内对某一输入变量的状态没有捕捉到，保证在第二个扫描周期执行程序时使其存在。这样，完全可以认为 PLC 恢复了系统对被控制变量控制的并行性。

借助一些辅助继电器，把输入映像寄存器的状态暂时记忆下来，待新的循环周期中使用，则有利于鉴别输入映像寄存器状态的变化，这就是映像寄存器状态的掩藏。扫描周期的长短和程序的长短有关，和每条指令的执行时间长短有关，而后者又和指令的类型及 PLC 的主频（CPU 内核工作的时钟频率）有关。

五、PLC 外部故障分析及处理

影响 PLC 正常工作的主要因素之一是 PLC 的运行环境（包括温、湿度、粉尘等），在 PLC 发生故障时首先应检查 PLC 的实际工作环境，并对各类开关进行检测工作，如继电器、位置开关、接触器辅助触点、各种气压、液位、流量开关；根据开关的是常闭型还是常开型来区分，用万用表测量其通断状态，若其状态与好器件状态相反，则判断该器件异常，应更换。电气控制电路中多采用常开型，以用来人工控制或自动控制电路的接通与断开；常闭型主要用在保护电路中，导线的检测也是通过检测通断方法进行的，方法是将好的导线与未知导线连接起来后测通断状态。

1. 输入电器短路故障的检查及处理

为检查出某控制电路开关量的短路故障，可以在 PLC 梯型图有关的步序段中串联被检测的开关电器的常开点，当该开关电器变为闭合，即出现短路故障时，则立即接通输出继电器，此继电器为 PLC 的辅助继电器，能使有关的输出设备停止工作，并使故障指示灯亮，以使操作人员快速发现故障并判断出原因。为避免在步序转换瞬间某些被检测的常开点闭合，致使故障指示出现短暂的错误，可根据需要设置若干个定时器，使步序转换时间相同且有间隔的步序共用一个定时器。定时器的常开点串联在相应的步序中，时间设定值略大于步转换时间，这样就不会出现错误的故障指示。若在每一步序中设置一个 PLC 内部辅助继电器组成的步序状态指示器，将指示器的常开点与上述定时器的常开点和故障输出继电器串联起来，就可实现利用步序状态指示器进行故障检测；只有系统运行到该步才能检测出有关的故障电器。

PLC 控制系统的输出控制电器可能多达几十个甚至上百个，即系统有几十个甚至上百个步序段，而状态寄存器的触点只能使用一次。若按步序指令编制程序，为检测故障就需另选内部辅助继电器作为状态指示器，这样不仅占用了大量辅助继电器，而且使梯形图相当复杂。在这种情况下，采用移位寄存器的编程方法来编制程序比较理想。这样不仅可以利用移位寄存器对众多步序段进行系统控制，而且可以利用 PLC 内部丰富的辅助继电器作步序的状态指示器，从而实现对众多输入控制电器的故障检测。

2. 输入控制电器开路故障的检查

在 PLC 控制系统正常运行的状态下，每一步序都有一定的时间间隔。若输入控制电器出现了开路故障，则系统将无法转入下一步的工作而停止，故必须检测出控制电器的开路故障。要检测开路故障只在将有关步序的步序状态指示器的常开点和下一步序状态指示器常闭点及定进器的线圈串联起来，在该步序段开始时立即定进，当该步序段结束并转入下一步后使定时器复位。若系统在定时器设定时间内结束该步，定时时间到，则其常开点闭合，指示出故障信号。选取定时器的定时值时应保证系统迅速检测出开路故障且准确的定时间间，这些需要现场调试确定。

对大量输入控制电器进行开路检测必将占用较多的定时器，而 PLC 内部定时器的数量有限，故对控制电器的检测可作如下处理：

（1）开路故障检测选取某步序段中"OUT"的控制电路。

（2）对于步序时间相同且有间隔的步可共用一个定时器。

（3）选择故障率高的控制电器进行检测。

3. 端子接触不良

端子接线接触不良故障在 PLC 工作一定时间后随着设备动作频率的升高而出现。由于控制柜配线缺陷或使用中的振动加剧及机械寿命等原因，接线头或元器件接线柱易产生松动而引起接触不良。这类故障的排除方法是使用万用表。借助控制系统原理图或是 PLC 逻辑梯形图进行故障诊断。对于某些比较重要的外设接线端子的接线，为保证可靠连接，一般采用焊接冷压片或冷压插针的方法处理。

4. 外围电路元器件故障

外围电路元器件故障在 PLC 工作一定时间后会经常发生。在 PLC 控制回路中如果出现元器件损坏故障，PLC 控制系统就会立即自动停止工作。输入电路是 PLC 接受开关量、模拟量等输入信号的端口，其元器件质量的优劣、接线方式及是否牢靠也是影响控制系统可靠性的重要因素。对于开关量输出来说，PLC 的输出有继电器输出、晶闸管输出、晶体管输出三种形式（详见本章第一节内容），具体选择哪种形式的输出应根据负载要求来决定，选择不当会使系统可靠性降低，严重时将导致系统不能正常工作。此外 PLC 的输出端子带负载能力是有限的，如果超过了规定的最大限值，必须外接继电器或接触器进行触点容量扩大才能正常工作。外接继电器、接触器、电磁（动）阀等执行元件的质量，是影响系统可靠性的重要因素。常见的故障有线圈短路、机械故障造成触点不动或接触不良等。

六、PLC 输入信号故障分析处理

虽然 PLC 本身都具有很高的可靠性，但如果输入给 PLC 的开关量信号出现错误，PLC 输出口控制的执行机械没有按要求动作，都可能使控制过程出错，造成无法挽回的经济损失。影响现场输入信号出错的主要原因有：

1. 机械触点抖动

现场触点虽然只闭合一次，PLC 却认为闭合了多次，虽然硬件加了滤波电路，软件增加了微分指令，但由于 PLC 扫描周期太短，仍可能在计数、累加、移位等指令中出错，出现错误控制结果。

2. 现场传感器、检测开关自身故障

如触点接触不良，传感器反映现场非电量偏差较大或不能正常工作等，这些故障同样会使控制系统不能正常工作。

3. 传输信号短路或断路

当传输信号线出现故障时，现场信号无法传送至 PLC，造成控制出错。

要提高整个 PLC 控制系统的可靠性，必须提高输入信号的可靠性和执行器件动作的准确性。由于 PLC 本身有许多寄存器，可以替代原来的器件，提高设备性能价格比、利用率，发挥 PLC 的巨大潜能，让 PLC 能及时发现问题，用声光报警的方法提示给操作人员，尽快排除故障，让系统安全、可靠、正确动作。

提高现场输入信号给 PLC 的可靠性，首先要选择可靠性较高的现场传感器和各种开关，防止各种原因引起传送信号线短路、断路或接触不良。其次，在程序设计时增加了数字滤波程序、技术处理等，增加输入信号的可靠性。而数字信号滤波一般采用程序设计的方法，在现场输入触点后加一定时器，定时时间根据触点抖动情况和系统要求的响应速度确定，一般在几十毫秒，这样可保证触点确实稳定闭合后，才有其他响应。对现场模拟信号连接采样 3 次，采样间隔由 A/D 转换速度和该模拟信号变化速率决定。3 次采样数据分别存放在数据寄存器中，最后 1 次采样结束后利用数据比较、数据交换指令、数据段比较指令去掉最大和最小值，保留中间值作为本次采样结果存放在数据寄存器中。

第十一章

工厂节约用电管理

节约能源是我国缓解资源约束的现实选择。推进能源节约，是我国经济社会发展长期而艰巨的战略任务。我国坚持以提高能源效率为核心，以转变经济发展方式、调整经济结构、加快技术进步为根本，构建能源资源节约型的产业结构、发展方式和消费模式，建立节能型的产业体系，落实节能目标责任制和评价考核体系，完善节能技术推广机制，鼓励节能技术和产品的研发，深化能源体制改革，完善能源价格形成机制，充分发挥财政税收等经济政策对节能的推动作用，努力形成"低投入、低消耗、低排放、高效率"的经济发展方式。

我国落实能源节约的主要措施内重要的内容之一是加强工业节能。重点加强钢铁、有色金属、煤炭、电力、石油石化、化工、建材等高耗能行业节能降耗。调整产品结构，加快技术改造，提高管理水平，降低能源消耗。工厂电能消耗占所有电耗的 70% 左右，因此加强工厂电气设备的节能对我国节能降耗起到积极的作用。在实施节能工程中，明确了促进电机节能和能源系统优化，提高电机运行和能源系统效率。实施绿色照明工程，加快推广高效电器应用。

因此，从事工厂电气设备运行与维护技术人员应掌握工厂电气设备节约电能的措施，做好节约用电管理。

第一节　工厂节约用电的措施

节约用电就是通过采取技术可行、经济合理和对环境保护无妨碍的一切措施，用以消除用电过程中的不合理和浪费现象，提高电能的有效利用程度，并实现电力供需的平衡。节能用电是我国实行电能开发与节约并重的发展能源工业基本方针的重要体现。

一、工厂节约用电的意义

（1）节约电能就是节约一次能源（煤炭、石油），减少环境污染。

（2）提高电能使用效益，增加社会财富，电能的有效使用可以使企业减少电费开支，降低企业生产产品的成本，使企业经济效益得到提高，增加财富的积累，从而促进生产的发展；同时，可为国家节约电能，积累资金。

（3）缓和电力供需矛盾，节约用电可使有限的电力能源得到更充分、更合理的利用，从而减轻能源不足给社会带来的压力。

（4）促进设备的生产和改造，推动科技的进步。节约用电的进行必须有相应技术水平的提高和机械设备的改进，对机械设备的革新和改造，有利于提高生产水平和工作效率，进而降低电能的损耗。

二、工厂节约用电的措施

工厂节约用电的措施主要有管理措施和技术管理。

1. 管理措施

（1）建立健全的节能管理机构，配备节能管理人才，明确责任，落实用电计划、节约用电和降低电力消耗的各项措施。可在工厂建立厂部、车间、值班组三级管理。

（2）加强用电计量的日常管理。严格按照 GB 17167—2006《用能单位能源计量器具配备和管理通则》的要求，实现对电能的三级计量。加强运行中的监视，发现异常现象及时处理。

（3）加强节电宣传。各工厂企业应加大节约用电意义的宣传，更新观念、增加节电意识，开展群众性节电活动。

（4）加强定额管理。工厂企业可加强和完善用电定额管理，根据生产设备的状况及行业相关的能耗标准，制定本工厂单位产品电耗限定值。

（5）做好节能评估工作。新、改、扩建项目，按照固定资产投资项目节能评估和审查暂行办法要求，对项目进行节能评估，在设计、施工、运营过程中依据评估文件内容落实各项节能措施。

（6）实行节电奖惩制度。实践证明，认真实行节电的奖惩制度，是节电的有效管理措施之一。

（7）注重合同能源管理。合同能源管理（Energy Management Contract，EMC）是一种新型的市场化节能机制，其实质就是以减少的能源费用来支付节能项目全部成本的节能投资方式。这种节能投资方式允许客户使用未来的节能收益为工厂和设备升级，以降低目前的运行成本。能源管理合同在实施节能项目的企业（用户）与专门的节能服务公司（EMC公司）之间签订，它有助于推动节能项目的实施。节能服务公司又称能源管理公司，是一种基于合同能源管理机制运作、以盈利为目的的专业公司。EMC公司与愿意进行节能改造的客户签订节能服务合同，向客户提供能源审计，可行性研究，项目设计，项目融资，设备和材料采购，工程施工，人员培训，节能量检测，改造系统的运行、维护和管理等服务。在合同期节能服务公司与客户企业分享节能效益，并由此得到应回收的投资和合理的利润。合同结束后，高效的设备和节能效益全部归客户企业所有。

2. 技术措施

（1）加大企业节电技术改造。当前我国大部分工厂使用的生产设备陈旧、性能差、电耗高，要使电耗有较大幅度的下降，就必须进行节电技术改造，改造或更换那些性能低劣的生产设备，这是企业节电的重要途径。据介绍，低效电机的大量使用造成巨大的用电浪费。工业领域电机能效每提高1%，可年节约用电260亿千瓦时左右。通过推广高效电机、淘汰在用低效电机、对低效电机进行高效再制造，以及对电机系统根据其负载特性和运行工况进行匹配节能改造，电机系统效率可从整体上提升5%～8%，年可实现节电1300亿至2300亿 kWh，相当于两三个三峡电站的发电量。

通过制定实施配电变压器能效提升计划，加快高效配电变压器的推广应用，全面提升我国配电变压器运行能效水平，对降低配电变压器电能损耗，推动配电变压器产业发展，促进工业节能降耗具有重要意义。国家对工业企业相关的节能降耗改造制定了相关的资金扶持政策，相关工业企业应及时了解国家的相关政策，创造条件进行节电技术改造。

（2）积极采用新技术、新方法、新材料。即采用新的科学技术成果作为开展节电的基本手段。在用电设备方面，重点推广达到国家1、2级能效标准的电动机、变压器、高压变频器、无功补偿设备、风机、水泵、空压机系统等，加快现有电机系统节能改造，照明领域，推广达到国家1、2级能效标准的节能设备，以及半导体照明等高效照明产品，根据《产业结构调整指导目录》及时淘汰落后生产设备。

（3）改革工艺流程。改革落后的生产工艺流程，是提高劳动生产率，降低消耗以取得最大综合经济效益的重要途径。因此，积极采用新工艺，特别是对电耗占产品成本比例大、电能利用率低的企业，尤其要在生产工艺上寻求改革之路。锅炉窑炉领域，鼓励用户采用高效煤粉工业锅炉、节能高效循环流化床锅炉，以及采用优化炉膛结构、蓄热式高温空气预热、太阳能工业热利用系统、强化辐射传热等技术的节能环保锅炉等，推动锅炉房系统节能改造，推广锅炉用煤洗选及集中供应系统。

（4）减少传动摩擦损耗。任何机械传动装置在运行中都存在摩擦，没有摩擦它们就无法工作，在条件许可情况下，应尽量采用滚动摩擦。机械传动设备中广泛使用滚动轴承来传动机械，可以比滑动摩擦传动省力、又能节约用电。另外对于运行中的机械设备采用适当的润滑方式，也是减少摩擦损耗的重要措施。润滑的目的，主要是减少摩擦和磨损，降低功率消耗。

（5）加强设备维护。各种机电设备和生产装置，在长期使用的过程中，工作效率将会慢慢降低，使电能消耗增大。因此加强设备检修，提高检修质量，提高使用效率是合理利用电能的重要方面。如注意消除风、水、汽等管路系统的跑、冒、滴、漏现象。

（6）提高变压器、电动机的负荷率，减少空载运行时间。由于工厂用电设备不一定同时工作，而变压器所需的无功电流和基本铁耗与变压器负载的大小关系不大，因此，当变压器容量选择过大而负荷又轻时，变压器运行很不经济，或工厂选用两台或多台并联供电，应根据不同负荷来决定投入的变压器的台数，达到变压器的经济运行。同时应合理选择电动机的额定容量，避免大功率电动机拖动小负载运行，尽量使电动机运行在经济运行状态。因为感应电动机消耗的无功功率大小与电动机的负载大小关系不大，一般感应电动机空载时消耗的无功功率约占额定运行时的消耗的无功功率的 60%～80%，故一般选择电动机的额定功率为所拖动负载的 1.3 倍。

（7）进行无功补偿。无功补偿在供电系统中起到提高电网的功率因数的作用，从而降低供电变压器及输送线路的损耗，提高供电效率，改善供电环境。所以无功功率补偿装置在电力供电系统中处在一个不可缺少的重要的位置。合理地选择补偿装置，可以做到最大限度的减少网络的损耗，使电网质量提高。工厂用电设备中，应采取集中补偿与就地补偿相结合的原则，对于功率因数较低大功率低压感应电动机和高压电动机，应根据实际功率因数的大小进行现地无功补偿，以提高电动机的功率因率，减少供电线路的损耗，减小供电变压器容量，进而减小变压器损耗。

总之，目前工厂主要的节电技术措施有采用功率控制技术，自动跟踪负载状况；采用自动控制技术，根据实际情况进行自动启停控制；采用变频调速控制技术，根据负载要求改变电机转速；采用高效节能配电变压器；采用无功补偿技术，提高功率因数进而降低线路损耗；合理选择输电线缆的规格，降低线路损耗；采用节电滤波器消除谐波和浪涌，提高电量质量。

作为耗电设备的用户，在节约用电方面主要是一方面使用能效高的耗电设备，一方面是加强耗电设备的经济运行。

第二节　工厂用电设备的能效管理

一、配电变压器的能效管理

据统计，我国输配电损耗占全国发电量的6.6%左右，其中配电变压器损耗占到40%～50%。以2013年全国发电量5.32万亿kWh计算，全国配电变压器电能损耗约1700亿kWh，相当于三峡电站2013年全年发电量（约1000亿千瓦时）的1.7倍，电能损耗十分严重。为了降低变压器损耗，一方面对变压器的制造技术进行创新，提升变压器的能效，降低变压器的空载损耗和负载损耗，另一方面对变压器进行经济运行的管理。为此国家颁布了有关变压器节能管理方面的标准规范，如GB 24790—2009《电力变压器能效限定值及能效等级》、GB 20052—2013《三相配电变压器能效限定值及能效等级》、GB/T 13462—2008《电力变压器经济运行》等，且这些标准随着相关技术水平的进步将会不断更新。

近年来，我国也出台了多项政策，推动高效配电变压器应用和产业发展。2012年，国务院发布了《节能减排"十二五"规划》，明确要求"十二五"期间降低电力变压器损耗，其中空载损耗降低10%～13%，负载损耗降低17%～19%。2013年，国家质量监督检验检疫总局和国家标准化管理委员会共同发布了GB 20052—2013《三相配电变压器能效限定值及能效等级》，对配电变压器能效指标提出了更高要求。在这些政策推动下，我国配电变压器产业得到一定发展，高效配电变压器（GB 20052—2013中规定的2级能效及以上的配电变压器）产量有所增加，但整体能效水平仍然偏低。截至目前，全国在网运行配电变压器中高效配电变压器比例不足8.5%，新增量中高效配电变压器占比仅为12%，产业发展相对滞后，节能潜力巨大。

目前在工厂常见的配电变压器型号主要是S9、S10、S11系列，设计序号越高，其空载损耗和负载损耗就越低，而随着非晶合金铁芯生产工艺的不断改进与提高，非晶合金变压器损耗将更进一步降低。作为用户在工厂新改扩建时应选用空载损耗与负载损耗达到GB 20052—2013能效限定值的变压器，这将有效减小变压器的损耗，根据国家发展改革委

员会发布的 JB/T 3837—2010《变压器类产品型号编制方法》6、10kV 级 10 型、11 型、12
型和 13 型无励磁调压配电变压器空载损耗和负载损耗见表 11–1。

表 11–1　　　　　　6、10kV 级 10 型、11 型、12 型和 13 型无励磁调压
配电变压器空载损耗和负载损耗

额定容量 (kVA)	空载损耗（W）				负载损耗（W）			
	10 型	11 型	12 型	13 型	10 型	11 型	12 型	13 型
30	110	100	90	80	630/600	630/600	630/600	630/600
50	150	130	120	100	910/870	910/870	910/870	910/870
63	180	150	130	110	1090/1040	1090/1040	1090/1040	1090/1040
80	200	180	150	130	1310/1250	1310/1250	1310/1250	1310/1250
100	230	200	170	150	1580/1500	1580/1500	1580/1500	1580/1500
125	270	240	200	170	1890/1800	1890/1800	1890/1800	1890/1800
160	310	280	240	200	2310/2200	2310/2200	2310/2200	2310/2200
200	380	340	280	240	2730/2600	2730/2600	2730/2600	2730/2600
250	460	400	340	290	3200/3050	3200/3050	3200/3050	3200/3050
315	540	480	410	340	3830/3650	3830/3650	3830/3650	3830/3650
400	650	570	490	410	4520/4300	4520/4300	4520/4300	4520/4300
500	780	680	580	480	5410/5150	5410/5150	5410/5150	5410/5150
630	920	810	690	570	6200	6200	6200	6200
800	1120	980	840	700	7500	7500	7500	7500
1000	1320	1150	990	830	10 300	10 300	10 300	10 300
1250	1560	1360	1170	970	12 000	12 000	12 000	12 000
1600	1880	1640	1410	1170	14 500	14 500	14 500	14 500

注　表中 A/B 形成的数据，A 适用于 Dyn11 或 Yzn11 联结组的负载损耗值，B 适用于 Dyn0 联结组的负载损耗值。

从表 11–1 中可看出，产品型号中只规定了设计序号越高，空载损耗下降 10%左右，而负载损耗未作出要求，实际评价变压器能效时，应以 GB 20052—2013 为准。

GB 20052—2013 规定了 10kV 电压等级额定容量 30～1600kVA 的油浸式配电变压器和额定容量 30～2500kVA 干式配电变压器的能效限定值与能效等级。其能效等级为 3 级，其中 1 级损耗最低。各级油浸式配电变压器空载损耗和负载损耗不高于表 11–2 的规定，各级干式配电变压器空载损耗和负载损耗不高于表 11–3 的规定。

GB 20052—2013 中规定了配电变压器的能效限定值（在规定测试条件下，配电变压器空载损耗和负载损耗的允许最高限值）——油浸式配电变压器空载损耗和负载损耗值均应

不应高于表 11–2 中 3 级的规定，干式配电变压器的空载损耗和负载损耗值均应不应高于表 11–3 中 3 级的规定。

GB 20052—2013 中规定了配电变压器的节能值评价值（在规定测试条件下，评价节能配电变压器空载损耗和负载损耗的允许最高值）——油浸式配电变压器空载损耗和负载损耗值均应不应高于表 11–2 中 2 级的规定，干式配电变压器的空载损耗和负载损耗值均应不应高于表 11–3 中 2 级的规定。

表 11–2　　　　　　　　　　　油浸式配电变压器能效等级

额定容量（kVA）	1级 电工钢带 空载损耗（W）	1级 电工钢带 负载损耗（W）Dyn11/Yzn11	Yyn0	1级 非晶合金 空载损耗（W）	1级 非晶合金 负载损耗（W）Dyn11/Yzn11	Yyn0	2级 负载损耗（W）电工钢带	非晶合金	2级 负载损耗（W）Dyn11/Yzn11	Yyn0	3级 空载损耗（W）	3级 负载损耗（W）Dyn11/Yzn11	Yyn0
30	80	505	480	33	565	540	80	33	630	600	100	630	600
50	100	730	695	43	820	785	100	43	910	870	130	910	870
63	110	870	830	50	980	935	110	50	1090	1040	150	1090	1040
80	130	1050	1000	60	1180	1125	130	60	1310	1250	180	1310	1250
100	150	1265	1200	75	1420	1350	150	75	1580	1500	200	1580	1500
125	170	1510	1440	85	1700	1620	170	85	1890	1800	240	1890	1800
160	200	1850	1760	100	2080	1980	200	100	2310	2200	280	2310	2200
200	240	2185	2080	120	2455	2340	240	120	2730	2600	340	2730	2600
250	290	2560	2440	140	2880	2745	290	140	3200	3050	400	3200	3050
315	340	3065	2920	170	3445	3285	340	170	3830	3650	480	3830	3650
400	410	3615	3440	200	4070	3870	410	200	4520	4300	570	4520	4300
500	480	4330	4120	240	4870	4635	480	240	5410	5150	680	5410	5150
630	570	4960		320	5580		570	320	6200		810	6200	
800	700	6000		380	6750		700	380	7500		980	7500	
1000	830	8240		450	9270		830	450	10 300		1150	10 300	
1250	970	9600		530	10 800		970	530	12 000		1360	12 000	
1600	1170	11 600		630	13 050		1170	630	14 500		1640	14 500	

表 11-3　干式配电变压器能效等级

额定量 (kVA)	1级 电工钢带 空载损(W)	1级 电工钢带 负载损耗(W) B级	F级	H级	1级 空载损(W)	1级 非晶合金 负载损耗(W) B级	F级	H级	2级 空载损耗(W) 电工钢带	非晶合金	2级 负载损耗(W) B级	F级	H级	3级 空载损耗(W)	3级 负载损耗(W) B级	F级	H级
30	135	605	640	685	70	635	675	720	150	70	670	710	760	190	670	710	760
50	195	845	900	965	90	895	950	1015	215	90	940	1000	1070	270	940	1000	1070
80	265	1160	1240	1330	120	1225	1310	1405	295	120	1290	1380	1480	370	1290	1380	1480
100	290	1330	1330	1520	130	1405	1490	1605	320	130	1480	1570	1690	400	1480	1570	1690
125	340	1565	1565	1780	150	1655	1760	1880	375	150	1740	1850	1980	470	1740	1850	1980
160	385	1800	1915	2050	170	1900	2025	2165	430	170	2000	2130	2280	540	2000	2130	2280
200	445	2135	2275	2440	200	2250	2405	2575	495	200	2370	2530	2710	620	2370	2530	2710
250	515	2330	2485	2665	230	2460	2620	2810	575	230	2590	2760	2960	720	2590	2760	2960
315	635	2945	3125	3355	280	3105	3295	3545	705	280	3270	3470	3730	880	3270	3470	3730
400	705	3375	3590	3850	310	3560	3790	4065	785	310	3750	3990	4280	980	3750	3990	4280
500	835	4130	4390	4705	360	4360	4635	4970	930	360	4590	4880	5230	1160	4590	4880	5230
630	965	4975	5290	5660	420	5255	5585	5975	1070	420	5530	5880	6290	1340	5530	5880	6290
630	935	5050	5365	5760	410	5330	5660	6080	1040	410	5610	5960	6400	1300	5610	5960	6400
800	1095	5895	6265	6715	480	6220	6610	7085	1215	480	6550	6960	7460	1520	6550	6960	7460
1000	1275	6885	7315	7885	550	7265	7725	8320	1415	550	7650	8130	8760	1770	7650	8130	8760
1250	1505	8190	8720	9335	650	8645	9205	9850	1670	650	9100	9690	10 370	2090	9100	9690	10 370
1600	1765	9945	10 555	11 320	760	10 495	11 145	11 950	1960	760	11 050	11 730	12 580	2450	11 050	11 730	12 580
2000	2195	12 240	13 005	14 005	1000	12 920	13 725	14 780	2440	1000	13 600	14 450	15 560	3050	13 600	14 450	15 560
2500	2590	14 535	15 455	16 605	1200	15 340	16 310	17 525	2880	1200	16 150	17 170	18 450	3600	16 150	17 170	18 450

《配电变压器能效提升计划（2015～2017 年）》指出，到 2017 年底，基本完成 S9（1997 年前投运）及以下型号高耗能配电变压器淘汰任务，年度淘汰计划见表 11-4。同时，鼓励企业主动淘汰运行时间不到 20 年，但运行经济性差的 S9 系列配电变压器。

表 11-4 　　　　　　　　　　　　　　　高耗能配电变压器淘汰计划表

淘汰型号系列	淘汰依据	年度淘汰计划			
		2015 年	2016 年	2017 年	合计
SJ、SJ1、SJ2、SJ3、SJ4、SJ5、SJL、SJL1、S、S1、SZ、SL、SLZ、SL1、SLZ1、SL7、S7 及能耗值大于 S7 的其他型号	《高耗能落后机电设备（产品）淘汰目录（第一批）》	20%	40%	40%	100%
S8、SC（B）8、SG（B）8 系列	《高耗能落后机电设备（产品）淘汰目录（第二批）》	20%	30%	50%	100%
S9 系列（1997 年前投运）	《高耗能落后机电设备（产品）淘汰目录（第四批）》（拟制定）	0%	30%	50%	100%

二、三相异步电动机的能效管理

电机是风机、泵、压缩机、机床、传输带等各种设备的驱动装置，广泛应用于冶金、石化、化工、煤炭、建材、公用设施等多个行业和领域，是用电量最大的耗电机械。据统计测算，2011 年，我国电机保有量约 17 亿 kW，总耗电量约 3 万亿 kWh，占全社会总用电量的 64%，其中工业领域电机总用电量为 2.6 万亿 kWh，约占工业用电的 75%。

我国 2006 年发布了电机能效标准 GB 18613—2006《中小型三相异步电动机能效限定值及节能评价值》，近年来参照 IEC 标准组织进行了修订，新标准 GB 18613—2012《中小型三相异步电动机能效限定值及能效等级》于 2012 年 9 月 1 日正式实施。按照 GB 18613—2012，我国现在生产的电机产品绝大多数都不是高效的（高效电机是指达到或优 GB 18613—2012 标准中节能评价值的电机，见表 11-7）。为加快推动工业节能降耗，促进工业发展方式转变，必须大力提升电机能效。

表 11-5 　　　　　　　　　　　　　　中小型三相异步电动机能效标准对比

IEC 60034—30	GB 18613—2012	GB 18613—2006
IE4	能效一级	
IE3	能效二级	能效一级
IE2	能效三级	能效二级
IE1		能效三级

注　1. 我国电动机能效标准仅对低压三相笼型异步电动机能效提出了要求。

　　2. 按照 GB 18613—2012，高效电机仅指达到能效二级（相对于 IE3 能效标准）及以上的电机。

我国已清醒地认识到电机能效提升工作还存在不少的问题和差距，主要表现在电机技术创新还相对滞后，调速系统、传动系统以及自动化智能化控制技术与国外先进水平还有较大的差距，电机系统的标准技术服务支撑体系还不够完善，改造的模式亟待创新，电机产业的市场化发展机制还不健全等，针对这些问题，国家相关部门正重点推进三方面的工作：① 加强电机产品设计和技术创新，促进产学研的合作，加快高效电机制造业的发展，全面提升能效水平。② 加强电机系统能效提升模式的创新，在电机系统应用和改造的领域，针对不同的行业和工矿运行特点实施专项改造提升的计划，改变简单的更换低效电机的单一模式，确实提升系统的能效。③ 加大体制机制和政策体系的调整常，加强节能减排制度化的建设，重视法规标准的制定和实施，进一步强化政府部门的监管。与此同时，国家制定了电机系统节能改造技术指南，见表 11-6。

表 11-6 电机系统节能改造技术指南

序号	技术方案	适用场所	节电效果
1	变频调速技术	可用于高压、低压电机系统改造，适用于需要频繁调节流量的场所，如风机、水泵、压缩机等	节电率为 10%～50%，投资回收期一般在 2 年左右
2	变极调速技术	主要用于高压电机系统改造，适用于需要定量调节、但不需要频繁调节流量的场所，如风机、水泵等	节电率为 20%以上，投资回收期一般在 1 年左右
3	相控调压技术	可用于高压、低压电机系统改造，适用于负荷率、功率因数较低，负载变化较大且速度恒定的场所，如机床、输送带等	节电率为 2%，投资回收期一般在 3 年左右
4	功率因数补偿	适用于负荷功率因数低、负载功率变化大，变化速度快、有谐波源且谐波污染大的电机集群，如钢厂、化工厂、机械加工厂等	综合节电率为 4%左右，投资回收期一般在 3～5 年
5	电机与拖动设备、运行工况匹配技术	解决电机额定功率与拖动设备运行功率不匹配问题，适用于高压、低压电机系统"大马拉小车"的改造，如风机、水泵、车床等	节电率为 3%～5%，投资回收期一般在 2～4 年
		解决重载或大惯量设备要求启动转矩大、运行效率低的问题，适用于高启动转矩且常处于空载、轻载的场合，如冲床、搅拌机、磨机、抽油机、注塑机等	节电率为 5%～15%，投资回收期一般在 1～3 年
		解决拖动设备效率低或输出与需求不匹配造成系统效率低的问题，适于压力过大、扬程过高或流量过大的场所，如风机、水泵等	节电率为 10%～30%，投资回收期一般在 1～2 年
6	电机系统优化和运行控制	适用于电机密集且关联度较大的生产线和工厂，如化工、轻纺、制药、食品、冶金等工业企业中同一工序设备多用、多备和上下游工序影响较大且工艺、产能经常变化的场所	节电率为 5%～15%，投资回收期一般在 2～3 年

1. 中小型三相异步电动机能效管理

GB 18613—2012《中小型三相异步电动机能效限定值及能效等级》规定了 1000V 以下额定电压、额定功率在 0.75～375kW 范围内，极数为 2、4、6 极，连续工作制的一般用途电动机的能效限定值及节能评价值。

GB 18613—2012 中规定了电动机的能效限定值（在标准规定测试条件下，允许电动效率最低的标准值）——在额定输出功率的效率应不低于表 11-7 中 3 级的标准。

GB 18613—2012 中规定了电动机的节能评价值（在标准规定测试条件下，满足节能认证要求的电动机效率应达到的最低的标准值）——在额定输出功率的效率应不低于表 11-7 中 2 级的标准。

表 11-7   电 动 机 能 效 等 级

额定功率（kW）	效率（%）								
	1级			2级			3级		
	2极	4极	6极	2极	4极	6极	2极	4极	6极
0.75	84.9	85.6	83.1	80.7	82.5	78.9	77.4	79.6	75.9
1.1	86.7	87.4	84.1	82.7	84.1	81.0	79.6	81.4	78.1
1.5	87.5	88.1	86.2	84.2	85.2	82.5	81.3	82.8	79.8
2.2	89.1	89.7	87.1	85.9	86.7	84.3	83.2	84.3	81.8
3	89.7	90.3	88.7	87.1	87.7	85.6	84.6	85.5	83.3
4	90.3	90.9	89.7	88.1	88.6	86.8	85.8	86.6	84.6
5.5	91.5	92.1	89.5	89.2	89.6	88.0	87.0	87.7	86.0
7.5	92.1	92.6	90.2	90.1	90.4	89.1	88.1	88.7	87.2
11	93.0	93.6	91.5	91.2	91.4	90.3	89.4	89.8	88.7
15	93.4	94.0	92.5	91.9	92.1	91.2	90.3	90.6	89.7
18.5	93.8	94.3	93.1	92.4	92.6	91.7	90.9	91.2	90.4
22	94.4	94.7	93.9	92.7	93.0	92.2	91.3	91.6	90.9
30	94.5	95.0	94.3	93.3	93.6	92.9	92.0	92.3	91.7
37	94.8	95.3	94.6	93.7	93.9	93.3	92.5	92.7	92.2
45	95.1	95.6	94.9	94.0	94.2	93.7	92.9	93.1	92.7
55	95.4	95.8	95.2	94.3	94.6	94.1	93.2	93.5	93.1
75	95.6	96.0	95.4	94.7	95.0	94.6	93.8	94.0	93.7
90	95.8	96.2	95.6	95.0	95.2	94.9	94.1	94.2	94.0
110	96.0	96.4	95.6	95.2	95.4	95.1	94.3	94.5	94.3
132	96.0	96.5	95.8	95.4	95.6	95.4	94.6	94.7	94.6
160	96.2	96.5	96.0	95.6	95.8	95.6	94.8	94.9	94.8
200	96.3	96.6	96.1	95.8	96.0	95.8	95.0	95.1	95.0
250	96.4	96.7	96.1	95.8	96.0	95.8	95.0	95.1	95.0
315	96.5	96.8	96.1	95.8	96.0	95.8	95.0	95.1	95.0
355～375	96.6	96.8	96.1	95.8	96.0	95.8	95.0	95.1	95.0

2. 高压三相笼型步电动机能效管理

GB 30254—2013《高压三相笼型异步电动机能效限定值及能效等级》规定了 6kV 电压等级（冷却方式 IC01、IC11、IC21、IC31、IC81W）、额定功率在 220～25000kW；10kV 电压等级（冷却方式 IC01、IC11、IC21、IC31、IC81W）、额定功率在 220～22 400kW；6kV 电压等级（冷却方式 IC611、IC616、IC511、IC516、IC81W）、额定功率在 185～25 000kW；6kV 电压等级（冷却方式 IC411）、额定功率在 160～1600kW 范围内，极数为 2～12 极连续工作制的立式、卧式电动机的能效限定值及节能评价值。

GB 30254—2013 中规定了高压电动机的能效限定值（在标准规定测试条件下，允许电动效率最低的标准值）——在额定输出功率的效率应不低于表 11-8～表 11-11 中 3 级的标准。

表11-8　6kV 电动机（IC01、IC11、IC21、IC31、IC81W）能效等级

额定功率(kW)	2级			4级			6级			8级			10级			12级		
	1级	2级	3级	1级	2级	3级	1级	2级	3级	1级	2级	3级	1级	2级	3级	1级	2级	3级
220	94.4	93.3	92.0	94.7	93.7	92.5	94.6	93.5	92.2	94.5	93.4	92.1	94.0	92.8	91.3	95.3	92.2	90.6
250	94.5	93.4	92.1	94.8	93.8	92.6	94.8	93.7	92.5	94.6	93.5	92.2	94.1	92.9	91.5	93.7	92.4	90.9
280	94.7	93.6	92.3	94.9	93.9	92.7	94.9	93.9	92.7	94.8	93.7	92.4	94.3	93.1	91.7	94.4	93.3	91.9
315	94.9	93.9	92.7	95.0	94.1	92.9	95.1	94.2	93.0	94.9	93.9	92.7	94.4	93.3	91.9	94.6	93.5	92.1
355	95.1	94.1	93.0	95.2	94.3	93.1	95.3	94.4	93.2	95.0	94.0	92.8	94.6	93.5	92.1	94.7	93.6	92.3
400	95.4	94.5	93.4	95.3	94.4	93.3	95.3	94.4	93.3	95.2	94.2	93.0	94.9	93.9	92.6	94.9	93.9	92.6
450	95.6	94.7	93.7	95.5	94.6	93.5	95.6	94.7	93.6	95.3	94.3	93.1	95.0	93.9	92.7	95.0	93.9	92.7
500	95.8	95.0	94.0	95.6	94.8	93.7	95.8	95.0	93.9	95.6	94.8	93.7	95.1	94.2	93.0	95.2	94.3	93.1
560	95.9	95.1	94.1	95.8	95.0	93.9	95.9	95.1	94.1	95.8	94.9	93.8	95.2	94.3	93.1	95.3	94.4	93.2
630	96.0	95.2	94.3	96.0	95.2	94.2	96.0	95.2	94.2	95.9	95.0	93.9	95.4	94.4	93.2	95.4	94.5	93.3
710	96.1	95.3	94.4	96.2	95.4	94.4	96.2	95.4	94.4	96.0	95.0	94.0	95.5	94.5	93.4	95.5	94.5	93.4
800	96.3	95.6	94.7	96.2	95.5	94.6	96.2	95.5	94.6	96.1	95.2	94.2	95.7	94.8	93.7	95.7	94.8	93.7
900	96.4	95.7	94.8	96.3	95.6	94.7	96.3	95.6	94.7	96.2	95.3	94.3	95.8	94.9	93.8	95.8	94.9	93.8
1000	96.5	95.8	94.9	96.4	95.7	94.8	96.4	95.7	94.8	96.3	95.4	94.4	95.9	95.0	93.9	95.9	95.0	93.9
1120	96.6	95.9	95.0	96.5	95.8	94.9	96.5	95.8	94.9	96.3	95.5	94.5	96.0	95.1	94.1	95.9	95.0	94.0
1250	96.7	96.1	95.2	96.6	96.0	95.1	96.6	96.0	95.1	96.4	95.6	94.7	96.2	95.4	94.4	96.1	95.2	94.2
1400	96.8	96.2	95.3	96.7	96.0	95.2	96.7	96.1	95.2	96.5	95.7	94.8	96.3	95.5	94.5	96.1	95.3	94.3
1600	96.9	96.3	95.4	96.8	96.1	95.3	96.8	96.2	95.3	96.6	95.8	94.9	96.3	95.5	94.6	96.2	95.3	94.3
1800	97.0	96.3	95.5	96.9	96.2	95.4	96.9	96.3	95.4	96.7	95.8	95.0	96.4	95.6	94.7	96.3	95.4	94.4
2000	97.1	96.5	95.7	97.0	96.4	95.6	97.0	96.4	95.6	96.7	96.0	95.2	96.5	95.8	94.9	96.5	95.6	94.6
2240	97.2	96.5	95.8	97.1	96.5	95.7	97.0	96.4	95.7	96.8	96.1	95.3	96.6	95.9	95.0	96.5	95.7	94.7

效率（%）

续表

额定功率(kW)	2级			4级			6级			8级			10级			12级		
	1级	2级	3级	1级	2级	3级	1级	2级	3级	1级	2级	3级	1级	2级	3级	1级	2级	3级
2500	97.2	96.6	95.9	97.2	96.6	95.8	97.1	96.5	95.7	96.9	92.2	95.4	96.7	96.0	95.1	96.6	95.8	94.9
2800	97.3	96.7	96.0	97.2	96.6	95.9	97.2	96.5	95.8	97.0	96.3	95.5	96.8	96.1	95.2	96.7	95.9	95.0
3150	97.3	96.8	96.1	97.3	96.8	96.1	97.3	96.7	96.0	97.0	96.4	95.6	96.8	96.2	95.4	96.8	96.1	95.2
3550	—	—	—	97.4	96.8	96.1	97.3	96.7	96.0	97.1	96.5	95.7	97.0	96.3	95.5	96.9	96.2	95.3
4000	—	—	—	97.5	96.9	96.2	97.4	96.8	96.1	97.2	96.6	95.8	97.1	96.4	95.6	96.9	96.2	95.4
4500	—	—	—	97.5	96.9	96.2	97.4	96.8	96.1	97.3	96.7	95.9	97.1	96.4	95.6	96.9	96.2	95.4
5000	—	—	—	97.6	97.1	96.4	97.5	97.0	96.3	97.4	96.8	96.1	97.2	96.6	95.8	97.0	96.4	95.6
5600	—	—	—	97.6	97.1	96.4	97.5	97.0	96.3	97.4	96.8	96.1	97.2	96.6	95.8	97.1	96.4	95.6
6300	—	—	—	97.7	97.2	96.5	97.6	97.1	96.4	97.5	96.9	96.2	97.3	96.7	95.9	—	—	—
7100	—	—	—	97.8	97.2	96.6	97.8	97.2	96.5	97.6	97.0	96.3	97.4	96.7	95.9	—	—	—
8000	—	—	—	97.9	97.4	96.8	97.8	97.3	96.7	97.7	97.2	96.5	97.5	96.9	96.1	—	—	—
9000	—	—	—	98.0	97.5	96.9	97.9	97.4	96.8	97.8	97.3	96.6	—	—	—	—	—	—
10 000	—	—	—	98.1	97.6	97.0	98.0	97.5	96.9	97.8	97.3	96.7	—	—	—	—	—	—
11 200	—	—	—	98.2	97.7	97.1	98.1	97.6	97.0	97.9	97.4	96.8	—	—	—	—	—	—
12 500	—	—	—	98.2	97.7	97.2	98.2	97.7	97.1	98.0	97.5	96.9	—	—	—	—	—	—
14 000	—	—	—	98.3	97.8	97.3	98.2	97.7	97.2	98.1	97.6	97.0	—	—	—	—	—	—
16 000	—	—	—	98.4	97.9	97.4	98.2	97.8	97.3	98.2	97.7	97.1	—	—	—	—	—	—
18 000	—	—	—	98.4	98.0	97.5	98.3	97.9	97.4	—	—	—	—	—	—	—	—	—
20 000	—	—	—	98.4	98.0	97.5	98.4	98.0	97.5	—	—	—	—	—	—	—	—	—
22 400	—	—	—	98.4	98.0	97.5	—	—	—	—	—	—	—	—	—	—	—	—
25 000	—	—	—	98.4	98.0	97.5	—	—	—	—	—	—	—	—	—	—	—	—

效率（%）

表11-9 10kV 电动机（IC01、IC11、IC21、IC31、IC81W）能效等级

效率（%）

额定功率(kW)	2级			4级			6级			8级			10级			12级		
	1级	2级	3级	1级	2级	3级	1级	2级	3级	1级	2级	3级	1级	2级	3级	1级	2级	3级
220	94.4	93.3	91.9	94.4	93.3	91.9	94.1	92.9	91.4	93.8	92.6	91.1	93.7	92.5	91.0	93.7	92.4	90.9
250	94.5	93.4	92.1	94.5	93.4	92.1	94.2	93.0	91.6	94.0	92.8	91.3	93.9	92.7	91.2	93.8	92.6	91.1
280	94.7	93.6	92.3	94.6	93.5	92.2	94.4	93.2	91.8	94.2	93.0	91.6	94.3	93.1	91.6	94.0	92.8	91.3
315	94.9	93.9	92.7	94.8	93.8	92.5	94.6	93.5	92.1	94.6	93.5	92.1	94.5	93.4	91.9	94.2	93.1	91.6
355	95.2	94.3	93.1	94.9	93.9	92.6	94.7	93.7	92.4	94.7	93.7	92.4	94.6	93.5	92.1	94.3	93.2	91.8
400	95.4	94.5	93.4	95.0	94.0	92.8	94.9	93.9	92.6	94.9	93.8	92.5	947	93.6	92.3	94.5	93.4	92.0
450	95.6	94.7	93.6	95.4	94.4	93.2	95.0	94.0	92.8	95.0	93.9	92.7	94.9	93.8	92.5	94.6	93.5	92.2
500	95.7	94.9	93.8	95.4	94.5	93.4	95.4	94.5	93.3	95.3	94.4	93.2	95.0	94.0	92.8	94.9	93.9	92.6
560	95.8	95.0	93.9	95.6	94.7	93.6	95.5	94.6	93.5	95.4	94.5	93.3	95.1	94.1	92.9	95.1	94.1	92.9
630	95.8	95.0	94.0	95.8	94.9	93.8	958	94.9	93.8	95.8	94.9	93.8	95.3	94.3	93.1	95.3	94.3	93.1
710	96.0	95.1	94.1	96.2	95.4	94.4	95.9	95.0	94.0	95.9	95.0	94.0	95.5	94.5	93.3	95.5	94.5	93.3
800	96.1	95.3	94.3	96.2	95.5	94.6	96.0	95.2	94.2	96.0	95.2	94.2	95.7	94.9	93.8	95.7	94.8	93.8
900	96.2	95.4	94.4	96.3	95.6	94.7	96.2	95.4	94.3	96.1	95.3	94.3	95.9	95.1	94.0	95.7	94.8	93.8
1000	96.3	95.5	94.5	96.4	95.7	94.8	96.3	95.5	94.6	96.3	95.5	94.5	95.9	95.1	94.1	95.7	94.8	93.8
1120	96.4	95.6	94.7	96.5	95.8	94.9	96.5	95.7	94.8	96.4	95.6	94.7	96.1	95.2	94.2	95.7	94.8	93.8
1250	96.6	95.9	95.0	96.6	96.0	95.1	96.6	95.9	95.0	96.5	95.8	94.9	96.1	95.3	94.3	95.8	94.9	93.8
1400	96.7	96.0	95.1	96.8	96.1	95.3	96.8	96.1	95.3	96.5	95.8	94.9	96.1	95.3	94.3	95.9	95.0	93.9
1600	96.7	96.0	95.2	96.9	96.2	95.4	96.9	96.2	95.4	96.6	95.8	94.9	96.1	95.3	94.3	96.0	95.1	94.0
1800	96.8	96.1	95.3	97.0	96.3	95.5	96.9	96.2	95.5	96.6	95.9	94.9	96.2	95.4	94.4	96.1	95.2	94.1
2000	96.9	96.3	95.5	97.1	96.5	95.7	96.9	96.3	95.6	96.6	95.9	95.0	96.3	95.6	94.6	96.1	95.3	94.3
2240	97.1	96.5	95.7	97.2	96.6	95.8	96.9	96.3	95.6	96.6	95.9	95.0	96.5	95.7	94.7	96.2	95.4	94.4

续表

额定功率 (kW)	2级 1级	2级 2级	2级 3级	4级 1级	4级 2级	4级 3级	6级 1级	6级 2级	6级 3级	8级 1级	8级 2级	8级 3级	10级 1级	10级 2级	10级 3级	12级 1级	12级 2级	12级 3级
2500	—	—	—	97.2	96.6	95.8	97.0	96.3	95.5	96.7	96.0	95.1	96.5	95.7	94.8	96.3	95.5	94.5
2800	—	—	—	97.2	96.6	95.8	97.1	96.4	95.5	96.8	96.1	95.2	96.6	95.8	94.9	96.4	95.6	94.6
3150	—	—	—	97.3	96.7	95.9	97.1	96.5	95.7	96.8	96.2	95.4	96.7	96.0	95.1	96.5	95.8	94.8
3550	—	—	—	97.3	96.7	95.9	97.2	96.6	95.8	97.0	96.3	95.5	96.8	96.1	95.2	96.6	95.8	94.9
4000	—	—	—	97.3	96.7	96.0	97.3	96.7	95.9	97.1	96.4	95.6	96.9	96.2	95.3	96.7	95.9	95.0
4500	—	—	—	97.3	96.7	96.0	97.3	96.7	95.9	97.2	96.5	95.7	96.9	96.2	95.4	96.8	96.0	95.1
5000	—	—	—	97.4	96.9	96.2	97.4	96.8	96.1	97.3	96.7	95.9	97.0	96.4	95.6	96.9	96.2	95.3
5600	—	—	—	97.5	96.9	96.2	97.4	96.8	96.1	97.4	96.8	96.0	97.1	96.5	95.7	—	—	—
6300	—	—	—	97.6	97.0	96.3	97.5	96.9	96.2	97.4	96.8	96.1	97.2	96.6	95.8	—	—	—
7100	—	—	—	97.7	97.1	96.4	97.6	97.0	96.3	97.5	96.9	96.2	97.4	96.7	95.9	—	—	—
8000	—	—	—	97.8	97.3	96.6	97.7	97.2	96.5	97.6	97.1	96.4	—			—	—	—
9000	—	—	—	97.8	97.3	96.7	97.8	97.3	96.6	97.7	97.2	96.5	—			—	—	—
10 000	—	—	—	97.9	97.4	96.8	97.8	97.3	967	97.8	97.3	96.6	—			—	—	—
11 200	—	—	—	98.0	97.5	96.9	97.9	97.4	96.8	97.8	97.3	96.7	—			—	—	—
12 500	—	—	—	98.1	97.6	97.0	98.0	97.5	96.9	97.9	97.4	96.8	—			—	—	—
14 000	—	—	—	98.2	97.7	97.1	98.1	97.6	97.0	98.0	97.5	96.9	—			—	—	—
16 000	—	—	—	98.2	97.7	97.2	98.2	97.7	97.1	—	—	—	—			—	—	—
18 000	—	—	—	98.2	97.8	97.3	98.2	97.7	97.2	—	—	—	—			—	—	—
20 000	—	—	—	98.3	97.9	97.4	—	—	—	—	—	—	—			—	—	—
22 400	—	—	—	98.4	98.0	97.5	—	—	—	—	—	—	—			—	—	—

效率（%）

表 11—10　　6kV 电动机（IC611、IC616、IC511、IC516）能效等级

效率（%）

额定功率 (kW)	2极 1级	2极 2级	2极 3级	4极 1级	4极 2级	4极 3级	6极 1级	6极 2级	6极 3级	8极 1级	8极 2级	8极 3级	10极 1级	10极 2级	10极 3级	12极 1级	12极 2级	12极 3级
185	—	—	—	94.4	93.3	91.9	94.1	93.0	91.5	94.2	93.0	91.6	93.7	92.4	90.8	93.7	92.5	90.9
200	—	—	—	94.5	93.4	92.1	94.3	93.1	91.8	94.4	93.2	91.9	93.8	92.5	91.1	93.9	92.6	91.2
220	94.2	93.1	91.7	94.6	93.5	92.2	94.4	93.3	92.0	94.5	93.4	92.1	94.0	92.7	91.3	94.0	92.8	91.4
250	94.3	93.2	91.8	94.7	93.6	92.3	94.6	93.5	92.2	94.6	93.5	92.2	94.1	92.9	91.5	94.3	93.1	91.7
280	94.5	93.4	92.0	94.8	93.7	92.4	94.8	93.8	92.5	94.8	93.7	92.4	94.3	93.1	91.7	94.4	93.3	91.9
315	94.7	93.7	92.4	94.9	93.8	92.6	95.0	94.0	92.8	94.9	93.9	92.7	94.5	93.4	92.1	94.5	93.4	92.1
355	94.9	93.9	92.7	95.0	94.0	92.8	95.2	94.2	93.0	95.0	94.0	92.8	94.7	93.6	92.3	94.7	93.6	92.3
400	95.2	94.2	93.0	95.2	94.2	93.0	95.3	94.3	93.1	95.2	94.2	93.0	94.9	93.8	92.6	94.9	93.8	92.6
450	95.4	94.4	93.3	95.4	94.4	93.2	95.5	94.5	93.4	95.3	94.3	93.1	95.0	93.9	92.7	95.0	93.9	92.7
500	95.6	94.7	93.6	95.4	94.5	93.4	95.6	94.8	93.7	95.6	94.7	93.6	95.1	94.2	93.0	95.1	94.2	93.1
560	95.7	94.9	93.8	95.6	94.7	93.6	95.7	94.9	93.8	95.7	94.9	93.8	95.2	94.3	93.1	95.2	94.3	93.2
630	95.8	95.0	94.0	95.8	94.9	93.8	95.8	95.0	93.9	95.8	95.0	93.9	95.4	94.4	93.2	95.4	94.4	93.3
710	96.0	95.1	94.1	95.9	95.0	94.0	96.0	95.2	94.2	95.9	95.0	94.0	95.5	94.5	93.4	95.5	94.5	93.4
800	96.1	95.3	94.3	96.1	95.3	94.3	96.1	95.4	94.4	96.0	95.2	94.2	95.7	94.8	93.7	95.7	94.8	93.7
900	96.3	95.5	94.5	96.2	95.4	94.4	96.3	95.5	94.5	96.1	95.3	94.3	95.8	94.9	93.8	—	—	—
1000	96.3	95.5	94.6	96.3	95.5	94.5	96.3	95.5	94.6	96.2	95.4	94.4	95.9	95.0	93.9	—	—	—
1120	96.4	95.6	94.7	96.3	95.5	94.6	96.4	95.6	94.7	96.3	95.5	94.5	96.0	95.1	94.1	—	—	—
1250	96.5	95.8	94.9	96.4	95.7	94.8	96.5	95.8	94.9	96.3	95.6	94.7	—	—	—	—	—	—
1400	96.6	95.9	95.0	96.5	95.8	94.9	96.6	95.9	95.0	—	—	—	—	—	—	—	—	—
1600	96.7	96.0	95.1	96.6	95.9	95.0	96.6	96.0	95.1	—	—	—	—	—	—	—	—	—
1800	96.7	96.0	95.2	96.7	96.0	95.1	96.7	96.0	95.1	—	—	—	—	—	—	—	—	—
2000	96.8	96.2	95.4	96.7	96.1	95.3	—	—	—	—	—	—	—	—	—	—	—	—
2240	96.9	96.3	95.5	96.9	96.2	95.4	—	—	—	—	—	—	—	—	—	—	—	—
2500	97.0	96.4	95.6	—	—	—	—	—	—	—	—	—	—	—	—	—	—	—

注　IC616 和 IC516 冷却方式的电动机只适用于表 11-9 中 2 极的效率值。

表11-11　6kV 电动机（IC411）能效等级

效率（%）

额定功率（W）	2极			4极			6极			8极		
	1级	2级	3级	1级	2级	3级	1级	2级	3级	1级	2级	3级
160	—	—	—	—	—	—	94.2	93.0	92.2	94.1	92.9	92.1
185	94.2	93.0	92.2	94.5	93.4	92.6	94.4	93.2	92.4	94.3	93.1	92.3
200	94.3	93.2	92.4	94.6	93.6	92.9	94.5	93.4	92.6	94.4	93.3	92.5
220	94.4	93.3	92.5	94.7	93.7	93.0	94.6	93.5	92.8	94.5	93.4	92.6
250	94.5	93.4	92.6	94.8	93.8	93.1	94.8	93.7	93.0	94.6	93.5	92.8
280	94.7	93.6	92.9	94.9	93.9	93.2	94.9	93.9	93.2	94.8	93.7	93.0
315	94.9	93.9	93.2	95.0	94.1	93.4	95.1	94.2	93.5	94.9	93.9	93.2
355	95.1	94.1	93.4	95.2	94.3	93.6	95.3	94.4	93.7	95.0	94.0	93.3
400	95.4	94.5	93.9	95.3	94.4	93.7	95.3	94.4	93.7	95.2	94.2	93.5
450	95.6	94.7	94.1	95.5	94.6	94.0	95.6	94.7	94.0	95.3	94.3	93.6
500	95.8	95.0	94.4	95.6	94.8	94.2	95.8	95.0	94.3	95.6	94.8	94.2
560	95.9	95.1	94.5	95.8	95.0	94.4	95.9	95.1	94.5	95.7	94.9	94.3
630	96.0	95.2	94.6	96.0	95.2	94.6	96.0	95.2	94.6	95.8	95.0	94.4
710	96.1	95.3	94.7	96.2	95.4	94.8	96.2	95.4	94.7	95.9	95.0	94.4
800	96.3	95.6	95.1	96.2	95.5	95.0	96.2	95.5	94.9	96.0	95.2	94.6
900	96.4	95.7	95.2	96.3	95.6	95.1	96.3	95.6	95.1	96.1	95.3	94.7
1000	96.5	95.8	95.3	96.4	95.7	95.2	96.4	95.7	95.2	—	—	—
1120	96.6	95.9	95.4	96.5	95.8	95.3	96.5	95.8	95.3	—	—	—
1250	96.7	96.1	95.6	96.6	96.0	95.5	96.6	96.0	95.5	—	—	—
1400	96.8	96.2	95.7	96.7	96.0	95.5	—	—	—	—	—	—
1600	96.9	96.3	95.8	96.8	96.1	95.6	—	—	—	—	—	—

GB 30254—2013 中规定了电动机的节能评价值（在标准规定测试条件下，满足节能认证要求的电动机效率应达到的最低的标准值）——在额定输出功率的效率应不低于表 11–8～表 11–11 中 2 级的标准。

三、工厂照明能效管理

1. 普通照明用卤钨灯能效管理

GB 31276—2014《普通照明用卤钨灯能效限定值及节能评价值》规定了 250V 及以下额定电压不大于 24V 的功率范围为 5～100W，额定电压等于 220V 的功率为 15～500W 普通照明用非定向卤钨灯能效限定值及节能评价值。

GB 31276—2014 中规定了卤钨灯能效限定值（在标准规定测试条件下，卤钨灯初始光效应达到的最低标准值）——应不低于式（11–1）计算出能效限定值的初始光效，或不低于表 11–13 或表 11–14 给出的能效限定值。

GB 31276—2014 中规定了卤钨灯能效限定值（在标准规定测试条件下，节能型卤钨灯初始光效应达到的最低标准值）——应不低于式（11–1）计算出节能评价值的初始光效，或不低于表 11–13 或表 11–14 给出的节能评价值。

卤钨灯的初始光效是指在标准测试条件下，卤钨灯初始实测光通量与功率的比值。其计算公式为

$$\eta = \frac{2b + a^2/P - \sqrt{4a^2b/P + a^4/P^2}}{2b^2} \qquad (11–1)$$

式中　η——初始光效，lm/W；

　　　P——额定功率，W；

a、b——系数（各能效等级的系数见表 11–12）。

计算出的初始光效值保留 1 位小数点，小数点后 2 位四舍五入。

表 11–12　　　　能效限定值和节能评价值计算系数

额定电压	≤24V		220V	
系数	能效限定值	节能评价值	能效限定值	节能评价值
a	0.70	0.51	1.0	0.75
b	0.041	0.028	0.05	0.035

表 11–13　　　卤钨灯能效限定值和节能评价值（额定电压≤24V）　　　lm/W

额定功率（W）	能效限定值	节能评价值	额定功率（W）	能效限定值	节能评价值	额定功率（W）	能效限定值	节能评价值
5	5.9	10.0	12	9.3	15.2	19	11.3	18.0
6	6.6	11.0	13	9.7	15.7	20	11.5	18.3
7	7.1	11.9	14	10.0	16.2	21	11.7	18.6
8	7.1	12.7	15	10.3	16.6	22	11.9	18.9
9	7.7	13.4	16	10.5	17.0	23	12.0	19.1
10	8.6	14.1	17	11.8	17.3	24	12.2	19.6
11	9.0	14.7	18	11.0	17.7	25	12.4	19.8

续表

额定功率（W）	能效限定值	节能评价值	额定功率（W）	能效限定值	节能评价值	额定功率（W）	能效限定值	节能评价值
26	12.5	19.8	51	15.1	23.4	76	16.4	25.2
27	12.7	20.0	52	15.2	23.5	77	16.5	25.3
28	12.8	20.2	53	15.2	23.6	78	15.5	25.3
29	13.0	20.4	54	15.3	23.7	79	16.6	25.4
30	13.1	20.6	55	15.4	23.7	80	16.6	25.4
31	13.2	20.8	56	15.4	23.8	81	16.6	25.5
32	13.4	21.0	57	15.5	23.9	82	16.7	25.5
33	13.5	21.1	58	15.5	24.0	83	16.7	25.6
34	13.6	21.3	59	15.6	24.1	84	16.8	25.6
35	13.7	21.5	60	15.7	24.2	85	16.8	25.7
36	13.8	21.6	61	15.7	24.2	86	16.8	25.7
37	13.9	21.7	62	15.8	24.3	87	16.9	25.8
38	14.0	21.9	63	15.8	24.4	88	16.9	25.8
39	14.1	22.0	64	15.9	24.5	89	16.9	25.9
40	14.2	22.2	65	15.9	24.5	90	17.0	25.9
41	14.3	22.3	66	16.0	24.6	91	17.0	26.0
42	14.4	22.4	67	16.0	24.7	92	17.0	26.0
43	14.5	22.5	68	16.1	24.7	93	17.1	26.1
44	14.6	22.6	69	16.1	24.8	94	17.1	26.2
45	14.6	22.8	70	16.2	24.9	95	17.1	26.2
46	14.7	22.9	71	16.2	24.9	96	17.2	26.3
47	14.8	23.0	72	16.3	25.0	97	17.2	26.2
48	14.9	23.1	73	16.3	25.0	98	17.2	26.3
49	15.0	23.2	74	16.4	25.1	99	17.3	26.3
50	15.0	23.3	75	16.4	25.2	100	17.3	26.4

表 11-14　　　　卤钨灯能效限定值和节能评价值（额定电压 220V）　　　　lm/W

额定功率（W）	能效限定值	节能评价值	额定功率（W）	能效限定值	节能评价值	额定功率（W）	能效限定值	节能评价值
15	6.7	10.6	23	8.1	12.7	31	9.1	14.1
16	6.9	10.9	24	8.3	12.9	32	9.2	14.3
17	7.1	11.2	25	8.4	13.1	33	9.4	14.4
18	7.3	11.5	26	8.5	13.3	34	9.5	14.6
19	7.5	11.7	27	8.7	13.4	35	9.6	14.7
20	7.6	12.0	28	8.8	13.6	36	9.6	14.8
21	7.8	12.2	29	8.9	13.8	37	9.7	15.0
22	8.0	12.5	30	9.0	14.0	38	9.8	15.1

续表

额定功率（W）	能效限定值	节能评价值	额定功率（W）	能效限定值	节能评价值	额定功率（W）	能效限定值	节能评价值
39	9.9	15.2	83～84	12.3	18.5	159～160	14.1	20.8
40	10.0	15.3	85～86	12.4	18.6	161～165	14.1	20.9
41	10.1	15.4	87	12.4	18.7	166～170	14.2	21.0
42	10.2	15.5	88～89	12.5	18.7	171～172	14.2	21.1
43	10.2	15.6	90	12.5	18.8	173～176	14.3	21.1
44	10.3	15.8	91	12.6	18.8	177～179	14.3	21.2
45	10.4	15.9	92～93	12.6	18.9	180～182	14.4	21.2
46～47	10.5	16.0	94～96	12.7	19.0	183～187	14.4	21.3
48	10.6	16.1	97	12.7	19.1	188～194	14.5	21.4
49	10.7	16.2	98～99	12.8	19.1	195	14.5	21.5
50	10.7	16.3	100	12.8	19.2	196～200	14.6	21.5
51	10.8	16.4	101	12.9	19.2	201～204	14.6	21.6
52	10.9	16.5	102～104	12.9	19.3	205～207	14.7	21.6
53	10.9	16.6	105～107	13.0	19.4	208～214	14.7	21.7
54～55	11.0	16.7	108	13.1	19.5	215～222	14.8	21.8
56	11.2	16.8	109～110	13.1	19.5	223	14.8	21.9
57	11.2	16.9	111～112	13.2	19.6	224～229	14.9	21.9
58	11.2	17.0	113	13.2	19.6	230～234	14.9	22.0
59～60	11.3	17.1	114～116	13.3	19.7	235～238	15.0	22.0
61	11.4	17.2	120	13.3	19.8	239～245	15.0	22.1
62	11.4	17.3	121～123	13.4	19.9	246	15.1	22.1
63	11.5	17.4	124～125	13.4	19.9	247～255	15.1	22.2
64	11.5	17.5	126	13.5	20.0	256～257	15.1	22.3
65～66	11.6	17.6	127～130	13.5	20.1	258～265	15.2	22.3
67	11.7	17.7	131～134	13.6	20.2	266～270	15.2	22.4
68～69	11.7	17.8	135	13.6	20.3	271～275	15.3	22.4
70～71	11.8	17.8	136～138	13.7	20.3	276～283	15.3	22.5
72～73	11.9	17.9	139～140	13.7	20.4	284～285	15.4	22.5
74	12.0	18.0	141～142	13.8	20.4	286～296	15.4	22.6
75～76	12.0	18.1	143～146	13.8	20.5	297～298	15.4	22.7
77～78	12.1	18.2	147～151	13.9	20.6	299～308	15.5	22.7
79～80	12.2	18.3	152	13.9	20.7	309～314	15.6	22.8
81	12.2	18.4	153～155	14.0	20.7	315～320	15.6	22.8
82	12.3	18.4	156～158	14.0	20.8	321～330	15.7	22.9

额定功率（W）	能效限定值	节能评价值	额定功率（W）	能效限定值	节能评价值	额定功率（W）	能效限定值	节能评价值
331～333	15.7	22.9	378～388	15.9	23.3	436～448	16.2	23.6
334～347	15.7	23.0	389～393	16.0	23.3	449～462	16.2	23.7
348	15.7	23.1	394～410	16.0	23.4	463～469	16.3	23.7
349～361	15.8	23.1	411	16.0	23.5	470～490	16.3	23.8
362～368	15.8	23.2	412～428	16.1	23.5	491	16.4	23.8
369～377	15.9	23.2	429～435	16.1	23.6	492～500	16.4	23.9

2. 普通照明用双端荧光灯能效管理

GB 19043—2013《普通照明用双端荧光灯能效限定值及能效等级》规定了工作于交流电源频率带启动器的线路且能工作于高频线路的预热阴极灯、工作于高频线路预热阴极灯能效限定值及节能评价值。

GB 19043—2013 中规定了双端荧光灯能效限定值（在标准规定测试条件下，双端荧光灯初始光效应达到的最低标准值）——应不低于表 11-15 中的 3 级。在燃点 2000h 时，其光通维持率应符合 GB/T 10682（双端荧光灯性能要求）中的有关规定。

GB 19043—2013 中规定了双端荧光灯能效限定值（在标准规定测试条件下，节能型双端荧光灯初始光效应达到的最低标准值）——应不低于表 11-15 中的 2 级。在燃点 2000h 时，其光通维持率应符合 GB/T 10682（双端荧光灯性能要求）中的有关规定。

表 11-15　　　　　　　　　　双端荧光灯各能效等级的初始光效

工作类型	标称管径（mm）	定额功率（W）	补充信息	GB/T 10682参数代号	初始光效/（lm/W）					
					RR、RZ			RL、RB、RN、RD		
					1级	2级	3级	1级	2级	3级
工作于交流电源频率带启动器的线路的预热阴极灯	26	18		2220	70	64	50	75	69	52
		30		2320	75	69	53	80	73	57
		36		2420	87	80	62	93	85	63
		58		2520	84	77	59	90	82	62
工作于高频线路的预热阴极灯	16	14	高光效系列	6520	80	77	69	86	82	75
		21	高光效系列	6530	84	81	75	90	86	83
		24	高光通系列	6620	68	66	65	73	70	67
		28	高光效系列	6640	87	83	77	93	89	82
		35	高光效系列	6650	88	84	75	94	90	82
		39	高光通系列	6730	74	71	67	79	75	71
		49	高光通系列	6750	82	79	75	88	84	79
		54	高光通系列	6840	77	73	67	82	78	72
		80	高光通系列	6850	72	69	63	77	73	67

续表

工作类型	标称管径（mm）	定额功率（W）	补充信息	GB/T 10682 参数代号	初始光效/（lm/W）					
					RR、RZ			RL、RB、RN、RD		
					1级	2级	3级	1级	2级	3级
工作于高频线路的预热阴极灯	26	16		7220	81	75	66	87	80	75
		23		7222	84	77	76	89	86	85
		32		7420	97	89	78	104	95	84
		45		7422	101	93	85	108	99	90

3. 普通照明用单端荧光灯能效管理

GB 19415—2013《单端荧光灯能效限定值及节能评价值》规定了具有预热式阴极的装有内启动装置或使用外启动装置的单端荧光灯能效限定值及节能评价值。

GB 19415—2013 中规定了单端荧光灯能效限定值（在标准规定测试条件下，单端荧光灯初始光效应达到的最低标准值）——应不低于表 11-16 中的规定。

GB 19415—2013 中规定了单端荧光灯能效限定值（在标准规定测试条件下，节能型单端荧光灯初始光效应达到的最低标准值）——应不低于表 11-16 中的规定。

表 11-16　　单端荧光灯能效限定值及节能评价值

灯的类型	标称功率（W）	单端荧光灯初始光效（lm/W）			
		色调：RR，RZ		色调：RL，RB，RN，RD	
		能效限定值	节能评价值	能效限定值	节能评价值
双管类	5	42	51	44	54
	7	46	53	50	57
	9	55	62	59	67
	11	69	75	74	80
	18	57	63	62	67
	24	62	70	65	75
	27	60	64	63	68
	28	63	69	67	73
	30	63	69	67	73
	36	67	76	70	81
	40	67	79	70	83
	55	67	77	70	82
	80	69	75	72	78
四管类	10	52	60	55	64
	13	60	63	63	69
	18	57	63	62	67
	26	60	64	63	67
	27	52	56	54	59

灯的类型		标称功率（W）	单端荧光灯初始光效（lm/W）			
			色调：RR，RZ		色调：RL，RB，RN，RD	
			能效限定值	节能评价值	能效限定值	节能评价值
多管类		13	60	61	63	65
		18	57	63	62	67
		26	60	64	63	67
		32	55	68	60	75
		43	55	67	60	74
		57	59	68	62	75
		60	59	65	62	69
		62	59	65	62	69
		70	59	68	62	74
		82	59	69	62	75
		85	59	66	62	71
		120	59	68	62	75
方形		10	54	60	58	65
		16	56	63	61	67
		21	56	61	61	65
		24	57	63	62	67
		28	62	69	66	73
		36	62	69	66	73
		38	63	69	66	73
环形	ϕ29（卤粉）	22	44	—	51	—
		32	48	—	57	—
		40	52	—	60	—
	ϕ29（三基色）	22	55	62	59	64
		32	64	70	68	74
		40	64	72	68	76
	ϕ16	20	72	76	75	81
		22	72	74	75	78
		27	72	79	75	84
		34	72	81	75	87
		40	69	75	74	80
		41	69	81	74	87
		55	63	70	66	75
		60	63	75	66	80

第三节　工厂用电设备的经济运行

一、配电变压器的经济运行

变压器的经济运行是指在确保安全可靠运行及满足供电量需求的基础上，通过对变压器进行合理配置，对变压器运行方式进行优化选择，对变压器负载实施经济调整，从而最大限度地降低变压器的电能损耗。

1. 双绕组配电变压器功率损耗的动态计算

（1）有功功率损耗计算式为

$$\Delta P = P_{O} + K_{T}\beta^{2}P_{K} \tag{11-2}$$

式中　P_{O}——变压器空载损耗，kW；

P_{K}——变压器额定功率负载损耗，kW；

β——变压器平均负载系数；

K_{T}——负载波动损耗系数。

（2）平均负载系数。指一定时间内，变压器平均输出的视在功率与变压器额定容量之比，计算公式为

$$\beta = \frac{S}{S_{N}} = \frac{P_{2}}{S_{N}\cos\varphi} \tag{11-3}$$

式中　S——一定时间内变压器平均输出的视在功率，kVA；

S_{N}——变压器额定容量，kVA；

P_{2}——一定时间内变压器平均输出的有功功率，kW；

$\cos\varphi$——一定时间内变压器负载侧平均功率因数。

（3）负载波动损耗系数 P_{K}。指一定时间内，负载波动条件下的变压器负载损耗与平均负载条件下的负载损耗之比。可根据变压器的视在负载率 γ_{T}（一定时间 T 内平均视在功率与最大视在功率之比）和最大负载运行时间百分数 $T_{m}\%$（一定时间 T 内出现95%以上的最大负载的时间所占的百分数）的值，可在 GB/T 13462—2008《电力变压器经济运行》附录 C 中查出，如只有变压器视在负载率，可按表11-17进行查找。

表 11-17　　　　　变压器负载波动损耗系数（按视在负荷率查找）

γ_{T}（%）	K_{T}	γ_{T}（%）	K_{T}	γ_{T}（%）	K_{T}	γ_{T}（%）	K_{T}
1	99.502	9	10.628	17	5.417	25	3.556
2	49.504	10	9.519	18	5.093	26	3.405
3	32.839	11	8.612	19	4.802	27	3.266
4	24.507	12	7.856	20	4.542	28	3.136
5	19.509	13	7.217	21	4.307	29	3.016
6	16.179	14	6.670	22	4.092	30	2.905
7	13.799	15	6.196	23	3.898	31	2.801
8	12.145	16	5.782	24	3.720	32	2.704

γ_T（%）	K_T	γ_T（%）	K_T	γ_T（%）	K_T	γ_T（%）	K_T
33	2.612	50	1.667	67	1.162	84	1.024
34	2.527	51	1.616	68	1.148	85	1.021
35	2.447	52	1.568	69	1.135	86	1.018
36	2.372	53	1.524	70	1.123	87	1.015
37	2.301	54	1.484	71	1.112	88	1.013
38	2.234	55	1.461	72	1.101	89	1.010
39	2.171	56	1.412	73	1.092	90	1.008
40	2.111	57	1.380	74	1.087	91	1.007
41	2.05	58	1.350	75	1.074	92	1.006
42	2.002	59	1.322	76	1.067	93	1.004
43	1.952	60	1.296	77	1.060	94	1.003
44	1.904	61	1.273	78	1.054	95	1.002
45	1.859	62	1.251	79	1.048	96	1.002
46	1.816	63	1.230	80	1.042	97	1.001
47	1.776	64	1.211	81	1.037	98	1.000
48	1.737	65	1.194	82	1.032	99	1.000
49	1.701	66	1.177	83	1.028	100	1.000

（4）无功功率损耗计算公式为

$$\Delta Q = Q_0 + K_T \beta^2 Q_K \tag{11-4}$$

式中　ΔQ——无功功率损耗，kvar；

　　　Q_0——变压器空载励磁功率，kvar；

　　　Q_K——变压器额定负载漏磁功率，kvar；

（5）综合功率损耗计算公式为

$$\Delta P_Z = \Delta P + K_Q \Delta Q = P_{0Z} + K_T \beta^2 P_{KZ} \tag{11-5}$$

式中　K_Q——无功经济当量，是指变压器无功消耗每增加或减少 1kvar 进引起受电网有功功率损耗增加或减少的量，配电变压器一般取 0.10。

　　　P_{0Z}——变压器综合功率的空载损耗，kW，$P_{0Z} = P_0 + K_Q Q_0$；

　　　P_{KZ}——变压器综合功率的额定负载功率耗，kW，$P_{KZ} = P_K + K_Q Q_K$。

2. 双绕组配电变压器经济运行方式选择

（1）并列运行的双绕组变压器经济运行方式的选择。在选择经济运行方式前，应绘制出两种组合方式综合功率损耗的负载特性曲线 $\Delta P_Z = f(s)$，经比较两条负载特性曲线确定出组合（含单台）变压器的经济运行方式。

若两种组合方式综合功率损耗的负载特性曲线无交点时，应选用综合功率空载损耗值较小的变压器组合方式运行。

　　若两种组合方式综合功率损耗的负载特性曲线有交点时，如图 11-1 所示。应按式（11-6）计算出临界综合负载视在功率 S_{LZ}，并将变压器总平均视在功率 S 与临界综合负载视在功率 S_{LZ} 对比。

　　当负载视在功率 S 小于 S_{LZ} 时，应选用综合功率空载损耗值较小的变压器组合方式运行。

　　当负载视在功率 S 大于 S_{LZ} 时，应选用综合功率额定负载损耗值较小的变压器组合方式运行。

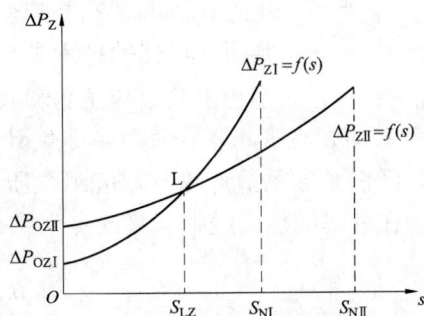

图 11-1　变压器间综合功率损耗特性曲线

注：$\Delta P_{ZI} = f(s)$ 与 $\Delta P_{ZII} = f(s)$ 分别为变压器两种组合方式综合功率损耗 ΔP_Z 与负载视在功率 S 的函数特性曲线，两条曲线交点 L 的横坐标 S_{LZ} 即为两种组合运行方式的临界综合负载视在功率。

$$S_{LZ} = \sqrt{\dfrac{(P_{\sigma 0Z})_I - (P_{\sigma 0Z})_{II}}{K_T\left[\left(\dfrac{P_{\sigma kZ}}{S_{\sigma N}^2}\right)_{II} - \left(\dfrac{P_{\sigma kZ}}{S_{\sigma N}^2}\right)_I\right]}} \qquad (11-6)$$

式中　S_{LZ}——并列运行的双绕组变压器经济运行方式的临界综合负载视在功率，kVA；

　　　K_T——负载波动损耗系数；

　　　$P_{\sigma 0Z}$——综合功率空载损耗的组合参数，kW；

　　　$P_{\sigma kZ}$——综合功率额定负载损耗的组合参数，kW；

　　　$S_{\sigma N}^2$——组合变压器额定容量，kVA；

　　Ⅰ，Ⅱ——分别为变压器两种不同的运行方式。

　　（2）分列运行的双绕组变压器经济运行方式的选择。对二次侧有联络线的分列运行的双绕组变压器，在总供电负载不变的情况下，应对共用一台或两台分列运行方式进行比较选择。

　　在采用一台变压器满足总供电负载的情况下，应对两台分列运行变压器的空载损耗和额定负载损耗进行比较，选择总损耗最低的为共用变压器，再对选定的共用变压器与两台变压器分列运行方式进行比较，选择出综合功率损耗最小的运行方式。

　　共用与分列运行变压器的临界综合负载视在功率按式（11-7）计算

$$S_{gLZ} = \dfrac{S_{Ng}^2 P_{OZb} + K_T S_b^2\left[\left(\dfrac{S_{Ng}}{S_{Nb}}\right)^2 P_{KZb} - P_{KZg}\right]}{2K_T S_b P_{KZg}} \qquad (11-7)$$

　　降低的综合功率损耗应（11-8）计算

$$\Delta\Delta P_Z = P_{OZb} + K_T S_b^2\left(\dfrac{P_{kZb}}{S_{Nb}^2} - \dfrac{P_{kZg}}{S_{Ng}^2}\right) - 2K_T\dfrac{S_b S_g P_{KZg}}{S_{Ng}^2} \qquad (11-8)$$

式中　$\Delta\Delta P_Z$——共用变压器经济运行降低的综合功率，kW；

      g ——共用变压器的技术参数；

      b ——不共用变压器的技术参数；

      S_b、S_g ——分别为不共用变压器和共用变压器的负载视在功率，kvar。

3. 双绕组配电变压器经济负载系数计算与经济运行区划分

（1）经济负载系数计算。双绕组变压器在运行中，其综合功率损耗随负载系数呈非线性变化，在其非线性曲线中，最低点为综合功率经济负载系数，其计算式为

$$\beta_{JZ} = \sqrt{\frac{P_{OZ}}{K_T P_{KZ}}} \tag{11-9}$$

式中 β_{JZ} ——变压器综合功率经济负载系数；

      P_{OZ} ——变压器综合功率空载损耗，kW；

      P_{KZ} ——变压器综合功率额定负载功率损耗，kW；

      K_T ——负载波动损耗系数。

（2）经济运行区划分。变压器在额定负载运行为经济运行区上限，与上限额定综合功率损耗率相等的另一点为经济运行区下限，经济运行区上限负载系数为 1，经济运行区下限负载系数为 β_{JZ}^2，如图 11-2 所示。

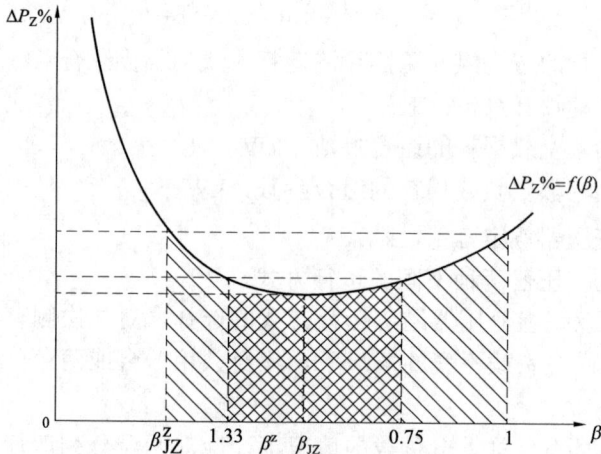

图 11-2　双绕组变压综合功率运行区间划分

注：$\Delta P_Z\% = f(\beta)$ 为变压器综合功率损耗率与平均负载系数 β 的函数特性曲线。变压器综合功率运行区间的范围划分为，经济运行区为 $\beta_{JZ}^2 \leqslant \beta \leqslant 1$，最佳经济运行区为 $1.33\beta_{JZ}^2 \leqslant \beta \leqslant 0.75$，非经济运行区 $0 \leqslant \beta \leqslant \beta_{JZ}^2$。

（3）最佳经济运行区划分。变压器在 75%负载运行为最佳经济运行区上限，与上限综合功率损耗率相等的另一点为最佳经济运行区下限，最佳经济运行区上限负载系数为 0.75，最佳经济运行区下限负载系数为 $1.33\beta_{JZ}^2$，如图 11-2 所示。

4. 配电变压器的经济运行管理与评价

（1）配电变压器的经济运行管理。

1）工厂应配置变压器的电能计量仪表，完善测量手段。

2）工厂应记录变压器日常运行数据及典型代表日负荷，为变压器经济运行提供数据。

3）工厂应健全变压器经济运行分析文件管理，保存变压器原始资料，变压器大修、改

造后的试验数据应存入变压器档案中。

4）定期进行变压器经济运行分析，在保证变压器安全运行和供电量的基础上提出改进措施，有关资料应存档。

5）按月、季、年做好变压器经济运行工作的分析与总结，并编写变压器的节能效果与经济效益的统计与汇总表。

（2）配电变压器经济运行判别与评价。

1）变压器的空载损耗和负载损耗达到能效标准所规定的节能评价值，且运行在最佳经济运行区，经济运行管理应符合上述要求，则认定变压器运行经济。

2）变压器的空载损耗和负载损耗达到能效标准所规定的能效限定值，且运行在经济运行区，经济运行管理应符合上述要求，则认定变压器运行合理。

3）变压器的空载损耗和负载损耗未能达到能效标准所规定的能效限定值或运行在非经济运行区，则认定变压器运行不经济。

二、三相异步电动机的经济运行

电动机的经济运行是指在满足拖动负载工作特性要求前提下，安全可靠、不影响生产、不带来负面环境影响、节约电能与运行维护费用的运行方式。

1. 电动机功率损耗计算

（1）电动机有功功率损耗计算如下

$$\Delta P = \Delta P_0 + \beta^2 (\Delta P_N - \Delta P_0) \tag{11-10}$$

式中　ΔP ——电动机的有功损耗，kW；

　　　ΔP_0 ——电动机空载有功损耗，kW；

　　　β ——负载系数，$\beta = P_2 / P_N$；

　　　P_2 ——电动机输出功率，kW；

　　　ΔP_N ——电动机额定负载时的有功功率，kW；$\Delta P_N = \left(\dfrac{1}{\eta_N} - 1 \right) P_N$；

　　　η_N ——电动机额定效率。

（2）电动机的无功功率计算如下

$$Q = Q_0 + \beta^2 (Q_N - Q_0) \tag{11-11}$$

式中　Q ——电动机的无功功率，kvar；

　　　Q_0 ——电动机空载无功功率，kvar；$Q_0 = \sqrt{3U^2 I_0^2 \times 10^{-6} - P_0^2}$；

　　　U ——电源电压，V；

　　　I_0 ——电动机的空载电流，A；

　　　Q_N ——电动机额定负载时的无功功率，kvar；$Q_N = \dfrac{P_N}{\eta_N} \tan \varphi_N$；

　　　P_0 ——电动机的空载有功损耗，kW；

　　　φ_N ——额定运行时输入电动机相电流滞后于相电压的相角。

（3）电动机的综合功率损耗计算。电动机的综合功率损耗是指电动机运行时有功功率损耗与无功功率使电网增加的有功功率损耗之和，计算公式为

$$\Delta P_\text{C} = \Delta P_0 + \beta^2(\Delta P_\text{N} - \Delta P_0) + K_\text{Q}[Q_0 + \beta^2(Q_\text{N} - Q_0)] \tag{11-12}$$

式中　　ΔP_C ——电动机的综合功率损耗，kW；

K_Q ——无功经济当量，kW/kvar，指每 1kvar 无功功率所引起电网有功功率的损耗；工厂 K_Q 一般取 0.08～0.1。

（4）电动机综合效率。电动机综合效率是指电动机的输出功率与对应的综合功率消耗之比。计算公式为

$$\eta_\text{C} = \frac{\beta P_\text{N}}{\beta P_\text{N} + \Delta P_\text{C}} \times 100\% \tag{11-13}$$

式中　　η_C ——电动机的综合效率，%。

（5）电动机额定综合效率。电动机额定综合效率是指电动机在额定负载运行时的综合效率。计算公式为

$$\eta_\text{CN} = \frac{P_\text{N}}{P_\text{N} + \Delta P_\text{CN}} \times 100\% \tag{11-14}$$

式中　　η_CN ——电动机额定综合效率，%；

ΔP_CN ——电动机额定综合功率损耗，$\Delta P_\text{CN} = \Delta P_\text{N} + K_\text{Q}Q_\text{N}$。

2．电动机的经济运行管理

（1）建立电动机运行档案。

1）电动机台数超过 50 台或总功率超过 500kW 的单位应建立并保持重要电动机详细清单。

2）容量大于 160kW 的电动机应有制造厂提供的原始资料，年运行时间超过 1000h 时应有各项试验记录，运行维护记录，典型的年负荷曲线与日负荷曲线，电动机运行状况分析记录等。

（2）电动机的检查与维护。应指定运行管理人员负责电动机的运行状况巡回检查、测试与一般维护（冷却、润滑、清扫等）。运行管理人员应定期检查电动机运行温升、振动、噪声以及电动机电气终端的电流和电压，做好完整的运行记录。

电动机的维护包括以下内容：

1）轴承监测与校准：应经常性地检查电动机轴承的运行情况，作好电动机轴定位，及时对电动机转轴的偏移进行校准。应特别关注直接耦合的电动机转轴的偏移。轴承监测可使用红外成像仪测量轴承温度、使用振动传感器检测电动机振动。

2）润滑：按照制造厂的规定，电动机轴承和变速箱应保持良好的润滑。

3）清洗：电动机应保持清洁，去除碎屑。

4）修正电压失衡：对电动机负载状态下每一相位的电源线电压应进行经常性测量并记录，线间电压存在明显失衡时应纠正。

5）监控和维护机械传输系统：应按照供应商的规定对电动机连接和耦合设备和传动齿轮进行经常性检查和维护，及时更换旧部件以确保电动机可靠有效运行。

（3）检测仪表。

1）对大于 55kW 及以上的电动机应监视其电流、电压、有功功率；在配电柜还应配备

电能表与功率因数表。

2）总装机容量 1000kW 及以上，或安装有 5 台以上电子变频调速驱动电动机的工厂应配备有多功能电能分析仪。

（4）功率因数补偿。应根据电动机的容量大小与运行方式合理实施功率因数的就地补偿，补偿后功率因数应不低于 0.9。

（5）运行负荷调整。电动机运行管理人员应充分了解负载情况，对多台并联或串联运行的系统，应按照系统效率最高的原则分配电动机的负荷或安排机组的启停，一般原则是使综合效率较高的机组处于经常性和满负荷运行状态。

3. 电动机经济运行判定

（1）电动机综合效率大于或等于额定综合效率，表明电能利用是经济的；电动机综合效率小于额定综合效率但大于额定综合效率的 60%，则电动机对电能利用是基本合理的；电动机综合效率小于额定综合效率的 60%，表明电动机对电能利用是不经济的。

（2）在现场计算电动机综合效率有困难的情况下也可用电机输入功率（电流）与额定输入功率（电流）之比来判断电动机的工作状态——输入电流下降在 15% 以内属于经济使用范围；输入电流下降在 15%～35% 属于允许使用范围，输入电流下降超过 35% 属于非经济使用范围。

三、照明设备的经济运行

1. 照明设备经济运行的技术要求

照明设备应符合相关的产品性能、安全、能效标准及照明设计标准，宜选用符合能效标准节能评价值的照明设备和照明节能设备，在选用之前应进行经济性评价分析。

（1）照明光源技术要求。

1）产品的初始光效和光通维持率：双端荧光灯应符合 GB 19043—2013 的规定，单端荧光灯应符合 GB 19415—2013 的规定，普通照明用卤钨灯应符合 GB 31276—2014 的规定。

2）在使用高强度气体放电灯的场所不应选用荧光高压泵灯。

3）对于使用景观照明灯、标志灯、应急标志灯等场所，宜选用 LED 光源等节能照明产品。LED 光源等节能照明产品的性应符合相关标准和技术规范。

（2）照明附件技术要求。

1）T8 型双端荧光灯，应配用电子镇流器或节能型电感镇流器，镇流器效率应符合 GB 17896 的规定。

2）T5 型双端荧光灯应配用电子镇流器，镇流器效率应符合 GB 17896 的规定。

3）自镇流荧光灯、单端荧光灯应配用电子镇流器。

4）高压钠灯、金属卤化物灯应配用电子镇流器或节能型电感镇流器。对于室外照明用高压钠灯或金属卤化物灯，可配用双功率节能型电感镇流器。

5）双端荧光灯用镇流器（电感型）应符合 GB 17896 的规定。

6）高压钠灯用镇流器（电感型），应符合 GB 19574 的规定。

（3）照明灯具技术要求。

1）照明灯具应符合 GB 50034—2013《建设照明设计标准》的规定。

2）应根据照明场所的功能要求选择合理的灯具配光。在敞开式办公区域和学校的教室宜选用宽配光的高效格栅灯具或高效开放式灯具；灯具安装距高比不得大于灯具最大允许距高比。商场、地下停车场宜选用高效开放式灯具。

3）应选用光束效率高的灯具，灯具所发出的光应最大限度满足使用区域的要求。

4）在满足眩光限制和视觉功能要求的条件下，应根据应用场所选用相应的高效照明灯具。

5）室外 LED 道路照明产品光效不应低于 80lm/W、泛光照明灯具光效不应低于 70lm/W、显色指数不宜低于 60；室内 LED 照明产品光效不应低于 60lm/W，显色指数不宜低于 80。

6）对在色彩分辨要求较高的室内场所，如商场、印刷、图片制作等行业应选择高显色性的光源和对光源无选择性的反射材料制作的高效灯具。

7）一般照明灯具的功率因数不应低于 0.9；道路照明灯具的功率因数不应低于 0.85。

8）照明灯具反射材料的反射比不应低于 0.85；带封闭式面板灯具透光材料的租用透射比不宜低于 0.85。

（4）照明控制技术要求。

1）应根据不同照明场所的需要，采用不同的照明调光和控制方式。

2）大型公共建筑物中宜采用照明设施智能控制系统。

3）照明控制宜采用集中控制方法，并按照建筑使用条件和天然采光状况采取分区域控制模式。有条件的场所宜采用下列控制方法：

a. 在有天然采光的场所可按照要求自动开启和关闭灯具调光。

b. 根据使用要求可采用分时段的自动调光。

c. 根据需要在楼梯间、走道可采用声控、光控、人体感应等控制方式自动开启和关闭灯具。

（5）照明设施维护技术要求。

1）应对照明设施建立完整的运行档案记录。

2）照明设施应在满足生产、生活、学习和经营管理需求的条件下运行。

3）照明设施的运行控制模式应适时进行调节。

4）照明灯具和声光控等设施应定期维护和保养。

5）照明供电系统应采用三相五线制供电系统（即 TN—S 系统），宜使三相负载平衡，不平衡度不应大于 20%。

6）必要时可测量灯具的照度变化，适时维护和更换灯具，更换宜采用相同的产品，保证照明效果的一致性。

7）应根据照明场所的环境条件，如潮湿、腐蚀性气体、高温、灰尘、易燃易爆及有洁净要求的场所等条件，采用不同措施进行维护。

8）当光源的光通量低于初始光通量的 70%或光源损坏时应及时更换照明光源。

9）应定期清洁天然采光装置，破损部件应及时更换。

10）每年应定期不少于 2 次清洁照明光源、灯具表面及反身面，及时更换损坏的光源、灯具及其附件。

（6）照明设施管理技术措施。

1）应制定照明设施维护与管理计划并加以实施；

2）加强照明设施运行和检测的管理，及时为改善照明设施和提高照明工作环境提出可行方案；

3）应有完善的对光源、灯具、控制装置进行维护和管理制度；

4）照明设施的管理模式应根据使用情况分类（如正常照明、节假日照明、值班照明等模式），合理调整照明灯具的开启和关闭时间，分区域，分功有、分时段实施有效的照明控制。

5）应建立照明节能管理制度，合理使用照明设备。

6）照明设施的用电计量应采用分区域的计量方式进行。

7）应明确照明设施维护人员的岗位职责，加强运行管理，建立维护制度。

2．照明节能措施

（1）选用的照明光源、镇流器的能效应符合相关能效标准的节能评价值（见表11-13～表11-15）。

（2）照明场所应以用户为单位计量和考核照明用电量。

（3）一般场所不应选用卤钨灯，对商场、博物馆等显色要求高的重点照明可采用卤钨灯。

（4）一般照明不应采用荧光高压汞灯。

（5）一般照明在满足照度均匀条件下，宜选择单灯功率较大、光效较高的光源。

（6）当公共建筑或工业建筑选用单灯功率小于等于25W的气体放电灯时，除自镇流荧光灯外，其镇流器宜选用谐波含量低的产品。

（7）下列场所宜选用配用感应式自动控制的发光二极管灯：

1）旅馆、居住建筑及其他公共建筑的走廊、楼梯间、厕所等场所。

2）地下车库的行车管、停车位。

3）无人长时间逗留，只进行检查、巡视或短时操作等场所。

3．工业照明功率密度限定值

照明节能应采用一般照明的照明功率密度值（LPD）作为评价指标。照明功率密度是指单位面积上一般照明的安装功率（包括光源、镇流器或变压器等附属用电器件），单位为瓦特每平方米（W/m²）。

GB 50034—2013《建筑照明设计标准》中对工业照明功率密度限定值见表11-18和表11-19。

表11-18   工业建筑非爆炸危险场所照明功率密度限值

房间或场所		照度标准值（lx）	照明功率密度限值（W/m²）	
			现行值	目标值
1．机、电工业				
机械加工	精加工	200	≤7.5	≤6.5
	一般加工公差≥0.1mm	300	≤11.0	≤10.0
	精密加工公差＜0.1mm	500	≤17.0	≤15.0

房间或场所		照度标准值（lx）	照明功率密度限值（W/m²）	
			现行值	目标值
机电、仪表装配	大件	200	≤7.5	≤6.5
	一般件	300	≤11.0	≤10.0
	精密	500	≤17.0	≤15.0
	特精密	750	≤24.0	≤22.0
电线、电缆制造		300	≤11.0	≤10.0
线圈绕制	大线圈	300	≤11.0	≤10.0
	中等线圈	500	≤17.0	≤15.0
	精细线圈	750	≤24.0	≤22.0
线圈浇注		300	≤11.0	≤10.0
焊接	一般	200	≤7.5	≤6.5
	精密	300	≤11.0	≤10.0
冲压、剪切		300	≤11.0	≤10.0
热处理		200	≤7.5	≤6.5
铸造	熔化、浇铸	200	≤9.0	≤8.0
	造型	300	≤13.0	≤12.0
精密铸造的制模、脱壳		500	≤17.0	≤15.0
锻工		200	≤8.0	≤7.0
电镀		200	≤13.0	≤12.0
酸洗、腐蚀、清洗		300	≤15.0	≤14.0
抛光	一般装饰性	300	≤12.0	≤11.0
	精细	500	≤18.0	≤16.0
复合材料加工、铺叠、装饰		500	≤17.0	≤15.0
机电修理	一般	200	≤7.5	≤6.5
	精密	300	≤11.0	≤10.0
2. 电子工业				
整机类	整机厂	300	≤11.0	≤10.0
	装配厂房	300	≤11.0	≤10.0
元器件类	微电子产品及集成电路	500	≤18.0	≤16.0
	显示器件	500	≤18.0	≤16.0
	印制线路板	300	≤18.0	≤16.0
	光伏组件	500	≤11.0	≤10.0
电子材料类	半导体材料	300	≤18.0	≤16.0
	光纤、光缆	300	≤11.0	≤10.0
酸、碱、药液及粉配制		300	≤13.0	≤12.0

表 11-19 公共和工业建筑非爆炸危险场所通用
房间或场所照明功率密度限值

房间或场所		照度标准值（lx）	照明功率密度限值（W/m²）	
			现行值	目标值
走廊	一般	50	≤2.5	≤2.0
	高档	100	≤4.0	≤3.5
厕所	一般	75	≤3.5	≤3.0
	高档	150	≤6.0	≤5.0
试验室	一般	300	≤9.0	≤8.0
	高档	500	≤15.0	≤13.5
检验	一般	300	≤9.0	≤8.0
	精细，有颜色要求	750	≤23.0	≤21.0
计量室、测量室		500	≤15.0	≤13.5
控制室	一般控制室	300	≤9.0	≤8.0
	主控制室	500	≤15.0	≤13.5
电话站、网络中心、计算机站		500	≤4.0	≤3.5
动力站	风机房、空调机房	100	≤6.0	≤5.0
	泵房	100	≤4.0	≤3.5
	冷冻站	150	≤6.0	≤5.0
	压缩空气站	150	≤6.0	≤5.0
	锅炉房、煤气站的操作层	100	≤5.0	≤4.5
抛光	大件库	50	≤2.5	≤2.0
	一般件库	100	≤4.0	≤3.5
机电修理	半成品库	150	≤6.0	≤5.0
	精细件库	200	≤7.0	≤6.0
公共车库		50	≤2.5	≤2.0
车辆加油站		100	≤5.0	≤4.5

第十二章

电气设备的安全管理及防火与防爆

第一节 电气设备的安全管理

一、电气设备安全的基本要求

我们对电气设备安全的基本要求主要是设备质量可靠、正确使用和维护、保证配电装置的安全距离。

1. 设备质量可靠

设备本身质量可靠，安全设施完善，则耐受外界不利因素冲击的能力就强，当环境条件突变或人员有失误时，也能有效地避免事故的发生，因此电气设备质量可靠是安全的本质因素。为保护电气设备质量可靠，需要从电气工程设计开始，选择符合电气工程整体条件要求的型号参数；按设计要求定购质量可靠、达到国家标准要求、出厂资料齐全的优良设备；严格施工工艺，保护安装质量，认真进行安装前的检查和试验，将不安全因素消灭在投运之前，对已经运行的设备正确使用，精心维护保持设备的良好状态和寿命。严格控制电气工程设计、安装和运行各个环节，对设备的"一生"实行全过程质量管理，保护电气装置本身可靠的质量。

2. 正确使用和维护

（1）保持设备正常运行状态。每一台电气设备都有额定参数和使用条件，如额定电压、电流和容量，装设点海拔、环境温度、室内使用和室外使用等。正确使用和维护就是给设备创造一个满足使用条件的良好环境，并使设备工作在额定参数的范围内，避免过电压、过负荷、过热等异常现象。坚持定时巡视和维护，及时发现和排除运行中的不安全因素。

（2）防止误操作。设备的投入和停止运行，经常要进行断路器和隔离开关的投切，设备需停电检修时还要完成安全措施等。这些操作的程序都有一定的技术要求，当操作顺序发生错误时，就会引起事故。如带负荷拉合隔离开关、带地线合闸等都将造成严重的短路事故，损坏设备、烧伤人员，使系统停电。因此要求配电装置应具备防误操作的闭锁功能，提高设备可靠性。

（3）配备完善的继电保护装置。合理的保护方案以及保护装置动作的可靠性、选择性、灵敏性和快速性是缩小事故范围、减小事故损失的有力保证。用户的继电保护应与电网的继电保护相配合，继电保护应有专人管理、定期校验，保证完好率达到100%。

（4）坚持进行设备技术监督。对设备的健康状态进行经常性的技术检测，及时发现不安全因素，有针对性的组织定期和不定期的检修，是保证设备安全的有效手段。技术监督是编制设备检修计划的依据。运行中设备的技术监督包括绝缘监督、油务监督、仪表监督等。绝缘监督通过设备绝缘预防性试验来实现。油务监督是定期对充油设备取油样进行理化性能分析，电气强度试验和油中溶解气体的气相色谱分析，判断设备有无受潮、过热、放电等故障。仪表监督是定期检查变（配）电装置测量仪表和互感器的准确程度和接线的正确性，以保证运行人员通过仪表正确监视和控制设备状态。

3. 保证配电装置的安全距离

安全距离是在各种工况条件下，带电导体与附近接地的物体、地面、不同相带电体之间必须保持的最小空气间距。这个间距应保证在各种可能的最大工作电压和该系统可能遇到的过电压的作用下，不发生闪络，还应保证工作人员进行操作、维护检查及检修时的绝对安全。《3～110kV 高压配电装置设计规范》和《电业安全工作规程（发电厂和变电所电气部分）》规定的安全距离有 20 多种，为了便于了解安全距离的制订原则和基本要求，我们将之归纳为如下几类。

（1）A 距离。设备带电部分至周围接地部分和不同相带电体之间的距离定义为 A 距离。A 距离是根据系统最大过电压情况下对应的放电间隙，加上适当的安全裕度确定的，A 距离是确定其他几类安全距离的基础。由于屋外运行条件较屋内差，如下雨、积雪、软母线摇摆、地面不平等因素，室外配电装置的 A 距离略大，其他各项安全距离也适当加大。

（2）B 距离。设备带电部分至各种遮栏间的安全距离定义为 B 距离。一般现场使用的遮栏有栅栏、网状遮栏和板状遮栏三种，针对不同形状的遮栏，有三种不同的 B 距离。

带电部分与栅栏的距离用 B_1 表示。考虑工作人员活动时，手臂有误伸入栅栏里面的可能，而一般成年人平均臂长约 750mm，故规定：$B_{1N}=A_{1N}+750$（mm），$B_{1W}=A_{1W}+750$（mm）。其中 N 表示室内安全距离，W 表示室外安全距离。

以 10kV 室内配电装置为例，$A_{1N}=125$mm，$B_{1N}=125+750=875$mm，详见表 12-1。

表 12-1　　　　　　　　　　屋内、屋外配电装置的最小安全净距　　　　　　　　　　mm

名　称 \ 类　型 额　定　电　压	屋外配电装置				屋内配电装置			
	1～3kV	6kV	10kV	35kV	1～10kV	35kV	110JkV	110kV
带电部分至接地部分 A_1	0.075	100	125	300	200	400	900	1000
不同相的带电部分之间 A_2	75	100	125	300	200	400	1000	1100
带电部分至栅栏 B_1	825	850	875	1050	950	1150	1650	1750
带电部分至网栏 B_2	175	200	225	400	300	500	1000	1100
带电部分至板栏 B_3	105	130	155	330				

续表

名称 类型 额定电压	屋外配电装置				屋内配电装置			
	1~3kV	6kV	10kV	35kV	1~10kV	35kV	110JkV	110kV
无遮栏裸导体至地面 C	2375	2400	2425	2600	2700	2900	3400	2500
不同时停电检修的无遮栏裸导体之间的水平净距 D	1875	1900	1925	2100	2200	2400	2900	3000
不同时停电检修的无遮栏裸导体之间的垂直净距 D'					1000	1000	1750	1750
出线套管至屋外路面 E	4000	4000	4000	4000				

注　110J 系指中性点有效接地系统。

带电部分与网状遮栏的距离用 B_2 表示。考虑人员手指有伸入网栏里面的可能，一般成年人平均手指约长 70mm，考虑遮栏加工和安装误差 30mm，故规定：$B_{2N}=A_{1N}+100$（mm），$B_{2W}=A_{1W}+100$（mm）。

保证人员手臂或手指误伸入遮栏内时，手与带电体的距离仍大于基本安全距离 A，不致引起触电而造成事故。

带电部分至板状遮栏的距离用 B_3 表示，板状遮栏无人员误伸入的可能，仅考虑遮栏加工和安装误差，故规定：$B_{3N}=A_{1N}+30$（mm）。

（3）C 距离。无遮栏带电体至地面的距离用 C 距离表示。考虑工作人员站在地面的举手高度，一般约为 2300mm，屋外考虑地面不平整因素增加 200mm 的裕度，故规定：$C_N=A_{1N}+2300$（mm），$C_W=A_{1W}+2500$（mm）。

（4）E 距离。层内进出线穿墙套管至屋外路面的距离定义为 E 距离。考虑道路上经常会有车辆通过，人站在载重汽车车箱中伸臂高一般不大于 3500mm，故规定：$E=A_{1W}+3500$（mm）。

一般 35kV 以下 E 距离不低于 4m，60kV 不低于 4.5m；110kV 不低于 5m。

屋内、屋外配电装置的最小安全净距见表 12-1。

二、倒闸操作的安全技术

在工厂变电站中，所有电气设备都有是通过断路器和隔离开关接到高压配电装置的母线上，当电气设备或线路需要从一种状态转变到另一种状态，都需要通过断路器和隔离开关进行操作，对其相应的二次回路系统进行也需进行操作，为了满足检修、试验和安装的安全要求，还需在停电设备上验电、挂接地线等操作，这些为改变电气设备运行状态所进行的操作就称为倒闸操作。

设备状态分为运行、热备用、冷备用和检修四种状态。断路器和隔离开关均在合闸位置，电路已接通的设备（或线路）称为运行状态；断路器断开，只有隔离开关在合闸位置，经过简单的操作即可带负荷的设备称为热备用状态；断路器和隔离开关均在断开位置，设备正常，但需经较长时间的操作才可能恢复到运行状态，这种状态称为冷备用状态；而断路器和隔离开关均已断开的停电设备，为检修或其他需要挂有接地线和标示牌等安全措施，做有安全措施的停电设备称为检修状态。

倒闸操作是值班运行人员工作中一项重要的工作，它关系着电力系统的安全运行，关系着在电气设备上工作的人员和操作人员的人身安全，操作错误往往会将事故扩大到整个电力系统，造成系统瓦解，使大量用户停电。

倒闸操作是一项复杂的技术工作，它包括高压一次回路的断路器、隔离开关、负荷开关等设备的操作，还包括控制回路电源的操作、继电保护装置的切换，设备检修时还包括各种安全技术措施，一个操作任务往往有几十项甚至上百项操作项目，为避免误操作，对倒闸操作的顺序和方法有严格要求。

1. 倒闸操作的技术要求

（1）开关和刀闸的操作顺序。调度操作技术中把各种断路器，包括低压的空气断路器统称为开关，把各种隔离开关和刀开关称为刀闸。送电时，应先合隔离开关，后合断路器，停电时，顺序相反。严禁带负荷拉、合刀闸。

（2）开关两侧刀闸的操作顺序。送电时，先合电源侧刀闸，后合负荷侧刀闸；停电时，先拉开负荷侧刀闸，后拉开电源侧刀闸。这是为了万一在拉合刀闸时，开关在误合位置，则必然形成弧光短路，按这样的顺序操作，可将短路点控制在负荷侧，使故障停电范围缩小。

（3）变压器停送电操作顺序。送电时，一般先合电源侧，后合负荷侧；停电时，先停负荷侧，后停电源侧。按此顺序从电源到负荷逐段送电，某一部分有故障时易于判断故障范围。同时也防止变压器从负荷侧反充电造成保护误动。

（4）单极开关的操作顺序。停电时，一般先拉开中相，后拉开两边相，送电时顺序相反。这是因为，断开中间相时负荷由三相运行转变为两相运行，电路并未完全切断，拉闸电弧最小，再拉开边相时，电源回路被切断，电弧较大，但两边相间距离大，不易形成相间短路，操作较安全。

（5）双电源切换操作顺序。中小型用户一般采用短时停电切换法。为防止双电源间不同相合闸，和两间穿插越负荷对用户设备的影响，特别是为了防止向停电的线路反送电，双电源切换时，一定应遵守先将工作电源停止运行，再投入备用电源（不包括允许并列运行的双电源和采用不停电切换电源的用户）。

2. 倒闸操作票

倒闸操作票是根据上级下达的命令，按现场设备实际情况和现场规程填写的操作程序，是进行倒闸操作的依据。一般工厂变电站的倒闸项目都有十几项，接线复杂操作项目更多，不允许任何差错或遗漏，而且操作顺序也不允许有任何颠倒。这样复杂的工作仅操作人的记忆，要保证准确无误几乎是不可能的，特别是操作时情绪紧张，更易发生错误。因此要求所有倒闸操作（单项操作和事故处理除外）均应填写操作票。操作标格式和样票如：

变电站（发电厂）倒闸操作票

单位_____　　　　　　　　　　　　编号_____

发令人		受令人		发令时间	年　月　日　时　分
操作开始时间：				操作结束时间：	
（　）监护下操作　　（　）单人操作　　（　）检修人员操作					
操作任务：					
顺序		操 作 项 目			√
备注：					
操作人：　　　　　　监护人：　　　　　　　　值班负责人（值长）：					

除了操作任务和时间外，应填入操作项目的内容有：应拉开的开关和刀闸；检查开关和刀闸的实际位置；取下或装上开关和刀闸控制回路中的熔断体；检查停电设备是否确无电压，拆除或装设接地线，取下或装上电压互感器一、二次保险，停用或投入继电保护；检查电压、电流和负荷分配情况。

操作票由担任操作的人员填写，应书写工整，清晰正确，不能涂改。操作票填写时每一份操作票只能填写一个操作任务。每一序号的操作项目只能填写一个操作动作，操作项目应严格按操作顺序依次填写，不能颠倒和遗漏；已填入操作票的操作项目不得对调和转移；操作项目应写明操作对象的名称和编号。

3. 操作"五制"

为保证倒闸操作准确无误，电气倒闸操作应按照操作"五制"进行。

（1）核对命令制。发令人下达操作命令后，受令人应复诵命令内容，发令人认可后执行。必要时应将操作命令的下达录音。操作命令要简明扼要，准确地使用统一的调度术语，以免因对命令含意的误解而造成误操作。

（2）操作票制。电气设备倒闸操作必须事先填写操作票，并按操作票顺序逐项操作。

（3）图板演习制。操作人和监护人在一次主接线模拟图或模拟屏上，按已填好的操作票进行模拟操作，以核对操作票的正确性。

（4）监护、唱票、复诵制。倒闸操作必须两人进行，一人操作，另一位安全技术级别高者进行监护。监护人逐项唱票，并核对设备名称编号，断路器的分合状态与操作票内容一致，操作人复诵操作项目无误后执行一个操作动作，操作完成后在该项序号前空格内画"∨"。

（5）检查汇报制。操作任务结束，应全面检查操作质量，及时向发令人汇报并记录。

4. 高压配电装置的"防误"措施

操作"五制"是调动人的积极因素，防止操作失误。但这不能是也不该当做唯一的措施。操作票执行的效果决定于操作人员的技术水平、责任心和当时的思想精神状态等因素。人的失误是难免的，这也是误操作事故屡禁不止的原因之一。所以除了严格执行操作"五制"外，还必须设置防止误操作的技术措施，不断完善配电装置本身的安全防护功能，减少误操作事故。

常见的误操作事故有：带负荷拉、合刀闸，误拉合开关，误入带电间隙，带地线合闸和有电挂地线五种。因此要求高压配电装置应具有防止以上五种误操作的功能，简称"五防"功能。所有支路的断路器和隔离开关之间均应安装联锁机构，确保隔离开关只有在同一单元电路断路器在分断情况下，才能操作，如果断路器在合闸位置，联锁机构将隔离开关操作机构锁死，即使人员失误，操作机构被锁死拒动，就可避免误操作的发生。

常用的断路器和隔离开关闭锁装置有机械联锁、电磁联锁和程序锁。

在设计和采用各种闭锁装置时应考虑以下原则：

（1）一次接线较简单的可采用机构闭锁或程序锁；较复杂时可考虑采用电磁装置。

（2）闭锁回路电源应独立设置，并与继电保护控制信号回路分开。

（3）户外闭锁装置要做到防雨、防潮、防雷、防尘、防沙。

（4）各种闭锁装置均应有紧急解锁机构。

（5）"五防"中，除防误拉合开关可采用提示性措施外，其他"四防"必须是强制性闭锁。

三、运行管理"三制"

1. 交接班制

供电电压在 6kV 及以上，容量在 500kVA 及以上的用电单位，一般应配备运行值班工，运行值班人员的主要任务是设备巡视，表计抄录，倒闸操作、事故处理、日常维护和资料整理等。

有人值班的变（配）电站，应执行交接班制度。为了与电力系统保持一致，各供电区用电单位的变（配）电值班时间应有统一规定，各值在规定时间范围内进行换班。接班人员应提前二十分钟到达工作地点，交接双方交待和检查的主要内容包括：

（1）运行方式和负荷分配情况。

（2）当班操作内容。

（3）使用中的工作票及进展情况。

（4）使用中的地线编号及装设地点。

（5）新发现的设备缺陷和处理情况。

（6）继电保护变更情况。

（7）各种记录。

（8）检查安全用具、工具、仪表、文具、钥匙、资料等是否齐全完好。

（9）检查室内外清洁卫生。

（10）校对时钟、检查试验中央信号等及其他认为应交待的问题。

交接班制度还明确了交接双方的责任和权力。严格交接班制度是确保设备运行工作的连续性和完整性，使设备始终处于值班人员严密的监视下。

2. 设备巡视检查制度

变（配）电站的设备巡视，应定期进行。有人值班的每班至少一次，无人值班的至少每周巡视一次。巡视的形式一般分为正常巡视、重点巡视、熄灯巡视和特殊巡视四种。

（1）正常巡视。按规定的时间和线路进行的例行巡视检查称正常巡视。巡视的方法为："听"，有无异常响声；"闻"，有无异味；"看"，油色、油位、油温是否正常，接点有无发热、绝缘子有无裂纹放电，冷却系统是否正常等有无影响安全的不利因素。

（2）重点巡视。重点巡视是对本单位重点设备的鉴定性检查。检查周期和设备各单位应有明文规定。

（3）熄灯巡视。每周应进行一次熄灯夜巡，检查设备有无放电现象，各接头部位有无发热等异常。

（4）特殊巡视。运行条件和环境有特殊变化时，对设备进行的巡视称特殊巡视。如大风前后检查设备及周围有无被大风刮起的杂物，导线有无断股，门窗是否关好，冰雪雾天主要检查瓷质绝缘有无裂纹，有无闪络，充油设备油面是否正常，管道有无冻裂，积雪能否造成事故等；雷雨后检查防雷设备的动作情况、设备有无放电痕迹，基础有无下沉，下水道是否畅通等；设备变动后主要检查检修后和新投入设备的运行情况；系统出现异常时应根据调度员和上级下达的指示进行巡视。如出现单相接地、过负荷、超温、系统冲击或断路器跳闸等情况应加强设备巡视，必要时派专人监视异常设备的变化。

3. 设备维护试验制度

各用户动力部门应根据季节特点，结合本单位变（配）电站具体情况，定期进行设备维护试验，维护项目和周期可参考 DL/T 596—2005《电气设备预防性试验规程》。

（1）每月试开一次户外设备锁，以防锈死。

（2）二次线及端子箱每年进行一次清扫。

（3）每季进行一次电容器清扫检查。

（4）设备外壳和瓷绝缘部分视脏污程度定期清扫。

（5）高压室门窗和室外道路，户外设备区每月清扫不少于两次。

（6）设备接头测量工作应在有疑问时和满载下进行。

（7）带电设备的测量试验工作，如试验重合闸、检查直流回路绝缘，测量低压回路三相负荷平衡情况等，必须由两人进行，正值监护副值操作。两人必须明确工作的安全措施和注意事项。

设备的维护、清扫、测量工作旨在提高设备的完好率，确保安全经济运行。

四、设备定级管理

电气设备定级是电气设备管理的一项基础工作，是保护安全运行的重要措施。它使企业领导和运行人员对设备状况做到心中有数，以便采取措施，提高设备健康水平，保护安全供用电。

设备定级分一类、二类、三类设备三级。定级的主要根据是运行和检修中发现的缺陷，结合预防性试验结果，并考虑继电保护、二次设备定级以及技术管理情况。一类设备应达到技术状态全面良好、外观整洁、技术资料齐全正确，能保证安全、经济运行，持续达到铭牌出力。二类设备是存在个别次要元件或次要试验结果不合格，但暂时不影响安全运行者。一、二类设备均属于"完好设备"。有重大缺陷、漏油严重、外观很不整洁、主要技术资料残缺不全或超过检修和预防性试验周期很长时间仍未修试，上级规定的重大反事故措施未完成定为三类设备，对三类设备应积极采取措施，尽快消除不合格因素，使设备升级。

要求用户主要电气设备，保证全部达到完好，争取"一类"设备。

要实现设备"升级"，保持设备完好率，就必须坚持设备定期检修。运行中，由于电、热、机械及外界因素的影响和频繁的操作，会给设备带来损伤和隐患。因而必须克服用电单位对电气设备只用不修、不坏不修的错误倾向，执行电气设备定期检修计划，保证设备始终处于良好状态。

检修周期应根据设备本身质量状态，实际运行条件和设备缺陷等情况综合考虑确定。如新投入的断路器，一年后应进行一次大修，一般情况下每2～3年一次小修，每五年一次大修。故障掉闸3～5次或断路器喷油时立即进行事故检修。总之，各用电单位应参照有关规定和本单位具体情况，编制设备检修计划，并遵照执行。设备检修项目和缺陷消除情况应记入电气设备技术档案。

五、建立设备技术档案

设备技术档案是了解和判断设备健康水平，是安排定期检修周期的资料根据，其主要内容应包括：

（1）设备原始资料。设备制造厂提供的出厂试验报告，使用说明书、检验合格证及安装图等。

（2）设备安装调试录及安装日期、投运日期。

（3）设备缺陷记录。

（4）设备检修项目和缺陷清除情况记录。

（5）设备历次预防性试验记录等。

设备技术档案应能真实地反映设备实际情况，设备技术档案应有专职人员负责管理。

第二节 用电事故的调查和管理

"安全"和"事故"是一双对偶概念，因而安全管理从另一种意义上讲，也可说是事故管理。控制了用电事故的发生，也就实现了安全用电。为了在发生用电事故时，能及时查明原因，制定相应的反事故措施；为了掌握用电事故规律，明确安全用电管理重点，编制安全用电管理计划，为了评价和考核安全用电水平，用电单位发生电气事故后，应及时报告供电部门。

一、用电事故及分类

1. 用电事故概念

从一般意义上讲，凡是使系统运行过程遭到破坏，造成了人或物的损失的事件，都叫作事故。为了便于事故统计和有统一的评价标准，发生下列异常事件定义为用电事故。

（1）人身触电死亡事故。发生在电气装置上的用电单位电工或非电工人员触电，造成死亡后果的事故。如某厂车间电工手持吹风机清扫设备，吹风机漏电造成电工触电死亡，应统计为人身触电死亡事故。

（2）用电单位影响供电系统事故。指用电单位（包括地方发电厂和自备发电厂）内部电气装置发生事故，影响电力系统出线开关跳闸，造成对其他用户停电以及引起电力系统减供负荷或解列等严重后果，统计为用户影响供电系统事故。

（3）全厂停电事故。用户内部电气装置发生故障，影响全厂停电，造成经济损失或政治影响的，为全厂停电事故。双电源供电的用户，一路停电，另一路正常供电时，不列为全厂停电事故；但如果另一路电源只能提供给保安电源，生产无法进行时，仍列为全厂停电事故。专线供电的用户，内部故障造成电力系统出线开关跳闸，因对其他用户供电无影响，仍统计为全厂停电事故。

（4）重大设备损坏事故。用户内部电气装置的主要设备（包括高压配电装置、主变压器、大型电机等）损坏而停止运行时，为重大设备损坏事故。各供电区还对变压器和高压电机容量有补充规定。

（5）电气火灾事故。用户生产场所因电气设备或线路故障引起火灾，造成一定的直接经济损失列为电气火灾事故。

2. 用电事故分类

（1）按事故严重程度分类。满足下列条件之一者，为特大事故：

1）三人及以上人身死亡或人身重伤和死亡人数合计达十人以上者。

2）大面积停电造成严重减负荷者（重要城市全市停电或减供全网负荷的15%～50%者）。

3）主要电气设备或生产厂房严重损坏者。

4）对其他用户停电，造成严重政治影响、经济损失或造成职工多人死亡，经有关部门认定为特大事故者。

满足下列条件之一者为重大事故：

1）人身死亡或三人及以上重伤者。

2）大面积停电造成减供负荷者（减供全网总负荷的10%～40%）。

3）主要电气设备损坏者。

4）由于停电造成严重政治影响、经济损失或人身伤亡，经有关部门认定为重大事故者。

除构成特大事故、重大事故外，均为一般事故。

（2）按事故原因分类。造成事故的主要原因可分为以下几类。

1）误操作事故。

2）电网停电期间向电网反送电事故。

3）设备缺陷事故。

4）小动物短路事故。

5）外力破坏事故。

6）污闪事故。

7）雷击事故。

8）自然灾害事故等。

二、用电事故调查和分析

发生用电事故后七日内，应提出事故调查报告，并报告当地电力部门用电监察机构。用电事故的调查和分析应本着"四不放过"原则，即事故原因不清楚不放过，事故责任者和应受教育者没有受到教育不放过，没有采取防范措施不放过，事故责任者没有受到处罚不放过。

1. 事故调查的目的

事故调查是为了查明事故发生、发展和处理的全过程，了解所有相关因素，通过分析明确事故发生和扩大的真实原因，分清责任，吸取教训，制定相应的反事故措施，防止同类事故再次发生。

2. 事故调查的内容

（1）事故前系统和设备运行情况。

（2）事故发生时间、地点和气象情况。

（3）事故经过及处理情况。

（4）仪表、继电保护及自动装置、故障录波器等记录和动作情况。

（5）设备损坏情况、损坏设备的有关资料，必要时进行设备故障模拟试验或鉴定性试验。

（6）对误操作事故应核查当事人口述是否和现场实际相符，检查设备"防误"措施和操作票执行情况。

（7）人身事故应调查现场环境条件、安全防护措施的情况，了解伤亡者姓名、年龄、职业、触电方式和部位及救护情况。

事故调查应有详尽的调查记录。可采用文字、绘图、拍照、录像。

事故调查方式包括听取值班员、事故当事人及目睹者的情况介绍，查阅有关记录和资料以及事故现场勘察等。

3. 事故过程分析

事故过程分析在事故调查基本完成后进行，用电事故的调查和分析，由发生事故单位负责人主持，有关部门负责人和用电监察人员参加，必要时还应请用户主管上级、劳动保障部门和公安部门、设备制造厂家和有关技术专家参加。

（1）确认事故。根据事故调查资料，判断事故性质，计算事故损失，对照《用电安全技术规程》中有关规定，判定用电事故是否成立，应为何类事故。事故损失应包括设备损失、停产损失和少用电量。

（2）查证事故原因和责任。这是事故过程分析的核心步骤，是一项复杂细致的工作。由于电气事故往往是在瞬间发生，现场残留痕迹不一定清晰，当事人回忆未必准确，调查中的任何疏漏和差错，都会给分析带来很大困难，甚至得出错误结论。因此要求事故调查记录务求真实详尽，分析中切忌主观臆断。在分析中应将各相关因素，通过逻辑推理，描绘出事故的动态过程、过程的各环节、各因素的因果关系应和实际情况相符还应和电气技术理论相符，必要时还应通过模拟试验和鉴定性试验，方可准确地确定事故的真实原因。

事故原因一般从设备缺陷、人员操作、外界环境条件和管理因素等几方面查找原因。原因明确后，实事求是地分清各类人员（运行人员、检修、试验、安装人员、领导）应负的责任，确定第一责任人。

（3）分析事故中暴露的问题。事故总是突破安全系统中的薄弱环节而爆发，通过事故研究和揭示设备、环境、人员和管理各方面的不安全因素，不断提高安全用电水平。分析的重点是规章制度的完善程度和执行情况；继电保护配置和动作情况，反事故措施及落实情况。

（4）制度反事故措施。针对事故原因和暴露问题，制定有针对性的防止同类事故再次发生的技术措施和管理措施。措施应具体明确，并提出完成措施的时间和负责人。

第三节　电气装置的防火与防爆

一、火灾与爆炸的基本概念

1. 燃烧的定义

火灾和爆炸事故与燃烧有关。燃烧是指物质（或组成物质的各种元素）和氧剧烈化合，生成相应氧化物，同时发光发热的现象。燃烧是发光发热的化学反应。

2. 燃烧的条件

燃烧必须同时具备三个条件，即可燃物、助燃物和着火源。凡是能与空气中的氧发生强烈氧化作用的物质都是可燃物。如木材、纸张、棉花等固体可燃物；甲烷、乙炔、氢等是气体可燃物，酒、汽油等是液体可燃物。可燃物质达到一定含量时，燃烧才可能发生。如在 20℃时，用火柴点燃汽油能立刻燃烧，而用火柴点燃变压器油却不能燃烧，就是因为变压器油在 20℃时，表面挥发的可燃蒸汽很少，达不到可燃物浓度要求的缘故。要使燃烧持续进行，可燃物还必须有一定的数量。

能与可燃物发生氧化反应的物质称助燃物。比如氧、氯、高锰酸钾等。助燃物质含量不够时，燃烧也不能发生。如正常时空气中含氧量约 21%，当空气中含氧量降低至 14%～18%以下时，燃烧将终止。

凡能引起可燃物燃烧的热能称为着火源。着火源需具备足够的温度和热量。用一根火柴不能把大块木材点燃的原因，就是因为一根火柴的热量太小。

可燃物、助燃物和着火源三要素齐备，且相互作用，即发生燃烧。燃烧的三个条件关系着防火、防爆措施和灭火措施。

3. 燃烧速度和温度

燃烧速度是在单位面积上和单位时间内燃烧的可燃物质的数量。可燃物质的燃烧，一般是在蒸汽或气体状态下进行的，可立即燃烧，燃烧速度最快。

液体可燃物质的燃烧，先是遇热蒸发形成可燃蒸汽，再与氧混合经点燃而燃烧，其燃烧速度次于可燃物体。液体的燃烧速度还与液体的初始温度、储罐直径、含水量等有关。

固体可燃物质的燃烧过程分两类，一类物质遇热熔化成液态，再蒸发形成可燃蒸汽，如石蜡、松香、沥青等；另一类遇热蒸馏分解出可燃气体，再与氧混合而燃烧，如木材、煤炭等。固体可燃物的燃烧速度次于可燃液态物质。固体的燃烧速度与物体体积、与空气接触面的大小有关。

4. 爆炸

发生在瞬间的燃烧，同时生成大量的热和气体，并以很大的压力向四周扩散的现象，叫作爆炸。爆炸是和燃烧密切联系的，它们的基本要素相同，但后果却大不一样。这是因为燃烧时可燃混合物是随燃烧过程的发展逐步形成、逐步消失，因而燃烧是相对平稳的化学反应。爆炸有所不同，在遇着火源前可燃性气体、蒸汽或粉尘已经和氧混合，并且达到了一定的浓度比例，形成了爆炸性混合物，一旦有了点燃条件，爆炸性混合物在瞬间内同时燃烧，产生大量气体和较高温度发生爆炸，具有极强的破坏力。各种气体和蒸气爆炸性混合物在正常条件下的爆炸压力都不超过 10 个大气压，但爆炸后压力的增长速度很大，例如氢的爆炸压力为 0.62MPa，爆炸性压力增长速度为 90MPa/s，因此，爆炸是强烈的。

二、电气火灾与爆炸原因

因电气设备（或线路）故障引起的火灾和爆炸，称为电气火灾或电气爆炸事故。电力线路、变压器、电动机、开关设备、电热设备等不同电气设备，由于结构、运行各有特点，火灾和爆炸危险性和原因不尽相同，但总的来看，电流的热量和放电火花或电弧是引起电气火灾和爆炸的直接原因。

1. 危险温度

由电工原理可知电流有热效应的特征，这部分热量使导体温度升高，并加热其周围的绝缘材料。而带有铁芯的电气设备如变压器、电动机等，除电流通过导体产生的热量外，交变磁场会使铁芯及其他铁磁材料产生涡流损失和磁滞损失，也将产生热量，使铁芯及铁磁材料温度升高。电气设备绝缘材料在电场中的介质损耗，能使绝缘材料温度升高。

总之，电气设备运行时是要发热的，但是，正确设计、安装和正常运行状态中，发热量和设备散热量处于平衡状态，设备温度不会超过额定条件规定的允许值，这是设备的正常发热。当电气设备的正常运行遭到破坏时，设备可能过度发热，出现危险温度而导致火灾。

造成危险温度的原因有以下几种：

（1）短路。短路时线路或设备中的电流超过正常电流的几倍甚至几十倍，而电流产生的热量与电流的平方成正比，使温度急剧上升。

（2）过载。设备或导线长时间过负荷运行，因电流过大，也可能引起过度发热。

（3）接触不良。导线连接点（焊接或压接、绞接）、电器的接线端子、开关等连接处如果接触不良，将因接触电阻增加使发热量增加，也可能引起温度过度升高。

（4）铁芯发热。变压器、电动机等电气设备铁芯硅钢片绝缘损坏涡流损耗增加，或铁芯多点接地等造成局部短路，都能使铁芯局部过热，从而使附近绝缘燃烧，引起火灾或爆炸。

（5）散热不良。散热条件恶化时，不能将电气设备正常运行中产生的热量散失，可能引起局部过热或整体升高。

（6）电热器件使用不当。电炉和白炽灯是直接利用电流热发光的，工作温度都较高，如果接近可燃物质，会引起火灾或爆炸。

2. 电火花和电弧

一般电火花和电弧的温度都很高，电弧温度可高达 6000℃，不仅能引起可燃物质燃烧，还能使金属溶化飞溅，引起火灾。因此，在有火灾和爆炸危险的场所，电火花和电弧是很危险的着火源。

电火花和电弧包括工作火花和事故火花两类。

工作电火花和电弧是电气设备正常工作和操作过电压过程中产生的，如开关投切时的火花，电机碳刷与滑环间的跳火、电焊机工作的电弧等。

事故电火花和电弧是电气设备或线路发生故障时产生的电弧或火花。如发生短路或接地故障时的电弧、断线时产生电弧、绝缘子闪络或雷击放电产生火花或电弧等。

此外，电动机转子和定子发生摩擦等由碰撞产生机械性质的火花；灯泡破碎时，炽热的灯丝有类似火花的危险作用。

电火花和电弧在以下情况能引起空间爆炸：

（1）周围空间有爆炸性混合物。

（2）充油设备的绝缘油在电弧作用下分解汽化，喷出大量油雾和可燃气体。

（3）发电机氢冷装置漏气、酸性蓄电池充放电排出氢气等形成爆炸性混合物。

充油的电气设备在外界热源烘烤下也能引起喷油或爆炸。

三、防止电气火灾和爆炸的措施

电气火灾的形成，从外界因素来说是周围存在着可燃易燃物质；从内因来说是电气设备的发热或电火花电弧充当了着火源，具备了燃烧的三个基本条件。要防止电气火灾和爆炸的产生，基本出发点就是阻止燃烧三要素的形成，或防止其相互发生作用。主要措施如下：

1. 电气设备防护型式的选择

根据危险场所等级选用适当防护型式的电气设备。防爆电气设备的类型、级别在铭牌上应有明显的标志，依其结构和防爆性能分为以下六种类型。

（1）防爆安全型（标志 A）：这类设备正常运行时不产生火花、电弧或危险温度。

（2）隔爆型（标志 B）：这类设备有坚固的防爆外壳、能承受爆炸压力而不损坏；而且构件结合处留有与传爆能力相适应的间隙，即使设备内部发生爆炸时，也不会引起外部爆炸性混合物的爆炸。

（3）防爆充油型（标志 C）：这类设备是将可能产生火花、电弧或危险温度的带电部件浸在绝缘油里，从而不引起油面稳步爆炸性混合物的爆炸。油面应高出发热和产生火花的部件 10mm 以上。

（4）防爆通风、充气型（标志 F）：这类设备内部充入正压的新鲜空气或惰性气体，能阻止外部爆炸性混合物进入内部引起爆炸。防爆通风型外壳上设有进气口和出气口，利用机械通风造成壳内正压；防爆充气型的壳体为全封闭结构，泄漏量极小，只需间断性补充压入气体即可保持正压。

（5）防爆安全火花型（标志 H）：这类设备在正常或故障情况下产生的火花，其能量小于所在场所爆炸性混合物的最小引爆能量，不会引起爆炸。

（6）防爆特殊型（标志 T）：这类设备是指结构上不属于上列各类型的防爆设备。如浇注环氧树脂的防爆设备。

危险场所的电气设备选型，应根据 GB 50058—2014《爆炸危险环境电力装置设计规范》规定选择。

2. 变（配）电室房屋建筑的防火要求

电气设备或线路发生着火或喷油爆炸时，变（配）电室的房屋建筑应能防止火灾事故的蔓延和扩大。在房屋布局上，还应考虑一旦发生事故时，保证工作人员能迅速撤离现场，消防设施能顺利到达事故点灭火，并在事故后能便于检修和恢复送电。防火措施主要有：

（1）建筑物耐火等级。变压器、电容器的单独防爆间，应采用钢筋水泥结构，门窗用铁质或木质外包铁皮的耐火材料制成。即变压器室、电容器室耐火等级不低于一级。配电室耐火等级不应低于二级，其屋架结构起码采用砖木结构，决不能用油毡或芦苇屋顶。

（2）隔离充油设备。室内装设的单台充油量 60kg 以下的设备，可用耐火隔板隔开；充油量在 60～600kg 的设备，应用防爆隔墙隔离；单台设备充油量大于 600kg 时，应安装在单独的防爆间内。

（3）设储油设施。室内单台设备充油量大于 600kg 和室外单台设备充油量大于 1000kg时，应设置储油池，储油池应能容纳全部油量，池内铺设不小于 200mm 厚度的卵石层，使燃油降温，促其停止燃烧。屋外储油池的外沿应大于设备外廓 1m。池边应高出地面 100mm，以免雨水泥沙冲入储油池。如果环境条件不宜设储油池时，应设置能容纳 20%油量的挡油措施，并能够及时将油导流致安全处所。不宜设储油池的环境条件有：充油设备位于沉淀可燃粉尘或可燃纤维的场所；充油设备 50mm 以内无粮、棉及其他易燃堆积；变压器位于二楼以上楼层或变压器室下有地下室等。

（4）变（配）电室门的设置。应有利于事故时人员撤离，防止外人进入。变（配）电室的门一律向外开启，并设自动锁。由室内开门不用钥匙，便于人员撤离，同时防止无关人员进入带电设备的室内。两相邻配电室的房门应能双向开闭，当母线室超过 7m 以上时，应两端设门。

3. 保持防火间距

GB 50053—2013《20kV 及以下变电站设计规范》规定，油量为 2500kg 以上的屋外油浸变压器之间无防火隔墙时，其防火净距不应小于 10m，否则应设防火隔墙。

建筑物外墙距屋外油浸变压器外廓 5m 以内时，在变压器总高度以上 3m 的水平线以下及外廓两侧各 3m 的范围内，不应有门窗和通风孔；建筑物外墙距变压器外廓 5～10m 时，可在外墙上设防火门，并可在变压器总高度以上设非可燃性的固定窗。

露天固定油罐与主变压器、生产建筑物和构筑物之间无防火墙时，其防火净距不应小于 15m。装有可燃介质电容器房间与其他生产建筑物分开布置时，其防火净距不应小于 10m，连接布置时，则其间的隔墙应为防火墙。

易沉积可燃物的地方不应露天设置变压器和配电装置，行车滑触器线下方不应堆置可燃物；架空线路严禁跨越危险场所。

4. 确保电气设备正常运行

对运行中的设备，按本书第三章至第六章的内容精心维护，正确操作，避免产生高温和事故火花与电弧，消除电气火源。

5. 充分通风

危险场所良好的通风条件，可以降低爆炸性混合物的浓度，减小危险程序。如矿井、纺织厂及麻纺厂等粉尘较多的场所，送风除尘系统的工作状态是极其重要的。充分通风对于保持电气设备正常运行，也是必要条件。

采用机械通风时，送风系统不应与爆炸危险场所的送风系统相连。各除尘系统要分别单独构成循环回路，防止发生连锁爆炸。送风系统供给的空气不应含有危险物品。

此外，防止危险物品泄漏的措施，电热器使用和管理的规定，危险场所中电气工作的安全规定等，应视具体环境特点综合考虑，采用完善的安全措施。

四、电气火灾扑灭的方法

1. 一般灭火方法

从对燃烧三要素的分析中可知，只要阻止三要素并存或相互作用，就能阻止燃烧的发生。由此，灭火的方法可分为窒息灭火法，冷却灭火法、隔离灭火法和抑制灭火法。

（1）窒息灭火法。阻止空气流入燃烧区或用不燃气体降低空气中的氧含量，使燃烧因助燃物含量过小而终止的方法为窒息灭火法。如用石棉布、浸湿的棉被等为不燃或难燃物品，覆盖燃烧物，或封闭孔洞；将惰性气体充入燃烧区等降低氧含量，达到灭火目的。

（2）冷却灭火法。冷却灭火法是将灭火剂直接喷洒在燃烧物上，降低可燃物的温度，使温度低于燃点，而终止燃烧。如喷水灭火，"干冰"（固态 CO_2）灭火都是采用冷却可燃物达到灭火目的。

（3）隔离灭火法。隔离灭火法是将燃烧物与附近的可燃物质隔离，或将火场附近的可燃物疏散，不使燃烧区蔓延，待已燃烧物质烧尽时，燃烧自行停止。如阻挡着火的可燃液体的流散，拆除与着火区毗连的易燃建筑物构成防火隔离带等。

（4）抑制灭火法。前述三种灭火法的灭火剂，在灭火过程中不参与燃烧连锁反应，均属物理灭火。抑制灭火法，是灭火剂参与燃烧的连锁反应，使燃烧中的游离基消失，形成稳定的物质分子，从而终止燃烧过程。比较常用的 1211 灭火器就是灭火剂参与燃烧过程，使燃烧连锁反应中断而熄灭。

根据以上四种灭火原则制造的各种灭火器各有不同特点，常用的灭火器的主要用途和用法见表 12-2。

表 12-2　　常用灭火器主要用途和用法

灭火器类型	二氧化碳灭火器	干粉灭火器	1211 灭火器	泡沫灭火器	酸碱灭火器
主要用途	扑救电气设备，少量油类和其他一般物质的初超火灾，不导电	扑救石油及其产品，可燃气体，电气设备的初起火灾，不导电	扑救电气设备、精密仪器图书资料、化工化纤原料等初起火灾。灭火效能高、毒性小、不污损，久储不变质	扑救油类、醇、醛、醚等有机溶剂火灾。药剂含水，有导电性不适于扑救电气火灾	扑救竹、木、棉、气、草、纸等初起火灾
用法	去掉铅封一手把提，使喷筒对准火焰，一手将手轮逆时针方向转动，高压二氧化碳即喷出	把喷口对准火源，拉动拉环，干粉立即喷出。扑救地面油火时，要平射左右摆动，由近及远，快速推进。注意防止回火重燃	拔掉安全销，将喷嘴对准火源根部，手紧握压把，压杆即将密封阀启开，1211 灭火剂在氮气压力下喷出。当松开压把时，封闭喷嘴，停止喷射	将筒身倒过来，稍加摇动，两种药液立刻混合，喷射出泡沫	手指压紧喷嘴颠倒筒身，上下摇动几次，松开手指，将液流射向燃烧物质

2. 扑灭电气火灾的方法

电气火灾较一般火灾不同之处，一是火源有电，对在场人员有触电危险；二是充油设备在大火烘烤下有爆炸危险。因此，扑灭电气火灾时，应尽快想法切断电源。

电气火灾切断电源后即可采用常规灭火法灭火。切断电源时的安全要求如下：

（1）火灾时，由于烟熏火烤，开关电器设备绝缘能力降低，操作时应使用绝缘工具，防止触电。

（2）严格遵守倒闸操作顺序的规定，防止忙乱中发生误操作，扩大事故。

（3）切断低压电源必要进可用电工钳将电源线剪断。剪断带电导线时应穿绝缘鞋，使用绝缘工具，断线点应选择在电源侧支撑物附近，防止带电端导线落地造成短路或触碰人体。剪线时不同相导线应分别剪断，并使各相断口间保持一定距离。

（4）夜间扑灭火灾时，应注意断电后的照明措施，避免因断电影响灭火工作。

（5）及时和供电部门联系，必要时供电部门派人到现场监护、指导、帮助联系停送电工作。

五、电气设备的防火防爆

1. 电力变压器的防火防爆

（1）油浸式变压器的火灾及爆炸。电力变压器一般为油浸式变压器和干式变压器。油浸式变压器油箱内充满变压器油，变压器油是一种燃点在 140℃ 以上的可燃液体。变压器的绕组一般采用 A 级绝缘，用棉纱、棉布、纸及其他有机物作绕组的绝缘材料；变压器的铁芯用木块、纸板作为支架和衬垫，这些材料都是可燃物质。因此，变压器发生火灾、爆炸的危险性很大。当变压器内部发生短路放电时，电弧高温可使变压器油迅速分解汽化，在变压气油箱中形成很高的压力，当压力超过油箱的机械强度时即发生爆炸；或分解出来的油气混合物与变压器油一起从变压器的防爆管大量喷出，造成火灾。

（2）变压器发生火灾和爆炸的基本原因。

1）绕组绝缘老化或损坏发生短路。变压器绕组的绝缘物是棉纱、棉布、纸等，如果受到过负荷发热或受到变压器油酸化腐蚀的作用，其绝缘性能将会发生老化变质，耐受电压能力下降，甚至失去绝缘作用；变压器制造、安装、检修也可能碰坏或损坏绕组绝缘。由于变压器绕组的绝缘老化或损坏，可能引起绕组匝间、层间短路，短路产生的电弧使绕组燃烧。同时，电弧分解变压器油产生的可燃气体与空气混合达到一定浓度，便形成爆炸混合物，遇火花便发生燃烧或爆炸。

2）线圈接触不良产生高温或电火花。

在变压器绕组的线圈与线圈之间、线圈端部与分接头之间、露出油面的接线头等处，如果连接不好，可能松动或断开而产生电火花或电弧；当分接头转换开关位置不正、接触不良时，都可能使接触电阻过大，发生局部过热而产生高温，使变压器油分解产生油气引起燃烧和爆炸。

3）套管损坏爆裂起火。变压器引线套管漏水、渗油或长期积满油垢后发生闪络，电容套管制造不良、运行维护不当或运行年久，都会使套管内的绝缘损坏、老化，发生绝缘击穿，产生高温使套管爆炸起火。

4）变压器油老化变质引起闪络。变压器常年处于高温状态下运行，如果油中渗入水分、氧气、铁锈、灰尘和纤维等杂质时，就会使变压器油逐渐老化变质，降低绝缘性能。当变压器绕组的绝缘也损坏变质时，便形成内部的电火花闪络或击穿绝缘，造成变压器爆炸起火。

5）其他原因。变压器铁芯硅钢片之间的绝缘损坏；变压器周围堆积易燃物品出现外界火源；动物接近带电部分引起短路，以上因素均能引起变压器起火或爆炸。

（3）预防变压器火灾和爆炸的措施。

1）预防变压器绝缘击穿，预防绝缘击穿的措施有：

a. 安装前的绝缘检查。变压器安装之前，必须检查绝缘，核对使用条件是否符合制造厂的规定。

b. 加强变压器的密封。不论变压器运输、存放、运行，其密封均应良好，为此，应结合检修，检查各部密封情况，必要时作检漏试验，防止潮气及水分进入。

c. 彻底清理变压器内杂物。变压器安装、检修后，要彻底清除变压器内的焊渣、铜丝、铁、油泥等杂物，用合格的变压油彻底清洗。

d. 防止绝缘受损。检修变压器吊罩、吊芯时，应防止绝缘受损伤，特别是内部绝缘距离较为紧凑的变压器，勿使引线、线圈和支架受伤。

2）预防铁芯多点接地及短路。为防止铁芯多点接地及短路，检查变压器时应测试下列项目：

a. 测试铁芯绝缘。通过测试，确定铁芯是否有多点接地，如有多点接地，应查明原因，消除后才能投入运行。

b. 测试穿心螺钉的绝缘。穿心螺钉的绝缘应良好，各部螺钉应紧固，防止螺钉掉下造成铁芯短路。

c. 预防套管闪络爆炸。套管应保持清洁，防止积垢闪络，检查套管引出线端子发热情况，防止因接触不良或引线开焊过热引起套管爆炸。

d. 预防引线及分接开关事故。引线绝缘应完整无损，各引线焊接良好；对套管及分接开关的引线接头，若发现有缺陷应及时处理；要去掉裸露引线上的毛刺和尖角，防止运行中发生放电；安装、检修分接开关时，应认真检查，分接开关应清洁，触头弹簧应良好，接触紧密，分接开关引线螺钉应紧固无断裂。

e. 加强油品管理和监督。对油应定期做预防性试验和色谱分析，防止变压器油劣化变质；变压器油尽可能避免与空气接触。

3）防火（防爆）常规措施。除了从技术角度防止变压器发生火灾和爆炸外，还应做好变压器常规防火防爆工作，其措施有：

a. 加强变压器的运行监视。运行中应特别注意引线、套管、油位、油色的检查和油温、音响的监视，发现异常，要认真分析，正确处理。

b. 保证变压器的保护装置可靠投入。变压器运行时，全套保护装置应能可靠投入，所配保护装置应动作准确无误，保护装置用直流电源应完好可靠，确保故障时，保护装置正确动作跳闸，防止事故扩大。

c. 保持变压器的良好通风。变压器的冷却通风装置应能可靠地投入和保持正常运行，以便保持运行温度不超过规定值。

d. 设置事故排油坑。室内、室外变压器均应设置事故排油坑，蓄油坑应保持良好状态，蓄油坑有足够厚度和符合要求的卵石层。蓄油坑的排油管道应通畅，应能迅速将油排出（如排入事故总储油池）。不得将油排入电缆沟。变压器的事故排油坑管理是常被忽视的安全问题，有的单位多年不检查，卵石不清理，甚至排油道被脏物堵塞，排油坑积满了水，事故时起不到排油的作用，所以有关人员应注意排油坑的管理。

e. 建防火隔墙或防火防爆建筑。室外变压器周围应设围墙和栅栏，若相邻间距太小，应建防火隔墙，以防火灾蔓延；室内变压器应安装在有耐火、防爆的建筑物内，并设有防爆铁门。室内一室一台变压器，且室内应通风散热良好。

f. 设置消防设备。大型变压器周围应设置适当的消防设备。如水雾灭火装置和"1211"灭火器，室内可采用自动或遥控水雾灭火装置。

2. 电动机防火

（1）电动机起火原因电动机运行中起火有下述几种原因：

1）电动机短路故障。电动机定子绕组发生相间、匝间短路或对地绝缘击穿，引起绝缘燃烧起火。

2）电动机过负荷。电动机长期过负荷运行、被拖动机械负荷过大及机械卡住使电动机停转过电流，引起定子绕组过热而起火。

3）电源电压太低或太高。电动机启动时，若电源电压太低，则启动转矩小，使电动机启动时间长或不能启动，引起电动机定子电流增大，绕组过热而起火；运行中的电动机，若电源电压太低，电动机转矩变小而机械负荷不变，引起定子过流，使绕组过热而起火。若电源电压大幅下降，运行中的电动机停转而烧毁；若电源电压过高，磁路高度饱和，激磁电流急剧上升，使铁芯严重发热引起电动机起火。

4）电动机缺相运行。电动机运行中一相断线或一相熔断器熔断，造成缺相运行（即两相运行），引起定子绕组过载发热起火。

5）电动机启动时间过长或短时间内连续多次启动，定子绕组温度急剧上升，引起绕组过热起火。

6）电动机轴承润滑油不足或润滑油脏污、轴承损坏卡住转子，导致定子电流增大，使定子绕组过热起火。

7）电动机吸入纤维、粉尘而堵塞风道，热量不能排放，或转子与定子摩擦，引起绕组温度升高起火。

8）接线端子接触电阻过大产生高温，或接头松动产生电火花起火。

（2）电动机的防火措施：

1）根据电动机的工作环境，对电动机进行防潮、防腐、防尘、防爆处理，安装时要符合防火要求。

2）电动机周围不得堆放杂物，电动机及其启动装置与可燃物之间应保持适当距离，以免引起火灾。

3）检修后及停电超过7天以上的电动机，启动前应测量其绝缘电阻是否合格，以防投入运行后，因绝缘受潮发生相间短路或对地绝缘击穿而烧坏电动机。

4）电动机启动应严格执行规定的启动次数和启动间隔时间，尽量少启动，避免频繁启动，以免使定子绕组过热起火。

5）加强运行监视。电动机运行时，应监视电动机的电流、电压不超过允许范围；监视电动机的温度、声音、振动、轴窜动是否正常，有无焦臭味；电动机冷却系统是否正常，防止上述因素不正常引起电动机运行起火。

6）发现缺相运行，应立即切断电源，防止电动机缺相运行过载发热起火。

7）电动机一旦起火，应立即切断电源，用电气设备专用灭火器进行灭火。如二氧化碳、四氯化碳、1211灭火器或蒸汽灭火。一般不用干粉灭火器灭火。若使用干粉灭火器时，应注意不使粉尘落入轴承内，必要时可用消防水喷射成雾状灭火，禁止将大股水注入电动机内。

3. 高压断路器的防火防爆

（1）高压断路器发生爆炸起火的原因有：

1）断流容量不满足要求。由于设计不周全，断路器的断流容量太小；由于电网的发展，系统短路容量增大，原有断路器的断流容量不能满足要求；断路器制造质量低劣，不能满足产品铭牌参数要求。由于上述原因，当发生短路时，断路器不能切断短路电流，引起断路器爆炸起火。

2）检修质量不满足要求。如检修中随意改变分、合闸速度，随意改变断路器的燃弧距离（灭弧室至静触头间的距离），均会使断路器的断流容量降低。

3）运行操作及维护不当。如断路器多次切断短路电流后，按规定未及时安排检修；断路器自动跳闸后，运行人员不准确地多次强送电，使断路器多次受短路电流冲击。这些均使断路器断流能力降低，并由此造成断路器爆炸起火。

4）运行油位过高。油断路器运行油位过高，使断路器油面以上的缓冲空间减小。当断路器开断短路电流时，由于缓冲空间减小，切断电弧产生的高压油气混合气体可能冲出缓冲空间，形成断路器喷油，甚至引起火灾；另外，由于缓冲空间减小，高压油气混合气体排入缓冲空间后，使缓冲空间的压力增高，如果此压力超过缓冲空间容器的极限强度，断路器就可能发生爆炸。

5）运行油位过低。油断路器运行油位过低，影响其灭弧能力。当切断电弧时，由于油位过低，冷却电弧的油道路径变短，对电弧的冷却效果变差，致使断弧时间延长或电弧难以熄灭。其结果可能使电弧冲出油面进入缓冲空间，油被电弧分解出的可燃气体也进入缓冲空间与空气混合，混合气体在电弧作用下可能引起燃烧爆炸。如果油位过低，则断路器的触头可能未浸泡在油中，触头断开时未能熄灭电弧，这也会发生燃烧和爆炸。

6）绝缘油不纯。油断路器的油大量游离碳化、老化，油内进水，使断路器内部发生闪络并导致爆炸。

7）液压或气压太低。采用液压操作机构的油断路器、气体灭弧（空气、SF_6）断路器，由于操作机构的液压太低，断路器分、合闸时，造成慢分、慢合，慢分、慢合会使触头间产生的电弧不易熄灭而引起断路器爆炸。当空气断路器、SF_6断路器的气体灭弧介质压力太低时，断路器的灭弧能力降低，甚至不能熄灭电弧，从而引起断路器爆炸。所以，采用液压操作机构的油断路器、气体灭弧断路器都装有液压和气体压力闭锁装置，当液压、气压过度降低时，都会将断路器闭锁在原来的位置上。

（2）断路器的防火防爆措施：

1）断流容量必须满足要求，断路器的断流量应大于通断回路的短路容量，当主电网中的断路器因主电网容量的增大而使断流容量不能满足要求时，应将新建电厂接入更高一级电压的主电网。

2）严格执行安装前的检查。安装前对断路器应进行严格的检查，其性能指标应符合技术要求。

3）加强运行维护与管理。断路器运行时，应做好巡视检查工作，严密监视油断路器的油色、油位、油温，必要时进行补、放油和取油样化验；严密监视液压操作机构的液压和气体灭弧介质的气压，监视闭锁行程开关的状况，发现异常及时处理；做好断路器正常操作和故障跳闸次数的统计，以便安排检修时间。

4）定期检修，保证检修质量。根据断路器运行缺陷记录和正常操作次数、切断故障电流次数，定期或临时安排检修，以保证断路器正常运行。检修时应严格检修工艺，保证检修质量，对发现的缺陷一一处理。如检查触头烧伤、灭弧室烧伤及情况，油箱和套管的渗、漏油，绝缘套管裂纹的处理，套管的清洁等。

5）定期做绝缘试验。对断路器的绝缘油、气体介质定期取样化验和做绝缘试验，定期对断路器本体做耐压、泄漏试验及操作试验，特别是雷雨季节前的预防性试验。

6）做好断路器防潮、防漏、防污染工作。断路器进水是断路器爆炸的重要原因之一，因此，应加强断路器的密封，加装防雨帽，防止潮气和水分进入；断路器漏油也会导致断路器爆炸，所以应加强密封圈的检查，注意密封垫圈的老化、变形，使用合格密封圈；应经常保持绝缘套管的清洁，清除灰尘和油垢，防止套管因污染放电爆炸。

4. 电力电缆的防火防爆

工矿企业都大量使用电力电缆，一旦电缆起火爆炸，将会引起严重火灾和停电事故。此外，电缆燃烧时产生大量浓烟和毒气，不仅污染环境，而且危及人的生命安全。为此，应注意电力电缆的防火。

（1）电缆爆炸起火的原因。电力电缆的绝缘层是由纸、油、麻、橡胶、塑料、沥青等各种可燃物质组成的，因此，电缆具有起火爆炸的可能性。导致电缆起火爆炸的原因是：

1）绝缘损坏引起短路故障。电力电缆的保护铅皮在敷设时被损坏或在运行中电缆绝缘受机械损伤，引起电缆相间或铅皮间的绝缘击穿，产生的电弧使绝缘材料及电缆外保护层材料燃烧起火。

2）电缆长时间过载运行。长时间过载运行，电缆绝缘材料的运行温度超过正常发热的最高允许值，使电缆的绝缘老化干枯，这种绝缘老化干枯的现象，通常发生在整个电缆线路上。由于电缆绝缘老化干枯，使绝缘材料失去或降低绝缘性能和机械性能，因而容易发生击穿着火燃烧，甚至沿电缆整个长度多处同时发生燃烧起火。

3）中间接头盒绝缘击穿。电缆接头盒的中间接头因压接不紧、焊接不牢或接头材料选择不当，运行中接头氧化、发热、流胶；在做电缆中间接头时，灌注在中间接头盒内的绝缘剂质量不符合要求；灌注绝缘剂时，盒内存有气孔及电缆盒密封不严、损坏而漏入潮气，以上因素均能引起绝缘击穿，形成短路，使电缆爆炸起火。

4）电缆头燃烧。由于电缆头表面受潮积污，电缆头瓷套管破裂及引出线相间距离过小，导致闪络着火，引起电缆头表层绝缘和引出线绝缘燃烧。

5）外界火源和热源导致电缆火灾。如油系统的火灾蔓延，油断路器爆炸火灾的蔓延，锅炉制粉系统或输煤系统煤粉自燃、高温蒸汽管道的烘烤，酸碱的化学腐蚀，电焊火花及其他火种，都可使电缆产生火灾。

（2）电缆火灾的扑灭方法。电缆一旦着火，应采用下列方式扑灭：

1）切断起火电缆电源。电缆着火燃烧，无论由何原因引起，都应立即切断电源，然后，根据电缆所经过的路径和特征，认真检查，找出电缆的故障点，同时迅速组织人员进行扑救。

2）电缆沟内起火非故障电缆电源的切断。当电缆沟中的电缆起火燃烧时，如果与其同沟并排敷设的电缆有明显的着火可能性，则应将这些电缆的电源切断。电缆若是分层排列，则首先将起火电缆上面的电缆电源切断，然后将与起火电缆并排的电缆电源切断，最后将起火电缆下面的电缆电源切断。

3）关闭电缆沟隔火门或堵死电缆沟两端。当电缆沟内的电缆起火时，为了避免空气流通，以利迅速灭火，应将电缆沟的隔火门关闭或将两端堵死，采用窒息的方法灭火。

4）做好扑灭电缆火灾时的人身防护。由于电缆起火燃烧会产生大量的浓烟和毒气，扑灭电缆火灾时，扑救人员应戴防毒面具。为防止扑救过程中的人身触电，扑救人员还应戴橡胶手套和穿绝缘靴，若发现高压电缆一相接地，扑救人员应遵守：室内不得进入距故障点4m以内，室外不得进入距故障点8m以内，以免跨步电压及接触电压伤人。救护受伤人员不在此限，但应采取防护措施。

5）扑灭电缆火灾采用的灭火器材。扑灭电缆火灾，应采用灭火机灭火，如干粉灭火机、"1211"灭火机、二氧化碳灭火机等；也可使用干砂或黄土覆盖；如果用水灭火，最好使用喷雾水枪；若火势猛烈，又不可能采用其他方式扑救，待电源切断后，可向电缆沟内灌水，用水将故障封住灭火。

6）扑救电缆火灾时，禁止用手直接触摸电缆钢铠和移动电缆。

（3）电缆防火措施。为了防止电缆火灾事故的发生，应采取以下预防措施：

1）选用满足热稳定要求的电缆。选用的电缆，在正常情况下，应能满足长期额定负荷的发热要求，在短路情况下，应能满足短时热稳定，避免电缆过热起火。

2）防止运行过负荷。电缆带负荷运行时，一般不超过额定负荷运行，若过负荷运行，应严格控制电缆的过负荷运行时间，以免过负荷发热使电缆起火。

3）遵守电缆敷设的有关规定。电缆敷设时应尽量远离热源，避免与蒸汽管道平行或交叉布置，若平行或交叉，应保持规定的距离，并采取隔热措施，禁止电缆全线平行敷设在热管道的上边或下边；在有些管道的隧道或沟内，一般避免敷设电缆，如需敷设，应采取隔热措施；架空敷设的电缆，尤其是塑料、橡胶电缆，应有防止热力管道等热影响的隔热措施；电缆敷设时，电缆之间，电缆与热力管道及其他管道之间，电缆与道路、铁路、建筑物等之间平行或交叉的距离均应满足规程的规定。此外，电缆敷设应留有波形余度，以防冬季电缆停止运行收缩产生过大拉力而损坏电缆绝缘。电缆转弯应保证最小的曲率半径，以防过度弯曲而损坏电缆绝缘；电缆隧道中应避免有接头，因为电缆接头是电缆中绝缘最薄弱的地方，接头处容易发生电缆短路故障；当必须在隧道中安装中间接头时，应用耐火隔板将其与其他电缆隔开。以上电缆敷设有关规定对防止电缆过热、绝缘损伤起火均起有效作用。

4）定期巡视检查。对电力电缆应定期巡视检查，定期测量电缆沟中的空气温度和电缆温度，特别是应做好大容量电力电缆和电缆接头盒温度的记录。通过检查及时发现并处理缺陷。

5）严密封闭电缆孔、洞和设置防火门及隔墙。为了防止电缆火灾，必须将所有穿越墙壁、楼板、竖井、电缆沟而进入控制室、电缆夹层、控制柜、仪表柜、开关柜等处的电缆孔洞进行严密封闭（封闭严密、平整、美观，电缆勿受损伤）。对较长的电缆隧道及其分叉道口应设置防火隔墙及隔火门。在正常情况下，电缆沟或洞上的门应关闭，这样，电缆一旦起火，可以隔离或限制燃烧范围，防止火势蔓延。

6）剥去非直埋电缆外表黄麻外护层。直埋电缆外表有一层浸沥青之类的黄麻保护层，对直埋地中的电缆有保护作用，当直埋电缆进入电缆沟、隧道、竖井中时，其外表浸沥青之类的黄麻保护层应剥去，以减小火灾扩大的危险。同时，电缆沟上面的盖板应盖好，且盖板完整、坚固，电焊火渣不易掉入，减小发生电缆火灾的可能性。

7）保持电缆隧道的清洁和适当通风。电缆隧道或沟道内应保持清洁，不许堆放垃圾和杂物，隧道及沟道内的积水和积油应及时清除；在正常运行的情况下，电缆隧道或沟道应有适当的通风。

8）保持电缆隧道或沟道有良好照明。各电缆层、电缆隧道或沟道内的照明应经常保持良好状态，并对需要上下的隧道和沟道口备有专用梯子，以便于运行检查和电缆火灾的扑救。

9）防止火种进入电缆沟内。在电缆附近进行明火作业时，应采取措施，防止火种进入沟内。

10）定期进行检查和试验。按规程规定及运行实际情况，对电缆应定期进行检修和试验，以便及时处理缺陷和发现潜伏故障，保证电缆安全运行和避免电缆火灾的发生。当进入电缆隧道或沟道内进行检修、试验工作时，应遵守 GB 26860—2011《电业安全工作规程》的有关规定。

六、静电的产生、危害及其防范措施

静电现象是一种常见的带电现象，如雷电、电容器残留电荷，摩擦带电等。

1. 静电的产生

（1）双电荷层理论。我们熟知两种物体相互摩擦能产生静电，除摩擦生电外，物体受热或受压、两种物体紧密接触再分开，均能产生静电。实验证明：当两种物体紧密接触时，会产生电子转移。这是因为不同物质的原子核对电子的束缚力不同，也就是不同物质的电子具有不同的位能，当其紧密接触时，位能高的电子将向电子位能低的物质转移，接触面上会出现双电荷层，产生接触电位差，当两种物质分离时，界面上部分电荷回流，部位电荷滞留原处，则失去电子的物质带正电，得到电子的物质带负电，这样就产生了静电。摩擦的作用就在于增加了两种物质紧密接触的面积，并且不断地接触又分离，因而产生较多的静电。当然，由于摩擦产生的热能，使电子动能增大更易于转移，也加强了静电的产生。

由此可见，所有物质，不论是金属体或非金属体，也不论固体、液体或气体，在一定条件下，都有可能发生电子转移，产生静电。

（2）固体和粉体静电。固体物质大面积的摩擦、固体物质在压力下接触又分离等都会产生静电。如纸张与棍轴摩擦，橡胶或塑料的碾制、塑料上光等，橡胶、塑料、化纤等行业的工艺过程产生的静电可能高达数万伏，甚至十万伏以上。

粉体只不过是特殊形状的固体。与整块固体相比，粉体具有分散性和悬浮状态的特点。由于其分散性，粉体面积较同材质同重量的固体表面积大很多倍，更容易产生静电。由于粉体处于悬浮状态，颗粒与大地绝缘，因此，铅粉、镁粉也能产生并积累静电。粉体静电可高达数千至数万伏。飞行中的飞机也相当于悬浮空中的颗粒，与空气和尘埃高速摩擦，可产生数万至数十万伏的静电电压。

固体静电除决定于双电层特征外，还决定于摩擦压力、速度、紧密接触面积及静电泄漏速度等因素，粉体静电还与粉体颗粒大小，工艺运行速度、工作时间长短有关。

（3）液体静电。液体静电的产生除双电层原理外，由于液体本身的电离现象，液体静电较固体静电更为复杂。

液体本身含有不同电性的离子：正离子和负离子。当液体在管道中流动时，与固体接触面上由一种电性的离子组成，它附着于管道内壁，不随液体流动，距管壁较远的液体由另一种电性的离子组成，并随液体流动而迁移，形成液流电流。这样，在液体流动的两端积累起不同符号的电荷，产生高压静电。

（4）人体静电。人在活动中，衣服、鞋及所带工具，与其他材料接触又分离，则可能产生静电。如人穿塑料底鞋子在绝缘地面上行走，人体静电可达数百至数千伏。如人穿混纺衣料，在人造革椅面上，人和椅子对地绝缘条件下，当人起立时，人体电位可高达一万伏。

容易产生静电的生产工艺过程有：

1）固体物质大面积摩擦，如印刷、皮带传动、橡胶或塑料碾制等。

2）高电阻液体在管道中流动，流速超过 1m/s 时；液体喷出管口时；注入容器发生冲击、飞溅时等。

3）液化气体或压缩气体在管道中流动和管口喷出时。

4）固体物质的粉碎、碾磨过程，悬浮粉体的高速运动等；

5）在混合器中搅拌各种高阻物质，如纺织品涂胶过程等；

产生静电电荷的多少与物料的性质和数量、摩擦力大小和摩擦长度、粉体、液化和气体流速、粉体颗粒等因素有关。

2. 静电的危害及其防范措施

（1）静电的危害。静电有三种类型的危害：爆炸和火灾；电击；妨碍生产。

（2）防止静电危害的措施。

1）控制静电的产生。控制静电的产生的方法主要有：

a. 保持皮带的正常拉力，防止打滑，可选用导电性皮带轮或在皮带轮上涂以导电性涂料。

b. 以齿轮传动代替皮带传动，减少摩擦。

c. 向容器中灌注液体时，使注入液体的管道通至容器底部或紧贴容器侧壁，避免液体冲击和飞溅；及时清除油罐或管道中的杂质或积水，因为液体混入杂质在摇动中可摩擦产生静电；

　　d. 降低工艺流程中气体、液体或粉尘物质的流速，以减少摩擦，防止静电产生等。

　　2）设备采用防静电接地。采用防静电接地，防止静电电荷积累、控制静电放电发生。如：

　　a. 将加工、运输和储存易燃、易爆的气体、液体的设备和装置可靠地接地，及时放掉静电电荷。

　　b. 将同一场所两个及两个以上易产生静电的机件、设备和装置，除分别接地外，相互间应作金属均压连接，以防止相互间由于存在电位差而放电。

　　c. 将灌注液体的金属管口与金属容器可靠地接地，及时放掉静电电荷。

　　d. 在危险性较大的场所，除将金属底座接地外，还应采用导电的轴承润滑油或将金属旋转体通过滑环、碳刷接地。

　　e. 油罐车上应装设金属链条，链条经车身连接牢固并垂挂于地面，油罐车行驶中因油与油罐摩擦产生的静电电荷可以链条泄入大地。

　　f. 对于具有爆炸危险的重要场所或建筑物，其地板应由导电材料制成，如用导电混凝土和橡胶等做地板，并将地板接地等。

　　3）采用静电中和措施。静电中和措施是利用相反极性的电荷中和带电体静电的方法。如：

　　a. 由于不的物质相互摩擦能产生不同极性的带电效果，因此，对易产生静电的机械零件，选择不同组合，使之产生的正、负电荷在生产过程中自行中和，消除静电积累的条件。

　　b. 在胶片生产和印刷生产中，装设消电器（或高压中和器）产生异号电荷，以电晕方式中和静电。

　　采用静电中和措施时，必须良好、安全。因此高压中和器适用于化纤、橡胶、印刷等行业，但不能用于有爆炸危险的场所。

参 考 文 献

[1] 王浩. 电气设备试验技术问答. 北京：中国电力出版社，2000.

[2] 陈化钢. 企业供配电. 北京：中国水利水电出版社，2003.

[3] 周武仲. 电力设备维护诊断与预防性试验（第二版）. 北京：中国电力出版社，2002.

[4] 陈化钢. 电力设备运行实用技术问答. 北京：中国水利水电出版社，2002.

[5] 朴在林，王立舒. 变电站电气部分. 北京：水利水电出版社，2008.